2

Das Ergebnis auf die Frage „Warum jobben Schüler?" ist in dem Kreisdiagramm dargestellt. Ausgewertet wurden 600 Antworten.

a) Was bedeutet der Hinweis: „Mehrfachnennung möglich?"

Warum jobben Schüler?
Mehrfachnennungen möglich

18 % Sammeln von Erfahrungen

89 % Aufbesserung des Taschengeldes

31 % Mehr Unabhängigkeit von den Eltern

15 % Kauf von Kleidung

27 % Sparen für Führerschein, Moped, Handy u.s.w.

Den Schülern geht es doch ganz gut. Nur ungefähr die Hälfte der Schüler muss jobben, um ihr Taschengeld aufzubessern.

Da liegst du aber falsch, 89 % sind doch fast alle!

b) Wie kommen die beiden verschiedenen Meinungen zustande? Hinweis: Wie hoch ist die Gesamtprozentzahl im dargestellten Kreisdiagramm?

c) Wie viele Schüler haben die Antwort „Aufbesserung des Taschengeldes" gegeben?

d) Beschreibe, wie die Autoren bei der Erstellung des Kreisdiagramms vorgegangen sind.

e) Stelle die Umfrageergebnisse in einem Säulendiagramm so dar, dass die Meinungsverschiedenheiten in Aufgabenteil b) vermieden werden.

f) Führt eine entsprechende Befragung an eurer Schule durch.

westermann

REALSCHULE BAYERN

Mathematik 10

Wahlpflichtfächergruppe I

Autoren

Nikola Eichenlaub-Fürst
Sebastian Fischer
Andreas Katzengruber
Bernd Liebau
Katja Mohr
Josef Widl

Beratung

Franz-Josef Götz
Florian Oberparleiter

Zeichenerklärung

 Aufgaben zum Tüfteln (Detektiv Knödelmeier)

 PC-Einsatzmöglichkeit

 Aufgaben mit TR- oder GTR-Einsatzmöglichkeit

 Einsatzmöglichkeit einer Geometrie-App

 Suche in geeigneten Medien (z. B. Lexikon, Atlas, Internet, …)

 Verweis auf Wiederholungsseiten

 Verweis auf Strategien/Kompetenzen

 Themenseiten

 Definition, Merksätze, Regeln

 Beispiele, Hinweise, Lösungsverfahren

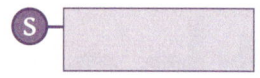 Beispiele für Strategien, Kompetenzen

 historische Exkurse

6 Aufgaben mit Prüfzahlen zur Selbstkontrolle

8 Aufgaben mit hoher Herausforderung zur Strategiebildung

3 Taschenrechnerfreie Aufgaben

 Dieses Zeichen gibt an, wie groß du das Koordinatensystem zeichnen musst (hier 5 Längeneinheiten [LE] in x-Richtung, 5 Längeneinheiten [LE] in y-Richtung). In der Regel gilt: 1 LE entspricht 1 cm

westermann GRUPPE

© 2022 Westermann Bildungsmedien Verlag GmbH, Georg-Westermann-Allee 66, 38104 Braunschweig, www.westermann.de

Druck A[1] / Jahr 2022
Alle Drucke der Serie A sind inhaltlich unverändert.

Redaktion: Udo Kettmann
Illustrationen: Matthias Berghahn, Bielefeld
Layout und Umschlaggestaltung: LIO Design GmbH, Braunschweig
Druck und Bindung: Westermann Druck GmbH, Georg-Westermann-Allee 66, 38104 Braunschweig

ISBN 978-3-14-**123671**-2

Zufallsexperimente

Bei einem Zufallsexperiment lassen sich die Ergebnisse nicht sicher vorhersagen. Sie kommen zufällig zustande.

Die Menge aller möglichen Ergebnisse eines Zufallsexperiments nennt man **Ergebnisraum Ω**. Beispiel:
$\Omega = \{1; 2; 3; 4; 5; 6\}$

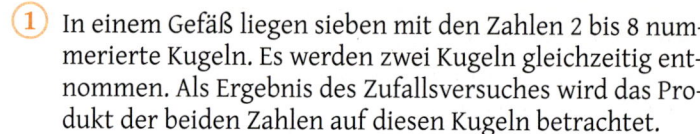

Fasst man Ergebnisse aus dem Ergebnisraum Ω mit bestimmten Eigenschaften zu einer Teilmenge zusammen, so nennt man diese Teilmenge **Ereignis E**.
E: Die gewürfelte Augenzahl ist gerade.
$E = \{2; 4; 6\}$

Kann ein Ereignis nie eintreten, so nennt man es **unmögliches Ereignis**. Das Ereignis ist die leere Menge: $E = \{\ \}$
E: Die Augenzahl ist 7.
$E = \{\ \}$

Tritt ein Ereignis immer ein, so nennt man es **sicheres Ereignis**. Das Ereignis ist gleich dem Ergebnisraum Ω: $E = \Omega$
E: Die gewürfelte Augenzahl ist größer oder gleich 1.
$E = \{1; 2; 3; 4; 5; 6\}$

Enthält das Ereignis E nur ein Element (Ergebnis), so heißt dieses Ereignis **Elementarereignis**.
E: Die gewürfelte Zahl ist 5.
$E = \{5\}$

Die Ergebnisse aus dem Ergebnisraum Ω, die nicht zum Ereignis E gehören, fasst man zum **Gegenereignis $\overline{E}$** von E zusammen.
E: Die gewürfelte Augenzahl ist eine Primzahl. $E = \{2; 3; 5\}$
$\overline{E} = \{1; 4; 6\}$

Bei einem **Laplace-Experiment** ist jedes Ergebnis gleichwahrscheinlich. Für die Wahrscheinlichkeit P gilt:

$$P = \frac{\text{Anzahl der günstigen Ergebnisse}}{\text{Anzahl der möglichen Ergebnisse}}$$

Bei dem abgebildeten Glücksrad sind die Ergebnisse „gelb", „grün", „blau", „rot" gleichwahrscheinlich.
Deshalb gilt z. B. für die Wahrscheinlichkeit „rot":

$P(\text{rot}) = \frac{1}{4}$

① In einem Gefäß liegen sieben mit den Zahlen 2 bis 8 nummerierte Kugeln. Es werden zwei Kugeln gleichzeitig entnommen. Als Ergebnis des Zufallsversuches wird das Produkt der beiden Zahlen auf diesen Kugeln betrachtet.
a) Gib den Ergebnisraum Ω an.
b) Gib alle Ergebnisse für folgende Ereignisse E sowie ihre Gegenereignisse $\overline{E}$ an.
E_1: Das Produkt ist eine gerade Zahl.
E_2: Das Produkt ist größer als 30.
E_3: Das Produkt liegt zwischen 10 und 25.
c) Bestimme die Wahrscheinlichkeiten der Ereignisse E_1; $\overline{E_1}$; E_2; $\overline{E_2}$; E_3 und $\overline{E_3}$

② Formuliere ein Gegenereignis.
a) Bei der Überprüfung von 400 Lastwagen werden 185 bemängelt.
b) Höchstens 4 Schüler der Klasse 9 B kommen regelmäßig zu Fuß in die Schule.
c) Bei der letzten Stegreifaufgabe gab es mindestens eine Eins.

③ Welche Zufallsgeräte sind für ein Laplace-Experiment geeignet?
Begründe.
(1) Reißzwecke   (2) 12-seitiger Würfel   (3) Legostein

  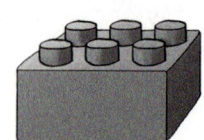

④ Mit den beiden Würfeln wird je einmal gewürfelt. Berechne jeweils die Wahrscheinlichkeit für das Ereignis E.

a) E: Die gewürfelte Augenzahl ist 3 [kleiner als 7; eine ungerade Zahl].
b) E: Die gewürfelte Augenzahl ist 8.
c) E: Die gewürfelte Augenzahl ist kleiner gleich 8.

⑤ Zeichne ein Glücksrad, bei dem jede Zahl mit der Wahrscheinlichkeit $\frac{1}{6}$ gedreht wird.

⑥ Beschreibe drei weitere Laplace-Zufallsexperimente und gib jeweils die Wahrscheinlichkeit für ein mögliches Ergebnis an.

Seiten-Winkel-Beziehungen

In jedem Dreieck liegt der größeren Seite der größere Winkel gegenüber.
z. B. aus a < b folgt: $\alpha < \beta$

Dreiecksungleichung
Die Summe von zwei Seitenlängen ist immer größer als die dritte Seitenlänge.
z. B. $a + b > c$

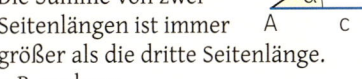

Kongruenzsätze

Dreiecke sind kongruent, wenn sie in folgenden Größen übereinstimmen:

(1) Drei Seitenlängen (SSS)

(2) Zwei Seitenlängen und dem Maß des Zwischenwinkels (SWS)

(3) Einer Seitenlänge und den Maßen der beiden anliegenden Winkel (WSW)
Wegen $\alpha + \beta + \gamma = 180°$ kann das Maß des dritten Winkels stets berechnet werden.

(4) Zwei Seitenlängen und dem Maß des Gegenwinkels der größeren Seite (SSW$_g$)

Flächeninhalt

$A = \frac{1}{2} \cdot g \cdot h$

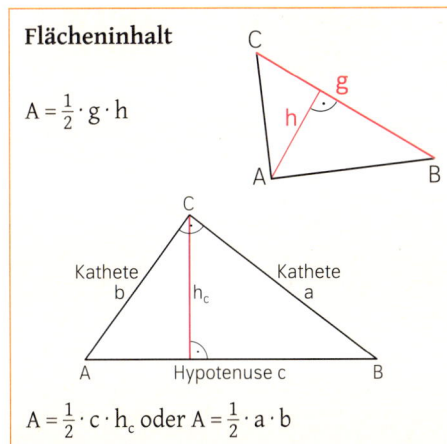

$A = \frac{1}{2} \cdot c \cdot h_c$ oder $A = \frac{1}{2} \cdot a \cdot b$

---

1 Gleichschenklige Dreiecke haben die Basislänge 9 cm. Für welche Schenkellängen existieren solche Dreiecke?

A 4 cm **B** 5 cm **C** 9 cm **D** 90 cm

2 Existiert ein Dreieck ABC mit a = 9 cm, c = 6 cm und $\gamma = 92°$? Begründe.

3 Gib an, welche der Dreiecke $A_1B_1C_1$ und $A_2B_2C_2$ zueinander kongruent sind. Nenne den zugehörigen Kongruenzsatz.
a) $\alpha_1 = 45°$; $\beta_1 = 55°$; $b_1 = 6{,}5$ cm
$\alpha_2 = 55°$; $\gamma_2 = 45°$; $b_2 = 6{,}5$ cm
b) $\alpha_1 = 40°$; $a_1 = 5{,}6$ cm; $b_1 = 6{,}5$ cm
$\beta_2 = 40°$; $a_2 = 5{,}6$ cm; $b_2 = 6{,}5$ cm

4 Konstruiere ein Dreieck ABC mit den angegebenen Größen. , Ist die Lösung eindeutig? Begründe.
a) c = 5 cm; $\alpha = 40°$; $\gamma = 80°$
b) a = 5,7 cm; c = 6 cm; $\gamma = 65°$
c) a = 5,7 cm; c = 6 cm; $\alpha = 65°$

5 a) Benenne die dargestellten Dreiecke.
b) Formuliere Aussagen über Seitenlängen und Winkelmaße. Notiere im Heft.

(1) 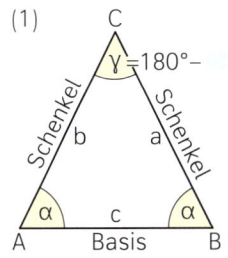 (2)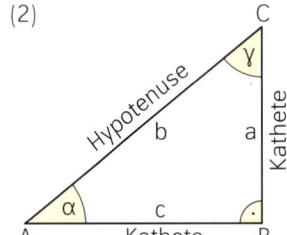

c) Im Dreieck (1) gilt:
a = 5,00 cm; $h_a = 3{,}515$ cm; $h_c = 4{,}625$ cm
Berechne den Flächeninhalt A und die Basislänge c.
d) Im Dreieck (2) gilt:
a = 3,90 cm; c = 5,20 cm
Berechne den Flächeninhalt A und die Höhe h_b.

6 Bestimme den Inhalt der blau markierten Fläche in Abhängigkeit von x.

(alle Maße in cm)

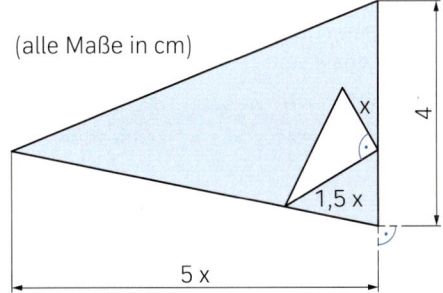

So arbeiten wir am Stationszirkel „Team 10 auf Mathe-Tour"

- Der Zirkel besteht aus mehreren Stationen.
- Die Stationen findest du an den Tischen im Klassenzimmer.
- Gleiche Stationen können auch öfters aufliegen, müssen aber nur einmal bearbeitet werden.
- Du arbeitest allein, mit deinem Partner oder mit deiner Gruppe.
- Die Reihenfolge der Stationen könnt ihr selbst festlegen.
  Gebt nicht auf, wenn ihr mit der gestellten Aufgabe nicht zurechtkommen solltet.
  Vielleicht bringt euch ein Nachschlag an geeigneter Stelle im Buch weiter.
- Notiert die Ergebnisse auf dem Laufzettel, den ihr von eurer Lehrkraft bekommt.

Prozent- und Zinsrechnung

Ein Hundertstel der Gesamtgröße nennt

man ein **Prozent:** $\frac{1}{100} = 1\,\%$

Die Zinsrechnung ist eine Anwendung der Prozentrechnung.

Prozentrechnung

Grund- wert G	Prozent- wert P	Prozent- satz p %
↓	↓	↓
Kapital K	Zinsen Z	Zinssatz p %

Zinsrechnung

Herr Fleißig renoviert sein Haus. Er leiht sich von der RAbank 45 000 €. Dafür zahlt er nach einem Monat 41,25 € Zinsen. Berechne den **Zinssatz.**

Zinsen im Jahr: $Z = 12 \cdot 41{,}25\,€ = 495\,€$

(1) Dreisatz	(2) Quotient
$45\,000\,€ \,\hat{=}\, 100\,\%$	$p\,\% = \frac{495\,€}{45\,000\,€}$
$450\,€ \,\hat{=}\, 1\,\%$	$= 0{,}011$
$495\,€ \,\hat{=}\, (495 : 450)\,\%$	$= 1{,}1\,\%$
$= 1{,}1\,\%$	

Antwort: Der Zinssatz beträgt 1,1 %

Kreis

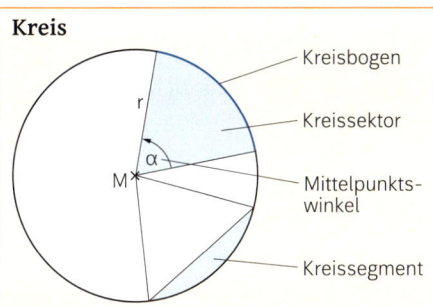

Kreisbogen

Kreissektor

Mittelpunkts-winkel

Kreissegment

Kreisumfang:
$u = d \cdot \pi$ bzw. $u = 2 \cdot r \cdot \pi$

Flächeninhalt des Kreises:
$A = r^2 \cdot \pi$

Länge des **Kreisbogens:**
$b = \frac{\alpha}{360°} \cdot 2 \cdot r \cdot \pi$ bzw. $b = \frac{\alpha}{180°} \cdot r \cdot \pi$

Flächeninhalt des **Kreissektors:**
$A = \frac{\alpha}{360°} \cdot r^2 \cdot \pi$

Flächeninhalt des **Kreissegments:**
$A_{Segment} = A_{Kreissektor} - A_{Dreieck}$

---

① Berechne die fehlenden Werte in deinem Heft.

	a)	b)	c)
Alter Preis	16,50 €		45,60 €
Preiserhöhung	2 %	6 %	
Neuer Preis		9,87 €	47,88 €

② a) Die Miete von Frau Heim wurde um 8 % erhöht. Sie zahlt jetzt pro Monat 594 €.
Um welchen Betrag wurde die Miete erhöht?

b) Herr Peter hat seine Mietzahlung um 15 % gekürzt. Er zahlt jetzt nur noch 765 € Miete. Wie viel hat er zuvor gezahlt?

③ Herr Emsig hat sich für den Kauf einer Wohnung von der Bank 200 000 € geliehen. Dafür zahlt er nach einem Monat 150 € Zinsen. Berechne den Zinssatz.

④* Pro Kilogramm Körpergewicht benötigt ein erwachsener Mann täglich 5 mg Magnesium. Wie viel Prozent seines Tagesbedarfs an Magnesium deckt ein erwachsener Mann mit durchschnittlichem Gewicht ungefähr ab, wenn er täglich 1,5 Liter des Mineralwassers „Gebirgsquelle" trinkt?

Mineralwasser Gebirgsquelle
200 mg Magnesium pro Liter

⑤ Bauer Horst will eine kreisrunde Koppel für seine Pferde einzäunen.
a) Berechne den Flächeninhalt der Koppel, wenn 0,95 km Zaun verwendet werden.
b) Wie viel Zaun wird benötigt, wenn den Pferden ein halber Hektar frisches Gras zur Verfügung stehen soll?

⑥ Berechne für das abgebildete Kreisstück mit $r = 3{,}5$ cm folgende Größen:
b; $|\overline{AB}|$; A_{Sektor}; $A_{Segment}$

⑦ Berechne die fehlenden Größen in deinem Heft. Runde sinnvoll.

	a)	b)	c)	d)
r	4,0 cm	37 mm	37,3 m	
α	90°			60°
b		93 mm		
A_{Sektor}			692 m^2	6π km^2
$A_{Segment}$		–	–	

* nach einem Grundwissentest

Gleichungen

Gleichungen werden durch Äquivalenz-umformungen gelöst.
Beispiel:

$$3x + 7 = -25 - 5x \qquad |+5x$$
$$8x + 7 = -25 \qquad |-7$$
$$8x = -32 \qquad |:8$$
$$x = -4$$

Die Grundmenge beeinflusst die Lösungsmenge der Gleichung, z.B.

$$G = \mathbb{Q} \rightarrow L = \{-4\}$$
$$G = \mathbb{Z} \rightarrow L = \{-4\}$$
$$G = \mathbb{N} \rightarrow L = \{\}$$

Ungleichungen

Um die Ungleichung
$$7 \cdot (2 - x) - 18 > 17 - (x - 3) - 2x$$
zu lösen, löst man zuerst die Gleichung. Dann prüft man, ob die Lösungen größer oder kleiner als der berechnete Wert sind.

$$x = -7: \quad 45 > 41 \text{ (w)}$$
$$x = -6: \quad 38 > 38 \text{ (f)} \quad \Big\} \quad L = \{x \mid x < -6\}$$
$$x = -5: \quad 31 > 35 \text{ (f)}$$

Binomische Formeln

1. Binomische Formel
$$(a + b)^2 = a^2 + 2ab + b^2$$

2. Binomische Formel
$$(a - b)^2 = a^2 - 2ab + b^2$$

3. Binomische Formel
$$(a + b)(a - b) = a^2 - b^2$$

Extremwerte

Terme der Form $a(x - m)^2 + n$ besitzen
ein Minimum n für $a > 0$ und
ein Maximum n für $a < 0$
Man schreibt: $T_{min} = n$ für $x = m$
bzw. $T_{max} = n$ für $x = m$

Quadratische Ergänzung

$$T(x) = -0,5x^2 - 5x + 11$$
$$= -0,5 \, [x^2 + 10x \qquad\qquad -22]$$
$$= -0,5 \, [x^2 + 2 \cdot x \cdot 5 \qquad\qquad -22]$$
$$= -0,5 \, [x^2 + 2 \cdot x \cdot 5 + 5^2 - 5^2 \quad -22]$$
$$= -0,5 \, [(x + 5)^2 \qquad\qquad -25 \quad -22]$$
$$= -0,5 \, [(x + 5)^2 - 47]$$
$$= -0,5 \, (x + 5)^2 + 23,5$$

$$T_{max} = 23,5 \text{ für } x = -5$$

① Bestimme die Lösungsmenge für $G = \mathbb{Q}$ [$G = \mathbb{Z}$; $G = \mathbb{N}$].
a) $95 = 7 - 11x$ b) $-0,5x + 5 = 4 + 3,5x$
c) $-\frac{x}{5} + 6,25 = \frac{3}{4} + 5,3x$ d) $-1,5 \cdot (2^3 - 3^2 - 1) = \frac{x}{7}$
e) $(3x + 4)^2 = (8 - 4x)^2 - 7x^2$ f) $3(13x - 9,5) = 10,5 - 3x$

② Gib die Lösungsmenge der Ungleichung an.
a) $4x - (3x + 11) < -35 + 8 \cdot (5x - 3,5) + 13x$ $(G = \mathbb{N})$
b) $(3x - 2)(4x + 7) < (7 + 6x)(2x - 1)$ $(G = \mathbb{Q})$
c) $(x - 2)^2 \le (x + 5)(x - 5)$ $(G = \mathbb{Q})$
d) $(-2 - 8) \cdot x - (6x)^2 \ge (4x + 5) \cdot (7 - 9x)$ $(G = \mathbb{Z})$

③ Bei einem Rechteck ist die Länge doppelt so lang wie die Breite. Verkürzt man die Länge um 1 cm und verlängert gleichzeitig die Breite um dasselbe Maß, so nimmt der Flächeninhalt um 2 cm² zu. Wie lang sind die Seiten des alten und neuen Rechtecks?

④ Wende die binomischen Formeln an.
a) $(a + 4)(a - 4)$ b) $(8 + x)^2$
c) $(11 - y)^2$ d) $(4m + 5)^2$
e) $(8g + 4h)(8g - 4h)$ f) $(13x - 0,5y)^2$
g) $121m^4 - 81v^2$ h) $0,25x^2 - xy + y^2$

⑤ Setze in deinem Heft die Platzhalter richtig ein.
a) $(3 + \blacksquare)^2 = \blacksquare + \blacksquare + 4x^2$
b) $(\blacksquare - 5y)^2 = \blacksquare - 40xy + \blacksquare$
c) $(x + \blacksquare)(x - \blacksquare) = \blacksquare - 225$
d) $(\blacksquare + \blacksquare)^2 = \blacksquare + 80rt + 64t^2$

⑥ Gib den Extremwert und die zugehörige Belegung von x an.
$(G = \mathbb{Q})$.
a) $T(x) = x^2 - 13$ b) $T(x) = (x + 1)^2$
c) $T(x) = -(x + 3)^2 + 4$ d) $T(x) = -x^2$
e) $T(x) = 5(x - 4)^2 + 3$ f) $T(x) = 17,4 - 3 \cdot (2x + 4)^2$
g) $T(x) = (5x + 1)^2 \cdot (-2)$ h) $T(x) = 1 - (0,1x - 1)^2$

⑦ Bestimme den Extremwert durch quadratische Ergänzung
$(G = \mathbb{Q})$.
a) $T(x) = x^2 + 4x + 1$ b) $T(x) = 3x^2 - 6x + 8$
c) $T(x) = -2x^2 + 6x - 10$ d) $T(x) = 4x^2 - 28x + 50$
e) $T(x) = 18x^2 - 30x + 18$ f) $T(x) = -3x^2 - 1,2x - 3$

⑧ Bei einem Würfel mit 5 cm langen Seiten wird eine Seite um 2x cm verlängert und eine andere um x cm verkürzt. Die Länge der dritten Seite bleibt gleich.
a) Berechne das Volumen V(x) der neuen Körper in Abhängigkeit von x.
b) Für welchen Wert von x besitzen die neuen Körper das größtmögliche Volumen? Gib auch V_{max} an.

Bruchgleichungen

Gleichungen, die mindestens einen Bruchterm (Variable im Nenner) enthalten, heißen **Bruchgleichungen.** Diese kann man durch „über Kreuz multiplizieren" lösen.

Beispiel:

$\frac{6}{x+2} = \frac{8}{x}$; $\quad G = \mathbb{Q}$; $D = \mathbb{Q} \setminus \{-2; 0\}$

$6 \cdot x = (x+2) \cdot 8$

$\begin{array}{ll} 6x = 8x + 16 & |-8x \\ -2x = 16 & |:(-2) \\ x = -8 & \end{array}$

$\to L = \{-8\}$

Beachte die Definitionsmenge.

Reelle Zahlen

Die Gleichung $x^2 = a$ ($a \geq 0$) ist leicht lösbar, wenn a eine Quadratzahl ist.

Beispiel: $\quad x^2 = 1{,}44$

$\qquad x = -1{,}2 \lor x = 1{,}2$

Wenn a keine Quadratzahl ist, schreibt man die Lösungen mit dem Wurzelzeichen.

Beispiel: $\quad x^2 = 5$

$\qquad x = -\sqrt{5} \lor x = \sqrt{5}$

Die **Quadratwurzel** $\sqrt{a}$ (a heißt Radikand.) ist die nicht negative Zahl, die beim Quadrieren a ergibt.

$(\sqrt{a})^2 = a$

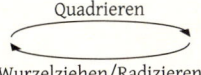

Quadrieren

Wurzelziehen/Radizieren

Zahlen, die nicht durch einen Bruch dargestellt werden können, z. B. $\sqrt{5}$, heißen **irrationale Zahlen.**

Zu der **Menge $\mathbb{R}$ der reellen Zahlen** gehören die rationalen Zahlen und die irrationalen Zahlen.

Rechnen mit Wurzeltermen

Addition und Subtraktion bei gleichen Radikanden:

$3\sqrt{a} + 5\sqrt{a} - 2\sqrt{a} = 6\sqrt{a}$; $a \in \mathbb{R}_0^+$

Multiplikation und Division:

$\sqrt{a} \cdot \sqrt{b} = \sqrt{a \cdot b}$; $a, b \in \mathbb{R}_0^+$

$\sqrt{a} : \sqrt{b} = \sqrt{a : b}$; $a \in \mathbb{R}_0^+, b \in \mathbb{R}^+$

Teilweises Radizieren:

$\sqrt{108x^3} = \sqrt{36x^2 \cdot 3x} = 6x\sqrt{3x}$; $x \in \mathbb{R}_0^+$

Rationalmachen des Nenners

$\frac{8x}{\sqrt{2x}} = \frac{8x \cdot \sqrt{2x}}{\sqrt{2x} \cdot \sqrt{2x}} = \frac{8x \cdot \sqrt{2x}}{2x} = 4\sqrt{2x}$; $x \in \mathbb{R}^+$

---

1 Bestimme die Definitionsmenge und die Lösungsmenge ($G = \mathbb{Q}$).

a) $\frac{13}{4x-7} = -\frac{1}{3}$ \qquad b) $\frac{-6}{8-x} = \frac{4}{x-2}$ \qquad c) $\frac{2x-5}{3+4x} = 1$

d) $\frac{2}{5(3x-2)} = \frac{1}{10}$ \qquad e) $\frac{x+1}{x-2} = \frac{x+2}{x}$ \qquad f) $\frac{x-1}{2x+3} = \frac{2x-3}{4x+5}$

2 Im Turnverein sind 126 aktiv Turnende gemeldet. Das Verhältnis von Jungen zu Mädchen ist $2:7$. Wie viele Jungen turnen im Verein? Löse mit Hilfe einer Bruchgleichung.

3 Addiert man zu den Zählern der Brüche $\frac{5}{9}$ und $\frac{23}{11}$ die gleiche Zahl und subtrahiert man gleichzeitig das Doppelte dieser Zahl von deren Nennern, so haben die neuen Brüche denselben Wert.

4 Gib die Lösungen der Gleichung $x^2 = a$ an ($a, x \in \mathbb{R}$). Begründe, wenn es keine Lösung gibt.

a) $x^2 = 6{,}25$ \qquad $x^2 = 62{,}5$ \qquad $x^2 = -6{,}25$ \qquad $x^2 = 0{,}0625$

b) $x^2 - 7 = 2$ \qquad $x^2 + 7 = 2$ \qquad $x^2 - 7 = -2$ \qquad $x^2 + 7 = -2$

5 Gib jeweils die zwei benachbarten natürlichen Zahlen an. Begründe, an welcher der natürlichen Zahlen die Quadratwurzel näher liegt.

$\sqrt{15}$; $\sqrt{32}$; $\sqrt{48}$; $\sqrt{54}$; $\sqrt{79}$; $\sqrt{86}$

6 Betrachte die drei Rechenterme.

(1) $5\sqrt{3} - 2\sqrt{2}$ \qquad\qquad (2) $\sqrt{36} : \sqrt{9} : \sqrt{4}$

(3) $(\sqrt{3} + \sqrt{5} - \sqrt{7}) \cdot (\sqrt{3} - \sqrt{5} + \sqrt{7})$

a) Bei welchem Term handelt es sich nicht um eine irrationale Zahl? Begründe ohne Berechnung des Termwertes.

b) Berechne anschließend alle Termwerte mit dem Taschenrechner. Runde auf zwei Stellen nach dem Komma.

7 Zerlege in ein Produkt und radiziere teilweise ($a, x \in \mathbb{R}_0^+$).

a) $\sqrt{56}$ \qquad b) $\sqrt{360}$ \qquad c) $\sqrt{392}$

d) $\sqrt{98a^2}$ \qquad e) $\sqrt{25ax^3}$ \qquad f) $\sqrt{72a^2x^5}$

8 Vereinfach so weit wie möglich.

a) $2\sqrt{13} - 5\sqrt{13} + 6\sqrt{13}$ \qquad b) $\sqrt{34} \cdot \sqrt{2} \cdot \sqrt{17}$

$\quad 2\sqrt{13} \ - 5\sqrt{3} + 6\sqrt{13}$ \qquad\qquad $3\sqrt{4} \cdot 2 \cdot 7\sqrt{1}$

$\quad 2\sqrt{3} - 5\sqrt{3} + 6\sqrt{13}$ \qquad\qquad $4\sqrt{3} \cdot \sqrt{2} \cdot \sqrt{7}$

$\quad 2\sqrt{3} - 5\sqrt{13} + 6$ \qquad\qquad $4\sqrt{3} \cdot 2 \cdot \sqrt{17}$

9 In die Terme wird die gleiche Zahl für x ($x \geq 1$) eingesetzt.

a) Bei welchem Term ist der Wert am größten? Begründe.

$\quad T_1(x) = \sqrt{x} \cdot \sqrt{x} + 1$

$\quad T_2(x) = x \cdot \sqrt{x} + 1$

$\quad T_3(x) = \sqrt{x+1} \cdot \sqrt{x+1}$

b) Gilt die Aussage in a) auch für $0 < x < 1$?

10 Bestimme, falls notwendig, die Definitionsmenge. Mache anschließend den Nenner rational.

a) $\frac{6}{\sqrt{5}}$ \qquad b) $\sqrt{\frac{8}{13}}$ \qquad c) $\frac{a}{\sqrt{7}}$ \qquad d) $\frac{45}{3\sqrt{5x}}$ \qquad e) $\frac{8b}{2\sqrt{12b}}$

Trapez

Ein Viereck mit zwei parallelen Seiten heißt Trapez.

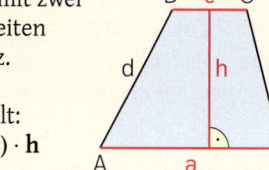

Flächeninhalt:
$A = \frac{1}{2} \cdot (a + c) \cdot h$

Die Höhe h eines Trapezes ist der Abstand der beiden parallelen Grundseiten a und c.

Parallelogramm

Ein Viereck, bei dem je zwei gegenüberliegende Seiten parallel sind, heißt Parallelogramm.

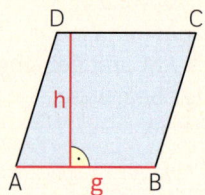

Flächeninhalt:
$A = g \cdot h$

Die Höhe h eines Parallelogramms ist der Abstand von zwei parallelen Seiten.

Drachenviereck und Raute

Bei einem Drachenviereck liegt eine Diagonale auf der Symmetrieachse.
Bei einer Raute liegen beide Diagonalen auf den beiden Symmetrieachsen.

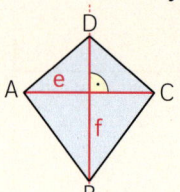 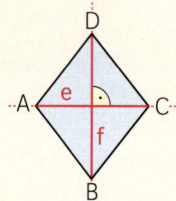

Flächeninhalt: $A = \frac{1}{2} \cdot e \cdot f$

Dabei sind $e = |\overline{AC}|$ und $f = |\overline{BD}|$ die Längen der Diagonalen.

Rechteck und Quadrat

Die Mittenlinien liegen bei beiden Vierecken auf Symmetrieachsen. Beim Quadrat liegen zusätzlich die Diagonalen auf Symmetrieachsen.

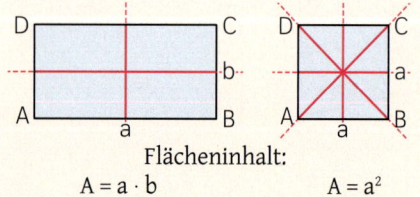

Flächeninhalt:

$A = a \cdot b$ $A = a^2$

---

① Für welche Vierecke gilt folgende Aussage?
  (1) Nur eine Diagonale liegt auf der Symmetrieachse.
  (2) Alle vier Seiten sind gleich lang.
  (3) Zwei gegenüberliegende Seiten sind parallel, aber nicht gleich lang.
  (4) Zwei gegenüberliegende Seiten sind parallel und gleich lang.
  (5) Zwei aneinanderliegende Seiten sind gleich lang und stehen aufeinander senkrecht.

② Die Abbildung zeigt das Viereck $ABCD_1$.

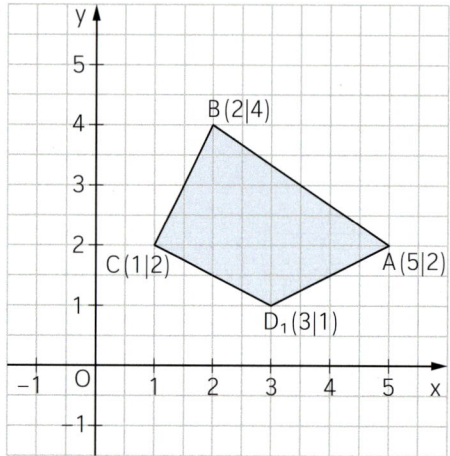

Gib ganzzahlige Koordinaten für D_n an, so dass
  a) das Viereck $ABCD_2$ ein Drachenviereck ist.
  b) das Viereck $ABCD_3$ ein Parallelogramm ist.
  c) das Viereck $ABCD_4$ ein Trapez ist, aber kein Parallelogramm.
  d) Berechne den Flächeninhalt des Vierecks $ABCD_1$.

③ Berechne den Flächeninhalt der Figur.
  a) Rechteck ABCD: a = 4 cm; Umfang u = 14 cm
  b) Quadrat ABCD: Umfang u = 6 cm
  c) Parallelogramm ABCD: a = 6 cm; h_a = 0,5 dm
  d) Drachenviereck ABCD: e = 30 mm; f = 6,4 cm
  e) Trapez ABCD mit $\overline{AB} \parallel \overline{CD}$:
     a = 5,6 cm; c = 3,4 cm; h = 0,3 dm

④ Der Flächeninhalt des Trapezes ABCD beträgt 49 cm² und der des Dreiecks BCE 14 cm².
Ferner gilt: $|\overline{DE}|$ = 6,5 cm; $|\overline{CE}|$ = 4 cm
Berechne die Länge der Strecke $\overline{AB}$.

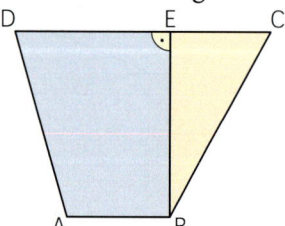

Flächen im Koordinatensystem

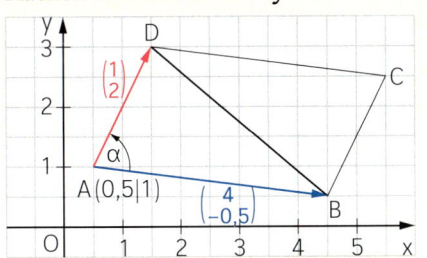

Flächeninhalt des Parallelogramms:

$A = \begin{vmatrix} 4 & 1 \\ -0,5 & 2 \end{vmatrix} FE = (4 \cdot 2 - (-0,5) \cdot 1) FE$

$= (8 + 0,5) FE = 8,5 FE$

Flächeninhalt des Dreiecks ABD:

$A = \frac{1}{2} \cdot \begin{vmatrix} 4 & 1 \\ -0,5 & 2 \end{vmatrix} FE$

$= \frac{1}{2} \cdot 8,5 FE = 4,25 FE$

Berechnung von Punktkoordinaten mit Vektoraddition:

$\overrightarrow{OC} = \overrightarrow{OB} \oplus \overrightarrow{AD}$

$\overrightarrow{OC} = \begin{pmatrix} 4,5 \\ 0,5 \end{pmatrix} \oplus \begin{pmatrix} 1 \\ 2 \end{pmatrix} = \begin{pmatrix} 5,5 \\ 2,5 \end{pmatrix}$

Ergebnis: C (5,5 | 2,5)

$\overrightarrow{OD} = \overrightarrow{OA} \oplus \overrightarrow{AD}$

$\overrightarrow{OC} = \begin{pmatrix} 0,5 \\ 1 \end{pmatrix} \oplus \begin{pmatrix} 1 \\ 2 \end{pmatrix} = \begin{pmatrix} 1,5 \\ 3 \end{pmatrix}$

Ergebnis: D (1,5 | 3)

Flächeninhalt von Vierecken

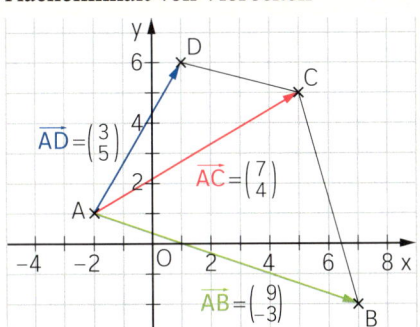

Jedes Viereck kann in zwei Teildreiecke zerlegt werden. Der Flächeninhalt des Vielecks setzt sich zusammen aus der **Summe der Flächeninhalte der Teildreiecke.**

$A_{ABC} = \frac{1}{2} \cdot \begin{vmatrix} 9 & 7 \\ -3 & 4 \end{vmatrix} FE + \frac{1}{2} \cdot 57 FE$

$= 28 FE$

$A_{ACD} = \frac{1}{2} \cdot \begin{vmatrix} 7 & 3 \\ 4 & 5 \end{vmatrix} FE = \frac{1}{2} \cdot 23 FE$

$= 11,5 FE$

$A_{ABCD} = 28,5 FE + 11,5 FE = 40 FE$

---

① Die gegebenen Pfeile spannen ein Dreieck auf. Zeichne das Dreieck in ein Koordinatensystem. Berechne den Flächeninhalt.

  a) $\overrightarrow{AB} = \begin{pmatrix} 6 \\ 1 \end{pmatrix}$; $\overrightarrow{AC} = \begin{pmatrix} -1 \\ 5 \end{pmatrix}$; A (1 | 1)

  b) $\overrightarrow{UV} = \begin{pmatrix} -4 \\ -2,5 \end{pmatrix}$; $\overrightarrow{UW} = \begin{pmatrix} 3,5 \\ -1 \end{pmatrix}$; U (4 | 4)

② Das Parallelogramm wird von den gegebenen Pfeilen aufgespannt. Berechne seinen Flächeninhalt und die Koordinaten der Eckpunkte des Parallelogramms. Tipp: Skizziere das Parallelogramm.

  a) ABCD mit $\overrightarrow{AB} = \begin{pmatrix} 3 \\ 1,5 \end{pmatrix}$; $\overrightarrow{AD} = \begin{pmatrix} 2 \\ 5 \end{pmatrix}$; A (0 | 0)

  b) STVU mit $\overrightarrow{ST} = \begin{pmatrix} -3 \\ 4 \end{pmatrix}$; $\overrightarrow{SV} = \begin{pmatrix} -5,5 \\ -1 \end{pmatrix}$; S (2 | -1)

③ Zeichne die gegebene Figur in dein Heft. Berechne dann den Flächeninhalt.

  a) Dreieck ABC: A (-6 | -4); B (3 | -1); C (4 | 3)

  b) Viereck OPQR: O (0 | 0); P (3 | 1); Q (5 | 6); R (2 | 5)

  c) Viereck ABCD: A (3 | -6); B (1 | 0); C (-4 | 2); $\overrightarrow{AD} = \begin{pmatrix} -5 \\ 2 \end{pmatrix}$

④ Berechne die Koordinaten des fehlenden Eckpunkts des Parallelogramms ABCD. Berechne anschließend den Flächeninhalt.

  a) A (-3,5 | 1); B (2 | -1) und C (6 | 1,5)

  b) A (-5 | 2); B (-2 | -6) und D (-1 | 1)

  c) B (5 | -2); C (3,5 | 1,5) und D (-4 | 0,5)

⑤ Berechne den Flächeninhalt des Vierecks, falls möglich, mit Hilfe von Strecken parallel zu den Koordinatenachsen.

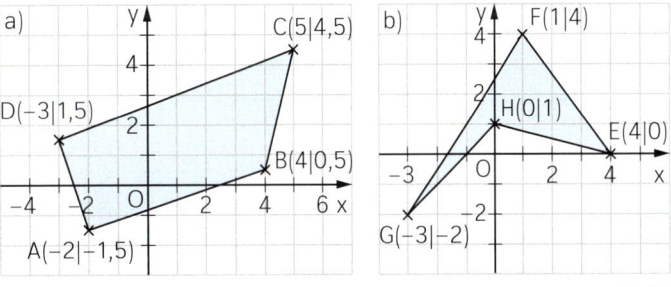

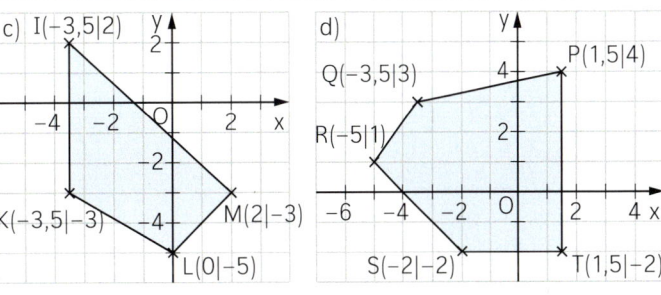

⑥ Zeichne das Viereck ABCD mit A (-2 | -4), B (2,5 | 0), C (0,5 | 3), D (-4 | 1) und berechne seinen Flächeninhalt.

Zentrische Streckung

Eine zentrische Streckung wird festgelegt durch die Angabe eines Streckungszentrums Z und eines Streckungsfaktors k. Dabei wird jedem Punkt P ein Bildpunkt P' zugeordnet.

Man schreibt: $P \xrightarrow{Z;k} P'$

Es gilt: $|\overline{ZP'}| = |k| \cdot |\overline{ZP}|$ $(k \neq 0)$

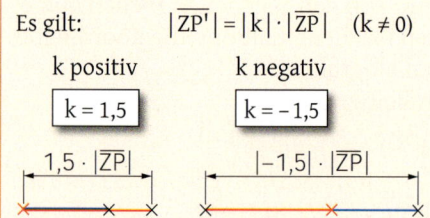

Eigenschaften

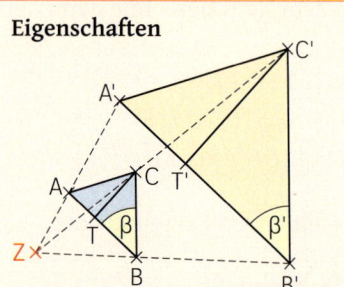

– Jede Strecke wird auf eine parallele Bildstrecke mit $|k|$-facher Länge abgebildet.
– In Ur- und Bildfigur haben entsprechende Winkel gleiches Maß.
– Das Verhältnis entsprechender Streckenlängen in Ur- und Bildfigur bleibt gleich,
z. B. $\dfrac{|\overline{AB}|}{|\overline{TC}|} = \dfrac{|\overline{A'B'}|}{|\overline{T'C'}|}$.
– Der Flächeninhalt der Bildfigur beträgt das k^2-Fache des Flächeninhalts der Urfigur. $A' = k^2 \cdot A$

Strahlensätze

Zwei sich schneidende Geraden werden von zwei Parallelen AB und CD geschnitten.

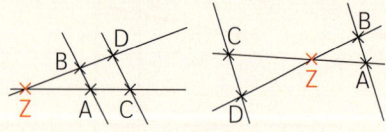

Es gilt: (1) $\dfrac{|\overline{ZA}|}{|\overline{ZC}|} = \dfrac{|\overline{ZB}|}{|\overline{ZD}|}$ (2) $\dfrac{|\overline{ZA}|}{|\overline{ZC}|} = \dfrac{|\overline{AB}|}{|\overline{CD}|}$

Umkehrung:
Sind die Verhältnisse (1) oder (2) gleich, dann verlaufen die beiden Geraden AB und CD zueinander parallel.

① Das Dreieck ABC wird durch zentrische Streckung mit dem Zentrum Z und dem Streckungsfaktor k auf das Dreieck A'B'C' abgebildet.
Zeichne das Ur- und Bilddreieck. Berechne die Flächeninhalte der beiden Dreiecke.
Es gilt: A $(2\,|-2)$; B $(4\,|-1)$; C $(2\,|\,3)$
Für die Zeichnung: $-6 \leq x \leq 6$; $-10 \leq x \leq 6$
   a)   Z $(2\,|-1)$; k = 1,5   b)   Z $(1\,|-1)$; k = -2
   c)   Z $(-2\,|-2)$; k = 0,5   d)   Z $(4\,|\,2)$; k = $-0,5$

② In der Abbildung in der linken Spalte wird das Dreieck ABC durch zentrische Streckung auf das Dreieck A'B'C' abgebildet.
Es gilt: $|\overline{AC}| = 1,8$ cm; $|\overline{TC}| = 1,6$ cm; $|\overline{A'C'}| = 4,5$ cm; $|\overline{T'B'}| = 3,7$ cm
   a)   Berechne die Länge $|\overline{T'C'}|$.
   b)   Bestimme die Länge $|\overline{TB}|$.

③ Die Strecken $\overline{AB}$ und $\overline{CD}$ sind zueinander parallel.

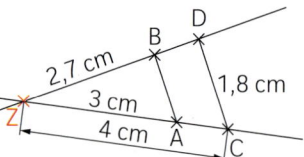

Berechne die Längen $|\overline{AB}|$ und $|\overline{ZD}|$.

④ Gegeben ist die untenstehende Abbildung.

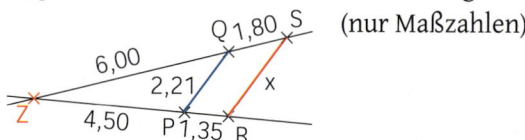

(nur Maßzahlen)

   a)   Begründe durch Rechnung, dass die beiden Strecken $\overline{PQ}$ und $\overline{RS}$ zueinander parallel sind.
   b)   Berechne den Wert von x.

⑤ Dem Dreieck ABC wird ein Rechteck PQRS einbeschrieben. Die Länge $|\overline{PS}|$ beträgt das 0,5-fache der Länge $|\overline{PQ}|$.
Es gilt: $|\overline{AB}| = 8$ cm; $h_c = 3,6$ cm.
Berechne die Seitenlängen des Rechtecks.

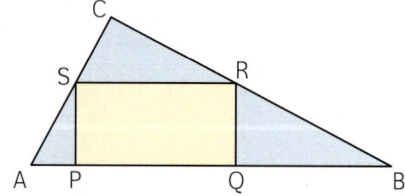

Schwerpunkt eines Dreiecks

Die Seitenhalbierenden eines Dreieckes schneiden sich im Schwerpunkt S. Er teilt die Seitenhalbierenden im Verhältnis 2:1.

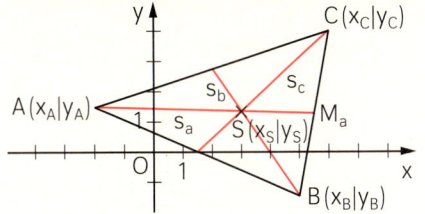

Koordinaten von S

$$x_S = \frac{x_A + x_B + x_C}{3}; \quad y_S = \frac{y_A + y_B + y_C}{3}$$

Zentrische Streckung eines Pfeils

$$\overrightarrow{P'Q'} = k \cdot \overrightarrow{PQ}$$

$$\begin{pmatrix} x_{v'} \\ y_{v'} \end{pmatrix} = k \cdot \begin{pmatrix} x_v \\ y_v \end{pmatrix}$$

$$= \begin{pmatrix} k \cdot x_v \\ k \cdot y_v \end{pmatrix}$$

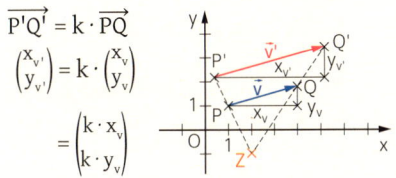

Zentrische Streckung einer Parabel

Abbildung der Parabel p mit $y = (x - 2)^2$

$$P(x\,|\,x - 2)^2 \xmapsto{Z(-1|1);\ k=-2} P'(x'|y')$$

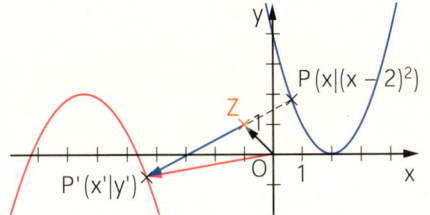

1. Möglichkeit: Vektoraddition:

$$\overrightarrow{OP'} = \overrightarrow{OZ} \oplus k \cdot \overrightarrow{ZP}$$

$$\begin{pmatrix} x' \\ y' \end{pmatrix} = \begin{pmatrix} -1 \\ 1 \end{pmatrix} \oplus (-2) \cdot \begin{pmatrix} x + 1 \\ (x - 2)^2 - 1 \end{pmatrix}$$

I $\quad x' = -2x - 3 \qquad \boxed{\dfrac{x' + 3}{-2} = x}$

II $\quad \wedge y' = -2(\boxed{x} - 2)^2 + 3$

II $\quad y' = -2\left(\dfrac{x' + 3}{-2} - 2\right)^2 + 3$

$\quad y' = -2\left(\dfrac{x' + 3 + 4}{-2}\right)^2 + 3$

Bildparabel p': $y = -0,5(x + 7)^2 + 3$

2. Möglichkeit: Abbildungsvorschrift

$$\overrightarrow{ZP'} = k \cdot \overrightarrow{ZP}$$

$$\begin{pmatrix} x' + 1 \\ y' - 1 \end{pmatrix} = -2 \cdot \begin{pmatrix} x + 1 \\ (x - 2)^2 - 1 \end{pmatrix}$$

Die weitere Berechnung erfolgt wie oben ab I.

6 Der Punkt S ist Schwerpunkt des Dreiecks ABC, M_a ist Mittelpunkt der Seite a. Berechne die fehlenden Koordinaten.
a) $A(-3\,|\,1);\ B(1,5\,|\,2);\ C(0\,|\,4,5);\ S(x_S\,|\,y_S)$
b) $A(2,5\,|\,2);\ B(5\,|\,4);\ C(0\,|\,y_C);\ S(x_S\,|\,4)$
c) $A(-4\,|\,1);\ B(8\,|\,2);\ M_a(3\,|\,5);\ S(x_S\,|\,y_S)$

7 Ein Pfeil wird durch zentrische Streckung mit dem Streckungsfaktor k abgebildet. Berechne die fehlenden Koordinaten bzw. den fehlenden Wert
a) $\begin{pmatrix} x_{v'} \\ y_{v'} \end{pmatrix} = 1,8 \cdot \begin{pmatrix} -1,5 \\ 3 \end{pmatrix}$
b) $\begin{pmatrix} x_{v'} \\ 2,8 \end{pmatrix} = 0,5 \cdot \begin{pmatrix} -1,5 \\ y_v \end{pmatrix}$
c) $\begin{pmatrix} -4 \\ y_{v'} \end{pmatrix} = k \cdot \begin{pmatrix} 2,5 \\ 3 \end{pmatrix}$
d) $\begin{pmatrix} x_{v'} \\ -9,3 \end{pmatrix} = k \cdot \begin{pmatrix} -0,5 \\ 3,1 \end{pmatrix}$

8 Der Punkt S ist der Schwerpunkt des Dreiecks ABC. Die Mittelpunkte der Dreiecksseiten legen ein Dreieck $M_a M_b M_c$ fest.
a) Berechne die Koordinaten des Punktes C:
b) Vergleiche die Flächeninhalt des Dreiecks ABC mit dem des Dreieck $M_a M_b M_c$.

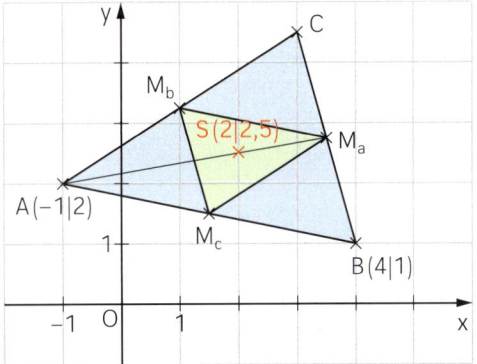

9 Berechne die Gleichung der Bildgeraden bzw. Bildparabel und überprüfe durch eine Zeichnung.
a) $g \xmapsto{Z(1,5|2);\ k=-1,5} g';$ $\quad$ g: $y = 2x + 1$
b) $p \xmapsto{Z(-2|1);\ k=-2} p';$ $\quad$ p: $y = (x + 1)^2 - 2$
c) $p \xmapsto{Z(4|-1);\ k=3} p';$ $\quad$ p: $y = 0,5(x - 3)^2 + 1$

10 Die Punkte C_n von gleichschenkligen Dreiecken AB_nC_n liegen auf der Geraden g mit $y = 4,5$. Die Dreiecke AB_nC_n werden durch zentrische Streckung auf Dreiecke $A'B'_nC'_n$ abgebildet. Es gilt: $A(0\,|\,0);\ B_n(x\,|\,0);\ Z(4\,|\,-2);\ k = -0,5$
a) Zeichne für $x = 8$ das Dreieck AB_1C_1 und für $x = 12$ das Dreieck AB_1C_2. Zeichne anschließend die Bilddreiecke $A'B'_1C'_1$ und $A'B'_2C'_2$.
Berechne dann die Koordinaten ihrer Eckpunkte. Für die Zeichnung: $-1 \le x \le 13;\ -6 \le y \le 5$
b) Begründe: Die Punkte C'_n liegen auf der Geraden g' mit $y = -5,25$.
c) Zeichne in den Dreiecken aus Aufgabe a) die Schwerpunkte ein und berechne ihre Koordinaten. Gib dann die Gleichungen der Geraden an, auf denen die Schwerpunkte S_n bzw. S'_n liegen.

Lineare Funktion

Funktionen mit der Gleichung
$y = m \cdot x + t$ sind lineare Funktionen. Ihre
Graphen sind Geraden. Der Parameter
m gibt die Steigung und der Parameter t
den y-Achsenabschnitt der Geraden mit
$m, t \in \mathbb{Q}$ an.

Beispiel: $y = \frac{1}{2}x + 2$

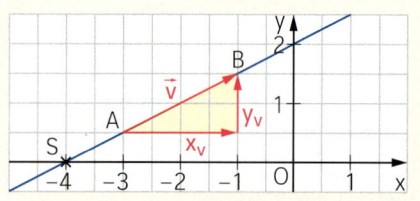

Nullstelle

Der x-Wert des Schnittpunktes eines
Graphen der Funktion f mit der x-Achse
heißt **Nullstelle** der Funktion f.
Der Graph zu f mit $y = \frac{1}{2}x + 2$ schneidet
die x-Achse im Punkt $S(-4\,|\,0)$. Die Null-
stelle ist $x = -4$.

Steigung einer Geraden

Für $g = AB$ gilt:
$$\overrightarrow{AB} = \begin{pmatrix} x_B - x_A \\ y_B - y_A \end{pmatrix} = \begin{pmatrix} x_v \\ y_v \end{pmatrix}; \; m = \frac{y_v}{x_v}$$

Beispiel: $A(-3\,|\,0,5)$; $B(-1\,|\,1,5)$;
$$\overrightarrow{AB} = \begin{pmatrix} -1 - (-3) \\ 1,5 - 0,5 \end{pmatrix} = \begin{pmatrix} 2 \\ 1 \end{pmatrix}; \; m = \frac{1,5 - 0,5}{-1 - (-3)} = \frac{1}{2}$$

Parallele Geraden

Es gilt: $g \,\|\, h$, wenn $m_g = m_h$
Parallele Geraden bilden eine **Parallelenschar** $p\,(t)$ mit der Gleichung $y = m_0 x + t$

Orthogonale Geraden

Zwei Geraden g und h sind orthogonal
zueinander, wenn gilt:

$m_g \cdot m_h = -1$ bzw. $m_g = -\dfrac{1}{m_h}$

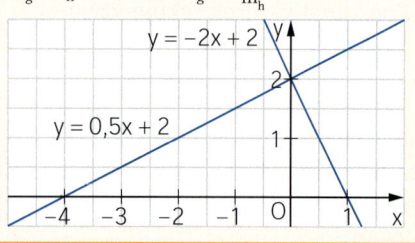

① Zeichne die Graphen zu folgenden Funktionen in ein Koordinatensystem:
  a) f: $y = 3x$ b) f: $y = -1,5x + 2$
     g: $y = x + 3$ g: $1,5x + 2 - y = 0$
     h: $y = 3$ h: $2x + \frac{1}{2}y + 2 = 0$

② Bestimme aus der
Zeichnung die Glei-
chungen der Geraden.

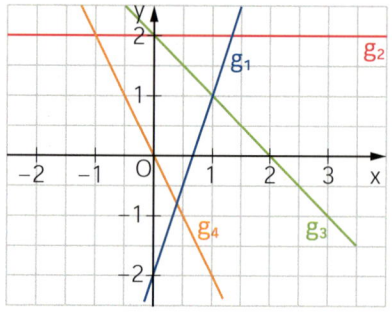

③ Bestimme die Nullstelle der Funktion f.
  a) f: $y = 4x - 0,5$ b) f: $8y = -5x + 2$

④ Die Punkte $P(x_P\,|\,y_P)$ und $Q(x_Q\,|\,y_Q)$ liegen auf der Geraden g.
Berechne die fehlenden Koordinaten.
  a) g: $y = -2,5x - 4$; $x_P = -9$; $y_Q = 8,5$
  b) g: $5x - 6y = -30$; $x_P = 2,4$; $y_Q = \frac{11}{3}$

⑤ Gib die Koordinaten von zwei Punkten an, die auf der Geraden h liegen.
  a) h: $7x - 3y = -4$ b) h: $\frac{2}{3}y - 2x = 9$

⑥ Von der Geraden g sind der y-Achsenabschnitt t und ein
Punkt P gegeben. Bestimme rechnerisch die Geradengleichung.
  a) $t = -4$; $P(-2\,|\,-5)$ b) $t = \frac{3}{4}$; $P(0,5\,|\,2,75)$

⑦ Stelle die Geradengleichung auf für $g = AB$.
  a) $A(-5\,|\,3)$; $B(2\,|\,1)$ b) $A(4,5\,|\,1)$; $B(1\,|\,4,5)$
  c) $A(0,5\,|\,-0,5)$; $B(0\,|\,5,5)$ d) $A(-2\,|\,5)$; $B(13\,|\,30)$

⑧ Gegeben ist das Dreieck ABC mit $A(-2\,|\,3)$; $B(-5\,|\,-2)$ und
$C(5,5\,|\,-1,5)$.
  a) Zeichne das Dreieck in ein Koordinatensystem und zeige
rechnerisch, dass es rechtwinklig ist.
  b) Die Parallele p zur Seite $\overline{AC}$ durch den Eckpunkt B
schneidet die y-Achse im Punkt D. Berechne seine Koordinaten.
  c) Die Gerade s verläuft senkrecht zur Seite $\overline{AC}$ durch den
Punkt $E(3\,|\,0)$. Prüfe rechnerisch, ob der Punkt D auf die-
ser Geraden s liegt.

⑨ Eine Parallelenschar $p\,(t)$ ist festgelegt durch $y = 0,5x + t$.
  a) Bestimme die Gleichungen der Geraden g_1 und g_2 aus der
Schar, die durch $A(-1\,|\,4)$ bzw. $B(4\,|\,-1)$ gehen.
  b) Überprüfe durch Rechnung, ob die Gerade CD mit
$C(2\,|\,-3)$ und $D(-6\,|\,4)$ zur Schar gehört.

Verknüpft man zwei lineare Gleichungen mit zwei Variablen durch „∧", so entsteht ein **lineares Gleichungssystem** (x, y ∈ ℝ).

I $\quad y + x = 2$
II $\quad \wedge y = x - 1$

Graphische Lösung

Löse beide Gleichungen nach y auf und zeichne die zugehörigen Geraden g und h.

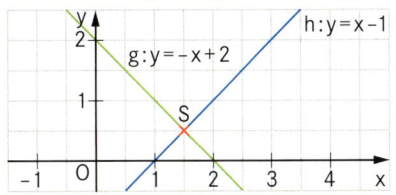

Die Lösung entspricht den Koordinaten des Schnittpunktes S(1,5|0,5) der beiden Geraden g und h. Die Lösung muss beide Gleichungen gleichzeitig erfüllen:

I $\quad 0{,}5 + 1{,}5 = 2$ (w)
II $\quad \wedge 0{,}5 = 1{,}5 - 1$ (w) $\qquad L = \{(1{,}5|0{,}5)\}$

Aus zwei Gleichungen mit zwei Variablen bildet man zunächst eine Gleichung mit einer Variablen.

Gleichsetzungsverfahren

I $\quad y + x = 2$
II $\quad \wedge y = x - 1$

Löse beide Gleichungen z. B. nach y auf.

I $\quad y = -x + 2$
II $\quad \wedge y = x - 1$

I = II: $-x + 2 = x - 1$
$\qquad\qquad x = 1{,}5$

Setze x in I oder II ein.

x in II: $y = 1{,}5 - 1$
$\qquad\quad y = 0{,}5 \qquad\qquad L = \{(1{,}5|0{,}5)\}$

Einsetzungsverfahren

I $\quad y + x = 2$
II $\quad \wedge y = x - 1$

Löse, wenn nötig, eine Gleichung z. B. II nach y auf.
Setze II in I ein.

II in I: $x - 1 + x = 2$
$\qquad\qquad x = 1{,}5$

... $\qquad\qquad\qquad\qquad L = \{(1{,}5|0{,}5)\}$

Additionsverfahren

I $\quad y = -x + 2$
II $\quad \wedge y = x - 1$

Addiere die Terme auf den linken und rechten Seiten des Gleichheitszeichens.

I + II: $y + y = -x + 2 + x - 1$
$\qquad\qquad y = 0{,}5$

... $\qquad\qquad\qquad\qquad L = \{(1{,}5|0{,}5)\}$

① Ermittle die Lösung des Gleichungssystems mit einem geeigneten Verfahren (x, y ∈ ℝ).

a) $\quad y = 2x + 3$
$\qquad \wedge y = x - 2$

b) $\quad y = -1{,}5x + 2$
$\qquad \wedge y + 2 = 0{,}5x$

c) $\quad x = -5 + y$
$\qquad \wedge x = -4y + 1{,}8$

d) $\quad x = 4y + 6$
$\qquad \wedge 5{,}2y + 7{,}8 = 1{,}3x$

e) $\quad 3x + y = 2$
$\qquad \wedge -x + y = -4$

f) $\quad -3{,}5y + 2x = 1$
$\qquad \wedge 7y + 4 = 4x$

g) $\quad 2x = y - 8$
$\qquad \wedge -2y + 7 = 2x$

h) $\quad 6y + 1 = x$
$\qquad \wedge -6y = 4(x - 1)$

② a) Lies die Lösungsmenge ab.
Gib das zugehörige Gleichungssystem an (x, y ∈ ℝ).

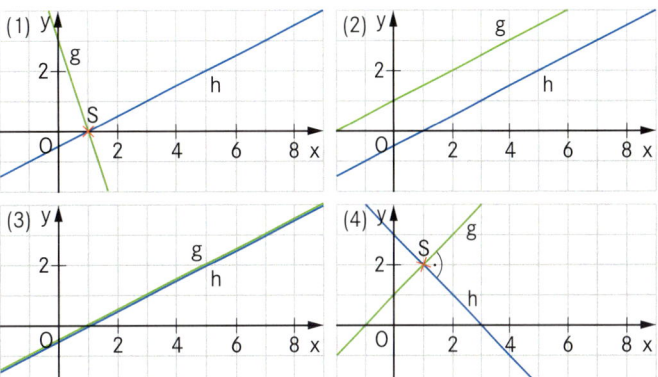

b) Vervollständige die Sätze in deinem Heft.
Ein lineares Gleichungssystem hat
(1) genau eine Lösung, wenn...
(2) keine Lösung, wenn...
(3) unendlich viele Lösungen, wenn...

c) Wähle m aus {–0,6; 0,6} und t aus {–2,4; 2,4}, sodass das folgende lineare Gleichungssystem

I $\quad y = -0{,}6x + 2{,}4$
II $\quad \wedge y = mx + t$

(1) genau eine Lösung,
(2) keine Lösung,
(3) unendlich viele Lösungen hat.

③ Bei der Festwoche des Sportvereins „Weiß-Blau" ist eine Rocknacht mit der Band „The Darks" geplant. Für ihren Auftritt verlangen die Musiker einen Grundbetrag von 8 000 € und dazu noch 25 % aus den Einnahmen des Kartenverkaufs. Die Verantwortlichen des Vereins kalkulieren mit zusätzlichen Kosten für Versicherungen, Werbung, usw. von 4 000 €. Die Eintrittskarten für das 2 500 Besucher fassende Festzelt sollen 10 € kosten. Außerdem erwartet man pro Besucher einen Gewinn von durchschnittlich 5 € aus dem Verzehr von Essen und Getränken. Berechne, wie viele Besucher die Veranstaltung mindestens besuchen müssen, damit dem Verein kein Verlust entsteht.

Quadratische Funktion

Die Gleichung $y = a(x - x_s)^2 + y_s$ legt eine quadratische Funktion f fest. Der Graph der Funktion f ist eine Parabel p mit dem Scheitel $S(x_s \mid y_s)$ und dem Öffnungsfaktor a.

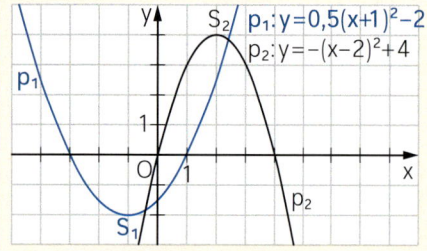

$p_1: y = 0{,}5(x+1)^2 - 2$
$p_2: y = -(x-2)^2 + 4$

$a > 0$ oben offene Parabel
$a < 0$ unten offene Parabel
$|a| > 1$ schmal, gestreckt
$|a| < 1$ breit, gestaucht
$|a| = 1$ Normalparabel

Die **allgemeine Form** der Parabelgleichung $y = ax^2 + bx + c$ kann durch quadratische Ergänzung in die **Scheitelform** umgeformt werden.

$y = a(x - x_s)^2 + y_s$
$y = -0{,}5x^2 + 2x + 1$
$y = -0{,}5(x^2 - 4x + 2^2 - 4) + 1$
$y = -0{,}5(x - 2)^2 + 3$; $S(2 \mid 3)$

Quadratische Gleichungen

Eine Gleichung der Form $ax^2 + bx + c = 0$ ist eine quadratische Gleichung.
Der Term $D = b^2 - 4ac$ heißt **Diskriminante** und bestimmt die Anzahl der Lösungen:

$D > 0$ 2 Lösungen
$D = 0$ 1 Lösung
$D < 0$ keine Lösung

Lösungsformel: $x_{1,2} = \dfrac{-b \pm \sqrt{b^2 - 4ac}}{2a}$
$2x^2 - 4x - 2{,}5 = 0$
$D = (-4)^2 - 4 \cdot 2 \cdot (-2{,}5) = 36$
$x_{1,2} = \dfrac{4 \pm 6}{4}$; $L = \{-0{,}5; \ 2{,}5\}$

Tangente an eine Parabel

Eine Gerade g ist Tangente an eine Parabel p, wenn es genau einen Schnittpunkt gibt.
p mit $y = x^2$; $g(t)$ mit $y = -0{,}5x + t$
Schnittpunktbedingung: $x^2 = -0{,}5x + t$
Diskriminante: $D = 4t + 0{,}25$
Tangentenbedingung: $D = 0$; $4t + 0{,}25 = 0$
Tangente t mit $y = -0{,}5x - \dfrac{1}{16}$

① Bestimme die Scheitelkoordinaten und zeichne die Parabel in ein Koordinatensystem.
   a) $y = x^2 + 8x + 12$
   b) $y = x^2 + 2x - 6$
   c) $y = x^2 - 6x + 8$
   d) $y = \frac{2}{3}x^2 - 4x + 6$
   e) $y = -2x^2 + 6x + 4{,}5$
   f) $y = 0{,}25x^2 - 1$

② Bestimme die Gleichung der Parabel p mit P, $Q \in p$.
   a) $P(4 \mid 5)$; $Q(1 \mid 0{,}5)$; $a = 1{,}5$
   b) $P(0 \mid 2{,}5)$; $Q(5 \mid -5)$; $a = -0{,}5$
   c) $P(1 \mid -2)$; $Q(6 \mid -7)$; unten offene Normalparabel
   d) $P(2 \mid -1)$; $Q(-1 \mid 2)$; $a = 1$
   e) $P(-3 \mid 12)$; Symmetrieachse $x = -2$; unten offene Normalparabel

③ a)   Zeichne die Parabel p mit $y = -(x - 2)^2 + 3$ in ein Koordinatensystem.
   b)   Die Punkte $A_n(x \mid -(x - 2)^2 + 3)$ und $B_n(x_B \mid y_B)$ liegen auf der Parabel p. Dabei ist die Abszisse x_B der Punkte B_n stets um 2 größer als die Abszisse x der Punkte A_n. Stelle die Koordinaten der Punkte B_n in Abhängigkeit von x dar.
   c)   Zeige, dass sich der Flächeninhalt A der Dreiecke OB_nA_n in Abhängigkeit von x wie folgt darstellen lässt:
$A(x) = (x^2 + 2x - 1)$ FE
   d)   Begründe, dass es keine Dreiecke OB_nA_n mit minimalem Flächeninhalt gibt.
   e)   Für welches x gilt $A = 10{,}25$ FE?

④ Bestimme in $\mathbb{G} = \mathbb{R}$ die Lösungen der quadratischen Gleichung.
   a) $x^2 - 5x + 12 = 0$
   b) $x^2 + 7x - 3 = 0$
   c) $(x + 1)(x - 2) = 0$
   d) $4x + 12{,}5 - 3x^2 = 2x(3 - 2x)$

⑤ Ein gleichseitiges Dreieck hat eine Seitenlänge von 2 cm. Verlängert man alle Seiten um x cm, so entstehen neue Dreiecke. Für welche Werte von x ist der Flächeninhalt der neuen Dreiecke um 4 cm² größer als der ursprüngliche?

⑥ Gegeben ist die Parabel p mit $y = -x^2 + 8x - 13$ und die Parallelenschar $g(t)$ mit $y = -x + t$.
   a)   Eine Gerade der Schar ist Tangente an die Parabel. Berechne ihre Gleichung. Bestimme die Koordinaten des Berührpunktes B.
   b)   Die Gerade h mit $y = -x + 1$ schneidet p in den Punkten P und Q.

Satz des Pythagoras

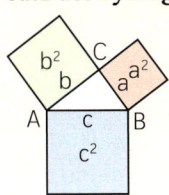

In dem Dreieck ABC mit $\gamma = 90°$ gilt:

$$a^2 + b^2 = c^2$$

Beispiel:

$c = 7\,cm; a = 4\,cm; \gamma = 90°$

Mit dem Satz des Pythagoras ergibt sich:

$(4\,cm)^2 + b^2 = (7\,cm)^2$

$\qquad b^2 = 49\,cm^2 - 16\,cm^2$

$\qquad b^2 = 33\,cm^2$

$\qquad b = 5,74\,cm$

Streckenlängen im Koordinatensystem

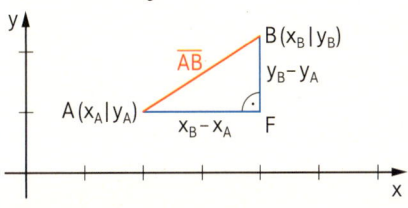

Parallelen zu den Achsen:

$|\overline{AF}| = (x_B - x_A)\,LE \qquad |\overline{BF}| = (y_B - y_A)\,LE$

beliebige Strecke:

$|\overline{AB}| = \sqrt{(x_B - x_A)^2 + (y_B - y_A)^2}\,LE$

Mit A $(-2|1)$ und B $(4|-3)$ folgt für $|\overline{AB}|$:

$|\overline{AB}| = \sqrt{(4 - (-2))^2 + (-3 - 1)^2}\,LE$

$|\overline{AB}| = \sqrt{52}\,LE = 7,21\,LE$

Trigonometrie

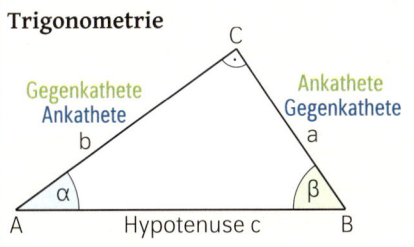

Im Dreieck ABC mit $\gamma = 90°$ gilt:

$\sin \alpha = \dfrac{a}{c} \qquad\qquad \sin \beta = \dfrac{b}{c}$

$\cos \alpha = \dfrac{b}{c} \qquad\qquad \cos \beta = \dfrac{a}{c}$

$\tan \alpha = \dfrac{a}{b} \qquad\qquad \tan \beta = \dfrac{b}{a}$

Beispiel:

$c = 7\,cm, a = 4\,cm, \gamma = 90°$

Für das Winkelmaß α gilt:

$\sin \alpha = \frac{4\,cm}{7\,cm}; \alpha = 34,85°$

Für das Winkelmaß β gilt:

$\cos \beta = \frac{4\,cm}{7\,cm}; \beta = 55,15°$

① In einem rechtwinkligen Dreieck mit $\gamma = 90°$ sind die Höhe $h_c = 4,32\,cm$ und die Kathetenlänge $|\overline{AC}| = 5,83\,cm$ gegeben. Berechne die anderen Seitenlängen und den Flächeninhalt des Dreiecks.

② Im Drachenviereck ABCD mit der Symmetrieachse AC und dem Diagonalenschnittpunkt M gilt:
$\beta = \delta = 90°; |\overline{DC}| = 9\,cm; |\overline{MC}| = 7\,cm$
Fertige eine beschriftete Skizze an. Berechne anschließend die Längen $|\overline{AC}|$, $|\overline{BD}|$ und $|\overline{AB}|$. Konstruiere das Drachenviereck.

③ Die Punkte A $(2|-1)$, B $(3|2)$, C $(2|3)$ und D $(1|2)$ bilden das Drachenviereck ABCD.
a) Zeichne das Drachenviereck ABCD in ein Koordinatensystem.
b) Beschreibe die besondere Lage des Drachenvierecks im Koordinatensystem und berechne seinen Flächeninhalt.
c) Berechne die Seitenlängen des Vierecks ABCD.

④ Berechne die rot gekennzeichneten Größen. Runde auf eine Stelle nach dem Komma.
a) 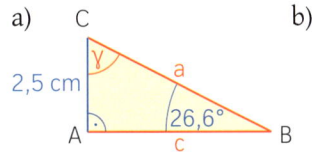   b)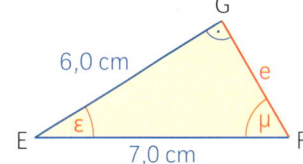

⑤ Konstruiere die geometrische Figur. Berechne die fehlenden Winkelmaße, den Flächeninhalt und den Umfang der gegebenen Figur. Runde auf zwei Stellen nach dem Komma.
a) gleichschenkliges Dreieck EFG mit Basislänge $|\overline{EF}| = 6,9\,cm$ und Höhe $h = 4,8\,cm$
b) gleichschenkliges Trapez ABCD mit $c = 2,8\,cm$, $h = 4,2\,cm$, $\gamma = 103°$ und $\overline{AB} \parallel \overline{DC}$
c) Raute STUV mit der Diagonalenlänge $|\overline{SU}| = 8,6\,cm$ und $\sphericalangle TSV = 54°$

⑥ Gegeben ist das Dreieck ABC mit A $(-6|-4,5)$; B $(3,5|-0,5)$ und C $(2|1,5)$.
a) Zeichne das Dreieck ABC in ein Koordinatensystem und zeige durch Rechnung, dass es rechtwinklig ist. Platzbedarf: $-7 \le x \le 6; -5 \le y \le 2$
b) Verkürzt man die Seite $\overline{AC}$ von A aus um $2x$ cm und verlängert man gleichzeitig die Seite $\overline{BC}$ über B hinaus um x cm, so entstehen neue rechtwinklige Dreiecke $A_n B_n C$. Zeichne das Dreieck $A_1 B_1 C$ für $x = 2$ in das Koordinatensystem zu a) ein. Berechne anschließend dessen Innenwinkelmaße.
c) Für welche Belegung von x wird die Hypotenusenlänge $|\overline{A_n B_n}|$ minimal? Berechne die Seitenlängen und den Flächeninhalt des dazugehörigen Dreiecks $A_0 B_0 C$.

Schrägbilder

Strecken, die senkrecht zur Zeichenebene verlaufen (unten: Seite $\overline{BC}$ des Rechtecks), werden verzerrt dargestellt (mit dem Verzerrungswinkel ω und dem Verzerrungsmaßstab q)

Schrägbild der Pyramide ABCDS

Das Rechteck ABCD ist die Grundfläche, M ist der Schnittpunkt der Diagonalen $\overline{AC}$ und $\overline{BD}$. Es gilt: $|\overline{AB}| = 7$ cm; $|\overline{BC}| = 5$ cm; $\overline{MS}$ ist die Höhe mit $|\overline{MS}| = 4$ cm; q = 0,5; ω = 45°; AB ist Schrägbildachse.

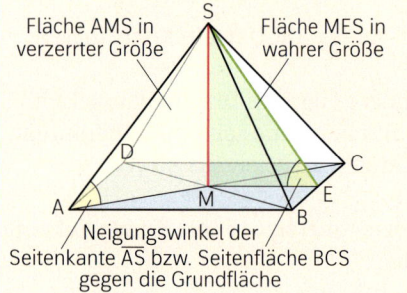

Fläche AMS in verzerrter Größe

Fläche MES in wahrer Größe

Neigungswinkel der Seitenkante $\overline{AS}$ bzw. Seitenfläche BCS gegen die Grundfläche

Berechnungen in der Pyramide ABCDS

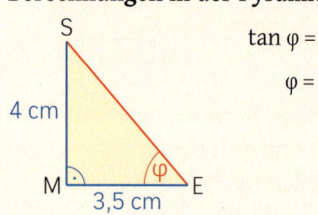

$\tan \varphi = \dfrac{4\ \text{cm}}{3{,}5\ \text{cm}}$

$\varphi = 48{,}81°$

$|\overline{ES}|^2 = (4\ \text{cm})^2 + (3{,}5\ \text{cm})^2$
$|\overline{ES}|^2 = 28{,}25\ \text{cm}^2$
$|\overline{ES}| = 5{,}32\ \text{cm}$

Im Rechteck ABCD gilt:
$|\overline{AM}|^2 = (3{,}5\ \text{cm})^2 + (2{,}5\ \text{cm})^2$
$|\overline{AM}|^2 = 18{,}50\ \text{cm}^2$
$|\overline{AM}| = 4{,}30\ \text{cm}$

Im Dreieck AMS gilt:
$|\overline{AS}|^2 = (4{,}30\ \text{cm})^2 + (4\ \text{cm})^2$
$|\overline{AS}|^2 = 34{,}49\ \text{cm}^2$
$|\overline{AS}| = 5{,}87\ \text{cm}$

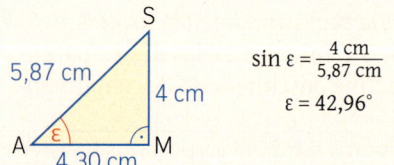

$\sin \varepsilon = \dfrac{4\ \text{cm}}{5{,}87\ \text{cm}}$

$\varepsilon = 42{,}96°$

① Berechne in der links abgebildeten Pyramide
a) die Länge der Strecke $\overline{ES}$ mit Hilfe des Dreiecks ECS.
b) den Flächeninhalt der Seitenfläche ABS.
c) das Maß des Winkels ∢ASB.

② Das Rechteck ABCD ist die Grundfläche der Pyramide ABCDS. Der Punkt S ist die Spitze dieser 4 cm hohen Pyramide mit der Höhe $\overline{DS}$. Es gilt: $|\overline{AB}| = 5$ cm; $|\overline{BC}| = 3$ cm
a) Zeichne ein Schrägbild dieser Pyramide mit CD als Schrägbildachse. Es gilt: q = 0,5; ω = 45° [q = $\tfrac{2}{3}$; ω = 60°]
b) Berechne die Längen der Strecken $\overline{AS}$ und $\overline{BS}$.
c) Berechne die Höhe der Seitenfläche BCS.
d) Berechne das Maß ε des Neigungswinkels der Seitenkante $\overline{AS}$ und das Maß φ des Neigungswinkels der Seitenkante $\overline{BS}$ gegen die Grundfläche.

③ Berechne im Heft die fehlenden Größen. Runde alle Werte auf eine Stelle nach dem Komma.

	a)	b)	c)
a	3 cm		
b	2 cm	3,0 cm	4 cm
h	4 cm	2,5 cm	
d		4,7 cm	5 cm
e			7 cm
g			
µ			

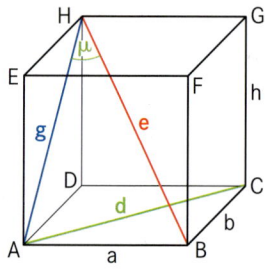

④ Berechne den Umfang und den Flächeninhalt der markierten Dreiecke sowie die gekennzeichneten Winkelmaße (Maße in cm).

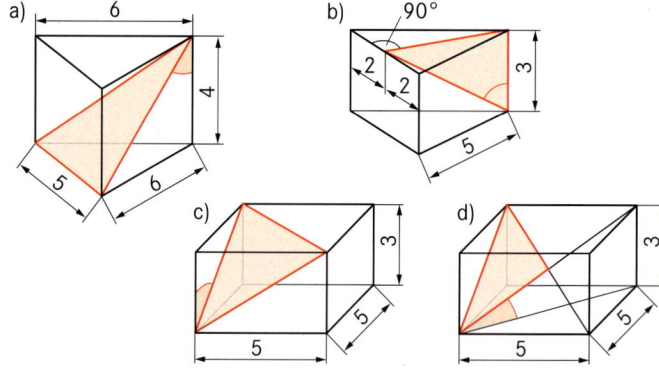

⑤ Die Abbildung zeigt zwei Pyramiden.
a) Berechne den Inhalt der markierten Flächen.
b) Berechne die Längen der rot markierten Seitenkanten der oberen kleinen Pyramide.
c) Gib die Maße der Innenwinkel einer Seitenfläche der Pyramiden an.

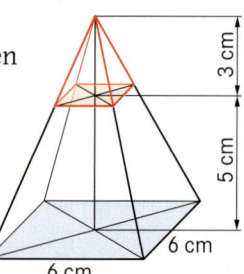

M: Inhalt der Mantelfläche

G: Inhalt der Grundfläche

O: Inhalt der Oberfläche

V: Volumen

Prisma

$M = u_G \cdot h$

$O = 2 \cdot G + M$

$V = G \cdot h$

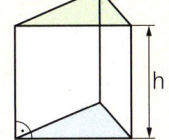

Pyramide

$O = G + M$

$V = \frac{1}{3} \cdot G \cdot h$

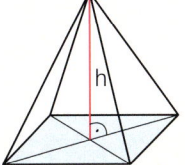

Zylinder

$M = 2 \cdot r \cdot \pi \cdot h$

$O = 2 \cdot r \cdot \pi \cdot (r + h)$

$V = r^2 \cdot \pi \cdot h$

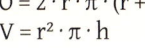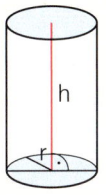

Kegel

$M = r \cdot \pi \cdot s$

$O = r \cdot \pi \cdot (r + s)$

$V = \frac{1}{3} \cdot r^2 \cdot \pi \cdot h$

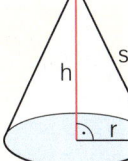

$\alpha = \frac{r}{s} \cdot 360°$

(Mittel-
punkts-
winkel der
Mantel-
fläche)

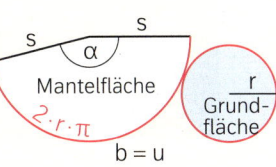

Kugel

$O = 4 \cdot r^2 \cdot \pi$

$V = \frac{4}{3} \cdot r^3 \cdot \pi$

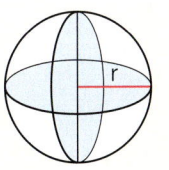

① Ein gleichseitiges Dreieck mit einem Flächeninhalt von 530,44 cm² ist die Grundfläche eines 52 cm hohen Prismas. Berechne den Inhalt der Mantelfläche.

② Das Quadrat ABCD mit $|\overline{AB}| = 6$ cm ist die Grundfläche der Pyramide ABCDS mit der Höhe $|\overline{DS}| = 9$ cm.
Es entstehen neue Pyramiden $AB_nC_nDS_n$, wenn man die Kanten $\overline{AB}$ und $\overline{CD}$ über B und C hinaus um jeweils 2x cm verlängert und die Höhe um x cm verkürzt.
a) Gib ein sinnvolles Intervall für x an.
b) Zeichne ein geeignetes Schrägbild der Pyramiden ABCDS und $AB_1C_1DS_1$ für x = 1.
c) Bestätige durch Rechnung, dass für das Volumen V in Abhängigkeit von x gilt: $V(x) = (-4x^2 + 24x + 108)$ cm³
d) Für welche Belegung von x erhält man ein maximales Volumen? Gib V_{max} an.
e) Die Pyramide $AB_2C_2DS_2$ besitzt ein Volumen von 80 cm³. Berechne den zugehörigen Wert für x.

③ Die Straßenwalze hat die Form eines Zylinders. Ermittle den ungefähren Inhalt der Mantelfläche in Wirklichkeit. Schätze die dafür benötigten Größen mit Hilfe des Bildes ab.

④ In einen Kegel mit dem Radius r = 3 cm und der Höhe h = 8 cm werden Kegel K_n mit dem Radius x cm und der Höhe y cm einbeschrieben.
a) Zeichne einen Axialschnitt des Kegels mit dem einbeschriebenen Kegel K_1 für x = 1,5.
b) Berechne das Volumen und den Oberflächeninhalt des einbeschriebenen Kegels K_1.
c) Für welche Belegung von x ist der Axialschnitt des einbeschriebenen Kegels K_2 ein rechtwinkliges Dreieck?
d) Für welchen Wert von x ist der Axialschnitt des einbeschriebenen Kegels K_3 ein gleichseitiges Dreieck?
e) Stelle das Volumen des Kegels in Abhängigkeit von x dar

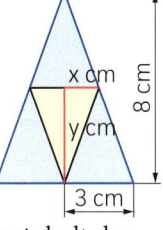

⑤ Ist diese Pralinenschachtel eine Mogelpackung? Die Schachtel ist 3 cm hoch und hat die Form eines Prismas mit einem regelmäßigen Sechseck (Seitenlänge 6 cm) als Grundfläche. In der Schachtel befinden sich 24 kugelförmige Nougatpralinen mit 2,5 cm Durchmesser.
Wir bezeichnen eine Verpackung als Mogelpackung, wenn sie mehr als 25 % Luft enthält.

Merkur · Venus · Erde · Mars · Jupiter · Saturn · Uranus · Neptun

02

Potenzen und Potenzfunktionen

Mount Everest

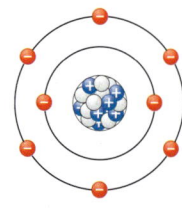

Sauerstoffatom

Entfernung Erde–Mond

Eiffelturm

Archaeon (Urbakterium)

Ordne die Größenangaben den Bildern richtig zu:

A $5 \cdot 10^{-7}$ m **B** $8{,}85 \cdot 10^{3}$ m **C** $3{,}8 \cdot 10^{8}$ m

D $3{,}248 \cdot 10^{2}$ m **E** $1{,}5 \cdot 10^{-6}$ m **F** ca. 10^{-13} m

Ein Archaeon (früher Urbakterium) ist etwa 1,5 µm lang und kann sich in 1 Sekunde um das 400-fache seiner Körpergröße fortbewegen.

Wie schnell müsste ein Auto fahren (in $\frac{\text{km}}{\text{h}}$), um das gleiche Verhältnis von Entfernung zu Länge zu erreichen?

1 Sehr große und sehr kleine Zahlen lassen sich einfacher mit Hilfe von Zehnerpotenzen darstellen (Exponentialdarstellung oder **Normdarstellung**). Der Zahlenwert wird aufgeteilt in eine Zahl a und eine Potenz zur Basis 10:

$a \cdot 10^b$, zum Beispiel $48\,000\,000 = 4{,}8 \cdot 10^7$.

10^N	Symbol	Name	Dezimalzahl	Zahlwort
10^{18}	E	Exa	1 000 000 000 000 000 000	Trillion
10^{15}	P	Peta	1 000 000 000 000 000	Billiarde
10^{12}	T	Tera	1 000 000 000 000	Billion
10^9	G	Giga	1 000 000 000	Milliarde
10^6	M	Mega	1 000 000	Million
10^3	k	Kilo	1 000	Tausend
10^0	–	**Einheit**	**1**	Eins
10^{-1}	d	Dezi	0,1	Zehntel
10^{-2}	c	Centi	0,01	Hundertstel
10^{-3}	m	Milli	0,001	Tausendstel
10^{-6}	µ	Mikro	0,000 001	Millionstel
10^{-9}	n	Nano	0,000 000 001	Milliardstel
10^{-12}	p	Pico	0,000 000 000 001	Billionstel
10^{-15}	f	Femto	0,000 000 000 000 001	Billiardstel

In der Normdarstellung ist a eine Dezimalzahl kleiner als 10 und b eine ganze Zahl. Bei physikalischen Einheiten verwendet man auch ganzzahlige Potenzen von 1000 und Kurzsymbole (siehe Tabelle).

a) Gib die Größe in der Einheit an, die in der Klammer steht.

(1) 5 kJ (J)   (2) 9 MW (W)   (3) 4 TJ (kJ)
     35 kg (g)   6,3 GJ (MJ)   5 TW (MW)
     71 GW (W)   3 km (m)   2,5 nm (m)

b) Wandle die angegebenen Größen in Meter um. Verwende die Normdarstellung.

(1) 5 mm   (2) 15 mm   (3) 250 nm
     12 µm   1725 pm   1295 nm
     157 pm   12 nm   459 µm

2 Schreibe alle Angaben sowie die Ergebnisse mit Hilfe von Zehnerpotenzen.

a) Der Durchmesser eines Glühfadens beträgt 8 µm. Berechne den Inhalt der Querschnittsfläche.

b) Streptokokken (Bakterien) haben einen Durchmesser von etwa 2400 nm.

c) Der Radius eines Atomkerns beträgt etwa 1 pm. Wie viele Atomkerne würden in 1 mm³ passen?

Potenzgesetze

Potenzgesetze
Für alle $a, b \in \mathbb{R}$ und $m, n \in \mathbb{Z}$ gilt:

$a^m \cdot a^n = a^{m+n}$ $a^m : a^n = a^{m-n}$ $3^4 \cdot 3^2 = 3^{4+2} = 3^6$ $3^4 : 3^2 = 3^{4-2} = 3^2$

$a^n \cdot b^n = (ab)^n$ $a^n : b^n = (a:b)^n; b \neq 0$ $3^4 \cdot 4^4 = (3 \cdot 4)^4 = 12^4$ $3^4 : 4^4 = (3:4)^4 = \left(\frac{3}{4}\right)^4$

$(a^m)^n = a^{m \cdot n}$ $(3^4)^2 = 3^{4 \cdot 2} = 3^8$

Übungen

3 Vereinfache soweit wie möglich.

a) $1{,}25^5 \cdot 8^5$ b) $3a^5 \cdot 6a^3$ c) $(4a)^2 \cdot 3a^4$

d) $(12x^7)^2 : (3x^{12})$ e) $5^3 x^3 : (5^2 x)^2$ f) $5x^2 \cdot 7\,(x^3)^5 : (105x^{15})$

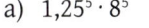

$(3x^2)^3 \cdot 6x^4$
$= 3^3 \cdot (x^2)^3 \cdot 6 \cdot x^4$
$= 162x^6 \cdot x^4 = 162x^{10}$

Potenzen vor Punkt vor Strich

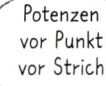

4 Vereinfache mit Hilfe der Potenzgesetze.

a) $(x^2 y)^2 \cdot x^{-4} y^2$ b) $x^a \cdot x^b : x^{a-2}$ c) $2^{2x+1} : 2^{2(x-1)}$ d) $3^{x+3} \cdot \left(\frac{1}{3}\right)^{x+3}$

5 Zeige durch Umformung die Äquivalenz der Terme.

a) $(-2)^4 \cdot 2^n = 2^{n+4}$ b) $4^3 \cdot 4^{3x} = 64^{1+x}$

c) $2 \cdot 3^x \cdot 3^3 + 6 \cdot 3^{x+2} = 4 \cdot 3^{x+3}$ d) $2^{2(1-x)} = 4 \cdot \left(\frac{1}{4}\right)^x$

e) $3^{x+1} = 3^{2-x} \cdot 3^{2x} - 6 \cdot 3^x$ f) $27 \cdot \left(\frac{1}{3}\right)^{2x+2} = 3 \cdot 3^{-2x}$

$6 \cdot 2^x = 2^{x+2} + 2 \cdot 2^x$
$6 \cdot 2^x = 2^x \cdot 2^2 + 2 \cdot 2^x$
$6 \cdot 2^x = 4 \cdot 2^x + 2 \cdot 2^x$
$6 \cdot 2^x = 6 \cdot 2^x$

① a) Erkläre die Aussagen der drei Schüler im Bild oben.

b) Prüfe, ob diese Überlegungen auch für $(3^x)^3 = 3$ und $(3^x)^4 = 3$ gelten.

c) Prüfe ebenso: $(2^x)^n = 2$ und $(a^x)^n = a$

d) Ergänze die Platzhalter im Heft: (1) $\sqrt{5} = 5^\blacksquare$ (2) $27^\blacksquare = 3$ (3) $16^\blacksquare = 2$

n-te Wurzel

> Für jede Gleichung der Form $x^n = a$ mit $a \in \mathbb{R}_0^+$ und $m, n \in \mathbb{N}$ gilt:
>
> $x = a^{\frac{1}{n}}$, wobei $x \in \mathbb{R}_0^+$
>
> Es gilt: $a^{\frac{1}{n}} = \sqrt[n]{a}$
>
> *Lies:*   n-te Wurzel aus a
>
> *Beispiele:*   n = 2: $a^{\frac{1}{2}} = \sqrt{a}$ Wurzel oder Quadratwurzel aus a
>
>   n = 3: $a^{\frac{1}{3}} = \sqrt[3]{a}$ 3. Wurzel oder Kubikwurzel aus a

Übung

② Ergänze in deinem Heft die Platzhalter.

(1) $2^{\frac{2}{3}} = (2^\blacksquare)^2 = \sqrt[\blacksquare]{}^2$ (2) $3^{\frac{3}{2}} = (3^{\frac{1}{2}})^\blacksquare = \sqrt{}^\blacksquare$ (3) $a^{\frac{m}{n}} = (a^\blacksquare)^m = \sqrt[\blacksquare]{a}^\blacksquare$

> Der Term $a^{\frac{m}{n}}$ ist für alle Brüche $\frac{m}{n}$ mit $n \in \mathbb{N}$, $m \in \mathbb{Z}$ und $a \in \mathbb{R}_0^+$ definiert.
>
> Es gilt: $\mathbf{a^{\frac{m}{n}} = \left(\sqrt[n]{a}\right)^m = \sqrt[n]{a^m}}$
>
> *Lies:*   a hoch m durch n ist die n-te Wurzel aus a hoch m

Übungen

③ Schreibe als Potenz bzw. als Wurzel und berechne dann ohne Taschenrechner.

$\boxed{\sqrt[3]{0{,}027} = \sqrt[3]{0{,}3^3} = 0{,}3}$

a) $8^{\frac{1}{3}}$ b) $\sqrt[3]{125}$ c) $\sqrt[4]{\frac{1}{81}} + 3^{-2}$

d) $\sqrt[3]{\frac{1}{8}}$ e) $\left(\frac{1}{256}\right)^{\frac{1}{4}}$ f) $0{,}2^5 \cdot \sqrt[5]{0{,}00032}$ g) $\sqrt[3]{\frac{8}{27}} - 1{,}5^{-1}$

④ Bestimme die Lösung der Gleichung in der Grundmenge $\mathbb{R}$.

a) $x^7 - 19 = 109$ b) $2x^{\frac{1}{3}} = 50$ c) $(x^9)^{\frac{1}{3}} - 1{,}3^4 = 1{,}2399$ d) $x^2 \cdot x^3 + x^5 = 4{,}97664$

5 Berechne. Runde auf zwei Stellen nach dem Komma.

a) $5712^{\frac{1}{3}}$　　　　b) $547,6^{\frac{3}{4}}$　　　　c) $1,078^{\frac{1}{5}}$

d) $0,635^{\frac{2}{7}}$　　　　e) $\sqrt[3]{125}$　　　　f) $\sqrt[3]{1,25^3}$

g) $\sqrt[3]{1,25^5}$　　　　h) $\sqrt[8]{1,25^4}$　　　　i) $(14,5^{1,2})^{-0,5}$

Lösungen: 5,00; 113,20; 1,02; 1,12; 1,25; 0,20; 17,88;
1,33; 0,88; 1,45

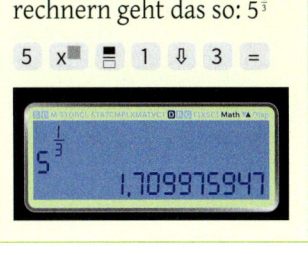

Mit den meisten Taschen-rechnern geht das so: $5^{\frac{1}{3}}$

6 Forme zunächst in eine Potenz um und berechne dann mit dem Taschenrechner. Runde sinnvoll. Die Lösungen ergeben in richtiger Reihenfolge ein Lösungswort.

Alle Werte für die Variablen sind so zu wählen, dass die Terme definiert sind.

a)	b)	c)	d)	e)	f)	g)	h)	i)	k)	l)
$\left(\sqrt[3]{5}\right)^4$	$\sqrt{12^3}$	$9^{0,4}$	$1,4^{\frac{5}{4}}$	$\left(\sqrt[6]{8}\right)^3$	$\left(\sqrt{2}\right)^4$	$\left(\sqrt[8]{4}\right)^4$	$\sqrt{2,5^2}$	$3^{1,5}$	$\left(\sqrt[5]{15}\right)^3$	$\sqrt[3]{36^6}$

1,5	2	2,4	2,5	2,8	4	5,1	5,2	8,5	41,6	1296
O	U	F	N	R	M	E	G	U	M	N

7 Berechne den Wert von x mit Hilfe der Potenzgesetze. Mache dann die Probe mit dem Taschenrechner. (G = ℝ)

a) $9 \cdot x^2 = 4^2 + 3^2$　　　　b) $\frac{1}{4}x^3 + 16 = 32$

c) $0,5^{3-x} + 2 = 6$　　　　d) $3 \cdot 4^{x+2} + 4^2 = 64$

e) $40 \cdot 0,1^{x+2} = 4 \cdot 10^{-4}$　　　　f) $0,4^{2+x} - \left(\frac{1}{8}\right)^2 = 63 \cdot 8^{-2}$

$\frac{1}{9} \cdot 3^{x+2} = 27$

$\frac{1}{9} \cdot 3^x \cdot 3^2 = 27$

$3^x = 27$; also $x = 3$

8 Vereinfache den Term so weit wie möglich.

a) $\frac{x^{-2}y^{-1}}{v^{-3}w^{-6}} \cdot \frac{v^{-2}w^5}{x^{-3}y^2}$　　　　b) $\frac{a^{\frac{2}{3}}}{a} \cdot \sqrt[4]{a^3}$

c) $\frac{\sqrt[3]{x} \cdot x^{-\frac{2}{3}}}{x^{\frac{2}{3}}}$　　　　d) $\frac{a^{1,5} \cdot a^{-3} \cdot \sqrt[3]{a^4}}{\sqrt[4]{a^3} \cdot a^{-\frac{11}{12}}}$

$\frac{x^{\frac{3}{4}}}{x} \cdot \sqrt[8]{x^3} = x^{\frac{3}{4}} \cdot x^{-1} \cdot x^{\frac{3}{8}}$

$= x^{\left(\frac{3}{4} - 1 + \frac{3}{8}\right)}$

$= x^{\frac{1}{8}} = \sqrt[8]{x}$

9 Forme mit Hilfe der Potenzgesetze in einen einfacheren Term um.

a) $\frac{x^{n+3}}{x^{2n+6}}$　　　b) $\frac{x^{2a-3}}{x^{a+3}}$　　　c) $x^a : x^{a+1} \cdot x^{2a}$　　　d) $(x+1)^{3x} \cdot (x+1)^{2-x}$

e) $\frac{(xy)^{k-3}}{(xy)^{1+k}}$　　　f) $\frac{(a+b)^{3+x}}{(a+b)^{1+x}}$　　　g) $(2x+2)^{x+2} : (2x-2)^{x+2}$　　　h) $\frac{(a-b)^{x+2}}{(a-b)^{2-x}}$

i) $\frac{(ab)^{-2n}}{(ab)^{-3n}}$　　　k) $\frac{(x^{-2}y^a)^{-3b}}{(x^{-b}y^{ab})^{-4}}$　　　l) $\frac{(x-y)^{4a} \cdot (x^2-y^2)^{-a}}{(x-y)}$　　　m) $\frac{a^2 - b^2}{(a+b)^{-5x} \cdot (a-b)^{2x}}$

10 Forme in einen einfacheren Term um und berechne mit Hilfe des Taschenrechners den Termwert für die angegebene Belegung der Variablen auf zwei Stellen nach dem Komma.

a) $\frac{(a^7b^{-9})^3}{(a^{-3}b^{-5})^{-4}}$　　$a = 6, b = 4$　　　　b) $\frac{\left(x^{\frac{3}{4}} + y^{-\frac{1}{3}}\right)^{-2}}{(xy)^{0,5}}$　　$x = 1, y = 3$

Die vier Seiten eines Tetraeders sollen mit vier verschiedenen Farben bemalt werden. Wie viele Möglichkeiten gibt es, die nicht durch Drehen einer anderen Farbkombination entstehen?

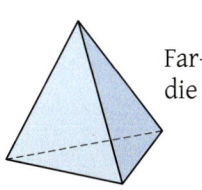

Seite 16, 18

1 In der Abbildung siehst du Graphen, die durch Gleichungen der Form $y = x^n$ ($n \in \mathbb{Z}$) beschrieben werden.

a) Welche der folgenden Gleichungen passt zu welchem Graphen?

    A $y = x^{-1}$ **B** $y = x^2$

    C $y = x^3$ **D** $y = x^4$

b) Welche Eigenschaft haben alle Graphen gemeinsam?

c) Begründe, dass durch jede der Gleichungen in A bis D eine Funktion festgelegt ist. Bestimme jeweils die Definitions- und Wertemenge.

d) Beschreibe den Verlauf der Graphen mit folgenden Gleichungen:

    (1) $y = x^7$ (2) $y = x^8$

    (3) $y = x^{-2}$ (4) $y = x^{-5}$

2 Im Bild ist der Graph zur Funktion f mit $y = x^{-3}$ dargestellt.

a) Prüfe rechnerisch, ob Ina recht hat.

b) Untersuche die Funktionswerte für große und sehr kleine positive und negative x-Werte. Was stellst du fest?

c) Untersuche den Graphen auf Symmetrie.

d) Gib die Definitions- und Wertemenge an.

e) Verfahre wie in Teilaufgabe a) bis c) mit dem Graphen zu $y = x^{-4}$.

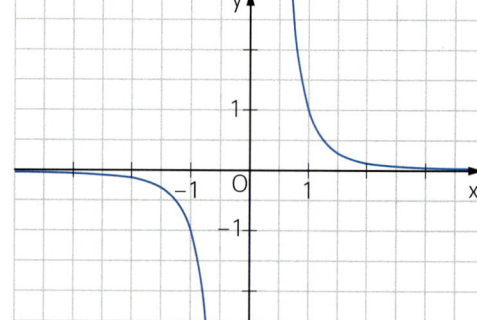

Asymptote

M Für sehr große und sehr kleine x-Werte nähern sich die Graphen den Koordinatenachsen. Eine Gerade, der sich der Graph einer Funktion im Unendlichen immer weiter annähert, aber nicht berührt, heißt **Asymptote**.

3 So kannst du zeigen, dass die Graphen zu Potenzfunktionen ($y = x^n$) mit ungeraden Exponenten punktsymmetrisch sind.

Für alle $n \in \mathbb{N}$, n ungerade, gilt:

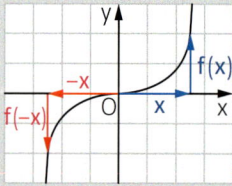

$$f(-x) = (-x)^n$$
$$= (-1)^n x^n$$
$$= -x^n$$
$$= -f(x)$$

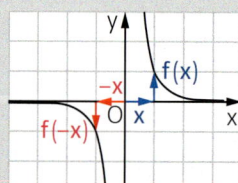

$$f(-x) = (-x)^{-n}$$
$$= (-1)^{-n} x^{-n}$$
$$= -x^{-n}$$
$$= -f(x)$$

Zeige ebenso: Für Potenzfunktionen ($y = x^n$) mit geraden Exponenten sind die Graphen achsensymmetrisch.

Eine Gleichung der Form $y = x^n$ mit $n \in \mathbb{Z}$, $x, y \in \mathbb{R}$ bestimmt eine Potenzfunktion. Die Graphen von Potenzfunktionen besitzen folgende Eigenschaften:

Potenzfunktion

$n \in \mathbb{N}$; n gerade

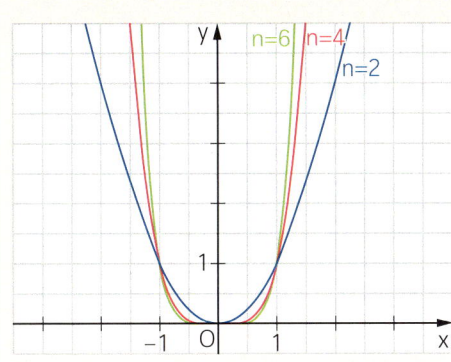

$D = \mathbb{R}$; $W = \mathbb{R}_0^+$; Scheitelpunkt S$(0|0)$
achsensymmetrische Parabel

$n \in \mathbb{Z}^-$; n gerade

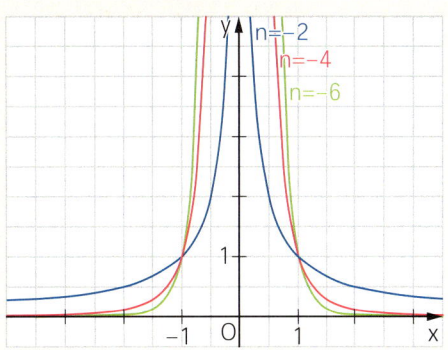

$D = \mathbb{R}\backslash\{0\}$; $W = \mathbb{R}^+$
achsensymmetrische Hyperbel
Asymptoten: $x = 0$; $y = 0$

$n \in \mathbb{N}\backslash\{1\}$; n ungerade

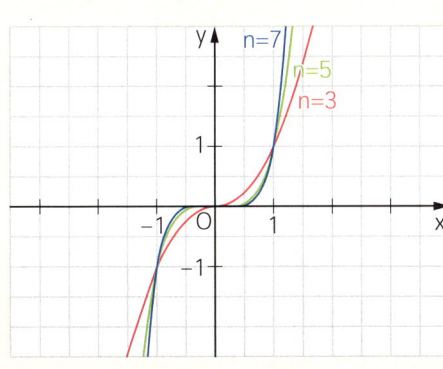

$D = \mathbb{R}$; $W = \mathbb{R}$; Symmetriepunkt S$(0|0)$
punktsymmetrische Parabel

$n \in \mathbb{Z}^-$; n ungerade

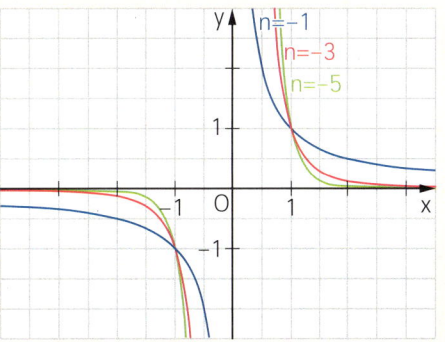

$D = \mathbb{R}\backslash\{0\}$; $W = \mathbb{R}\backslash\{0\}$; Symmetriepunkt S$(0|0)$
punktsymmetrische Hyperbel
Asymptoten: $x = 0$; $y = 0$

Übungen

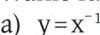

(4) Zeichne den Graphen zu folgender Funktionsgleichung in dein Heft. Gib die Definitions- und Wertemenge sowie die Gleichungen der Asymptoten an.
Wähle für $x \in [-3;\ 3]$ sinnvolle Werte und eine geeignete Einheit auf der y-Achse.
a) $y = x^{-1}$ b) $y = x^6$ c) $y = x^{-4}$ d) $y = x^5$

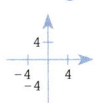

(5) Die Punkte A und B liegen jeweils auf dem Graphen der Funktion f. Berechne die fehlenden Koordinaten. Runde auf zwei Stellen nach dem Komma.
a) f mit $y = x^4$; A$(5|y_A)$; B$(x_B|7)$ b) f mit $y = x^{-5}$; A$(-8|y_A)$; B$(x_B|14)$

(6) Die Punkte $C_n(x|x^3)$ der Dreiecke ABC_n bzw. AC_nB liegen auf dem Graphen der Funktion f mit $y = x^3$. Es gilt: A$(-3|0)$; B$(3|0)$
a) Zeichne den Graphen der Funktion f in ein Koordinatensystem.
b) Unter den Dreiecken ABC_n bzw. AC_nB gibt es rechtwinklige Dreiecke ABC_1 und AC_2B mit der Hypotenuse $\overline{AB}$. Trage diese in die Zeichnung ein.
c) Finde weitere rechtwinklige Dreiecke.

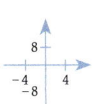

Die Klasse wird in 5 Gruppen eingeteilt (**Expertenteams**). Jede Gruppe löst im Heft eine der Aufgaben A bis E.

① Gegeben sind die Funktionen f_1 mit $y = x^3$ und f_2 mit $y = x^{-2}$. Zeichne die Graphen zu f_1 und f_2 in ein Koordinatensystem. Verändere den Funktionsterm wie in den Gruppen angegeben und ergänze die Zeichnung mit den Graphen zu f_1' und f_2'. Was stellst du fest?

Für die Zeichnungen: $-5 \leq x \leq 5$; $-8 \leq y \leq 8$

Gruppe A: f_1' mit $y = x^3 - 2$ f_2' mit $y = x^{-2} + 1$

Gruppe B: f_1' mit $y = (x - 2)^3$ f_2' mit $y = (x + 1)^{-2}$

Gruppe C: f_1' mit $y = (x - 2)^3 + 1$ f_2' mit $y = (x + 1)^{-2} - 2$

Gruppe D: f_1' mit $y = 0{,}5x^3$ f_2' mit $y = 0{,}5x^{-2}$

Gruppe E: f_1' mit $y = -1{,}5x^3$ f_2' mit $y = -1{,}5x^{-2}$

Jeder Schüler wechselt nun in eine neue Gruppe. In jeder der 5 neuen Gruppen ist nun ein Experte für die Aufgaben A bis E vertreten.

② Berichtet euren Mitschülern über die Aufgabe, die ihr gelöst habt. Jeder skizziert dabei die neuen Ergebnisse im Heft.

③ Vergleicht eure Graphen und Funktionsgleichungen mit:
$y = k (x - c)^n + d$
Erstellt in eurem Heft eine Zusammenfassung.

① So kannst du zeigen, dass der Graph der Funktion f' mit $y = 0,1(x-3)^{-5} + 2$ und $x, y \in \mathbb{R}$ durch Parallelverschiebung und dem Vektor $\vec{v} = \binom{3}{2}$ aus dem Graphen der Funktion f mit $y = 0,1x^{-5}$ entsteht.

(1) Schreibe die Abbildungsgleichung auf.
$x' = x + 3$
$\wedge\ y' = y + 2$

(2) Forme die erste Gleichung nach x um.
$x = x' - 3$

(3) Ersetze in der zweiten Gleichung y durch den Funktionsterm.
$y' = 0,1x^{-5} + 2$

(4) Ersetze in (3) das x.
$y' = 0,1(x'-3)^{-5} + 2$

(5) Schreibe ohne Hochstriche.
Ergebnis: f': $y = 0,1(x-3)^{-5} + 2$

$D = \mathbb{R} \backslash \{3\}$; $W = \mathbb{R} \backslash \{2\}$
Gleichungen der Asymptoten: $x = 3$; $y = 2$

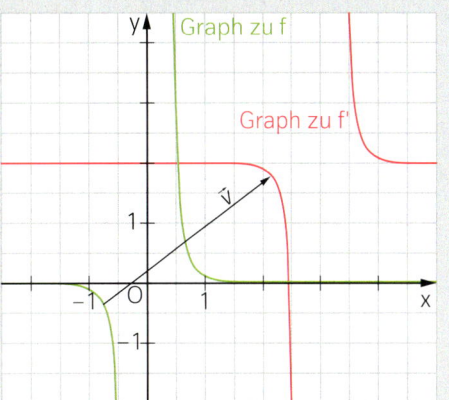

Graph zu f

Graph zu f'

Führe den Nachweis allgemein für f mit $y = k \cdot x^n$ und der Parallelverschiebung mit $\vec{v} = \binom{c}{d}$ durch.

M Der Graph der Funktion f wird mit dem Vektor $\vec{v}$ verschoben.

$$f: y = k \cdot x^n \xrightarrow{\ \vec{v} = \binom{c}{d}\ } f': y = k(x-c)^n + d$$

$x, y \in \mathbb{R}$; $k \in \mathbb{R} \backslash \{0\}$; $n \in \mathbb{Z}$ $D = \mathbb{R} \backslash \{c\}$; $W = \mathbb{R} \backslash \{d\}$; $c, d \in \mathbb{R}$

Übungen

② Zeichne die Graphen zu den Funktionen mit den folgenden Gleichungen. Gib jeweils Definitions- und Wertemenge sowie gegebenenfalls die Gleichungen der Asymptoten an.

a) $y = -0,2(x-3)^{-3} + 1$ b) $y = (x+2)^4 - 4$ c) $y = 0,4(x-2)^3 - 1$

③ Der Punkt P liegt auf dem Graphen zu f. Berechne die fehlende Koordinate. Runde auf zwei Stellen nach dem Komma.

a) $P(x|4)$ f mit $y = 0,5(x+2)^3 + 1$
b) $P(2|y)$ f mit $y = -3(x+4)^{-5} + 2$
c) $P(x|2,25)$ f mit $y = 0,01(x+2)^4 - 2$
d) $P(x|4)$ f mit $y = (x-4)^4 - 4$

$P(x|2)$ f mit $y = 0,5(x+2)^3 + 1$
$y = 2$ einsetzen: $2 = 0,5(x+2)^3 + 1$
$2 = (x+2)^3$
$2^{\frac{1}{3}} = x + 2$
$-0,74 = x$
Ergebnis: $P(-0,74|2)$

④ Der Punkt P liegt auf dem Graphen zu f. Berechne den fehlenden Wert in der Funktionsgleichung. Runde auf zwei Stellen nach dem Komma.

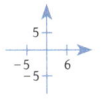

a) $P(1|2)$; f mit $y = (x+1)^3 + d$ b) $P(-2|1)$; f mit $y = k(x+1)^{-2} + 2$
c) $P(3|-2)$; f mit $y = -1,2(x-c)^4 + 1$ d) $P(5|12)$; f mit $y = k(x-3)^{-3} + 2$

Lösungen zu 3 und 4: 1,74; 2,54; −0,18; 80; 3,78; 5,68; −6; 2,00; −1

(5) Der Graph der Funktion f wird durch Parallelverschiebung abgebildet. Ermittle die Koordinaten des Verschiebungsvektors $\vec{v}$.
a) f: $y = 3,5\,(x-2)^{-3} + 0,5$; f': $y = 3,5\,(x+1)^{-3} - 0,5$
b) f: $y = 0,7x^4 - 6,5$; f': $y = 0,7(x+1)^4 + 9$
c) f: $y = -0,2\,(x-6)^{-5} + 3,4$; f': $y = -0,2\,(x-1)^{-5} + 4,7$

(6) Der Graph der Funktion f wird durch Parallelverschiebung mit dem Vektor $\vec{v}$ abgebildet. Berechne die Gleichung von f'.
a) f: $y = -5,2x^{-5} - 7$; $\vec{v} = \begin{pmatrix} -1 \\ 2 \end{pmatrix}$
b) f: $y = 1,8\,(x-5)^6 - 2$; $\vec{v} = \begin{pmatrix} 2,5 \\ -3 \end{pmatrix}$
c) f: $y = 8,5\,(x-2)^{-3} - 3$; $\vec{v} = \begin{pmatrix} 6 \\ -4 \end{pmatrix}$
d) f: $y = -5,2\,(x+9)^{-5} + 3$; $\vec{v} = \begin{pmatrix} -1 \\ -3 \end{pmatrix}$

(7) Gib eine passende Funktionsgleichung zu den gegebenen Gleichungen der Asymptoten an.
a) $x = 4$; $y = -6$
b) $x = -2$; $y = 1$
c) $x = 0$; $y = -1$
d) $x = 0$; $y = 0$

(8) Gegeben ist die Funktion f mit der Gleichung $y = x^{-2} + 1,2$ mit x, $y \in \mathbb{R}$. Der Graph der Funktion f wird mit dem Vektor $\vec{v} = \begin{pmatrix} 1,5 \\ 0,5 \end{pmatrix}$ auf den Graphen der Funktion f' abgebildet.
a) Bestimme die Gleichung von f'.
b) Zeichne die Graphen der Funktionen f und f' in ein Koordinatensystem. Überprüfe die Parallelverschiebung, indem du an zwei verschiedenen Stellen den Repräsentanten des Vektors einzeichnest.
c) Bestimme die Definitions- und Wertemengen sowie die Gleichungen für die Asymptoten von f und f'.

(9) Ordne dem Graphen die passende Gleichung zu.
(A) f: $y = -0,5(x-2)^{-2} - 3$
(B) f: $y = 2\,(x+0,5)^{-1} - 1,5$
(C) f: $y = 0,2\,(x-2)^{-3} + 1$

(1)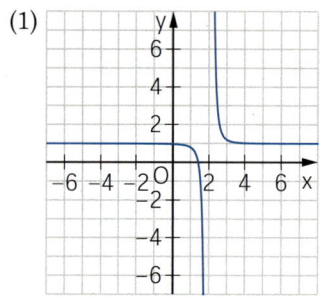
(2)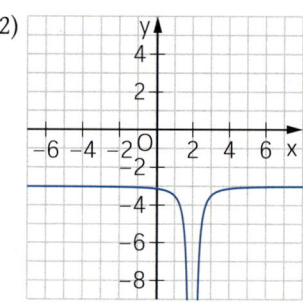
(3)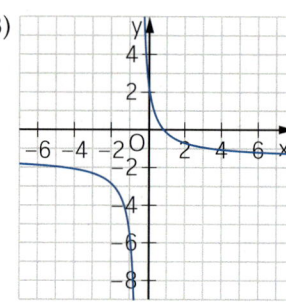

(10) Gib die Gleichung einer Funktion der Form $y = k\,(x-c)^n + d$ an, die folgende Eigenschaft besitzt.
a) Der Graph einer Funktion verläuft im I. und II. Quadranten.
b) Die Gleichungen der Asymptoten sind $x = 1,5$; $y = -2,5$.
c) Der Graph der Funktion ist achsensymmetrisch zur y-Achse.
d) Der Graph der Funktion ist punktsymmetrisch zum Ursprung.
e) Der Graph der Funktion hat den Scheitelpunkt $S(-3\,|\,2)$.
f) Der Graph der Funktion hat den Symmetriepunkt $S(0\,|\,-1)$.

(11) Der Graph der Funktion f wird durch Parallelverschiebung mit dem Vektor $\vec{v_1}$ auf den Graphen der Funktion f' abgebildet und anschließend durch den Vektor $\vec{v_2}$ auf den Graphen der Funktion f''. Berechne die Gleichungen von f' und f''.
a) f: $y = -4\,(x+3)^{-7} - 2$; $\vec{v_1} = \begin{pmatrix} -3 \\ -5 \end{pmatrix}$; $\vec{v_2} = \begin{pmatrix} 1,5 \\ -5,5 \end{pmatrix}$
b) f: $y = 1,7x^3 - 1,5$; $\vec{v_1} = \begin{pmatrix} 2 \\ -1 \end{pmatrix}$; $\vec{v_2} = \begin{pmatrix} -0,5 \\ 4,3 \end{pmatrix}$

① Durch eine Hintereinanderausführung von Achsen-
spiegelungen an verschiedenen Geraden erhält
man ausgehend vom Punkt P die Punkte Q, R und S.

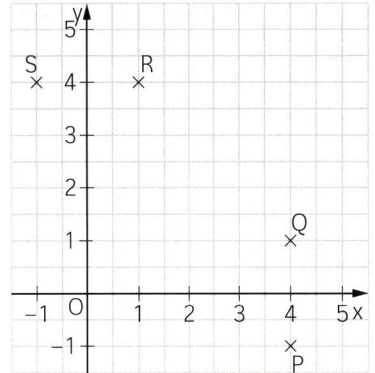

a) Abbildung 1: $P(4\,|-1) \xmapsto{\text{x-Achse}} Q(4\,|\,1)$
   Vergleiche die x- und y-Koordinaten von Urpunkt
   und Bildpunkt. Was stellst du fest?

b) Ergänze die Platzhalter in deinem Heft. Was stellst
   du fest?

   Abbildung 2: $Q(4\,|\,1) \longmapsto R(\blacksquare\,|\,\blacksquare)$

   Abbildung 3: $R(\blacksquare\,|\,\blacksquare) \longmapsto S(\blacksquare\,|\,\blacksquare)$

M

Achsenspiegelung an der x-Achse

$$\begin{aligned} x' &= x \\ \wedge\ y' &= -y \end{aligned}$$

Achsenspiegelung an der y-Achse

$$\begin{aligned} x' &= -x \\ \wedge\ y' &= y \end{aligned}$$

**Achsenspiegelung an der Winkelhalbierenden
des I. und III. Quadranten**

$$\begin{aligned} x' &= y \\ \wedge\ y' &= x \end{aligned}$$

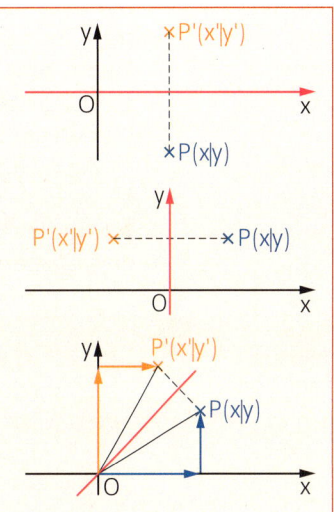

② Der Punkt A wird durch Achsenspiegelung auf den Bildpunkt A′ abgebildet. Ergänze die
Platzhalter in deinem Heft. Überprüfe mit Hilfe deiner Geometrie-App.

a) $P(-3\,|\,5) \longmapsto Q(\blacksquare\,|\,\blacksquare)$
b) $P(-0{,}5\,|\,1) \longmapsto Q(\blacksquare\,|\,\blacksquare)$
c) $P(\blacksquare\,|\,3{,}5) \longmapsto Q(7\,|\,\blacksquare)$

③ Gegeben ist die Funktion f mit der Gleichung $y = 5\,(x-3)^4 - 2$ $(x, y \in \mathbb{R}; x > 3)$.
Der Graph der Funktion f wird durch Achsenspiegelung an der Winkelhalbierenden des
I. und III. Quadranten auf den Graphen der Funktion f′ abgebildet.
So kannst du die Gleichung des Funktionsgraphen zu f′ berechnen.

(1) Notiere die Abbildungsgleichung.	$x' = y$
	$\wedge\ y' = x$
(2) Ersetze y durch den Funktionsterm und x durch y′.	$x' = 5\,(x-3)^4 - 2$
(3) Löse nach y′ auf.	$x' = 5\,(y'-3)^4 - 2 \qquad |+2$
	$x' + 2 = 5\,(y'-3)^4 \qquad |:5$
	$0{,}2\,(x'+2) = (y'-3)^4 \qquad |\tfrac{1}{4}$
	$0{,}2^{\frac{1}{4}}\,(x'+2)^{\frac{1}{4}} = y'-3 \qquad |+3$
(4) Notiere das Ergebnis.	$0{,}67\,(x'+2)^{\frac{1}{4}} + 3 = y'$
	f′: $y = 0{,}67\,(x+2)^{\frac{1}{4}} + 3$

Führe für den Graphen der Funktion g mit $y = 8\,(x-1)^3 - 2$ die Abbildung wie oben durch.
Überprüfe mit deiner Geometrie-App. Was fällt dir auf?

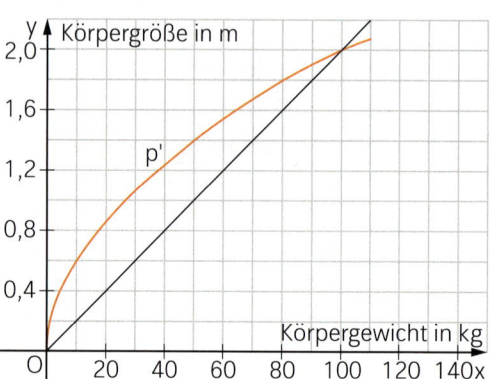

Die linke Abbildung zeigt den Graphen p der Funktion f mit der Gleichung $y = 25x^2$. Dargestellt wird der Zusammenhang zwischen der Körpergröße x m und dem Gewicht y kg bei einem Body-Mass-Index von 25.

a) Durch welche Abbildung erhält man aus dem Graphen p den Graphen p'?

b) Berechne die nach y aufgelöste Gleichung des Graphen p'.

   A $x = 25y^2$ **B** $y = \frac{1}{5}\sqrt{x}$ **C** $y = 5\sqrt{x}$

c) Stellt der Graph p' eine Funktion dar? Begründe.

d) Vergleiche die in beiden Abbildungen beschriebenen Zusammenhänge.

e) Christian hat einen BMI von 25. Wie groß ist er, wenn er 64 kg wiegt? Berechne.

Wurzel-funktion

M

Die Gleichung $y = \sqrt{x}$ bestimmt eine **Wurzelfunktion**.
Es gilt: $D = \mathbb{R}_0^+$; $W = \mathbb{R}_0^+$

Wenn der Graph von f: $y = x^2$ an der Winkelhalbierenden w_1 des I. und III. Quadranten gespiegelt wird, erhält man den Graphen der Wurzelfunktion f'.

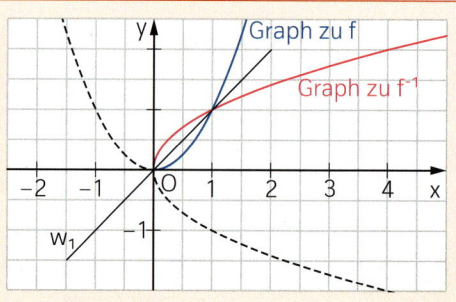

Bestimmung der Gleichung: f mit $y = x^2$
x und y vertauschen: f^{-1} mit $x = y^2$
Nach y auflösen: $y = \sqrt{x}$ v $y = -\sqrt{x}$

Umkehr-funktion

Die Wurzelfunktion ist die **Umkehrfunktion** zu einer Potenzfunktion.

Übungen

2 Zeichne den Graphen zu $y = -\sqrt{x}$ in ein Koordinatensystem.
Gib die Definitions- und Wertemenge an.

3 Durch folgende Gleichung wird eine Wurzelfunktionen festgelegt.
Erstelle eine Wertetabelle in einem geeigneten Intervall und zeichne den Graphen. Gib die Definitions- und Wertemenge an.

a) $y = \sqrt{x} + 1{,}5$ b) $y = \sqrt{x + 1{,}5}$ c) $y = \sqrt{2x} - 1$ d) $y = 3 - \sqrt{1 - x}$

a) Welcher Wert wird nicht überschritten? $\frac{1}{2} + \frac{1}{4} + \frac{1}{8} + \frac{1}{16} + \frac{1}{32} + \frac{1}{64} + \dots$

b) Gibt es auch hier einen Wert, der nicht überschritten wird? $\frac{1}{2} + \frac{1}{3} + \frac{1}{4} + \frac{1}{5} + \frac{1}{6} + \frac{1}{7} + \frac{1}{8} + \dots$

Seite 18

(4) Im Bild sind der Graph f einer quadratischen Funktion und ihrer Umkehrfunktion f^{-1} dargestellt.

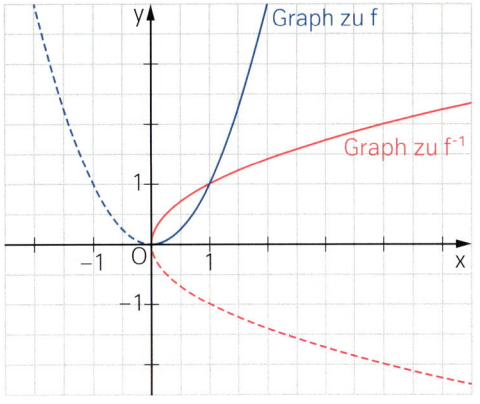

a) Begründe, warum die Definitionsmengen von f und f^{-1} eingeschränkt sind.

b) Skizziere die Graphen zur Funktion f: $y = x^3$ und ihrer Umkehrfunktion f^{-1}. Gib die Gleichung für f^{-1} an.

c) Gib die Koordinaten von zwei Punkten P und Q auf dem Graphen von f an. Notiere die Koordinaten der gespiegelten Punkte P' und Q' auf dem Graphen von f^{-1}.

(5) Gegeben sind die folgenden Funktionen mit der Definitionsmenge $\mathbb{R}^+$.

$$f_1: y = x^{-3}; \qquad f_2: y = x^{\frac{2}{3}}; \qquad f_3: y = x^{-\frac{4}{5}}$$

a) Zeichne die Graphen der Funktionen und ihrer Umkehrfunktionen in ein Koordinatensystem.

b) Ermittle die Gleichungen der Umkehrfunktionen. Gib die Definitions- und Wertemengen sowie gegebenenfalls die Gleichungen der Asymptoten an.

M Funktionen mit $y = x^k$ sind für $k \in \mathbb{Q}$ ebenfalls Potenzfunktionen.

Meine App lässt aber negative x-Werte zu!

$k \in \mathbb{Q}^+$

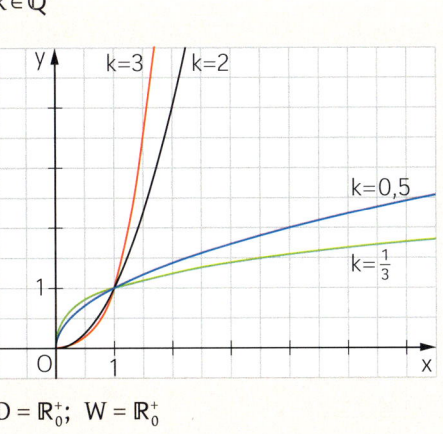

$D = \mathbb{R}_0^+;\; W = \mathbb{R}_0^+$

$k \in \mathbb{Q}^-$

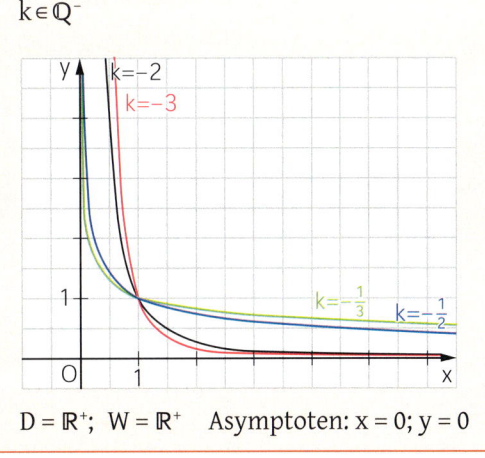

$D = \mathbb{R}^+;\; W = \mathbb{R}^+$ Asymptoten: $x = 0;\; y = 0$

Übungen

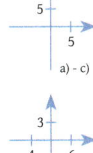

(6) Zeichne den Graphen zu der Funktion mit der folgenden Gleichung in ein Koordinatensystem. Gib jeweils die Definitions- und Wertemenge an.

a) $y = x^{0,5}$

b) $y = x^{-\frac{2}{3}}$

c) $y = x^{1,5}$

d) $y = (x + 1)^{0,2} + 1$

e) $y = -0,5\,(x - 3)^{\frac{3}{4}} + 1$

f) $y = 2x^{2,1} - 3$

(7) Der Graph einer Funktion f verläuft durch den Punkt P. Die Funktionsgleichung hat die Form $y = k\,(x - c)^n + d$. Ermittle die Gleichung, zeichne den Graphen und gib die Definitions- und Wertemenge an.

a) $P(-2\,|\,2);\; k = -1;\; d = 3;\; n = -4$

b) $P(5\,|\,1);\; c = 3;\; d = 0,5;\; n = -1,5$

1 Der Graph der Funktion f wird mit dem Vektor $\vec{v}$ auf den Graphen zu f' abgebildet. Berechne die Gleichung von f'.

a) f mit $y = 0{,}5(x+2)^3 - 1$; $\vec{v} = \begin{pmatrix} -1{,}5 \\ 2 \end{pmatrix}$

b) f mit $y = 1{,}5(x-2)^{-2} - 2$; $\vec{v} = \begin{pmatrix} 3 \\ 2{,}5 \end{pmatrix}$

2 Der Hyperbelast h ist Graph der Funktion f mit $y = -x^{-3}$ mit der Definitionsmenge $D = \mathbb{R}^+$. Die Punkte $A_n(x \mid -x^{-3})$ sind Eckpunkte von Quadraten $A_n B_n C_n D_n$.

a) Fertige eine Zeichnung des Quadrats $A_1 B_1 C_1 D_1$ für $x = 1{,}5$ an.

b) Berechne den Flächeninhalt des Quadrates $A_2 B_2 C_2 D_2$, wenn A_2 auf der Geraden g mit $y = -x$ liegt.

c) Das Quadrat $A_0 B_0 C_0 D_0$ hat minimalen Flächeninhalt. Berechne ihn.

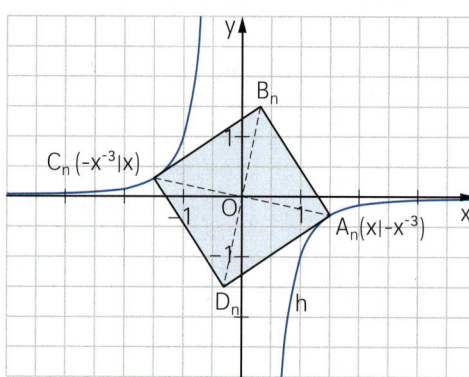

3 Gegeben ist eine Funktion f mit $y = k(x-3)^{-\frac{1}{4}} + 1$; $x, y \in \mathbb{R}$.

a) Der Punkt $P\left(\frac{49}{16} \mid 5\right)$ liegt auf dem Graphen zu f. Berechne k.

b) Zeichne den Graphen zu f. Gib die Definitions- und Wertemenge an.

c) Die Punkte $C_n\left(x \mid 2(x-3)^{-\frac{1}{4}} + 1\right)$ liegen auf dem Graphen zu f. Zusammen mit $A(-3 \mid 8)$ und $B(-3 \mid -2)$ erhält man Dreiecke ABC_n. Trage das gleichschenklige Dreieck ABC_1 mit $\overline{AB}$ als Basis in die Zeichnung ein.

d) Bestimme rechnerisch die Koordinaten von C_1.

e) f^{-1} ist Umkehrfunktion zu f. Zeige, dass sich die Gleichung von f^{-1} wie folgt darstellen lässt: $y = \dfrac{16}{(x-1)^4} + 3$

4 So kannst du die Gleichung von f' berechnen, wenn man den Graphen der Potenzfunktion f mit $y = (x-2)^{-3}$ an der y-Achse auf den Graphen zu f' spiegelt.

B

(1) Notiere die Abbildungsgleichung.

$x' = -x$

$\wedge \; y' = (x-2)^{-3}$

(2) Setze in die Abbildungsgleichung ein.

Aus $x = -x'$ folgt: $y' = (-x' - 2)^{-3}$

somit $y = (-x - 2)^{-3}$

$y = (-1)^{-3} \cdot (x+2)^{-3}$

(3) Notiere das Ergebnis.

f' mit $y = -(x+2)^{-3}$ $D = \mathbb{R} \setminus \{-2\}$; $W = \mathbb{R} \setminus \{0\}$

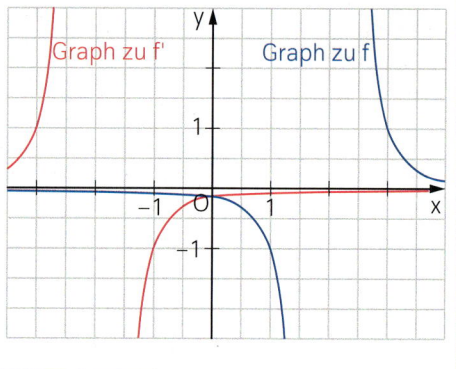

Graph zu f'   Graph zu f

Berechne ebenso die Gleichung der Funktion f', die durch Spiegelung des Graphen von f an der y-Achse entsteht. Bestimme zunächst die Definitionsmenge.

a) f mit $y = (x+1)^3 - 2$

b) f mit $y = -(x-3)^{0{,}5} + 2$

5 Der Graph der Funktion f wird zunächst an der y-Achse gespiegelt und dann mit dem Vektor $\vec{v}$ auf f' verschoben. Fertige eine Zeichnung an und berechne die Gleichung von f'.

a) f mit $y = 0{,}1 x^5 + 2$; $\vec{v} = \begin{pmatrix} -1 \\ -3 \end{pmatrix}$

b) f mit $y = -(x+1)^4 + 6$; $\vec{v} = \begin{pmatrix} 1 \\ -5 \end{pmatrix}$

6 Der Punkt B (8 | 8) ist Spitze von gleich-
schenkligen Dreiecken A_nBC_n mit der Winkelhalbierenden w des I. Quadranten als
Symmetrieachse.
Die Punkte $A_n(x | -2x^{-3} + 3)$ liegen auf dem
Graphen h einer Funktion f mit der Gleichung $y = -2x^{-3} + 3$ und $D = \mathbb{R}^+$.
a) Fertige für $x = 4$ und $x = 7$ eine Zeichnung an.
b) Die Punkte C_n liegen auf dem Graphen
h' einer Funktion f'. Ermittle deren
Gleichung.
c) Bestimme mit Hilfe eines Geome-
trieprogrammes die Werte für x so, dass
Dreiecke A_nBC_n entstehen.

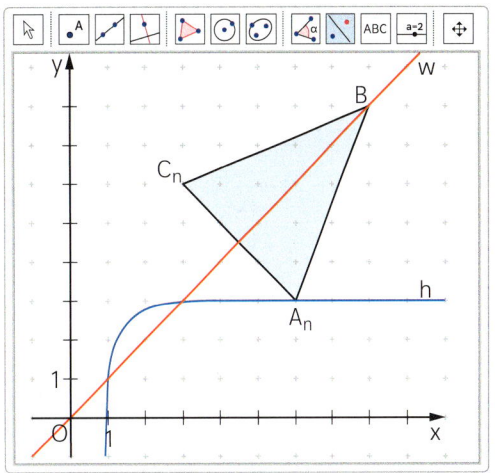

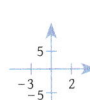

7 Die Punkte $A_n(x | y_A)$ liegen auf dem Graphen der Funktion f mit $y = 0,1(x + 1)^4 + 2$. Die
Punkte $B_n(x | -4)$ haben die gleiche Abszisse x wie die Punkte A_n und bilden zusammen
mit diesen die Strecken $\overline{A_nB_n}$.
a) Zeichne den Graphen zu f und die Strecken $\overline{A_1B_1}$ für $x = -1,5$ und $\overline{A_2B_2}$ für $x = 1$ in ein
Koordinatensystem.
b) Zeige, dass sich die Streckenlängen $|\overline{A_nB_n}|$ in Abhängigkeit von x so darstellen lassen:
$|\overline{A_nB_n}|(x) = [0,1(x + 1)^4 + 6]$ LE
c) Für den Punkt A_0 hat die Strecke $\overline{A_0B_0}$ eine Länge von 7 LE.

Seite 19

8 Gegeben sind die Funktionen f_1 mit der Gleichung $y = \frac{2}{x}$ und f_2 mit der Gleichung
$y = \frac{1}{2}x + 1$ $(x, y \in \mathbb{R})$.
a) Erstelle eine Wertetabelle für f_1 und zeichne die Graphen zu f_1 und f_2 in ein Koordinatensystem ein.
b) Aus der Zeichnung ist zu erkennen, dass sich die Graphen schneiden. Berechne die
Koordinaten der Schnittpunkte.
c) Es gibt Geraden, die den Graphen zu f_1 nicht schneiden oder berühren.

9 Gegeben ist die Funktion f mit $y = 3 \cdot x^{-1} - 4$ $(x, y \in \mathbb{R}, x \neq 0)$.
a) Gib die Wertemenge der Funktion f an.
b) Tabellarisiere f für $x \in \{0,5; 1; 2; 3; 4; 5; 6\}$ und zeichne den Graphen zu f in ein
Koordinatensystem.
Für die Zeichnung: 1 LE $\hat{=}$ 1 cm; $-3 \leq x \leq 7$; $-11 \leq y \leq 3$
c) Ermittle die nach y aufgelöste Gleichung der Umkehrfunktion f^{-1} zu f.
d) Die Punkte $C_n(x | 3 \cdot x^{-1} - 4)$ auf dem Graphen zu f sind zusammen mit den Punkten
$A(-2 | -2)$ und $B(1 | -10)$ jeweils die Eckpunkte von Dreiecken ABC_n.
Zeichne das Dreieck ABC_1 für $x = 1$ und das Dreieck ABC_2 für $x = 4$ in das Koordinatensystem zu Teilaufgabe b) ein.
e) Unter den Dreiecken ABC_n gibt es ein gleichschenkliges Dreieck ABC_3 mit der Basis $\overline{AB}$.
Zeichne dieses Dreieck in das Koordinatensystem zu Teilaufgabe b) ein und berechne
die Koordinaten des Punktes C_3. (Runde auf zwei Stellen nach dem Komma.)
f) Zeige durch Rechnung, dass es unter den Dreiecken ABC_n genau ein Dreieck ABC_4 mit
dem Flächeninhalt $(6\sqrt{2} + 5)$ FE gibt.
[Zwischenergebnis: $A(x) = (4,5 \cdot x^{-1} + 4x + 5)$ FE]

Seite 13

Seite 18

1 Ein parabelförmiger Torbogen ist 5 m hoch und an der Fahrbahn 10 m breit. Ein Lkw mit rechteckiger Querschnittfläche, der über dem Boden 0,60 m „Luft" hat, nutzt die Fahrspur bis zur Mitte voll aus.

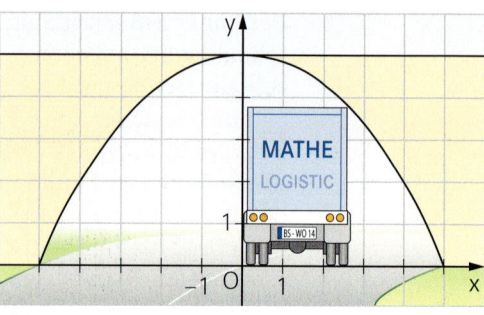

a) Zeige, dass der Torbogen durch die folgende Gleichung beschrieben werden kann: $y = -\frac{1}{5}x^2 + 5$

b) Stelle den Inhalt A der Querschnittsfläche des Lkws in Abhängigkeit von der Breite x m dar.
[Ergebnis: $A(x) = (-\frac{1}{5}x^3 + 4,4x)$ m²]

c) Berechne die Breite des Lkws, dessen Querschnittfläche 7,2 m² groß ist.

d) Passt ein Lastwagen mit einer Breite von 2,5 m durch das Tor?

e) Ermittle die größte Querschnittsfläche des Lkws.

f) Die maximal zulässige Höhe für Lkws ist 4 m. Wie breit darf ein solcher Lastwagen höchstens sein, wenn er die Fahrbahnmitte nicht überschreiten soll?

2 Der Luftwiderstand eines Fahrzeugs hat großen Einfluss auf den Verbrauch. Zu dessen Überwindung wird stets ein Teil der Leistung benötigt.

a) Der Pkw *Bavaria* hat eine „Anblasfläche" von A = 2 m². Sein c_w-Wert (Strömungswiderstandskoeffizient) wurde im Windkanal bei einer Luftdichte von 1,2 g pro dm³ mit 0,30 ermittelt.
Der Luftwiderstand y Newton des *Bavaria* kann in Abhängigkeit von der Geschwindigkeit x $\frac{km}{h}$ durch eine Funktion f_1 mit $y = 0,5 \cdot 1,2 \cdot c_w \cdot 2 \cdot x^\blacksquare$ dargestellt werden.
Bei einer Geschwindigkeit von 20 $\frac{km}{h}$ beträgt der Luftwiderstand 144 N. Zeige, dass man für f_1 die Gleichung $y = 0,36x^2$ erhält.

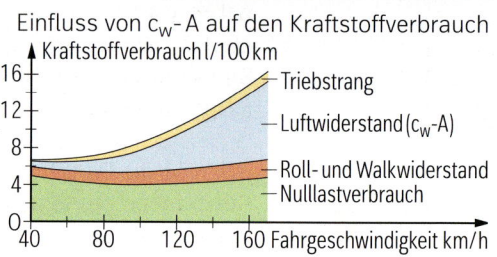

Einfluss von c_w- A auf den Kraftstoffverbrauch

Kraftstoffverbrauch l/100 km

Triebstrang
Luftwiderstand (c_w-A)
Roll- und Walkwiderstand
Nulllastverbrauch

Fahrgeschwindigkeit km/h

b) Stelle f_1 grafisch dar. Wähle auf der x-Achse 1 cm für 20 $\frac{km}{h}$ und auf der y-Achse 1 cm für 1000 N.

c) Entnimm dem Graphen, wie sich der Luftwiderstand bei Verdopplung der Geschwindigkeit verhält.

d) Die Motorleistung z kW, die zur Überwindung des Luftwiderstandes bei der Geschwindigkeit x $\frac{km}{h}$ nötig ist, lässt sich durch eine Funktion f_2 mit der Gleichung $z = 10^{-5} \cdot x^3$ darstellen. Erstelle eine Tabelle für $x \in [0; 160]$ mit $\Delta x = 20$ und zeichne den Graphen zu f_2 in ein neues Koordinatensystem. Wähle auf der z-Achse 1 cm für 5 kW.

e) Welche Leistung ist bei 50 $\frac{km}{h}$ (bei 170 $\frac{km}{h}$) zur Überwindung des Luftwiderstandes erforderlich?

f) Wie schnell fährt das Fahrzeug, wenn 50 kW zur Überwindung des Luftwiderstandes benötigt werden?

g) Wie versucht die Autoindustrie den c_w-Wert zu verkleinern?

① Das Skigebiet in Schneewinkel (900 m über NN) soll für Feriengäste attraktiver gestaltet werden. Für die Planung werden Karten studiert, mit deren Hilfe das Profil des Geländes dargestellt werden kann.

Das Ingenieurbüro Fuxx hat am Trödlhang für die horizontale Entfernung vom vorhandenen Gamslift und die Höhendifferenz zum Ortskern (900 m) folgende Tabelle ermittelt.

Entfernung x m	0	20	40	60	80	100	120	140	160	180	200	220
Höhendifferenz y m	60	61	63	69	75	83	90	94	95	93	81	65

a) Zeichne das Profil des Trödlhangs. Für die Zeichnung: 1 cm ≙ 20 m

b) Zum Präparieren der Hänge sind Pistenraupen nötig. Je nach Steigfähigkeit sind sie unterschiedlich teuer. Mit wie viel Prozent Steigung muss man für $x \in [0; 160]$ rechnen? Verwende die Wertetabelle und zeichne Steigungsdreiecke, die näherungsweise an den Graphen angepasst werden.

c) Warum ist das Gelände im Bereich für $x \in [180; \ 220]$ für den Liftbetrieb vermutlich ungeeignet?

d) Mit einem Hilfsmittel wie einem grafikfähigen TR lässt sich das Hangprofil ebenfalls darstellen. Wähle stets folgende WINDOW-Einstellungen: $0 \leq x \leq 220$; $0 \leq y \leq 100$:

Bei mir geht das ganz einfach:
Im Menü wähle ich STAT und gebe die Werte der Tabelle in die Listen L1 und L2 ein.
Mit GRAPH(=F1), SELECT(F4) und DRAW(F6) wird der Graph angezeigt. Wenn ich dann X oder X^3 drücke, erhalte ich die Gleichung.

Mit meinem GTR geht das so:
Mit STAT EDIT lege ich ebenfalls die Listen L1 und L2 an.
Unter STAT CALC wähle ich CubicReg. Mit dem Ergebnis muss ich einen Funktionsterm bei Y= eingeben, dann mit GRAPH den Graphen anzeigen.

Bei mir geht das so:
Die Eingabe der Werte funktioniert wie bei euch.
Bei STAT muss ich REG und Rg_x³ wählen. Dann gebe ich den Term ein und lasse den Graphen anzeigen.

Zeige, dass du folgende Funktionsgleichung erhältst:
$y = -0,0000256x^3 + 0,00649x^2 - 0,1671x + 60,8059$

① Eine Ameise kann etwa das 30fache ihres Körpergewichts tragen, ein normal kräftiger Mensch nur das einfache. Wenn ein Mensch auf Ameisengröße (etwa 1,5 mm) schrumpft, so ändert sich die Körpergröße mit einem Faktor k, der Muskelquerschnitt mit k^2 und das Volumen und das Gewicht mit k^3.

Allerdings ist die Tragfähigkeit proportional zum Muskelquerschnitt, nicht zur Muskelmasse. Sie ändert sich demnach mit k^2.

a) Wäre dieser „Schrumpfmensch" so stark wie die Ameise?

b) Drehe die Überlegung um und untersuche, wie stark eine 170 cm große „Monster-Ameise" wäre.

② Vergleiche nun den Menschen mit dem Pferd oder dem Elefanten. Rechne dazu die Körpergröße des Menschen auf die Länge von Pferd oder Elefant hoch. Erhältst du realistische Werte für die Tragfähigkeit?

③ Beim Baby oder Kleinkind sind die Arme im Verhältnis zur Körpergröße deutlich kürzer als beim Erwachsenen. Erst bei etwa 1,50 m Größe (mit rund 12 Jahren) stellt sich das endgültige Verhältnis ein. Man hat herausgefunden, dass für die Beziehung Körpergröße h = x cm und Armlänge a = y cm etwa folgender Zusammenhang gilt: $y = 0,15 \cdot x^{1,2}$

a) Berechne die zugehörigen Werte für $x_1 = 120$ und $y_2 = 64$ und stelle jeweils das Verhältnis y : x auf.

b) Aus der Grafik links lässt sich das Verhältnis Armlänge zu Körpergröße leicht bestimmen. Überprüfe mit Hilfe der beiden Grafiken deine berechneten Werte.

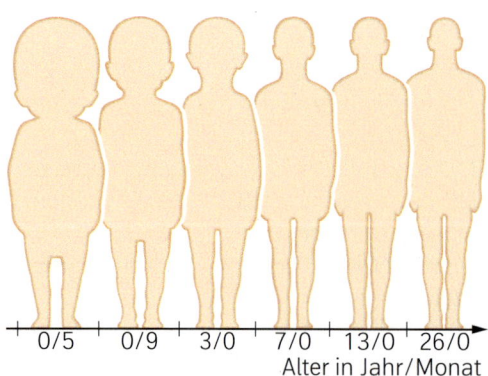

Alter in Jahr/Monat

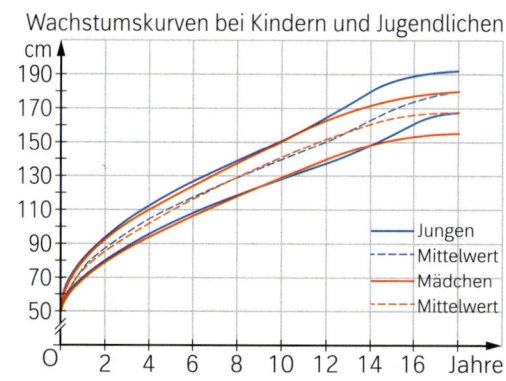

Wachstumskurven bei Kindern und Jugendlichen

Löse die Aufgaben.
Schätze Dich mit Hilfe der **Zielscheibe** selbst ein. Die Lösungen findest Du ab Seite 222.
→ zeigt Hilfen zu jeder Aufgabe.

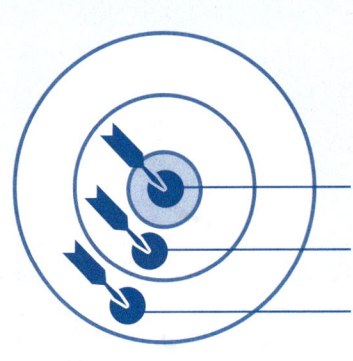

Das kann ich.

Da bin ich mir **nicht ganz sicher**.

Das muss ich **unbedingt üben**.

Aufgabe	Du kannst ...
1, 5b	den Graphen einer Potenzfunktion zeichnen.
1, 5c	Definitions- und Wertemengen angeben.
2	fehlende Koordinaten berechnen.
2, 4, 5c	mit Gleichungen für Asymptoten arbeiten.
3	die Koordinaten eines Vektors ermitteln.
5a	die Gleichung einer verschobenen Potenz-funktion bestimmen.
6	Funktionsgleichungen und -graphen zuordnen.

→ Seite 27
Aufgabe 1

(1) Zeichne den Graphen zu folgender Funktionsgleichung in ein Koordinatensystem. Gib Definitions- und Wertemenge sowie die Gleichungen der Asymptoten an.

a) $y = 0,3(x + 1)^{-2} + 1,5$ 　　　　　 b) $y = -0,1(x - 4)^{-3} + 2,5$

→ Seite 29
Aufgabe 3

(2) Die Punkte P und Q liegen auf dem Graphen der Funktion f. Berechne die fehlenden Koordinaten. Runde auf zwei Stellen nach dem Komma.

a) $f: y = -0,6(x - 6)^5 - 8$; $P(7,2\,|\,y)$; $Q(x\,|\,-4,5)$　　b) $f: y = 1,8(x - 1)^{-4} - 2,4$; $P(1,6\,|\,y)$; $Q(x\,|\,4,9)$

→ Seite 30
Aufgabe 5

(3) Der Graph der Funktion f wird durch Parallelverschiebung mit dem Vektor $\vec{v}$ auf den Graphen der Funktion f′ abgebildet. Ermittle die Koordinaten des Verschiebungsvektors.

$f: y = -0,6(x - 4)^{-5} - 4,5$;　$f': y = -0,6(x - 6)^{-5} + 3,5$

→ Seite 30
Aufgabe 7

(4) Gib eine passende Funktion der Form $y = k(x - c)^2 + d$ zu den gegebenen Gleichungen der Asymptoten an.

a) $x = 0$; $y = -2$　　　b) $x = -3$; $y = 7$　　　　　c) $x = 2,5$; $y = 0$

→ Seite 30
Aufgabe 8

(5) Gegeben ist die Funktion f mit der Gleichung $y = x^{-2} - 1,5$ mit $x, y \in \mathbb{R}$. Der Graph der Funktion f wird mit dem Vektor $\vec{v} = \begin{pmatrix} 2 \\ 1,5 \end{pmatrix}$ auf den Graphen der Funktion f′ abgebildet.

a) Bestimme die Gleichung von f′.
b) Zeichne die Graphen der Funktionen f und f′ in ein Koordinatensystem. Überprüfe die Parallelverschiebung, indem du an zwei verschiedenen Stellen den Repräsentanten des Vektors einzeichnest.
c) Bestimme die Definitions- und Wertemengen sowie die Gleichungen für die Asymptoten von f und f′.

→ Seite 30
Aufgabe 9

(6) Ordne dem Graphen die passende Gleichung zu.

(A) $f: y = -(x - 1,5)^{-2} + 1$　(B) $f: y = 0,5(x + 2,5)^{-1} - 3$　　(C) $f: y = -2(x - 1)^{-3} - 2$

(1)

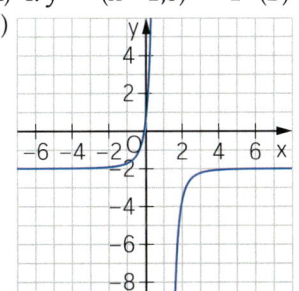

(2)

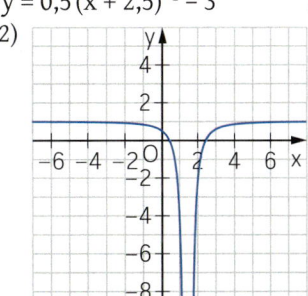

(3)

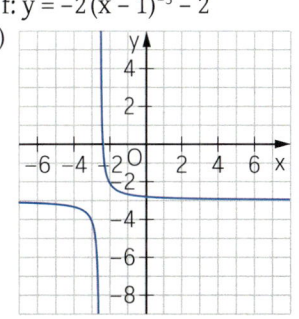

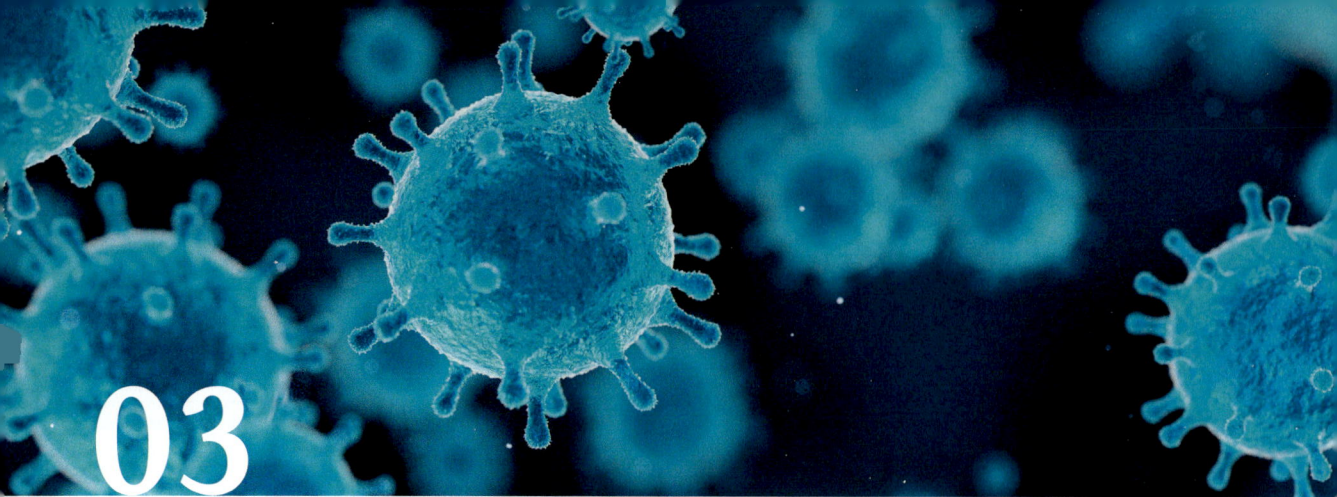

03

Exponentialfunktionen, Logarithmen und Logarithmusfunktionen

Im Jahr 2019 trat erstmals eine neue Atemwegserkrankung auf, die von Coronaviren verursacht wurde. Durch Ansteckung von Mensch zu Mensch kam es 2020 zu einer Pandemie[1].

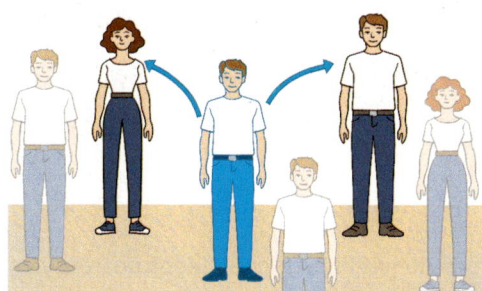

Es wird angenommen, dass ein Mensch zwei weitere infiziert.

Die Abbildung unten zeigt die Entwicklung der Anzahl der neu Infizierten bei vier Ansteckungszyklen.
Wie viele Personen werden im fünften Ansteckungszyklus neu infiziert?

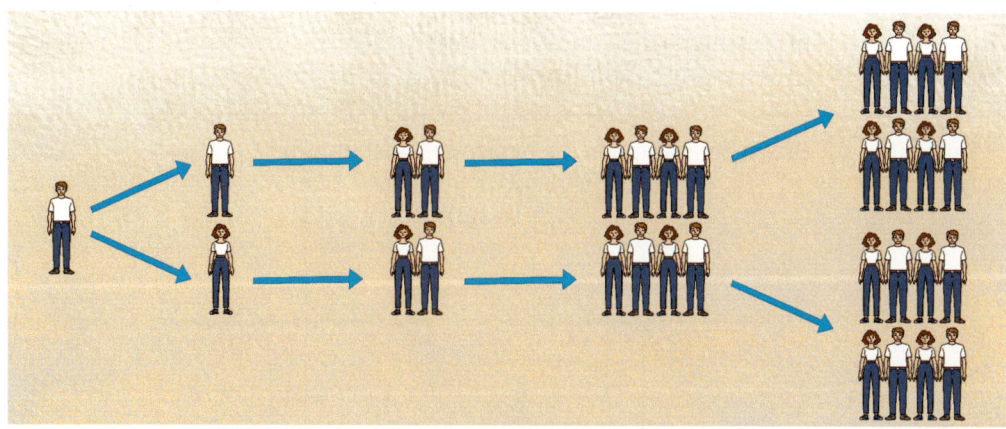

---

[1] weltweite Epidemie

① In der Abbildung auf Seite 40 wird angenommen, dass eine Person im Durchschnitt bei einem Ansteckungszyklus zwei weitere mit dem Krankheitserreger infiziert.
  a) Ergänze die Tabelle in deinem Heft. Finde einen Zusammenhang zwischen x und y.

Anzahl x der Ansteckungszyklen	0	1	2	3	4	5	6	...	10
Anzahl y der neu infizierten Personen	1	2	$4 = 2^2$					...	

  b) Stelle den Zusammenhang zwischen x und y grafisch dar.
    Für die Zeichnung: x-Achse: 1 cm ≜ 1 Ansteckungszyklus
               y-Achse: 0,5 cm ≜ 1 neu infizierte Person
  c) Durch vorbeugende Maßnahmen gelingt es, dass eine Person im Durchschnitt nur noch 1,5 weitere Personen infiziert.
    Gib die Gleichung einer Funktion an, die den Zusammenhang beschreibt. Zeichne den Graphen in das Koordinatensystem von Teilaufgabe b) ein und vergleiche.

② Falte ein großes Blatt Papier in der Mitte, dann noch einmal. Jetzt sind 4 Lagen aufeinander, nach der nächsten Faltung liegen dann 8 Lagen übereinander.
  a) Stelle dir nun vor, du könntest beliebig oft weiter falten.
    Schätze, wie oft du falten musst, damit der Stapel bis zum Mond reicht.
    A höchstens 100-mal   **B** über 100-mal aber weniger als 10 000-mal   **C** über 10 000-mal
  b) Ein Blatt Papier hat in etwa eine Dicke von 0,1 mm. Ergänze in deinem Heft die Tabelle.

Anzahl x der Faltungen	0	1	2	3	4	5	6	7	...	10
Anzahl der Lagen	1	2	$4 = 2^2$						...	
Dicke y mm	$0,1 \cdot 1$	$0,1 \cdot 2$							...	

  c) Wie ändert sich die Gesamtdicke des Papiers, wenn du eine neue Faltung durchführst?
  d) Finde einen Zusammenhang zwischen der Anzahl x der Faltungen und der Dicke y mm des Stapels. Stelle dann den Zusammenhang zwischen x und y grafisch dar.
    Für die Zeichnung:
    x-Achse: 1 cm ≜ 1 Faltung
    y-Achse: 1 cm ≜ 1 mm
  e) Berechne die Gesamtdicke des Papiers für 20 und 30 Faltungen. Gib das Ergebnis in Kilometer an.
  f) Bei welcher Faltung wäre das Papier insgesamt dicker als die Entfernung Erde – Mond (380 000 km)? Vergleiche mit deiner Schätzung in Teilaufgabe a).

③ Ein Blatt Papier im Format DIN-A0 hat einen Flächeninhalt von 1 m². Wenn man es in der Mitte der längeren Seite faltet, erhält man das Format A1 mit einem Flächeninhalt von 0,5 m².
  a) Erstelle eine Tabelle bis zum Format A5.

	A0	A1	A2
Anzahl x der Faltungen	0	1	2
Flächeninhalt y m²	1	0,5	

  b) Finde wie in Teilaufgabe 2 d) eine Gleichung für diesen Zusammenhang.

(4) Gegeben sind folgende Funktionen der Form $y = a^x$ $(x, y \in \mathbb{R})$:
f_1: $y = 4^x$ f_2: $y = 2,5^x$ f_3: $y = 0,25^x$ f_4: $y = 0,4^x$
a) Stelle die Graphen mit Hilfe einer Geometrie-App dar.
b) Untersuche die Graphen auf besondere Punkte. Formuliere eine Aussage über den Verlauf der Graphen.
c) Bestimme die Definitions- und die Wertemenge sowie die Gleichung der Asymptote.

(5) Die Abbildung zeigt Graphen zu Funktionen der Form $y = k \cdot a^x$ $(x, y \in \mathbb{R}; k \neq 0)$.
a) Ordne den Graphen jeweils die passende Funktionsgleichung zu.
     A $y = 1,5^x$ **B** $y = 4 \cdot 0,5^x$
     C $y = 2,5 \cdot 3^x$ **D** $y = 1,5 \cdot 2^x$
b) Finde eine Regel für die Koordinaten der Punkte, bei denen die Graphen die y-Achse schneiden. Bestätige durch Rechnung.
c) Der Graph einer der unter A bis D aufgelisteten Funktionen ist nicht gezeichnet. Gib die Koordinaten des Punktes an, bei dem dieser Graph die y-Achse schneidet.
d) Vergleiche den Verlauf des Graphen zu $y = -1,5 \cdot 2^x$ mit dem des Graphen zu $y = 1,5 \cdot 2^x$. Vergleiche den Verlauf des Graphen zu $y = 4 \cdot 0,5^x$ mit dem des Graphen zu $y = -4 \cdot 0,5^x$.

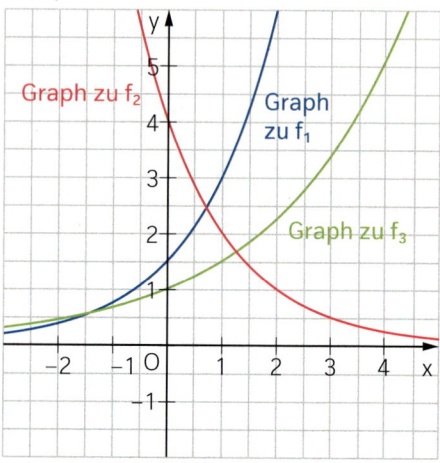

(M)

Exponentialfunktion

Eine Gleichung der Form $y = k \cdot a^x$ bestimmt eine **Exponentialfunktion**.
$(k \in \mathbb{R} \setminus \{0\}; a \in \mathbb{R}^+ \setminus \{1\}; x, y \in \mathbb{R})$

Eigenschaften

Für $a > 1$ und $k > 0$ steigt der Graph erst langsam, dann schnell (exponentielles Wachstum).
Beispiel: f_1 mit $y = 0,5 \cdot 1,5^x$

Für $a < 1$ und $k > 0$ fällt der Graph erst schnell, dann langsam (exponentielle Abnahme).
Beispiel: f_2 mit $y = 1,5 \cdot 0,6^x$

Für $k < 0$ erhält man Graphen, die unterhalb der x-Achse liegen.
Beispiel: f_3 mit $y = -2 \cdot 1,5^x$

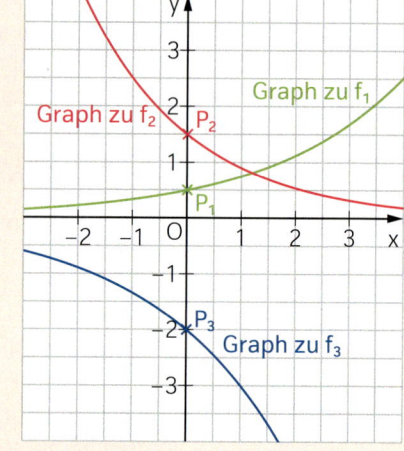

Graphen von Funktionen der Form $y = k \cdot a^x$ schneiden die y-Achse im Punkt $P(0 \mid k)$.
$D = \mathbb{R}$; $W = \mathbb{R}^+$ (für $k > 0$) bzw. $W = \mathbb{R}^-$ (für $k < 0$)
Die Gerade g mit $y = 0$ (x-Achse) ist Asymptote an alle Graphen.

Übungen

(6) Gegeben sind die folgenden Exponentialfunktionen mit $x, y \in \mathbb{R}$.

f_1 mit $y = 4,5 \cdot 6^x$ f_2 mit $y = 1,5 \cdot \left(\frac{1}{6}\right)^x$ f_3 mit $y = -0,5 \cdot 2,5^x$ f_4 mit $y = -4,5 \cdot 6^x$

a) Finde jeweils die Koordinaten des Schnittpunkts P des Graphen mit der y-Achse.
b) Gib für jeden Graph an, ob er steigt oder fällt.
c) Bestimme jeweils die Definitions- und Wertemenge sowie die Gleichung der Asymptote.

7 Die Punkte P und Q liegen auf dem Graphen der Funktion f mit $y = k \cdot a^x$ ($x, y \in \mathbb{R}$).
Berechne die Gleichung der Funktion.
a) P(0|7); Q(1|14)   b) P(0|24); Q(2|6)
c) P(0|10); Q(2|62,5)   d) P(0|−9); Q(1|−3,6)

Lösungen (nur Werte für die Basis a): 0,5; 3; 0,4; 2,5; 2

> P(0|0,5); Q(2|4,5)
>
> Aus P folgt: $k = 0,5$
> Q und k einsetzen: $4,5 = 0,5 \cdot a^2$
> $9 = a^2$
> $a = 3 \lor (a = -3)$
> Ergebnis: f: $y = 0,5 \cdot 3^x$

8 Immer vier Darstellungen gehören zusammen. Ordne passend zu.
Berechne die fehlenden Werte der Tabellen. Es gilt: $x, y \in \mathbb{R}$

(1)

x	−1	0	1	3
y		0,5	1	

(2)

x	−1	0	1	3
y		−2	−1	

(3)

x	−1	0	1	3
y		2	1	

Wechsel zwischen Darstellungen

(4) Der Graph steigt zuerst schnell, dann langsam.

(5) Der Graph fällt zuerst schnell, dann langsam.

(6) Der Graph steigt zuerst langsam, dann schnell.

(7) f: $y = -2 \cdot 0,5^x$

(8) f: $y = 2 \cdot 0,5^x$

(9) f: $y = 0,5 \cdot 2^x$

(10)
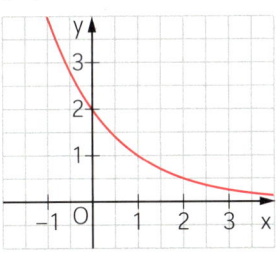

(11)
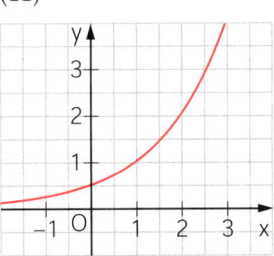

(12)
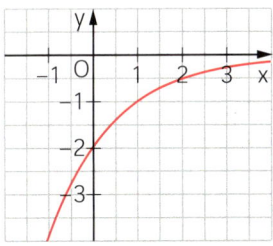

9 Gegeben sind die Punkte A(0|−2) und B(6|−2) sowie die Funktion f mit $y = 1,2 \cdot 1,5^x$ ($x, y \in \mathbb{R}$).
a) Der Punkt C liegt auf dem Graphen der Funktion f. Er legt mit den Punkten A und B ein rechtwinkliges Dreieck ABC mit $\alpha = 90°$ fest (siehe Abbildung). Bestimme den Flächeninhalt des Dreiecks ABC.
b) Der Punkt D liegt auf dem Graphen der Funktion f. Er legt mit den Punkten A und B ein gleichschenkliges Dreieck ABD mit der Basis $\overline{AB}$ fest. Berechne den Flächeninhalt des Dreiecks ABD.

Seite 13

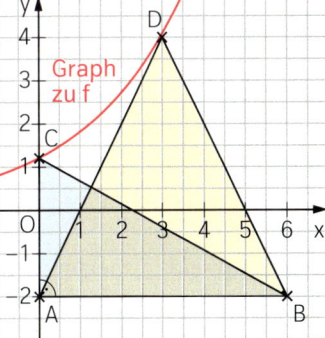

Ein Rechteck ABCD ist in vier Dreiecke zerlegt. Bestimme den Flächeninhalt des orange gefärbten Dreiecks.

Hinweis: Zeichne in deinem Heft durch S jeweils eine Parallele zu $\overline{AB}$ und zu $\overline{AD}$.

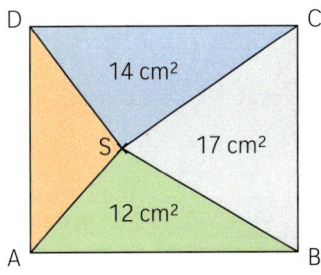

10 Wir untersuchen Graphen von Exponentialfunktionen mit x, y ∈ ℝ. Bildet dabei Gruppen wie auf Seite 28 erklärt.

a) Gegeben sind die Funktionen f_1 mit $y = 2^x$ und f_2 mit $y = -2 \cdot 0{,}5^x$. Zeichne die Graphen zu f_1 und f_2 in ein Koordinatensystem und markiere die Schnittpunkte P_1 und P_2 der Graphen zu f_1 und f_2 mit der y-Achse. Verändere dann den Funktionsterm wie in den Gruppen angegeben und ergänze die Zeichnung mit den Graphen zu f_1' und f_2'.
Um welche Abbildung handelt es sich jeweils? Wie lauten die Koordinaten des genauso abgebildeten Punktes P_1' bzw. P_2'?
Für die Zeichnungen: $-5 \le x \le 5$; $-6 \le y \le 6$

Gruppe A: f_1' mit $y = 2^x - 2$ f_2' mit $y = -2 \cdot 0{,}5^x + 1$
Gruppe B: f_1' mit $y = 2^{x-2}$ f_2' mit $y = -2 \cdot 0{,}5^{x+2}$
Gruppe C: f_1' mit $y = 2^{x-2} + 1$ f_2' mit $y = -2 \cdot 0{,}5^{x+2} - 3$

b) Wechselt nun die Gruppe und berichtet als Experte.

c) Vergleicht eure Ergebnisse.

M

Eine Gleichung der Form $y = k \cdot a^{x-c} + d$ bestimmt eine **Exponentialfunktion**.
($k \in \mathbb{R} \setminus \{0\}$; $a \in \mathbb{R}^+ \setminus \{1\}$; x, y, c, d $\in \mathbb{R}$)

Exponential-funktion

$$f: y = k \cdot a^x \xmapsto{\ \vec{v} = \binom{c}{d}\ } f': y = k \cdot a^{x-c} + d$$

Eigenschaften

Für die Funktion f' gilt:
D = ℝ
$W = \{y \in \mathbb{R} \mid y > d\}$ (für $k > 0$) bzw.
$W = \{y \in \mathbb{R} \mid y < d\}$ (für $k < 0$)
Asymptote: $y = d$
(Parallele zur x-Achse)

Der Graph der Funktion f geht durch den besonderen Punkt $P(0 \mid k)$ und der Graph der Funktion f' durch den besonderen Punkt $P'(c \mid k + d)$.

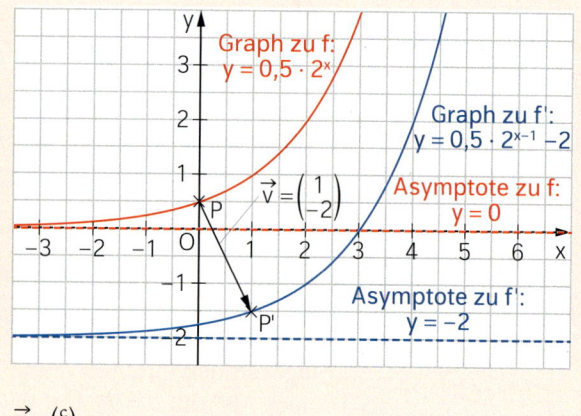

Graph zu f:
$y = 0{,}5 \cdot 2^x$

Graph zu f':
$y = 0{,}5 \cdot 2^{x-1} - 2$

Asymptote zu f:
$y = 0$

$\vec{v} = \binom{1}{-2}$

Asymptote zu f':
$y = -2$

$$P(0 \mid k) \xmapsto{\ \vec{v} = \binom{c}{d}\ } P'(c \mid k + d)$$

Übungen

Mit der Asymptote kann ich den Graphen schneller zeichnen.

11 Überprüfe, ob der Punkt P auf dem Funktionsgraphen von f mit x, y ∈ ℝ liegt.

a) $f: y = 2 \cdot 3^x$; $P(3 \mid 54)$

b) $f: y = -0{,}5 \cdot 1{,}5^{x+2}$; $P(-1 \mid -0{,}25)$

c) $f: y = 2^{x-3} + 1$; $P(5 \mid 5)$

d) $f: y = 4 \cdot 0{,}5^{x-4} - 5$; $P(6 \mid -4)$

12 Bestimme zuerst die Asymptote sowie Definitions- und Wertemenge. Zeichne dann den Graphen der Funktion f mit Hilfe einer Wertetabelle in dein Heft. Es gilt: x, y ∈ ℝ

a) $f_a: y = -0{,}75^{x+2} + 5$

b) $f_b: y = 0{,}5 \cdot 2^{x-3} - 7$

c) $f_c: y = -2 \cdot 0{,}25^{x+6} + 7$

d) $f_d: y = 1{,}5^{x-2} - 5$

13 Finde die Gleichung einer Funktion, deren Graph folgende Eigenschaften besitzt. Überprüfe anschließend mit einer Geometrie-App. Es gilt: x, y ∈ ℝ

a) $W = \left]-\infty; -2\right[$

b) $W = \left]-1; \infty\right[$

c) $W = \left]10; \infty\right[$

(14) Gegeben ist die Funktion f_1 mit der Gleichung $y = -1{,}5 \cdot 0{,}75^{x+3} + 7$ mit $x, y \in \mathbb{R}$.
Der Graph der Funktion f_1 wird durch Parallelverschiebung mit dem Vektor $\vec{v} = \begin{pmatrix} 4 \\ -1 \end{pmatrix}$ auf
den Graphen der Funktion f_2 abgebildet.
So kannst du die Funktionsgleichung von f_2 berechnen.

B

(1) Notiere die Abbildungsgleichung.	$x' = x + 4$
	$\wedge\ y' = y - 1$
(2) Löse die erste Gleichung nach x auf.	$x = x' - 4$
(3) Ersetze y durch den Funktionsterm.	$y' = (-1{,}5 \cdot 0{,}75^{x+3} + 7) - 1$
(4) Ersetze in der zweiten Gleichung das x.	$y' = -1{,}5 \cdot 0{,}75^{(x'-4)+3} + 7 - 1$
(5) Vereinfache und schreibe ohne Hochstriche.	$f_2\colon y = -1{,}5 \cdot 0{,}75^{x-1} + 6$

a) Zeichne die Graphen zu f_1 und f_2 in ein Koordinatensystem und überprüfe die Parallelverschiebung, indem du einen Repräsentanten des Vektors $\vec{v}$ an zwei verschiedenen Stellen einzeichnest.

b) Bestimme die Definitions- und Wertemengen sowie die Asymptoten von f_1 und f_2. Formuliere jeweils in einem Satz, wie sich diese durch die Parallelverschiebung ändern.

c) Verfahre ebenso mit folgenden Funktionsgraphen:

(1) $h_1 \xmapsto{\begin{pmatrix} -1 \\ -3 \end{pmatrix}} h_2$
$h_1\colon y = -0{,}5 \cdot 1{,}2^{x+8} + 8$

(2) $g_1 \xmapsto{\begin{pmatrix} 5 \\ 1 \end{pmatrix}} g_2$
$g_1\colon y = 2 \cdot 0{,}9^{x+2} - 6$

(3) $d_1 \xmapsto{\begin{pmatrix} -7 \\ -7 \end{pmatrix}} d_2$
$d_1\colon y = 1{,}5^{x-5}$

(15) Der Graph der Funktion f_1 wird durch Parallelverschiebung mit dem Vektor $\vec{v}$ auf den Graphen der Funktion f_2 abgebildet.
Bestimme die Koordinaten des Verschiebungsvektors $\vec{v}$.

a) $f_1\colon y = 0{,}1 \cdot 3^{x-7} - 3$; $f_2\colon y = 0{,}1 \cdot 3^{x-4} - 5$

b) $f_1\colon y = -3 \cdot 2{,}5^{x} + 2$; $f_2\colon y = -3 \cdot 2{,}5^{x+2}$

c) $f_1\colon y = 1{,}5^{x+7{,}5} - 1$; $f_2\colon y = 1{,}5^{x-1} + 1$

(16) Zu jedem Funktionsgraph gehört genau eine Gleichung, eine Asymptote und eine Wertemenge. Ordne passend zu.

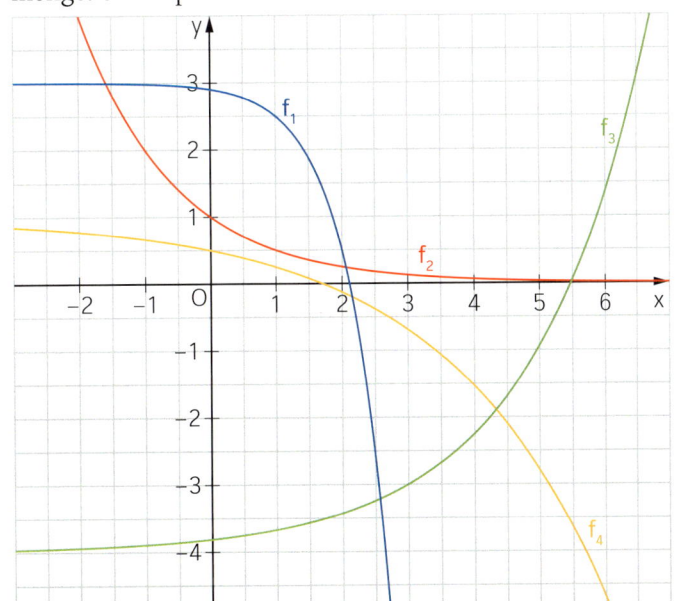

(1) $y = -0{,}5 \cdot 5^{x-1} + 3$
(2) $y = 1{,}75^{x-3} - 4$
(3) $y = -0{,}5 \cdot 1{,}5^{x} + 1$
(4) $y = 0{,}5^{x}$

(α) Asymptote: $y = 0$
(β) Asymptote: $y = 3$
(γ) Asymptote: $y = -4$
(δ) Asymptote: $y = 1$

(I) $W = \left]-\infty; 3\right[$
(II) $W = \left]-\infty; 1\right[$
(III) $W = \left]0; \infty\right[$
(IV) $W = \left]-4; \infty\right[$

1 Unter günstigen Bedingungen vermehren sich
Heuschrecken extrem schnell. Es entstehen große
Schwärme, die ganze Landschaften kahl fressen
können. Dabei wächst die Anzahl der Heuschrecken
täglich näherungsweise um 15 %.

a) Zu Beginn der Beobachtung sind zunächst
1000 Heuschrecken vorhanden.
Begründe, dass man mit folgender Gleichung die
Anzahl y der Heuschrecken nach x Tagen
berechnen kann: $y = 1000 \cdot 1{,}15^x$

b) Berechne in Teilaufgabe a) die Anzahl der
Heuschrecken nach 10, 20, 30 und 50 Tagen.

c)

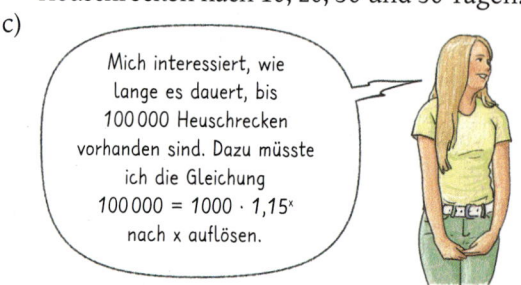

Mich interessiert, wie
lange es dauert, bis
100 000 Heuschrecken
vorhanden sind. Dazu müsste
ich die Gleichung
$100\,000 = 1000 \cdot 1{,}15^x$
nach x auflösen.

Das geht aber nicht,
da das x im Exponen-
ten steht. Den Wert
von x findet man nur
durch Probieren.

Äußere dich zur Aussage von Felix.

d) Finde einen Näherungswert für die Lösung der Gleichung $100\,000 = 1000 \cdot 1{,}15^x$.

2 Gegeben sind die folgenden acht Gleichungen ($G = \mathbb{R}$).

(1) $0{,}5 = 2^x$ (2) $1 = 2^x$ (3) $2 = 2^x$ (4) $3 = 2^x$

(5) $4 = 2^x$ (6) $5 = 2^x$ (7) $8 = 2^x$ (8) $32 = 2^x$

a) Finde Lösungen zu den Gleichungen. Verwende falls
erforderlich den Graphen rechts.

b) Welche Gleichungen sind leicht lösbar? Begründe.

c) Gib je eine weitere Gleichung an, die leicht und eine, die
nicht leicht aber mit Hilfe des Graphen rechts lösbar ist.

Graph zu f
mit $y = 2^x$

 M

Bei der Gleichung $a^x = b$ steht die Variable im Exponenten ($x \in \mathbb{R}$; $a \in \mathbb{R}^+\setminus\{1\}$; $b \in \mathbb{R}^+$).
Eine solche Gleichung nennt man **Exponentialgleichung**.

**Exponential-
gleichung**

Die Lösung x der Gleichung $a^x = b$ bezeichnet man als
Logarithmus von b zur Basis a.
Man schreibt: $x = \log_a b$ ($x \in \mathbb{R}$; $a \in \mathbb{R}^+\setminus\{1\}$; $b \in \mathbb{R}^+$)

Logarithmus

Beachte: x ist die Zahl mit der man a potenzieren muss, um b zu erhalten.

Basis bleibt
Basis

Beispiele:

$10^x = 100$ $x = \log_{10} 100$ $x = 2$

$10^x = 50$ $x = \log_{10} 50$ $x = 1{,}69\ldots$

$3^x = 81$ $x = \log_3 81$ $x = 4$

Übungen

3 Berechne die Lösung der Exponentialgleichung mit dem Logarithmus. Runde auf zwei Stellen nach dem Komma.

a) $2^x = 5$ b) $5^x = 100$ c) $\left(\frac{1}{2}\right)^x = 2{,}5$

d) $24^x = 16$ e) $8^x = 1\,000\,000$ f) $0{,}4^x = 0{,}8$

Lösungen: $-1{,}32$; $6{,}64$; $2{,}86$; $3{,}17$; $0{,}87$; $2{,}32$; $0{,}24$

> $3^x = 6$
> $x = \log_3 6$
> TR: $\log_{\boxed{3}}\boxed{6} = 1{,}6309\ldots$
> $x = 1{,}63$

> Wenn nichts anderes angegeben ist, gilt für alle Gleichungen:
> $x \in \mathbb{R}$

4 Berechne den Logarithmus im Kopf, indem du ihn in eine Exponentialgleichung umwandelst.

a) $x = \log_2 128$ b) $x = \log_5 125$ c) $x = \log_9 81$

d) $x = \log_{0{,}5} 0{,}25$ e) $x = \log_{0{,}9} 0{,}9$ f) $x = \log_4 2$

Lösungen: 2; 2; 6; 7; 3; 1; $0{,}5$

> $x = \log_3 243$
> $3^x = 243$
> $3^x = 3^5$; $x = 5$

5 Forme in eine Exponentialgleichung um und berechne x.

a) $\log_2 x = 4$ b) $\log_2 x = 3$ c) $\log_{10} x = 2$ d) $\log_5 x = 1$

e) $\log_6 x = 2$ f) $\log_7 x = 0$ g) $\log_{12} x = 4$ h) $\log_2 x = -2$

i) $\log_2 (x + 4) = 1$ k) $\log_5 (x - 1) = 0$ l) $\log_2 (4x) = 9$ m) $\log_9 (2x - 1) = 1$

Lösungen: -2; $0{,}25$; 1; 2; 5; 5; 8; 16; 32; 36; 100; 128; $20\,736$

6 Berechne die Basis x.

a) $\log_x 9 = 2$ b) $\log_x 125 = 3$ c) $\log_x 10 = 1$ d) $\log_x 0{,}25 = -2$

Lösungen: 1, 2; 3; 5; 10

7 Welcher Wert ist größer? Begründe ohne TR.

a) $\log_4 16$; $\log_2 16$ b) $\log_8 36$; $\log_6 36$

c) $\log_5 26$; $\log_{10} 52$ d) $\log_7 50$; $\log_{14} 100$

> $\log_3 9$; $\log_6 9$
> $x = \log_3 9$ $x = \log_6 9$
> $3^x = 9$ $6^x = 9$
> $x = 2$ $x < 2$
> $\log_3 9$ > $\log_6 9$

8 Bestimme die Lösung der Aufgabe 1 d) auf Seite 46 rechnerisch.

9 Berechne die Lösung der Gleichung. Runde auf drei Stellen nach dem Komma.

> $6 \cdot 3^x = 15$ $|:6$
> $3^x = 2{,}5$
> $x = \log_3 2{,}5$
> $x = 0{,}8340\ldots$
> $L = \{0{,}834\}$

a) $2 \cdot 3^x = 15$ b) $10 \cdot 6^x = 15$

c) $1{,}5 \cdot 3^x = 15$ d) $15 = 1{,}5 \cdot 6^x$

e) $8 = 2 \cdot 2^x$ f) $5 \cdot 1{,}4^x = 7$

g) $5^x + 5^x = 5555$ h) $8^2 = 3 \cdot 7^x + 5 \cdot 7^x$

10 Der Punkt A liegt auf dem Graphen zu f. Berechne die fehlende Koordinate auf zwei Stellen nach dem Komma gerundet.

a) $A(x\,|\,3)$; f mit $y = 2^x$ b) $A(x\,|\,1)$; f mit $y = 0{,}2^x$ c) $A(x\,|\,4)$; f mit $y = 2 \cdot 1{,}2^x$

d) $A(4{,}2\,|\,y)$; f mit $y = \frac{1}{2} \cdot 3^x$ e) $A(x\,|\,0{,}5)$; f mit $y = 1{,}25^x$ f) $A(x\,|\,90)$; f mit $y = 10^x$

Lösungen von 9, 10: $-3{,}11$; 0; $0{,}226$; $0{,}87$; 1; $1{,}069$; $1{,}285$; $1{,}58$; $1{,}834$; $1{,}95$; 2; $2{,}096$; $3{,}80$; $4{,}927$; $50{,}45$

11 Runde bei der Lösung der Gleichung auf drei Stellen nach dem Komma.

a) $100 = 8^x$ b) $\log_{1{,}3} x = 2{,}5$ c) $\log_x 1024 = 10$ d) $20 = 5 \cdot 3^x$

e) $\log_x 3{,}375 = 3$ f) $3 \cdot 4^x = 19$ g) $\log_3 x = 1{,}7$ h) $25^x = 125$

Lösungen: $1{,}262$; $1{,}331$; $1{,}5$; $1{,}5$; $1{,}927$; 2; $2{,}215$; $2{,}875$; $6{,}473$

Für den Logarithmus zur Basis 10 existiert eine Abkürzung: $\log_{10} x = \lg x$

1 Es gibt Taschenrechner, mit deren LOG-Taste Logarithmen nur zur Basis 10 berechnet werden können. Bestimme mit dem Taschenrechner den Wert dieser Zehnerlogarithmen. Runde auf zwei Stellen nach dem Komma. Was fällt dir auf?

$\log_{10} 3 =$ ▢

Tastenfolge: LOG (3) =

Anzeige: 0,477122...

$\log_{10} 3 = 0,48$

a) $\log_{10} 10 =$ ▢ $\log_{10} 100 =$ ▢ $\log_{10} 1000 =$ ▢

b) $\log_{10} 2 =$ ▢ $\log_{10} 20 =$ ▢ $\log_{10} 200 =$ ▢

c) $\log_{10} 4 =$ ▢ $\log_{10} 40 =$ ▢ $\log_{10} 400 =$ ▢

d) $\log_{10} 8 =$ ▢ $\log_{10} 80 =$ ▢ $\log_{10} 800 =$ ▢

e) $\log_{10} 5 =$ ▢ $\log_{10} 0,5 =$ ▢ $\log_{10} 0,05 =$ ▢

2 So kannst du eine Beziehung herleiten, mit der sich $\log_a b$ mit Hilfe von Logarithmen zur Basis 10 darstellen lässt.

Nach der Definition des Logarithmus gilt: $10^u = a$; $u = \log_{10} a$;   bzw. $10^v = b$; $v = \log_{10} b$

Es folgt	I	$10^{\log_{10} a} = a$ bzw. $10^{\log_{10} b} = b$
Für eine beliebige Basis gilt:	II	$a^x = b$ $x = \log_a b$
Setze die Terme aus I ein.		$(10^{\log_{10} a})^x = 10^{\log_{10} b}$
Wende die Potenzgesetze an.		$10^{x \log_{10} a} = 10^{\log_{10} b}$
Setze die Exponenten gleich.		$x \log_{10} a = \log_{10} b$
Löse nach x auf.		$x = \dfrac{\log_{10} b}{\log_{10} a}$
Ersetze x durch den Term rechts in II.		$\log_a b = \dfrac{\log_{10} b}{\log_{10} a}$ Basisumrechnung

Prima, jetzt kann ich jeden Logarithmus mit dem TR bestimmen.

3 Berechne mit dem Zehnerlogarithmus. Runde auf drei Stellen nach dem Komma.

$\log_2 3 =$ ▢

Tastenfolge: LOG (3) : LOG (2) =

Anzeige: 1,5849..

$\log_2 3 = 1,585$

a) $\log_2 10 =$ ▢ $\log_2 100 =$ ▢ $\log_2 1000 =$ ▢

b) $\log_5 5 =$ ▢ $\log_5 0,5 =$ ▢ $\log_5 0,05 =$ ▢

c) $\log_{0,6} 4 =$ ▢ $\log_{0,6} 40 =$ ▢ $\log_{0,6} 400 =$ ▢

d) $\log_7 1 =$ ▢ $\log_7 7 =$ ▢ $\log_7 0,7 =$ ▢

G Bereits im 2. Jahrhundert v. Chr. haben indische Mathematiker Logarithmen zur Basis 2 für Berechnungen verwendet. Im Jahr 1614 veröffentlichte der schottische Mathematiker John Napier ein Buch über Logarithmen, in dem der Begriff „Logarithmus" erstmals eingeführt wurde. Bis weit über 1970 hinaus wurden Logarithmen in sogenannten Logarithmentafeln abgedruckt und auf Rechenstäben verwendet. Erst mit der Einführung des Taschenrechners wurden diese Hilfsmittel überflüssig.

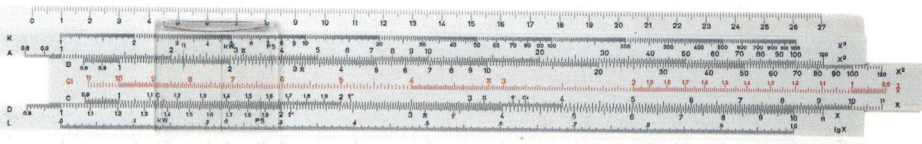

1 a) Berechne: $\log_5 5$; $\log_6 6$; $\log_{10} 10$; $\log_5 1$; $\log_6 1$; $\log_{10} 1$. Was fällt dir auf?

b) Begründe mit Hilfe der Definitionen des Logarithmus: $\log_b b = 1$ und $\log_b 1 = 0$.

2 Ermittle die Logarithmen mit dem Taschenrechner. Was fällt dir auf?

a) $\log_{10} 6$; $\log_{10} 2 + \log_{10} 3$; $\log_{10} 2 \cdot \log_{10} 3$ $\log_3 10$; $\log_3 5 + \log_3 2$; $\log_3 5 \cdot \log_3 2$

b) $\log_{10} 2$; $\log_{10} 16 - \log_{10} 8$; $\log_{10} 16 : \log_{10} 8$ $\log_4 15$; $\log_4 45 - \log_4 3$; $\log_4 45 : \log_4 3$

c) $\log_{10} 16$; $\log_{10} 4^2$; $2 \cdot \log_{10} 4$ $\log_5 3^3$; $3 \cdot \log_5 3$

3 So kannst du zeigen, dass gilt: $\log_a (b \cdot c) = \log_a b + \log_a c$

	$a^u = b$, also $u = \log_a b$; $a^v = c$, also $v = \log_a c$
Bilde das Produkt.	$b \cdot c = a^u \cdot a^v$
Wende die Potenzgesetze an.	$b \cdot c = a^{u+v}$
Löse nach dem Exponenten auf.	$u + v = \log_a (b \cdot c)$
Setze ein.	$\log_a b + \log_a c = \log_a (b \cdot c)$

Zeige ebenso, dass gilt: $\log_a (b : c) = \log_a b - \log_a c$ und $\log_a (b^k) = k \cdot \log_a b$

M **Logarithmengesetze**

Logarithmengesetze: $\log_a b + \log_a c = \log_a (b \cdot c)$ $a, b, c \in \mathbb{R}^+; a \neq 1; k \in \mathbb{R}$

$\log_a b - \log_a c = \log_a \left(\dfrac{b}{c}\right)$

$\log_a (b^k) \qquad = k \cdot \log_a b$

Sonderfälle: $\log_a a = 1$; $\log_a 1 = 0$

Übungen

4 Forme um, indem du Logarithmengesetze anwendest.

a) $\log_2 \dfrac{10}{x}$ b) $\log_3 30 + \log_3 0{,}1$ c) $\log_a (ab)$

d) $1 + \log_5 c$ e) $\log_r (r^2 s)$ f) $\log_5 (5x^2 y)$

g) $\log_a \sqrt{ab}$ h) $\log_x \sqrt[3]{xy}$ i) $\log_{10} \sqrt[5]{a^{10} b^2}$

> $\log_a x^2 y$
> $= \log_a x^2 + \log_a y$
> $= 2 \log_a x + \log_a y$

5 Berechne: $\log_{10} 2$; $\log_{10} 20$; $\log_{10} 200$; $\log_{10} 2000$

Was fällt dir auf? Begründe mit Hilfe der Logarithmengesetze.

6 Fasse zu einem Logarithmus zusammen.

a) $\log_a x + \log_a y - \log_a z$ b) $3 \log_{10} a^2 - 6 \log_{10} a^3$

c) $2 \log_a p + 3 \log_a q + \log_a q^3$ d) $4 \log_{10} x^3 - 12 \log_{10} x$

e) $\log_{10} \sqrt{a^3} + 0{,}5 \log_{10} a - 2 \log_{10} a^{0,25}$ f) $3 \log_a x^5 - \dfrac{\log_{10} x^4}{\log_{10} a}$

> $\log_{10} a + 2 \log_{10} b - \log_{10} 2$
> $= \log_{10} a + \log_{10} b^2 - \log_{10} 2$
> $= \log_{10} (ab^2) - \log_{10} 2$
> $= \log_{10} \dfrac{ab^2}{2}$

7 Fasse folgende Terme soweit wie möglich zusammen. Die zugehörigen Buchstaben der Tabelle ergeben in der Reihenfolge der Aufgaben das Lösungswort.

$\log_3 3x$	$\log_3 x^3$	1	2	0	$6 \log_3 x$	$\log_3 x^2$
K	P	P	R	I	E	A

a) $\log_3 x + \log_3 x + \log_3 x$ b) $\log_3 x - \log_3 x^3 + 4 \log_3 x$ c) $\log_3 3x - \log_3 x$

d) $-4 \log_3 x + \dfrac{1}{2} \log_3 x^6 + \log_3 x$ e) $2 \log_3 x + \log_3 x^4$ f) $3^{\log_3 1} + \log_3 3$

① So kannst du rechnerisch die Lösung der Gleichung $2 \cdot 1,5^{x-2} - 4,5 = 0$ ($x \in \mathbb{R}$) bestimmen.

B

(1) Forme die Gleichung so um, dass die Potenz mit x alleine auf einer Seite steht.	$2 \cdot 1,5^{x-2} - 4,5 = 0 \quad \mid +4,5$ $2 \cdot 1,5^{x-2} = 4,5 \quad \mid :2$ $1,5^{x-2} = 2,25$
(2) Verwandle in eine Logarithmusgleichung.	$x - 2 = \log_{1,5} 2,25 \quad \mid +2$
(3) Löse nach x auf.	$x = \log_{1,5} 2,25 + 2$
(4) Gib x und die Lösungsmenge an.	$x = 4 \qquad L = \{4\}$

a) $3^x + 3 = 5$ b) $0,5 + 4 \cdot 0,5^x = 1$ c) $200 + 10^{x-1} = 4000$
d) $2,25 + 0,5 \cdot 4^{2x} = 6,25$ e) $\sqrt{2} \cdot 2^x = 3\sqrt{2} + 2$ f) $3^{x-1} + 3^{x-1} + 7 = 16$

Zwei Potenzen mit derselben Basis können nur dann gleich sein, wenn auch die Exponenten gleich sind.

② So kannst du die Exponentialgleichung $81 \cdot 3^{x-1} = 9^{x-2}$ ($x \in \mathbb{R}$) durch Vergleich der Exponenten lösen.

B

(1) Forme alle Potenzen auf dieselbe Basis um.	$3^4 \cdot 3^{x-1} = (3^2)^{x-2}$
(2) Vereinfache so, dass auf jeder Seite der Gleichung nur eine Potenz steht.	$3^{x+3} = 3^{2 \cdot (x-2)}$
(3) Vergleiche die Exponenten.	$x + 3 = 2x - 4$
(4) Löse nach x auf und gib die Lösungsmenge an.	$x = 7 \qquad L = \{7\}$

a) $2^{x+3} = 2^{2x-1}$ b) $2^{2x} = 16 \cdot 2^{x-1}$ c) $4^{x+2} = 2^{x+1}$
d) $125 \cdot 5^{2x+1} = 25^{x+2}$ e) $9^{x+4} = 27^{2x-3}$ f) $2^{6x} = 4^{5-x}$

③ So kannst du die Exponentialgleichung $3^{x-2} = 7 \cdot 5^{2x}$ ($x \in \mathbb{R}$) mit Hilfe der Logarithmengesetze lösen.

B

(1) Da für $x \in \mathbb{R}$ beide Seiten der Gleichung positiv sind, kann man logarithmieren.	$3^{x-2} = 7 \cdot 5^{2x}$ $\log_{10} 3^{x-2} = \log_{10} (7 \cdot 5^{2x})$
(2) Wende die Logarithmengesetze an.	$(x-2) \log_{10} 3 = \log_{10} 7 + \log_{10} 5^{2x}$ $x \log_{10} 3 - 2 \log_{10} 3 = \log_{10} 7 + 2x \log_{10} 5$
(3) Löse nach x auf.	$x \log_{10} 3 - 2x \log_{10} 5 = \log_{10} 7 + 2 \log_{10} 3$ $x (\log_{10} 3 - 2 \log_{10} 5) = \log_{10} 7 + 2 \log_{10} 3$ $x = \dfrac{\log_{10} 7 + 2 \log_{10} 3}{\log_{10} 3 - 2 \log_{10} 5}$
(4) Gib x und die Lösungsmenge an.	$x = -1,95 \qquad L = \{-1,95\}$

a) $2^x = 2 \cdot 3^x$ b) $3^{x+1} = 5^x$ c) $5 \cdot 5^x = 10^{x+1}$
d) $8^{5x-3} = 7 \cdot 3^{x+5}$ e) $7^{2x+3} = 12 \cdot 3^{x-4}$ f) $81 \cdot 4^{x+3} = 256 \cdot 3^{4x}$

Lösungen zu 1, 2, 3: −3; −2,77; −1,71; −1; 0,63; 0,75; 1; 1,25; 1,47; 2,14; 2,15; 2,37; 3; 3; 3,17; 4; 4,25; 4,58; $\mathbb{R}$

④ Gegeben sind folgende Funktionen mit x, y ∈ $\mathbb{R}$.
(1) $f_1: y = 9 \cdot 3^x$; $f_2: y = 9^{x+2}$ (3) $f_1: y = 3 \cdot 2^x$; $f_2: y = 2 \cdot 3^x$
(2) $f_1: y = -1,5 \cdot 2,5^{x-1}$; $f_2: y = -3 \cdot 4^{x-1,5}$ (4) $f_1: y = 1,25^{x+2}$; $f_2: y = 7$
a) Berechne jeweils den Schnittpunkt der Funktionsgraphen von f_1 und f_2. Überprüfe mit einer Zeichnung bzw. mit deiner Geometrie-App.
b) Begründe die Wahl deiner Lösungsverfahren.

1. Der Punkt A$(3\,|\,2{,}197)$ liegt auf dem Graphen der Funktion f mit der Gleichung $y = a^x$ und $x, y \in \mathbb{R}$ sowie $a \in \mathbb{R}^+$.

   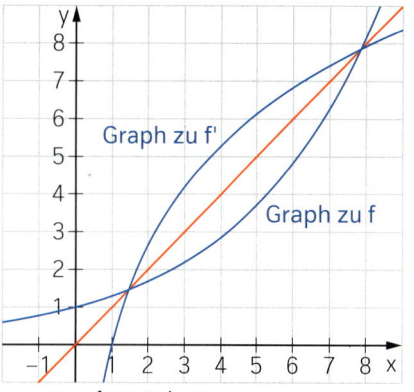

   a) Ermittle die Gleichung der Funktion f.

   b) Die Funktion f^{-1} ist Umkehrfunktion zu f. Ermittle ihre Gleichung durch Spiegelung an der Winkelhalbierenden des I. und III. Quadranten.

   c) Zeichne die Graphen der beiden Funktionen sowie die Spiegelachse $y = x$ für $x \in [-2; 8]$ in ein Koordinatensystem. Überprüfe die Korrektheit der Achsenspiegelung zeichnerisch an drei beliebigen Punkten.

   d) Die Exponentialfunktion f geht durch den besonderen Punkt $P(0\,|\,y_P)$. Ermittle die Koordinaten des Punktes P und seines Bildpunktes P'.

   e) Stelle eine Vermutung über die Definitionsmenge D und die Wertemenge W der Funktion f' auf.

Logarithmus-funktion

> **M** Die Umkehrfunktion f^{-1} einer Exponentialfunktion f mit $y = a^x$ ist eine **Logarithmus-funktion** mit der Gleichung $y = \log_a x$. Es gilt: $D = \mathbb{R}^+$; $W = \mathbb{R}$
>
> Lies: Logarithmus von x zur Basis a.

Übungen

2.  Zeichne die Graphen der Funktion f und ihrer Umkehrfunktion f^{-1} in ein Koordinatensystem. Bestimme die Gleichung von f^{-1} und gib die Definitions- sowie die Wertemenge an.

   a) f mit $y = 0{,}5^x$ b) f mit $y = \left(\frac{2}{3}\right)^x$ c) f mit $y = 0{,}25 \cdot 2^x$

3. Die Abbildung zeigt die Graphen von verschiedenen Logarithmusfunktionen.

   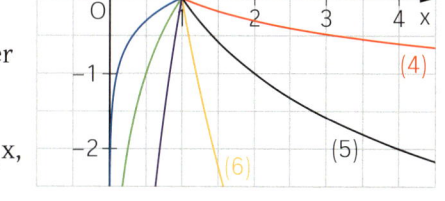

   a) Ordne die Funktionsgleichungen den Graphen zu.

   A $y = \log_2 x$ **B** $y = \log_{0,1} x$ **C** $y = \log_{\frac{5}{6}} x$
   D $y = \log_{0,5} x$ **E** $y = \log_{10} x$

   b) Bestimme die Funktionsgleichung des in Teilaufgabe a) übrig gebliebenen Graphen.

   c) Stelle eine Vermutung auf, für welche Werte der Basis a der Graph steigt [fällt].

4. Für die Funktionen $f_1: y = -2 \cdot \log_{0,8} x$, $f_2: y = 2 \cdot \log_{0,8} x$, $f_3: y = -2 \cdot \log_{1,5} x$ und $f_4: y = 2 \cdot \log_{1,5} x$ gilt: $x, y \in \mathbb{R}$

   a) Stelle die Graphen der Funktionen dar.

   b) Durch welchen besonderen Punkt gehen alle Graphen?

   c) In Aufgabe 3 c) hast du eine Vermutung über die Steigung der Graphen aufgestellt. Untersuche, ob diese hier immer noch gilt.

Eigenschaften einer Logarith-musfunktion

> **M** Eine Gleichung der Form $y = k \cdot \log_a x$ bestimmt eine **Logarithmusfunktion**.
> Es gilt: $x \in \mathbb{R}$, $a \in \mathbb{R}^+\backslash\{1\}$, $k \in \mathbb{R}\backslash\{0\}$
>
> Die Graphen schneiden die x-Achse im Punkt $P(1\,|\,0)$.
> $D = \mathbb{R}^+$; $W = \mathbb{R}$
> Die Gerade mit $x = 0$ (y-Achse) ist Asymptote an alle Graphen.
> Für $k > 0$ gilt: Der Graph fällt für $a < 1$ und steigt für $a > 1$.
> Für $k < 0$ gilt: Der Graph steigt für $a < 1$ und fällt für $a > 1$.

⑤ Wenn p: $y = x^2$ und e: $y = 2^x$ mit $\binom{-1}{2}$ abgebildet werden, erhält man p': $y = (x + 1)^2 + 2$ bzw. e': $y = 2^{x+1} + 2$.

Dann müsste ja f: $y = \log_2 x$ durch $\binom{-1}{2}$ auf f': $y = \log_2(x + 1) + 2$ abgebildet werden.

Mit meiner GeometrieApp kann ich das ganz schnell nachprüfen.

Klara, Martin und Mia besprechen die Parallelverschiebung einiger Funktionsgraphen.

a) Beschreibe, welche Besonderheiten Martin für seine Aussage nutzt.

b) Führe die von Mia angeregte Überprüfung durch.

c) Überprüfe ebenso, ob die Aussage von Martin auch für Logarithmusfunktionen mit anderer Basis und Verschiebungen mit unterschiedlichen Vektoren gilt.

⑥ So kannst du zeigen, dass der Graph zu f: $y = 0{,}4 \cdot \log_2 x$ durch Parallelverschiebung mit $v = \binom{-2}{3}$ auf den Graph zu f': $y = 0{,}4 \cdot \log_2(x + 2) + 3$ abgebildet wird.

$P(x|y) \xrightarrow{\binom{-2}{3}} P'(x'|y')$
$x' = x + (-2)$
$y' = y + 3$

f mit $y = 0{,}4 \cdot \log_2 x$; $P(x \mid 0{,}4 \cdot \log_2 x) \in f$; $D = \mathbb{R}^+$; $W = \mathbb{R}$

$P(x \mid 0{,}4 \cdot \log_2 x) \xrightarrow{\vec{v} = \binom{-2}{3}} P'(x'|y')$

$x' = x - 2 \quad\Leftrightarrow\quad x = x' + 2$

$\wedge\ y' = 0{,}4 \cdot \log_2 x + 3$

Somit folgt $\quad y' = 0{,}4 \cdot \log_2(x' + 2) + 3$

Ergebnis f': $y = 0{,}4 \cdot \log_2(x + 2) + 3$

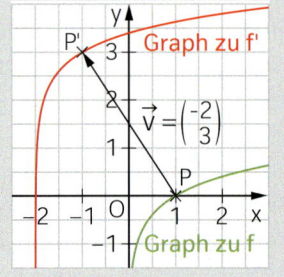

a) Gib die Definitions- und Wertemenge sowie die Gleichung der Asymptote von f' an.

b) Berechne ebenso die Gleichung von f' für f: $y = k \cdot \log_a x \xrightarrow{\vec{v} = \binom{c}{d}} f'$

Ⓜ
Logarithmus-funktion

Eigenschaften

Eine Gleichung der Form $y = k \cdot \log_a(x - c) + d$ bestimmt eine **Logarithmusfunktion**. ($k \in \mathbb{R} \setminus \{0\}$; $a \in \mathbb{R}^+ \setminus \{1\}$; x, y, c, d $\in \mathbb{R}$)

$$f: y = k \cdot \log_a x \xrightarrow{\vec{v} = \binom{c}{d}} f': y = k \cdot \log_a(x - c) + d$$

Für die Funktion f' mit der Gleichung $y = k \cdot \log_a(x - c) + d$ gilt:
$D = \{x \in \mathbb{R} \mid x > c\}$; $W = \mathbb{R}$
Asymptote: $x = c$ (Parallele zur y-Achse)

Dabei geht die Funktion f durch den besonderen Punkt $P(1|0)$ und die Funktion f' durch den besonderen Punkt $P'(1 + c \mid d)$.

$$P(1|0) \xrightarrow{\vec{v} = \binom{c}{d}} P(1 + c \mid d)$$

Übung

⑦ Zeichne den Graphen der Logarithmusfunktion in ein Koordinatensystem. Gib sodann die Definitions- und Wertemenge sowie die Gleichung der Asymptoten an.

a) $y = \log_{0{,}2}(x + 1) - 3$ b) $y = \log_{1{,}5}(x - 3) + 1$ c) $y = \log_{10}(x - 2) - 1$

1 Der Punkt A liegt auf dem Graphen zu f. Berechne die fehlende Koordinate.
a) $A(x\,|\,1{,}2)$; f mit $y = \log_2(x + 1)$ b) $A(4{,}25\,|\,y)$; f mit $y = -\log_3 x + 2{,}5$
c) $A(x\,|\,{-0{,}5})$; f mit $y = 0{,}25\,\log_{0{,}5}(x + 1)$ d) $A(x\,|\,10)$; f mit $y = \log_{10}(x - 10) + 10$

2 Der Graph einer Logarithmusfunktion f der Form $y = \frac{1}{2} \cdot \log_2(x - c) + 3$ geht durch den
Punkt $P(4\,|\,3{,}5)$. So kannst du die Funktionsgleichung bestimmen.

B

(1) Setze die Koordinaten von P ein.	$3{,}5 = 0{,}5 \cdot \log_2(4 - c) + 3$ $|-3$
(2) Forme die Gleichung so um, dass der Logarithmus alleine auf einer Seite steht.	$0{,}5 = 0{,}5 \cdot \log_2(4 - c)$ $|:0{,}5$
	$1 = \log_2(4 - c)$
(3) Forme in eine Exponentialgleichung um.	$2^1 = 4 - c$ $|+c|-2$
(4) Löse nach c auf.	$c = 2$
(5) Notiere die Funktionsgleichung.	f: $y = \frac{1}{2} \cdot \log_2(x - 2) + 3$

a) f: $y = k \cdot \log_3(x + 4) - 7$; $P(5\,|\,{-11})$ b) f: $y = 3 \cdot \log_a(x - 5) - 2$; $P(9\,|\,{-8})$
c) f: $y = \frac{1}{4} \cdot \log_{10}(x - c) - \frac{1}{2}$; $P(10\,|\,0)$ d) f: $y = -2 \cdot \log_4(x - 4) + d$; $P(20\,|\,{-2})$

Lösungen zu 1, 2: -90; -9; -2; $-1{,}17$; $-0{,}5$; $1{,}18$; $1{,}30$; 2; 3

3 Berechne zur Funktion f die Gleichung der Umkehrfunktion f^{-1} und zeichne beide Graphen in ein Koordinatensystem.

a) f: $y = \log_3(x - 2) + 1$ b) f: $y = \log_{10} x + 5$

f mit $y = \log_2(x + 1) - 3$
f^{-1} mit $x = \log_2(y + 1) - 3$
$x + 3 = \log_2(y + 1)$
$2^{x+3} = y + 1$
f^{-1} mit $y = 2^{x+3} - 1$

c) f: $y = 0{,}2\,\log_5(x + 3) - 1$ d) f: $y = 0{,}4^{x+0{,}5} - 2$
e) f: $y = \frac{1}{2} \cdot 3^x - 2$ f) f: $y = \log_{0{,}3}(x - 2) + 1$

4 Berechne die Gleichung der Funktion f_2, indem du die Abbildungen ausführst. Gib die Definitions- und die Wertemenge sowie die Asymptote der Funktion f_2 an.

a) f: $y = 3^x$; $f \xmapsto{\text{x-Achse}} f_1 \xmapsto{\binom{-2}{3}} f_2$

b) f: $y = -0{,}5 \cdot \log_2(x + 3) - 8$; $f \xmapsto{\binom{5}{5}} f_1 \xmapsto{\text{x-Achse}} f_2$

c) f: $y = 1{,}5 \cdot 0{,}5^x + 1$; $f \xmapsto{\text{y-Achse}} f_1 \xmapsto{\binom{-2}{3}} f_2$

d) f: $y = \log_{10}(x - 1) + 3$; $f \xmapsto{\binom{-3}{1}} f_1 \xmapsto{\binom{5}{-5}} f_2$

e) Kann die Reihenfolge der Abbildungen bei den Teilaufgaben a) bis d) auch getauscht werden? Begründe.

5 Die Funktion f wurde durch eine Abbildung auf die Funktion f' abgebildet. Nenne die Art der Abbildung und gib die Spiegelachse bzw. den Verschiebungsvektor an.
a) f: $y = 3^{x+2} - 3$; f': $y = 3^x + 1$ b) f: $y = \log_2 x + 1$; f': $y = \log_2(x + 1)$
c) f: $y = -2 \cdot 4^{-x} + 1$; f': $y = -2 \cdot 4^x + 1$ d) f: $y = 3 \cdot \log_{10}(x - 1)$; f': $y = -3 \cdot \log_{10}(x - 1)$

6 Berechne die Koordinaten von Schnittpunkten der Funktionsgraphen.
a) f_1: $y = 0{,}25 \cdot 2^{x+2}$; f_2: $y = 1{,}2^{x-5}$ b) f_1: $y = \log_5(x - 2) + 6$; f_2: $y = 2 \cdot \log_5(x - 6) + 5$
c) f_1: $y = 3^x$; f_2: $y = 5^x$ d) f_1: $y = 0{,}1 \cdot 5^{x-3}$; f_2: $y = 2 \cdot 0{,}5^x$

(7) Die Figur ABCD in der nebenstehenden Abbildung
wird durch Abschnitte der Funktionsgraphen der
Funktionen f_1, f_2, f_3 und f_4 begrenzt.
Identifiziere die einzelnen Graphen und berechne
die Koordinaten der Schnittpunkte A, B, C und D.
Überprüfe anhand der Zeichnung.
Es gilt: $f_1: y = -2\log_{1,5}(x+3)+5$
           $f_2: y = -0,5\log_{1,5}(x+4)+1$
           $f_3: y = -\log_{1,5}(x-4)-2$
           $f_4: y = \log_{1,5}(x+2)$

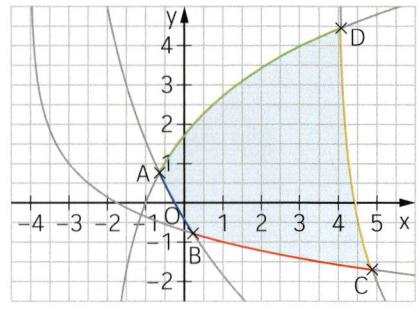

(8) Die Funktion f_1 ist festgelegt durch $y = \log_2(x-4)+2$ mit $x, y \in \mathbb{R}$.
   a) Bestimme die Definitions- sowie die Wertemenge und zeichne den Graphen zu f_1 in ein
      Koordinatensystem.
   b) Der Graph zu f_1 wird durch Parallelverschiebung mit dem Vektor $\vec{v} = \begin{pmatrix} -3 \\ -4 \end{pmatrix}$ auf den
      Graphen zu f_2 abgebildet. Ergänze die Zeichnung und zeige rechnerisch, dass gilt:
      $f_2: y = \log_2(x-1)-2$
   c) Berechne die Koordinaten des Schnittpunktes S der beiden Graphen.
   d) Die x-Koordinaten der Punkte N_1 und N_2 sind die Nullstellen der Funktionen f_1 und f_2.
      Berechne die Streckenlängen $\left|\overline{SN_1}\right|$ sowie $\left|\overline{SN_2}\right|$ und vergleiche mit deiner Zeichnung.

(9) Die Punkte $A(-2|-1)$ und $D_n(x|y_D)$ sind Eckpunkte von gleichschenkligen Trapezen
ABC_nD_n mit der y-Achse als Symmetrieachse. Die Punkte D_n liegen auf dem Graphen der
Funktion f mit $y = 0,5 \cdot 0,5^{x+1}+2$ ($x, y \in \mathbb{R}$).
   a) Trage den Graphen der Funktion f und die Trapeze
      ABC_1D_1 für $x = -3,5$ und ABC_2D_2 für $x = -1$ in ein Koor-
      dinatensystem ein.
   b) Für welche Werte von x existieren die Trapeze ABC_nD_n?
      Begründe.
   c) Zeige durch Rechnung, dass alle Punkte C_n auf dem Gra-
      phen zu f_1 mit $y = 0,25 \cdot 0,5^{-x}+2$ liegen. Ergänze in der
      Zeichnung diesen Graphen.
   d) Das Trapez ABC_3D_3 hat eine Höhe von 4,5 LE. Berechne
      die Koordinaten der Eckpunkte C_3 und D_3.

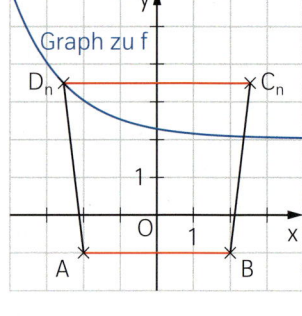

(10) Gegeben sind zwei Funktionen f_1 mit der Gleichung $y = \log_3(x-1)+d$ und f_2 mit der
Gleichung $y = -0,4 \cdot \log_a(x+9)+3$. Es gilt: $x, y, d \in \mathbb{R}$, $a \in \mathbb{R}^+\backslash\{1\}$
   a) Der Punkt $P_1(2|2)$ liegt auf dem Graphen zu f_1 und der Punkt $P_2(0|2,2)$ liegt auf dem
      Graphen zu f_2. Berechne die beiden zugehörigen Funktionsgleichungen.
      [Ergebnisse: $f_1: y = \log_3(x-1)+2$, $f_2: y = -0,4 \cdot \log_3(x+9)+3$]
   b) Gib die Definitions- und Wertemengen sowie die Gleichungen der Asymptoten von f_1
      und f_2 an. Zeichne die Graphen beider Funktionen in ein Koordinatensystem.
   c) Die Graphen der beiden Funktionen f_1 und f_2 werden durch Parallelverschiebung mit
      den Vektoren $\vec{v_1}$ und $\vec{v_2}$ auf die Graphen zu $f_1{}'$ und $f_2{}'$ abgebildet. Ergänze die Zeich-
      nung und berechne die Gleichungen von $f_1{}'$ und $f_2{}'$.
      Es gilt: $\vec{v_1} = \begin{pmatrix} -5 \\ 3 \end{pmatrix}$; $\vec{v_2} = \begin{pmatrix} 4 \\ -4 \end{pmatrix}$
   d) Die Graphen zu f_1 und f_2 schneiden sich im Punkt S. Berechne seine Koordinaten.
   e) Berechne die Nullstellen von $f_1{}'$ und $f_2{}'$.

1 Die Punkte $A_n \in f_1$ und $B_n \in f_2$ besitzen dieselbe Abszisse x.

Es gilt: f_1: $y = -1{,}5 \cdot \log_3(x+2) - 7$; f_2: $y = 1{,}5 \cdot \log_3(x-1) + 2$; $y_{B_n} > y_{A_n}$; $x > 1$; $x, y \in \mathbb{R}$

So kannst du zeigen, dass gilt: $|\overline{A_nB_n}|(x) = (1{,}5 \cdot \log_3(x^2 + x - 2) + 9)$ LE

Längenberechnung durch Bildung der Differenz geht nur bei gleicher Abszisse x oder gleicher Ordinate y.

B

(1) Bilde die Differenz der y-Koordinaten. Achte darauf, vom größeren y-Wert den kleineren abzuziehen.

$|\overline{A_nB_n}|(x) = (y_{B_n} - y_{A_n})$ LE

$|\overline{A_nB_n}|(x) = (1{,}5 \log_3(x-1) + 2 - [-1{,}5 \log_3(x+2) - 7])$ LE

(2) Forme unter Benutzung der Rechengesetze um:

$|\overline{A_nB_n}|(x) = (1{,}5 \log_3(x-1) + 2 + 1{,}5 \log_3(x+2) + 7)$ LE

$|\overline{A_nB_n}|(x) = (1{,}5 \log_3(x-1) + 1{,}5 \log_3(x+2) + 2 + 7)$ LE

$|\overline{A_nB_n}|(x) = (1{,}5 \cdot [\log_3(x-1) + \log_3(x+2)] + 9)$ LE

$|\overline{A_nB_n}|(x) = (1{,}5 \cdot \log_3[(x-1) \cdot (x+2)] + 9)$ LE

$|\overline{A_nB_n}|(x) = (1{,}5 \cdot \log_3(x^2 + x - 2) + 9)$ LE

a) f_1: $y = -\log_{0{,}5}(x+5)$; f_2: $y = \log_{0{,}5}(x+5) + 3$; $y_{B_n} > y_{A_n}$; $x > -4{,}65$

b) f_1: $y = 2 \log_2 x + 1$; f_2: $y = 2 \log_2(x+3) + 1$; $y_{B_n} < y_{A_n}$; $-3 < x$

c) f_1: $y = -3 \log_4(x+1) - 3$; f_2: $y = 3 \log_4(x+2) + 1$; $y_{B_n} > y_{A_n}$; $-0{,}86 < x$

2 Vereinfache den Term $T(x) = 3^{x+2} + 2 - (3^x + 1)$. So kannst du Summanden mit gleicher und konstanter Basis aber verschiedenem Exponenten zusammenfassen.

B

(1) Löse die Klammer auf und sortiere die Summanden. $\quad T(x) = 3^{x+2} + 2 - (3^x + 1)$

$T(x) = 3^{x+2} - 3^x + 2 - 1$

(2) Wende die Potenzgesetze an. $\quad T(x) = 3^x \cdot 3^2 - 3^x + 1$

(3) Klammere die gemeinsame Potenz (hier: 3^x) aus. $\quad T(x) = 3^x \cdot (3^2 - 1) + 1$

(4) Fasse zusammen. $\quad T(x) = 8 \cdot 3^x + 1$

a) $T(x) = -8 \cdot 2^{x-10} + 1 - (0{,}25 \cdot 2^{x-5} - 3)$

b) $T(x) = 4^{x+2} + 4^x - 4^{x+1}$

c) $T(x) = \frac{11}{3} \cdot 1{,}5^{x+1} - (4 \cdot 1{,}5^x - 1)$

d) $T(x) = -100 \cdot 5^{x-1} + 4 \cdot 5^{x+2}$

3 $O(0|0)$, $P(8|0)$ und $Q_n(x|0{,}1 \cdot 2^{x-2} + 1)$ sind Eckpunkte von Dreiecken OPQ_n.

Die Punkte Q_n liegen auf dem Graphen zu f mit $y = \frac{1}{10} \cdot 2^{x-2} + 1$ ($x, y \in \mathbb{R}$).

a) Zeichne den Graphen und das Dreieck OPQ_1 für $x = 6$ in ein Koordinatensystem.

b) Zeige, dass man für den Flächeninhalt A der Dreiecke in Abhängigkeit von der Abszisse x der Punkte Q_n erhält: $A(x) = \left(\frac{1}{10} \cdot 2^x + 4\right)$ FE

c) Berechne x so, dass das Dreieck OPQ_2 einen Flächeninhalt von 7 FE besitzt. Runde auf eine Stelle nach dem Komma.

d) Es gibt kein Dreieck OPQ_n, dessen Flächeninhalt kleiner als 4 FE ist. Führe die Überlegungen von Laura und Stefan zu Ende.

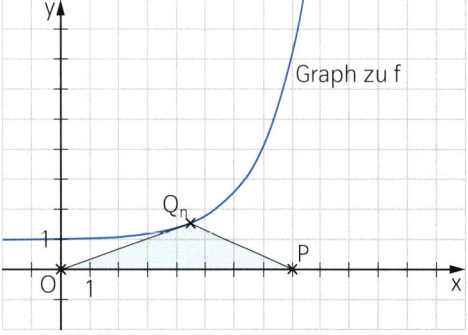

Graph zu f

Dazu betrachte ich den Term von A(x).

Mir reicht ein Blick auf die Punkte O, P und den Graphen zu f.

④ Gegeben ist die Funktion f mit $y = -0{,}2^x + 3$ mit $x, y \in \mathbb{R}$. Auf dem Graphen zu f liegen Punkte $A_n(x \mid y_A)$ mit $y_A > 0$. Für die Punkte $B_n(x \mid y_B)$ mit gleicher Abszisse x gilt: y_B ist doppelt so groß wie y_A.

a) Zeichne den Graphen zu f und die Strecken $\overline{A_1B_1}$ für $x = -0{,}5$ und $\overline{A_2B_2}$ für $x = 2$ in ein Koordinatensystem.
Für die Zeichnung gilt: Längeneinheit 1 cm; $-2 \le x \le 4$; $-6 \le y \le 6$

b) Ermittle rechnerisch, welche Werte x nicht annehmen kann.

c) Berechne x so, dass die Länge der Strecke $\overline{A_3B_3}$ gleich 1,75 LE ist.

d) Gibt es eine längste Strecke $\overline{A_0B_0}$? Begründe und gib gegebenenfalls diese maximale Länge an.

⑤ Der Graph der Funktion f: $y = 2^{x-3} - 4$ schneidet den Graph der Funktion h: $y = -2^{x-2} + 3$ im Punkt S. Es gilt: $x, y \in \mathbb{R}$

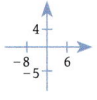

a) Berechne die Koordinaten des Schnittpunkts S und gib die Asymptoten der beiden Funktionen an. Zeichne sodann die Graphen zu f und h in ein Koordinatensystem.

b) Punkte $A_n \in h$ und Punkte $C_n \in f$ besitzen dieselbe Abszisse x und sind Eckpunkte der Parallelogramme $A_nB_nC_nS$.
Zeichne das Parallelogramm $A_1B_1C_1S$ für $x = -1{,}5$ und das Parallelogramm $A_2B_2C_2S$ für $x = 3$ in die Zeichnung von Teilaufgabe a) ein.

c) Im Parallelogramm $A_3B_3C_3S$ besitzt die Diagonale $\overline{A_3C_3}$ die Länge 5,5 LE. Berechne den zugehörigen Wert von x.

d) Nimm Stellung zur Aussage von Jakob.

e) Zeige rechnerisch, dass die Punkte B_n die Koordinaten $B_n(2x - 4{,}22 \mid -2^{x-3} + 0{,}67)$ besitzen. Berechne sodann die Gleichung des Trägergraph t der Punkte B_n. Trage t in die Zeichnung zu Teilaufgabe a) ein.

Wenn die x-Werte immer kleiner werden, wird die Diagonale $\overline{A_nC_n}$ beliebig lang.

⑥ Gegeben sind die Funktionen f_1 mit der Gleichung $y = -0{,}5 \cdot \log_2 x - 2$ und f_2 mit der Gleichung $y = 1{,}5 \cdot \log_2 x - 1$. Es gilt: $x, y \in \mathbb{R}$

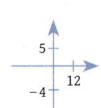

a) Bestimme die Definitionsmengen der beiden Funktionen und berechne die Nullstellen ihrer Graphen.

b) Zeichne die beiden Graphen in ein Koordinatensystem.

c) Punkte $A_n(x \mid -0{,}5 \cdot \log_2 x - 2)$ auf dem Graphen zu f_1 und Punkte $C_n(x \mid 1{,}5 \cdot \log_2 x - 1)$ auf dem Graphen zu f_2 haben dieselbe Abszisse x. Sie sind zusammen mit Punkten B_n Eckpunkte von Dreiecken $A_nB_nC_n$. Es gilt: $\overrightarrow{A_nB_n} = \begin{pmatrix} 3 \\ 2{,}5 \end{pmatrix}$

Zeichne das Dreieck $A_1B_1C_1$ für $x = 2$ und das Dreieck $A_2B_2C_2$ für $x = 7$ in das Koordinatensystem von Teilaufgabe b) ein.

d) Für welche Werte von x existieren die Dreiecke $A_nB_nC_n$? Nenne einen Grund für diese Einschränkungen.

e) Zeige rechnerisch, dass für den Flächeninhalt A(x) der Dreiecke $A_nB_nC_n$ in Abhängigkeit von x gilt: $A(x) = (3 \log_2 x + 1{,}5)$ FE
[Zwischenergebnisse: $\overrightarrow{A_nC_n}(x) = \begin{pmatrix} 0 \\ 2 \log_2 x + 1 \end{pmatrix}$
bzw. $|\overrightarrow{A_nC_n}|(x) = (2 \log_2 x + 1)$ LE]

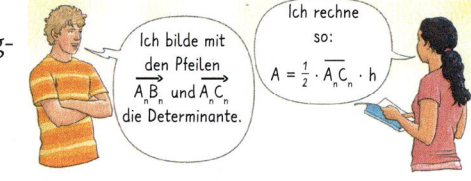

Ich bilde mit den Pfeilen $\overrightarrow{A_nB_n}$ und $\overrightarrow{A_nC_n}$ die Determinante.

Ich rechne so: $A = \frac{1}{2} \cdot \overline{A_nC_n} \cdot h$

f) Das Dreieck $A_3B_3C_3$ besitzt einen Flächeninhalt von 11,2 FE. Berechne den zugehörigen Wert von x.

g) Das Dreieck $A_4B_4C_4$ ist gleichschenklig mit der Basis $\overline{A_4C_4}$. Bestimme rechnerisch die Koordinaten des Punktes B_4 und zeichne das Dreieck in das Koordinatensystem von Teilaufgabe b) ein.

① Bei einer Quizshow werden den Kandidaten bis zu zehn Fragen gestellt. Wird eine Frage nicht oder falsch beantwortet, scheidet der Kandidat aus. Vor der Fragerunde muss sich der Kandidat zwischen drei Gewinnvarianten entscheiden.

Anzahl x der Fragen	Variante 1 Gewinn y €	Variante 2 Gewinn y €	Variante 3 Gewinn y €
1	100	20	20
2	200	80	40
3	300	180	80
4	▫	▫	▫

Variante 1: Jede richtig beantwortete Frage erhöht den Gewinn um 100 €.

Variante 2: Die erste richtige Antwort ergibt 20 €, bei der zweiten (dritten…) wird dieser Startwert multipliziert mit vier (mit neun…) usw.

Variante 3: Die erste richtige Antwort ergibt 20 €, jede weitere verdoppelt den Gewinn.

a) Welche Variante würdest du wählen? Begründe.
b) Schätze, ab welcher Frage der Gewinn bei Variante 2 [Variante 3] höher ist als bei Variante 1? Bei welcher Variante ist der höchste Gewinn möglich?
c) Erstelle mit einem Tabellenkalkulationsprogramm eine Tabelle wie oben und ergänze bis zur 10. Frage. Stelle die Werte auch grafisch dar.
d) Überprüfe nun deine Schätzungen aus Teilaufgabe b).

② „Ein weiser Brahmane (Priester) in Indien hatte das Schachspiel erfunden und seinem König zum Geschenk gemacht. Der König war so begeistert über das Spiel, dass er dem Brahmanen einen freien Wunsch gestattete. Der Brahmane erbat sich für jedes der Felder eine bestimmte Anzahl von Reiskörnern.
Vorschlag I: Lege auf das erste Feld zwei Körner, auf jedes weitere Feld das Doppelte wie auf dem vorhergehenden.
Vorschlag II: Lege auf das erste Feld 32 Körner, bei jedem weiteren Feld kommen 32 hinzu.“

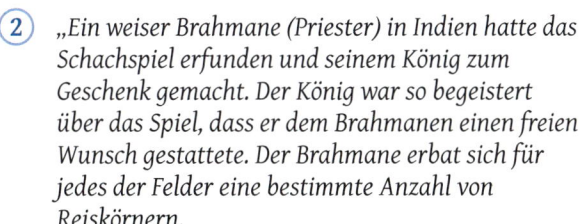

a) Welchen der Vorschläge würdest du bevorzugen? Begründe.
b) Erfasse die Entwicklung der Anzahl der Weizenkörner mit Hilfe einer Tabelle.

Feldnummer	1	2	3	4	5	6	…	10	x
Anzahl der Weizenkörner bei Vorschlag I	2	▫	$8 = 2^3$	▫	▫	▫	…	▫	▫
Anzahl der Weizenkörner bei Vorschlag II	32	▫	$96 = 32 \cdot 3$	▫	▫	▫	…	▫	▫

c) Stelle die Werte bis zum 10. Feld mit einem Tabellenkalkulationsprogramm grafisch dar. Auf welchem Feld ist die Anzahl der Körner bei beiden Vorschlägen gleich?
d) Überprüfe deine Schätzungen aus Teilaufgabe a).

3 Gegeben sind die Funktionen f_1 mit $y = 2x$, f_2 mit $y = x^2$ und f_3 mit $y = 2^x$.
Die Tabelle zeigt die Funktionswerte für zunehmende Werte von x.

x	Lineare Funktion $y = 2x$	Quadratische Funktion $y = x^2$	Exponentialfunktion $y = 2^x$
0	0	0	1
1	+2 2	+1 1	+1 2 ·2
2	+2 4 ·2	+3 4 ·4	+2 4 ·2
3	+2 6 ·1,5	+5 9 ·2,25	+☐ ☐ ·☐
4	+☐ 8 ·☐	+☐ ☐ ·☐	+☐ ☐ ·☐
5	+☐ ☐ ·☐	+☐ ☐ ·☐	+☐ ☐ ·☐

a) Ergänze die Tabelle in deinem Heft.
b) Zeichne die Graphen zu den Funktionen f_1, f_2 und f_3.
c) Betrachte die grünen Pfeile. Ordne jeder Funktion die passende Aussage zu.

> **A** Der Funktionswert steigt immer um 2 mehr als zuvor.

> **B** Der Funktionswert wächst immer um 2.

> **C** Mit zunehmendem x „explodiert" der Funktionswert.

d) Betrachte nur die roten Pfeile. Vergleiche die Änderung der Funktionswerte.

M

Wachstums-arten

Die Funktionsgraphen stellen verschiedene **Wachstumsarten** dar.

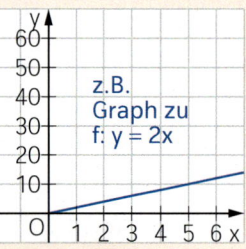

z.B. Graph zu f: $y = 2x$

Lineares Wachstum

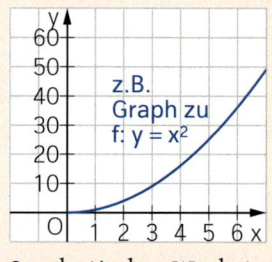

z.B. Graph zu f: $y = x^2$

Quadratisches Wachstum

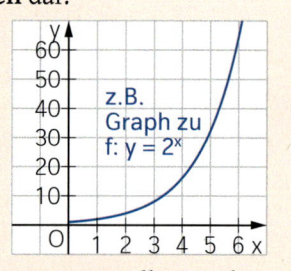

z.B. Graph zu f: $y = 2^x$

Exponentielles Wachstum

Übung

Wechsel zwischen Darstellungen

4 Immer vier Darstellungen gehören zusammen. Ordne passend zu.

(1)

x	0	1	2	3
y	2	6	18	54

(2)

x	0	1	2	3
y	2	6	10	14

(3)

x	0	1	2	3
y	2	3	6	11

(4) Lineares Wachstum

(5) Quadratisches Wachstum

(6) Exponentielles Wachstum

(7) h: $y = 2 \cdot 3^x$

(8) g: $y = 4x + 2$

(9) f: $y = x^2 + 2$

(10)

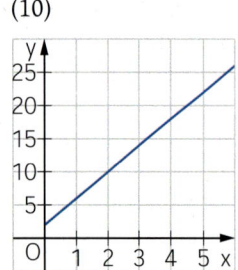

(11)

(12)

1 Familie Spar hat bei der Pro-Bank 40 000 € angelegt. Dafür zahlt die Bank 0,3 % Zinsen. So kannst du die Höhe des Guthabens nach x Jahren bestimmen.

Guthaben nach 1 Jahr: $(40\,000 + 40\,000 \cdot \frac{0,3}{100})\,€ = 40\,000 \cdot (1 + \frac{0,3}{100})\,€$
$$= 40\,000 \cdot 1,003\,€$$

Guthaben nach 2 Jahren: $40\,000 \cdot 1,003 \cdot 1,003\,€ = 40\,000 \cdot 1,003^2\,€$

Guthaben nach x Jahren: $40\,000 \cdot 1,003^x\,€$

Berechne das Guthaben für Familie Spar nach zwölf Jahren.

Wachstums-prozess

Anfangswert

Wachstums-faktor

Übungen

M Die Exponentialfunktion mit der Gleichung $y = k \cdot a^x$ beschreibt für $a > 1$ einen **Wachstumsprozess**.
Dabei bezeichnet **k** den **Anfangswert** und **a** den **Wachstumsfaktor**.
Es gilt: $a = 1 + \frac{p}{100}$

Beispiel: Zunahme um p % = 0,3 %   Wachstumsfaktor $a = 1 + \frac{0,3}{100} = 1,003$

2 Ein Kapital wird jährlich verzinst. Berechne das Kapital am Ende der Laufzeit.

Anfangskapital: 30 000 €
Zinssatz: 0,15 %
Laufzeit: 10 Jahre

$y = 30\,000 \cdot (1 + \frac{0,15}{100})^{10}$
$y = 30\,040,93$

Kapital nach 10 Jahren: 30 040,93 €

	Anfangskapital	Zinssatz	Laufzeit
a)	30 000 €	0,20 %	5 Jahre
b)	60 000 €	0,20 %	5 Jahre
c)	60 000 €	0,40 %	5 Jahre
d)	150 000 €	0,35 %	8 Jahre

Lösungen: 60 602,40; 60 842,20; 154 251,81;
61 209,64; 30 301,20

3 Frau Fleißig hat 38 000 € zum gleichen Zeitpunkt wie Familie Spar (siehe Aufgabe 1) angelegt. Sie erhält bei der Realbank 0,6 % Zinsen.
Berechne, nach wie vielen Jahren beide Kapitalanlagen gleichen Wert haben.

4 In der Tabelle ist die Bevölkerungsentwicklung eines Landes dargestellt.
Liegt ein exponentielles Wachstum vor, kann die Bevölkerungsentwicklung mit einer Exponentialfunktion der Form $f(x) = k \cdot a^x$ beschrieben werden.

Jahr	Bevölkerung
2005	3 006 737
2007	3 134 348
2012	3 477 570
2017	3 858 377
2022	4 280 883

a) Beginne 2005 mit dem Jahr 0. Zeige mit Hilfe der Funktionswerte $f(0)$ und $f(2)$, dass das Wachstum durch die Gleichung $y = 3\,006\,737 \cdot 1,021^x$ beschrieben werden kann $(x, y \in \mathbb{R}_0^+)$.
b) Überprüfe, ob in der Zeit von 2005 bis 2022 ein exponentielles Wachstum vorliegt, indem du die Wertepaare $(7\,|\,3\,477\,570)$, $(12\,|\,3\,858\,377)$ und $(17\,|\,4\,280\,883)$ in die Funktionsgleichung einsetzt.
c) Um wie viel Prozent wächst die Bevölkerung jährlich?
d) Berechne die Bevölkerungszahl im Jahr 2031, wenn das Wachstum weiterhin denselben Wachstumsfaktor besitzt.
e) Ermittle rechnerisch, in welchem Jahr erstmals mehr als 5 Millionen Menschen in dem Land wohnen werden.
f) Nenne drei mögliche Gründe, warum das Wachstum bis 2031 nicht wie berechnet verlaufen könnte.

Familie Vorsichtig hat bei der Rau-Bank 40 000 € auf dem Konto. Für die Aufbewahrung verlangt die Bank jährlich 0,3 % Zinsen.
So kannst du die Höhe des Guthabens nach x Jahren bestimmen.

Guthaben nach 1 Jahr: $(40\,000 - 40\,000 \cdot \frac{0,3}{100})\,€ = 40\,000 \cdot (1 - \frac{0,3}{100})\,€$
$= 40\,000 \cdot 0,997\,€$

Guthaben nach 2 Jahren: $40\,000 \cdot 0,997 \cdot 0,997\,€ = 40\,000 \cdot 0,997^2\,€$

Guthaben nach x Jahren: $40\,000 \cdot 0,997^x\,€$

Berechne das Guthaben von Familie Vorsichtig nach zwölf Jahren.

Abnahme-prozess

M Die Exponentialfunktion mit der Gleichung $y = k \cdot a^x$ beschreibt für $a < 1$ einen **Abnahmeprozess**.

Es gilt: $a = 1 - \frac{p}{100}$

Beispiel: Abnahme um $p\,\% = 0,3\,\%$ Abnahmefaktor $a = 1 - \frac{0,3}{100} = 0,997$

Übungen

Die Rückzahlung von Schulden nennt man Tilgung.

 Ein Darlehen wird jährlich getilgt. Berechne das Restdarlehen am Ende der Laufzeit.

Darlehen: 30 000 €
Tilgung: 5 %
Laufzeit: 10 Jahre

$y = 30\,000 \cdot (1 - \frac{5}{100})^{10} = 17\,962,11$

Darlehen nach 10 Jahren: 17 962,11 €

	Darlehen	Tilgung	Laufzeit
a)	40 000 €	3 %	5 Jahre
b)	80 000 €	3 %	10 Jahre
c)	70 000 €	1,5 %	8 Jahre

Lösungen: 35 748,89; 62 028,02
34 349,36; 58 993,93

3 Ein Tischtennis-Ball wird aus 1,2 m fallen gelassen. Nach dem 1. Bodenkontakt springt er maximal 0,9 m hoch. Nach dem x-ten Bodenkontakt erreicht er eine maximale Höhe von y m. Dieser Prozess kann näherungsweise durch eine Exponentialfunktion f der Form $y = k \cdot a^x$ beschrieben werden.
a) Gib die Abnahme der Höhe nach jedem Bodenkontakt in Prozent an.
b) Bestimme die Gleichung der Exponentialfunktion.
c) Erstelle eine Wertetabelle für die erreichten Höhen nach den ersten 5 Bodenkontakten.
d) Stelle den Graph f der Exponentialfunktion im Koordinatensystem dar.
e) Ermittle grafisch, nach dem wievielten Bodenkontakt die Höhe erstmals 30 % der Anfangshöhe unterschreitet. Bestätige dein Ergebnis durch Rechnung.

4 Wenn man mit einem Skilift oder mit einem Auto einen Berg hinunter fährt oder in einem Flugzeug im Landeanflug ist, verspürt man häufig einen Druck in den Ohren.
a) Informiere dich, wie dieser Druck in den Ohren zustande kommt.
b) Auf Meereshöhe beträgt der Luftdruck 1013 hPa (Hektopascal). Auf der Höhe x km kann man den Luftdruck y hPa näherungsweise mit folgender Gleichung bestimmen:
$y = 1013 \cdot 0,88^x$
Ergänze die Tabelle in deinem Heft. Runde auf eine Stelle nach dem Komma.

	Totes Meer	Zugspitze	Großglockner	Mount Everest
Höhe x km	−0,43	2,96	3,80	8,85
Druck y hPa	▪	▪	▪	▪

c) Lies aus der Gleichung ab, um wie viel Prozent der Luftdruck pro Kilometer Höhenzunahme abnimmt.
d) Berechne, in welcher Höhe ein Luftdruck von 850 hPa [750 hPa] gemessen wird.

1 Im Beispiel auf Seite 40 infiziert eine Person im Durchschnitt zwei weitere Personen.

Anzahl der Ansteckungszyklen	0	1	2	3	4	5	x
Neu infizierte Personen	0	2	4	8			
Summe der Infizierten	1	3	7				

a) Mit welchem Term kannst du die Gesamtzahl der infizierten Personen nach x Ansteckungszyklen berechnen?

   A 2^x **B** $2^x - 1$ **C** $2^x + 1$ **D** $2^{x+1} - 1$

b) Ergänze die Tabelle in deinem Heft.

c) Berechne die Anzahl der neu Infizierten beim zwanzigsten Ansteckungsvorgang. Berechne die Gesamtzahl der Infizierten nach 20 Ansteckungszyklen.

d) Durch besondere Maßnahmen gelingt es, dass die Gesamtzahl der infizierten Personen im Schnitt nur noch um 25 % zulegt. Berechne dafür die Anzahl der neu infizierten Personen nach 20 Ansteckungszyklen, wenn zu Beginn 1000 Personen infiziert sind.

2 Ein Auto kostet neu 28 000 €. Im ersten Jahr beträgt der Wertverlust des Wagens 25 %, danach verliert er pro Jahr durchschnittlich 6 % an Wert.

a) Berechne den Wertverlust nach 5 Jahren.

b) Ermittle, im wievielten Jahr der Wert des Wagens erstmals nur 10 000 € beträgt?

3 Herr Flex hat einen Kleinwagen für 16 000 € gekauft. Der prozentuale Wertverlust pro Jahr ist konstant. Nach zwei Jahren hat das Fahrzeug noch einen Wert von 10 600 €. Bestimme, wie viel Prozent das Auto jährlich an Wert verliert.

4 Je höher die Kapazität des Akkus eines E-Bikes ist, umso weiter kann man damit fahren. Selbst bei sachgemäßer Behandlung verliert der Akku bei üblicher Nutzung jährlich ca. 5 % seiner Kapazität. Der Akku des E-Bikes von Frau Flott hat zu Beginn eine Kapazität von 625 Wh (Wattstunden).

a) Stelle die Kapazität y Wh nach x Jahren durch eine Funktion der Form $y = k \cdot a^x$ dar.

b) Berechne, nach wie viel Jahren der Akku nur noch eine Kapazität von 400 Wh hat.

5 Bestimmte Inhalte wie Kommentare, Fotos oder Videos können in sozialen Medien geteilt werden und verbreiten sich dann unter Umständen sehr schnell. Markus hat um 8:00 Uhr einen sehr interessanten Beitrag verfasst, den er sofort an sieben Freunde schickt. Einige dieser Freunde teilen den Beitrag mit weiteren Bekannten, sodass die Anzahl der Personen, die den Beitrag kennen, jede Stunde um 300 % ansteigt. Die Verbreitung des Beitrages kann

man näherungsweise mit der Gleichung $y = 7 \cdot 4^x$ beschreiben, wobei x Stunden die seit 8:00 Uhr vergangene Zeit und y die Anzahl der Personen, die Markus Beitrag kennen, angibt.

a) Wie viele Personen kennen den Beitrag um 12:00 Uhr [16:00 Uhr]?

b) Berechne den Zeitpunkt zu dem jeder Einwohner Deutschlands [jeder Mensch der Welt] den Beitrag kennen müsste.

c) Beschreibe mögliche Gründe, warum das durch die Gleichung modellierte Wachstum nicht auf lange Sicht so stattfinden kann.

(6) In einem Gewässer verringert sich die Lichtstärke je Meter um etwa 15 %. Ein Belichtungsmesser zeigt bei einem Meter Wassertiefe eine Lichtstärke von 3570 Lux. Dieser Zusammenhang wird durch eine Gleichung der Form $y = k \cdot a^x$ beschrieben. Dabei steht x m für die Wassertiefe und y Lux für die Lichtstärke. Es gilt: $x, y \in \mathbb{R}_0^+$

a) Welche Lichtstärke herrscht an der Oberfläche des Gewässers?

b) Bestimme die Funktionsgleichung und berechne die Lichtstärke in 15 m Tiefe.

c) Ein Taucher taucht mit dem Belichtungsmesser um 5 Meter ab. Um wie viel Prozent sinkt dabei die gemessene Lichtstärke?

Diese Frage kann ich nicht beantworten, weil ich nicht weiß, in welcher Tiefe der Taucher gestartet ist.

Das musst du nicht wissen, das Ergebnis ist immer dasselbe: 5 · 15 % = 75 %

Da kann was nicht stimmen. Was ist denn, wenn der Taucher um 10 m abtaucht?

    Sind die drei Aussagen korrekt? Begründe.

d) In welcher Wassertiefe herrscht eine Lichtstärke von 1000 Lux [50 Lux]? Runde bei deiner Berechnung auf Dezimeter.

(7*) Vitamin D kann im menschlichen Körper produziert werden, wenn Sonnenstrahlung unter bestimmten Bedingungen auf die Haut trifft. Im Winterhalbjahr nimmt daher die Konzentration von Vitamin D im Körper normalerweise ab.

Bei Andreas wurde Ende September eine Anfangskonzentration von 55 Nanogramm (0,000 000 055 g) Vitamin D pro Milliliter Blut ($55 \frac{ng}{ml}$) gemessen. Der Zusammenhang zwischen der Anzahl x Wochen und der verbleibenden Konzentration $y \frac{ng}{ml}$ an Vitamin D lässt sich bei Andreas näherungsweise durch die Funktion f_1 mit der Gleichung $y = 55 \cdot 0{,}93^x$ beschreiben ($x \in \mathbb{R}^+, y \in \mathbb{R}^+$).

a) Um wie viel Prozent reduziert sich folglich die Konzentration an Vitamin D in einer Woche?

b) Berechne mit Hilfe der Funktion f_1 die Konzentration an Vitamin D bei Andreas nach 21 Tagen. Runde auf zwei Stellen nach dem Komma.

c) Berechne, in welcher Woche sich die Anfangskonzentration an Vitamin D bei Andreas entsprechend der Funktion f_1 halbiert.

d) Bei Stefan wurde gleichzeitig mit Andreas eine Messung begonnen. Bei Stefan lässt sich der Zusammenhang zwischen der Anzahl x Wochen und der verbleibenden Konzentration $y \frac{ng}{ml}$ an Vitamin D annähernd durch die Funktion f_2 mit der Gleichung $y = 51 \cdot 0{,}91^x$ beschreiben ($x \in \mathbb{R}^+, y \in \mathbb{R}^+$).

Ist es unter diesen Voraussetzungen möglich, dass die Konzentration an Vitamin D zu einem Zeitpunkt bei Stefan und Andreas den gleichen Wert erreichen? Begründe ohne Rechnung.

---

* nach einer früheren Abschlussprüfung

1 Algen gehören zu den ältesten bekannten Organismen auf der Erde. Sie kommen seit etwa 3 Milliarden Jahren vor. Einige dieser Algen können ihre Masse bei günstigen Bedingungen täglich um 15 % vermehren.

a) Übertrage die Tabelle in dein Heft und vervollständige sie. Verwende als Anfangswert 100 mg.

Zeit x Tage	0	1	2	3	4	5	6	7	8	9	...	20
Masse y mg											...	

b) Stelle den Zusammenhang grafisch dar.

c) Entnimm dem Diagramm, nach wie vielen Tagen sich der Anfangsbestand verdoppelt hat.

d) Verdoppelt sich nun dieser Bestand im gleichen Zeitraum erneut?

e) Welche der Gleichungen beschreibt das Wachstum?

    A $y = 115^x$ **B** $y = 100 \cdot 1{,}15^x$ **C** $y = 10 \cdot 11{,}5^x$

f) Berechne, nach welcher Zeit eine Masse von 350 mg [600 mg; 1 g] vorhanden ist.

g) Informiere dich über das Wachstum anderer Algen- oder Bakterienarten.

2 Eine Bakterienkultur vermehrt sich in einer Nährlösung wie in der Tabelle dargestellt.

Zeit x h	0	2	4	6
Masse y mg	1,2	4,1	14,0	48,1

a) Das Wachstum lässt sich durch eine Funktionsgleichung der Form $y = 1{,}2 \cdot a^x$ beschreiben. Bestimme a.

b) Welche Masse wird nach 3 [5; 8; 10] Stunden erreicht?

c) Stelle den Zusammenhang für die ersten 10 Stunden grafisch dar.

d) Berechne, nach welcher Zeit 80 mg [100 mg; 500 mg] der Bakterienkultur vorhanden sind.

3 Wasserhyazinthen vergrößern die von ihnen bedeckte Fläche in einer Woche um rund 30 %. Dieses Wachstum kann durch eine Exponentialfunktion dargestellt werden.

a) Gib die Funktionsgleichung an, mit der dieses Wachstum modelliert werden kann, wenn zu Beginn eine Fläche von 10 m² von den Pflanzen bedeckt ist.

b) Der Bodensee ist rund 570 km² groß. Nach welcher Zeit wäre er ganz bedeckt? Wann zur Hälfte? Berechne.

4 In der Wirklichkeit kann eine Population von Lebewesen nicht unbegrenzt wachsen. Die Abbildung zeigt das Wachstum von Hefe.

a) Beschreibe dieses Wachstum. Welche Faktoren könnten es beeinflussen?

b) Das Hefewachstum lässt sich durch eine Gleichung der Form $y = \frac{660}{1 + 65 \cdot a^{-x}}$ beschreiben, wobei y die Hefemasse in Milligramm nach x Stunden Wachstum darstellt. Zeige rechnerisch, dass die Anfangsmasse 10 mg beträgt.

Der Graph ist aber nur am Anfang exponentiell!

c) Berechne den Faktor a, wenn nach 5 h die Hefemasse 225 mg beträgt.

d) Stelle mit Hilfe einer Wertetabelle das Wachstum für die ersten 30 h grafisch dar. Vergleiche mit Teilaufgabe a).

e) In welchem Zeitraum ist das Wachstum exponentiell? Finde dafür eine Gleichung der Form $y = k \cdot b^x$.

① Bestimmte Atomkerne sind nicht stabil. Sie zerfallen unter Aussendung von radioaktiver Strahlung (α-, β-, γ-Strahlung). Da sie dabei verschiedene Teilchen abgeben, wandelt sich bei der α- und β-Strahlung das ursprüngliche Atom in ein Atom eines anderen chemischen Elements um. So wird zum Beispiel durch den β-Zerfall aus Blei-214 ein Bismut-214-Atom. Nach einiger Zeit ist von den ursprünglichen Atomen nur noch die Hälfte radioaktiv. Den Zeitraum, in dem die radioaktive Masse auf die Hälfte abnimmt, nennt man Halbwertszeit T. Je nach chemischem Element kann sie mehrere Millionen Jahre bis zu Bruchteilen einer Sekunde betragen.

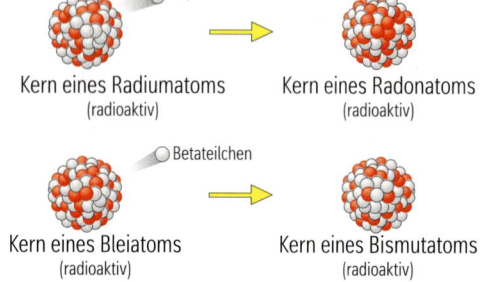

Element	Halbwertszeit
Uran-238	$4{,}5 \cdot 10^9$ Jahre
Cäsium-137	30 Jahre
Iod-131	8 Tage
Blei-214	27 min
Radon-220	56 s
Polonium-214	$1{,}6 \cdot 10^{-4}$ s

Kern eines Radiumatoms (radioaktiv) → Kern eines Radonatoms (radioaktiv)

Kern eines Bleiatoms (radioaktiv) → Kern eines Bismutatoms (radioaktiv)

So kannst du die Halbwertszeit für Strontium-90 ermitteln, wenn von 300 mg nach 7 Tagen noch 253 mg vorhanden sind.

B ┌─ Für die Berechnung gilt folgende Formel: $\qquad m = m_0 \cdot 0{,}5^{\frac{t}{T}}$
Dabei steht m_0 für die ursprünglich vorhandene Masse, m für die Masse nach der Zeit t und T für die Halbwertszeit. Beachte, dass die Größen T und t in der gleichen Einheit angegeben sein müssen.

(1) Setze alle gegebenen Werte in die Formel ein. $\quad 253 \text{ mg} = 300 \text{ mg} \cdot 0{,}5^{\frac{7 \text{ Tage}}{T}}$

(2) Forme nach T um. $\qquad\qquad\qquad\qquad 0{,}8433 = 0{,}5^{\frac{7 \text{ Tage}}{T}}$

$$\frac{7 \text{ Tage}}{T} = \log_{0{,}5} 0{,}8433$$

$$T = \frac{7 \text{ Tage}}{\log_{0{,}5} 0{,}8433} = 28{,}5 \text{ Tage}$$

(3) Antwort: Die Halbwertszeit beträgt 28,5 Tage.

Verwende für die folgenden Aufgaben die oben abgebildete Tabelle der Halbwertszeiten. Runde sinnvoll.
a) Berechne, wie viel von ursprünglich 500 mg Blei-214 nach 2 h noch übrig ist.
b) Nach welcher Zeit sind vom gleichen Material noch 10 mg übrig?
c) Berechne die Halbwertszeit von Cäsium-143, wenn nach einem Jahr von ursprünglich 200 mg noch 141,4 mg vorhanden sind.
d) Wie lange dauerte der Zerfall von Radon-220 bereits, wenn noch 25 % der ursprünglichen Menge gemessen werden konnten?

② Einer Patientin werden im Rahmen einer medizinischen Diagnose 15 mg des Isotops Technetium-99 verabreicht.
a) Bestimme die Halbwertszeit des Stoffes, wenn der stattfindende Zerfall durch die Funktionsgleichung $y = 15 \cdot 0{,}5^{\frac{x}{6}}$ festgelegt wird. Dabei gibt x Stunden die Zeit und y Milligramm die Masse an.
b) Gib an, wie viel Technetium-99 sich nach 12 [18; 24] Stunden noch im Körper der Patientin befindet.
c) Berechne, wie viel Prozent des Anfangswertes nach 20 [40] Stunden noch vorhanden sind.

1 Zu medizinischen Diagnosezwecken wird das radioaktive Jod-131 verwendet.

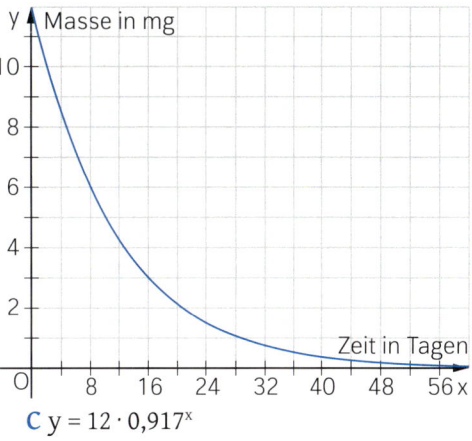

a) Bestimme aus dem Diagramm die Anfangsmasse m und die Halbwertszeit T des Iods-131, das einem Patienten verabreicht wird.

b) Berechne die Masse des radioaktiven Materials, das der Patient nach 16 [32] Tagen noch im Körper hat.

c) Welche der folgenden Funktionsgleichungen beschreiben die Abnahme des Materials nach x Tagen? Begründe.

A $y = 12 \cdot \left(\frac{1}{2}\right)^{\frac{x}{8}}$ **B** $y = 12 \cdot \left(\frac{1}{2}\right)^{8x}$ **C** $y = 12 \cdot 0{,}917^x$

d) Berechne, nach wie vielen Tagen noch 10 mg [5 mg] des Materials vorhanden sind.

2 Beim Reaktorunglück von Tschernobyl (Ukraine) am 26. April 1986 wurden die Böden in Deutschland mit insgesamt etwa 1 g Iod (I-131) und etwa 230 g Cäsium (Cs-137) belastet. Besonders betroffen waren Gebiete in Süddeutschland, in denen es an den Tagen nach dem Unglück regnete. Milch von Kühen, die frisches Weidegras gefressen hatten, musste entsorgt werden und Landwirte pflügten kontaminiertes Freilandgemüse unter, sodass es nicht mehr in den Verkauf kommen konnte. Wegen der Belastung mit Cs-137 wird stellenweise auch heute noch vom Verzehr von bestimmten, im Wald gesammelten Pilzen abgeraten.

a) Begründe mit Hilfe der Halbwertszeit aus der Tabelle von Seite 64 rechnerisch, dass ab etwa Mitte Juni 1986 vom I-131 keine Gefahr mehr ausging.

b) Welche der folgenden Funktionsgleichungen modellieren den Zerfall des Cäsiums?

A $y = 230 \cdot 0{,}5^x$ **B** $y = 230 \cdot 0{,}5^{\frac{x}{30}}$ **C** $y = 230 \cdot 0{,}977^x$ **D** $y = 30 \cdot 0{,}5^{\frac{x}{230}}$

c) Berechne die von Tschernobyl stammende Menge Cs-137, die sich jetzt [100 Jahre nach dem Unglück] noch in deutschen Böden befindet.

d) Wie alt waren deine Eltern [deine Großeltern] im Jahr 1986? Befrage sie, wie sie die Reaktionen auf den Reaktorunfall miterlebt haben. Notiere dir Stichpunkte.

3 Heiße Flüssigkeiten (Wasser, Tee, Kaffee …) kühlen sich mit der Zeit ab. Die Temperatur $y\,°C$ hängt dabei von der Zeit x min ab und wird durch eine Gleichung der Form $y\,°C = T_u + (T_a - T_u) \cdot 2{,}72^{-ax}$ beschrieben. Dabei steht T_u für die Temperatur der Umgebung und T_a für die Ausgangstemperatur der Flüssigkeit. In einer Messreihe wurden bei $T_u = 22\,°C$ und $T_a = 60\,°C$ die folgenden Werte ermittelt.

x min	5	10	15	20	25
y °C	56,4	53,1	50,1	47,5	45,0

a) Stelle den Zusammenhang grafisch dar.

b) Bestätige durch Einsetzen geeigneter Werte, dass man für a den Wert 0,02 erhält.

c) Welche Temperatur hat die Flüssigkeit nach 8 min [30 min; 60 min]? Trage die Werte in den Graphen zu a) ein.

d) Nach welcher Zeit ist die Flüssigkeit auf 40 °C [35 °C] abgekühlt? Runde sinnvoll.

e) Führe die Teilaufgaben c) und d) durch, wenn a = 0,05 gilt.

1 Würfle gleichzeitig mit 50 Würfeln. Nimm dann alle Würfel mit der Augenzahl 6 weg und zähle die restlichen Würfel. Mit diesen würfelst du erneut, nimm wieder alle 6er weg und fahre fort bis nur noch ein Würfel übrig ist. Zähle dabei jeweils die restlichen Würfel.

a) Trage deine Werte wie im Bild in ein Tabellenkalkulationsprogramm ein und lass die Werte grafisch darstellen.

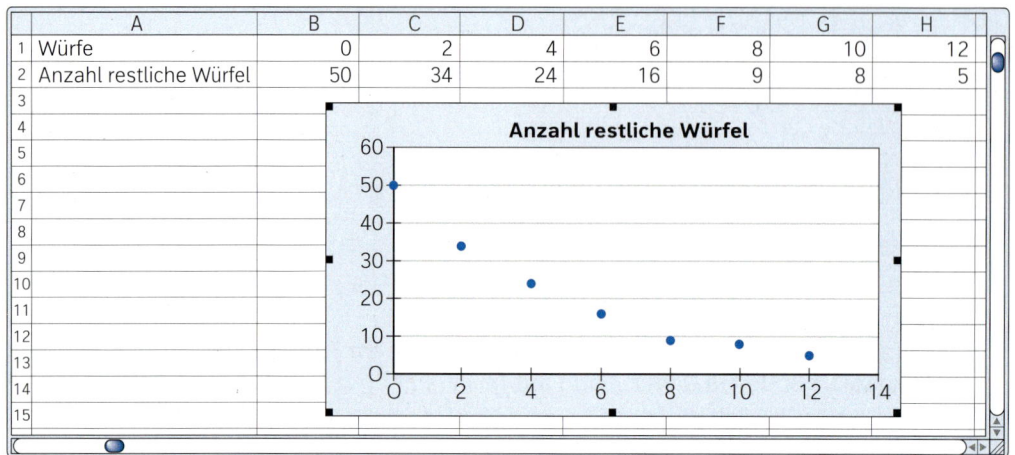

b) Die Punkte liegen zwar nicht genau auf dem Graphen einer Exponentialfunktion, aber doch mit guter Annäherung. Finde mit Hilfe zweier geeigneter Wertepaare eine mögliche Funktionsgleichung.

c) Bei welchem Wurf sind noch 20 Würfel übrig?

d) Führe das Spiel erneut durch. Nimm nun bei jedem Wurf die Augenzahlen 1, 3 und 5 heraus. Welche besondere Gleichung ergibt sich?

2 Neuwagen verlieren in den ersten Jahren besonders stark an Wert. Bei der Berechnung des Restwerts eines Autos kann man dies berücksichtigen, indem man unterschiedliche Abnahmefaktoren für verschieden alte Fahrzeuge annimmt.

	B4		=WENN(A4<=2;B3*(100-F4)/100;WENN(U
	A	B	C	D	E	F
1	**Restwert eines Wagens**					
2	Jahr	Restwert				
3	0	35 000 €		ab Jahr	bis Jahr	Prozentsatz
4	1	28 000 €		1	2	20
5	2	22 400 €		3	4	15
6	3	19 040 €		5		6
7	4	16 184 €			Kaufpreis:	35000
8	5	15 213 €				

a) Erstelle mit Hilfe eines Tabellenkalkulationsprogrammes eine Tabelle, in der du blau unterlegte Zellen für die Eingabe des Kaufpreises und drei verschiedene Abnahme-Prozentsätze vorsiehst.

b) Wie lautet die Formel in Zelle B3?

c) Die unterschiedlichen Prozentsätze kannst du leicht mit Hilfe der WENN-Formel berücksichtigen, du findest sie unter „f_x". Es öffnet sich ein Fenster, in dem du die Bedingung und die zugehörigen Berechnungen eingeben kannst.

d) Stelle den Restwert für die ersten 15 Jahre grafisch dar.

e) In welchem Jahr ist das Auto nur mehr ein Viertel des Kaufpreises wert?

f) Wie viel Prozent verliert der Wagen in den ersten fünf Jahren insgesamt an Wert? Berechne auch den prozentuellen Wertverlust – gemessen am ursprünglichen Kaufpreis – zwischen dem fünften und dem zehnten Jahr.

g) Der Wertverlust hängt unter anderem von der Antriebsart sowie der Marke und dem Typ des Autos ab. Setze in die vier blau unterlegten Eingabe-Zellen verschiedene Werte ein und beobachte die Entwicklung der Restwerte.

Wenn eine Zahl zwischen zwei Werten liegen soll, kannst du auch die UND-Funktion verwenden.

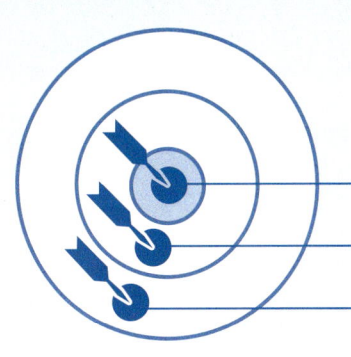

Löse die Aufgaben. Schätze Dich mit
Hilfe der **Zielscheibe** selbst ein.
Die Lösungen findest Du auf Seite 222.
→ zeigt Hilfen zu jeder Aufgabe.

Das kann ich.

Da bin ich mir **nicht ganz sicher**.

Das muss ich **unbedingt üben**.

Aufgabe	Du kannst ...
1	die Gleichungen von Exponential- und Logarithmusfunktionen ermitteln.
2	die Graphen von Exponential- und Logarithmusfunktionen analysieren.
3	Terme mit Hilfe der Logarithmenge-setze vereinfachen.
4	Exponential- und Logarithmusglei-chungen lösen.
5	die Graphen von Exponential- und Logarithmusfunktionen abbilden.
6	Wachstums- und Abnahmeprozesse mit Exponentialfunktionen beschreiben.

→ Seite 43
Aufgabe 7
→ Seite 53
Aufgabe 2

1 Der Graph der Funktion f verläuft durch den Punkt P.
Ermittle die Gleichung von f. Zeichne den Graphen der Funktion f für $-2 \le x \le 2$.
a) f_a mit $y = k \cdot 1{,}5^x$; $P(2|9)$ b) f_b mit $y = 4 \cdot a^x$; $P(2|1)$ c) f_c mit $y = 2 \cdot \log_a(x + 4)$; $P(23|6)$

→ Seite 44
Aufgabe 12
→ Seite 52
Aufgabe 7

2 Analysiere den Graphen der Funktion f, indem du die Definitions- und Wertemenge so-wie die Asymptote bestimmst, mögliche Nullstellen berechnest und die Gleichung der Umkehrfunktion f^{-1} angibst. Zeichne anschließend die Graphen von f und f^{-1}.
a) $f: y = -1{,}5 \cdot 2^{x+2} + 3$ b) $f: y = -\log_{10} x - 1$ c) $f: y = 0{,}5 \cdot \log_{1{,}5}(x - 3) + 1$

→ Seite 49
Aufgabe 6, 7

3 Fasse zu einem Logarithmus zusammen:
a) $\log_4 4x - \log_4 x$ b) $2^{\log_2 1} - \log_2 2$ c) $\log_{10} x + \log_{10} x^2 + 3\log_{10} x$

→ Seite 47
Aufgabe 5
→ Seite 50
Aufgabe 1, 2, 3

4 Gib den Wert von x an ($G = \mathbb{R}^+$).
a) $\log_7 x = 3$ b) $4^x = 2{,}5$ c) $\log_x 20 = 2$ d) $x^4 = 55$
e) $2 \cdot 3^{x-3} - 4 = 0$ f) $25 \cdot 5^x = 5^{2x-2}$ g) $4 \cdot 3^x = 5^{x+1}$ h) $\log_3(x + 2) = 2$

→ Seite 53
Aufgabe 4

5 Die Graphen der Funktionen $f_1: y = 2^{x+3} - 1$ bzw. $f_2: y = \log_3(x + 1) - 7$ werden auf die Gra-phen zu f_1' bzw. f_2' abgebildet. Ermittle die Funktionsgleichungen von f_1' bzw. f_2'.
a) Durch Parallelverschiebung mit $\vec{v} = \begin{pmatrix} -2 \\ 3 \end{pmatrix}$
b) Durch Achsenspiegelung an der x–Achse
c) Durch Achsenspiegelung an der Winkelhalbierenden des I. und III. Quadraten

→ Seite 62
Aufgabe 7
→ Seite 63
Aufgabe 3

6 Ein Liter frische Vollmilch enthält durchschnittlich 18 mg Vitamin C. Unter dem Ein-fluss von Licht wird es zersetzt. In einer klaren Glasflasche nimmt der Vitamin-C-Gehalt stündlich um 5 % ab.
a) Gib eine Funktionsgleichung an, die den noch vorhandenen Vitamin-C-Gehalt y mg nach x h beschreibt.
b) Berechne die noch vorhandene Menge Vitamin-C nach 5 h.
c) Bestimme, nach welcher Zeit sich der Vitamin-C-Gehalt halbiert hat.
d) Die Gleichung $y = 18 \cdot 0{,}98^x$ beschreibt die noch vorhandene Masse Vitamin-C nach x Stunden in einem dunklen Gefäß.
Gib an, um wie viel Prozent hier der Vitamin-C-Gehalt pro Stunde abnimmt.

1

Mit einem DIN-A4-Blatt (21,0 cm x 29,7 cm) lässt sich die Mantelfläche eines Zylinders formen. Die jeweiligen Grund- und Deckkreise kann man sich vorstellen.

a) Forme den Mantel eines Zylinders Z_0. Dabei soll die längere Seite des DIN-A4-Blatts den Umfang des Mantels bilden. Berechne das Volumen.

b) Schneide das Blatt so durch, dass die Höhe des Zylinders halbiert wird. Füge nun die beiden Teile so zusammen, dass ein Zylinder Z_1 mit doppeltem Umfang entsteht. Berechne dessen Volumen. Übertrage die Ergebnisse aus Aufgabe a) und b) in die Tabelle in deinem Heft.

	Zylinder Z_0	Zylinder Z_1	Zylinder Z_2	Zylinder Z_x
Anzahl der Schnitte	0	1	2	x
Umfang in cm	29,7			
Grundkreisradius in cm				
Grundflächeninhalt in cm²				
Höhe in cm	21,0			
Volumen in cm³				

c) Verfahre wieder wie in Aufgabe b). Du erhältst einen Zylinder Z_2.
Was stellst du fest?

d) Nach x Schnitten entsteht der Zylinder Z_x mit dem Volumen y cm³.
Gib die zugehörige Funktionsgleichung an.
A $y = 1474 \cdot x$　　**B** $y = 1474 \cdot 2^x$　　**C** $y = 1042 \cdot x^2$

e)
Mit dem DIN-A4-Blatt könnte man einen Zylindermantel so gestalten, dass das Wasser einer vollen Badewanne im Zylinder Platz hätte.

Was meinst du? Begründe.

 2

Eine Sonnenblume ist zu Beginn der Beobachtungen 40 cm hoch. Unter günstigen Bedingungen wächst sie pro Woche um 15 % der Differenz zwischen der Höhe am Ende des Wachstumsvorgangs und der aktuellen Höhe y m.
Die aktuelle Höhe y m der Sonnenblume nach x Wochen kann durch folgenden Term näherungsweise bestimmt werden: $y = 2,5 - 2,1 \cdot 2,72^{-0,15x}$

a) Ergänze die Tabelle in deinem Heft.

Nach x Wochen	0	1	2	3	4	9	10	15	20	25	30
Höhe in m	0,4	0,69									

b) Stelle den Wachstumsvorgang grafisch dar. Welche Höhe wird die Sonnenblume am Ende des Wachstumsvorgangs in etwa erreichen?

4

Familie Spielsucht ist begeistert. Soeben wurde ihr per Email folgendes Gewinnspiel angeboten. An einen in der Mail genannten Mitspieler sind 100 € zu überweisen. Dann brauchen nur noch drei weitere Spieler mit der gleichen Mail angeworben werden und nach einigen Tagen würden 900 € bei Familie Spielsucht eingehen.

Das Spielschema kannst du dir wie folgt vorstellen. In jeder „Generation" werden von jedem Spieler drei Spieler der nächsten Generation geworben. Gezahlt wird an den Spieler der um zwei Stufen vorherigen Generation, z. B. alle Spieler C an A.

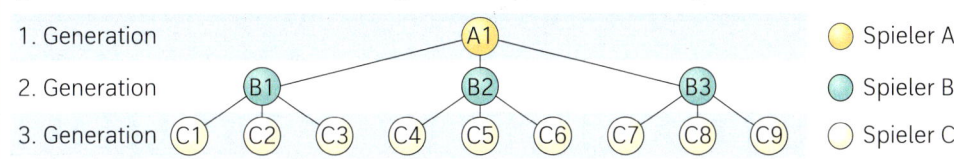

1. Generation   A1   ○ Spieler A
2. Generation   B1   B2   B3   ○ Spieler B
3. Generation   C1 C2 C3 C4 C5 C6 C7 C8 C9   ○ Spieler C

a) Berechne, wie viele Spieler in der vierten (sechsten, zehnten) Generation teilnehmen.

b) Entscheide, welche der Gleichungen die Anzahl y der Spieler in der Generation x richtig berechnet.

    A $y = 3x$ **B** $y = \frac{1}{3}x^3$ **C** $y = \frac{1}{3} \cdot 3^x$ **D** $y = 3^{x-1}$

c) Berechne, in welcher Generation sämtliche Einwohner Bayerns erfasst würden.

d) Bearbeite die Teilaufgaben a) bis c), wenn in jeder Generation vier Spieler der nächsten Generation geworben werden.

e) Herr Vorsicht, der Nachbar von Familie Spielsucht, warnt vor dem Mitspielen. Begründe warum.

3

Das Bild zeigt das Netz einer räumlichen Figur.

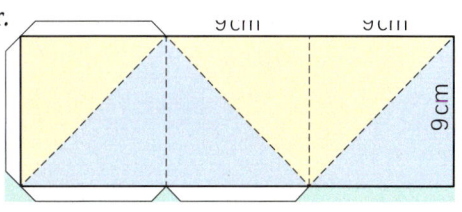

a) Zeichne das Netz, schneide es aus und falte es entlang der gestrichelten Linien zu einem Körper. Stelle ihn auf ein Dreieck und überlege, aus welchen zwei gleichen Teilfiguren der Körper besteht. Berechne das Volumen.

b) Das Netz wird durch zentrische Streckung so verändert, dass neue Figuren mit folgenden Eigenschaften entstehen. Berechne jeweils den Streckungsfaktor.
   (1) Figur mit doppelter Kantenlänge
   (2) Figur mit doppelter Oberfläche
   (3) Figur mit doppeltem Volumen

   A $k = 2^2$ **B** $k = 2$ **C** $k = \sqrt[3]{2}$ **D** $k = \sqrt{2}$ **E** $k = 2^3$

c) Welches Volumen hat der Körper in (1) im Vergleich zum Ausgangskörper?

04

Trigonometrie – Grundlegende Zusammenhänge

Es gibt viele Beispiele in der Natur, in denen sich Vorgänge in regelmäßigen Abständen wiederholen. Man nennt diese Vorgänge periodisch. Zwei sind hier dargestellt. Betrachte diese und beantworte die Fragen.

Die Fotomontage vereint 8 Fotos der Mitternachtssonne.

Schwingungen einer Stimmgabel auf einer Rußplatte

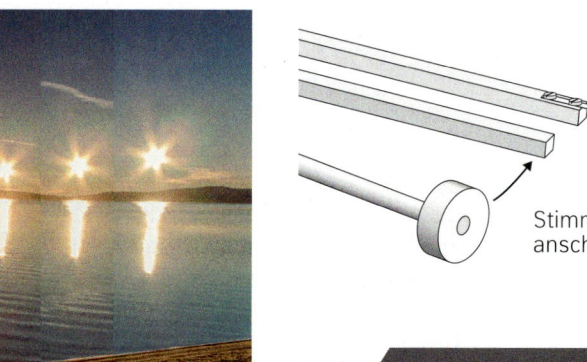

Stimmgabel anschlagen

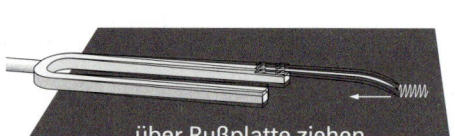

über Rußplatte ziehen

Recherchiere, was es mit dem Phänomen der Mitternachtssonne auf sich hat und lass dir im Internet noch weitere Fotos anzeigen.

Recherchiere, wie die Schwingungen einer Stimmgabel auf Ruß gezeichnet werden können. Handelt es sich hierbei um periodische Vorgänge?

1 a) Zeichne mit einem Geometrieprogramm einen **Einheitskreis** (Kreis mit Radius 1 LE) mit dem Mittelpunkt O (0|0) in das Koordinatensystem. Erzeuge den Punkt P_n (x|y) auf der Kreislinie. Lass dir seine Koordinaten sowie das Winkelmaß α, das die Strecke $\overline{OP_n}$ mit der Richtung der positiven x-Achse einschließt, anzeigen.

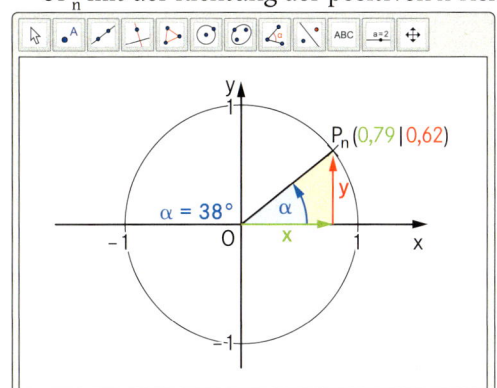

b) Gib das Intervall für die x- bzw. y-Koordinate der Punkte P_n an.

c) Für welche Winkelmaße α ist die x-Koordinate, für welche die y-Koordinate negativ?

d) Welche besonderen x- und y-Werte treten auf?
Schreibe: sin 0° = ▢, ...

e) Begründe, dass für α ∈ [0°; 90°] gilt: cos α = x und sin α = y.

f) Ist für α > 90° die Zuordnung cos α = x und sin α = y ebenfalls sinnvoll?

2 a) Berechne die Termwerte mit dem Taschenrechner. Was stellst du fest?
(1) cos 30°; cos (– 30°)   cos 45,57°; cos (– 45,57°)
(2) sin 30°; sin (– 30°)   sin 53,13°; sin (– 53,13°)

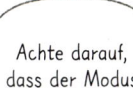

Achte darauf, dass der Modus DEGREE ist.

b) In der Abbildung wird eine Beziehung für die Sinus- und Kosinuswerte negativer Winkelmaße veranschaulicht. Ergänze in deinem Heft die Platzhalter. Begründe.
(1) cos (–α) = ▢ cos α
(2) sin (–α) = ▢ sin α

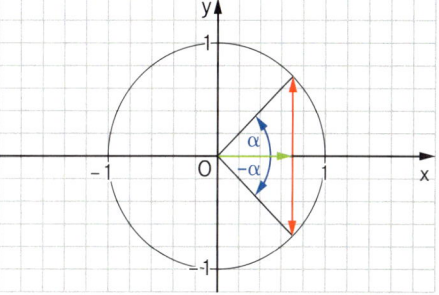

M **Einheitskreis**

Der Punkt P (x|y) liegt auf dem **Einheitskreis**. α ist das Winkelmaß zwischen der Richtung der positiven x-Achse und der Strecke $\overline{OP}$.

Kosinus
Sinus

Es gilt:
x = cos α; cos α ∈ [– 1; 1]
y = sin α; sin α ∈ [– 1; 1]

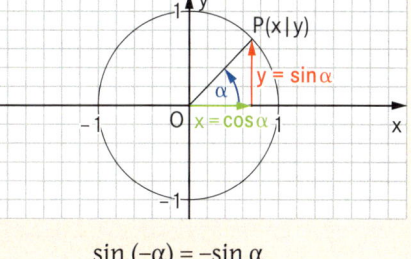

Negativ orientierter Winkel

Negativ orientierter Winkel: cos (–α) = cos α   sin (–α) = –sin α

Übungen

3 Ein Punkt P (x|y) liegt auf dem Einheitskreis, das Maß α des Winkels QOP beträgt 53,13°. Es gilt: Q (1|0)

a) Zeichne den Einheitskreis mit den Punkten P und Q (1 LE ≙ 2,5 cm). Berechne die Koordinaten des Punktes P.

b) Der Punkt P wird an der y-Achse auf den Punkt P′ gespiegelt. Trage P′ in die Zeichnung zu Teilaufgabe a) ein. Berechne das Maß α′ des Winkels QOP′ für α′ ∈ [0°; 360°[.

c) Zeige durch Rechnung: Der Punkt R $\left(-\frac{1}{2}\sqrt{3} \mid \frac{1}{2}\right)$ liegt ebenfalls auf dem Einheitskreis.

d) Berechne das Maß des Winkels QOR.

Wie lang ist ein Zug, der in 40 Sekunden mit einer Geschwindigkeit von 108 $\frac{km}{h}$ über eine 700 m lange Brücke rollt?

1 a) Begründe mit Hilfe der Abbildung:

$\cos 60° = \frac{1}{2}$

$\sin 60° = \frac{1}{2}\sqrt{3}$

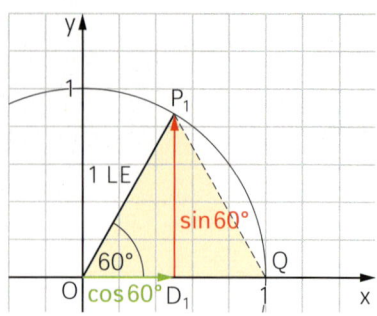

b) Begründe:
Das Dreieck OD_1P_1 aus Teilaufgabe a) und das Dreieck OD_2P_2 in der Abbildung rechts sind kongruent. Ergänze anschließend in deinem Heft die Platzhalter.

$\cos 30° = $ ▢
$\sin 30° = $ ▢

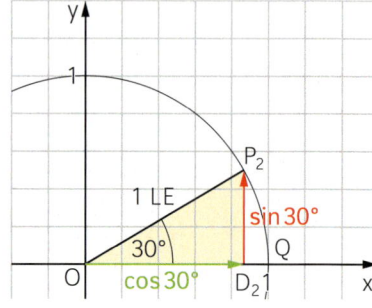

c) Begründe: $\cos 45° = \sin 45°$

Zeige anschließend, dass gilt:

$\cos 45° = \frac{1}{2}\sqrt{2}$

$\sin 45° = \frac{1}{2}\sqrt{2}$

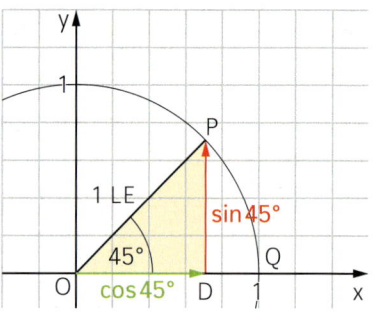

2 Fertige für die folgenden Aufgaben eine Skizze an. Verwende deine Merkhilfe.
a) Im rechtwinkligen Dreieck ABC gilt: $\alpha = 30°$; $\beta = 90°$; $b = 4\sqrt{3}$ cm.
Berechne die Seitenlängen.
b) Im Parallelogramm ABCD ist der Höhenfußpunkt F der Höhe $\overline{FD}$ der Mittelpunkt der Seite $\overline{AB}$. Es gilt: $\alpha = 30°$; $|\overline{AD}| = 6$ cm
Berechne den Flächeninhalt des Parallelogramms.
c) Im gleichschenkligen Dreieck ABC gilt: $|\overline{AC}| = |\overline{BC}|$; $\alpha = 30°$; $h_c = 2\sqrt{3}$ cm.
Berechne die Seitenlängen.

G Die Griechen entdeckten erste trigonometrische Beziehungen. So stecken in dem Wort *goniometrisch* die griechischen Wörter *gonia* für Winkel und *metrein* für messen.
Inder und Araber entwickelten die Trigonometrie weiter. Die Begriffe *Sinus* und *Kosinus* kommen aus dem Arabischen.
Beim Winkelmaß wird die sexagesimale Teilung verwendet, ein Vollkreis hat 360°, $1° = 60'$, $1' = 60''$. Vermessungsingenieure rechnen allerdings mit Neu-Grad, abgekürzt „gon". Ein Vollkreis hat hier 400°, die Einteilung ist dem Dezimalsystem angepasst.

1 a) Berechne die Termwerte mit dem Taschenrechner. Was stellst du fest?
   (1) sin 40°; sin 140°   (2) cos 50°; cos 130°

b) Begründe mit Hilfe der nebenstehenden Abbildung, dass für $\alpha \in [0°; 90°[$ gilt:
   $\sin(180° - \alpha) = \sin \alpha$; $\cos(180° - \alpha) = -\cos \alpha$

c) Ersetze in deinem Heft die Platzhalter:
   $\sin 140° = \sin(180° - \;\;) = \;\; \sin \;\;$
   $\cos 130° = \cos(180° - \;\;) = \;\; \cos \;\;$

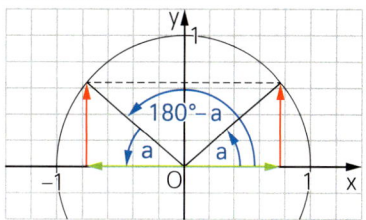

2 a) Berechne die Termwerte mit dem Taschenrechner. Was stellst du fest?
   (1) sin 44,5°; sin 224,5°; sin 315,5°
   (2) cos 25,8°; cos 205,8°; cos 334,2°

b) Ersetze in deinem Heft die Platzhalter.
   $\sin 224,5° = \sin(180° + \;\;) = \;\; \sin \;\;$
   $\sin 315,5° = \sin(360° - \;\;) = \;\; \sin \;\;$
   $\cos 205,8° = \cos(180° + \;\;) = \;\; \cos \;\;$
   $\cos 334,2° = \cos(360° - \;\;) = \;\; \cos \;\;$

c) Formuliere die Ergebnisse allgemein.

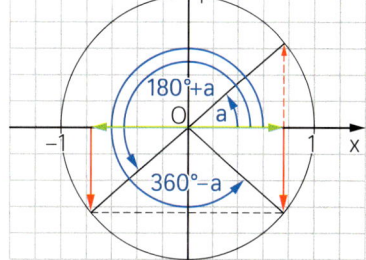

M Für $\alpha \in [0°; 90°[$ gilt die **Supplementbeziehung**[1]:

Supplement-beziehung

$\sin(180° - \alpha) = \sin \alpha$ $\qquad\qquad$ $\cos(180° - \alpha) = -\cos \alpha$

Für Winkelmaße in den weiteren Quadranten gilt:
$\sin(180° + \alpha) = -\sin \alpha$ $\qquad$ $\cos(180° + \alpha) = -\cos \alpha$
$\sin(360° - \alpha) = -\sin \alpha$ $\qquad$ $\cos(360° - \alpha) = \cos \alpha$

Übungen

3 Bestimme zu den angegebenen Winkelmaßen die Termwerte. Verwende dazu deine Merkhilfe.
a) sin 120°; cos 120° $\qquad$ b) sin 240°; cos 240°
c) sin 330°; cos 330° $\qquad$ d) sin (–45°); cos (–45°)

$\cos 135°$ $\qquad\qquad$ $\sin(-90°)$
$= \cos(180° - 45°)$ $\quad$ $= -\sin 90°$
$= -\cos 45°$ $\qquad\quad$ $= -1$
$= -\frac{1}{2}\sqrt{2}$

4 So kannst du die zu $\sin \alpha = 0,7$ gehörenden Winkelmaße mit dem Taschenrechner berechnen ($\alpha \in [0°; 360°[$).

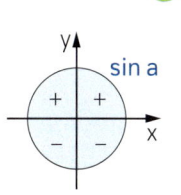

B (1) Gib die Tastenfolge $\boxed{\sin^{-1}}\;0,7\;\boxed{=}$ in den Taschenrechner ein.
   Du erhältst gerundet 44,43.

(2) Erstelle eine Skizze. Sie zeigt dir, dass der Taschenrechner nur eine Lösung liefert.
   $\alpha_1 = 44,43°$

(3) Berechne die zweite Lösung.
   $\alpha_2 = 180° - \alpha_1$
   $\alpha_2 = 180° - 44,43°$
   $\alpha_2 = 135,57°$

a) $\sin \alpha = 0,75$ $\qquad$ b) $\sin \alpha = 0,99$ $\qquad$ c) $\sin \alpha = \frac{1}{2}\sqrt{2}$ $\qquad$ d) $\sin \alpha = \frac{1}{2}\sqrt{3}$

---

[1] „Supplement" Ergänzung

⑤ So kannst du die zu sin α = −0,7 gehörenden Winkelmaße mit dem Taschenrechner berechnen (α ∈ [0°; 360°[).

Skizze

B (1) Gib die Tastenfolge $\boxed{\sin^{-1}}$ $\boxed{-}$ $0,7$ $\boxed{=}$ in den Taschenrechner ein.
Du erhältst gerundet − 44,43. Rechne weiter mit α* = 44,43°.

(2) Erstelle eine Skizze. Sie zeigt dir, dass der Taschenrechner nur eine Lösung liefert.
$\alpha_1 = 180° + \alpha^*$
$\alpha_1 = 180° + 44,43°$
$\alpha_1 = 224,43°$

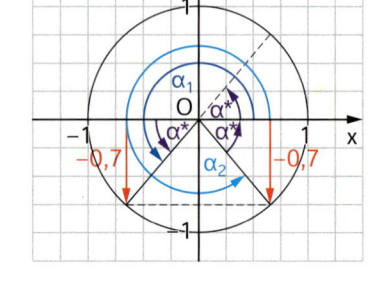

(3) Berechne die zweite Lösung.
$\alpha_2 = 360° − \alpha^*$
$\alpha_2 = 360° − 44,43°$
$\alpha_2 = 315,57°$

a) sin α = −0,75 b) sin α = −0,99 c) sin α = $-\frac{1}{2}\sqrt{2}$ d) sin α = $-\frac{1}{2}\sqrt{3}$

⑥ So kannst du die zu cos α = 0,4 gehörenden Winkelmaße mit dem Taschenrechner berechnen (α ∈ [0°; 360°[).

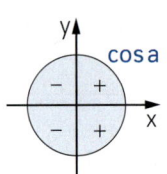

B (1) Gib die Tastenfolge $\boxed{\cos^{-1}}$ $0,4$ $\boxed{=}$ in den Taschenrecher ein.
Du erhältst gerundet 66,42.

(2) Erstelle eine Skizze. Sie zeigt dir, dass der Taschenrechner nur eine Lösung liefert.
$\alpha_1 = 66,42°$

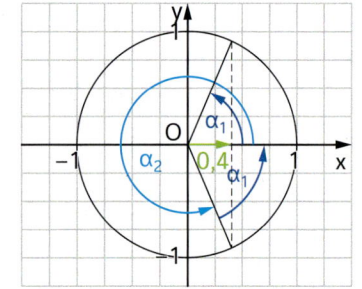

(3) Berechne die zweite Lösung.
$\alpha_2 = 360° − \alpha_1$
$\alpha_2 = 360° − 66,42°$
$\alpha_2 = 293,58°$

a) cos α = 0,35 b) cos α = 0,866 c) cos α = 0,2 d) cos α = $\frac{1}{2}\sqrt{2}$

⑦ So kannst du die zu cos α = −0,4 gehörenden Winkelmaße mit dem Taschenrechner berechnen (α ∈ [0°; 360°[).

Skizze

B (1) Gib die Tastenfolge $\boxed{\cos^{-1}}$ $\boxed{-}$ $0,4$ $\boxed{=}$ in den Taschenrecher ein.
Du erhältst gerundet 113,58.

(2) Erstelle eine Skizze. Sie zeigt dir, dass der Taschenrechner nur eine Lösung liefert.
$\alpha_1 = 113,58°$

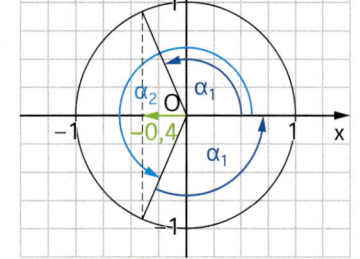

(3) Berechne die zweite Lösung.
$\alpha_2 = 360° − \alpha_1$
$\alpha_2 = 360° − 113,58°$
$\alpha_2 = 246,42°$

a) cos α = −0,35 b) cos α = −0,866 c) cos α = −0,2 d) cos α = $-\frac{1}{2}\sqrt{2}$

Seite 16

1 a) Zeichne mit einem Geometrieprogramm einen **Einheitskreis** mit dem Mittelpunkt O (0|0) in das Koordinatensystem. Erzeuge den Punkt P_n auf der Kreislinie und zeichne die Gerade g = OP_n.
Konstruiere eine Tangente im Punkt Q (1|0) an den Kreis. Die Tangente schneidet die Gerade g im Punkt R_n. Markiere den Tangentenabschnitt $\overline{QR_n}$.
Lass das Maß α des Winkels QOR_n und die Koordinaten des Punktes R_n anzeigen.

b) Die Steigung der Geraden OP_n ist m. Begründe, dass gilt: y_{R_n} = m

c) Begründe, dass für α ∈ [0°; 90°[im Dreieck OQR_n gilt: m = tan α

d) Verändere das Winkelmaß α, indem du den Punkt P_n bewegst. Beobachte dabei die zugehörige Steigung m. Für welche Werte von α ∈ [0°; 360°[gibt es keinen Wert für m = tan α? Begründe.

e) Für welche Werte von α ∈ [0°; 360°[ist die zugehörige Steigung positiv, für welche negativ?

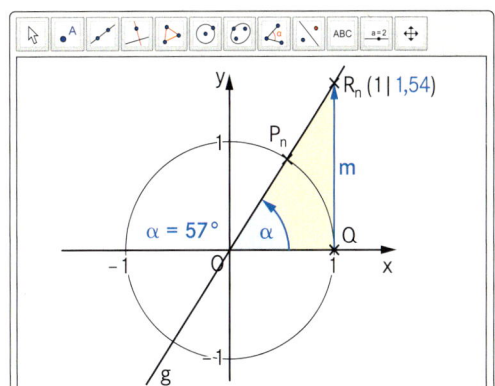

2 a) Vergleiche die Tangenswerte. Was stellst du fest?
(1) $α_1$ = 30°; $α_2$ = −30°
(2) $α_1$ = 78°; $α_2$ = −78°

b) In der Abbildung ist eine Beziehung für die Tangenswerte negativer Winkelmaße gegeben. Ergänze in deinem Heft die Platzhalter. Begründe.
(1) tan (−50°) = ▢ tan 50°
(2) tan (▢) = −tan 65°
(3) tan (−α) = ▢ tan α

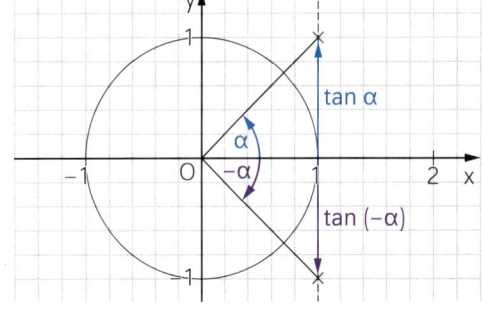

M Am Einheitskreis lässt sich jedem Winkelmaß α ∈ [0°; 360°[(α ≠ 90°; α ≠ 270°) eine Steigung m zuordnen.
Es gilt: **m = tan α**

m = tan α

Hierbei ist α das Maß des Winkels, den die Gerade mit der Richtung der positiven x-Achse einschließt.

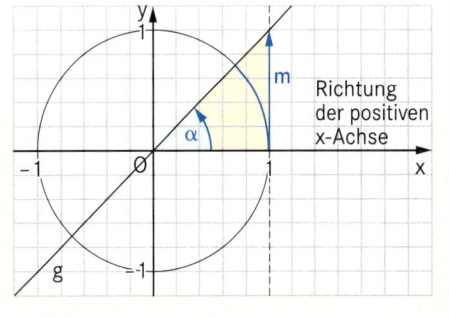

negativ orientierter Winkel

Aufgrund der Symmetrieeigenschaften gilt für den **negativ orientierten Winkel**:
tan (−α) = −tan α

Übung

Seite 16

3 Berechne die Gleichung einer Ursprungsgeraden g, die mit der Richtung der positiven x-Achse einen Winkel mit dem Maß α einschließt. Zeichne die Gerade anschließend in ein Koordinatensystem und markiere den Winkel mit dem Maß α. Platzbedarf: −6 ≤ x ≤ 6; −6 ≤ y ≤ 6
a) α = 45°   b) α = −21,80°   c) α = 135°   d) α = −11,3°

α = −30,96°

Anzeige: −0,5999108367

tan (−30,96°) = −0,60

m = −0,60

y = −0,6x

1 a) Vergleiche die Tangenswerte.
  Was stellst du fest?
  (1) $\alpha_1 = 30°$; $\alpha_2 = 150°$
  (2) $\alpha_1 = 55°$; $\alpha_2 = 125°$
  b) Begründe mit Hilfe der nebenstehenden
  Abbildung, dass gilt:
  $\tan(180° - \alpha) = -\tan \alpha$
  c) Ersetze die Platzhalter in deinem Heft:
  $\tan 150° = \tan(180° - \blacksquare) = \blacksquare \tan \blacksquare$
  $\tan 125° = \tan(180° - \blacksquare) = \blacksquare \tan \blacksquare$

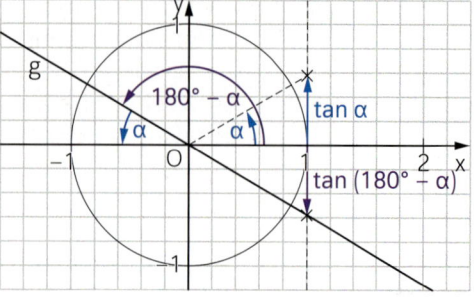

2 a) Vergleiche die Tangenswerte. Was stellst
  du fest?
  (1) $\alpha_1 = 30°$; $\alpha_2 = 210°$; $\alpha_3 = 330°$
  (2) $\alpha_1 = 55°$; $\alpha_2 = 125°$; $\alpha_3 = 305°$
  b) Ersetze mit Hilfe nebenstehender Ab-
  bildung die Platzhalter in deinem Heft.
  $\tan(180° + \alpha) = \blacksquare$; $\tan(360° - \alpha) = \blacksquare$

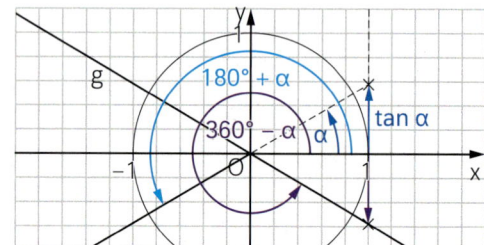

M

Supplement-beziehung

Die beiden Winkel α und $180° - \alpha$ ergänzen sich zu $180°$ ($\alpha \in \,]0°; \ 90°[$).
Es gilt folgende **Supplementbeziehung:**
$\tan(180° - \alpha) = -\tan \alpha$

Für Winkelmaße in den weiteren Quadranten gilt:
$\tan(180° + \alpha) = \tan \alpha$
$\tan(360° - \alpha) = -\tan \alpha$

Übungen

3 Bestimme zu den angegebenen Winkelmaßen die
Tangenswerte. Verwende dazu deine Merkhilfe.
  a) $\tan 150°$ b) $\tan 120°$ c) $\tan(-135°)$ d) $\tan(-30°)$
     $\tan 225°$ $\tan 315°$ $\tan 210°$ $\tan 330°$

$\tan(-120°)$
$= -\tan 120°$
$= -(-\tan(180° - 120°))$
$= -(-\tan 60°) = \sqrt{3}$

4 So kannst du die zu $\tan \alpha = 0{,}8$ die gehörenden Winkelmaße mit dem Taschenrechner
berechnen ($\alpha \in [0°; 360°[$).

B

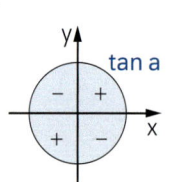

(1) Gib die Tastenfolge $\boxed{\tan^{-1}}\ 0{,}8\ \boxed{=}$ in den Taschenrechner ein.
  Du erhältst gerundet $38{,}66$.

(2) Erstelle eine Skizze. Sie zeigt dir, dass der
  Taschenrechner nur eine Lösung liefert.
  $\alpha_1 = 38{,}66°$

(3) Berechne die zweite Lösung.
  $\alpha_2 = 180° + \alpha_1$
  $\alpha_2 = 180° + 38{,}66°$
  $\alpha_2 = 218{,}66°$

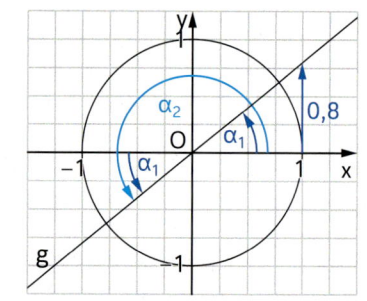

  a) $\tan \alpha = 1{,}6$ b) $\tan \alpha = 7{,}5$ c) $\tan \alpha = \frac{1}{3}\sqrt{3}$ d) $\tan \alpha = 0{,}5$

⑤ So kannst du die zu tan α = –0,8 gehörenden Winkelmaße mit dem Taschenrechner berechnen (α ∈ [0°; 360°[).

B

(1) Gib die Tastenfolge $\boxed{\tan^{-1}}\; \boxed{-}\; 0{,}8\; \boxed{=}$ in den Taschenrechner ein. Du erhältst gerundet –38,66. Rechne weiter mit $\alpha^* = 38{,}66°$.

(2) Erstelle eine Skizze. Sie zeigt dir, dass der Taschenrechner nur eine Lösung liefert.
$\alpha_1 = 180° - \alpha^*$
$\alpha_1 = 180° - 38{,}66° = 141{,}34°$

(3) Berechne die zweite Lösung.
$\alpha_2 = 360° - \alpha^*$
$\alpha_2 = 360° - 38{,}66° = 321{,}34°$

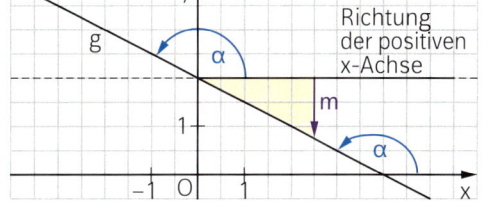

Skizze

a) tan α = –1,6   b) tan α = –7,5   c) $\tan α = -\frac{1}{2}\sqrt{3}$ d) tan α = –0,5

⑥ Berechne das Winkelmaß α, das die Gerade g mit der positiven x-Achsenrichtung einschließt (α ∈ [0°; 180°[mit α ≠ 90°).
Überprüfe dein Ergebnis anhand einer Zeichnung.

a) g: y = 0,5x
b) g: y = –0,5x
c) g: y = 2x + 3
d) g: y = –2x + 3
e) g: y = 0,8x + 1
f) g: y = –0,8x + 1

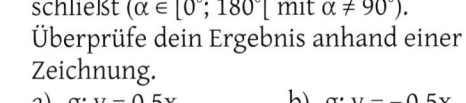

Seite 16

Lösungen: 153,43°; 63,43°; 78,69°; 26,57°; 141,34°; 38,66°; 116,57°

⑦ So kannst du das Winkelmaß ε (siehe Zeichnung) zwischen zwei sich schneidenden Geraden g_1: y = 0,5x + 0,25 und g_2: y = –1,5x + 3 berechnen.

B

(1) Fertige eine Zeichnung an.

(2) Berechne für jede Gerade das Winkelmaß, das sie mit der positiven x-Achsenrichtung einschließt.
g_1: tan α = 0,5   ⇒ $\alpha_1 = 26{,}57°$
g_2: tan α = –1,5 ⇒ ... ⇒ $\alpha_2 = 123{,}69°$

(3) Berechne das Maß des Schnittwinkels.
ε = 123,69° – 26,57°
ε = 97,12°

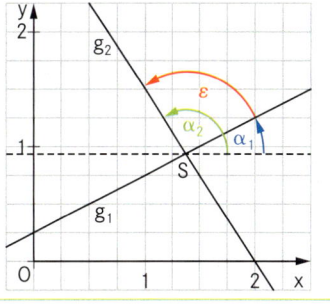

Berechne auch die Koordinaten des Schnittpunktes S der Geraden g_1 und g_2.

a) g_1: y = 3x; g_2: y = 0,5x
b) g_1: y = x + 1; g_2: 4x + y – 6 = 0
c) g_1: $y = -\frac{2}{3}x + 1$; g_2: y = 1,5x – 2
d) g_1: x + 2y – 4 = 0; g_2: y = 3x – 1

⑧ Gegeben ist eine Schar von Dreiecken ABC_n. Die Punkte C_n (x | 2x + 8) liegen auf der Geraden g mit y = 2x + 8. Es gilt: A (–4 | 0); B (3,5 | 2,5); x, y ∈ ℝ

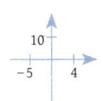

a) Zeichne das Dreieck ABC_1 für x = –1.
b) Berechne das Maß α des Winkels BAC_1. [Ergebnis: α = 45°]
c) Berechne den Flächeninhalt des Dreiecks ABC_1 sowie die Länge $|\overline{AB}|$ und die Höhe h_c.
d) Berechne den Flächeninhalt A(x) der Dreiecke ABC_n.
e) Das Lot von C_1 auf die Strecke $\overline{AB}$ schneidet diese im Punkt D_1.
   Berechne die Koordinaten von D_1. [Ergebnis: D_1 (0,5 | 1,5)]
f) Berechne die fehlenden Innenwinkelmaße β und γ des Dreiecks ABC_1.
g) Für das Dreieck ABC_2 gilt: β = 90°. Zeichne es ein und berechne die Längen der Seiten.

① Die Gerade g verläuft durch $A(0|0)$ und schließt mit der Richtung der positiven x-Achse den Winkel mit dem Maß 31° ein. Die Höhe h_a des Dreiecks ABC mit $B(3|0)$ liegt auf der Geraden g, der Eckpunkt C liegt auf der y-Achse. Zeichne das Dreieck. Berechne die Koordinaten des Eckpunktes C.

② Gegeben sind rechtwinklige Dreiecke AB_nC_n (siehe Abbildung). Die Punkte $B_n(x|2x-2)$ liegen auf der Geraden g mit $y = 2x - 2$. Es gilt: $A(1|2)$; $C_n(1|y_B)$; $x, y \in \mathbb{R}$

Den Punkt C_n kannst du mit dem Befehl $(1|y(B_n))$ erzeugen.

a) Zeichne mit einem Geometrieprogramm den Punkt A und die Gerade g. Erzeuge den Punkt B_n auf dieser Geraden.
Konstruiere den Punkt C_n so, dass er die geforderten Bedingungen erfüllt.

b) Zeichne das Dreieck AB_nC_n. Bewege den Punkt B_n und ermittle die Werte für x, für die Dreiecke AB_nC_n existieren.

c) Zeige, dass für das Maß α des Winkels B_nAC_n gilt: $\tan \alpha = \frac{x-1}{2x-4}$

Da muss ich ja zwei Bereiche betrachten.

d) Im Dreieck AB_1C_1 gilt: $\alpha = 68{,}20°$. Berechne die Koordinaten der Punkte B_1 und C_1.

e) Im Dreieck AB_2C_2 gilt: $|\overline{AB_2}| = 2$ LE. Berechne den zugehörigen Wert für α.

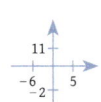

③ Die Punkte $B_n(x|2x-1)$ von Rauten $AB_nC_nD_n$ liegen auf der Geraden g mit $y = 2x - 1$. Es gilt: $A(-1|2)$; $C_n(-1|y_C)$; $x, y \in \mathbb{R}$

a) Zeichne die Rauten $AB_1C_1D_1$ für $x = 2$ und $AB_2C_2D_2$ für $x = 3{,}5$.

b) Welche Werte sind für x zulässig, so dass Rauten $AB_nC_nD_n$ existieren?

c) Berechne das Maß α des Winkels B_1AD_1.

d) Zeige, dass für das Maß α des Winkels B_nAD_n gilt: $\tan \frac{\alpha}{2} = \frac{x+1}{2x-3}$

e) Berechne die Belegung von x, für die in der Raute $AB_3C_3D_3$ gilt: $\alpha = 112{,}62°$

f) Die Raute $AB_4C_4D_4$ ist zugleich ein Quadrat. Berechne die Belegung von x.

g) Oskar behauptet: „Für $\alpha < 53{,}14°$ gibt es keine Rauten mehr." Hat er recht?

h) Stelle den Flächeninhalt der Rauten $AB_nC_nD_n$ in Abhängigkeit von x dar.

④ Berechne die Lösungen der Gleichungen ($\alpha \in [0°; 360°[$). Mache die Probe.

$$0{,}6 + \cos(\alpha + 15°) = 0$$
$$\cos(\alpha + 15°) = -0{,}6$$

Tastenfolge: $\boxed{\cos^{-1}}\ \boxed{-}\ 0{,}6$
Anzeige: 126,8698976

$\alpha_1 + 15° = 126{,}87°$ ∨ $\alpha_2 + 15° = 360° - 126{,}87°$
$\alpha_1 = 111{,}87°$ ∨ $\alpha_2 = 218{,}13°$

Probe: $0{,}6 + \cos(111{,}87° + 15°) = 0$ (w)
      $0{,}6 + \cos(218{,}13° + 15°) = 0$ (w)

$L = \{111{,}87°; 218{,}13°\}$

a) $\sin(\alpha - 25°) = 0{,}8$
   $\cos(\alpha - 25°) = 0{,}8$
   $\tan(\alpha - 25°) = 0{,}8$

b) $\sin(\alpha + 20°) = -0{,}4$
   $\cos(\alpha + 20°) = -0{,}4$
   $\tan(\alpha + 20°) = -0{,}4$

c) $\sin(2\alpha + 12°) = -0{,}5$
   $\cos(3\alpha - 10°) = -0{,}9$
   $\tan(3\alpha - 10°) = -4$

d) $\sin(\alpha + 35°) - 0{,}67 = 0$
   $0{,}67 - \cos(\alpha + 35°) = 0$
   $\tan(\alpha + 35°) - 2 = 0$

Lösungen: 348,13°; 318,20°; 316,42°; 277,07°; 243,66°; 226,42°; 208,43°; 183,58°; 159°; 154,16°; 151,87°; 138,20°; 126,87°; 102,93°; 99°; 98,01°; 93,58°; 78,13°; 71,95°; 63,66°; 61,87°; 54,72°; 38,01°; 27,43°; 12,93°; 7,07°

1 a) Vergleiche die Werte: (1) $\sin 10°$; $\cos 80°$ (2) $\sin 30°$; $\cos 60°$

b) Begründe mit Hilfe der Zeichnung:

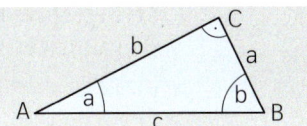

$$\sin \beta = \frac{b}{c} \text{ und } \cos \alpha = \frac{b}{c}$$

$$\text{mit } \beta = 90° - \alpha \quad \text{folgt} \quad \sin(90° - \alpha) = \cos \alpha$$

c) Begründe ebenso, dass gilt: $\cos(90° - \alpha) = \sin \alpha$

2

Die Figur erinnert mich an die Strahlensätze. Da kann man doch zwischen $\sin \alpha$, $\cos \alpha$ und $\tan \alpha$ einen Zusammenhang herstellen, nämlich $\frac{\sin \alpha}{\cos \alpha} = \frac{\blacksquare}{\blacksquare}$

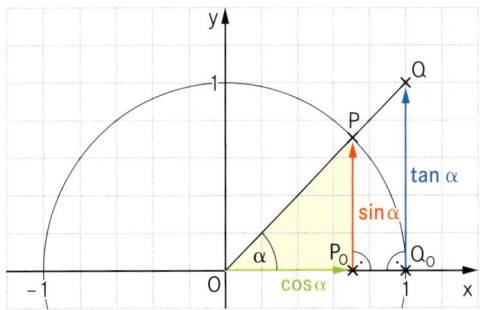

a) Überprüfe die Aussagen von Stefanie und führe ihren Gedankengang zu Ende, indem du die Platzhalter in deinem Heft ausfüllst.

b) Begründe, dass gilt: $(\sin \alpha)^2 + (\cos \alpha)^2 = 1$.

M

Komplement-beziehung

Zusammen-hang zwischen $\sin \alpha$, $\cos \alpha$ und $\tan \alpha$

> Die Winkel α und $90° - \alpha$ ergänzen sich zu $90°$ ($\alpha \in \,]0°; 90°[$).
> Es gelten folgende **Komplementbeziehungen**[1]:
> $\sin(90° - \alpha) = \cos \alpha$
> $\cos(90° - \alpha) = \sin \alpha$
>
> Beachte: Statt $(\sin \alpha)^2$ schreibt man kurz $\sin^2 \alpha$. Entsprechend gilt: $(\cos \alpha)^2 = \cos^2 \alpha$
>
> Für $\alpha \in [0°; 360°[$ gilt: $\sin^2 \alpha + \cos^2 \alpha = 1$
> Für $\alpha \in [0°; 360°[$ und $\alpha \neq 90°$; $\alpha \neq 270°$ gilt: $\tan \alpha = \frac{\sin \alpha}{\cos \alpha}$

Übungen

3 Vereinfache den Term. Verwende dazu deine Merkhilfe ($\alpha \in \,]0°; 360°[\setminus \{90°; 180°; 270°\}$).

$3 - 3\sin^2(90° - \alpha)$
$= 3 - 3\cos^2 \alpha$
$= 3(1 - \cos^2 \alpha)$
$= 3 \sin^2 \alpha$

a) $\cos(90° - \alpha) \cdot \sin \alpha + \cos^2 \alpha$ b) $\sqrt{1 - \cos^2 \alpha}$

h) $\sin(180° - \alpha) \cdot \cos(90° - \alpha) + \cos^2 \alpha$ e) $\frac{\tan \alpha \cos \alpha}{\sqrt{1 - \cos^2 \alpha}}$

l) $(\sqrt{3} + \cos \alpha)(\sqrt{3} - \sin(90° - \alpha)) - 3$ g) $\tan(180° - \alpha)\cos(180° - \alpha)$

Lösungen: 1; $\sin \alpha$; $\sin \alpha$; $-\cos^2 \alpha$; 1; 0; 1

4 Verwende zur Lösung die Ergebnisse von Aufgabe 1 auf der Seite 72.

a) Begründe mit Hilfe der Beziehung $\tan \alpha = \frac{\sin \alpha}{\cos \alpha}$, dass gilt: $\tan 60° = \sqrt{3}$

b) Übertrage die Tabelle in dein Heft und ergänze sie.

α	0°	30°	45°	60°	90°	120°	135°	150°	180°
$\cos \alpha$				$\frac{1}{2}$					
$\sin \alpha$			$\frac{1}{2}\sqrt{2}$						
$\tan \alpha$				$\sqrt{3}$					

c) Für welche Winkelmaße α ($\alpha \in [0°; 180°]$) gilt: $|\sin \alpha| = |\cos \alpha|$?

---
[1] „komplement" Ergänzung

① Die Pfeile $\overrightarrow{OP}_n = \begin{pmatrix} 4 + \tan(\alpha + 20°) \\ -2 \end{pmatrix}$ und $\overrightarrow{OQ}_n = \begin{pmatrix} \tan(\alpha + 20°) \\ 3 \end{pmatrix}$ spannen für $\alpha \in [-50°;\ 70°[$ die Dreiecke OP_nQ_n mit $O\ (0\,|\,0)$ auf.

a) Berechne die Koordinaten von $\overrightarrow{OP}_n$ und $\overrightarrow{OQ}_n$ für $\alpha \in \{-46{,}57°;\ 25°;\ 58°\}$. Zeichne die zugehörigen Dreiecke OP_1Q_1, OP_2Q_2 und OP_3Q_3 in ein Koordinatensystem ein.

b) Zeige durch Rechnung, dass alle Pfeile $\overrightarrow{P_nQ_n}$ gleiche Koordinaten haben.

c) So kannst du den Wert für α berechnen, sodass das Dreieck OP_4Q_4 einen Flächeninhalt von 10 FE besitzt.

B

(1) Berechne zuerst den Flächeninhalt der Dreiecke OP_nQ_n in Abhängigkeit von α.

$A(\alpha) = \dfrac{1}{2} \cdot \begin{vmatrix} 4 + \tan(\alpha + 20°) & \tan(\alpha + 20°) \\ -2 & 3 \end{vmatrix}$ FE

$A(\alpha) = \dfrac{1}{2} \cdot [(4 + \tan(\alpha + 20°)) \cdot 3 - (-2) \cdot \tan(\alpha + 20°)]$ FE

$A(\alpha) = \dfrac{1}{2} \cdot [12 + 3\tan(\alpha + 20°) + 2\tan(\alpha + 20°)]$ FE

$A(\alpha) = [6 + 2{,}5\tan(\alpha + 20°)]$ FE

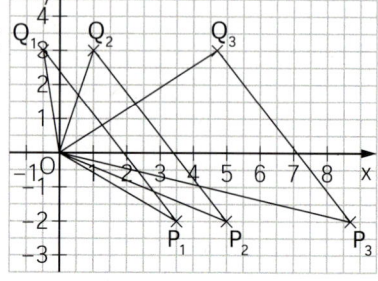

(2) Setze den Flächeninhalt $A(\alpha) = 10$ FE und berechne.

$6 + 2{,}5\tan(\alpha + 20°) = 10$

$\tan(\alpha + 20°) = 1{,}6$

$\alpha + 20° = 57{,}99° \quad \Leftrightarrow \quad \alpha = 37{,}99°$

d) Für welchen Wert von α liegt der Punkt Q_5 auf der y-Achse? Zeichne das Dreieck OP_5Q_5 ein.

② Die Pfeile $\overrightarrow{OA}_n = \begin{pmatrix} \tan(\alpha - 40°) \\ 3 \end{pmatrix}$ und $\overrightarrow{OC} = \begin{pmatrix} -2 \\ 4 \end{pmatrix}$ spannen für $\alpha \in\ ]\alpha_0;\ 130°]$ die Parallelogramme OA_nB_nC mit $O\ (0\,|\,0)$ auf.

a) Berechne die Koordinaten der Pfeile $\overrightarrow{OA}_n$ für $\alpha = -5°$, $\alpha = 65°$ und $\alpha = 118°$. Zeichne die zugehörigen Parallelogramme OA_nB_nC in ein Koordinatensystem ein.

b) Begründe: Die x-Koordinate der Punkte A_n muss größer sein als $-1{,}5$. Berechne dann die untere Intervallgrenze α_0.

c) Zeige, dass sich der Flächeninhalt der Parallelogramme wie folgt in Abhängigkeit von α darstellen lässt: $A(\alpha) = (4\tan(\alpha - 40°) + 6)$ FE

d) Berechne die Belegung für α, für die der Flächeninhalt $8{,}80$ FE beträgt.

e) Unter den Parallelogrammen OA_nB_nC gibt es ein Rechteck. Berechne die zugehörige Belegung von α und zeichne das Rechteck ein.

③ Die Dreiecke OA_nB_n werden durch die Pfeile $\overrightarrow{OA}_n = \begin{pmatrix} 4 \\ 4\cos\alpha \end{pmatrix}$ und $\overrightarrow{OB}_n = \begin{pmatrix} 5\cos(180° - \alpha) \\ 5\sin(180° - \alpha) \end{pmatrix}$ aufgespannt. Es gilt: $O\ (0\,|\,0)$; $\alpha \in\ ]0°;\ 180°[$

a) Berechne die Koordinaten der Punkte A_1 und B_1 für $\alpha = 30°$ bzw. A_2 und B_2 für $\alpha = 90°$. Zeichne die Dreiecke OA_1B_1 und OA_2B_2 in ein Koordinatensystem ein.

b) Begründe: Die Seitenlängen $|\overline{OB}_n|$ betragen stets 5 LE.

c) Zwei Dreiecke der Schar sind gleichschenklig mit der Basis $\overline{A_3B_3}$ bzw. $\overline{A_4B_4}$. Berechne die zugehörigen Winkelmaße α_3 und α_4.

d) Zeige, dass sich der Flächeninhalt der Dreiecke OA_nB_n wie folgt in Abhängigkeit von α darstellen lässt: $A(\alpha) = (-10\sin^2\alpha + 10\sin\alpha + 10)$ FE

e) Überprüfe die Aussagen von Dilara und Simon.

Der Flächeninhalt lässt sich mit einem quadratischen Term darstellen, da müsste es doch einen Extremwert geben!

Natürlich. Man muss ja nur x für sin α setzen und quadratisch ergänzen. Es dürfte sogar zwei Lösungen geben!

sin (30° + 60°) ist doch dasselbe wie sin 30° + sin 60°!

Da liegst du falsch! Die Termwerte sind verschieden.

1 Vergleiche die Werte. Was stellst du fest?
a) sin (30° + 60°) und sin 30° + sin 60°
b) sin (90° − 45°) und sin 90° − sin 45°
c) cos (45° + 60°) und cos 45° + cos 60°
d) cos (60° − 30°) und cos 60° − cos 30°

2 So kann ein Zusammenhang zwischen sin (α + β) bzw. cos (α + β) und sin α, sin β, cos α und cos β ermittelt werden.

a) Zwei Punkte P (cos α | − sin α) und Q (cos β | sin β) liegen auf dem Einheitskreis. Erkläre die folgenden Rechenschritte.

Für den Flächeninhalt A des Dreiecks OPQ gilt:
$A = 0,5 \cdot |\overline{OP}| \cdot |\overline{OQ}| \cdot \sin (\alpha + \beta) = 0,5 \cdot 1 \text{ LE} \cdot 1 \text{ LE} \cdot \sin (\alpha + \beta)$
$A = 0,5 \, \sin (\alpha + \beta) \text{ FE}$

oder

$A = 0,5 \begin{vmatrix} \cos \alpha & \cos \beta \\ -\sin \alpha & \sin \beta \end{vmatrix} \text{FE}$

Es folgt:
$0,5 \cdot \sin (\alpha + \beta) = 0,5 \cdot (\cos \alpha \sin \beta + \sin \alpha \cos \beta)$
(1) $\sin (\alpha + \beta) = \sin \alpha \cos \beta + \cos \alpha \sin \beta$

Mit $\overrightarrow{PQ} = \begin{pmatrix} \cos \beta - \cos \alpha \\ \sin \beta + \sin \alpha \end{pmatrix}$ folgt:
$|\overline{PQ}|^2 = [(\cos \beta - \cos \alpha)^2 + (\sin \beta + \sin \alpha)^2] \text{ (LE)}^2$

Mit dem Kosinussatz im Dreieck OPQ folgt:
$|\overline{PQ}|^2 = [1^2 + 1^2 - 2 \cdot 1 \cdot 1 \cdot \cos (\alpha + \beta)] \text{ (LE)}^2$

Es gilt:
$(\cos \beta - \cos \alpha)^2 + (\sin \beta + \sin \alpha)^2 = 2 - 2 \cos (\alpha + \beta)$
$\cos^2 \beta - 2 \cos \beta \cos \alpha + \cos^2 \alpha + \sin^2 \beta + 2 \sin \beta \sin \alpha + \sin^2 \alpha = 2 - 2 \cos (\alpha + \beta)$
$1 + 1 - 2 \cos \beta \cos \alpha + 2 \sin \beta \sin \alpha = 2 - 2 \cos (\alpha + \beta) \quad |-2 \quad |:(-2)$
(2) $\cos \alpha \cos \beta - \sin \alpha \sin \beta = \cos (\alpha + \beta)$

Diagramm: Einheitskreis mit y-Achse, Punkt Q (cos β | sin β), Winkel α und β, Strecken 1 LE, Punkt P (cos α | − sin α).

b) Ersetze in (1) und in (2) das Winkelmaß β durch − β. Zeige, dass folgt:
$\sin(\alpha - \beta) = \sin \alpha \cos \beta - \cos \alpha \sin \beta$ und $\cos(\alpha - \beta) = \cos \alpha \cos \beta + \sin \alpha \sin \beta$

M

Additions-theoreme

Für beliebige Winkelmaße α und β gelten die sogenannten **Additionstheoreme:**

$\sin (\alpha + \beta) = \sin \alpha \cos \beta + \cos \alpha \sin \beta$ $\qquad$ $\cos (\alpha + \beta) = \cos \alpha \cos \beta - \sin \alpha \sin \beta$
$\sin (\alpha - \beta) = \sin \alpha \cos \beta - \cos \alpha \sin \beta$ $\qquad$ $\cos (\alpha - \beta) = \cos \alpha \cos \beta + \sin \alpha \sin \beta$

Übung

3 Wende die Additionstheoreme an und vereinfache.
a) $\sin (90° + \varepsilon)$
b) $\cos (90° + \varepsilon)$
c) $\sin (60° + \varepsilon) - 0,5\sqrt{3} \cos \varepsilon$
d) $\cos (150° + \varepsilon) + 0,5 \sin \varepsilon$
e) $\sin (135° - \varepsilon) + 0,5\sqrt{2} \sin \varepsilon$
f) $\cos (60° - \varepsilon) - 0,5 \cos \varepsilon$
g) $\sin (\varepsilon + \varepsilon)$
h) $\cos (\varepsilon + \varepsilon)$

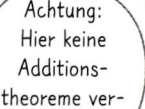

Achtung: Hier keine Additionstheoreme verwenden!

1 So kannst du die Gleichung sin $(\alpha - 20°) = 0,5$ lösen $(\alpha \in [0°; 360°[)$.

$$\sin(\alpha - 20°) = 0,5$$
$$\alpha_1 - 20° = 30° \quad \vee \quad \alpha_2 - 20° = 180° - 30°$$
$$\alpha_1 - 20° = 30° \quad \vee \quad \alpha_2 - 20° = 150°$$
$$\alpha_1 = 50° \quad \vee \quad \alpha_2 = 170°$$
Ergebnis: $L = \{50°; 170°\}$

a) $\cos(\alpha - 20°) = 0,5$
b) $\tan(\alpha - 20°) = 0,5$
c) $\sin(\alpha + 20°) = 0,5\sqrt{3}$
d) $\sin(\alpha - 60°) = 0,4\sqrt{3}$
e) $\tan(\alpha + 40°) = -2$
f) $\cos(\alpha - 25°) = -0,776$

Lösungen: 320°; 244,10°; 226,57°; 63,43°; 40°; 46,57°; 100°; 196,15°; 76,57°; 256,57°; 103,85°; 80°; 165,90°

2 So kannst du die Gleichung $0,4 = \frac{\cos(\alpha + 50°)}{\cos\alpha}$ lösen $(\alpha \in [0°; 360°[)$.

Bringe Terme mit sin α auf eine Seite, Terme mit cos α auf die andere Seite der Gleichung!

B

(1) Forme die Gleichung um.

$$0,4 \cos\alpha = \cos(\alpha + 50°)$$

(2) Wende die Additionstheoreme an.

$$0,4 \cos\alpha = \cos\alpha \cos 50° - \sin\alpha \sin 50°$$

(3) Forme die Gleichung so um, dass du cos α ausklammern kannst.

$$0,4 \cos\alpha - \cos\alpha \cos 50° = -\sin\alpha \sin 50°$$
$$(0,4 - \cos 50°)\cos\alpha = -\sin 50° \sin\alpha$$

(4) Forme die Gleichung so um, dass du $\frac{\sin\alpha}{\cos\alpha}$ durch tan α ersetzen kannst.

$$\frac{0,4 - \cos 50°}{-\sin 50°} = \frac{\sin\alpha}{\cos\alpha}$$
$$\tan\alpha = \frac{0,4 - \cos 50°}{-\sin 50°}$$

(5) Berechne.

$$\alpha_1 = 17,59° \quad \vee \quad \alpha_2 = 180° + 17,59°$$

(6) Gib die Lösungsmenge an.

$$L = \{17,59°; 197,59°\}$$

a) $0,5 = \frac{\cos(\alpha + 60°)}{\cos\alpha}$ b) $0,4 = \frac{\sin(\alpha + 50°)}{\cos\alpha}$ c) $0,8 = \frac{\cos\alpha}{\cos(\alpha + 20°)}$ d) $1,2 = \frac{\cos(\alpha - 50°)}{\sin\alpha}$

Lösungen: 235,98°; 180°; 0°; 330,34°; 137,78°; 55,98°; 317,78°; 150,34°; 124,02°

3

$$2\cos(\alpha + 60°) = \frac{2}{3}\sqrt{3}\sin(120° - \alpha); \quad \alpha \in [0°; 360°[$$

$$2\cos\alpha + 2 \cdot 0,5 = \frac{2}{3}\sqrt{3} \cdot \left(\frac{1}{2}\sqrt{3} - \sin\alpha\right)$$

$$2\cos\alpha + 1 = 1 - \sin\alpha$$

$$-2 = \tan\alpha; \quad L = \{116,57°; 295,57°\}$$

Wenn ich die Probe mache, erhalte ich falsche Aussagen!

Kein Wunder! In deiner Rechnung stecken ja auch drei Fehler!

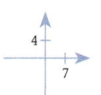

4 Gegeben sind die Dreiecke A_nBC_n.
Es gilt: $A_n(2 \mid 2,5\cos(\alpha + 30°))$; $B(6 \mid 0)$; $C_n(2 \mid 4\sin(\alpha + 60°))$; $\alpha \in [0°; 180°]$
a) Zeichne das Dreieck A_1BC_1 für $\alpha = 0°$.
b) Zeige, dass für den Flächeninhalt der Dreiecke A_nBC_n gilt:
$A(\alpha) = [8\sin(\alpha + 60°) - 5\cos(\alpha + 30°)]$ FE
c) Berechne den Wert von α, für den der Flächeninhalt den Wert 0 FE annimmt.
Gib das Intervall von α an, für das Dreiecke A_nBC_n existieren.

Seite 18

5 So kannst du die Gleichung $-\cos^2 \alpha + 2 \sin \alpha - 1 = 0$ lösen ($\alpha \in \,]0°;\ 360°[$).

B

(1) Ersetze $\cos^2 \alpha$ durch $1 - \sin^2 \alpha$	$-(1 - \sin^2 \alpha) + 2 \sin \alpha - 1 = 0$
(2) Löse die quadratische Gleichung mit Hilfe der Lösungsformel.	$\sin^2 \alpha + 2 \sin \alpha - 2 = 0$ $\sin \alpha = \frac{-2 \pm \sqrt{2^2 - 4 \cdot 1 \cdot (-2)}}{2 \cdot 1} = \frac{-2 \pm \sqrt{12}}{2}$
Beachte: $\sin \alpha = -2{,}73$ ist nicht möglich.	$\sin \alpha = \frac{-2 + \sqrt{12}}{2}$ ($\vee\ \sin \alpha = \frac{-2 - \sqrt{12}}{2}$) $\alpha_1 = 47{,}06° \vee \alpha_2 = 180° - 47{,}06°$
(3) Gib die Lösungsmenge an.	$L = \{47{,}05°;\ 132{,}94°\}$

a) $\sin^2 \alpha + 2 \sin \alpha - 0{,}5 = 0$

b) $-\sin^2 \alpha + 2 \cos \alpha = 0$

c) $2 \cos^2 \alpha - 3 \cos \alpha - 2 = \sin^2 \alpha$

d) $\sin \alpha + \frac{0{,}4 \cos \alpha}{\sin \alpha} = 0$

Lösungen: $214{,}93°;\ 12{,}99°;\ 192{,}99°;\ 294{,}47°;\ 145{,}07°;\ 65{,}53°;\ 167{,}01°;\ 128{,}17°;\ 231{,}83°$

6 So kannst du die Gleichung $\sin \alpha + 2 \cos \alpha = 0{,}5$ lösen ($\alpha \in [0°;\ 360°[$).

B

Quadrieren ist keine Äquivalenzumformung

(1) Ersetze z. B. $\sin \alpha$ durch $\sqrt{1 - \cos^2 \alpha}$	$\sqrt{1 - \cos^2 \alpha} + 2 \cos \alpha = 0{,}5$
(2) Isoliere den Wurzelterm auf einer Seite der Gleichung.	$\sqrt{1 - \cos^2 \alpha} = 0{,}5 - 2 \cos \alpha$
(3) Quadriere beide Seiten der Gleichung.	$1 - \cos^2 \alpha = (0{,}5 - 2 \cos \alpha)^2$ $1 - \cos^2 \alpha = 0{,}25 - 2 \cdot 0{,}5 \cdot 2 \cos \alpha + 4 \cos^2 \alpha$ $1 - \cos^2 \alpha = 0{,}25 - 2 \cos \alpha + 4 \cos^2 \alpha$ $0 = 5 \cos^2 \alpha - 2 \cos \alpha - 0{,}75$
(4) Löse die quadratische Gleichung mit Hilfe der Lösungsformel.	$\cos \alpha = \frac{-(-2) \pm \sqrt{(-2)^2 - 4 \cdot 5 \cdot (-0{,}75)}}{2 \cdot 5} = \frac{2 \pm \sqrt{19}}{10}$ $\cos \alpha = \frac{2 + \sqrt{19}}{10} \quad \vee \quad \cos \alpha = \frac{2 - \sqrt{19}}{10}$ $\alpha_1 = 50{,}51° \quad \vee \quad \alpha_3 = 103{,}64°$ $\vee\ \alpha_2 = 360° - 50{,}51° \quad \vee\ \alpha_4 = 360° - 103{,}64°$
(5) Mache die Probe. Setze die Winkelmaße in die Ausgangsgleichung ein und gib die Lösungsmenge an.	$L = \{103{,}64°;\ 309{,}49°\}$

Seite 18

a) $0{,}5 \cos \alpha + 0{,}7 \sin \alpha - 0{,}2 = 0$

b) $\frac{1}{2}\sqrt{2} \cos \alpha - \sqrt{3} \sin \alpha = 0{,}2$

c) $0{,}5 \cos \alpha + 0{,}2 \sin \alpha + 0{,}1 = 0$

d) $0{,}3 \cos \alpha - 0{,}8 \sin \alpha + 0{,}7 = 0$

Lösungen: $208{,}34°;\ 122{,}50°;\ 337{,}91°;\ 48{,}98°;\ 281{,}10°;\ 145{,}54°;\ 75{,}57°;\ 131{,}02°;\ 16{,}07°$

In Bavarien sind 1000 Bürger erwerbsfähig. Davon sind 50 arbeitslos. In Bananien leben 1000 erwerbsfähige Menschen, von denen 200 ohne Arbeit sind. Wegen der schlechten Konjunktur werden in Bavarien weitere 10 Bürger und in Bananien weitere 20 Bürger aus Betrieben entlassen. Der Wirtschaftsminister Dussl aus Bananien behauptet: „Wir betreiben die bessere Wirtschafts- und Arbeitsmarktpolitik. Bei uns ist nämlich der Anstieg der Arbeitslosenzahl prozentual niedriger."

① Gegeben sind die Pfeile $\overrightarrow{OP_n} = \begin{pmatrix} 2\sin\varphi - 1 \\ 3\cos^2\varphi \end{pmatrix}$ mit O (0|0), $\varphi \in [0°;\ 180°]$.

a) Zeichne die Pfeile $\overrightarrow{OP_1}$ für $\varphi = 0°$, $\overrightarrow{OP_2}$ für $\varphi = 20°$ und $\overrightarrow{OP_3}$ für $\varphi = 60°$ in ein Koordinatensystem ein.

b) So kannst du den Trägergraphen der Punkte P_n bestimmen.

B

(1) Formuliere für die Punkte $P_n(x|y)$ ein Gleichungssystem.

I $\qquad x = 2\sin\varphi - 1$

II $\quad \wedge \quad y = 3\,\underline{\cos^2\varphi}$

Um einen Zusammenhang zwischen x und y zu erstellen, müssen die Parameter $\sin\varphi$ bzw. $\cos\varphi$ eliminiert werden.

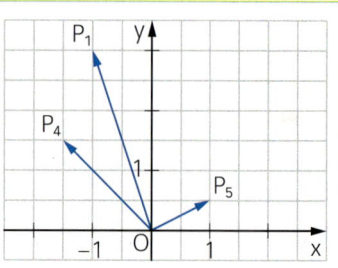

(2) Löse dazu die Gleichung I nach $\sin\varphi$ auf.

$2\sin\varphi = x + 1$
$\sin\varphi = \frac{1}{2}(x+1)$

(3) Forme die Gleichung II um.

$y = 3\,(1 - \sin^2\varphi)$
$y = 3 - 3\sin^2\varphi$

(4) Ersetze den Term $\sin\varphi$.

$y = 3 - 3 \cdot \left[\frac{1}{2}(x+1)\right]^2$

Vereinfache den Term für y. Um welche Funktion handelt es sich? Beschreibe den Graphen.

c) Führe die Teilaufgaben a) und b) für $\overrightarrow{OP_n} = \begin{pmatrix} 5 - 3\cos\varphi \\ 6\sin^2\varphi \end{pmatrix}$, O (0|0), $\varphi \in [0°;\ 180°]$ durch. Zeichne den Trägergraphen ein.

② Gegeben sind die Dreiecke OAB_n mit A (4|−1) und $\overrightarrow{OB_n} = \begin{pmatrix} 3 - 4\cos\varphi \\ \sin^2\varphi + 2 \end{pmatrix}$.

Es gilt: O (0|0); $\varphi \in [0°;\ 180°]$

a) Zeichne die Dreiecke OAB_1 für $\varphi = 35°$, OAB_2 für $\varphi = 90°$ und OAB_3 für $\varphi = 150°$ in ein Koordinatensystem ein.

b) Bestimme die Gleichung des Trägergraphen für die Punkte B_n. Zeichne den Trägergraphen in das Koordinatensystem zu Teilaufgabe a) ein.

c) Zeige, dass sich der Flächeninhalt der Dreiecke OAB_n wie folgt in Abhängigkeit von φ darstellen lässt: $A(\varphi) = (-2\cos^2\varphi - 2\cos\varphi + 7{,}5)$ FE

d) Es gibt zwei Dreiecke, für die der Flächeninhalt der Dreiecke genau 7,5 FE beträgt. Berechne die zugehörigen Belegungen für φ.

e) Der Pfeil $\overrightarrow{OB_4}$ liegt auf der y-Achse. Berechne seine Koordinaten und die zugehörige Belegung für φ.

③ Gegeben sind die Punkte $P_n(1 + \sin^2\alpha\ |\ \frac{2}{\cos^2\alpha})$ mit $\alpha \in [0°;\ 90°[$.

a) Berechne die Koordinaten der Punkte P_1 bis P_5 für $\alpha \in \{0°;\ 20°;\ 30°;\ 45°;\ 60°\}$. Runde auf eine Stelle nach dem Komma.

b) Welche Gleichung beschreibt den Trägergraphen der Punkte P_n?

A $\ y = x + 1$ $\qquad\qquad$ B $\ y = \frac{2}{x}$ $\qquad\qquad$ C $\ y = \frac{2}{2-x}$ $\qquad\qquad$ D $\ y = x^2 + 1$

c) Die Punkte P_n werden mit dem Vektor $\vec{v} = \begin{pmatrix} 2 \\ 4 \end{pmatrix}$ auf die Punkte $Q_n(x_Q | y_Q)$ abgebildet. Berechne die Gleichung des Trägergraphen der Punkte Q_n.

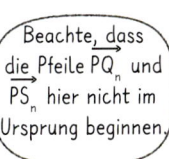

Beachte, dass die Pfeile $\overrightarrow{PQ_n}$ und $\overrightarrow{PS_n}$ hier nicht im Ursprung beginnen.

④ Die Pfeile $\overrightarrow{PQ_n} = \begin{pmatrix} 2\cos\varphi + 3 \\ 3 \end{pmatrix}$ und $\overrightarrow{PS_n} = \begin{pmatrix} 3\cos\varphi - 1 \\ 10\sin^2\varphi \end{pmatrix}$ spannen Parallelogramme $PQ_nR_nS_n$ auf.

Es gilt: $P(0|-2)$; $\varphi \in [20°; 340°]$

a) Berechne die Koordinaten der Pfeile $\overrightarrow{PQ_1}$ und $\overrightarrow{PS_1}$ für $\varphi = 35°$ sowie $\overrightarrow{PQ_2}$ und $\overrightarrow{PS_2}$ für $\varphi = 120°$. Zeichne die Parallelogramme $PQ_1R_1S_1$ und $PQ_2R_2S_2$ in ein Koordinatensystem ein.

b) Berechne die Gleichung des Trägergraphen der Punkte S_n.

c) Zeige, dass für die Koordinaten von R_n gilt: $R_n(5\cos\varphi + 2 | 10\sin^2\varphi + 1)$

d) Welche Werte kann x_R annehmen?

e) Für welche Werte von φ liegen die Eckpunkte R_3 bzw. R_4 auf der Geraden $x = 2,5$?

f) Ordne die Gleichung des Trägergraphen des Punktes R_n durch Berechnung richtig zu:

   A $y = -\frac{10}{25}(x+2)^2 + 11$ **B** $y = -\frac{2}{5}(x-2)^2 + 11$ **C** $y = -2(x-2)^2 + 11$

g) Für welche Werte von φ hat der Pfeil $\overrightarrow{PQ_n}$ die Länge 5 LE?

h) Der Pfeil $\overrightarrow{PS_5}$ verläuft parallel zur Winkelhalbierenden des I. und III. Quadranten. Bestimme den zugehörigen Wert von φ.

⑤ Die Punkte A, B_n, C und D_n sind Eckpunkte von Drachenvierecken AB_nCD_n. Die Gerade AC ist Symmetrieachse der Drachenvierecke.

Es gilt: $A(1|1)$; $C(8|8)$; $B_n\left(4 + 8\sin\alpha \,\middle|\, \frac{0,5}{\sin\alpha}\right)$; $\alpha \in]7°; 90°]$

a) Zeichne die Drachenvierecke AB_1CD_1 für $\alpha = 20°$ und AB_2CD_2 für $\alpha = 50°$ in ein Koordinatensystem ein.

b) Berechne die Gleichung des Trägergraphen t der Punkte B_n. [Ergebnis: t mit $y = \frac{4}{x-4}$]

c) Berechne die Gleichung t^* des Trägergraphen der Punkte D_n.

d) Unter den Drachenvierecken gibt es zwei Rauten. Zeichne diese in das Koordinatensystem zu a) ein. Berechne die zugehörigen Werte von x und α. [Teilergebnis: $x = 8$]

e) Begründe: Eine der Rauten ist zugleich ein Quadrat.

⑥ Die Punkte $A(-3|0)$, $B(3|0)$ und C_n legen Dreiecke ABC_n fest. Die Punkte C_n liegen auf der Geraden g mit $y = 4$, die Winkel BAC_n haben das Maß α.

a) Zeichne mit einem Geometrieprogramm die Gerade g sowie die Punkte A und B. Setze einen Punkt C_n auf die Gerade g. Lass dir die Koordinaten des zugehörigen Punktes C_n anzeigen und verbinde die Punkte zum Dreieck ABC_n.

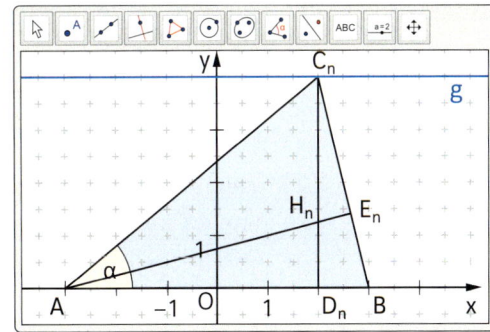

b) Zeige durch Rechnung, dass für die Koordinaten der Punkte C_n gilt: $C_n\left(\frac{4}{\tan\alpha} - 3 \,\middle|\, 4\right)$

Seite 19

c) Lass dir die Spur der Punkte H_n anzeigen. Bewege den Punkt C_n. Was stellst du fest?

d) Begründe: Die Dreiecke AD_nH_n und D_nBC_n sind ähnlich.

e) Ordne den Längen $|\overline{AD_n}|$, $|\overline{BD_n}|$ und $|\overline{C_nD_n}|$ einen der folgenden Terme zu:

   A $3 - \frac{4}{\tan\alpha}$ **B** $\frac{4}{\tan\alpha}$ **C** 4 **D** $6 - \frac{4}{\tan\alpha}$

f) Begründe, dass für die Koordinaten der Höhenschnittpunkte $H_n(x_H|y_H)$ in Abhängigkeit von α gilt: $H_n\left(\frac{4}{\tan\alpha} - 3 \,\middle|\, \frac{6}{\tan\alpha} - \frac{4}{\tan^2\alpha}\right)$

g) Zeige durch Rechnung, dass für die Gleichung des Trägergraphen der Punkte H_n gilt: $y = -0,25\,x^2 + 2,25$ $(x, y \in \mathbb{R})$

1 Gondeln bringen uns in schwindelnde Höhen, von denen wir eine fantastische Aussicht genießen können. Dies kann in ganz unterschiedlicher Weise erfolgen.

a) Die gemütliche Kampenwandbahn in Aschau am Chiemsee bringt Urlauber in 14 Minuten von der Talstation in 630 m Höhe bis zur Bergstation in 1470 m Höhe. Dabei überwindet sie pro Minute 60 Höhenmeter. Jede Gondel fasst 4 Personen.

Stelle die Bewegung einer Gondel grafisch dar. Übertrage dazu die Tabelle in dein Heft und vervollständige sie. Vernachlässige dabei das Abbremsen der Gondeln beim Ein- und Aussteigen.

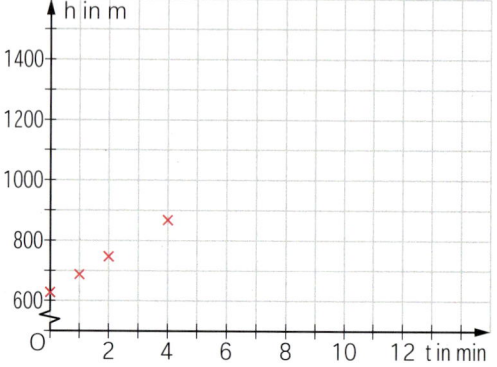

t in min	0	1	2	4	6	8	10	30
h in m	630							

b) Das Riesenrad Singapore Flyer ist eines der höchsten Riesenräder der Welt. Es hat einen Durchmesser von 150 m und bringt den Besucher auf eine maximale Höhe von 165 m. Eine Runde dauert 36 Minuten. Somit überstreicht es pro Minute einen Winkel von 10°.
Zeichne das Riesenrad im Maßstab 1:2000 in dein Heft. Übertrage die Tabelle und vervollständige sie mit Hilfe der Zeichnung.
Stelle die Werte – wie unten gezeigt – als Graph dar. Beschreibe damit die Bewegung einer Gondel.

t in min	0	2	4	8	12	16	18	20	24	28	32	34	36	38	40
h in m	15	18	33	78											

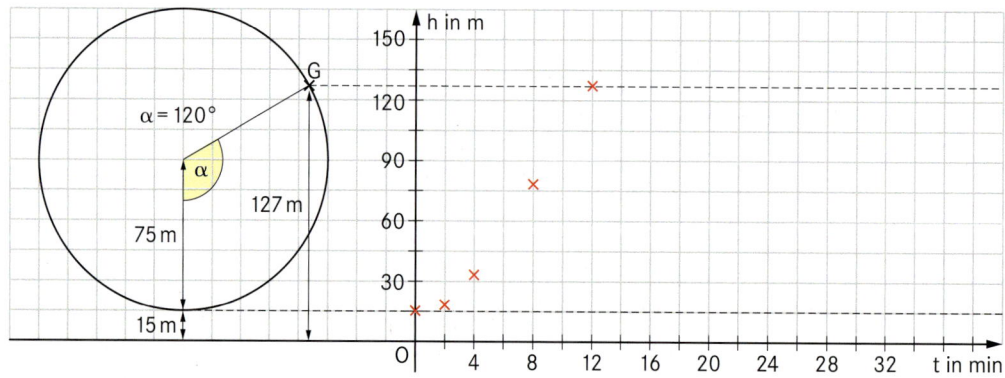

c) Vergleiche die Darstellungen der beiden Gondelbewegungen aus a) und b).

① Am Einheitskreis lässt sich jedem Winkelmaß α die y-Koordinate des zugehörigen Bildpunktes P_n auf dem Einheitskreis zuordnen.

   a) Zeichne mit einem Geometrieprogramm einen Einheitskreis mit dem Mittelpunkt O'
auf der x-Achse im negativen Bereich (siehe Abbildung unten) und binde den Punkt P_n
an die Kreislinie. Lass dir das Maß α des Winkels $OO'P_n$ anzeigen.

   b) Begründe, dass gilt: $y(P_n) = \sin \alpha$

   c) Der Zusammenhang zwischen α und $y = \sin \alpha$ kann durch einen Graphen dargestellt
werden. Erzeuge dafür einen Punkt $P_n{'}$ mit den Koordinaten $x = \frac{\alpha}{60°}$ und $y = y(P_n)$. Begründe die Wahl dieser Koordinaten und lass dir die Spur des Punktes $P_n{'}$ anzeigen.

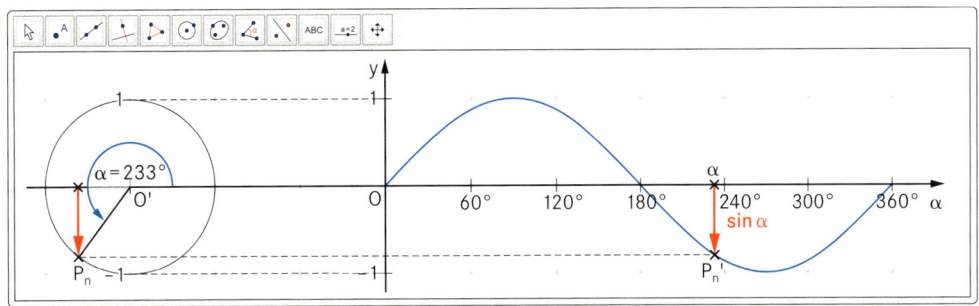

   d) Welches Intervall ergibt sich für die Werte von $y = \sin \alpha$?

   e) Erzeuge einen Punkt $P_n{''}$ mit dem Befehl $\left(\frac{\alpha + 360°}{60°} \mid x(P_n)\right)$ bzw. $\left(\frac{\alpha - 360°}{60°} \mid x(P_n)\right)$.
Welche Graphen erhältst du? Erkläre.

M

Jedem Winkelmaß α lässt sich eindeutig die
y-Koordinate des zugehörigen Bildpunktes
P auf dem Einheitskreis zuordnen.
Diese Zuordnung heißt **Sinusfunktion f.**

Sinusfunktion

f: $y = \sin \alpha$

Definitionsmenge   D = Menge aller Winkel-
                           maße α
Wertemenge   W = [-1; 1]

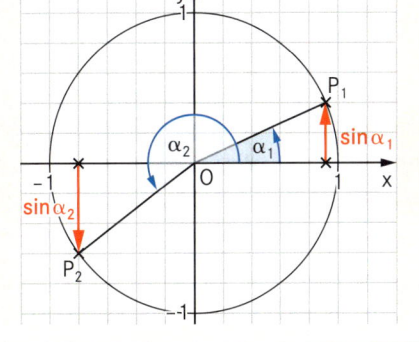

Übung

② In der Abbildung ist der Graph der Sinusfunktion für Winkelmaße $\alpha \in [-180°; 540°]$ dargestellt. Da sich die Sinuswerte nach einem bestimmten Intervall wiederholen, nennt
man die Funktion periodisch.

   a) Gib die Periode der Sinusfunktion in der
Abbildung rechts an.

   b) Vergleiche $\sin(-60°)$ und $\sin 60°$ anhand
des Graphen.
Welche Symmetrieeigenschaft hat der
Graph?
Begründe, dass gilt: $\sin(-\alpha) = -\sin \alpha$

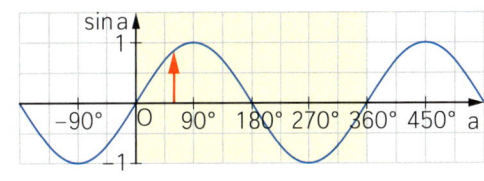

M

**Eigenschaften
der Sinus-
funktion**

Die Sinusfunktion ist eine periodische Funktion mit der Periode 360°.
Für alle Winkelmaße $\alpha \in D$ und $z \in \mathbb{Z}$ gilt: $\sin(\alpha + z \cdot \mathbf{360°}) = \sin \alpha$

Der Graph der Sinusfunktion ist punktsymmetrisch zum Ursprung.
Für die Winkelmaße $\alpha \in D$ gilt: $\sin(-\alpha) = -\sin \alpha$

1 Am Einheitskreis lässt sich jedem Winkelmaß α eindeutig die x-Koordinate des zugehörigen Bildpunktes P_n auf dem Einheitskreis zuordnen. Diese Zuordnung heißt **Kosinusfunktion**.

a) Zeichne mit einem Geometrieprogramm einen Einheitskreis mit dem Mittelpunkt O' auf der x-Achse im negativen Bereich (siehe Abbildung unten) und binde den Punkt P_n an die Kreislinie. Lass dir das Maß α des Winkels OO'P_n anzeigen.

b) Begründe, dass gilt: $x(P_n) = \cos \alpha$

c) Der Zusammenhang zwischen α und $y = \cos \alpha$ kann durch einen Graphen dargestellt werden. Erzeuge dafür einen Punkt P_n' mit den Koordinaten $x = \frac{\alpha}{60°}$ und $y = x(P_n) - x(O')$. Begründe die y-Koordinate und lass dir die Spur des Punktes P_n' anzeigen.

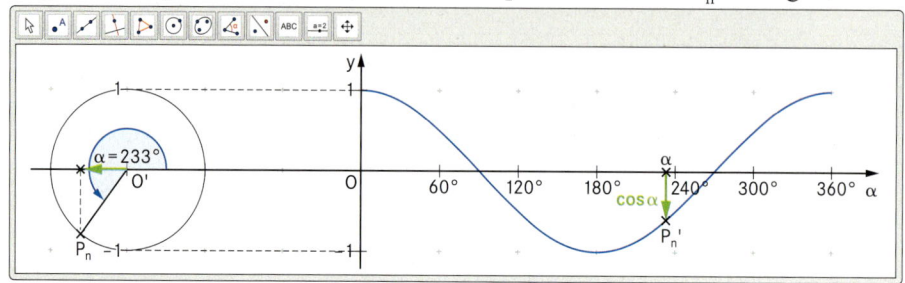

d) Welches Intervall ergibt sich für die Werte von $y = \cos \alpha$?

e) Erzeuge einen Punkt P_n'' mit dem Befehl $\left(\frac{\alpha + 360°}{60°} \mid x(P_n) - x(O')\right)$ bzw. $\left(\frac{\alpha - 360°}{60°} \mid x(P_n) - x(O')\right)$. Welche Graphen erhältst du? Erkläre.

Kosinusfunktion

Jedem Winkelmaß α lässt sich eindeutig die x-Koordinate des zugehörigen Bildpunktes P auf dem Einheitskreis zuordnen. Diese Zuordnung heißt **Kosinusfunktion f**.

f: $y = \cos \alpha$

Definitionsmenge D = Menge aller Winkelmaße α

Wertemenge   W = $[-1; 1]$

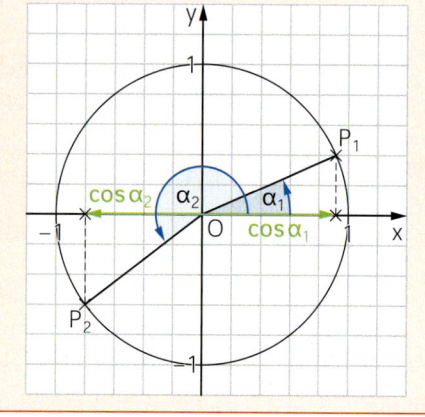

Übung

2 In der Abbildung ist der Graph der Kosinusfunktion für Winkelmaße $\alpha \in [-180°; 540°]$ dargestellt.

a) Begründe, dass die Funktion periodisch ist. Gib die Periode an.

b) Untersuche den Graphen auf Symmetrieeigenschaften. Ergänze in deinem Heft: $\cos(-\alpha) = $ ▮

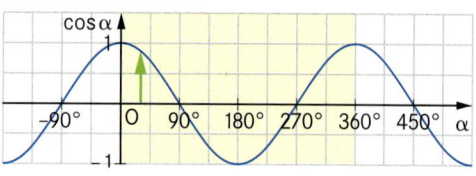

Eigenschaften der Kosinusfunktion

Die Kosinusfunktion ist eine periodische Funktion mit der Periode 360°.
Für alle Winkelmaße $\alpha \in D$ und $z \in \mathbb{Z}$ gilt: $\cos(\alpha + z \cdot 360°) = \cos \alpha$

Der Graph der Kosinusfunktion ist achsensymmetrisch zur y-Achse.
Für die Winkelmaße $\alpha \in D$ gilt: $\cos(-\alpha) = \cos \alpha$

1 Am Einheitskreis lässt sich auch jedem
Winkelmaß α eindeutig eine Steigung m zuordnen. Die Zuordnung
heißt **Tangensfunktion**.

a) Verfahre wie in Teilaufgabe 1a)
der vorherigen Seite beschrieben.
Konstruiere anschließend den
Tangentenabschnitt $\overline{QR_n}$ wie in
Aufgabe 1a) auf Seite 75.

b) Begründe, dass gilt:
$m = y(R_n) = \tan \alpha$

c) Erzeuge einen Punkt R_n' mit den
Koordinaten $x = \frac{\alpha}{60°}$ und $y = m$.
Lass dir die Spur des Punktes R_n'
anzeigen.

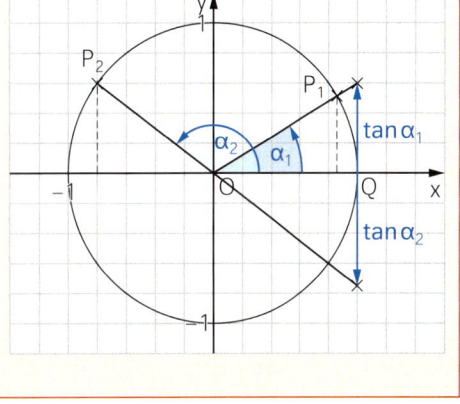

d) Für welche Winkelmaße ist $y = \tan \alpha$ nicht definiert? Begründe.

e) Überprüfe den Graphen der Tangensfunktion für $\alpha + 360°$ und $\alpha - 360°$.

M

**Tangens-
funktion**

Am Einheitskreis lässt sich jedem Winkelmaß
α eindeutig eine Steigung m zuordnen. Diese
Zuordnung heißt **Tangensfunktion f.**

f: y = m
f: y = tan α

Definitionsmenge D = Menge aller Winkelmaße α ohne
$\{...; -90°; 90°;$
$270°; 450°;...\}$

Wertemenge $W = \mathbb{R}$

Übung

2 In der Abbildung ist der Graph der Tangensfunktion für Winkelmaße $\alpha \in [-180°; 450°]$ dargestellt.

a) Begründe, dass die Funktion
periodisch ist. Gib die Periode an.

b) Untersuche den Graphen auf
Symmetrieeigenschaften.
Ergänze in deinem Heft: $\tan(-\alpha) = $

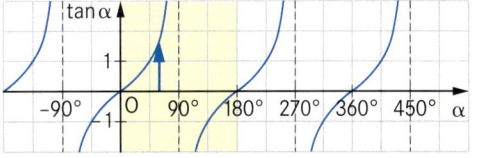

M

**Eigenschaften
der Tangens-
funktion**

Die Tangensfunktion ist eine periodische Funktion mit der Periode $180°$.
Für alle Winkelmaße $\alpha \in D$ und $z \in \mathbb{Z}$ gilt: $\qquad$ **tan (α + z · 180°) = tan α**

Der Graph der Tangensfunktion ist punktsymmetrisch zum Ursprung.
Für die Winkelmaße $\alpha \in D$ gilt: $\qquad$ **tan (−α) = −tan α**

Du hast zwei Sanduhren. Die erste Sanduhr ist nach 11 Minuten abgelaufen, bei der zweiten dauert es 7 Minuten. Wie kannst du ohne weitere Hilfsmittel mit den Uhren genau
eine Viertelstunde abmessen?

(1) In der Abbildung siehst du einen mit Sand gefüllten Trichter, der an zwei Fäden aufgehängt ist. Wird der Trichter angestoßen, schwingt er wie ein Pendel hin und her. Zieht man während des Schwingvorgangs einen Papierstreifen mit konstanter Geschwindigkeit unter dem Trichter her, beschreibt der auslaufende Sand eine Sinuskurve.

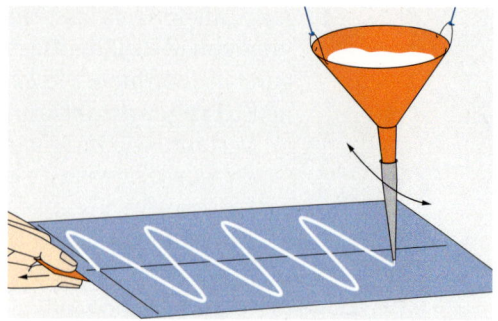

a) Der maximale Pendelausschlag wird die **Amplitude** der Schwingung genannt. Bestimme anhand des Graphen die Amplitude.

b) Die **Schwingungsdauer** ist die Zeit für eine Schwingung. Bestimme anhand des Graphen die Schwingungsdauer.

c) Die **Frequenz** gibt die Anzahl der Schwingungen pro Sekunde an. Ihre Einheit ist Hz (Hertz). Bestimme mit Hilfe des Ergebnisses aus Teilaufgabe b) die Frequenz der Schwingung.

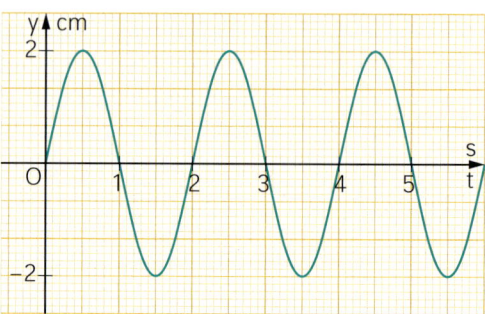

(2) Wird bei einem Oszilloskop eine Spannungsquelle an die Vertikalablenkung (y-Richtung) der Braunschen Röhre angeschlossen, ist die Ablenkung des Elektronenstrahls auf dem Leuchtschirm direkt proportional zur angelegten Spannung. Durch eine zusätzliche Horizontalablenkung des Elektronenstrahls (in x-Richtung) entsteht ein Oszilloskopbild, das den zeitlichen Verlauf der Wechselspannung wiedergibt.
Bestimme die Schwingungsdauer und die Frequenz der Wechselspannungsquelle.

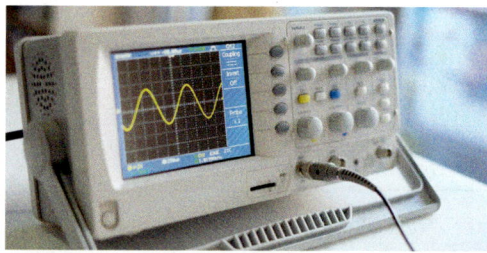

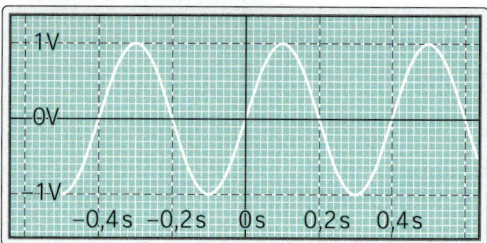

(3) Mit einem Oszilloskop lässt sich die Herzspannungskurve darstellen. Das Bild wird Elektrokardiogramm (EKG) genannt.

a) Begründe, dass der dargestellte Spannungsverlauf periodisch ist.

b) Bestimme anhand des abgebildeten Papierausdrucks die Herzfrequenz (= Anzahl der Spannungsmaxima pro Minute). 25 mm in x-Richtung entsprechen 1 s.

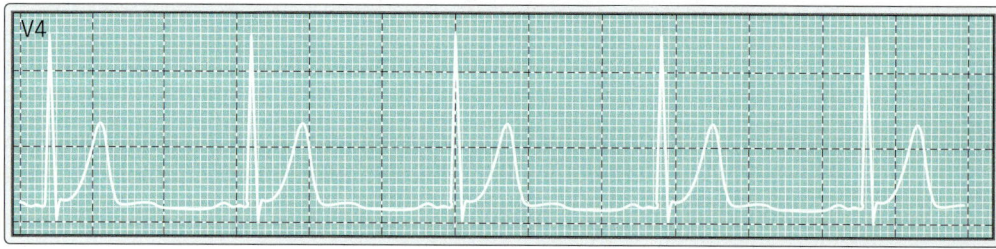

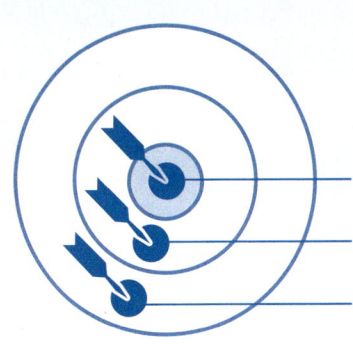

Löse die Aufgaben. Schätze Dich mit
Hilfe der **Zielscheibe** selbst ein.
Die Lösungen findest Du auf Seite 224.
→ zeigt Hilfen zu jeder Aufgabe.

— **Das kann ich.**

— Da bin ich mir **nicht ganz sicher.**

— Das muss ich **unbedingt üben.**

Aufgabe	Du kannst ...
1	Winkelmaße für Sinus-, Kosinus- und Tangenswerte bestimmen.
2	trigonometrische Gleichungen mit Hilfe geeigneter Verfahren lösen.
3	trigonometrische Terme vereinfachen.
4, 5	Winkelmaße sich schneidender Geraden berechnen.
5	in beliebigen Dreiecken Berechnungen durchführen.
6	Aufgaben mit funktionalen Abhängigkeiten lösen.
7	die Gleichung des Trägergraphen von Punkten ermitteln.

→ Seiten 73, 74, 76, 77 **1** Bestimme das Winkelmaß α ($\alpha \in [0°; 360°[$).
a) $\sin \alpha = 0,3$ b) $\sin \alpha = -0,3$ c) $\cos \alpha = -0,3$ d) $\tan \alpha = 0,3$ e) $\tan \alpha = -0,3$

→ Seite 78 Aufgabe 4 → Seiten 82, 83 **2** Berechne die Lösungen der Gleichung ($\alpha \in [0°; 360°[$).
a) $\sin(0,5\alpha - 7°) = 0,4$ b) $\cos(-10° + \alpha) - 0,4 = 0$
c) $\tan(5\alpha + 15°) = 15$ d) $0,6 = \sin(\alpha - 10°) \cos \alpha$
e) $5 \sin \alpha + 2 - \cos 2\alpha = 0$ f) $0,4 \cos \alpha - 0,2 \sin \alpha - 0,2 = 0$

→ Seite 79 Aufgabe 3 **3** Vereinfache den Term. Verwende dazu deine Merkhilfe ($\alpha \in]0°; 360°[\setminus \{90°; 180°; 270°\}$).
a) $\cos(180° - \alpha) - \sin(90° - \alpha)$ d) $3 \sin(-\alpha) \sin(180° + \alpha)$
c) $\dfrac{2 \sin \alpha}{\cos(90° - \alpha)}$ c) $3 \cos^2(180 + \alpha) + \sin^2(90° - \alpha) - 4 \cos^2 \alpha$

→ Seite 77 Aufgabe 7 **4** Berechne den Schnittwinkel der beiden Geraden g und h ($x, y \in \mathbb{R}$).
a) g: $y = -0,5x + 3,5$ h: $y = x + 2$ b) g: $2y - 11 = 3x$ h: $y = -1,75x - 1$

→ Seite 77 Aufgabe 8 **5** Gegeben ist eine Schar von Dreiecken AB_nC. Die Punkte $B_n(x \mid -0,5x + 5)$ liegen auf der Gerade g mit $y = -0,5x + 5$. Es gilt: $A(1 \mid -2)$; $C(-3 \mid 2)$; $x, y \in \mathbb{R}$
a) Zeichne die Gerade g und das Dreieck AB_1C für $x = 3$ in ein Koordinatensystem. Platzbedarf: $-5 \leq x \leq 5$; $-3 \leq y \leq 7$
b) Berechne das Maß γ des Winkels ACB_1.
c) Berechne den Flächeninhalt des Dreieck AB_1C und die Länge der Strecke $\overline{AC}$.
d) Das Dreieck AB_2C ist bei C rechtwinklig. Zeichne das Dreieck AB_2C in das Koordinatensystem ein und berechne anschließend die Koordinaten des Punktes B_2.
e) Bestimme den Flächeninhalt der Dreiecke AB_nC in Abhängigkeit von x ($x > -12$).

→ Seite 80 **6** Gegeben sind Pfeile $\overrightarrow{OP_n} = \begin{pmatrix} \sqrt{5} \sin(180° - \alpha) \\ -\cos(180° - \alpha) \end{pmatrix}$; $\alpha \in [0°; 90°[$

a) Berechne die Länge des Pfeils $\overrightarrow{OP_1}$ für $\alpha = 30°$.
b) Zeige, dass für die Länge der Pfeile $\overrightarrow{OP_n}$ gilt: $\left|\overrightarrow{OP_n}\right|(\alpha) = \sqrt{4 \sin^2 \alpha + 1}$ LE
c) Der Pfeil $\overrightarrow{OP_2}$ hat eine Länge von 1,5 LE. Berechne das zugehörige Winkelmaß α.

→ Seite 84, 85 **7** Berechne die Gleichung des Trägergraphen t der Punkte $B_n(5 - 2 \sin \varphi \mid 4 \cos^2 \varphi)$ und vereinfache diese soweit wie möglich.

05

Trigonometrie – Berechnung in Dreiecken

Für die Vermessung Bayerns im 19. Jahrhundert überspannte man das ganze Land mit einem Dreiecksnetz. Die Eckpunkte des Dreiecksnetzes nannte man trigonometrische Punkte, kurz TP, das Verfahren *Triangulation*. Nach Messung einer Seitenlänge und geeigneter Winkelmaße konnte man die anderen Seitenlängen berechnen. Nenne mögliche Gründe, warum Bayern vermessen werden sollte. Welche Schwierigkeiten erwartest du bei diesem Verfahren?

Mit Hilfe von Türmen wurde die Sichtverbindung von einem TP zum anderen hergestellt. Dieser Turm war im Original etwa 38 Meter hoch.

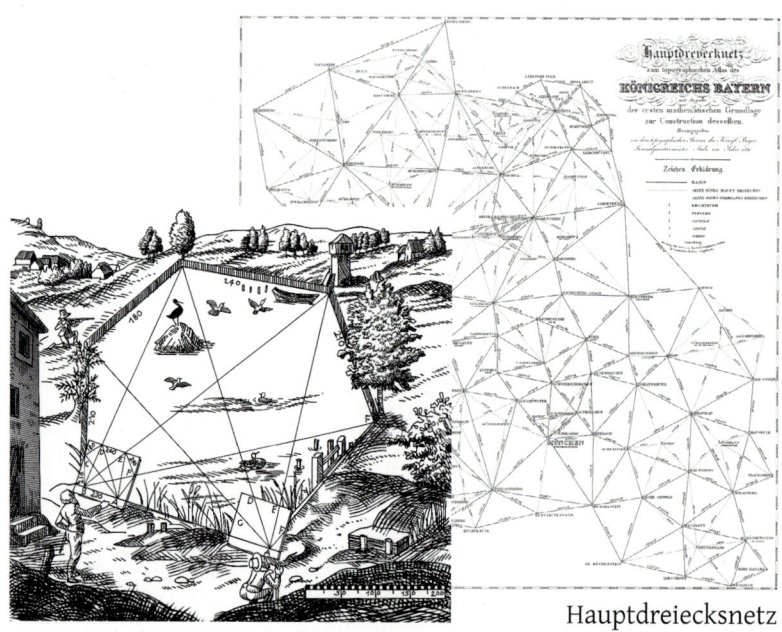

Aus zwei bekannten Standorten können weitere Punkte bestimmt werden.

Hauptdreiecksnetz von 1831

① Lina hat das Dreieck ABC mit c = 6,0 cm, α = 70° und β = 30° mit Hilfe eines dynamischen Geometrieprogramms konstruiert.

Nach dem WSW-Satz ist das Dreieck ABC eindeutig konstruierbar. Dann müsste ich die Seitenlängen auch berechnen können, obwohl das Dreieck nicht rechtwinklig ist.

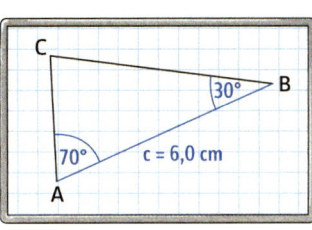

Zerlege doch das große Dreieck in zwei rechtwinklige Dreiecke.

Seite 19

a) Nimm Stellung zu den Aussagen von Lina und Kai.
b) Übertrage das Dreieck ABC in dein Heft. Ergänze die Höhe h_b.
Berechne diese Höhe und anschließend die Länge a der Seite $\overline{BC}$.

② So kannst du in einem beliebigen Dreieck ABC einen Zusammenhang zwischen den Seitenlängen und den gegenüberliegenden Winkeln aufstellen.

Zurückführen auf Bekanntes

Das spitzwinklige Dreieck ABC kann in zwei rechtwinklige Dreiecke zerlegt werden.

Im rechtwinkligen Teildreieck DBC gilt: $h_c = a \cdot \sin \beta$

Im rechtwinkligen Teildreieck ADC gilt: $h_c = b \cdot \sin \alpha$

Für das Dreieck ABC folgt:

$a \cdot \sin \beta = b \cdot \sin \alpha$

$\dfrac{a}{\sin \alpha} = \dfrac{b}{\sin \beta}$

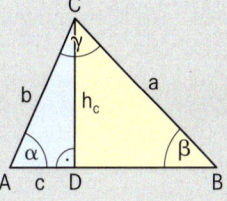

Zeichne in einem spitzwinkligen Dreieck ABC die Höhe h_a ein und zeige, dass gilt:

$\dfrac{b}{\sin \beta} = \dfrac{c}{\sin \gamma}$

③ Zeige mit Hilfe der Abbildung rechts, dass die Gleichung $\dfrac{a}{\sin \alpha} = \dfrac{b}{\sin \beta}$ auch für stumpfwinklige Dreiecke gilt.

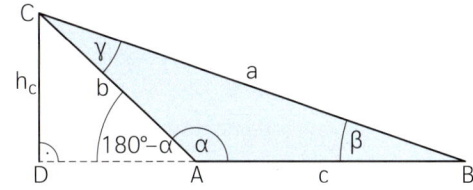

Sinussatz ⓜ

In einem beliebigen Dreieck ABC gilt der **Sinussatz**:

$\dfrac{a}{\sin \alpha} = \dfrac{b}{\sin \beta} = \dfrac{c}{\sin \gamma}$ $(\alpha, \beta, \gamma) \in {]}0°; \ 180°{[}$

Ebenso gilt für die Kehrwerte:

$\dfrac{\sin \alpha}{a} = \dfrac{\sin \beta}{b} = \dfrac{\sin \gamma}{c}$

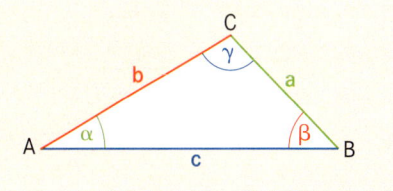

Übungen ④ Stelle mit dem Sinussatz passende Verhältnisse auf.

a)

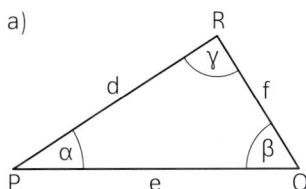

b)

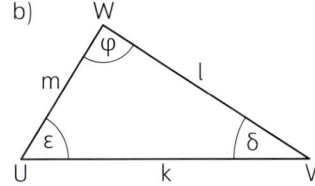

c)

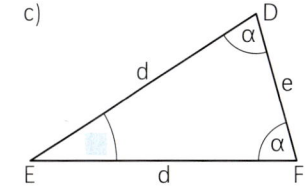

Seite 9, 11

(5) So kannst du im Dreieck ABC mit a = 7,5 cm, c = 5,0 cm und α = 70° das Winkelmaß γ berechnen.

B

Nach dem SSW_g-Satz ist das Dreieck ABC eindeutig konstruierbar.

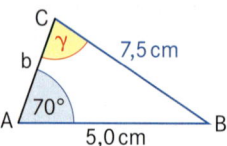

(1) Fertige eine beschriftete Skizze an. Markiere darin alle gegebenen Größen farbig.

(2) Stelle mit dem Sinussatz ein passendes Verhältnis auf. Beginne mit der gesuchten Größe im Zähler.

$$\frac{\sin γ}{5{,}0\ cm} = \frac{\sin 70°}{7{,}5\ cm} \qquad |\cdot 5{,}0\ cm$$

(3) Löse die Verhältnisgleichung.

$$\sin γ = \frac{5{,}0\ cm \cdot \sin 70°}{7{,}5\ cm}$$

(4) Gib das Ergebnis an.

$$γ = 38{,}79°$$

a) Berechne im Dreieck ABC das Winkelmaß β und die Seitenlänge b.

b) In einem Dreieck PQR sind zwei Winkelmaße mit 48° und 75° gegeben. Ebenfalls bekannt ist die Länge von 4,5 cm der an beiden Winkeln anliegenden Seite. Berechne die fehlenden Seitenlängen.

Gegeben: Dreieck ABC mit a = 5,0 cm; c = 6,0 cm; α = 40°
Gesucht: γ

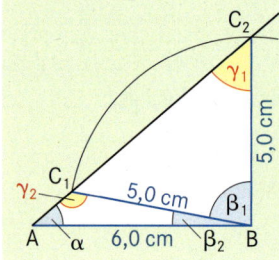

$$\frac{\sin γ}{6{,}0\ cm} = \frac{\sin 40°}{5{,}0\ cm} \qquad |\cdot 6{,}0\ cm$$

$$\sin γ = \frac{6{,}0\ cm \cdot \sin 40°}{5{,}0\ cm}$$

$$γ_1 = 50{,}47° \lor γ_2 = 180° - 50{,}47°$$

Ergebnis:
$$γ_1 = 50{,}47°;\ γ_2 = 129{,}53°$$

(6)

Im Dreieck ABC liegt der gegebene Winkel der kürzeren Seite gegenüber.

a) Begründe, warum es im Beispiel zwei Lösungen gibt.

b) Berechne die fehlenden Größen b_1 und $β_1$ bzw. b_2 und $β_2$.

c) Konstruiere ein Dreieck ABC mit a = 3,5 cm, b = 4,7 cm und α = 26°. Berechne die fehlenden Größen.

d) Zeichne ein Dreieck ABC mit a = 4,5 cm, c = 9,0 cm und α = 30°. Begründe durch Rechnung, dass es genau eine Lösung gibt.

e) Zeige durch Zeichnung und Rechnung, dass es kein Dreieck gibt mit a = 6,0 cm, c = 9,0 cm und α = 70°.

(7)   Zeichne das Dreieck ABC und berechne die fehlenden Seitenlängen und Winkelmaße auf eine Stelle nach dem Komma.

a)	b)	c)	d)	e)	f)
a = 6,4 cm	b = 7,2 cm	b = 9,5 cm	a = 6,0 cm	b = 8,0 cm	b = 8,0 cm
α = 73,8°	c = 4,8 cm	α = 36,2°	c = 8,5 cm	c = 10,0 cm	c = 10,0 cm
β = 28,2°	β = 115,2°	γ = 53,8°	α = 40,0°	β = 45,0°	β = 60,0°

Lösungen (nur Maßzahlen): 90; 78,0; 7,7; 3,1; 5,6; 27,7; 65,6; 6,5; 114,4; 9,0; 74,4; 4,0; 37,1; 3,7; 17,1; 3,3; 62,1; 25,6; 72,9; keine Lösung; 117,9; 10,8; 3,5

1 Die elektronische Weitenmessung beim Kugelstoßen wird mit Lasermessgeräten durchgeführt. Dazu wird das Gerät in einem Punkt M außerhalb des Stoßbereichs aufgestellt und die Länge der Strecke $\overline{PM}$ gemessen. Der Punkt P ist der Mittelpunkt des Stoßringes. Im Wettkampf wird das Winkelmaß α und die Entfernung zwischen M und dem Auftreffpunkt K der Kugel gemessen. Aus diesen drei Daten berechnet eine Software die Stoßweite s.

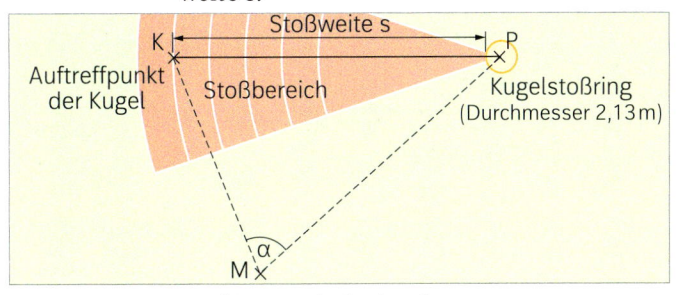

a) Überprüfe die beiden Aussagen.

Im Dreieck KMP ist die Länge von zwei Seiten und das Maß des eingeschlossenen Winkels gegeben.

Da kann man zur Berechnung der Stoßweite den Sinussatz gar nicht anwenden.

b) So kannst du aus zwei Seitenlängen und dem Maß des eingeschlossenen Winkels die dritte Seitenlänge in einem spitzwinkligen Dreieck ABC berechnen.

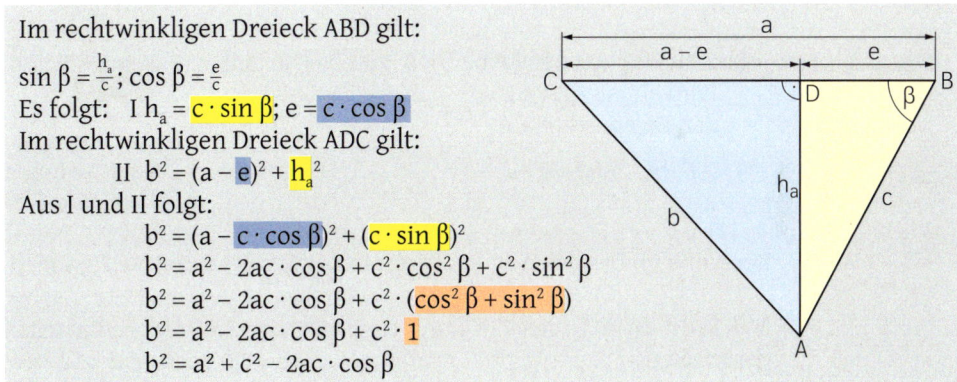

Im rechtwinkligen Dreieck ABD gilt:

$\sin \beta = \frac{h_a}{c}$; $\cos \beta = \frac{e}{c}$

Es folgt: I $h_a = c \cdot \sin \beta$; $e = c \cdot \cos \beta$

Im rechtwinkligen Dreieck ADC gilt:

   II $b^2 = (a - e)^2 + h_a^2$

Aus I und II folgt:

$b^2 = (a - c \cdot \cos \beta)^2 + (c \cdot \sin \beta)^2$

$b^2 = a^2 - 2ac \cdot \cos \beta + c^2 \cdot \cos^2 \beta + c^2 \cdot \sin^2 \beta$

$b^2 = a^2 - 2ac \cdot \cos \beta + c^2 \cdot (\cos^2 \beta + \sin^2 \beta)$

$b^2 = a^2 - 2ac \cdot \cos \beta + c^2 \cdot 1$

$b^2 = a^2 + c^2 - 2ac \cdot \cos \beta$

Forme diese Beziehung nach cos β um.

c) Zeichne ein spitzwinkliges Dreieck ABC und trage die Höhe h_b ein.

Zeige wie in Teilaufgabe b), dass gilt: $c^2 = a^2 + b^2 - 2ab \cdot \cos \gamma$ und $\cos \gamma = \frac{a^2 + b^2 - c^2}{2ab}$

d) Welcher Sonderfall ergibt sich in Teilaufgabe b) für β = 90° und in Teilaufgabe c) für γ = 90°?

2 Zeige mit Hilfe der Abbildung rechts, dass die Gleichung $b^2 = a^2 + c^2 - 2ac \cdot \cos \beta$ auch für stumpfwinklige Dreiecke gilt.

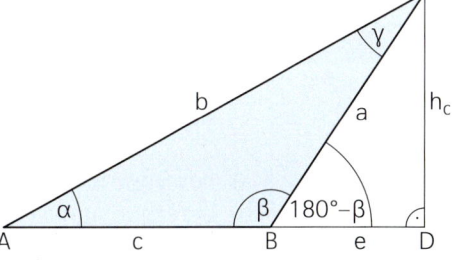

3 Bei einer Weitenmessung wie in Aufgabe 1 wird $|\overline{PM}| = 22$ m festgelegt.

a) Berechne die Stoßweite s, wenn gilt: $|\overline{MK}| = 16$ m; α = 74°

b) Wie ändert sich die Stoßweite, wenn $\overline{MK}$ in a) nur 15 m lang ist? Begründe.

Kosinussatz In einem beliebigen Dreieck ABC gilt der **Kosinussatz:**

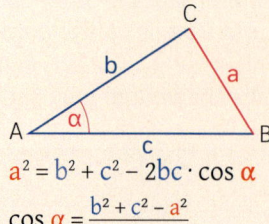

$$a^2 = b^2 + c^2 - 2bc \cdot \cos \alpha$$

$$\cos \alpha = \frac{b^2 + c^2 - a^2}{2bc}$$

$$b^2 = a^2 + c^2 - 2ac \cdot \cos \beta$$

$$\cos \beta = \frac{a^2 + c^2 - b^2}{2ac}$$

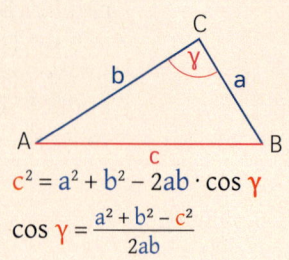

$$c^2 = a^2 + b^2 - 2ab \cdot \cos \gamma$$

$$\cos \gamma = \frac{a^2 + b^2 - c^2}{2ab}$$

Übungen

④ Stelle mit dem Kosinussatz passende Gleichungen auf.

a) 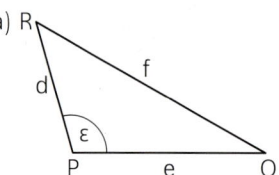   b) 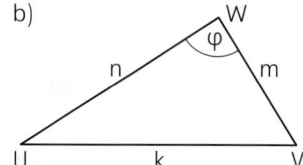   c)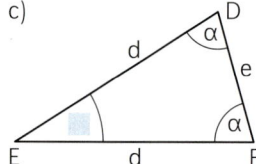

⑤ So kannst du im Dreieck ABC mit a = 7,0 cm, b = 9,0 cm, γ = 30° die Seitenlänge c berechnen.

B

(1) Fertige eine beschriftete Skizze an. Markiere darin alle gegebenen Größen farbig.

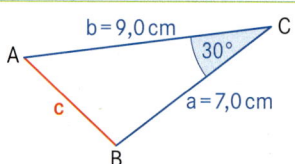

(2) Stelle für das gegebene Winkelmaß den passenden Kosinussatz auf.

$$c^2 = (7{,}0 \text{ cm})^2 + (9{,}0 \text{ cm})^2 - 2 \cdot 7{,}0 \text{ cm} \cdot 9{,}0 \text{ cm} \cdot \cos 30°$$

$$c = \sqrt{20{,}88} \text{ cm}$$

(3) Gib das Ergebnis an.

$$c = 4{,}57 \text{ cm}$$

Berechne im Dreieck ABC die Länge b. Es gilt c = 4,5 cm; a = 72 mm, β = 110°

⑥ So kannst du im Dreieck PQR mit p = 8,5 cm, q = 4,0 cm, r = 10 cm das Winkelmaß γ berechnen.

B

(1) Fertige eine beschriftete Skizze an. Markiere darin alle gegebenen Größen farbig.

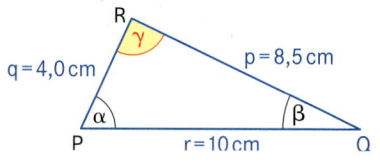

Der Kosinussatz liefert mir immer ein eindeutiges Ergebnis.

(2) Stelle für das gesuchte Winkelmaß den passenden Kosinussatz auf.

$$\cos \gamma = \frac{4{,}0^2 + 8{,}5^2 - 10^2}{2 \cdot 4{,}0 \cdot 8{,}5}$$

(3) Gib das Ergebnis an.

$$\gamma = 99{,}95°$$

a) Berechne das fehlende Winkelmaß β mit dem Sinussatz.

b) Berechne nun das fehlende Winkelmaß β mit dem Kosinussatz und anschließend das Winkelmaß γ mit dem Sinussatz. Was stellst du jetzt fest?

c) Begründe, warum es sinnvoll ist, im Zweifelsfall Winkelmaße im Dreieck durch Zeichnung zu überprüfen oder das größte Winkelmaß mit dem Kosinussatz zu berechnen.

d) Berechne in Aufgabe 5 für das Dreieck ABC im grünen Kasten das Winkelmaß β.

Seite 11

1 Gegeben sind die in der Abbildung blau gefärbten Größen. Berechne die rot markierten Größen. Verwendest du den Sinus- oder Kosinussatz?

a) Gegeben: drei Seitenlängen **(SSS)**

b) Gegeben: zwei Seitenlängen und das eingeschlossene Winkelmaß **(SWS)**

c) Gegeben: eine Seitenlänge und zwei anliegende Winkelmaße **(WSW)**

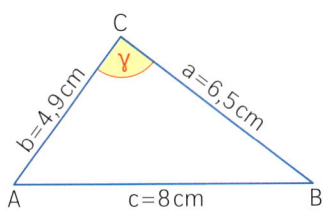
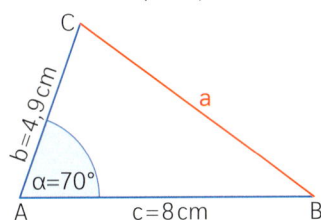
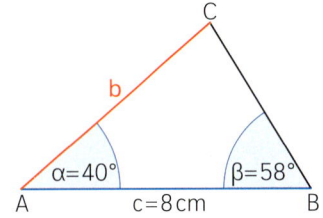

d) Gegeben: zwei Seitenlängen und das Maß des Gegenwinkels der größeren Seite **(SSW$_g$)**

e) Gegeben: zwei Seitenlängen und das Maß des Gegenwinkels der kleineren Seite

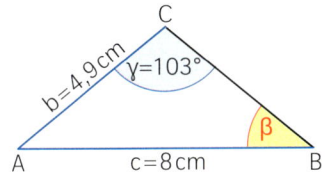
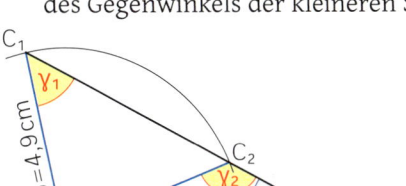

Lösungen (nur Maßzahlen): 130,0; 7,8; 6,9; 4,7; 36,6; 50,0; 88,0; 7,5

2 Zeichne das Dreieck ABC und berechne die fehlenden Seitenlängen und Winkelmaße.

a)	b)	c)	d)	e)	f)
a = 6,0 cm	a = 6,0 cm	a = 6,4 cm	a = 6,3 cm	a = 5,8 cm	b = 8,0 cm
b = 5,0 cm	b = 7,0 cm	b = 4,0 cm	$\alpha = 68,0°$	c = 4,9 cm	c = 10,0 cm
c = 7,5 cm	c = 11,0 cm	$\gamma = 95,0°$	$\gamma = 82,0°$	$\gamma = 48,3°$	$\sin\beta = 0,8$

Lösungen (nur Maßzahlen): 6,3; 36,9; 6,2; 1,6; 62,1; 117,9; 6,7; 3,4; 53,1; 90; 30,0; 52,8; 41,7; 85,5; 7,8; 30,7; 54,3; 121,8; 29,5; 115,4; 35,1; 69,6; 13,8

3 Vom Dreieck PQR sind die Koordinaten der Eckpunkte P(1|2), Q(7|3) und R(6|6,5) gegeben. Berechne die Maße der Innenwinkel.

Seite 16, 19

Für welchen Weg entscheidest du dich? Berechne. Vergleicht eure Lösungswege.

4 Im Dreieck ABC hat die Winkelhalbierende w$_\beta$ die Steigung m.
Zeichne das Dreieck ABC und berechne die fehlenden Seitenlängen und Winkelmaße.

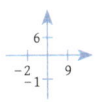

a) A(2|1); B(7|1); a = 5 LE; m = −0,5

b) A(−1|2); B(6|0); a = 5,3 LE; m = −2

Lösungen (nur Maßzahlen): 63,5; 4,5; 5,0; 53,1; 63,4; 7,3; 9,4; 95,0; 34,2; 50,8; 7,8

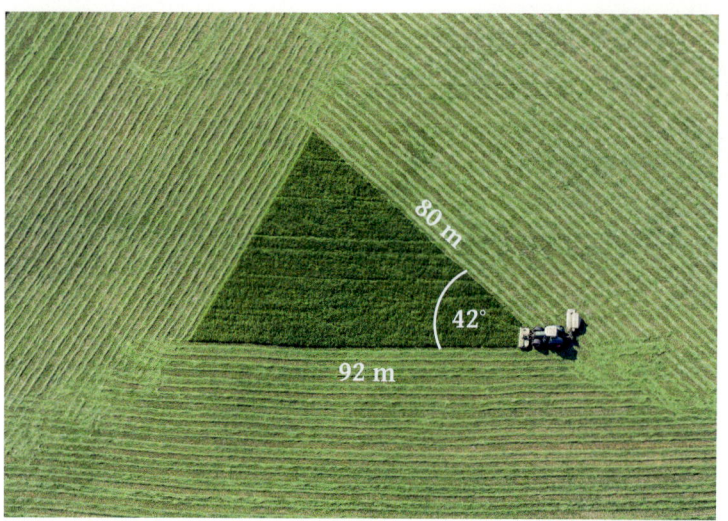

1 Aufgrund der Lage und der Form seiner Wiese, erzeugt der Landwirt beim Grasschnitt ein Dreieck. Wie groß ist der Inhalt der Fläche, die er noch mähen muss?
Es gelten folgende Maße: a = 80 m; c = 92 m; β = 42°

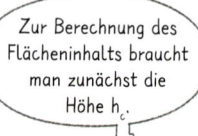

Zur Berechnung des Flächeninhalts braucht man zunächst die Höhe h_c.

Kann man den Flächeninhalt nicht direkt aus den gegebenen Größen berechnen?

a) Beurteile die Aussagen von Leon und Milena.
b) So kannst du aus zwei Seitenlängen und dem Maß des eingeschlossenen Winkels den Flächeninhalt in einem spitzwinkligen Dreieck berechnen.

Im rechtwinkligen Teildreieck DBC gilt:
$h_c = a \cdot \sin β$
Im Dreieck ABC gilt:
$A_{\triangle ABC} = 0{,}5 \cdot c \cdot h_c$

Für das Dreieck ABC folgt:
$A_{\triangle ABC} = 0{,}5ac \cdot \sin β$

c) Zeichne ein spitzwinkliges Dreieck ABC und zeige, dass gilt:
$A_{\triangle ABC} = 0{,}5bc \cdot \sin α$; $A_{\triangle ABC} = 0{,}5ab \cdot \sin γ$
d) Berechne den Flächeninhalt der noch zu mähenden Wiese.

2 Zeige mit Hilfe der Abbildung rechts, dass die Gleichung $A_{\triangle ABC} = 0{,}5ac \cdot \sin β$ auch für stumpfwinklige Dreiecke gilt.

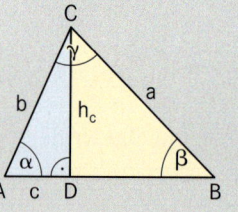

Flächeninhalt Dreieck

M Der **Flächeninhalt eines Dreiecks** kann aus zwei Seitenlängen und dem Maß des eingeschlossenen Winkels berechnet werden.

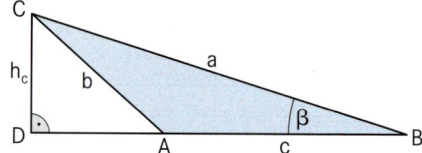

$A = 0{,}5bc \cdot \sin α$ $A = 0{,}5ac \cdot \sin β$ $A = 0{,}5ab \cdot \sin γ$

Übung **3** Berechne die in Klammern angegebenen Größen des Dreiecks ABC.
a) a = 7,5 cm; b = 5,0 cm; γ = 30° (A; c; β)   b) c = 6,0 cm; a = 4,0 cm; β = 58° (A; b; α)
c) A = 12 cm²; c = 6,0 cm; β = 49° (a; b; α)   d) A = 20 cm²; a = 7,5 cm; β = 80° (b; c; α; h_c)

Lösungen (nur Maßzahlen): 40,7; 10,2; 4,0; 5,3; 57,9; 7,9; 61,6; 9,4; 4,7; 7,4; 8,4; 38,0; 5,2; 5,4

1 So kannst du den Flächeninhalt des gelb markierten Kreissegmentes berechnen.

Seite 7

B Suche nach geeigneten Figuren, deren Flächeninhalt du berechnen kannst.

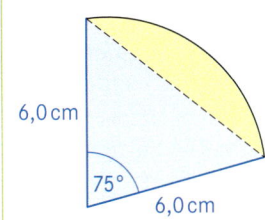

Der Flächeninhalt des Kreissegments lässt sich aus dem Flächeninhalt eines Kreissektors und eines Dreiecks bestimmen.

$$A_{Segment} = A_{Kreissektor} - A_{Dreieck}$$
$$A_{Segment} = \frac{75°}{360°} \cdot (6{,}0 \text{ cm})^2 \cdot \pi - \frac{1}{2} \cdot 6{,}0 \text{ cm} \cdot 6{,}0 \text{ cm} \cdot \sin 75°$$
$$A_{Segment} = 6{,}18 \text{ cm}^2$$

Berechne den Flächeninhalt eines Kreissegments mit dem Radius r = 5,0 cm und dem Mittelpunktswinkel α = 60°.

2 Im gleichschenkligen Dreieck ABC ist M der Mittelpunkt der Basis $\overline{AB}$. Der Halbkreis um M berührt die Schenkel in den Punkten E und F.
Es gilt: α = 37°; $|\overline{AB}|$ = 10,0 cm
So kannst du den Flächeninhalt der blau markierten Fläche berechnen.

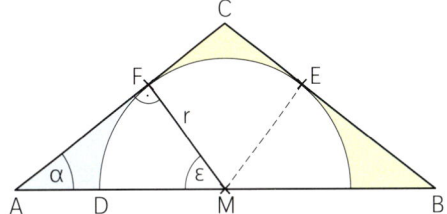

B (1) Suche nach geeigneten Teilflächen, deren Inhalt du berechnen kannst. Die blaue Fläche lässt sich mit Hilfe des rechtwinkligen Dreiecks AMF und des Kreissektors FMD darstellen.

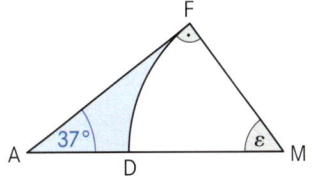

(2) Berechne das Winkelmaß ε und die Streckenlänge r, um dann den Flächeninhalt des Dreiecks AMF zu bestimmen.

$$ε = 180° - 90° - 37° = 53°$$
$$r = 5{,}0 \text{ cm} \cdot \sin 37° = 3{,}0 \text{ cm}$$

$$A_{\triangle AMF} = 0{,}5 \cdot 5{,}0 \text{ cm} \cdot 3{,}0 \text{ cm} \cdot \sin 53°$$
$$A_{\triangle AMF} = 6{,}0 \text{ cm}^2$$

(3) Berechne den Flächeninhalt des Kreissektors FMD.

$$A_{Sektor} = \frac{53°}{360°} \cdot (3{,}0 \text{ cm})^2 \cdot \pi$$
$$A_{Sektor} = 4{,}2 \text{ cm}^2$$

(4) Gib den Flächeninhalt der blau markierten Fläche an.

$$A_{blau} = 6{,}0 \text{ cm}^2 - 4{,}2 \text{ cm}^2 = 1{,}8 \text{ cm}^2$$

a) Zeige, dass das Viereck MECF einen Flächeninhalt von 6,75 cm² hat.
b) Berechne den Inhalt der Fläche, die von den Strecken $\overline{EC}$ und $\overline{CF}$ sowie dem Kreisbogen $\overset{\frown}{EF}$ begrenzt wird.
c) Berechne jeweils den Umfang der blau bzw. der gelb markierten Fläche.

3 In der Abbildung gilt: $|\overline{AM}|$ = 6,0 cm; α = 30°
a) Berechne die Flächeninhalte der farbig markierten Flächen.
[Ergebnisse: A_{gelb} = 7,0 cm²;
A_{blau} = 22,11 cm²]
b) Berechne jeweils den prozentualen Anteil des Flächeninhalts der blauen Fläche bzw. der gelben Fläche am Flächeninhalt des Dreiecks ABC.

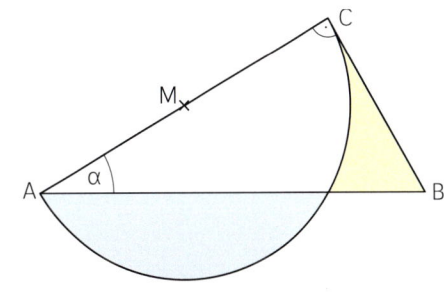

4 Der Umkreisradius eines Dreiecks DEF beträgt 3,5 cm.
Es gilt: $|\overline{DE}| = 5,0$ cm; $|\overline{EF}| = 6,0$ cm
a) Zeichne das Dreieck DEF und den Umkreis.
b) Berechne die fehlenden Winkelmaße und die fehlende Seitenlänge.
c) Berechne den Umfang u und den Flächeninhalt A des Segments, das von der Strecke $\overline{DF}$ und dem Bogen $\overparen{DF}$ begrenzt wird.

5 Beide Kreise haben jeweils einen Radius von r = 5 cm. Die Entfernung der Mittelpunkte M_1 und M_2 der beiden Kreise beträgt 1,5r.
a) Zeichne die beiden Kreise.
b) Berechne das Maß γ des Winkels M_1CM_2.
   [Ergebnis: γ = 97,18°]
c) Berechne die Länge der Strecke $\overline{CA}$.
   [Ergebnis: $|\overline{CA}| = 3,54$ cm]
d) Berechne den Flächeninhalt des Dreiecks M_1AC. [Ergebnis: A = 4,13 cm²]
e) Berechne den Inhalt der gelb gefärbten Fläche. [Ergebnis: A = 11,36 cm²]

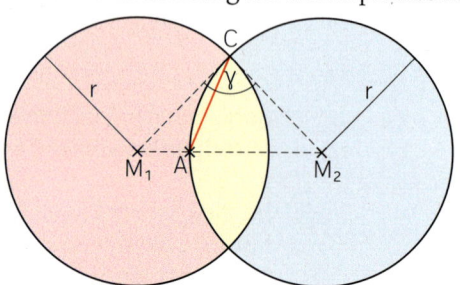

6 Gegeben ist das Dreieck ABC. Der Thaleskreis über der Strecke $\overline{AB}$ schneidet die Strecke $\overline{AC}$ im Punkt E und die Strecke $\overline{BC}$ im Punkt D.
Es gilt: $b = 5\sqrt{3}$ cm; γ = 60°; $A_{\triangle ABC} = 45$ cm²
a) Berechne die Seitenlänge a des Dreiecks ABC. Zeichne das Dreieck ABC und das Dreieck DCE. [Teilergebnis: a = 12 cm]
b) Zeige, dass gilt: c = 10,73 cm; α = 75,6°
c) Berechne den Flächeninhalt des Dreiecks DCE und das Verhältnis $A_{\triangle ABC} : A_{\triangle DCE}$ der Flächeninhalte der Dreiecke ABC und DCE.
d) Berechne den Inhalt der von den Strecken $\overline{CE}$ und $\overline{CD}$ und dem Kreisbogen $\overparen{DE}$ begrenzten Fläche.

7 Im abgebildeten Trapez ABCD gilt:
$|\overline{CD}| = 30,0$ m; $|\overline{BC}| = 30,0$ m; β = γ = 90°; δ = 75°
a) Zeichne das Trapez im Maßstab 1:500.
b) Berechne die Längen $\overline{AD}$ und $\overline{AB}$.
c) Berechne den Flächeninhalt des Trapezes ABFE. Es gilt: $|\overline{BF}| = 6,0$ m
d) Die Begrenzung der blau markierten Fläche besteht aus dem Kreisbogen $\overparen{QP}$ und den Strecken $\overline{EP}$ und $\overline{EQ}$.
Es gilt: $|\overline{EM}| = 2,0$ m; $r = |\overline{MQ}| = 8,0$ m
Berechne den Flächeninhalt und Umfang dieser Fläche.
Lösungen (nur Maßzahlen): 73,4; 31,1; 22,0; 136,8; 33,9

Seite 12

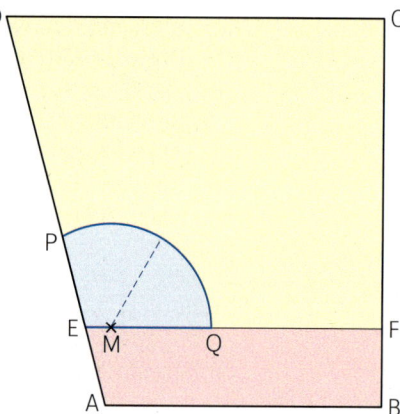

Die Zahlen 1 bis 16 sind nebeneinander so angeordnet, dass die Summe zweier nebeneinander stehender Zahlen immer eine Quadratzahl ergibt. Die erste Zahl links ist 16.

Beschriftete Skizze erstellen

1 So kannst du in einem Viereck ABCD die fehlenden Seitenlängen und Innenwinkelmaße berechnen.
Im Parallelogramm ABCD gilt: $|\overline{AD}| = 5{,}1$ cm; $|\overline{AC}| = 11{,}1$ cm; $\sphericalangle CBA = 117°$

B

(1) Fertige eine beschriftete Skizze an. Markiere darin alle bekannten Größen farbig. Nutze hierfür auch besondere Eigenschaften der Figur.

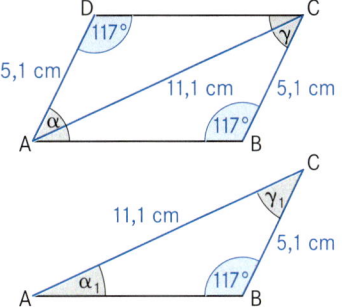

(2) Suche ein geeignetes Teildreieck, in dem du fehlende Größen berechnen kannst, z. B. das Dreieck ABC.

(3) Berechne die Innenwinkelmaße im Viereck ABCD.
$\alpha = (360° - 2 \cdot 117°) : 2$
$= 63°$
$\gamma = 63°$

Berechne die Seitenlängen im Teildreieck ABC.
$$\frac{\sin \alpha_1}{5{,}1 \text{ cm}} = \frac{\sin 117°}{11{,}1 \text{ cm}}$$
$$\sin \alpha_1 = \frac{5{,}1 \text{ cm} \cdot \sin 117°}{11{,}1 \text{ cm}}; \alpha_1 = 24{,}2°$$
$\gamma_1 = 180° - 117° - 24{,}2° = 38{,}8°$
$|\overline{AB}|^2 = (11{,}1 \text{ cm})^2 + (5{,}1 \text{ cm})^2 - 2 \cdot 11{,}1 \text{ cm} \cdot 5{,}1 \text{ cm} \cdot \cos 38{,}8°$
$|\overline{AB}| = 7{,}8 \text{ cm} = |\overline{CD}|$

a) $\overline{PQ} \parallel \overline{SR}$
$\overline{PS} \parallel \overline{QR}$

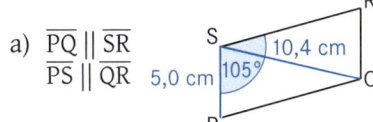

b) $|\overline{AD}| = |\overline{BC}|$
$\overline{AB} \parallel \overline{DC}$

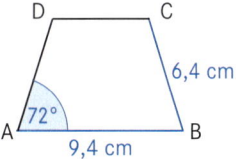

2 Zeichne das Viereck ABCD. Berechne die fehlenden Seitenlängen und Winkelmaße.
a) Drachenviereck ABCD
Es gilt: AC ist Symmetrieachse; $|\overline{AC}| = e = 13{,}0$ cm; $a = 6{,}0$ cm; $\alpha = 60{,}0°$
b) Trapez ABCD
Es gilt: $\overline{AB} \parallel \overline{CD}$; $a = 12{,}0$ cm; $d = 6{,}4$ cm; $|\overline{BD}| = f = 8{,}2$ cm; $\beta = 80{,}5°$

Lösungen (nur Maßzahlen): 6,4; 99,5; 129,0; 140,0; 128,3; 4,2; 40,0; 8,4; 8,4; 43,4; 5,6; 100,4

Jedes Viereck lässt sich in zwei Teildreiecke zerlegen.

3 Die Seitenlängen eines Parallelogramms mit dem Flächeninhalt 14,79 cm² betragen 5,6 cm und 3,3 cm. Berechne alle Innenwinkelmaße.

4 Berechne im Viereck ABCD die Längen der Strecken $\overline{AD}$ und $\overline{CD}$, das fehlende Innenwinkelmaß sowie den Flächeninhalt des Vierecks.

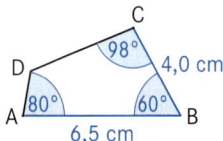

5 Berechne alle Seitenlängen, Innenwinkelmaße sowie den Flächeninhalt der Figur. Überprüfe anhand einer Zeichnung.
a) Drachenviereck ABCD: A(−2,5 | −2); B(2 | 2); C(0 | 4,25); D(−3 | 4)
b) Viereck PQRS: P(−4 | 0); Q(−1 | 0,5); R(3 | −2,5); S(0,5 | 4)
c) Parallelogramm STUV: S(3,5 | −2); U(1,5 | 2,5); V(−1 | 1)

① In der Landvermessung wird die Entfernung zweier unzugänglicher Punkte S und T oft mit dem sogenannten Vorwärtseinschneiden bestimmt. Dabei werden im zugänglichen Gelände zwei Punkte A und B festgelegt und deren Entfernung bestimmt. Von diesen Punkten aus werden die Punkte S und T angepeilt und notwendige Winkel gemessen.
Berechne die Länge der Strecke $\overline{ST}$, wenn gilt: $|\overline{AB}| = 200$ m; $\alpha_1 = 110°$; $\alpha_2 = 33°$; $\beta_1 = 132°$; $\beta_2 = 50°$

② Grundstücke können von einem Punkt P aus vermessen werden. Dazu werden die Entfernungen der Eckpunkte des Grundstücks von dem Punkt P und die eingeschlossenen Winkel bestimmt. Berechne die Seitenlängen des Grundstücks ABC.

③ Ein Reisebus fährt an einem Feld mit Pampasgras vorbei, das auf der einen Seite durch die Straße begrenzt wird. Ermittle nachvollziehbar den ungefähren Flächeninhalt A des Pampasfeldes in Wirklichkeit. Schätze dafür benötigte Größen mit Hilfe des Bildes ab.
Finde zwei mögliche Rechenwege und vergleiche die jeweiligen Ergebnisse.

Modellieren

④* Nebenstehende Skizze zeigt einen kreisförmigen Sonnenfächer. Zwei Stäbe zwischen den Punkten D und B sowie zwischen den Punkten E und B teilen den Sonnenfächer in drei kongruente Teilsektoren.
Es gilt: $|\overline{BC}| = 110{,}0$ cm; $b = 201{,}6$ cm ist die Länge des Bogens $\overset{\frown}{CA}$.
Runde im Folgenden auf eine Stelle nach dem Komma.
a) Berechne das Maß β des Winkels CBA.
Zeichne den Kreissektor BCA mit dem Mittelpunkt B und dem Radius $\overline{BC}$ sowie die Strecken $\overline{DB}$, $\overline{EB}$ und $\overline{AC}$ im Maßstab 1 : 10 [Ergebnis: $\beta = 105{,}0°$].
b) Um die Stabilität zu erhöhen, wird zwischen den Punkten A und C eine Stange eingezogen, die um 5 % kürzer ist als die Strecke $\overline{AC}$. Bestimme die Länge ℓ dieser Stange.
[Zwischenergebnis: $|\overline{AC}| = 174{,}5$ cm]
c) Die Strecke $\overline{AC}$ schneidet die Strecke $\overline{DB}$ im Punkt G und die Strecke $\overline{EB}$ im Punkt F. Berechne die Länge der Strecke $\overline{GB}$ sowie den Flächeninhalt $A_{\triangle BGF}$ des Dreiecks BGF.
[Ergebnisse: $|\overline{GB}| = 70{,}2$ cm; $A_{\triangle BGF} = 1413{,}3$ cm²]
d) Bestimme rechnerisch den Flächeninhalt A_{CDG} der Figur CDG, die durch den Kreisbogen $\overset{\frown}{CD}$ sowie die Strecken $\overline{DG}$ und $\overline{GC}$ begrenzt wird.
[Ergebnis: $A_{CDG} = 1481{,}2$ cm²]

Seite 7

_____
* nach einer früheren Abschlussprüfung

5 Die Gewindeschraube in der Abbildung hat die Abmessungen 10 x 1,5 x 30.
Dabei gibt die Maßzahl 10 den Durchmesser D der Schraube in Millimeter an. 1,5 ist die Maßzahl der Ganghöhe H in Millimeter, d. h. die Schraube dringt bei einer Umdrehung 1,5 mm in die Schraubenmutter ein. 30 ist die Maßzahl der Schraubenlänge L in Millimeter.

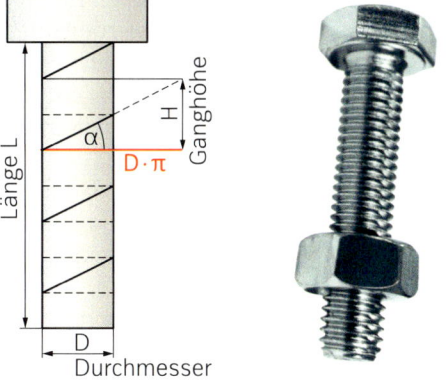

a) Wie viele Windungen hat die Schraube?
b) Begründe den Term $D \cdot \pi$ in der Zeichnung. Bestimme dann das Steigungswinkelmaß α.
c) Berechne den Weg, der bei 20 Schraubenumdrehungen zurückgelegt wird.

6

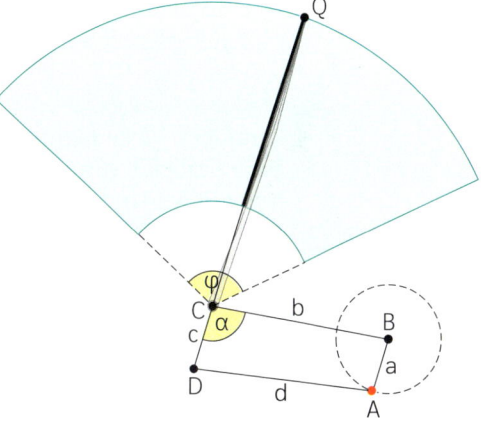

Die Abbildung rechts zeigt ein Modell eines Einarmscheibenwischers, das mit einem dynamischen Geometrieprogramm erstellt wurde. Einarmscheibenwischer findest du sowohl an Front- als auch an Heckscheiben von Autos.

Durch den Motor im Punkt B rotiert der Punkt A auf einem Kreis. Der Punkt C ist fest, der Punkt D schwingt hin und her. Dadurch wird das Wischblatt auf der Scheibe hin- und her bewegt.

Zur Berechnung des Wischwinkels φ betrachtet man die beiden Extremlagen des Scheibenwischers. In beiden Fällen entartet das Gelenkviereck ABCD zu den beiden Dreiecken BCD_1 bzw. ACD_2.

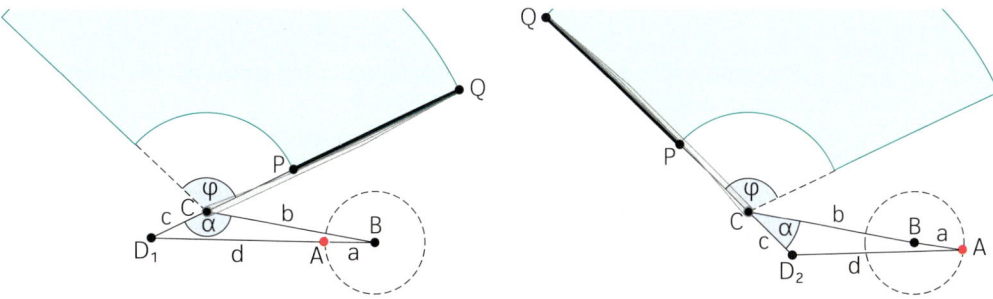

Bei dem dargestellten Modell gilt: a = 18 mm; b = 62 mm; c = 22 mm; d = 63 mm
a) Berechne das Maß φ des Wischwinkels.
b) Berechne die Wischfläche. Es gilt: $|\overline{CP}| = 35$ mm; $|\overline{PQ}| = 67$ mm
c) Das Maß φ des Wischwinkels soll vergrößert werden. Wie würdest du c verändern?

1 Die geografischen Daten der Stadt Wasserburg am Inn werden wie folgt angegeben:
Geographische Breite: 48,0667° N
Geographische Länge: 12,2333° E
Die Daten beschreiben die Lage der Stadt auf der Erdkugel (siehe Abbildung rechts).

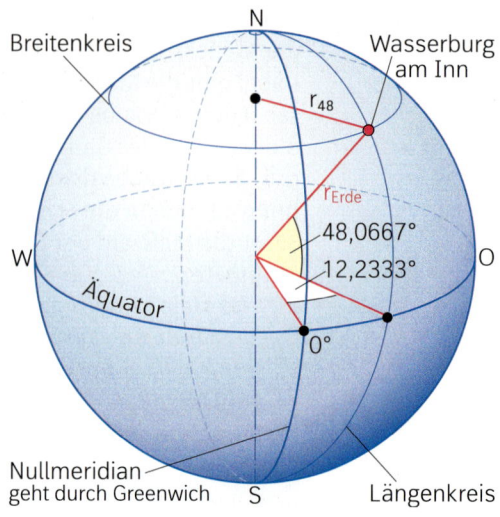

a) Berechne den Umfang des Breitenkreises, auf dem die Stadt Wasserburg liegt. Erstelle zuvor eine passende Skizze.
Information: $r_{Erde} = 6375$ km

b) In einer Zeitschrift ist die Berechnung für den Umfang des Breitenkreises, auf dem Köln (51° N) liegt, abgedruckt.

> Zum Vergleich ein Tabellenwert:
> $2\pi \cdot 6375$ km $\cdot \sin(51°) \approx 26846$ km

Finde den Fehler.

2 Moderne Messgeräte nutzen das GPS-System (Global Positioning System), ein vom amerikanischen Verteidigungsministerium betriebenes und kontrolliertes System.
Dieses arbeitet mit mindestens 24 Satelliten, die in 20 200 km Höhe die Erde umkreisen. Angeordnet sind die Satelliten so, dass jeder Punkt der Erde von mindestens vier Satelliten angepeilt werden kann. In jedem GPS-Satelliten befindet sich eine Atomuhr.
Die Satelliten senden laufend Signale, die sich mit 300 000 $\frac{km}{s}$ (Lichtgeschwindigkeit) ausbreiten.

Mit einer App auf dem Smartphone kannst du mit Hilfe des GPS einen Track aufzeichnen. Darunter versteht man die Beschreibung einer Strecke mit Hilfe von Punkten, deren Koordinaten in einer Liste erfasst werden. Schüler der Klasse 10 a haben versucht, den Umfang des Breitenkreises mit Hilfe des Smartphones zu bestimmen. Dazu sind sie auf dem Sportplatz eine bestimmte Strecke möglichst genau in östlicher Richtung gegangen.

Die Koordinate Ost wächst dabei um einen bestimmten Wert.

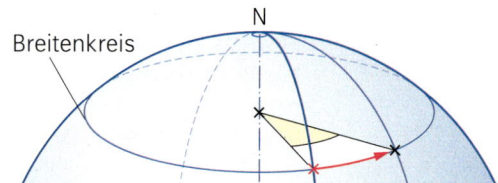

Folgende Daten hat Felix mit seinem Smartphone erfasst. Die Strecke (Luftlinie) zwischen Start und Stopp beträgt 35 m.

	Winkel in Grad, Minuten und Sekunden	Winkel als Dezimalbruch in °
Winkel beim Start	12° 14' 4,49639"	
Winkel beim Stopp	12° 14' 6,20495"	
Differenz	▪	▪

a) Berechne mit den von Felix ermittelten Daten den Umfang des Breitenkreises. Vergleiche mit dem Wert in Aufgabe 1 a).

b) Berechne den Umfang des Breitenkreises deines Wohnortes und vergleiche mit Angaben aus dem Lexikon oder Internet.

1 Dem Dreieck ABC ist ein Dreieck PQR einbeschrieben (siehe Abbildung unten).
Es gilt: P ∈ $\overline{AB}$; Q ∈ $\overline{BC}$; R ∈ $\overline{AC}$; a = 6,0 cm; c = 8,0 cm; β = 90°; $|\overline{BP}|$ = 3,0 cm;
$|\overline{BQ}|$ = 2,5 cm; ∢RQP = 60°
So kannst du die Länge $|\overline{QR}|$ berechnen.

B

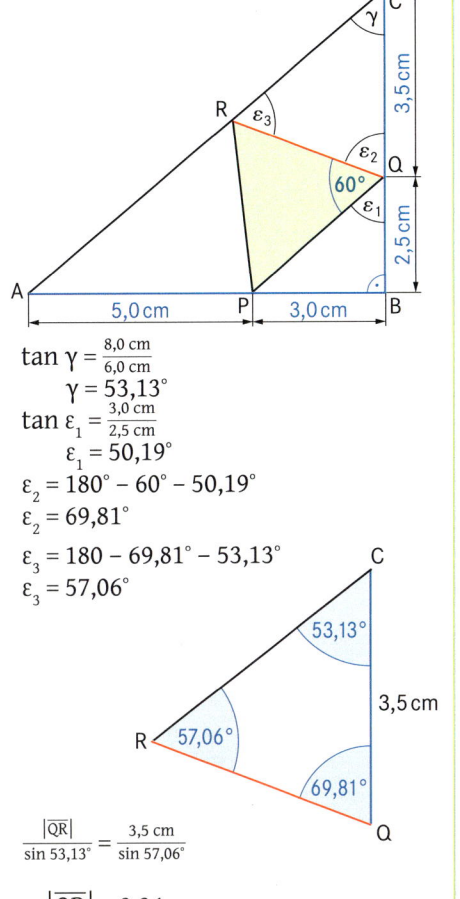

(1) Zeichne die Dreiecke ABC und PQR.
(2) Markiere darin alle gegebenen Größen farbig.
(3) Suche ein geeignetes Dreieck, in dem du die gesuchte Größe berechnen kannst, z. B. das Dreieck QCR. Markiere darin alle zur Berechnung notwendigen Größen, z. B. γ, ε_2, ε_3.

(4) Berechne die notwendigen Größen. Im Dreieck ABC kann das Winkelmaß γ berechnet werden. Um das Winkelmaß ε_2 bestimmen zu können, muss im Dreieck PBQ zunächst ε_1 berechnet werden.

$$\tan \gamma = \frac{8,0 \text{ cm}}{6,0 \text{ cm}}$$
$$\gamma = 53,13°$$
$$\tan \varepsilon_1 = \frac{3,0 \text{ cm}}{2,5 \text{ cm}}$$
$$\varepsilon_1 = 50,19°$$
$$\varepsilon_2 = 180° - 60° - 50,19°$$
$$\varepsilon_2 = 69,81°$$

Das Winkelmaß ε_3 kann aus der Summe der Winkelmaße im Dreieck QCR bestimmt werden.

$$\varepsilon_3 = 180 - 69,81° - 53,13°$$
$$\varepsilon_3 = 57,06°$$

(5) Fertige eine beschriftete Skizze des Hilfsdreiecks QCR an. Markiere darin alle bekannten Größen farbig.

(6) Stelle mit dem Sinussatz ein passendes Verhältnis auf. Löse die Verhältnisgleichung.

$$\frac{|\overline{QR}|}{\sin 53,13°} = \frac{3,5 \text{ cm}}{\sin 57,06°}$$

$$|\overline{QR}| = 3,34 \text{ cm}$$

a) Berechne die Länge der Strecke $\overline{PR}$.
b) Berechne den Flächeninhalt des Dreiecks APR.

2 Gegeben ist das Viereck ABCD.
Es gilt: a = 11,0 cm; d = 6,0 cm; α = 110°; β = 50°; δ = 90°
a) Zeichne das Viereck ABCD. Berechne die Länge der Diagonalen $\overline{BD}$, das Maß β_1 des Winkels CBD und das Maß δ_1 des Winkels BDC.
b) Berechne den Flächeninhalt des Vierecks ABCD.
c) Eine Parallele zu $\overline{DC}$ im Abstand von 2,0 cm schneidet die Diagonalen $\overline{BD}$ im Punkt P und die Seite $\overline{BC}$ im Punkt Q. Dadurch entsteht ein Trapez CDPQ. Ergänze das Trapez in der Zeichnung aus Teilaufgabe a). Berechne die Längen der Strecken $\overline{DP}$ und $\overline{PQ}$.
d) Berechne den Flächeninhalt des Trapezes CDPQ.
e) Berechne den Flächeninhalt des Dreiecks BQP.

Lösungen (nur Maßzahlen): 2,9; 5,4; 12,2; 14,2; 21,0; 22,0; 26,6; 43,4; 64,2

3 Gegeben ist das Dreieck ABC. Es gilt: c = 10,0 cm; a = 9,0 cm; β = 48,6°
Runde auf zwei Stellen nach dem Komma.
a) Zeichne das Dreieck ABC. Berechne die fehlenden Seitenlängen und Innenwinkelmaße sowie die Höhe h_c. [Ergebnisse: b = 7,87 cm; α = 59,07°; γ = 72,36°; h_c = 6,75 cm]
b) Eine Parallele zur Strecke $\overline{AB}$ im Abstand von 2,0 cm schneidet die Strecke $\overline{AC}$ im Punkt D und die Strecke $\overline{BC}$ im Punkt E. Berechne die Länge der Strecke $\overline{DE}$. [Ergebnis: $|\overline{DE}|$ = 7,04 cm]
c) Berechne den prozentualen Anteil des Flächeninhalts des Trapezes ABED am Flächeninhalt des Dreiecks ABC.
d) Berechne den Umfang des Trapezes ABDE.

4 Gegeben ist das Parallelogramm ABCD. Es gilt: a = 7,5 cm; α = 60°; d = 5,0 cm
Runde auf eine Stelle nach dem Komma.
a) Zeichne das Parallelogramm und berechne dessen Höhe h_a. [Ergebnis: h_a = 4,3 cm]
b) Der Mittelpunkt M der Diagonalen $\overline{BD}$ ist Mittelpunkt eines Kreises mit r = $|\overline{MB}|$. Zeichne den Kreis und berechne dessen Radius r. [Ergebnis: r = 3,3 cm]
c) Der Kreis in Teilaufgabe b) schneidet die Strecke $\overline{AB}$ im Punkt E und die Strecke $\overline{DC}$ im Punkt F. Berechne die Länge der Strecke $\overline{BE}$. Bestimme anschließend die Länge der Strecke $\overline{DF}$.
d) Nimm Stellung zu Aarons Aussage.
e) Der Punkt G auf der Strecke $\overline{AB}$ ist 3,0 cm vom Eckpunkt B entfernt. Berechne den Flächeninhalt des Dreiecks GBM.

Das Viereck BFDE ist ein Rechteck.

5 Gegeben ist das Viereck ABCD. Es gilt: A (−4 | 2); B (4 | −2); C (6 | 3); D (2 | 5)

a) Zeichne das Viereck ABCD und begründe: Das Viereck ist ein Trapez.
b) Berechne die Innenwinkelmaße und den Flächeninhalt des Trapezes ABCD.
c) Die Strecke $\overline{AE}$ mit 7 LE liegt im Inneren des Trapezes ABCD und bildet mit der Strecke $\overline{AB}$ den Winkel BAE mit dem Maß ε = 30°. Zeichne die Strecke $\overline{AE}$ im Trapez ein.
d) Berechne die Länge der Strecke $\overline{BE}$ und das Maß φ des Winkels EBA.
e) Berechne den prozentualen Anteil des Flächeninhalts des Dreiecks ABE am Flächeninhalt des Trapezes.

Lösungen (nur Maßzahlen): 53,2; 85,3; 94,7; 129,8; 126,9; 7,3; 36,0; 4,5; 50,6; 43,5

6 Die Punkte C_n (x | y) von Dreiecken AB_nC_n liegen auf der Geraden g. Die Winkel B_nAC_n haben das Maß α = 30°. Die Streckenlängen $|\overline{AC_n}| : |\overline{AB_n}|$ verhalten sich wie 2 : 1.
Es gilt: A (0 | 0); g mit y = 0,5x + 5; x, y ∈ ℝ
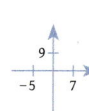
a) Zeichne die Dreiecke AB_1C_1 für x = 6 und AB_2C_2 für x = −4.
b) Berechne die Seitenlängen, die Innenwinkelmaße und den Flächeninhalt des Dreiecks AB_1C_1. [Teilergebnis: β = 126,2°]
c) „In allen Dreiecken AB_nC_n beträgt das Winkelmaß β stets 126,2°." Stimmt diese Aussage? Begründe.
d) Stelle die Längen der Strecken $\overline{AC_n}$ und $\overline{AB_n}$ in Abhängigkeit von der Abszisse x der Punkte C_n dar. Zeige anschließend durch Rechnung, dass sich der Flächeninhalt der Dreiecke AB_nC_n wie folgt in Abhängigkeit von x darstellen lässt:
$A(x) = \frac{5}{8}(\frac{1}{4}x^2 + x + 5)$ FE
e) Es gibt zwei Dreiecke AB_4C_4 und AB_5C_5 mit dem Flächeninhalt 10,6 FE. Berechne die zugehörigen Belegungen von x. [Ergebnis: x = −9,2 ∨ x = 5,2]
f) Die Seite $\overline{AC_6}$ des Dreiecks AB_6C_6 liegt auf der Geraden h, die mit der positiven x-Achsenrichtung einen Winkel mit dem Maß 56,31° einschließt. Zeichne die Strecke $\overline{AC_6}$. Berechne den Flächeninhalt des Dreiecks AB_6C_6. [Ergebnis: A = 10,16 FE]

1 Die Raute ABCD ist Grundfläche der Pyramide
ABCDS mit der Höhe $\overline{CS}$.
M ist der Schnittpunkt der Diagonalen $\overline{AC}$ und $\overline{BD}$.
Auf der Seitenkante $\overline{AS}$ liegt der Punkt P.
Es gilt: ∢PMA = 70°; $|\overline{AC}|$ = 12,0 cm;
$|\overline{BD}|$ = 10,0 cm; $|\overline{CS}|$ = 9,0 cm

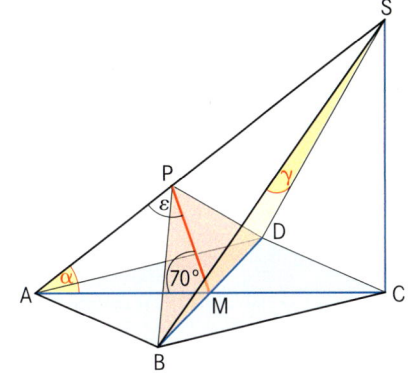

a) So kannst du das Maß α des Winkels CAS und
die Länge der Strecke $\overline{MP}$ berechnen.

Seite 20

B

(1) Suche ein geeignetes Dreieck, in dem du
die gesuchte Größe berechnen kannst,
z.B. das rechtwinklige Dreieck ACS.
Markiere darin alle gegebenen Größen
farbig.

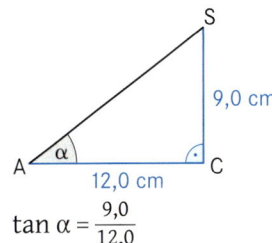

(2) Berechne das Maß α des Winkels CAS.

$\tan \alpha = \dfrac{9,0}{12,0}$

$\alpha = 36,9°$

(3) Die Länge $|\overline{MP}|$ kann im Dreieck AMP
berechnet werden. Markiere in diesem
Dreieck alle gegebenen Größen
farbig.

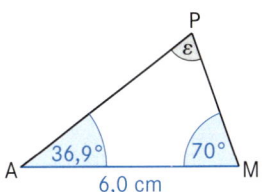

(4) Berechne das Maß ε des Winkels APM

und die Länge der Strecke $\overline{MP}$.

$\varepsilon = 180° - 70° - 36,9° = 73,1°$

$\dfrac{|\overline{MP}|}{\sin 36,9°} = \dfrac{6,0 \text{ cm}}{\sin 73,1°}$

$|\overline{MP}| = 3,8 \text{ cm}$

b) Berechne den Flächeninhalt des Dreiecks BDP.
c) Berechne das Maß γ des Winkels BSD.
d) Berechne den Flächeninhalt des Dreiecks MSP.

2 Die Pyramide ABCDS besitzt die rechteckige
Grundfläche ABCD mit dem Diagonalenschnittpunkt M. $\overline{MS}$ ist die Höhe der Pyramide.
Eine durch die Grundkante $\overline{AD}$ verlaufende Ebene schneidet die Pyramide. Es entsteht die gelbe
Schnittfläche (siehe Abbildung rechts).
Es gilt: $|\overline{AB}|$ = 8 cm; $|\overline{BC}|$ = 6 cm; $|\overline{MS}|$ = 9 cm
a) Berechne das Maß φ des Winkels FEG für
$|\overline{FG}|$ = 3 cm.
b) Berechne den Flächeninhalt der Schnittfläche.

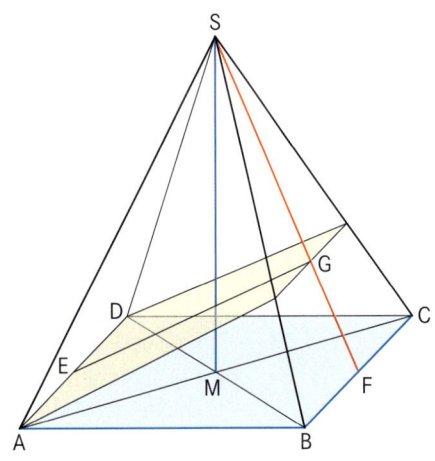

Lösungen (nur Maßzahlen): 16,56; 19,0; 22,0; 23,7; 37,17; 49,6

③ Das gleichschenklige Dreieck ABC mit der Basis $\overline{BC}$ ist die Grundfläche
der Pyramide ABCS mit der Höhe $\overline{HS}$. Der Punkt D ist Mittelpunkt der
Basis $\overline{BC}$ und der Punkt H liegt auf der Strecke $\overline{AD}$ mit $|\overline{AH}|$ = 3 cm.
Es gilt: $|\overline{AD}|$ = 8 cm; $|\overline{BC}|$ = 12 cm; $|\overline{HS}|$ = 10 cm

Seite 20

  a) Zeichne ein Schrägbild der Pyramide mit $\overline{AD}$ auf der
     Schrägbildachse. Der Punkt A befindet sich links von D.
     Es gilt: q = 0,5; ω = 45°
  b) Berechne das Maß δ des Neigungswinkels der Seitenfläche BCS
     gegenüber der Grundfläche ABC sowie die Länge der Strecke $\overline{DS}$.
  c) Auf der Strecke $\overline{HS}$ liegt der Punkt T. Der Winkel TDH hat das Maß ε = 30,96°.
     Zeichne den Punkt T in das Schrägbild ein.
  d) Zeige durch Rechnung, dass gilt: $|\overline{TH}|$ = 3,00 cm
  e) Eine Parallele zu AD durch den Punkt T schneidet die Strecke $\overline{DS}$ im Punkt U.
     Zeichne die Strecke $\overline{TU}$ ein und berechne ihre Länge.
  f) Begründe die folgende Aussage: Die Dreiecke AUT und HUT haben gleichen
     Flächeninhalt.
  g) Auf der Strecke $\overline{AS}$ liegt der Punkt P. Es gilt: ∡ PTA = 100°
     Zeichne das Dreieck ATP und berechne seinen Flächeninhalt.

④ Das gleichseitige Dreieck ABC mit $|\overline{AB}|$ = 7 cm ist die
Grundfläche des Prismas ABCDEF mit der Höhe $|\overline{AD}|$ = 5 cm.
Der Punkt M ist Mittelpunkt der Kante $\overline{BC}$ und N ist Mittelpunkt der Kante $\overline{EF}$. Die Entfernung des Punktes S vom
Punkt N beträgt ein Drittel der Länge $|\overline{DN}|$.

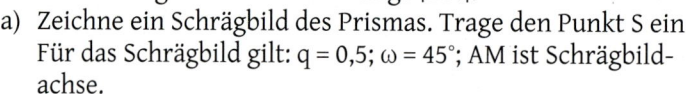

  a) Zeichne ein Schrägbild des Prismas. Trage den Punkt S ein.
     Für das Schrägbild gilt: q = 0,5; ω = 45°; AM ist Schrägbild-
     achse.
  b) Eine Parallele zu $\overline{EF}$ durch den Punkt S schneidet die Kante $\overline{DE}$
     im Punkt H und die Kante $\overline{DF}$ im Punkt G. Die Fläche EFGH ist die Grundfläche der
     Pyramide EFGHM. Zeichne die Pyramide EFGHM in das Schrägbild ein.
  c) Berechne den prozentualen Anteil des Volumens der Pyramide EFGHM am Volumen
     des Prismas ABCDEF.
  d) Berechne das Maß δ des Neigungswinkels MSN der Seitenfläche MGH der Pyramide
     zur Grundfläche EFGH.
  e) Berechne den Abstand d des Punktes N von der Strecke $\overline{MS}$.
  f) Auf der Strecke $\overline{MS}$ liegt der Punkt K mit $|\overline{MK}|$ = 1,5 cm. Berechne die Länge $|\overline{NK}|$.

Lösungen (nur Maßzahlen): 19,65; 68; 3,65; 42,96; 106,09; 1,87; 18,5

⑤ Einem Kreiskegel werden Zylinder und Kugel wie in der Abbildung
einbeschrieben.
Es gilt: $|\overline{AB}|$ = 6 cm; $|\overline{AC}|$ = 8,5 cm
Runde auf zwei Stellen nach dem Komma.

Seite 21

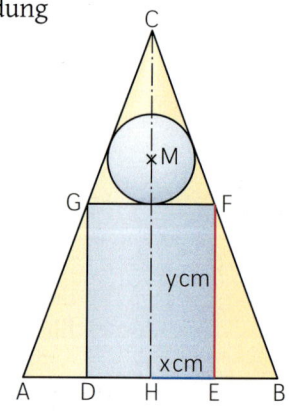

  a) Zeige, dass für den Inhalt der Mantelfläche der Zylin-
     der gilt: M(x) = π (−5,30x² + 15,90x) cm²
  b) Stelle den Oberflächeninhalt der Kugeln in Abhängig-
     keit von x dar. [Ergebnis: O(x) = 1,90πx² cm²]
  c) Für welchen Wert von x sind der Inhalt der Mantel-
     fläche des Zylinders und der zugehörige Oberflächen-
     inhalt der Kugel gleich groß?
  d) Begründe durch Rechnung, ob es Zylinder mit einem
     Oberflächeninhalt von 21π cm² geben kann.

1 Um eine Bewegung eindeutig beschreiben zu können, benötigt man die Richtung der Bewegung und den Betrag der Geschwindigkeit. Als Nullrichtung wählt man die geografische Nordrichtung. Das Winkelmaß einer davon abweichenden Richtung wird im Uhrzeigersinn festgelegt. Durch die Angabe eines Winkelmaßes und des Betrages der Geschwindigkeit erhält man einen Vektor.
Die Bewegung eines Flugzeugs kann zusätzlich durch äußere Kräfte, z. B. durch Wind beeinflusst werden.

Wenn bei einem Flug der Eigengeschwindigkeitsvektor $\vec{u} = \begin{pmatrix} 60° \\ 180 \frac{km}{h} \end{pmatrix}$ des Flugzeugs und der Windvektor $\vec{w} = \begin{pmatrix} 120° \\ 60 \frac{km}{h} \end{pmatrix}$ bekannt sind, kann man den Geschwindigkeitsvektor $\vec{v}$ über der Erdoberfläche bestimmen. Er ergibt sich mit Hilfe des sogenannten **Winddreiecks.**

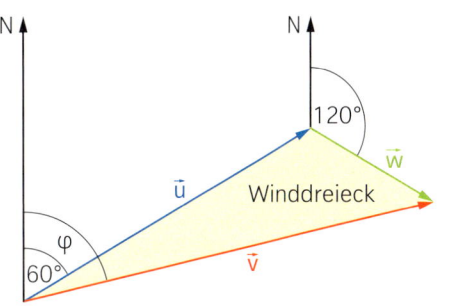

Zeige durch Rechnung, dass für den Vektor $\vec{v}$ über der Erdoberfläche gilt: $\vec{v} = \begin{pmatrix} 73,9° \\ 216 \frac{km}{h} \end{pmatrix}$

2 Ein Rettungshubschrauber hat auf der Autobahn bei Bernau einen Schwerverletzten aufgenommen und ist mit einer Eigengeschwindigkeit von $180 \frac{km}{h}$ zum Krankenhaus nach Traunstein unterwegs.

a) Welcher der folgenden Eigengeschwindigkeitsvektoren könnte für den Flug zutreffen? Verwende einen Atlas oder eine Straßenkarte.

A $\vec{u} = \begin{pmatrix} 15° \\ 180 \frac{km}{h} \end{pmatrix}$ B $\vec{u} = \begin{pmatrix} 75° \\ 180 \frac{km}{h} \end{pmatrix}$ C $\vec{u} = \begin{pmatrix} 45° \\ 180 \frac{km}{h} \end{pmatrix}$

Wie lange dauert in etwa der Flug ohne Start und ohne Landung?

b) Bereits beim Start bläst ein Wind aus Nordwest Richtung Südost mit $80 \frac{km}{h}$.
(1) Gib den Windvektor $\vec{w}$ an.

A $\vec{w} = \begin{pmatrix} 135° \\ 80 \frac{km}{h} \end{pmatrix}$ B $\vec{w} = \begin{pmatrix} 45° \\ 80 \frac{km}{h} \end{pmatrix}$ C $\vec{w} = \begin{pmatrix} 225° \\ 80 \frac{km}{h} \end{pmatrix}$

(2) Begründe, warum der Pilot nun im Vergleich zu Teilaufgabe a) eine Kurskorrektur in nordöstlicher Richtung vornehmen muss.
Berechne mit Hilfe des Winddreiecks den Geschwindigkeitsvektor $\vec{v}$ über der Erdoberfläche und die Richtung des Eigengeschwindigkeitsvektors $\vec{u}$, wenn der Pilot eine Kurskorrektur von 22,5° in nordöstliche Richtung durchführt.

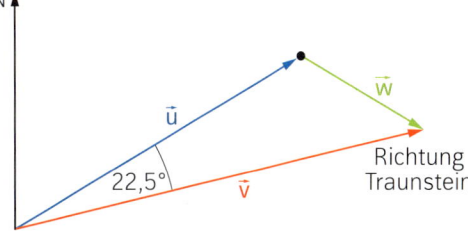

$\left[\text{Ergebnisse: } \vec{v} = \begin{pmatrix} 75° \\ 207 \frac{km}{h} \end{pmatrix}; \ \vec{u} = \begin{pmatrix} 52,5° \\ 180 \frac{km}{h} \end{pmatrix} \right]$

(3) Berechne, wie lange der Flug im Vergleich zu Teilaufgabe a) dauert.

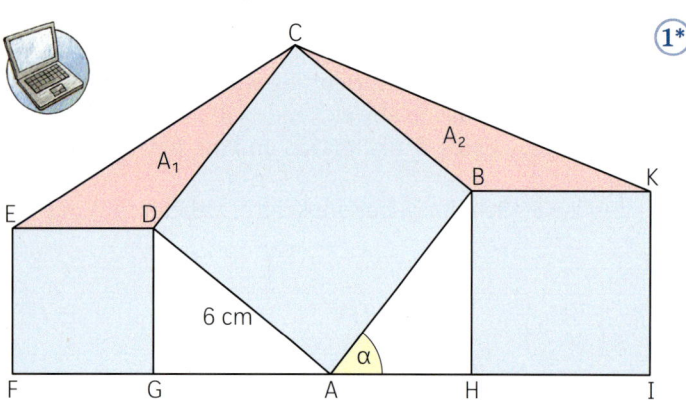

1* Drei Quadrate sind wie in der Abbildung angeordnet.

Die Seiten des Quadrats ABCD sind 6 cm lang.

a) Zeichne mit einem dynamischen Geometrieprogramm die drei Quadrate und die beiden Dreiecke CED und BKC für ein veränderbares Winkelmaß α. Verändere das Winkelmaß α und lass dir die Flächeninhalte der beiden roten Dreiecke anzeigen. Was stellst du fest?

b) So kannst du den Flächeninhalt A_1 des Dreiecks CED in Abhängigkeit von α darstellen.

B

(1) Suche geeignete Figuren, in denen du gegebene Informationen verwerten kannst, zum Beispiel den gestreckten Winkel HAG und das rechtwinklige Dreieck GAD.

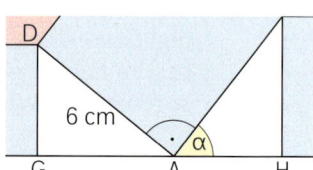

(2) Bestimme im Dreieck GAD die Winkelmaße.

$\sphericalangle$ DAG = $180° - 90° - \alpha = 90° - \alpha$
$\sphericalangle$ GDA = $180° - 90° - (90° - \alpha) = \alpha$

(3) Berechne die Länge $|\overline{GD}|$ im Dreieck GAD.

$\cos \alpha = \dfrac{|\overline{GD}|}{6 \text{ cm}}$ bzw. $|\overline{GD}| = 6 \cos \alpha$ cm

(4) Ermittle das Maß des Winkels CDE mit den am Punkt D anliegenden Winkelmaßen.

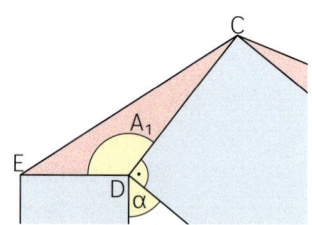

$\sphericalangle$ CDE = $360° - 90° - \alpha - 90° = 180° - \alpha$

(5) Berechne den Flächeninhalt des Dreiecks CED.

$A_1(\alpha) = 0,5 \cdot 6 \cos \alpha \cdot 6 \cdot \sin(180° - \alpha)$ cm^2
$A_1(\alpha) = 18 \cos \alpha \sin \alpha$ cm^2

Zeige ebenso, dass sich der Flächeninhalt des Dreiecks BKC wie folgt in Abhängigkeit von α darstellen lässt: $A_2(\alpha) = 18 \sin \alpha \sin(90° + \alpha)$ cm^2

c) Zeige mit Hilfe der Additionstheoreme, dass auch für A_2 gilt: $A_2(\alpha) = 18 \cos \alpha \sin \alpha$ cm^2

d) Übertrage die Tabelle in dein Heft. Bestimme die fehlenden Werte in der Tabelle und stelle anschließend den Flächeninhalt A in Abhängigkeit von α grafisch dar. Ermittle aus dem Graphen den Wert von α, für den der Flächeninhalt maximal ist.

α	0°	10°	20°	30°	40°	50°	60°	70°	80°	90°
$A(\alpha) = 18 \cos \alpha \sin \alpha$ cm^2										

e) Überprüfe dein Ergebnis aus Teilaufgabe d) anhand der dynamischen Zeichnung, die du in Teilaufgabe a) angefertigt hast.

---

* Aus dem Landeswettbewerb Mathematik Bayern 2010

(2) Die Punkte Q_n wandern auf der Strecke $\overline{BC}$ (siehe Abbildung).
Es gilt: $|\overline{BC}| = 7$ cm; $|\overline{BP}| = 3$ cm; $\sphericalangle\,CBP = 30°$; $\sphericalangle\,BPQ_n = \varepsilon$

a) Aus welchem Intervall kann man ε wählen?

b) Zeige, dass sich die Längen der Strecken $\overline{PQ_n}$ wie folgt in Abhängigkeit von ε darstellen lassen:
$$\left|\overline{PQ_n(\varepsilon)}\right| = \frac{1{,}5}{\sin(\varepsilon + 30°)}\ \text{cm}$$

c) Nimm Stellung zu Maximilians Aussage. Gib das dazugehörige Winkelmaß ε und die kürzeste Streckenlänge $|\overline{PQ_0}|$ an.

d) Begründe deine Stellungnahme zu Maximilians Aussage mit Hilfe des Terms $\frac{1{,}5}{\sin(\varepsilon + 30°)}$.

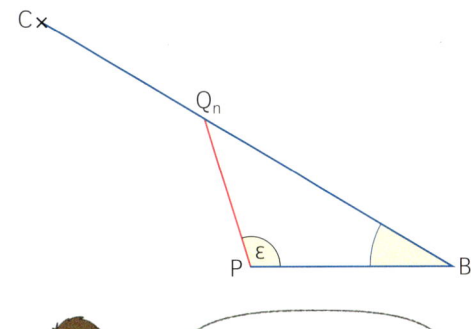

Es gibt eine kürzeste Strecke $\overline{PQ_0}$. Dies ist der Fall, wenn $\overline{PQ_0}$ und $\overline{BC}$ orthogonal zueinander sind.

In der App muss ich die Variable x anstelle von α verwenden. Um den Extremwert besser ablesen zu können, stelle ich für den Abstand auf der x-Achse 10° ein.

(3) Ich lass gerade den Graphen des Terms $-2\sin^2\alpha + 0{,}8\sin\alpha + 0{,}5$ mit einer Geometrie-App im Intervall [0°; 180°[anzeigen. Der Term müsste zwei Maxima und ein Minimum besitzen.

Ein Term kann doch höchstens einen Extremwert besitzen!

a) Untersuche die Aussagen von Sophie und Alexander mit einer Geometrie-App.

b) So kannst du die Extremwerte des Terms $T(\alpha) = -2\sin^2\alpha + 0{,}8\sin\alpha + 0{,}5$ im Intervall [0°; 180°[rechnerisch ermitteln.

(1) Führe die quadratische Ergänzung durch.	$T(\alpha) = -2\sin^2\alpha + 0{,}8\sin\alpha + 0{,}5$ $= -2\,[\sin^2\alpha - 2\cdot\sin\alpha\cdot 0{,}2 + 0{,}2^2 - 0{,}2^2 - 0{,}25]$ $= -2\,(\sin\alpha - 0{,}2)^2 + 0{,}58$
(2) Bestimme den maximalen Wert.	$T_{max} = 0{,}58$ für $\sin\alpha = 0{,}2$ $\alpha = 11{,}54°$ oder $\alpha = 168{,}46°$
(3) Bestimme den minimalen Wert. Der Term $-2\,(\sin\alpha - 0{,}2)^2$ besitzt ein Minimum, wenn der Term $(\sin\alpha - 0{,}2)^2$ den größten Wert hat.	$T(\alpha)$ ist minimal für $\sin\alpha = 1$. $T_{min} = -0{,}70$ für $\alpha = 90°$

Seite 8

Finde den minimalen Wert des Terms $-2\sin^2\alpha + 0{,}8\sin\alpha + 0{,}5$ im Intervall [180°; 360°[. Begründe deine Entscheidung rechnerisch.

c) Berechne die Extremwerte des Terms $3\cos^2\alpha + 0{,}4\cos\alpha + 1{,}12$ für $\alpha \in [0°; 180°]$.

d) Berechne die Extremwerte des Terms $-0{,}5\cos^2\alpha + 0{,}4\cos\alpha + 1{,}5$ für $\alpha \in [0°; 180°]$.

1 In den gleichschenkligen Dreiecken ABC_n (siehe Abbildung) ist M Mittelpunkt der Basis $\overline{AB}$. Der Halbkreis um M berührt die Schenkel in den Punkten E_n und F_n. Die Winkel BAC_n haben das Maß α.
Es gilt: $|\overline{AB}| = 10$ cm

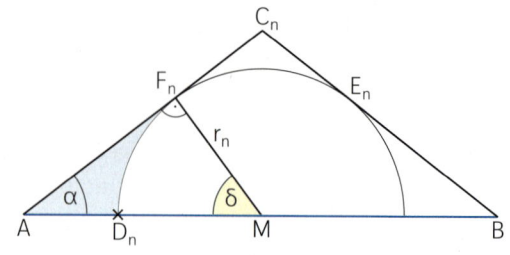

a) Aus welchem Intervall kann man α wählen?

b) So kannst du den Inhalt der blau markierten Fläche in Abhängigkeit von α darstellen.

B

(1) Suche geeignete Figuren, in denen du gegebene Informationen verwerten kannst, z. B. im rechtwinkligen Dreieck AMF_n die Streckenlänge $|\overline{AM}| = 5$ cm.

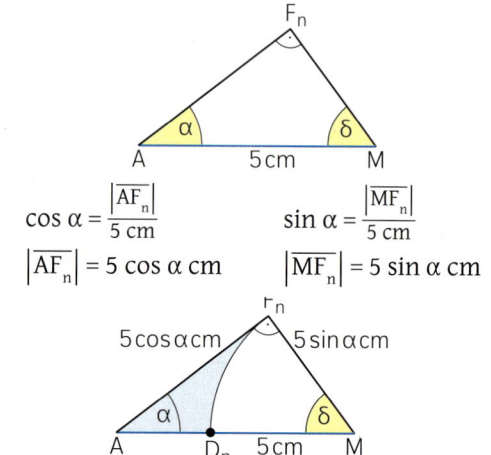

(2) Berechne die Längen der Strecken $\overline{AF_n}$ und $\overline{MF_n}$ in Abhängigkeit von α.

$$\cos \alpha = \frac{|\overline{AF_n}|}{5 \text{ cm}} \qquad \sin \alpha = \frac{|\overline{MF_n}|}{5 \text{ cm}}$$

$$|\overline{AF_n}| = 5 \cos \alpha \text{ cm} \qquad |\overline{MF_n}| = 5 \sin \alpha \text{ cm}$$

(3) Stelle einen Term für den Flächeninhalt $A_{blau}(\alpha)$ auf.
Setze alle notwendigen Größen in den Term ein.

$$A_{blau}(\alpha) = A_{AMF_n} - A_{Sektor}$$

$$A_{blau}(\alpha) = \left[\frac{1}{2} \cdot 5 \cdot 5 \cos \alpha \cdot \sin \alpha - \frac{\delta}{360°}(5 \sin \alpha)^2 \pi \right] \text{cm}^2$$

(4) Stelle einen Zusammenhang zwischen den Winkelmaßen α und δ her. Setze diesen in den Term für den Flächeninhalt ein.

Mit $\delta = 90° - \alpha$ folgt:

$$A_{blau}(\alpha) = \left[12{,}5 \cos \alpha \sin \alpha - 25 \pi \frac{90° - \alpha}{360°} \sin^2 \alpha \right] \text{cm}^2$$

c) Tabellarisiere $A_{blau}(\alpha)$ für $\alpha \in [0°; \ 90°]$ mit $\Delta\alpha = 10°$.
Zeichne den zughörigen Graphen. (Für die Zeichnung: 1 cm $\triangleq$ 10°; 1 cm $\triangleq$ 0,5 cm²)

d) Lies den maximalen Flächeninhalt und das zugehörige Winkelmaß α ab.
Bestätige das Ergebnis mit einer Geometrie-App.

e) Zeige, dass sich der Flächeninhalt der Dreiecke AD_nF_n wie folgt in Abhängigkeit von α darstellen lässt: $A(\alpha) = 12{,}5 \sin \alpha \cos \alpha (1 - \sin \alpha) \text{ cm}^2$

f) Tabellarisiere $A(\alpha)$ für $\alpha \in [0°; \ 90°]$ mit $\Delta\alpha = 10°$. Zeichne den zughörigen Graphen in die Zeichnung zu c) ein. Lies A_{max} und das zugehörige Winkelmaß α ab.

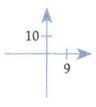

In der App verwende ich x anstelle von α. Für den Abstand auf der x-Achse stelle ich 10° ein.

2 Der Umkreisradius von Dreiecken AB_nC beträgt 4 cm. Die Winkel B_nAC haben das Maß α, die Winkel CB_nA das Maß $\beta = 30°$ und die Winkel CMA das Maß $60°$.

a) Zeichne das Dreieck AB_1C für $\alpha = 70°$.

b) Zeige, dass sich der Flächeninhalt der Dreiecke AB_nC wie folgt in Abhängigkeit von α darstellen lässt: $A(\alpha) = 16 \sin \alpha \cdot \sin(\alpha + 30°) \text{ cm}^2$ und $A(\alpha) = 8 \sin \alpha \ (\sqrt{3} \sin \alpha + \cos \alpha) \text{ cm}^2$

c) Tabellarisiere $A(\alpha)$ für $\alpha \in [0°; \ 150°]$ mit $\Delta\alpha = 15°$. Stelle anschließend den Zusammenhang zwischen dem Winkelmaß α und dem Flächeninhalt A grafisch dar.
Für die Zeichnung: 1 cm $\triangleq$ 15°; 1 cm $\triangleq$ 2 cm²

d) Bestimme aus dem Graphen in Aufgabe b) die Belegung von α, für die der Flächeninhalt A maximal ist. Gib A_{max} an. Bestätige dein Ergebnis mit einer Geometrie-App.

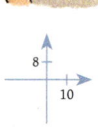

③ Gegeben sind Dreiecke ABC_n. Die Winkel AC_nB haben das Maß $\gamma = 60°$ und die Winkel BAC_n das Maß α. Weiterhin gilt: $A(1\,|\,4)$; $B(9\,|-2)$

  a) Zeichne das Dreieck ABC_1 für $\alpha = 70°$ und das Dreieck ABC_2 für $\alpha = 100°$. Berechne die Länge der Strecke $\overline{AB}$ [Ergebnis: $|\overline{AB}| = 10$ LE]

  b) Zeige, dass sich die Länge der Stecken $\overline{AC_n}$ wie folgt in Abhängigkeit von α darstellen lässt: $|\overline{AC_n}|\,(\alpha) = \dfrac{20}{3}\sqrt{3} \cdot \sin(60° + \alpha)$ LE

  c) Berechne die Längen der Strecken $\overline{AC_1}$ und $\overline{AC_2}$.

  d) Für welches Winkelmaß α hat die Strecke $\overline{AC_0}$ maximale Länge? Gib diese Länge an.

④ Gegeben sind Vierecke $ABCD_n$.

Es gilt: $A(0\,|\,1)$; $B(5\,|-1)$; $C(7\,|\,3)$; $D_n(3\cos\alpha\,|\,3\sin\alpha)$ mit $\alpha \in [0°;\,90°]$

  a) Das Viereck $ABCD_1$ ist ein Trapez mit den Grundseiten $\overline{BC}$ und $\overline{AD_1}$. Zeichne das Trapez $ABCD_1$. Berechne die Koordinaten des Punktes D_1 und den Flächeninhalt des Trapezes $ABCD_1$. [Teilergebnis: $A_{ABCD_1} = 17{,}55$ FE]

  b) Berechne für die untere Intervallgrenze des Winkelmaßes α die Koordinaten des Punktes D_2. Führe die Berechnung auch für die obere Intervallgrenze durch. Es ergibt sich hierbei der Punkt D_3.
Zeichne die Vierecke $ABCD_2$ und $ABCD_3$ in das Koordinatensystem zu a) ein.

  c) Ermittle das größtmögliche Intervall für α, sodass konvexe Vierecke $ABCD_n$ existieren.
Hinweis: Bei konvexen Vierecken liegen beide Diagonalen innerhalb des Vierecks.

⑤ Im regelmäßigen Fünfeck $ABCDE$ liegen die Punkte P_n auf der Seite $\overline{CD}$.
Die Winkel BAP_n haben das Maß φ.

  a) Begründe: Die Strecke $\overline{CE}$ verläuft parallel zur Strecke $\overline{AB}$.

  b) Der Abstand der Seite $\overline{AB}$ von der Diagonalen $\overline{CE}$ beträgt 3,5 cm.
Zeige durch Rechnung: Die Seiten des Fünfecks sind 3,68 cm lang.

  c) Zeichne das Fünfeck $ABCDE$ und das Dreieck ACP_1 für $\varphi = 50°$.

  d) Aus welchem Intervall kann man φ wählen, sodass Dreiecke ACP_n existieren?

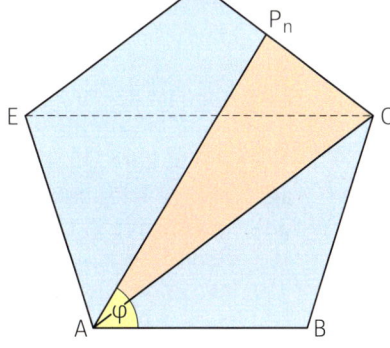

  e) Zeige, dass sich die Länge der Strecken $\overline{AP_n}$ in Abhängigkeit von φ so darstellen lässt:

$$|\overline{AP_n}|\,(\varphi) = \frac{5{,}66}{\sin(144° - \varphi)} \text{ cm}$$

  f) Für welche Belegung von φ hat die Strecke $\overline{AP_0}$ minimale Länge?

  g) Zeige, dass sich der Flächeninhalt der Dreiecke ACP_n wie folgt in Abhängigkeit von φ darstellen lässt: $A(\varphi) = \dfrac{16{,}84\sin(\varphi - 36°)}{\sin(144° - \varphi)} \text{ cm}^2$

  h) Berechne die Belegung von φ, für die das Dreieck ACP_2 denselben Flächeninhalt hat wie das Dreieck ABC.

  i) Das Dreieck ACP_3 hat maximalen Flächeninhalt. Berechne dessen prozentualen Anteil am Flächeninhalt des Fünfecks.

Mary is 24 years old. She ist twice as old as Anne was when Mary was as old as Anne is now. How old is Anne?

6 Gegeben ist das Dreieck ABC. Es gilt: $A(1|-2)$; $B(9|4)$; $|\overline{AC}| = 8{,}0$ LE; $|\overline{BC}| = 6{,}0$ LE

a) Zeichne das Dreieck ABC. Berechne die Maße α und β der Winkel BAC bzw. CBA. [Ergebnis: $\alpha = 36{,}87°$; $\beta = 53{,}13°$]

b) Berechne das Maß ε ($\varepsilon > 90°$) des Winkels, den die Strecke $\overline{BC}$ mit der Parallelen zur x-Achse durch den Punkt B bildet. [Ergebnis: $\varepsilon = 163{,}74°$]

c) Berechne die Koordinaten des Pfeils $\overrightarrow{BC}$ und sodann die Koordinaten des Punktes C.

d) Der Punkt P liegt auf der Strecke $\overline{AB}$ und der Punkt Q auf der Strecke $\overline{BC}$. Auf der Strecke $\overline{AC}$ wandern die Punkte R_n. Die Winkel R_nPA haben das Maß φ. Es gilt: $|\overline{AP}| : |\overline{PB}| = 3:2$; $|\overline{BQ}| = 2$ LE. Zeichne das Dreieck PQR_1 für $\varphi = 50°$.

e) Aus welchem Intervall kann man φ wählen?

f) Zeige, dass sich der Flächeninhalt der Dreiecke PQR_n so in Abhängigkeit von φ darstellt:
$$A(\varphi) = \frac{5{,}80 \sin(29{,}74° + \varphi)}{\sin(36{,}87° + \varphi)} \text{ FE}$$

g) Das Dreieck PQR_2 hat einen Flächeninhalt von 5,6 FE. Berechne das Maß von φ.

h)
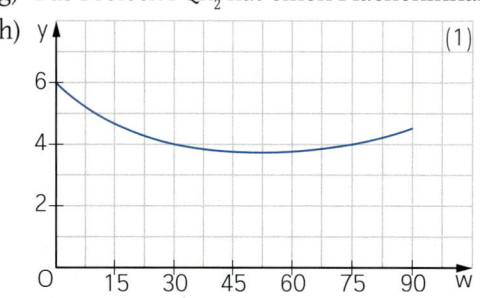
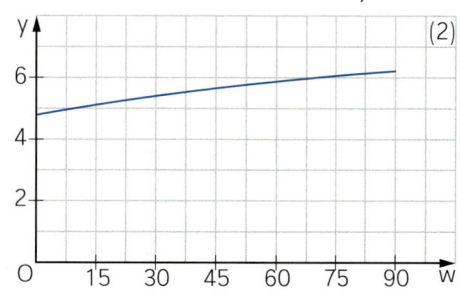

Welcher der Graphen beschreibt den Flächeninhalt der Dreiecke PQR_n, welcher die Länge der Strecken $\overline{PR_n}$ in Abhängigkeit von φ? Begründe.

7 Gegeben ist das Dreieck ABC mit $|\overline{AB}| = 10$ cm, $|\overline{AC}| = 8$ cm und $\alpha = 60°$.
Der Punkt P teilt die Strecke $\overline{AB}$ im Verhältnis 2:3, d.h. es gilt: $|\overline{AP}| : |\overline{PB}| = 2:3$
Der Punkt R ist Mittelpunkt der Strecke $\overline{AC}$, die Punkte Q_n wandern auf der Strecke $\overline{BC}$, die Winkel BPQ_n haben das Maß ε.

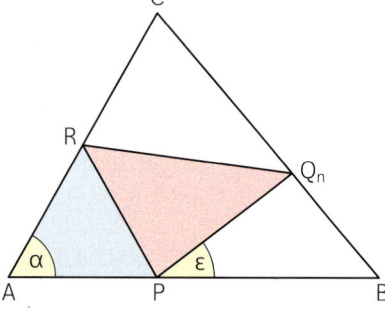

a) Zeige durch Rechnung, dass gilt:
$\sphericalangle CBA = 49{,}1°$

b) Begründe: Die Winkel PQ_nB haben das Maß $180° - (\varepsilon + 49{,}1°)$.

c) Berechne die Länge der Strecken $\overline{PQ_n}$ in Abhängigkeit von ε.
[Ergebnis: $|\overline{PQ_n}|(\varepsilon) = \frac{4{,}5}{\sin(49{,}1° + \varepsilon)}$ cm]

d) Die Strecke $\overline{PQ_1}$ hat minimale Länge. Gib das zugehörige Winkelmaß ε an.
[Ergebnis: $\varepsilon = 40{,}9°$]
Deute die Lage der Strecke $\overline{PQ_1}$ geometrisch.

e) Die Strecke $\overline{RQ_2}$ verläuft parallel zur Strecke $\overline{AB}$. Bestimme für diesen Fall die Länge der Strecke $\overline{PQ_2}$. [Ergebnis: $|\overline{PQ_2}| = 4{,}58$ cm]

f) Stelle den Flächeninhalt der Dreiecke PBQ_n in Abhängigkeit von ε dar.
[Ergebnis: $A_{\triangle PBQ_n}(\varepsilon) = \frac{13{,}5 \sin \varepsilon}{\sin(49{,}1° + \varepsilon)}$ cm²]

g) Berechne den Flächeninhalt des Dreiecks PBQ_1. [Ergebnis: $A_{\triangle PBQ_1} = 8{,}84$ cm²]

h) Aus welchem Intervall kann man ε wählen, damit Dreiecke PQ_nR existieren?

i) Berechne den Flächeninhalt der Dreiecke PQ_nR in Abhängigkeit von ε.
[Ergebnis: $A_{\triangle PQ_nR}(\varepsilon) = \frac{9 \sin(60° + \varepsilon)}{\sin(49{,}1° + \varepsilon)}$ cm²]

k) Für welche Belegung von ε haben das Dreieck PBQ_3 und das Dreieck PQ_3R den gleichen Flächeninhalt? [Ergebnis: $\varepsilon = 40{,}89°$]

1 Die Diagonalen $\overline{AC}$ und $\overline{BD}$ der Raute ABCD schneiden sich im Punkt M. Die Raute ist Grundfläche einer Pyramide ABCDS mit der Höhe $\overline{CS}$. Auf der Seitenkante $\overline{AS}$ liegen die Punkte P_n.
Es gilt:

$\sphericalangle P_n MA = \varepsilon$

$|\overline{AC}| = 12{,}0$ cm

$|\overline{BD}| = 10{,}0$ cm

$|\overline{CS}| = 9{,}0$ cm

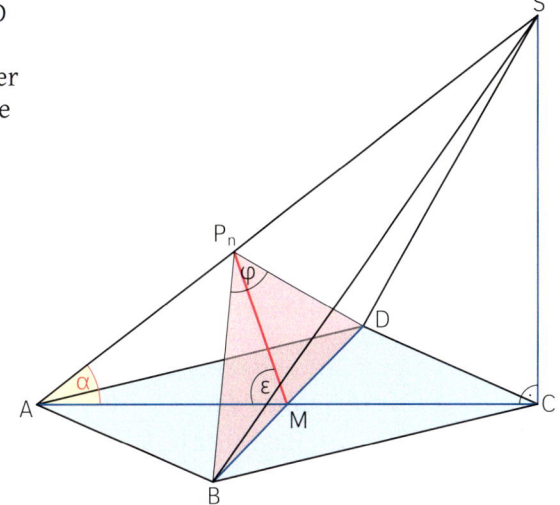

a) Berechne das Maß α des Winkels CAS.
b) So kannst du die Längen der Strecken $\overline{MP_n}$ in Abhängigkeit von ε berechnen.

B

Ich tue so, als ob ε gegeben wäre.

(1) Finde ein geeignetes Dreieck, in dem du die gesuchte Größe berechnen kannst.

(2) Der Winkel AP_nM mit dem Winkelmaß η kann im Dreieck AMP_n in Abhängigkeit von ε dargestellt werden.

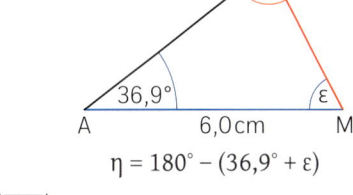

$\eta = 180° - (36{,}9° + \varepsilon)$

(3) Stelle die Längen der Strecken $\overline{MP_n}$ in Abhängigkeit von ε dar.

$$\frac{|\overline{MP_n}|}{\sin 36{,}9°} = \frac{6{,}0 \text{ cm}}{\sin[180° - (36{,}9° + \varepsilon)]}$$

(4) Vereinfache den Ausdruck für den Sinus im Nenner mit Hilfe einer Supplement-beziehung.

$$|\overline{MP_n}| = \frac{3{,}6}{\sin(36{,}9° + \varepsilon)} \text{ cm}$$

c) Die Punkte P_n bilden mit den Punkten B und D gleichschenklige Dreiecke BDP_n. Aus welchem Intervall kann man ε wählen, so dass Dreiecke BDP_n existieren?
   [Ergebnis: $0° \le \varepsilon \le 123{,}7°$]
d) Berechne den Flächeninhalt der Dreiecke BDP_n in Abhängigkeit von ε.
e) Eines der Dreiecke BDP_n hat minimalen Flächeninhalt. Berechne A_{min}.
f) Die Winkel BP_nD in den Dreiecken BDP_n haben das Maß φ. Zeige, dass zwischen den Winkelmaßen φ und ε folgender Zusammenhang gilt:
   $\tan\frac{\varphi}{2} = 1{,}4 \sin(36{,}9° + \varepsilon)$
g) Das Dreieck BDP_0 ist gleichseitig. Berechne das zugehörige Winkelmaß ε.
   [Ergebnis: $\varepsilon = 118{,}7°$]
h) Berechne den Inhalt der Oberfläche der Pyramide $ABDP_0$.
   [Zwischenergebnisse: $|\overline{MP_0}| = 8{,}7$ cm; $|\overline{AP_0}| = 12{,}7$ cm; $|\overline{AB}| = 7{,}8$ cm; $A_{\triangle ABP} = 39{,}0$ cm^2]

The semicircular disc glides along two legs of a right angle.
Which line describes point P on the perimeter of the half circle?

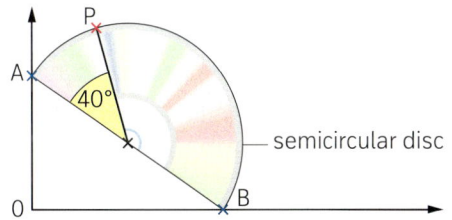

semicircular disc

2   Gegeben ist eine Pyramide ABCS. Das gleichseitige Dreieck ABC mit seinem Schwerpunkt M bildet die Grundfläche. D ist Mittelpunkt der Seite $\overline{BC}$. Die Seitenlänge des Dreiecks ABC beträgt 8 cm. $\overline{MS}$ ist die Höhe der Pyramide.

Die Dreiecke $P_nQ_nR_n$ liegen parallel zur Grundfläche ABC. Der Punkt M ist Spitze der Pyramiden $P_nQ_nR_nM$.

Es gilt: $|\overline{MS}| = 8$ cm; $|\overline{AM}| : |\overline{MD}| = 2 : 1$; $\varepsilon = \sphericalangle P_nMA$

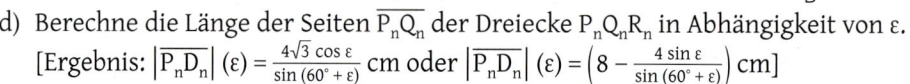

a) Zeige, dass der Winkel MAS das Maß 60° hat.

b) Stelle die Längen $|\overline{P_nM}|$ in Abhängigkeit von ε dar.

   [Ergebnis: $|\overline{P_nM}|(\varepsilon) = \frac{4}{\sin(60° + \varepsilon)}$ cm]

c) Zeige durch Rechnung, dass für die Längen $|\overline{P_nD_n}|$ gilt: $|\overline{P_nD_n}|(\varepsilon) = \frac{6\cos\varepsilon}{\sin(60° + \varepsilon)}$ cm

d) Berechne die Länge der Seiten $\overline{P_nQ_n}$ der Dreiecke $P_nQ_nR_n$ in Abhängigkeit von ε.

   [Ergebnis: $|\overline{P_nD_n}|(\varepsilon) = \frac{4\sqrt{3}\cos\varepsilon}{\sin(60° + \varepsilon)}$ cm oder $|\overline{P_nD_n}|(\varepsilon) = \left(8 - \frac{4\sin\varepsilon}{\sin(60° + \varepsilon)}\right)$ cm]

e) Zeige durch Äquivalenzumformung: $\frac{4\sqrt{3}\cos\varepsilon}{\sin(60° + \varepsilon)} = 8 - \frac{4\sin\varepsilon}{\sin(60° + \varepsilon)}$

f) Berechne durch Äquivalenzumformung die Belegung von ε, für die alle Kanten der Pyramide $P_0Q_0R_0M$ gleich lang sind. [Ergebnis: $\varepsilon = 54{,}74°$]

3   Das gleichschenklige Dreieck ABC mit der Basis $\overline{BC}$ ist Grundfläche einer Pyramide ABCS. Der Punkt E ist Mittelpunkt der Strecke $\overline{BC}$. Die Strecke $\overline{AS}$ ist die Höhe der Pyramide. Der Punkt M liegt auf der Strecke $\overline{AE}$.

Es gilt: $|\overline{BC}| = 12$ cm; $|\overline{AE}| = 8$ cm; $|\overline{AS}| = 8$ cm; $|\overline{AM}| = 3$ cm

a) Zeichne ein Schrägbild der Pyramide.

   Es gilt: $q = 0{,}5$; $\omega = 45°$; $\overline{AE}$ liegt auf der Schrägbildachse.

b) Parallelen zur Strecke $\overline{BC}$ schneiden die Kante $\overline{BS}$ in den Punkten P_n, die Kante $\overline{CS}$ in den Punkten Q_n und die Strecke $\overline{ES}$ in den Punkten T_n.

   Die Winkel EMT_n haben das Maß φ. Zeichne die Strecke $\overline{MT_1}$ für $\varphi = 80°$ und das zugehörige Dreieck MP_1Q_1 in das Schrägbild ein.

c) Zeige, dass sich die Länge $|\overline{MT_n}|$ wie folgt in Abhängigkeit von φ darstellen lässt:

   $|\overline{MT_n}|(\varphi) = \frac{2{,}5\sqrt{2}}{\sin(45° + \varphi)}$ cm.

d) Zeige, dass für die Längen $|\overline{ET_n}|$ gilt: $|\overline{ET_n}|(\varphi) = \frac{5\sin\varphi}{\sin(45° + \varphi)}$ cm

e) Berechne durch Äquivalenzumformung die Belegungen von φ, für die gilt: $|\overline{ET_2}| = 4$ cm

f) Zeige, dass sich die Streckenlängen $|\overline{P_nQ_n}|$ in Abhängigkeit von φ so darstellen lassen:

   $|\overline{P_nQ_n}|(\varphi) = \frac{3}{2\sqrt{2}}\left(8\sqrt{2} - \frac{5\sin\varphi}{\sin(45° + \varphi)}\right)$ cm

g) Zeige durch Termumformung, dass gilt: $8\sqrt{2} - \frac{5\sin\varphi}{\sin(45° + \varphi)} = \frac{8\cos\varphi + 3\sin\varphi}{\sin(45° + \varphi)}$

h) Zeige, dass sich der Flächeninhalt der Dreiecke P_nMQ_n wie folgt in Abhängigkeit von φ darstellen lässt:

   $A(\varphi) = \frac{15\cos\varphi + 5{,}625\sin\varphi}{\sin^2(45° + \varphi)}$ cm²

i) Bestimme mit einer Geometrie-App die Belegung von φ, für die das Dreieck P_3MQ_3 einen Flächeninhalt von 12 cm² hat.

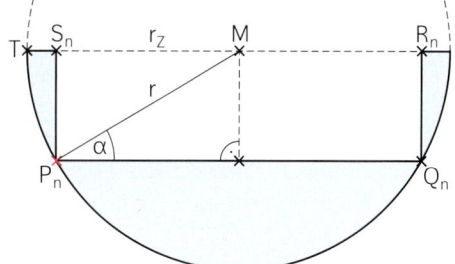

4 Aus einem Halbkreis k mit dem Radius
r = 3 cm werden Rechtecke $P_nQ_nR_nS_n$
herausgeschnitten.
Die Winkel Q_nP_nM haben das Maß α.
Der Halbkreis k und die Rechtecke
$P_nQ_nR_nS_n$ rotieren um die Mittelsenkrechten $m_{\overline{P_nQ_n}}$ als Achsen.

a) Zeichne einen Axialschnitt des Rotationskörpers für $\alpha = 30°$.
b) Aus welchem Intervall kann man α wählen?
c) Beschreibe den entstandenen Rotationskörper.
d) Stelle den Radius $r_Z = \overline{MS_n}$ in Abhängigkeit von α dar. [Ergebnis: $r_Z(\alpha) = 3 \cos \alpha$ cm]
e) Zeige, dass sich das Volumen der Rotationskörper wie folgt in Abhängigkeit von α darstellen lässt: $V(\alpha) = 9\pi(2 - 3 \cos^2 \alpha \cdot \sin \alpha)$ cm³
f) Zeige, dass sich die Darstellung des Volumens in d) auf folgende Form bringen lässt:
$V(\alpha) = 9\pi(2 - 3 \sin \alpha + 3 \sin^3 \alpha)$ cm³
g) Tabellarisiere das Volumen V in Abhängigkeit von α mit $\Delta\alpha = 10°$.
Stelle das Volumen V in Abhängigkeit von α grafisch dar.
Lies aus dem Graphen das minimale Volumen V_{min} und den Wert von α ab.
[Ergebnis: $\alpha = 35°$; $V_{min} = 24$ cm³]
h) Zeige, dass sich der Oberflächeninhalt der Rotationskörper wie folgt in Abhängigkeit
von α darstellen lässt: $O(\alpha) = 9\pi(3 + 2 \sin \alpha \cos \alpha)$ cm²
i) Das Volumen ist für $\alpha = 35°$ minimal. Begründe ohne Taschenrechner, dass der Oberflächeninhalt für $\alpha = 35°$ nicht minimal ist.

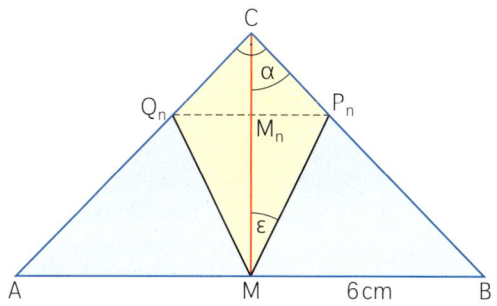

5 Im gleichschenklig rechtwinkligen Dreieck
ABC ist der Punkt M Mittelpunkt der 12 cm
langen Hypotenuse $\overline{AB}$.
Auf der Strecke $\overline{BC}$ wandern Punkte P_n.
Die Winkel P_nMC haben das Maß ε.
Durch Achsenspiegelung der Punkte P_n an
der Geraden MC erhält man Punkte Q_n.
Aus dem Dreieck ABC werden Drachenvierecke MP_nCQ_n herausgeschnitten.
Der Restkörper rotiert um MC als Achse.

a) Zeichne einen Axialschnitt eines Rotationskörpers für $\varepsilon = 27°$.
b) Aus welchem Intervall kann man ε wählen?
c) Die Punkte M_n sind Mittelpunkte der Strecken $\overline{P_nQ_n}$.
Berechne die Längen der Strecken $\overline{M_nP_n}$ in Abhängigkeit von ε.

[Ergebnis: $\left|\overline{M_nP_n}\right|(\varepsilon) = \frac{3\sqrt{2} \sin \varepsilon}{\sin(45° + \varepsilon)}$ cm]

d) Stelle das Volumen der Rotationskörper in Abhängigkeit von ε dar.

[Ergebnis: $V(\varepsilon) = 2\pi\left(36 - \frac{18 \sin^2 \varepsilon}{\sin^2(45° + \varepsilon)}\right)$ cm³]

e) Berechne die Belegung von ε, für die das Volumen eines Rotationskörpers 31,5 cm³
beträgt. [Ergebnis: $\varepsilon = 85,55°$]
f) Bei einem Rotationskörper ist das herausgeschnittene Drachenviereck zugleich ein
Quadrat. Berechne dessen Volumen und dessen Oberflächeninhalt.
[Ergebnisse: V = 56,54 cm³; O = 273,04 cm²]

Seite 21

6 Der Punkt D ist Mittelpunkt der Basen $\overline{A_nC_n}$ von gleichschenkligen Dreiecken A_nBC_n. Die Winkel C_nBA_n haben das Maß β. Die Länge der Strecke $\overline{BD}$ beträgt 6 cm.

a) Zeichne das Dreieck A_1BC_1 für $\beta = 50°$.

b) Aus welchem Intervall kann man β wählen?

c) Zeige, dass sich die Längen der Strecken $\overline{A_nC_n}$ bzw. $\overline{A_nB}$ wie folgt in Abhängigkeit von β darstellen lassen:

$$\left|\overline{A_nC_n}\right|(\beta) = 12\tan\tfrac{\beta}{2}\ \text{cm}; \quad \left|\overline{A_nB}\right|(\beta) = \frac{6}{\cos\frac{\beta}{2}}\ \text{cm}$$

d) Im Dreieck A_2BC_2 beträgt die Länge der Basis $\overline{A_2C_2}$ 75 % der Länge der Strecke $\overline{A_2B}$. Berechne das zugehörige Winkelmaß β.

e) Die Dreiecke A_nBC_n rotieren um die Gerade BD als Achse. Dabei entstehen Rotationskörper. Zeige, dass sich das Volumen bzw. der Mantelflächeninhalt der Rotationskörper wie folgt in Abhängigkeit von β darstellen lassen:

$$V(\beta) = 72\pi\tan^2\tfrac{\beta}{2}\ \text{cm}^3; \quad M(\beta) = 36\pi\frac{\tan\frac{\beta}{2}}{\cos\frac{\beta}{2}}\ \text{cm}^2$$

f) Einer der Rotationskörper besitzt einen Mantelflächeninhalt von 18π cm². Berechne das zugehörige Winkelmaß β.

7 Auf der Strecke $\overline{AB}$ des gleichseitigen Dreiecks ABC liegt der Punkt P und auf der Strecke $\overline{AC}$ wandern die Punkte Q_n.

Es gilt: $\left|\overline{AB}\right| = 6$ cm; $\left|\overline{BP}\right| = 2$ cm; $\sphericalangle Q_nPA = \varepsilon$

a) Zeichne das Dreieck ABC und das Dreieck APQ_1 für $\varepsilon = 40°$.

b) Aus welchem Intervall kann man ε wählen, sodass Dreiecke APQ_n existieren?

c) Zeige, dass sich die Länge der Strecken $\overline{PQ_n}$ so in Abhängigkeit von ε darstellen lässt:

$$\left|\overline{PQ_n}\right|(\varepsilon) = \frac{2\sqrt{3}}{\sin(60° + \varepsilon)}\ \text{cm}$$

d) Berechne die Belegungen von ε_1 und ε_2, für welche die Strecken $\overline{PQ_1}$ bzw. $\overline{PQ_2}$ die Länge $2{,}1\sqrt{3}$ cm haben.

e) Die Strecke $\overline{PQ_3}$ hat minimale Länge. Gib die Belegung von ε an.

f) Berechne den Flächeninhalt der Dreiecke APQ_n in Abhängigkeit von ε.

[Ergebnis: $A(\varepsilon) = \dfrac{4\sqrt{3}\sin\varepsilon}{\sin(60° + \varepsilon)}\ \text{cm}^2$]

g) Berechne die Belegung von ε, für die das Dreieck APQ_4 einen Flächeninhalt von $3\sqrt{3}$ cm² hat.

h) Aus dem Dreieck ABC werden Dreiecke APQ_n herausgeschnitten. Die Restflächen rotieren um AB als Achse. Dabei entsteht ein Doppelkegel, aus dem Doppelkegel herausgeschnitten sind. Zeige, dass sich das Volumen der Rotationskörper wie folgt in

Abhängigkeit von ε darstellen lässt: $V(\varepsilon) = 2\pi\left(27 - \dfrac{8\sin^2\varepsilon}{\sin^2(60° + \varepsilon)}\right)\ \text{cm}^3$

i) Berechne die Belegung von ε, für die einer der Rotationskörper in h) 50 % des Volumens des durch Rotation entstandenen ursprünglichen Doppelkegels hat.

k) Stelle den Oberflächeninhalt des Rotationskörpers in h) in Abhängigkeit von ε dar.

[Ergebnis: $O(\varepsilon) = \left[36\sqrt{3}\pi + \dfrac{4\sqrt{3}\pi \cdot \sin\varepsilon}{\sin^2(60° + \varepsilon)} \cdot (-2\sin\varepsilon + \sqrt{3})\right]\ \text{cm}^2$]

l) Einer der in der Teilaufgabe h) beschriebenen Rotationskörper besitzt maximalen Oberflächeninhalt. Ermittle mit Hilfe deiner Geometrie-App das zugehörige Winkelmaß ε.

Welcher Wert ergibt sich, wenn du die Brüche addierst? $\frac{1}{2} + \frac{1}{4} + \frac{1}{8} + \frac{1}{16} + \dots$

(1) Eine 5 m lange Leiter lehnt an einer Wand in der Bräuhausgasse. Der Neigungswinkel zwischen Leiter und Ebene hat das Maß α.
   a) Fertige für $\alpha = 40°$ eine Skizze im geeigneten Maßstab an.
   b) Stelle die Koordinaten der Berührpunkte $A_n(x\,|\,0)$ der Leiter mit dem Boden bzw. $B_n(0\,|\,y)$ der Leiter mit der Wand durch das Winkelmaß α dar. Der Ursprung O wird durch den Schnittpunkt der Ebene und der Wand festgelegt.
   c) Zeige, dass für die Koordinaten des Mittelpunktes M_L der Leiter gilt: $M_L(2,5\cos\alpha\,|\,2,5\sin\alpha)$
   d) Begründe durch Rechnung: Der Mittelpunkt M_L der Leiter bewegt sich auf einem Kreisbogen mit $r_L = 2,5$ m.
   e) Die Leiter berührt ein Fass mit r = 0,6 m. Zeige, dass für den Berührfall in der Abbildung gelten muss:

   $$\tan\frac{\alpha}{2} = \frac{0,6}{5\cos\alpha - 0,6}$$

   f) Begründe rechnerisch, dass für $\alpha_1 = 16,26°$ und $\alpha_2 = 73,74°$ die Leiter das Fass, wie in Teilaufgabe e) beschrieben, berührt.

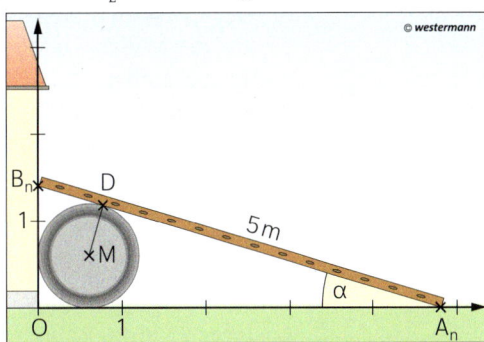

(2) Der innere Querschnitt von Wassertrögen in der Bräuhausgasse hat die Form von gleichschenkligen Trapezen ABC_nD_n.
   Die Breite der Sohle $\overline{AB}$ und die Länge der Schenkel $\overline{AD_n}$ und $\overline{BC_n}$ beträgt jeweils 40 cm. Die Schenkel bilden außen mit der Horizontalen einen Winkel vom Maß α ($\alpha < 90°$).
   a) Zeichne den Querschnitt für $\alpha = 80°$ im Maßstab 1:10. Berechne den Flächeninhalt des Querschnitts.
   b) Stelle den Flächeninhalt der möglichen Querschnitte in Abhängigkeit von α dar.
   [Ergebnis: $A(\alpha) = 16\sin\alpha\,(1 + \cos\alpha)$ dm²]

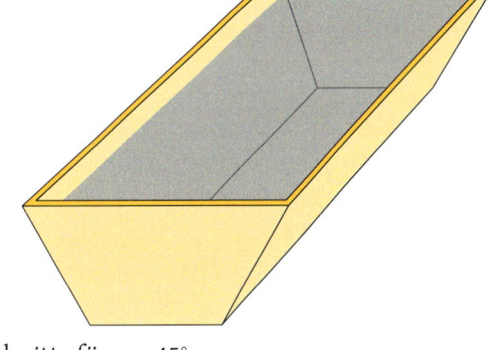

   c) Berechne den Flächeninhalt eines Querschnitts für $\alpha = 45°$.
   d) Ermittle mit einem dynamischen Geometrieprogramm oder mit der Geometrie-App das Winkelmaß α, für das der Flächeninhalt eines Querschnitts maximal ist. Gib A_{max} an.
   e) Zeige, dass sich die Länge der Diagonalen $\overline{BD_n}$ so in Abhängigkeit von α durch einen der beiden folgenden Terme darstellen lässt:

   $$\left|\overline{BD_n}\right|(\alpha) = 4\sqrt{2}\,\sqrt{1 + \cos\alpha}\ \text{dm} \quad \text{oder} \quad \left|\overline{BD_n}\right|(\alpha) = \frac{4\sin\alpha}{\sin\frac{\alpha}{2}}\ \text{dm}$$

   f) Ein Trog wird über einen Wasserzulauf gefüllt. Die pro Sekunde zugeführte Wassermenge ist konstant. Welches der folgenden Diagramme stellt den Füllvorgang dar. Begründe.

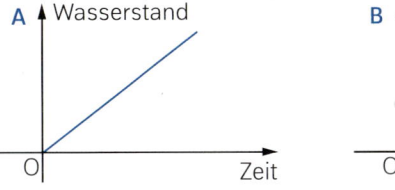

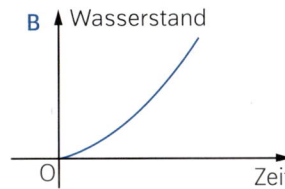

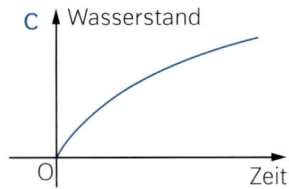

3 Die Abbildung zeigt eine Kippvorrichtung für das Entladen von Waggons.

Es gilt: $|\overline{AE}| = 3{,}25$ m

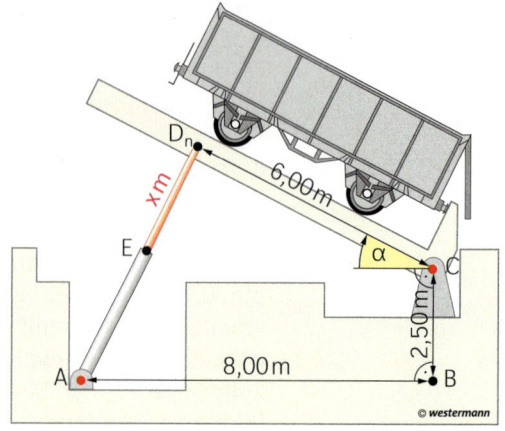

a) Zeichne das Dreieck ACD_1 für $x = 2$.
Berechne das zugehörige Winkelmaß α.
[Zwischenergebnisse: $|\overline{AC}| = 8{,}38$ m; $\sphericalangle ACB = 72{,}6°$]

b) Zeige, dass zwischen dem Winkelmaß α und der Maßzahl x folgender Zusammenhang besteht:
$x^2 + 6{,}5x = 95{,}69 - 100{,}56 \cos(\alpha + 17{,}4°)$

c) Berechne das Winkelmaß α für $x = 4$.

d) Berechne den Wert von x, für den der Winkel AD_2C das Maß 90° hat.

4 Die Abbildung zeigt vereinfacht dargestellt den Ausleger $\overline{CF}$ eines Raupenbaggers. Der Ausleger kann mit Hilfe eines Hydraulikzylinders $\overline{BD}$, den man um die Länge $|\overline{DE}| = x$ cm verlängern kann, gesteuert werden. Die Achsen B und C sind fest.

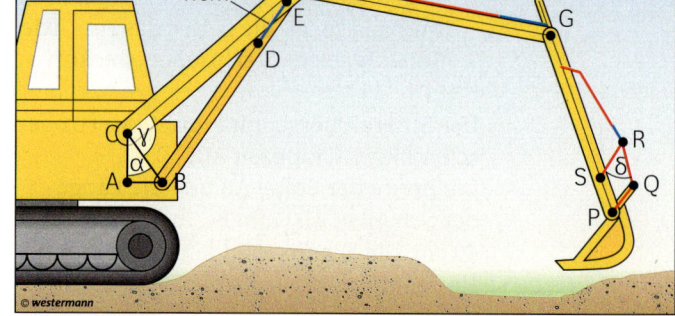

Es gilt: $|\overline{AB}| = 30$ cm;
$|\overline{AC}| = 40$ cm; $\sphericalangle BAC = 90°$;
$|\overline{BD}| = 145$ cm; $|\overline{EF}| = 10$ cm; $|\overline{CF}| = 190$ cm; $|\overline{FG}| = 220$ cm; $|\overline{GP}| = 155$ cm; $\sphericalangle BCF = \gamma$; $\sphericalangle CFG = 130°$

a) Zeichne das Dreieck ABC und das Dreieck BFC für $|\overline{DE}| = 25$ cm im Maßstab $1:20$.

b) Bestätige, dass $\sphericalangle ACB$ das Maß $\alpha = 36{,}9°$ und $\overline{BC}$ eine Länge von 50 cm hat.

c) Zeige, dass zwischen x und dem Winkelmaß γ folgender Zusammenhang besteht:
$$\cos \gamma = \frac{-x^2 - 310x + 14\,575}{19\,000}$$

d) Der Ausleger $\overline{CF}$ kann maximal soweit aufgestellt werden, dass er in Verlängerung der Strecke $\overline{AC}$ verläuft. Ermittle γ_{max} und den zugehörigen Wert x_{max}.

e) Gib den minimalen Wert x_{min} an und berechne dann das minimale Winkelmaß γ_{min}.

f) Der Ausleger und der Löffelstiel des Baggers sollen so gesteuert werden, dass die Punkte C und G auf einer Parallelen zur Erdoberfläche liegen.
Zeige, dass in diesem Fall für das Winkelmaß γ gilt: $\gamma = 80{,}1°$
Berechne, um welche Länge $|\overline{DE}|$ der Hydraulikzylinder vergrößert worden ist.

g) Das Maß des Winkels FGP beträgt 155°. Berechne den Abstand des Punktes P von der Geraden AC für $\gamma = 80{,}1°$.

h) Mit Hilfe eines Hydraulikzylinders können die Winkelmaße im Gelenkviereck PQRS und damit die Stellung des Baggerlöffels geändert werden.
Es gilt: $|\overline{PQ}| = |\overline{PS}| = 30$ cm; $|\overline{QR}| = |\overline{RS}| = 38$ cm
Zeige, dass die Länge der Strecke $\overline{QS}$ in Abhängigkeit von β durch einen der beiden folgenden Terme dargestellt werden kann:
$|\overline{QS}|(\beta) = \dfrac{30 \sin \beta}{\cos \frac{\beta}{2}}$ cm oder $|\overline{QS}|(\beta) = 30\sqrt{2(1 - \cos \beta)}$ cm

i) Stelle das Maß δ des Winkels SRQ in Abhängigkeit von β dar.
$\left[\text{Ergebnis: } \cos \delta = 1 - \dfrac{225}{361}(1 - \cos \beta) \right]$

k) Berechne das Maß δ für den Fall, dass die Strecke $\overline{PQ}$ des Gelenkvierecks PQRS auf dem Löffelstiel $\overline{GP}$ senkrecht steht.

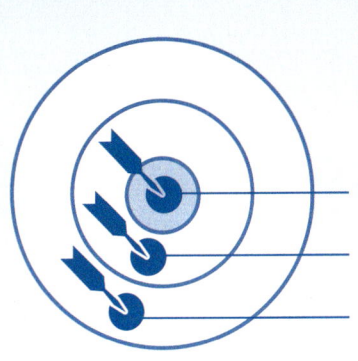

Löse die Aufgaben.
Schätze Dich mit Hilfe der **Zielscheibe** selbst
ein. Die Lösungen findest Du auf Seite 227.
→ zeigt Hilfen zu jeder Aufgabe.

Das kann ich.

Da bin ich mir **nicht ganz sicher.**

Das muss ich **unbedingt üben.**

Aufgabe	Du kannst ...
1	Seitenlängen und Innenwinkelmaße in beliebigen Dreiecken berechnen.
3	den Flächeninhalt von Dreiecken und Kreissegmenten berechnen.
4, 5	Aufgaben zu Körpern lösen.
2, 3, 4, 5	Aufgaben zu funktionalen Abhängigkeiten und Extremwertproblemen lösen.

→ Seite 94
→ Seite 96
→ Seite 98
Beispielkästen

1 Zeichne das Dreieck ABC. Berechne die fehlenden Seitenlängen und Winkelmaße.

a) $a = 6{,}0$ cm
$b = 3{,}5$ cm
$c = 6{,}5$ cm

b) $b = 5{,}0$ cm
$\alpha = 53{,}0°$
$\gamma = 86{,}0°$

c) $b = 6{,}2$ cm
$c = 4{,}9$ cm
$\alpha = 62{,}0°$

d) $a = 4{,}0$ cm
$c = 7{,}8$ cm
$\gamma = 95{,}0°$

e) $b = 7{,}0$ cm
$\alpha = 30{,}0°$
$A = 19{,}25$ cm^2

→ Seite 110
Beispielkasten

2 Die Dreiecke AB_nC_n sind gleichschenklig mit der Basis $\overline{B_nC_n}$.
Es gilt: $|\overline{B_nD}| = 3{,}0$ cm

a) Zeige, dass für die Schenkellängen a in Abhängigkeit
von α gilt: $a(\alpha) = \dfrac{3\sin(\alpha + 40°)}{\sin\alpha}$ cm

b) Berechne die Belegung von α, für die gilt: $a = 6{,}0$ cm

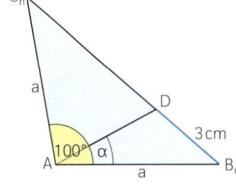

→ Seite 112
Aufgabe 1
→ Seite 99
Aufgabe 3

3 Die Punkte D_n liegen auf dem Kreis um M mit dem
Radius $|\overline{AM}|$. M ist der Mittelpunkt der Strecke $\overline{AC}$.
Es gilt: $|\overline{AM}| = 6{,}0$ cm; $\sphericalangle ACB_n = 90°$; $\sphericalangle B_nAC = \alpha$

a) Stelle den Flächeninhalt A_1 der Dreiecke AD_nM in
Abhängigkeit von α dar.

b) Bestimme die Belegung von α, für die die Dreiecke
AD_nM maximalen Flächeninhalt haben.

c) Berechne den Flächeninhalt A_2 der Dreiecke D_nB_nC in Abhängigkeit von α.

d) Berechne die Inhalte der blau und gelb markierten Flächen für $\alpha = 30°$.

→ Seite 115
Aufgabe 1 und
Beispielkasten

4 Die Raute ABCD mit dem Diagonalenschnittpunkt M ist die Grundfläche
der Pyramide ABCDS mit der Höhe $\overline{MS}$. Der Punkt S ist die Spitze dieser
Pyramide. Auf der Seitenkante $\overline{CS}$ liegen die Punkte E_n.
Es gilt: $|\overline{AC}| = 13$ cm; $|\overline{BD}| = 12$ cm; $|\overline{MS}| = 12$ cm; $\sphericalangle SE_nM = \varphi$

a) Berechne das Maß ε des Winkels MSE_n.

b) Bestimme den Flächeninhalt der Dreiecke BDE_n in Abhängigkeit von φ.

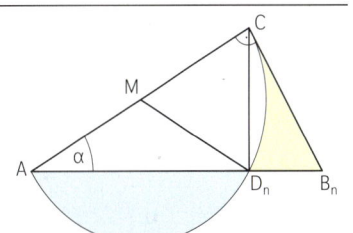

→ Seite 117
Aufgabe 5

5 Ein Kreisel aus Holz hat die Form eines Doppelkegels. Er wird aus einem Holzzylinder
ausgefräst. Der Öffnungswinkel des oberen Kegels des Kreisels beträgt 90°, die Gesamthöhe des Kreisels beträgt 4 cm. Die weitere Form ist variabel. Es gilt: $\alpha \in\,]0°;\ 90°[$

a) Welchen Durchmesser kann der Zylinder maximal haben?

b) Zeigen Sie, dass sich der Radius der Kreisel wie folgt in
Abhängigkeit von a darstellen lässt: $r(\alpha) = \dfrac{4\tan\alpha}{1 + \tan\alpha}$ cm

c) Das Volumen der Kreisel hängt ebenfalls von α ab:
$V(\alpha) = \dfrac{64}{3}\pi\,\dfrac{\tan^2\alpha}{(1 + \tan\alpha)^2}$ cm^3 Bestätigen Sie durch Rechnung.

d) Wie groß ist das Maß des Winkels a, wenn das Volumen des Kreisels 15 % des maximalen Zylindervolumens betragen soll? Wie groß ist in diesem Fall der Radius des
Kreisels? Runden Sie auf eine Stelle nach dem Komma.

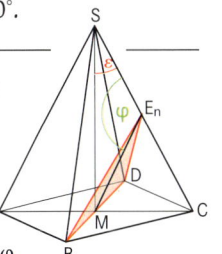

06

Skalarprodukt

Das Bild zeigt die Fleher Brücke, eine sogenannte Schrägseilbrücke über den Rhein bei Düsseldorf.

Schrägseilbrücken haben ein Tragwerk aus Kabeln, die unmittelbar mit der Fahrbahn verbunden sind. Der Zug der Kabel wird dabei von den Brückenpfeilern (Pylonen) abgefangen.

Kräfte können als Vektoren in einem Koordinatensystem dargestellt werden.

Seite 15

1 a) Nimm Stellung zu der Aussage von Felix. Verwende dabei dein Wissen über Steigungen.

b) Klara hat Recht. Es gibt noch einen einfacheren Weg. Finde für sie einen Zusammenhang zwischen den Koordinaten der zueinander senkrecht stehenden Vektoren $\vec{a} = \begin{pmatrix} x_a \\ y_a \end{pmatrix}$ und $\vec{b} = \begin{pmatrix} x_b \\ y_b \end{pmatrix}$.

Begründe dazu, dass gilt: $\dfrac{y_a}{x_a} \cdot \dfrac{y_b}{x_b} = -1$

Bringe diesen Term dann auf die Form

$x_a \cdot x_b + y_a \cdot y_b = 0$

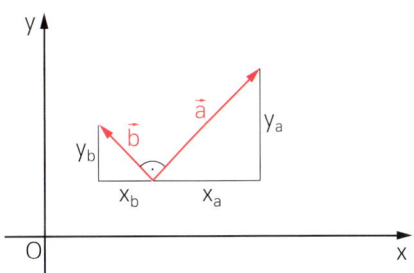

M

Skalarprodukt von zwei Vektoren

Orthogonale Vektoren

Der Term $x_a \cdot x_b + y_a \cdot y_b$ heißt **Skalarprodukt**[1] der Vektoren $\vec{a}$ und $\vec{b}$.

Man schreibt: $\vec{a} \circ \vec{b} = \begin{pmatrix} x_a \\ y_a \end{pmatrix} \circ \begin{pmatrix} x_b \\ y_b \end{pmatrix} = x_a \cdot x_b + y_a \cdot y_b$

Stehen zwei Vektoren **orthogonal zueinander** (senkrecht aufeinander), hat ihr Skalarprodukt den Wert Null:

$x_a \cdot x_b + y_a \cdot y_b = 0$

Umkehrung: Hat das Skalarprodukt zweier Vektoren den Wert Null, sind die Vektoren zueinander orthogonal (sie stehen senkrecht aufeinander).

Übungen

2 Berechne alle möglichen Skalarprodukte folgender Vektoren. Welche Vektoren stehen senkrecht aufeinander?

$\vec{a} = \begin{pmatrix} -3 \\ 4 \end{pmatrix}$ $\qquad \vec{b} = \begin{pmatrix} 1,5 \\ -2 \end{pmatrix}$ $\qquad \vec{c} = \begin{pmatrix} 16 \\ 12 \end{pmatrix}$ $\qquad \vec{d} = \begin{pmatrix} 3 \\ 2,25 \end{pmatrix}$

3 Berechne die fehlenden Koordinaten so, dass gilt: $\vec{b} \perp \vec{a}$ und $\vec{c} \perp \vec{a}$. Wie liegen dann $\vec{b}$ und $\vec{c}$ zueinander?

a) $\vec{a} = \begin{pmatrix} -4 \\ 3 \end{pmatrix}$; $\vec{b} = \begin{pmatrix} 6 \\ y_b \end{pmatrix}$; $\vec{c} = \begin{pmatrix} x_c \\ 1,6 \end{pmatrix}$ $\qquad$ b) $\vec{a} = \begin{pmatrix} -2 \\ 2\sqrt{3} \end{pmatrix}$; $\vec{b} = \begin{pmatrix} \cos 30° \\ y_b \end{pmatrix}$; $\vec{c} = \begin{pmatrix} x_c \\ \sqrt{3} \end{pmatrix}$

Seite 7, 17

4 Für welche Werte von x sind die Vektoren $\vec{a}$ und $\vec{b}$ orthogonal zueinander?

a) $\vec{a} = \begin{pmatrix} (x+2)^2 \\ 4-2x \end{pmatrix}$; $\vec{b} = \begin{pmatrix} 2 \\ x \end{pmatrix}$ $\qquad$ b) $\vec{a} = \begin{pmatrix} x \\ x+1 \end{pmatrix}$; $\vec{b} = \begin{pmatrix} x+1 \\ x-4 \end{pmatrix}$ $\qquad$ c) $\vec{a} = \begin{pmatrix} x-5 \\ x-1 \end{pmatrix}$; $\vec{b} = \begin{pmatrix} x+2 \\ x-2 \end{pmatrix}$

Lösungen: $400; -12,5; 0; -12,5; -1; 0; 25; 1,2; 6,25; 0; 75; 0; 0; 75; 8; 0,5; 3; -\frac{2}{3}; 2; -1; 0; 0; 4;$
$0; 12,5; 14,06$

---

[1] als Skalar bezeichnet man eine Zahl (als Unterscheidung zum Vektor)

(5) Überprüfe das Kommutativgesetz beim Skalarprodukt von Vektoren.

a) Berechne und vergleiche.

(1) $\begin{pmatrix} 3 \\ 7 \end{pmatrix} \circ \begin{pmatrix} -2 \\ 4 \end{pmatrix}$

$\begin{pmatrix} -2 \\ 4 \end{pmatrix} \circ \begin{pmatrix} 3 \\ 7 \end{pmatrix}$

(2) $\begin{pmatrix} 5 \\ -2,3 \end{pmatrix} \circ \begin{pmatrix} 8 \\ -6 \end{pmatrix}$

$\begin{pmatrix} 8 \\ -6 \end{pmatrix} \circ \begin{pmatrix} 5 \\ -2,3 \end{pmatrix}$

b) Zeige die allgemeine Gültigkeit des Gesetzes: $\vec{a} \circ \vec{b} = \vec{b} \circ \vec{a}$
Ersetze dazu in deinem Heft die Platzhalter und begründe, dass gilt:
$x_a \cdot \blacksquare + y_a \cdot \blacksquare = x_b \cdot \blacksquare + y_b \cdot \blacksquare$

Seite 15, 18

(6) Gegeben sind die Dreiecke ABC_n. Es gilt: $A(-6|1)$; $B(4|1)$; $C_n(x|5)$

a) Konstruiere die rechtwinkligen Dreiecke ABC_1 und ABC_2 mit der Hypotenuse $\overline{AB}$.
Für die Zeichnung: $-7 \leq x \leq 5$; $0 \leq y \leq 7$

b) Berechne die Koordinaten der Punkte C_1 und C_2 mit Hilfe des Skalarprodukts von Vektoren.

c) Finde zwei weitere Lösungsmöglichkeiten für b), indem du die Teilaufgabe einmal mit Hilfe des Satzes des Pythagoras und einmal mit Hilfe von Steigungen löst.

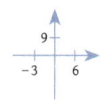

(7) Gegeben sind die Dreiecke A_nBC. Es gilt: $A_n(x|4)$; $B(5|6)$; $C(-1|8)$
Konstruiere die rechtwinkligen Dreiecke A_1BC und A_2BC mit der Hypotenuse $\overline{BC}$ und berechne die Koordinaten von A_1 und A_2 mit Hilfe des Skalarprodukts von Vektoren.

(8) Gegeben sind die Punkte $A(-2|1)$ und $C(1|3)$. Die Punkte B_n liegen auf der Geraden g mit der Gleichung $y = \frac{1}{8}x - 2$; $x, y \in \mathbb{R}$. Die Strecke $\overline{AB_1}$ steht senkrecht auf der Strecke $\overline{AC}$.

a) So kannst du die Koordinaten des Punktes B_1 berechnen.

B

(1) Zeichne die Strecke $\overline{AB_1}$ senkrecht zur Strecke $\overline{AC}$ mit B_1 auf der Geraden g.

(2) Berechne die Koordinaten der Pfeile $\overrightarrow{AB_n}$ und $\overrightarrow{AC}$.
$\overrightarrow{AB_n} = \begin{pmatrix} x + 2 \\ \frac{1}{8}x - 3 \end{pmatrix}$; $\overrightarrow{AC} = \begin{pmatrix} 3 \\ 2 \end{pmatrix}$

(3) Da die Pfeile senkrecht aufeinander stehen, setze das Skalarprodukt gleich Null.
$\begin{pmatrix} x + 2 \\ \frac{1}{8}x - 3 \end{pmatrix} \circ \begin{pmatrix} 3 \\ 2 \end{pmatrix} = 0$

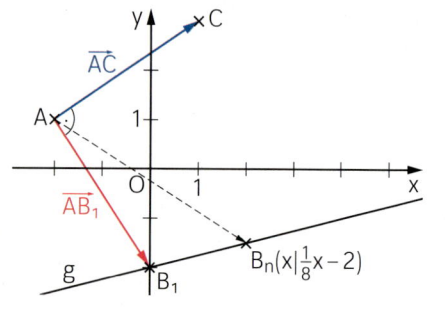

Führe die Berechnung zu Ende.

b) Die Strecke $\overline{CB_2}$ steht senkrecht auf der Strecke $\overline{AC}$.

c) Die Strecke $\overline{AB_3}$ steht senkrecht auf der Geraden g.

(9) Der Eckpunkt B des rechtwinkligen Dreiecks ABC liegt auf der Geraden g mit der Gleichung $y = -\frac{1}{3}x + 1,5$. Es gilt: $A(5|-3)$; $C(1|2)$; $\alpha = 90°$; $x, y \in \mathbb{R}$
Berechne die Koordinaten des Eckpunktes B.

(10) Die Punkte $A(-2|-3)$ und $B(4|0)$ bilden die Basis des gleichschenkligen Dreiecks ABC. Die Seite $\overline{BC}$ schließt mit der positiven Richtung der x-Achse einen Winkel von 143,13° ein. Konstruiere das Dreieck ABC und berechne die Koordinaten des Punktes C mit Hilfe geeigneter senkrechter Vektoren. [Zwischenergebnis: BC mit $y = -0,75x + 3$]

1 So kannst du den Abstand des Punktes $P(5|1)$ von der Geraden g mit der Gleichung $y = 2x + 1$ mit Hilfe des Skalarprodukts bestimmen ($x, y \in \mathbb{R}$).

B

(1) Gib die Koordinaten der Punkte $Q_n \in g$ an.
$$Q_n(x | 2x + 1)$$

(2) Berechne die Koordinaten der Pfeile $\overrightarrow{Q_nP}$.
$$\overrightarrow{Q_nP} = \begin{pmatrix} 5 - x \\ 1 - (2x + 1) \end{pmatrix} = \begin{pmatrix} 5 - x \\ -2x \end{pmatrix}$$

(3) Gib einen Steigungsvektor $\vec{v}$ der Geraden g an.
$$\vec{v} = \begin{pmatrix} 1 \\ 2 \end{pmatrix}$$

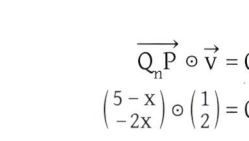

(4) Setze das Skalarprodukt gleich Null, da $\overrightarrow{Q_0P} \perp \vec{v}$.
$$\overrightarrow{Q_nP} \circ \vec{v} = 0$$
$$\begin{pmatrix} 5 - x \\ -2x \end{pmatrix} \circ \begin{pmatrix} 1 \\ 2 \end{pmatrix} = 0$$

(5) Berechne x.
$$(5 - x) \cdot 1 - 2x \cdot 2 = 0$$
$$x = 1$$

(6) Berechne die Koordinaten des Pfeils $\overrightarrow{Q_0P}$.
$$\overrightarrow{Q_0P} = \begin{pmatrix} 5 - 1 \\ -2 \cdot 1 \end{pmatrix} = \begin{pmatrix} 4 \\ -2 \end{pmatrix}$$

(7) Berechne den Betrag des Pfeils.
$$\left| \overrightarrow{Q_0P} \right| = \sqrt{4^2 + (-2)^2} = \sqrt{20}$$

(8) Gib den Abstand an.
$$d(P, g) = 4{,}47 \text{ LE}$$

Seite 18

Fertige eine Zeichnung an und berechne den Abstand des Punktes P von g.
a) $P(3|4)$; g mit $y = 0{,}5x - 1$ b) $P(-2|3)$; g mit $y = -x - 1$
c) $P(-1|-2{,}5)$; g mit $y = 0{,}25x + 2$ d) $P(3|1)$; g mit $y = -0{,}5x - 1$

Übungen

Seite 15, 18

2

Ich kann den Abstand in Aufgabe 1 auch so berechnen: Ich schneide die Gerade g mit einer Geraden h, die senkrecht zu g und durch P verläuft. Der Schnittpunkt ist Q_0. Nun berechne ich die Länge $|\overline{PQ_0}|$.

Ich stelle die Länge der Strecke $\overline{PQ_n}$ zunächst in Abhängigkeit von x dar: $|\overline{PQ_n}| = \sqrt{5x^2 - 10x + 25}$ LE. Dann berechne ich die minimale Länge $|\overline{PQ_0}|$.

Überprüfe durch Rechnung die Vorschläge von Ben und Lena.

3 Der Punkt A ist Eckpunkt eines Quadrats ABCD, dessen Eckpunkte C und D auf der Geraden g liegen. Es gilt: $A(1{,}5|0{,}5)$; g mit $y = -0{,}2x + 6$; $x, y \in \mathbb{R}$
Konstruiere das Quadrat, berechne seinen Flächeninhalt und die Koordinaten der Punkte B und C.

4 Gegeben ist die Gerade g mit der Gleichung $y = -0{,}5x - 2$ ($x, y \in \mathbb{R}$). Der Fußpunkt des Lotes vom Punkt $P(x_p|-1)$ auf die Gerade g ist der Punkt $Q(2|-3)$.
Fertige eine Zeichnung an und berechne den Abstand des Punktes P von der Geraden g.

(1) Gegeben sind die folgenden Vektoren. Welche Vektoren stehen senkrecht aufeinander?
(1) Überlege, welche Vektorenpaare auf keinen Fall in Frage kommen. Begründe.
(2) Führe für alle anderen Vektorenpaare eine Berechnung durch.

$$\vec{a} = \begin{pmatrix} 2 \\ \sqrt{2} \end{pmatrix} \qquad \vec{c} = \begin{pmatrix} 2 \\ -\sqrt{8} \end{pmatrix} \qquad \vec{e} = \begin{pmatrix} 4 \\ \sqrt{32} \end{pmatrix}$$

$$\vec{b} = \begin{pmatrix} -2 \\ \sqrt{8} \end{pmatrix} \qquad \vec{d} = \begin{pmatrix} -2 \\ -\sqrt{8} \end{pmatrix} \qquad \vec{f} = \begin{pmatrix} 5 \\ -\sqrt{50} \end{pmatrix}$$

(2) Die Punkte $A(-4\,|\,-2)$ und $B(4\,|\,0)$ sind Eckpunkte einer Schar von Dreiecken ABC_n. Die Eckpunkte C_n liegen auf einer Geraden g mit der Gleichung $y = 0{,}5x + 2{,}25$ $(x, y \in \mathbb{R})$. Unter den Dreiecken ABC_n gibt es vier rechtwinklige Dreiecke. Berechne die Koordinaten der zugehörigen Eckpunkte C_n mit Hilfe des Skalarprodukts geeigneter Vektoren.

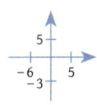

(3) Berechne den Abstand der beiden parallelen Geraden g und h.
Es gilt: g mit $y = -\frac{2}{3}x - 1$; h mit $y = -\frac{2}{3}x + 3$; $x, y \in \mathbb{R}$

(4) Die Punkte B und C sind Eckpunkte eines Dreiecks ABC. F ist der Fußpunkt der Höhe h_a.
Es gilt: $B(4\,|\,0)$; $C(-2\,|\,4)$; $F(-0{,}5\,|\,3)$; $h_a = 3{,}6$ LE; $x \in \mathbb{R}$
a) Zeichne das Dreieck ABC in ein Koordinatensystem.
b) Welche der folgenden Koordinaten können dem Eckpunkt A zugeordnet werden? Begründe mit Hilfe deiner Zeichnung.
   A $A(x\,|\,x+3{,}6)$ **B** $A(x+0{,}5\,|\,0)$ **C** $A(x\,|\,1{,}5x+3{,}75)$
c) Berechne die Koordinaten des Punktes A.

Seite 7

(5) Die Punkte $Q_n(x\,|\,0)$ liegen auf der x-Achse, die Punkte $P_n(x\,|\,y)$ haben die gleiche Abszisse x wie die Punkte Q_n. Die Strecken $\overline{AP_n}$ und $\overline{AQ_n}$ sollen zueinander orthogonal verlaufen.
Es gilt: $A(3\,|\,3)$; $x, y \in \mathbb{R}$
a) Zeichne die Strecken $\overline{AP_n}$ und $\overline{AQ_n}$ für $x = 5$, für $x = 7$ und $x = 2$ in ein Koordinatensystem ein.
b) Zeige durch Rechnung, dass für die Punkte $P_n(x\,|\,y)$ folgender Zusammenhang zwischen der x- und der y-Koordinate besteht: $y = \frac{1}{3}(x-3)^2 + 3$
c) Zeichne den Trägergraphen der Punkte P_n in die Zeichnung zu Teilaufgabe a) ein.

(6) Die Punkte $A(-4\,|\,1)$ und $B(2\,|\,-3{,}5)$ sind Eckpunkte eines Rechtecks ABCD mit $|\overline{AD}| = 3{,}75$ LE.
a) Konstruiere das Rechteck und stelle ein Gleichungssystem mit folgenden Bedingungen auf:
   I $\overrightarrow{AB} \circ \overrightarrow{AD} = 0$ mit $D(x\,|\,y)$
   II $\wedge\, |\overline{AD}| = 3{,}75$ LE
b) Löse das Gleichungssystem und berechne die Koordinaten der Punkte D und C.

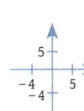

(7) Die Pfeile $\overrightarrow{OP_n} = \begin{pmatrix} 6\sin\alpha \\ 3\cos^2\alpha \end{pmatrix}$ und $\overrightarrow{OR_n} = \begin{pmatrix} 2\cos\alpha \\ \frac{2}{\sin\alpha} \end{pmatrix}$ spannen Parallelogramme $OP_nQ_nR_n$ auf.

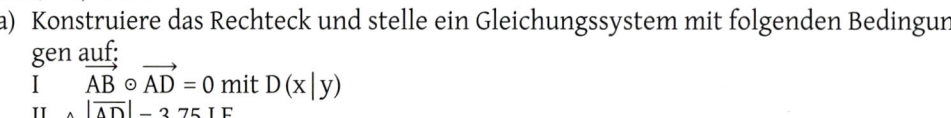

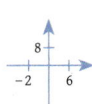

Es gilt: $O(0\,|\,0)$; $\alpha \in\,]0°;\ 180°[$
a) Berechne die Koordinaten der Pfeile $\overrightarrow{OP_1}$ und $\overrightarrow{OR_1}$ für $\alpha = 25°$, $\overrightarrow{OP_2}$ und $\overrightarrow{OR_2}$ für $\alpha = 50°$ und $\overrightarrow{OP_3}$ und $\overrightarrow{OR_3}$ für $\alpha = 120°$. Zeichne die zugehörigen Parallelogramme.
b) Bestimme den Trägergraphen der Punkte P_n. Trage ihn in die Zeichnung zu a) ein.
c) Für welche Werte von α gibt es Rechtecke $OP_nQ_nR_n$? Berechne mit Hilfe des Skalarprodukts und trage die Rechtecke in die Zeichnung zu Teilaufgabe a) ein.

1 Das Bild zeigt noch einmal einen Ausschnitt der Fleher Brücke (siehe S. 122).
   a) Begründe mit Hilfe des Skalarprodukts, dass die beiden Seile, die in Richtung der Vektoren $\vec{v}_1$ und $\vec{v}_2$ verlaufen, nicht senkrecht zueinander sind.
   b) Berechne das Maß α zwischen den beiden Vektoren $\vec{v}_1$ und $\vec{v}_2$.

c)

Das Winkelmaß α ist abhängig von den Koordinaten der Vektoren $\vec{v}_1$ und $\vec{v}_2$.

Dann muss es doch einen mathematischen Zusammenhang zwischen dem Skalarprodukt der Vektoren und dem Winkelmaß α geben.

Seite 18

Berechne die Beträge der Vektoren $\vec{v}_1$ und $\vec{v}_2$. Bestimme dann das Produkt $|\vec{v}_1| \cdot |\vec{v}_2| \cdot \cos \alpha$. Vergleiche mit dem Ergebnis aus a). Was stellst du fest?

2 Gegeben sind die Vektoren $\vec{a} = \begin{pmatrix} x_a \\ y_a \end{pmatrix}$ und $\vec{b} = \begin{pmatrix} x_b \\ y_b \end{pmatrix}$ mit $|\vec{a}| = a$ und $|\vec{b}| = b$.

Für den Zusammenhang zwischen den Koordinaten der Vektoren und dem Winkelmaß φ zwischen den Vektoren gilt:

Im Dreieck OPQ gilt: $\cos \beta = \dfrac{x_b}{b}$ bzw. $x_b = b \cdot \cos \beta$

$\sin \beta = \dfrac{y_b}{b}$ bzw. $y_b = b \cdot \sin \beta$

Analog gilt im Dreieck ORS: $x_a = a \cdot \cos \alpha$ und $y_a = a \cdot \sin \alpha$

Somit folgt für das Skalarprodukt $\vec{a} \circ \vec{b}$:
$$\begin{aligned}
\vec{a} \circ \vec{b} &= a \cos \alpha \cdot b \cos \beta + a \sin \alpha \cdot b \sin \beta \\
&= a \cdot b \cdot (\cos \alpha \cos \beta + \sin \alpha \sin \beta) \\
&= a \cdot b \cdot \cos(\alpha - \beta)
\end{aligned}$$

Mit $\varphi = \alpha - \beta$ und $a = |\vec{a}|$ sowie $b = |\vec{b}|$ folgt:

$$\vec{a} \circ \vec{b} = |\vec{a}| \cdot |\vec{b}| \cdot \cos \varphi$$

wobei $|\vec{a}| = \sqrt{x_a^2 + y_a^2}$; $|\vec{b}| = \sqrt{x_b^2 + y_b^2}$

M

Skalarprodukt beliebiger Vektoren

Winkelmaß zwischen Vektoren

Für das **Skalarprodukt zweier beliebiger Vektoren** $\vec{a} = \begin{pmatrix} x_a \\ y_a \end{pmatrix}$ und $\vec{b} = \begin{pmatrix} x_b \\ y_b \end{pmatrix}$ gilt:

$$\vec{a} \circ \vec{b} = |\vec{a}| \cdot |\vec{b}| \cdot \cos \varphi \quad \text{mit} \quad |\vec{a}| = \sqrt{x_a^2 + y_a^2}; \ |\vec{b}| = \sqrt{x_b^2 + y_b^2}$$

φ ist das Maß des Winkels zwischen $\vec{a}$ und $\vec{b}$; $\varphi \in [0°; 180°]$

Für das **Winkelmaß φ zwischen zwei beliebigen Vektoren** $\vec{a}$ und $\vec{b}$ gilt:

$$\cos \varphi = \frac{\vec{a} \circ \vec{b}}{|\vec{a}| \cdot |\vec{b}|} \quad \text{bzw.} \quad \cos \varphi = \frac{x_a \cdot x_b + y_a \cdot y_b}{\sqrt{x_a^2 + y_a^2} \cdot \sqrt{x_b^2 + y_b^2}}$$

Übungen

③ Berechne in Aufgabe 1 auf Seite 127 das Winkelmaß zwischen den Vektoren $\vec{v}_1$ und $\vec{v}_2$ mit Hilfe des Skalarprodukts.

④ Berechne das Maß φ des Winkels zwischen den Vektoren $\vec{a}$ und $\vec{b}$.

a) $\vec{a} = \begin{pmatrix} -4 \\ 3 \end{pmatrix}$; $\quad\vec{b} = \begin{pmatrix} -2 \\ -1 \end{pmatrix}$

b) $\vec{a} = \begin{pmatrix} 2 \\ -1,2 \end{pmatrix}$; $\quad\vec{b} = \begin{pmatrix} 0,5 \\ 2 \end{pmatrix}$

c) $\vec{a} = \begin{pmatrix} -3 \\ 4,5 \end{pmatrix}$; $\quad\vec{b} = \begin{pmatrix} 6 \\ 2 \end{pmatrix}$

$$\vec{a} = \begin{pmatrix} 2 \\ 3 \end{pmatrix};\ \vec{b} = \begin{pmatrix} 1 \\ -1 \end{pmatrix}$$

$$\cos\varphi = \frac{2\cdot 1 + 3\cdot(-1)}{\sqrt{2^2+3^2}\cdot\sqrt{1^2+(-1)^2}}$$

$$\varphi = 101{,}31°$$

⑤ Zeichne die Gerade g und die Strecke $\overline{AB}$ in ein Koordinatensystem.
Berechne das Maß φ des Winkels, den die Gerade mit der Strecke $\overline{AB}$ bildet.

a) g mit y = 0,5x + 1; A(1|1,5); B(6|0)

b) g mit y = −x + 5; A(−1,5|−1); B(3|1)

⑥ Die Punkte A(−2|0) und B(6|2) sind Eckpunkte einer Schar von Dreiecken ABC_n.
Es gilt: $C_n(x|5)$

a) Für das Dreieck ABC_1 gilt: $\alpha = 45°$
So kannst du die fehlende Koordinate des Eckpunktes C_1 berechnen.

Ⓑ

(1) Zeichne das Dreieck ABC_1.
Markiere darin alle Angaben farbig.

(2) Gib die Koordinaten der passenden Pfeile an.
$\overrightarrow{AB} = \begin{pmatrix} 8 \\ 2 \end{pmatrix}$ und $\overrightarrow{AC_n} = \begin{pmatrix} x+2 \\ 5 \end{pmatrix}$

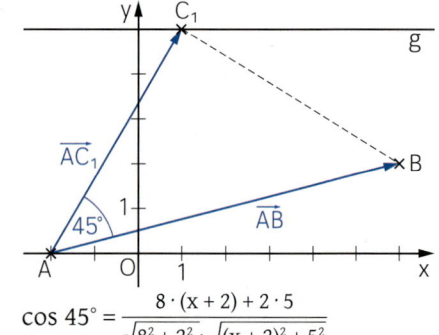

(3) Verwende den Zusammenhang für das Winkelmaß zwischen zwei Vektoren.

$$\cos 45° = \frac{8\cdot(x+2) + 2\cdot 5}{\sqrt{8^2+2^2}\cdot\sqrt{(x+2)^2+5^2}}$$

(4) Vereinfache beide Seiten der Gleichung so weit wie möglich.

$$\frac{1}{2}\sqrt{2} = \frac{8x+26}{\sqrt{68}\cdot\sqrt{x^2+4x+29}}$$

$$\frac{1}{2}\sqrt{2}\cdot\sqrt{68}\cdot\sqrt{x^2+4x+29} = 8x+26$$

(5) Löse die Gleichung, indem du mit dem Nenner multiplizierst und beide Seiten quadrierst.

$$34\cdot(x^2+4x+29) = (8x+26)^2$$

Seite 18

Führe die Rechnung zu Ende und gib die Koordinaten des Punktes C_1 an.

b) Welche Umformung ist keine Äquivalenzumformung? Begründe.

c) Berechne für das Dreieck ABC_2 mit $\sphericalangle C_2BA = 60°$ die x-Koordinate des Eckpunktes C_2.

⑦ Die Pfeile $\overrightarrow{OP_n} = \begin{pmatrix} 3-x \\ 2x \end{pmatrix}$ und $\overrightarrow{OQ} = \begin{pmatrix} -2 \\ 5 \end{pmatrix}$ spannen mit O(0|0) die Dreiecke OP_nQ auf.

a) Zeichne das Dreieck OP_1Q für x = 2 in ein Koordinatensystem. Berechne das Maß φ des Winkels P_1OQ.

b) Für das Dreieck OP_2Q gilt: $\sphericalangle P_2OQ = 60°$. Berechne die Belegung von x und zeichne das Dreieck OP_2Q in das Koordinatensystem zu a) ein.

c) Welche Werte kann x annehmen?

1 Zeichne die Geraden g und h in ein Koordinatensystem ein und berechne das Maß α ihres spitzen Schnittwinkels mit Hilfe des Skalarprodukts.
a) g: $y = 0{,}2x + 4$; h: $y = -0{,}8x + 1$ b) g: $3y - 4x + 3 = 0$; h: $y = -3x + 6$

2 Zeichne die Kreise k_1 und k_2 mit dem Radius $r = 3{,}5$ cm, die die Gerade g mit der Gleichung $y = -0{,}25x + 3$ im Punkt $P(2 \mid 2{,}5)$ berühren. Ermittle die Koordinaten ihrer Mittelpunkte M_1 und M_2.

3 Die Punkte C_n einer Schar von Dreiecken ABC_n liegen auf der Geraden g mit der Gleichung $y = -0{,}5x + 5$. Es gilt: $A(0 \mid 1)$; $B(6 \mid -1)$
a) Zeichne das Dreieck ABC_1 mit $\alpha = 90°$. Berechne die Koordinaten von C_1.
b) Berechne die Koordinaten von C_2, wenn gilt: $\sphericalangle BAC_2 = 45°$

4 Das Dreieck ABC ist gleichschenklig mit der Basis $\overline{AB}$. Es gilt: $A(-1 \mid -2)$; $B(7 \mid -1)$; die Basiswinkel betragen $55°$.
Zeichne das Dreieck und berechne die Koordinaten des Eckpunktes C.

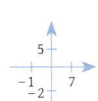

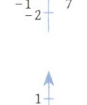

5 Die Punkte A und C liegen auf der Symmetrieachse eines Drachenvierecks ABCD. Der Punkt E ist Diagonalenschnittpunkt, das Maß α des Winkels BAD beträgt $80°$.
Es gilt: $A(-2 \mid -3)$; $C(6 \mid -1)$; $E(0 \mid -2{,}5)$
a) Zeichne das Drachenviereck ABCD in ein Koordinatensystem ein.
b) Berechne die Koordinaten der Eckpunkte B und D.
c) Berechne das Maß β des Innenwinkels CBA.

6 Gegeben sind die Punkte $A(-3 \mid 4)$ und $C(5 \mid 2)$ sowie die Gerade g mit $y = 2x + 1$. Die Punkte $B_n(x \mid 2x + 1)$ mit $x < 1$ und die Punkte D_n auf g bilden mit den Punkten A und C Parallelogramme AB_nCD_n. Der Diagonalenschnittpunkt M liegt auch auf der Geraden g.

a) Zeichne das Parallelogramm AB_1CD_1 für $x = 0$ in ein Koordinatensystem ein. Berechne dann die Innenwinkelmaße des Parallelogramms AB_1CD_1.
b) Das Parallelogramm AB_2CD_2 ist ein Rechteck. Berechne die Koordinaten von B_2.

7 Auf dem Graphen der Funktion f mit $y = 1{,}5^{x-2} + 1$ bewegen sich Punkte $C_n(x \mid y)$. Sie bilden zusammen mit den Punkten $A_n(x_A \mid 0)$ und $B_n(x_B \mid 0)$ Dreiecke $A_nB_nC_n$. Die Abszisse der Punkte A_n ist um 1 kleiner als die Abszisse der Punkte C_n. Ferner gilt: $|\overline{AB}| = 5$ LE
a) Zeichne den Graphen von f für $x \in [-4; 6]$ und das Dreieck $A_1B_1C_1$ für $x = 1$ in ein Koordinatensystem ein. Berechne dann die Innenwinkelmaße des Dreiecks $A_1B_1C_1$.
b) Das Dreieck $A_2B_2C_2$ ist rechtwinklig mit der Hypotenuse $\overline{A_2B_2}$. Berechne die Koordinaten der Eckpunkte.

8 Gegeben ist die Gerade g mit $y = -3x - 2$.
a) Zeichne mindestens fünf Kreise mit dem Radius 2 LE, die die Gerade g als Tangente haben.
b) Ergänze die Trägergraphen der Kreismittelpunkte. Begründe.
c) Berechne die Gleichungen der Trägergraphen für die Kreismittelpunkte.

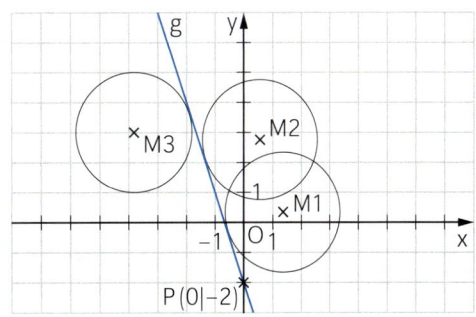

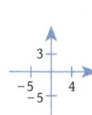

9 Die Pfeile $\overrightarrow{AB_n} = \begin{pmatrix} 4\cos\varphi \\ -4\sin\varphi \end{pmatrix}$ und $\overrightarrow{AC_n} = \begin{pmatrix} 3 \\ 5\cos\varphi \end{pmatrix}$ legen Dreiecke AB_nC_n fest mit $A(0|0)$; $\varphi \in [0°;\ 180°]$.

a) Zeichne die Dreiecke AB_1C_1 und AB_2C_2 für $\varphi \in \{75°;\ 160°\}$ in ein Koordinatensystem.

b) Begründe: Die Längen der Seiten $\overline{AB_n}$ haben ein konstantes Maß.

c) Unter den Dreiecken gibt es zwei gleichschenklige Dreiecke mit $\overline{B_nC_n}$ als Basis. Berechne φ für diese Dreiecke. Runde auf eine Stelle nach dem Komma.

d) Begründe mit Hilfe von c), dass es kein gleichseitiges Dreieck AB_nC_n gibt.

e) Unter den Dreiecken AB_nC_n gibt es rechtwinklige Dreiecke mit $\sphericalangle B_nAC_n = 90°$. Berechne φ für diese Dreiecke auf eine Stelle nach dem Komma.

f) Zeige, dass sich der Flächeninhalt A der Dreiecke AB_nC_n in Abhängigkeit von φ folgendermaßen darstellen lässt: $A(\varphi) = (-10\sin^2\varphi + 6\sin\varphi + 10)$ FE

g) Für welche Belegung von φ beträgt der Flächeninhalt eines Dreiecks 8 FE? Berechne.

h) Berechne die Extremwerte, die der Flächeninhalt annehmen kann. Gib die dazugehörigen Winkelmaße φ an.

10 Die Pfeile $\overrightarrow{AB_n} = \begin{pmatrix} 3\sin\varphi + 1 \\ 6\cos^2\varphi \end{pmatrix}$ und $\overrightarrow{AD_n} = \begin{pmatrix} -4\sin\varphi \\ 2 \end{pmatrix}$ spannen für $\varphi \in [0°;\ 180°]$

Parallelogramme $AB_nC_nD_n$ auf. Es gilt: $A(-2|-3)$

a) Zeichne die Parallelogramme $AB_1C_1D_1$ für $\varphi = 30°$, $AB_2C_2D_2$ für $\varphi = 90°$ und $AB_3C_3D_3$ für $\varphi = 160°$ in ein Koordinatensystem ein.

b) Berechne das Maß α des Winkels B_1AD_1 im Parallelogramm $AB_1C_1D_1$.

c) Gib die Gleichung des Trägergraphen der Punkte D_n an und ordne den Trägergraphen für die Punkte B_n richtig zu.

A	B	C
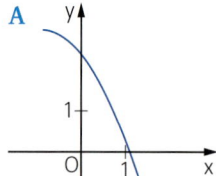	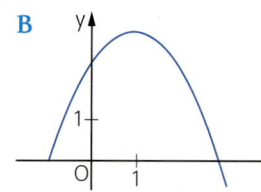	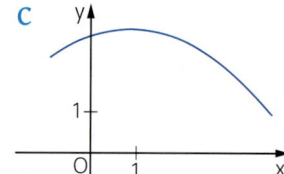

d) Welche Werte kann x_B annehmen?

e) Stelle die Koordinaten der Punkte C_n in Abhängigkeit von φ dar und zeichne den Trägergraphen der Punkte C_n in die Zeichnung zu a) ein.

f) Berechne die Belegungen von φ für die Rechtecke unter den Parallelogrammen.

g) Stelle den Flächeninhalt $A(\varphi)$ der Parallelogramme $AB_nC_nD_n$ in Abhängigkeit von φ auf. Zeige, dass er folgendermaßen dargestellt werden kann: $A(\varphi) = (-24\sin^3\varphi + 30\sin\varphi + 2)$ FE

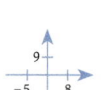

11 Der Pfeil $\overrightarrow{AC} = \begin{pmatrix} -4 \\ 2 \end{pmatrix}$ spannt mit den Pfeilen $\overrightarrow{AB_n} = \begin{pmatrix} 8 \cdot \sin\varepsilon \\ \frac{2}{\sin\varepsilon} \end{pmatrix}$ für $\varepsilon \in\ ]0°;\ 90°]$

Dreiecke AB_nC auf. Es gilt: $A(0|0)$

a) Zeichne die Dreiecke AB_1C für $\varepsilon = 15°$, AB_2C für $\varepsilon = 30°$ und AB_3C für $\varepsilon = 60°$.

b) Berechne das Maß α des Winkels B_3AC, den die beiden Pfeile $\overrightarrow{AB_3}$ und $\overrightarrow{AC}$ einschließen. Runde auf eine Stelle nach dem Komma.

c) Das Dreieck AB_4C ist rechtwinklig mit der Hypotenuse $\overline{B_4C}$. Berechne das zugehörige Winkelmaß ε auf eine Stelle nach dem Komma gerundet. Ermittle rechnerisch die Gleichung des Trägergraphen h der Punkte B_n.

d) Im gleichschenkligen Dreieck AB_5C ist die Seite $\overline{AC}$ die Basis. Berechne den Wert von ε auf eine Stelle nach dem Komma gerundet.

e) Zeige, dass sich der Flächeninhalt A der Dreiecke AB_nC in Abhängigkeit von ε wie folgt darstellen lässt: $A(\varepsilon) = \left(8 \cdot \sin\varepsilon + \frac{4}{\sin\varepsilon}\right)$ FE

f) Berechne die Werte von ε so, dass die Dreiecke AB_6C und AB_7C einen Flächeninhalt von 12 FE haben.

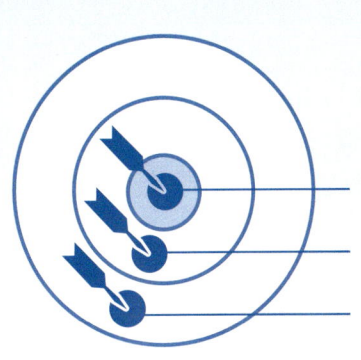

Löse die Aufgaben. Schätze Dich mit
Hilfe der **Zielscheibe** selbst ein.
Die Lösungen findest Du auf Seite 229.
→ zeigt Hilfen zu jeder Aufgabe.

Das kann ich.

Da bin ich mir **nicht ganz sicher**.

Das muss ich **unbedingt üben**.

Aufgabe	Du kannst …
1, 2	mit Hilfe des Skalarprodukts die Orthogonalität zweier Vektoren nachweisen und das Maß des eingeschlossenen Winkels berechnen.
3, 4, 7	die Koordinaten von Punkten mit besonderen Eigenschaften berechnen.
5, 6	den Abstand von Punkt und Gerade bzw. zweier paralleler Geraden bestimmen.

→ Seite 123
Aufgabe 2,
→ Seite 128
Aufgabe 4

1 Gegeben sind folgende Vektoren: $\vec{a} = \begin{pmatrix} -2 \\ 5 \end{pmatrix}$; $\vec{b} = \begin{pmatrix} -0,1 \\ -0,04 \end{pmatrix}$; $\vec{c} = \begin{pmatrix} 27,5 \\ 11 \end{pmatrix}$; $\vec{d} = \begin{pmatrix} 12 \\ 5 \end{pmatrix}$

a) Berechne alle möglichen Skalarprodukte der Vektoren.
b) Welche Vektoren stehen senkrecht aufeinander?
c) Bestimme die Winkelmaße zwischen den übrigen Vektoren.

→ Seite 123
Aufgabe 4

2 Für welche x-Werte stehen die Vektoren $\vec{a}$ und $\vec{b}$
senkrecht aufeinander? Berechne ($x \in \mathbb{R}$).

$$\vec{a} = \begin{pmatrix} x \\ x-3 \end{pmatrix}; \vec{b} = \begin{pmatrix} x+1 \\ x+4 \end{pmatrix}$$

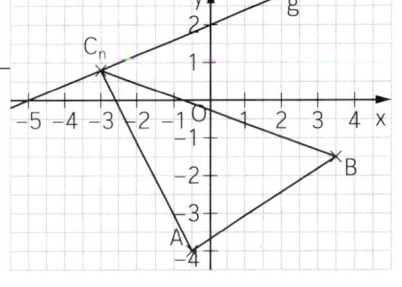

→ Seite 124
Aufgabe 8

3 Gegeben sind die Punkte A($-0,5 | -4$) und B($3,5 | -1,5$).
Die Punkte C_n liegen auf der Geraden g mit der
Gleichung $y = \frac{2}{5}x + 2$ ($x, y \in \mathbb{R}$).
Berechne die Koordinaten des Punktes C_n, wenn
a) das Dreieck ABC_1 bei A rechtwinklig ist.
b) die Strecke $\overline{AC_2}$ senkrecht auf der Geraden g steht.

→ Seite 129
Aufgabe 1

4 Gegeben sind die Gerade g mit $y = 0,5x + 1$ und h mit $y = 3x + 6$ ($x, y \in \mathbb{R}$). Zeichne die
Geraden in ein Koordinatensystem ein und berechne das Maß α ihres spitzen Schnittwinkels.

5 Gegeben ist ein gleichschenkliges Dreieck PQR mit $\overline{RP}$ als Basis. Es gilt: P($0 | -2$), R($-4 | 0$)

→ Seite 124
Aufgabe 10

Die Seite $\overline{PQ}$ schließt mit der positiven x-Achsenrichtung einen Winkel von 81,87° ein.
Zeichne das Dreieck PQR und berechne die Koordinaten des Punktes Q mit Hilfe geeigneter orthogonaler Vektoren. [PQ mit $y = 7x - 2$]

→ Seite 125
Aufgabe 1

6 Berechne den Abstand des Punktes P von der Geraden g mit Hilfe des Skalarprodukts.
Fertige gegebenenfalls eine Skizze an ($x, y \in \mathbb{R}$).
a) P($-2 | 5$); g mit $y = -0,5x - 1$ b) P($4 | 3$); g mit $y = x + 5$

→ Seite 126
Aufgabe 3

7 Berechne den Abstand der beiden parallelen Geraden g und h.
Es gilt: g mit $y = -\frac{3}{5}x - 2$; h mit $y - 3 + 0,6x = 0$; $x, y \in \mathbb{R}$

→ Seite 129
Aufgabe 6

8 Die Punkte B($-0,5 | -1$), C($3,5 | 2$) und D($0,5 | 6$) sind die Eckpunkte einer Raute ABCD.
a) Zeichne die Raute in ein Koordinatensystem.
Für das Koordinatensystem gilt: $-7 \le x \le 4$; $-2 \le y \le 7$
b) Um welche besondere Raute handelt es sich? Überprüfe deine Vermutung rechnerisch.
c) Berechne die Koordinaten des Eckpunkts A.

1

Vereinfache so weit wie möglich. Verwende nur deine Merkhilfe.

(1) $\tan \alpha \cdot \cos (-\alpha)$

(2) $\sqrt{2(1 - \sin \alpha) - (\sin \alpha - 1)^2}$

(3) $\cos \alpha - \cos (180° - \alpha) + \cos (-\alpha)$

(4) $2 \sin \alpha - \sin (180° - \alpha) + \sin (-\alpha)$

(5) $\sqrt{\sin (180° - \alpha) \sin \alpha - \cos \alpha \cos (180° - \alpha)}$

(6) $2 \sin (-\alpha) \cos \alpha + (\sin \alpha + \cos \alpha)^2$

2

Trigomino

Gespielt wird wie beim Domino zu zweit oder paarweise gegeneinander. Ihr benötigt Papier, Stifte und Taschenrechner sowie die abgebildeten Spielsteine vergrößert.
Zur Kontrolle ist eine Kopie der Lösung hilfreich.

Spielregeln:

- Der „Anfang"-Spielstein wird in die Mitte gelegt.
- Alle anderen Spielsteine werden verteilt. Jeder löst seine Aufgaben verdeckt.
- Für eine richtig gelöste Aufgabe gibt es einen Punkt.
- Ist die Lösung bei den eigenen Spielsteinen, darf man diesen anlegen und erhält einen Zusatzpunkt. Wer einen falschen Spielstein anlegt, bekommt einen Minuspunkt.
- Mit dem „Ende"-Stein ist das Spiel beendet. *Achtung*: Vier Spielsteine bleiben übrig.
- Gewonnen hat der- oder diejenige mit den meisten Punkten.

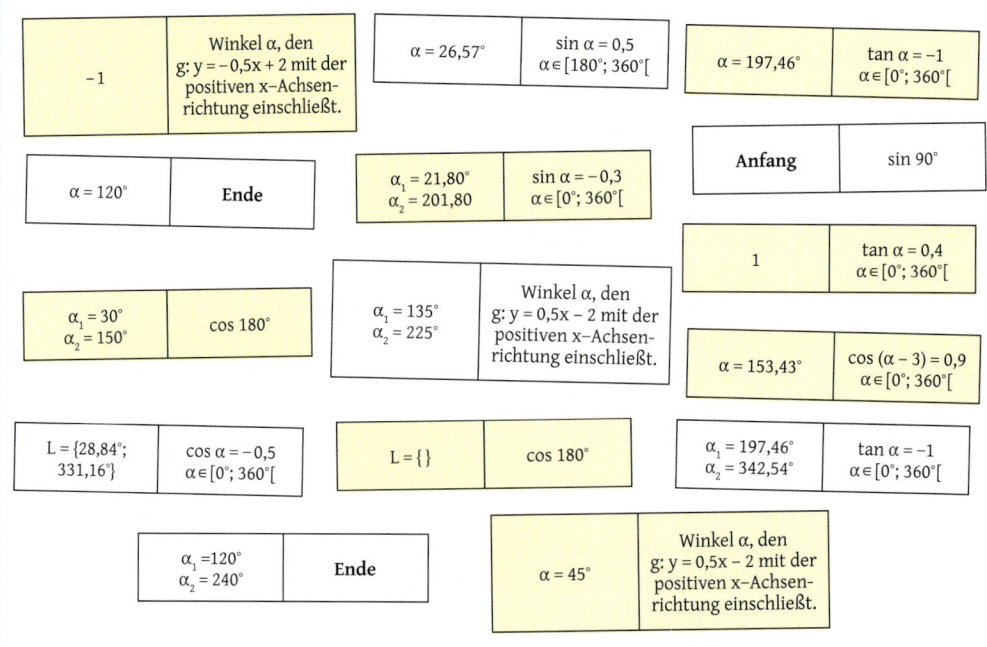

4

Bergtour

Durch den Berg Grünstein führt von Amberg (A) nach Blaustein (B) ein 6,0 km langer Tunnel. Der Gipfel (G) liegt 1,5 km über dem Tunnel, d. h. es gilt: $|\overline{FG}| = 1{,}5$ km. Ferner gilt: $|\overline{AF}| = 1{,}5$ km.

Bergfex Sepp eilt von Amberg den steilen Weg mit durchschnittlich 1,5 $\frac{km}{h}$ zum Gipfel. Von dort läuft er zügig mit durchschnittlich 8,2 $\frac{km}{h}$ nach Blaustein hinab. Seiner Freundin Maria ist die Bergtour zu anstrengend. Sie wandert in der Zwischenzeit auf einem 12 km langen Talweg um den Berg.

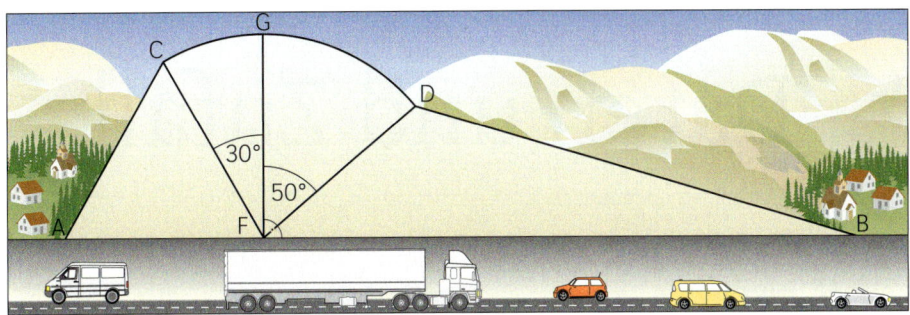

a) Zeige durch Rechnung, dass die Strecke bergauf 2,3 km und die Strecke bergab 4,8 km beträgt.

b) Wie schnell muss Maria laufen, damit sie zur gleichen Zeit wie ihr Freund in Blaustein ankommt, vorausgesetzt es werden keine Pausen eingelegt und die angegebenen Durchschnittsgeschwindigkeiten eingehalten.

3

dynamisches Viereck

Gegeben sind die Punkte $A(-2|-2)$, $B(3|-1)$ und $C(5|2{,}5)$.

Der Punkt C liegt auf der Geraden g, die parallel zur Geraden AB verläuft.

Die Punkte A, B und C bilden mit den Punkten $D_n \in g$ Vierecke $ABCD_n$.

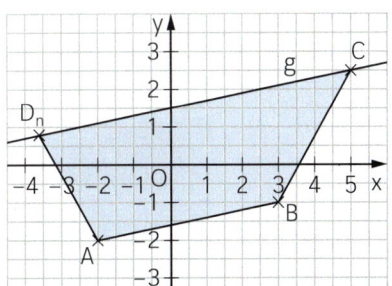

a) Im Viereck $ABCD_1$ gilt: $\sphericalangle BAD_1 = 90°$
Berechne die Koordinaten des Punktes D_1 und die des Pfeils $\overrightarrow{AD_1}$.

b) Berechne die Maße aller Innenwinkel des Vierecks $ABCD_2$ für $x = 0$.
Um welches besondere Viereck handelt es sich?

Daten und Zufall

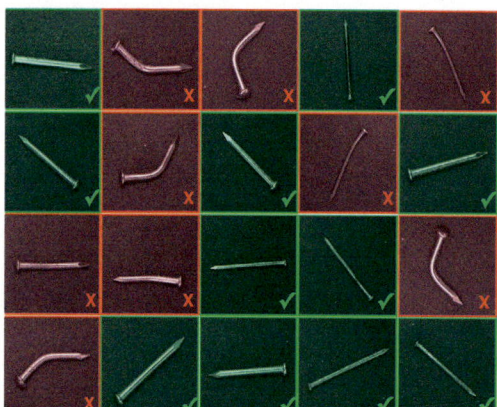

Die Qualität ihrer Produkte ist für den wirtschaftlichen Erfolg einer Firma von größter Bedeutung. Die Wahrscheinlichkeitsrechnung hilft dabei durch Stichproben festzustellen, ob Qualität und Quantität der Produkte den festgelegten Kriterien entsprechen. Sind die festgestellten Abweichungen Zufall oder liegt ein Fehler in der Herstellung vor?

Beim Arztbesuch wird der Patient auf Krankheitserreger getestet. Mit Hilfe der Wahrscheinlichkeitsrechnung können Aussagen über die Zuverlässigkeit eines Testergebnisses getroffen werden.

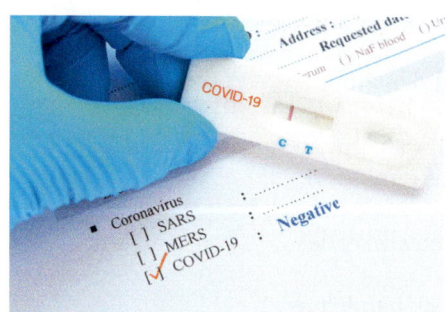

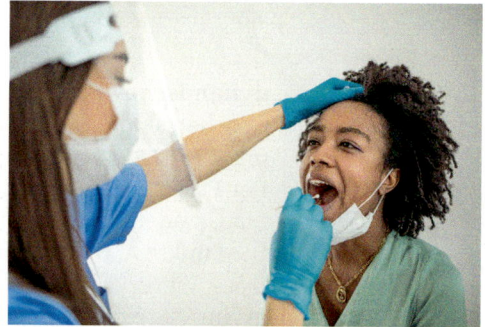

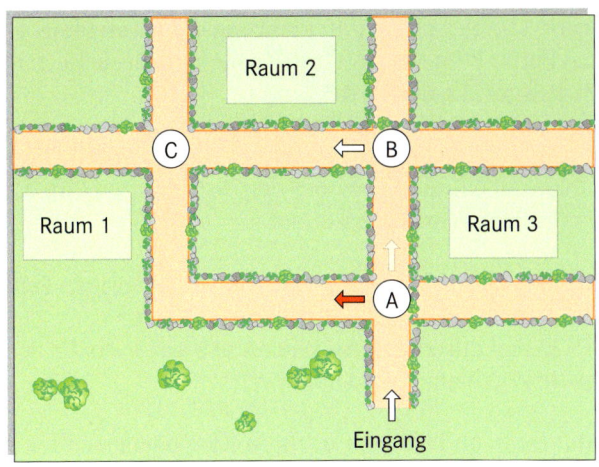

Raum 2

C   B

Raum 1

Raum 3

A

Eingang

1 Im *Fantasy Garden* gibt es verschiedene Räume mit besonderen Attraktionen. Vor den Kreuzungen werden die Besucherströme durch Werfen von Würfeln und Münzen gelenkt. Wer an der Kreuzung A die Augenzahl 3 würfelt und beim Münzwurf „Zahl" erhält, darf sofort nach links, also in Richtung des roten Pfeils abbiegen.

a) 300 Besucher strömen in den *Fantasy Garden*. Schätze, wie viele sofort in Richtung des roten Pfeils weitergehen können.
Bei welcher der folgenden drei Varianten gibt es Probleme beim Schätzen? Begründe.

zu (2)

		1	
4	5	3	3
		6	

(1) An der Kreuzung A wird ein normaler Würfel verwendet.

(2) Verwendet wird ein Würfel mit dem Netz rechts.

(3) Es wird das rechts abgebildete Zufallsgerät verwendet.

b) Versuche deine Schätzung für den normalen Würfel mit einem Baumdiagramm zu begründen.

Baumdiagramm

 M

Seite 10

Zur Ermittlung der Wahrscheinlichkeiten eines mehrstufigen Laplace-Experiments ist ein **Baumdiagramm** hilfreich.

Im Beispiel wird aus einem Gefäß verdeckt eine Kugel gezogen und wieder zurückgelegt. Anschließend wird eine Münze geworfen. Hier handelt es sich um ein zweistufiges Laplace-Experiment.
Bestimmt werden soll die Wahrscheinlichkeit P für das Ereignis, dass eine grüne Kugel gezogen wird und die Zahl oben liegt, also P(grün; Z).

Durch Abzählen im Baumdiagramm ergeben sich für das günstige Ereignis (grün; Z) 2 Möglichkeiten. Insgesamt gibt es 6 mögliche Ergebnisse.

Somit beträgt die Wahrscheinlichkeit

$P(\text{grün; Z}) = \frac{2}{6} = 0{,}333... = 33{,}3\,\%$

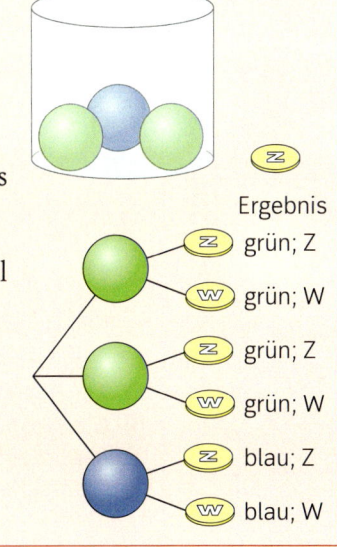

Ergebnis

grün; Z
grün; W
grün; Z
grün; W
blau; Z
blau; W

Übungen

2 Besucher, die in Aufgabe 1 Seite 135 nicht in Richtung des roten Pfeils gehen, laufen in Richtung B weiter. Am Punkt B im *Fantasy Garden* sollen die Besucherströme in Richtung C nochmal durch ein Zufallsgerät halbiert werden.
   a) Was für ein Zufallsgerät empfiehlst du? Begründe.
   b) Wie müsstest du dein Baumdiagramm aus Teilaufgabe 1 b) ergänzen?
   c) Schätze, wie viele von 1200 Besuchern über den Punkt B zum Punkt C gelangen. Am Punkt A wird ein normaler Würfel verwendet.

3 Betrachte noch einmal das Beispiel im roten Kasten auf der vorigen Seite.
   a) Gib die Wahrscheinlichkeit P für das Ereignis (blau; W) an.
   b) Der Versuch wird 120 mal durchgeführt. Wie oft erwartest du die verschiedenen Ereignisse (grün; Z), (grün; W), (blau; Z) und (blau; W)?

4 Aus einem Behälter mit roten und blauen Kugeln werden nacheinander zwei Kugeln gezogen. Die erste gezogene Kugel wird wieder zurückgelegt. Gib für die Wahrscheinlichkeit der folgenden Ergebnisse eine mögliche Anzahl roter und blauer Kugeln in dem Behälter an.

   a) $P(r; r) = \frac{16}{81}$ b) $P(r; b) = \frac{6}{49}$ c) $P(r; r) = \frac{64}{196}$ d) $P(b; b) = \frac{9}{49}$

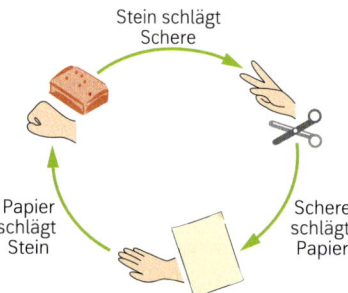

5 Immer wieder wird gern das Spiel „Schere – Stein – Papier" oder „Schnick – Schnack – Schuck" gespielt.
   a) Bestimme mit einem Baumdiagramm die Wahrscheinlichkeiten für die Ereignisse   (1) erster Spieler gewinnt;   (2) zweiter Spieler gewinnt;   (3) unentschieden.
   b) Wie verändern sich die Wahrscheinlichkeiten, wenn die Figur „Brunnen" einbezogen wird?
   c) Welche Spielvariante würdest du bevorzugen? Begründe.

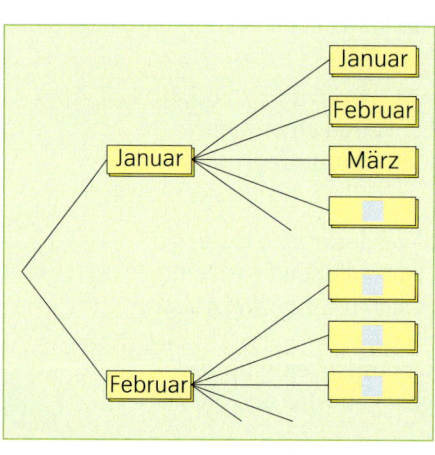

6 Für eine Befragung werden zwei Schüler zufällig ausgewählt. Wie groß ist die Wahrscheinlichkeit, dass
   a) beide im gleichen Monat Geburtstag haben?
   b) beide im August Geburtstag haben?
   c) mindestens einer im März Geburtstag hat?
   d) keiner im November Geburtstag hat?
   e) beide im ersten Halbjahr Geburtstag haben?
   f) beide am gleichen Wochentag geboren sind?

7 Das abgebildete Glücksrad wird zweimal gedreht.
   a) Zeichne ein zugehöriges Baumdiagramm.
   b) Gib den Ergebnisraum an.
   c) Lege vier Ereignisse fest und berechne die zugehörigen Wahrscheinlichkeiten.

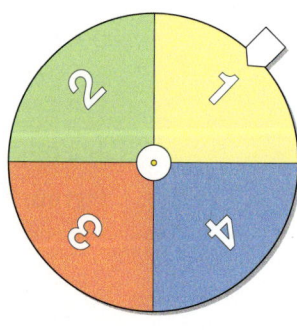

1 Aus dem nebenstehenden Gefäß soll erst eine rote Kugel und dann eine blaue Kugel gezogen werden. Die erste Kugel wird nicht zurückgelegt. Stefan und Lea unterhalten sich über die Wahrscheinlichkeiten.

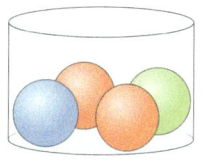

Das ist doch klar, es werden 2 Kugeln von 4 gezogen, also $\frac{2}{4} = \frac{1}{2} = 50\,\%$

Du musst beide Ziehungen getrennt betrachten. Bei der zweiten Ziehung ist eine Kugel weniger im Gefäß!

Was meinst du zu den Aussagen von Stefan und Lea? Schätze die Wahrscheinlichkeit selbst.

2 So kannst du die Wahrscheinlichkeit für das Ziehen einer roten Kugel und anschließend einer blauen Kugel aus nebenstehendem Gefäß bestimmen. Die erste Kugel wird nicht zurückgelegt.

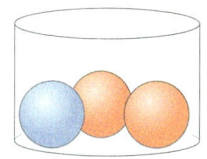

B

Bruchteil von einem Bruchteil heißt multiplizieren der Wahrscheinlichkeiten.

1. Möglichkeit:
Baumdiagramm mit allen Ergebnissen

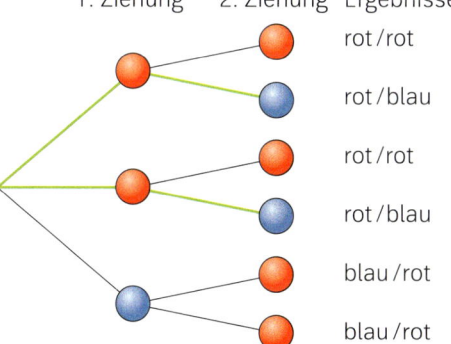

1. Ziehung   2. Ziehung   Ergebnisse

rot/rot
rot/blau
rot/rot
rot/blau
blau/rot
blau/rot

Für die Ziehung zweier Kugeln gibt es sechs Möglichkeiten (Pfade), zwei Pfade führen zu rot; blau:

P(rot; blau) $= \frac{2}{6} = \frac{1}{3} = 33,3\,\%$

2. Möglichkeit:
Verkürztes Baumdiagramm nur mit unterschiedlichen Ergebnissen

1. Ziehung:
Zwei von drei Kugeln sind rot: $P = \frac{2}{3}$

2. Ziehung:
Eine von zwei Kugeln ist blau: $P = \frac{1}{2}$.

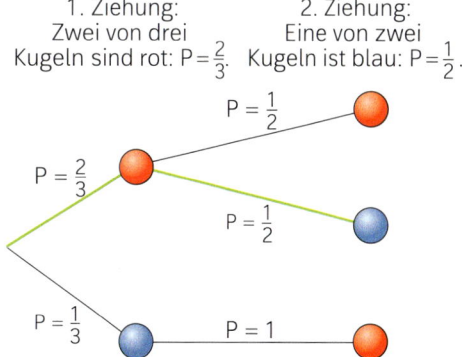

$P = \frac{1}{2}$
$P = \frac{2}{3}$
$P = \frac{1}{2}$
$P = \frac{1}{3}$
$P = 1$

Die Wahrscheinlichkeiten entlang der „Pfade" werden eingetragen.
Ein Pfad führt zu rot; blau.
Die Wahrscheinlichkeiten entlang dieses Pfades werden multipliziert.

P(rot; blau) $= \frac{2}{3} \cdot \frac{1}{2} = \frac{1}{3} = 33,3\,\%$

a) Bestimme die Wahrscheinlichkeit, dass die erste Kugel blau und die zweite Kugel rot ist.

b) Wie groß ist die Wahrscheinlichkeit, dass beide Kugeln rot sind?

3 a) Überprüfe deine Schätzung aus Aufgabe 1.

b) In Aufgabe 1 soll nun erst eine grüne, dann eine rote Kugel gezogen werden. Bestimme die Wahrscheinlichkeit für diese Zugfolge.

(4) Aus einem Gefäß mit drei roten und zwei blauen Kugeln sollen nacheinander zwei Kugeln gezogen werden. In einem Experiment wird die Kugel nicht zurückgelegt, im anderen wird sie zurückgelegt. Die Reihenfolge wird nicht berücksichtigt. So kannst du die Wahrscheinlichkeit für das Ereignis „eine Kugel ist rot, eine blau" bestimmen.

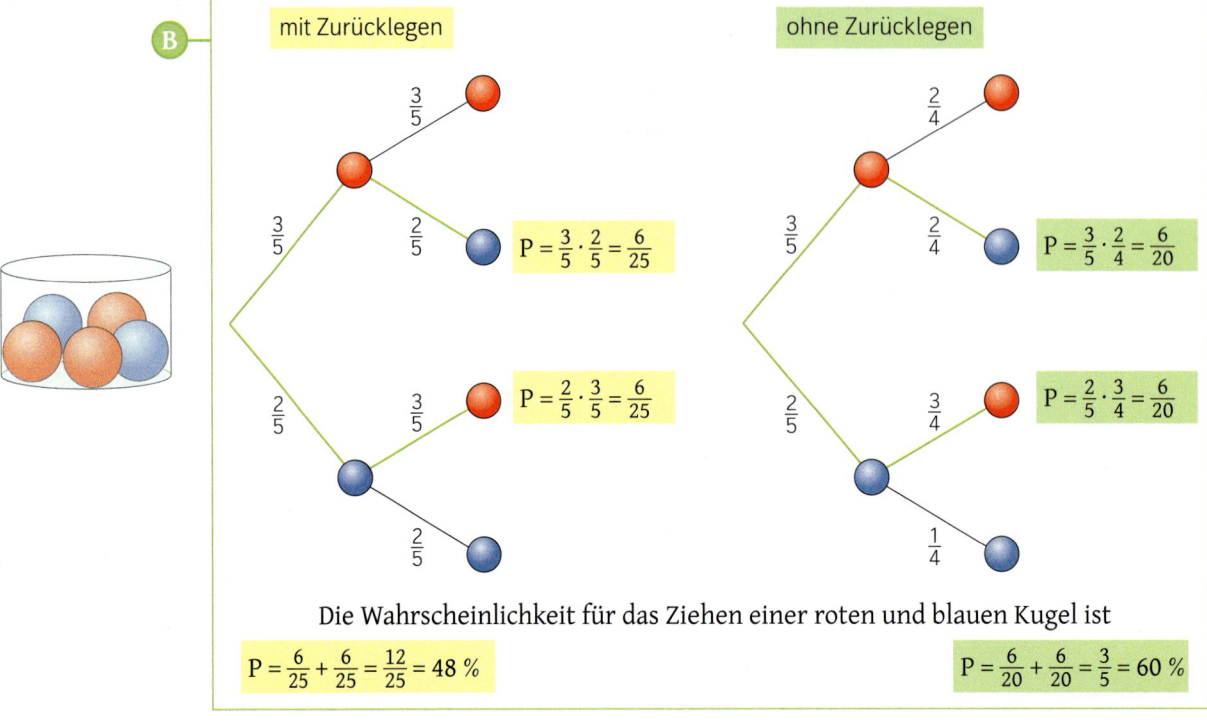

B mit Zurücklegen

$P = \frac{3}{5} \cdot \frac{2}{5} = \frac{6}{25}$

$P = \frac{2}{5} \cdot \frac{3}{5} = \frac{6}{25}$

ohne Zurücklegen

$P = \frac{3}{5} \cdot \frac{2}{4} = \frac{6}{20}$

$P = \frac{2}{5} \cdot \frac{3}{4} = \frac{6}{20}$

Die Wahrscheinlichkeit für das Ziehen einer roten und blauen Kugel ist

$P = \frac{6}{25} + \frac{6}{25} = \frac{12}{25} = 48\,\%$

$P = \frac{6}{20} + \frac{6}{20} = \frac{3}{5} = 60\,\%$

a) Berechne für beide Fälle die Wahrscheinlichkeit, dass mindestens eine der beiden gezogenen Kugeln blau ist.

b) Zeige: Die Summe aller Wahrscheinlichkeiten ist für beide Fälle jeweils 1.

(5) Betrachte noch einmal Stefans Einschätzung in Aufgabe 1 auf Seite 113. Könnte sie richtig sein, wenn ohne Berücksichtigung der Reihenfolge (blau rot; rot blau) gezogen würde?

M

Pfadregeln

Die Wahrscheinlichkeit für ein Ergebnis erhält man durch Multiplikation der Wahrscheinlichkeiten entlang des zugehörigen Pfades (**Multiplikationsregel**). Gehören mehrere Pfade (Ergebnisse) zu einem Ereignis, werden die Wahrscheinlichkeiten der Pfade addiert (**Additionsregel**).

Beispiel: Bestimme die Wahrscheinlichkeit, aus einem Gefäß mit drei roten und einer blauen Kugel bei zwei Ziehungen ohne Zurücklegen eine blaue Kugel zu ziehen.

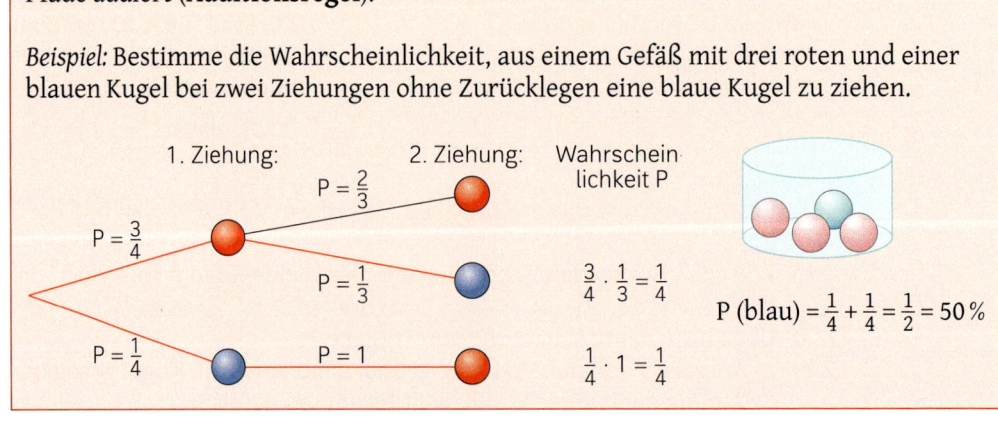

1. Ziehung: 2. Ziehung: Wahrscheinlichkeit P

$P = \frac{2}{3}$

$P = \frac{3}{4}$

$P = \frac{1}{3}$

$\frac{3}{4} \cdot \frac{1}{3} = \frac{1}{4}$

$P(blau) = \frac{1}{4} + \frac{1}{4} = \frac{1}{2} = 50\,\%$

$P = \frac{1}{4}$

$P = 1$

$\frac{1}{4} \cdot 1 = \frac{1}{4}$

Ziehen mit Zurücklegen

① Aus dem Gefäß links werden nacheinander zwei Kugeln gezogen. Jede Kugel wird nach der Ziehung wieder zurückgelegt. Welche der folgenden Aussagen sind wahr? Begründe.

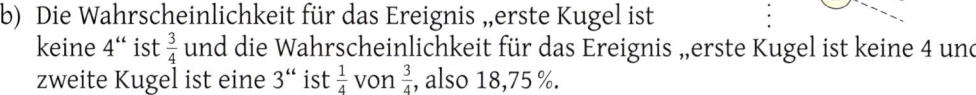

a) Vervollständige das Baumdiagramm im Heft.

b) Die Wahrscheinlichkeit für das Ereignis „erste Kugel ist keine 4" ist $\frac{3}{4}$ und die Wahrscheinlichkeit für das Ereignis „erste Kugel ist keine 4 und zweite Kugel ist eine 3" ist $\frac{1}{4}$ von $\frac{3}{4}$, also 18,75 %.

c) Die Wahrscheinlichkeit für das Ereignis „erste Kugel ist eine 4 und zweite Kugel ist ebenfalls eine 4" ist $2 \cdot \frac{1}{4} = \frac{1}{2}$.

d) Die Wahrscheinlichkeit für das Ereignis „erste Kugel ist eine 4 und zweite Kugel ist keine 4" ist $3 \cdot \frac{1}{4} \cdot \frac{1}{4} = \frac{3}{16}$.

e) Die Wahrscheinlichkeit für das Ereignis „erste Kugel ist keine 4 und zweite Kugel ist keine 4" ist $3 \cdot \left(\frac{1}{16} + \frac{1}{16} + \frac{1}{16}\right) = \frac{9}{16}$.

f) Die Wahrscheinlichkeit für das Ereignis „erste Kugel ist eine 3 und zweite Kugel ist keine 2" ist $\frac{1}{4} \cdot \frac{3}{4} = \frac{3}{16}$.

② Hier siehst du zwei Glücksräder.

a) Bestimme die Wahrscheinlichkeit, dass beide Räder auf der 1 stehen bleiben.

b) Beide Räder drehen sich gleichzeitig. Gib die Wahrscheinlichkeit dafür an, dass mindestens eines der Räder auf der 1 stehen bleibt.

c) Was stimmt? Die Wahrscheinlichkeit, dass beide Räder auf einer ungeraden Zahl stehen bleiben beträgt: **A** 25 %   **B** 50 %   **C** 75 %

③ Aus dem links abgebildeten Gefäß wird eine Kugel gezogen und wieder zurückgelegt. Danach wird eine weitere Kugel gezogen.

a) Zeichne ein Baumdiagramm und trage die Wahrscheinlichkeiten für jeden Pfad ein. Beachte, dass die gezogene Kugel wieder zurückgelegt wird.

b) Berechne die Wahrscheinlichkeiten für die folgenden Ereignisse. Gib auch die Prozentschreibweise an.

(1) Die erste Kugel ist blau, die zweite rot.

(2) Die erste Kugel ist grün, die zweite blau.

(3) Beide Kugeln sind rot.

c) „Die Wahrscheinlichkeit, eine rote und eine blaue Kugel zu ziehen ist gleich, egal ob die Kugel nach dem Ziehen zurückgelegt wird oder nicht. Hauptsache die Reihenfolge wird nicht berücksichtigt." Ist diese Aussage richtig? Begründe.

④ Aus einem Gefäß mit drei nummerierten, gleichartigen Kugeln werden nacheinander zwei Kugeln mit Zurücklegen gezogen. Die erste gezogene Kugel ist die Zehnerziffer einer zweistelligen Zahl, die zweite gezogene Kugel die Einerziffer.

a) Bestimme die Anzahl der möglichen Ergebnisse.

b) Bestimme die Wahrscheinlichkeiten für folgende Ereignisse:

E1: Die Zahl ist größer als 20.

E2: Die Zahl ist größer als 10.

E3: Die Zahl ist durch 3 teilbar.

c) Erfinde weitere Aufgaben und stelle sie deinem Nachbarn.

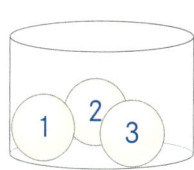

Ziehen ohne Zurücklegen

(5) In einem Gefäß sind drei rote, drei blaue und zwei grüne Kugeln. Es werden nacheinander zwei Kugeln ohne Zurücklegen gezogen.

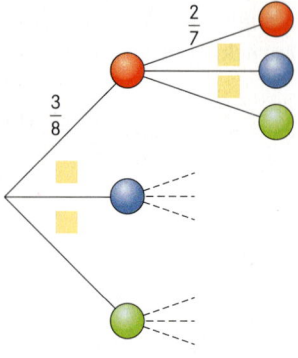

a) Vervollständige das Baumdiagramm in deinem Heft.
b) Gib den Ergebnisraum an.
c) Bestimme die Wahrscheinlichkeiten für die Ereignisse.
   E_1: Es wird keine rote Kugel gezogen.
   E_2: Es wird mindestens eine rote Kugel gezogen.
   E_3: Es wird höchstens eine grüne Kugel gezogen.
   E_4: Es werden zwei blaue Kugeln gezogen.
d) Erfinde weitere Aufgaben und stelle sie deinem Nachbarn.

(6) Aus dem Gefäß von Aufgabe 3, Seite 139 werden erneut zwei Kugeln gezogen. Die erste Kugel wird nun nicht zurückgelegt.

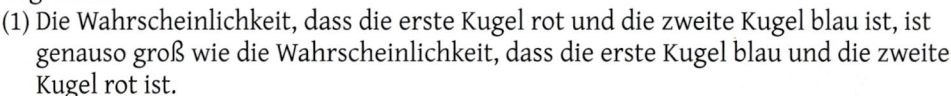

a) Bestimme folgende Wahrscheinlichkeiten.
   Vergleiche auch mit den Ergebnissen von Seite 139.
   (1) Die erste Kugel ist blau, die zweite rot.
   (2) Die erste Kugel ist grün, die zweite blau.
   (3) Beide Kugeln sind rot.
b) Sind folgende Aussagen wahr oder falsch?
   Begründe.
   (1) Die Wahrscheinlichkeit, dass die erste Kugel rot und die zweite Kugel blau ist, ist genauso groß wie die Wahrscheinlichkeit, dass die erste Kugel blau und die zweite Kugel rot ist.
   (2) Die Wahrscheinlichkeit, dass die erste Kugel rot und die zweite grün ist, ist genauso groß wie die Wahrscheinlichkeit, dass die erste Kugel rot und die zweite blau ist.
   (3) Die Wahrscheinlichkeit, dass die erste Kugel blau und die zweite grün ist, beträgt 10 %.

(7) Aus einem Gefäß mit nummerierten Kugeln werden nacheinander zwei Kugeln ohne Zurücklegen gezogen. Zeichne einen Behälter mit möglichen Kugeln für folgende Ereignisse:
a) Die Wahrscheinlichkeit, dass die erste Kugel die 1 ist und die zweite Kugel die 2, beträgt 10 %.
b) Mit einer Wahrscheinlichkeit von 30 % werden eine 1 und eine 2 gezogen.

(8) Bei einem Schulfest werden für einen guten Zweck Lose verkauft. Da man noch Restbestände nutzen konnte, sind 30 % der 400 Lose rot, die restlichen sind blau. Bei den roten Losen sind 65 % Gewinne, bei den blauen Losen nur 35 %.
a) Bei welcher Losfarbe ist die Wahrscheinlichkeit für einen Gewinn größer?
b) Mit welcher Wahrscheinlichkeit zieht man auf jeden Fall eine Niete?
c) Welches Ergebnis musst du erhalten, wenn du alle Wahrscheinlichkeiten addierst?

Ein Quadrat wird wie im Bild in sechs Rechtecke zerlegt. Der Umfang dieser Rechtecke beträgt zusammen 110 cm. Welchen Flächeninhalt hat das Quadrat?

A 81 cm²   **B** 100 cm²   **C** 121 cm²   **D** 144 cm²

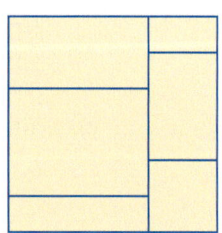

10 Zur Überprüfung der Sicherheitsausstattung der Fahrräder von Jugendlichen führte die Polizei eine Kontrolle vor einem Freibad durch. Von den 564 kontrollierten Fahrrädern gab es bei 73 % keine Beanstandungen. Die restlichen Fahrräder entsprachen nicht den verkehrsrechtlichen Anforderungen. Über die Hälfte von ihnen (54 %) hatte eine fehlende oder defekte Lichtanlage, 32 % eine nicht einwandfrei funktionierende Bremsanlage, die übrigen wiesen unterschiedliche Mängel auf wie z. B. einen „Achter" im Rad.
a) Sie überprüft ein Fahrrad. Mit welcher Wahrscheinlichkeit hat es kein Licht?
b) Felix' Rad wurde beanstandet. Mit welcher Wahrscheinlichkeit war sein Licht jedoch in Ordnung?

11 Die Firma Pumptech fertigt Tauchpumpen mittlerer Größe an. Montage- und Materialfehler führen zu einem Ausschuss von 3,5 %. Im Lager werden zwei von 100 Pumpen entnommen. Wie groß ist die Wahrscheinlichkeit, dass beide defekt sind?

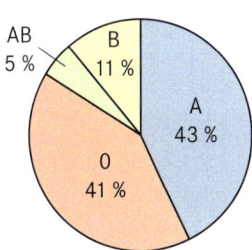

96,5 % ⬜ %

⬜ % ⬜ %

H : heile Pumpe
D : defekte Pumpe

12 Die Grafik zeigt die Blutgruppenverteilung in Deutschland. Bestimme die Wahrscheinlichkeit dafür, dass bei einem zufälligen Blutgruppentest von zwei Personen die folgenden Ereignisse eintreten:
(1) Beide Personen haben die Blutgruppe A.
(2) Beide Personen haben die Blutgruppe AB.
(3) Eine Person hat die Blutgruppe 0, die andere Person B.

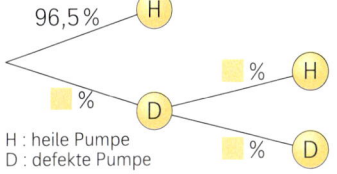

AB 5 % B 11 % A 43 % 0 41 %

13 Die Jahrgangsstufe 10 führt gemeinsam eine Schulfahrt durch. Am 2. Tag haben die Schülerinnen und Schüler die Wahl, ob sie an einer Wanderung oder einer Radtour teilnehmen. Außerdem können sie noch jeweils zwischen einer überwiegend flachen oder anspruchsvollen Strecke wählen.
Für das Radfahren entscheiden sich 80 % und davon wiederum 80 % für die flache Strecke. Von den Wanderern wählen 40 % das anspruchsvolle Streckenprofil.
a) Zeichne ein entsprechendes Baumdiagramm und trage die Wahrscheinlichkeiten ein.
b) Bestimme die Wahrscheinlichkeiten für folgende Ereignisse:
(1) Die Schülerinnen und Schüler entscheiden sich für das Wandern auf anspruchsvoller Strecke.
(2) Die Schülerinnen und Schüler entscheiden sich für die flache Strecke.

①

Zwei aus Fünf

Das Lotto der kleinen Leute

Einsatz: 1 Cent
Gewinn: 2 Cent bei zwei Richtigen

| 1 | 2 | 3 | 4 | 5 | Kreuze zwei der fünf Zahlen an. |

Beim „Lotto der kleinen Leute" werden aus fünf Kugeln mit den Zahlen 1 bis 5 zwei Gewinnkugeln gezogen. Henry hat am 5. Januar Geburtstag, seine Glückszahlen sind daher 1 und 5.

a) Vervollständige in deinem Heft das Baumdiagramm für Gewinn G und Nicht-Gewinn $\overline{G}$.

b) Mit welcher Wahrscheinlichkeit werden Henrys Gewinnzahlen gezogen?

c) Welche Wahrscheinlichkeit ergibt sich für keinen Gewinn?

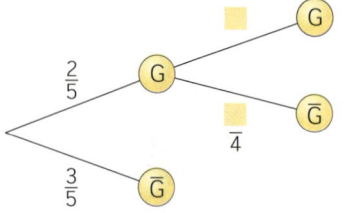

② Verändere nun die Ziehung beim „Lotto der kleinen Leute" und ermittle jeweils die Wahrscheinlichkeiten.

a) Ziehe drei aus fünf Kugeln. Damit gibt es drei Gewinnkugeln (G), die anderen beiden Kugeln bedeuten Nichtgewinn ($\overline{G}$). Ergänze in deinem Heft im Baumdiagramm die fehlenden Platzhalter und begründe:
$P(G) = \frac{3}{5} \cdot \frac{2}{4} \cdot \frac{1}{3}$

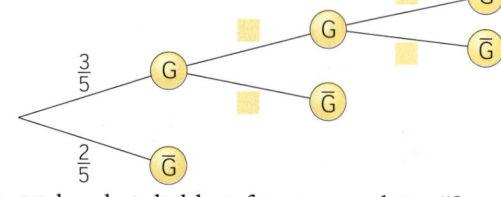

b) Ziehe vier aus fünf Kugeln. Wie groß ist die Wahrscheinlichkeit für vier „Richtige"?

c) Erstelle ein Baumdiagramm für drei aus zehn Kugeln und berechne die Wahrscheinlichkeit für „drei Richtige".

③ Mit den Überlegungen zum „Lotto der kleinen Leute" kannst du nun die Gewinnchancen für das Lotto „6 aus 49" berechnen.

a) Der Reihe nach werden 6 Kugeln gezogen. Bei der ersten Kugel gibt es 6 von 49 Möglichkeiten, die richtige Zahl zu ziehen. Zeichne ein verkürztes Baumdiagramm und bestimme die Wahrscheinlichkeiten. Ersetze dazu in deinem Heft die Platzhalter:
$P = \frac{6}{49} \cdot \frac{\square}{48} \cdot \frac{4}{\square} \cdot \frac{\square}{\square} \dots$

LOTTO 6 aus 49

Super Gewinnchancen

Knack den Jackpot

1 : 140 Millionen

b) Gewinnchancen werden oft als Verhältnis wie 1 : 1000 angegeben. Dies entspricht einer Gewinnwahrscheinlichkeit von P = 0,001. Gib die Wahrscheinlichkeit für einen „Sechser" im Lotto (Aufgabe a) als Verhältnis an. Warum stimmt dein Wert nicht mit dem Wert in der Abbildung links überein? Wenn du nicht weiterkommst, erkundige dich nach dem Begriff „Superzahl".

① Du bist Teilnehmer einer Fernsehshow. Hinter einem von drei verschlossenen Toren verbirgt sich ein Auto als Gewinn. Hinter den anderen beiden Toren steht jeweils eine Ziege als Niete.

In der Show sieht man natürlich nicht, wo sich das Auto verbirgt.

a) Diese Fernsehshow lief in den USA unter dem Namen „Let's make a deal". Monatelang gab es Diskussionen darüber, ob sich die Gewinnchancen verbessern oder nicht, wenn man seine Wahl nach dem Öffnen eines Tores durch den Moderator nochmals ändert.
Marillyn vos Savant – eine Frau mit dem damals höchsten IQ (Intelligenzquotient) – stellte sich in einer Zeitschrift den Fragen von Lesern.

> Es gelten folgende Spielregeln:
> *Du wählst das Tor, hinter dem du das Auto vermutest. Dein Tor bleibt verschlossen. Anschließend öffnet der Fernsehmoderator eines der beiden anderen Tore, hinter dem eine Ziege steht.*
> *Nun darfst du nochmals die Wahl des Tores ändern, du musst aber nicht!*

Auf eine Anfrage von Mr. Craig I. Whitacker aus Columbia antwortete sie am 9. September 1990: „Dear Graig, you should switch. ...."
Ein Dozent einer Universität aus Florida schrieb daraufhin: „... Whether you change your selection or not, the chances are the same. There is enough mathematical illiteracy in this country, and we don't need the world highest IQ propagating more. Shame."

b) Was ist eure Meinung?
Bildet Gruppen mit je zwei Schülern. Einer ist der Moderator, der andere der Kandidat. Spielt das Spiel aus der Fernsehshow nach. Ihr könnt dazu auch drei Spielkarten verwenden, auf die ihr die Bilder eines Autos und zweier Ziegen klebt. Gewinnt man öfter durch Wechseln oder nicht?

c) Ihr könnt die Gewinnchancen auch berechnen. Übertragt dazu das Baumdiagramm in euer Heft und ergänzt die fehlenden Wahrscheinlichkeiten. Berechnet jeweils die Gewinnwahrscheinlichkeit. Beachtet, dass der Moderator vor der 2. Wahl immer ein Ziegentor öffnet.

Einer von beiden sagt immer die Wahrheit.

Dafor sitzt im Gefängnis. Zwei Türen führen aus dem Kerker hinaus, durch die eine Tür gelangt man zum Galgen in den Tod, durch die andere in die Freiheit. Jede Tür wird von einem Wächter bewacht.

Dafor darf den Kerker durch eine der beiden Türen verlassen und vorher einem der Wächter eine einzige Frage stellen, um die richtige Tür zu finden.

Aber Vorsicht! Der eine Wächter sagt immer die Wahrheit (W), der andere lügt immer (L). Dafor hat keine Ahnung, wer von beiden der Lügner ist.

Einer von beiden lügt immer.

Dafor ist ein schlauer Kerl und fragt einen der beiden Wärter

Was würde der andere Wärter sagen, wenn ich ihn nach dem Weg aus dem Gefängnis frage?

1 Begründe mit Hilfe eines Baumdiagramms, dass Dafor mit seiner Frage immer eine Antwort erhält, die ihm den Weg in die Freiheit zeigt, egal welchen der beiden Wächter er fragt.

Löse die Aufgaben.
Schätze Dich mit Hilfe der **Zielscheibe** selbst
ein. Die Lösungen findest Du ab Seite 233.
→ zeigt Hilfen zu jeder Aufgabe.

● **Das kann ich.**

● Da bin ich mir **nicht ganz sicher**.

● Das muss ich **unbedingt üben**.

Aufgabe	Du kannst ...
1	Wahrscheinlichkeiten schätzen.
2a, 3a, 4a	Ein Baumdiagramm für ein zweistufiges Zufallsexperiment zeichnen.
2b	den Ergebnisraum angeben.
2c	Ereignisse angeben und zugehörige Wahrscheinlichkeiten berechnen.
3b, 4b	Wahrscheinlichkeiten für Ereignisse berechnen.
5	zu gegebenen Wahrscheinlichkeiten ein passendes Zufallsexperiment beschreiben.

→ Seite 135
Merkkasten

1 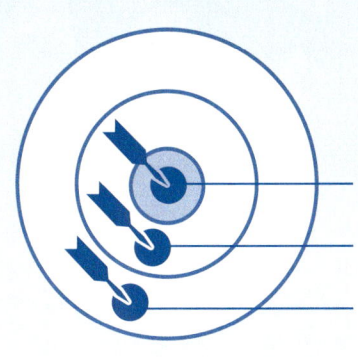 Beim Spiel „Kniffel" muss auch eine „große Straße" gewürfelt werden, das sind fünf aufeinander folgende Augenzahlen.
  a) Du hast bereits die Augenzahlen 1, 2, 3 und 4 gewürfelt und noch einen Wurf übrig. Schätze, wie wahrscheinlich es ist, dass du beim nächsten Wurf die erforderliche Augenzahl 5 würfelst. Gib in Prozentschreibweise an.
  b) Du hast bereits die Augenzahlen 2, 3, 4 und 5 gewürfelt. Wie schätzt du jetzt deine Chancen ein, beim nächsten Wurf die „große Straße" zu vollenden? Erkläre.

→ Seite 137
Aufgabe 2

2 Beide Glücksräder werden nacheinander gedreht.
  a) Gib den Ergebnisraum an.
  b) Beschreibe zwei Ereignisse und gib die zugehörigen Wahrscheinlichkeiten an.

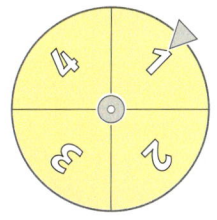 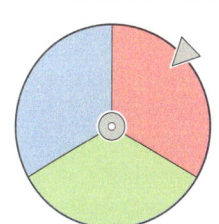

→ Seite 138
Aufgabe 4

3 Aus einem Gefäß mit vier blauen und drei roten Kugeln werden zwei Kugeln mit Zurücklegen gezogen.
  a) Erstelle ein Baumdiagramm. Trage die Wahrscheinlichkeiten an den Pfaden ein.
  b) Berechne die Wahrscheinlichkeiten für folgende Ereignisse:
    (1) Es wird eine blaue und eine rote Kugel gezogen.   (2) Beide Kugeln sind rot.
    (3) Mindestens eine Kugel ist blau.   (4) Höchstens eine Kugel ist rot.

→ Seite 138
Aufgabe 4

4 Aus einem Gefäß mit zwei blauen, drei roten und drei grüne Kugeln werden zwei Kugeln ohne Zurücklegen gezogen.
  a) Erstelle ein Baumdiagramm. Trage die Wahrscheinlichkeiten an den Pfaden ein.
  b) Berechne die Wahrscheinlichkeiten für folgende Ereignisse:
    (1) Es wird eine blaue und eine grüne Kugel gezogen.   (2) Beide Kugeln sind grün.
    (3) Mindestens eine Kugel ist blau.   (4) Höchstens eine Kugel ist rot.

→ Seite 139
Aufgaben 1, 3, 4

5 Aus einem Behälter mit gelben und weißen Kugeln werden zwei Kugeln mit Zurücklegen gezogen. Gib für die Wahrscheinlichkeit des folgenden Ergebnisses eine mögliche Anzahl gelber und weißer Kugeln in dem Behälter an.

  a) $P(g;g) = \frac{1}{25}$ b) $P(w;w) = \frac{1}{9}$ c) $P(g;w) = \frac{42}{100}$

Abbildungen

Links siehst du das Bild „Dreischneck"
des Künstlers OTTO FREESE, der in seinen
Bildern oft mit mathematischen Inhal-
ten gespielt hat.
Im Bild wurde ein Koordinatensystem
hinterlegt und ein Punkt P markiert.
Dieser kann auf den Punkt P′ abgebildet
werden. Finde die notwendigen Abbildungen.

① Um bei seinen Feldzügen Nachrichten vor Feinden geheim zu halten, ließ der römische Feldherr Gaius Julius Cäsar die Nachrichten verschlüsseln. Dazu benutzte er eine sogenannte Chiffrierscheibe. Sie besteht aus einer festen großen Scheibe. Darauf kann eine kleinere Scheibe um einen Punkt O gedreht werden. Auf beiden Scheiben stehen die Buchstaben des Alphabets. Aus den Buchstaben auf dem äußeren Ring werden die Wörter einer Nachricht (der sogenannte Klartext) gebildet. Auf der inneren Scheibe befinden sich die Buchstaben des sogenannten Geheimtextes.

In der Abbildung rechts ist eine vereinfachte Form einer Cäsarscheibe zu sehen. Scheiben dieser Art werden z. B. auch bei Breakout-Spielen verwendet.

Die innere blaue Scheibe im Bild ist um 30° gedreht. Dem Buchstaben a der Nachricht wird bei dieser 30°-Verschlüsselung der Buchstabe V des Geheimtextes zugeordnet.

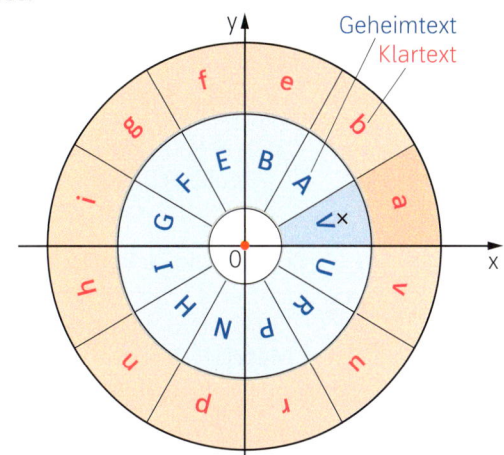

a) In der Tabelle ist das Wort einer Nachricht im Geheimtext dargestellt. Finde mit Hilfe der Abbildung das zugehörige Wort im Klartext.

Geheimtext	V	H	F	P	G	E	E
Klartext	a						

b) Der Geheimtextbuchstabe V(1,5 | 0,4) in der Abbildung wird um 30° gedreht. Bestimme mit Hilfe einer Zeichnung, welche Koordinaten der Buchstabe nach dieser Drehung hat.

② Der Punkt P(x | y) wird um den Drehpunkt O(0 | 0) mit dem Drehwinkelmaß α gedreht. So kannst du eine Formel zur Berechnung der Koordinaten des Bildpunktes P'(x' | y') herleiten.

B

(1) Stelle mit Hilfe der Abbildung Zusammenhänge zwischen den Koordinaten der Punkte und den Winkelmaßen her.

$$\cos \varphi = \frac{x}{z} \qquad \sin \varphi = \frac{y}{z}$$
$$\cos(\varphi + \alpha) = \frac{x'}{z} \qquad \sin(\varphi + \alpha) = \frac{y'}{z}$$

(2) Forme die Terme um.

$$x = z \cdot \cos \varphi \qquad y = z \cdot \sin \varphi$$
$$x' = z \cdot \cos(\varphi + \alpha) \qquad y' = z \cdot \sin(\varphi + \alpha)$$

(3) Wende für x' und y' die Additionstheoreme an und multipliziere aus.

$$x' = z \cdot (\cos \varphi \cdot \cos \alpha - \sin \varphi \cdot \sin \alpha)$$
$$y' = z \cdot (\sin \varphi \cdot \cos \alpha + \cos \varphi \cdot \sin \alpha)$$

$$x' = z \cdot \cos \varphi \cdot \cos \alpha - z \cdot \sin \varphi \cdot \sin \alpha$$
$$y' = z \cdot \sin \varphi \cdot \cos \alpha + z \cdot \cos \varphi \cdot \sin \alpha$$

(4) Ersetze $x = z \cdot \cos \varphi$ bzw. $y = z \cdot \sin \varphi$.

$$x' = x \cos \alpha - y \sin \alpha$$
$$y' = x \sin \alpha + y \cos \alpha$$

Ergebnis: P'(x cos α – y sin α | x sin α + y cos α)

Argumentieren

Löse die Aufgabe 1b) durch Rechnung.

(3) So kannst du die Vorschrift
$x' = x \cos \alpha - y \sin \alpha$
$y' = x \sin \alpha + y \cos \alpha$

umgestalten, dass die Pfeile $\overrightarrow{OP'} = \begin{pmatrix} x' \\ y' \end{pmatrix}$
und $\overrightarrow{OP} = \begin{pmatrix} x \\ y \end{pmatrix}$ deutlich erkennbar sind.

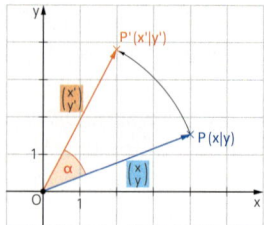

(1) Schreibe die Vorschrift als Vektor und wende das Kommutativgesetz an.

$$\begin{pmatrix} x' \\ y' \end{pmatrix} = \begin{pmatrix} \cos \alpha \cdot x + (-\sin \alpha) \cdot y \\ \sin \alpha \cdot x + \cos \alpha \cdot y \end{pmatrix}$$

(2) Wähle für die Darstellung ein neues Zahlenschema.

$$\begin{pmatrix} x' \\ y' \end{pmatrix} = \underbrace{\begin{pmatrix} \cos \alpha & -\sin \alpha \\ \sin \alpha & \cos \alpha \end{pmatrix}}_{\text{Vektor}} \odot \underbrace{\begin{pmatrix} x \\ y \end{pmatrix}}_{\text{Vektor}}$$

Erkläre, wie du von der Darstellung in (2) wieder auf die Darstellung in (1) kommst.

Matrix

Ein Zahlenschema der Form $\begin{pmatrix} a & c \\ b & d \end{pmatrix} \odot \begin{pmatrix} x \\ y \end{pmatrix} = \begin{pmatrix} a \cdot x + c \cdot y \\ b \cdot x + d \cdot y \end{pmatrix}$ heißt zweireihige quadratische **Matrix**[1].

Die Multiplikation einer Matrix mit einem Vektor ist wieder ein Vektor.

Multiplikationsvorschrift: $\begin{pmatrix} a & c \\ b & d \end{pmatrix} \odot \begin{pmatrix} x \\ y \end{pmatrix} = \begin{pmatrix} a \cdot x + c \cdot y \\ b \cdot x + d \cdot y \end{pmatrix}$

„Matrix mal Vektor = Vektor"

Drehung

$P(x|y) \xrightarrow{\;O(0|0);\; \alpha\;} P'(x'|y')$

Abbildungsgleichung für die **Drehung** um $O(0|0)$ mit dem Drehwinkelmaß α:

$$\begin{pmatrix} x' \\ y' \end{pmatrix} = \begin{pmatrix} x \cos \alpha - y \sin \alpha \\ x \sin \alpha + y \cos \alpha \end{pmatrix}$$

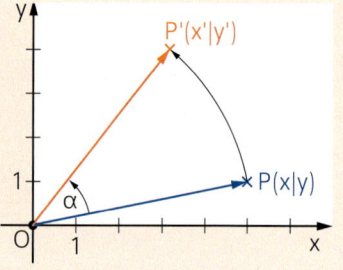

Koordinatenform

$x' = x \cos \alpha - y \sin \alpha$
$\wedge \quad y' = x \sin \alpha + y \cos \alpha$

Matrixform

$$\begin{pmatrix} x' \\ y' \end{pmatrix} = \begin{pmatrix} \cos \alpha & -\sin \alpha \\ \sin \alpha & \cos \alpha \end{pmatrix} \odot \begin{pmatrix} x \\ y \end{pmatrix}$$

Übungen

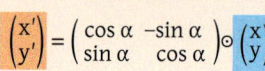

Gegeben: $P(3,0|-2,0)$; $\alpha = 53,13°$

$\cos 53,13° = 0,6 \qquad \sin 53,13° = 0,8$

Abbildungsgleichung
in Koordinatenform
$x' = 0,6x - 0,8y$
$\wedge \quad y' = 0,8x + 0,6y$

in Matrixform
$$\begin{pmatrix} x' \\ y' \end{pmatrix} = \begin{pmatrix} 0,6 & -0,8 \\ 0,8 & 0,6 \end{pmatrix} \odot \begin{pmatrix} x \\ y \end{pmatrix}$$

Koordinaten von P'
$x' = 0,6 \cdot 3,0 - 0,8 \cdot (-2,0) = 3,4$
$\wedge \quad y' = 0,8 \cdot 3,0 + 0,6 \cdot (-2,0) = 1,2 \qquad P'(3,4|1,2)$

(4) Der Punkt P wird durch Drehung um $O(0|0)$ mit dem Drehwinkelmaß α auf den Punkt P' abgebildet. Bestimme die Abbildungsgleichung und berechne die Koordinaten von P'.

a) $P(5,0|4,0)$ $\qquad \alpha = 36,87°$
b) $P(0,9|-2,5)$ $\qquad \alpha = 90°$
c) $P(-2,0|5,0)$ $\qquad \alpha = 45°$
d) $P(-2,0|-7,0)$ $\qquad \alpha = 310°$
e) $P(1,5|4,0)$ $\qquad \alpha = 120°$

Lösungen: $(1,6|6,2)$; $(-6,7|3,0)$; $(-5,0|2,1)$; $(2,5|0,9)$; $(-4,2|-0,7)$; $(1,8|2,0)$

---
[1] Matrix: rechteckiges Zahlenschema

5 Der Punkt P wird durch Drehung um O(0|0) mit dem Drehwinkelmaß α auf den Punkt P' abgebildet. Berechne die Koordinaten von P.

P(x|y); P'(0,3|6,5); $\alpha = 65°$

Umkehrabbildung

$P'(0,3|6,5) \xrightarrow{O; \alpha^* = -65°} P(x|y)$

$\cos(-65°) = 0,42 \quad \sin(-65°) = -0,91$

$\begin{pmatrix} x \\ y \end{pmatrix} = \begin{pmatrix} 0,42 & -(-0,91) \\ -0,91 & 0,42 \end{pmatrix} \odot \begin{pmatrix} 0,3 \\ 6,5 \end{pmatrix}$

Ergebnis: P(6,0|2,5)

a) P(x|y)	P'(5,0|2,5)	$\alpha = 105°$
b) P(x|y)	P'(-3,0|8,0)	$\alpha = -60°$
c) P(x|y)	P'(2,0|4,6)	$\alpha = 30°$
d) P(x|y)	P'(4,0|3,0)	$\alpha = -60°$
e) P(x|y)	P'(8,0|-2,0)	$\alpha = -80°$
f) P(x|y)	P'(-3,5|2,5)	$\alpha = 80°$

Lösungen: (1,1|-5,5); (3,5|-1,5); (1,9|3,9); (-0,6|5,0); (3,4|7,5); (4,0|3,0); (8,4|1,4)

6 Das Dreieck ABC wird durch Drehung um O(0|0) mit dem Drehwinkelmaß $\alpha = 135°$ auf das Dreieck A'B'C' abgebildet. Es gilt: A(6|0); B(4|2); C(0|2)
a) Zeichne das Ur- und das Bilddreieck.
b) Berechne die Koordinaten der Eckpunkte des Dreiecks A'B'C'.
c) Berechne die Flächeninhalte der beiden Dreiecke und deren Innenwinkelmaße.

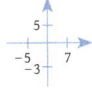

7 Die Punkte $P_n(x|y)$ liegen auf der Geraden g mit y = 0,5x + 2,5 (x, y $\in \mathbb{R}$). Sie werden durch Drehung um O(0|0) mit dem Winkelmaß $\alpha = 53,13°$ auf die Punkte $P_n'(x'|y')$ abgebildet. So kannst du die Koordinaten der Punkte $P_n'(x'|y')$ in Abhängigkeit von der Abszisse x der Punkte P_n darstellen.

B

(1) Gib die Koordinaten der Punkte P_n in Abhängigkeit von x an.
$P_n(x|0,5x + 2,5)$

(2) Berechne die Werte von cos 53,13° und sin 53,13°.
Setze sie in die Abbildungsgleichung ein.
$\cos 53,13° = 0,6 \quad \sin 53,13° = 0,8$
$\begin{pmatrix} x' \\ y' \end{pmatrix} = \begin{pmatrix} 0,6 & -0,8 \\ 0,8 & 0,6 \end{pmatrix} \odot \begin{pmatrix} x \\ 0,5x + 2,5 \end{pmatrix}$

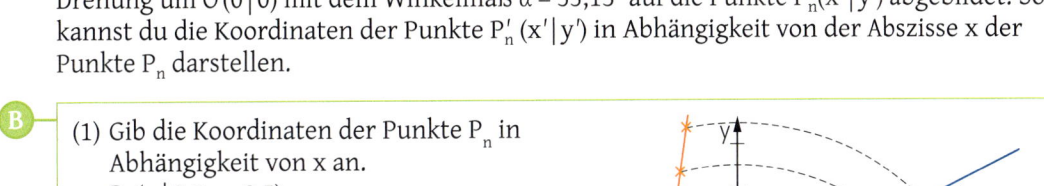

(3) Stelle in der Koordinatenform dar.
$x' = 0,6x - 0,4x - 2$
$\wedge \ y' = 0,8x + 0,3x + 1,5$

(4) Vereinfache und gib das Ergebnis an.
$x' = 0,2x - 2$
$\wedge \ y' = 1,1x + 1,5$

Ergebnis: $P_n'(0,2x - 2 | 1,1x + 1,5)$

Zeige, dass der Trägergraph der Punkte P_n' und damit die Gerade g' folgende Gleichung hat: g' mit y = 5,5x + 12,5

8 Die Punkte $P_n(x|y)$ auf der Geraden g werden durch Drehung um O(0|0) mit dem Winkelmaß α auf die Punkte $P_n'(x'|y')$ abgebildet. Stelle die Koordinaten der Punkte $P_n'(x'|y')$ in Abhängigkeit von der Abszisse x der Punkte P_n dar. Es gilt: x, y $\in \mathbb{R}$
Berechne die Gleichung der Geraden g'.
a) g mit y = 2x + 4 ; $\alpha = 48,59°$
b) g mit y = x - 2; $\alpha = -30°$
c) g mit y = -x - 2 ; $\alpha = 120°$
d) g mit y = 3x + 2; $\alpha = 70°$

1 In der Abbildung links ist der Aufenthaltsort eines bayerischen Urviechs versteckt. Hinweis: Das Wort besteht aus 15 Buchstaben, der erste Buchstabe ist ein W, der letzte Buchstabe ein O.

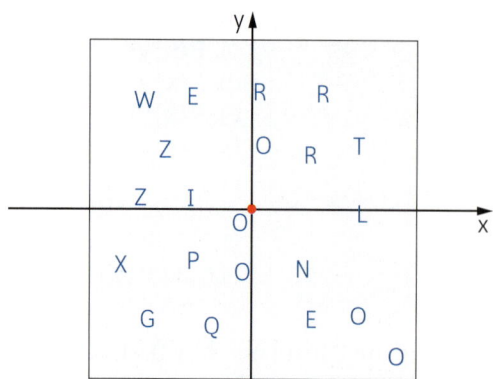
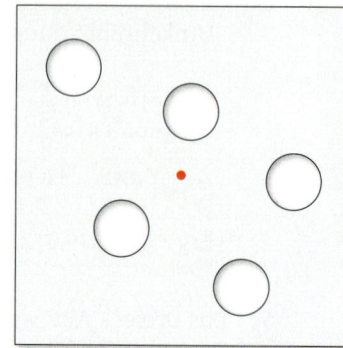

a) Mit Hilfe der so genannten Krypto-Schablone in der Abbildung oben rechts kannst du diese Wortschöpfung ermitteln. Kopiere dazu die Schablone auf ein Blatt und schneide die weißen Öffnungen aus. Befestige die beiden Mittelpunkte mit einem Reißnagel.

b) Die Krypto-Schablone wird bei der Suche mehrmals bewegt. Beschreibe die entsprechenden Abbildungen.

M | **Abbildungsgleichungen bei Drehungen mit besonderen Winkelmaßen**

		Koordinatenform	**Matrixform**
Drehung um 90°	**Drehung um 90°**	$x' = -y$ $\wedge\ y' = x$	$\begin{pmatrix} x' \\ y' \end{pmatrix} = \begin{pmatrix} 0 & -1 \\ 1 & 0 \end{pmatrix} \odot \begin{pmatrix} x \\ y \end{pmatrix}$
um 180°	**Drehung um 180° (Punktspiegelung)**	$x' = -x$ $\wedge\ y' = -y$	$\begin{pmatrix} x' \\ y' \end{pmatrix} = \begin{pmatrix} -1 & 0 \\ 0 & -1 \end{pmatrix} \odot \begin{pmatrix} x \\ y \end{pmatrix}$
um 270°	**Drehung um 270°**	$x' = y$ $\wedge\ y' = -x$	$\begin{pmatrix} x' \\ y' \end{pmatrix} = \begin{pmatrix} 0 & 1 \\ -1 & 0 \end{pmatrix} \odot \begin{pmatrix} x \\ y \end{pmatrix}$

Übungen

2 Der Punkt A (5 | 2) wird durch Drehung um O (0 | 0) mit dem Winkelmaß α auf den Punkt A′ abgebildet. Berechne die Koordinaten von A′.

a) α = 90°   b) α = 180°   c) α = 270°   d) α = −90°

Lösungen: (−5 | −2); (3 | 5); (2 | −5); (−2 | 5); (2 | −5)

3 Gegeben sind Quadrate $AB_nC_nD_n$ mit A (0 | 0). Die Punkte B_n (x | y) liegen auf der Geraden g mit $y = 0{,}5x - 2$ (x, y, ∈ ℝ).

a) Zeichne die Quadrate $AB_1C_1D_1$ für x = 2 und $AB_2C_2D_2$ für x = 5.

b) Stelle die Koordinaten der Punkte D_n in Abhängigkeit von der Abszisse x der Punkte B_n dar. [Ergebnis: $D_n(-0{,}5x + 2 \mid x)$]

c) Berechne die Gleichung des Trägergraphen h der Punkte D_n.

d) Stelle die Koordinaten der Punkte C_n in Abhängigkeit von der Abszisse x der Punkte B_n dar. Berechne anschließend die Gleichung des Trägergraphen t der Punkte C_n. [Ergebnisse: $C_n(0{,}5x + 2 \mid 1{,}5x - 2)$; t: $y = 3x - 8$]

e) Stelle den Flächeninhalt der Quadrate $AB_nC_nD_n$ in Abhängigkeit von x dar. Berechne den minimalen Flächeninhalt sowie die Koordinaten der zugehörigen Eckpunkte B_0, C_0 und D_0. [Teilergebnis: $A(x) = (1{,}25x^2 - 2x + 4)$ FE]

(1) Der Punkt P (9|7) wird durch Drehung mit α = 53,13° um das Drehzentrum Z (6|3) auf den Punkt P′ abgebildet.
a) Bestimme die Koordinaten von P′ mit einem Geometrieprogramm.

b)

Bei Drehung um O(0|0) kann ich die Koordinaten des Bildpunktes P′ mit der Formel berechnen. Aber bei einer Drehung um Z(6|3) geht das nicht.

Ich drehe zunächst den Pfeil $\overrightarrow{OQ} = \binom{3}{4}$ um den Punkt O(0|0). Dann kenne ich die Koordinaten der Pfeile $\overrightarrow{OQ'}$ und $\overrightarrow{ZP'}$. Die Berechnung der Koordinaten von P′ ist dann einfach.

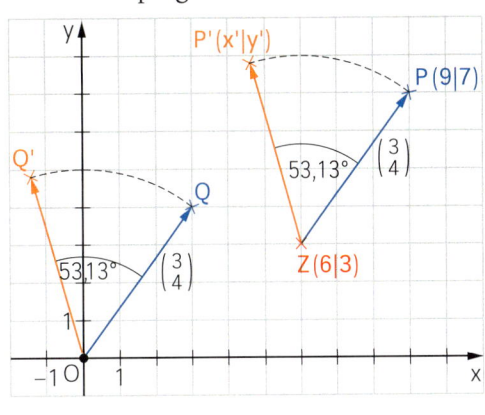

Nimm Stellung zu den Aussagen von Anna und Paul.
c) Berechne die Koordinaten von P′. Vergleiche mit deinem Ergebnis in Teilaufgabe a).

(2) Für den Punkt P gilt: P $\xrightarrow{Z;\ \alpha\ =\ 50°}$ P′ mit Z (5|1); P (9|3)
So kannst du die Koordinaten des Punktes P′(x′|y′) berechnen.

B

Die Pfeile $\overrightarrow{OQ}$ und $\overrightarrow{ZP}$ sind Repräsentanten desselben Vektors

(1) Berechne die Koordinaten der Pfeile $\overrightarrow{OQ}$ und $\overrightarrow{ZP}$.
$$\overrightarrow{OQ} = \overrightarrow{ZP} = \binom{9-5}{3-1} = \binom{4}{2}$$

(2) Drehe den Pfeil $\overrightarrow{OQ}$ um O (0|0) mit α = 50°. Du erhältst den Pfeil $\overrightarrow{OQ'}$.
$$\overrightarrow{OQ'} = \begin{pmatrix} \cos 50° & -\sin 50° \\ \sin 50° & \cos 50° \end{pmatrix} \circ \binom{4}{2} = \binom{1,04}{4,35}$$

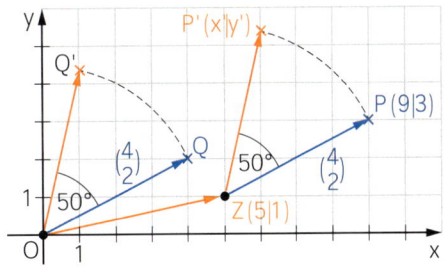

(3) Berechne die Koordinaten von P′ mit Hilfe der Vektoraddition.
$$\overrightarrow{OP'} = \overrightarrow{OZ} \oplus \overrightarrow{ZP'} \text{ mit } \overrightarrow{ZP'} = \overrightarrow{OQ'}$$
$$\overrightarrow{OP'} = \binom{5}{1} \oplus \binom{1,04}{4,35} = \binom{6,04}{3,35}$$

Ergebnis: P′(6,04|5,35)

Übungen

Berechne die fehlenden Koordinaten. Überprüfe durch eine Zeichnung.
a) Z (5|–1); P (8|0); α = 40°; P′(x′|y′)   b) Z (–3|1); P (–6|3); α = –30°; P′(x′|y′)
c) Z (–2|–1); P′(–3|2); α = 135°; P (x|y)   d) Z (–1|2); P′(3|–2); α = –60°; P (x|y)

Lösungen: (4,5|3,5); (–4,6|4,2); (6,7|1,7); (5,4|3,7); (0,8|–2,4)

(3) Der Punkt P wird um das Zentrum Z mit dem Winkelmaß α gedreht. Berechne die Koordinaten des Punktes P′. Es gilt: $Z(3\,|\,0,5)$; $P(8\,|\,3)$

    a) $\alpha = 90°$ b) $\alpha = 180°$ c) $\alpha = 270°$ d) $\alpha = -90°$

(4) Das Dreieck ABC ist gleichseitig. Es gilt: $A(3\,|\,1)$; $B(7\,|\,3)$

    a) Zeichne das Dreieck ABC. Berechne die Koordinaten des Punktes C.

    b) Berechne den Flächeninhalt des Dreiecks ABC.

(5) Die Punkte A und B sind Eckpunkte der Raute ABCD.

    Es gilt: $A(-2\,|\,-3)$; $B(2\,|\,1)$; $\alpha = 55°$

    a) Zeichne die Raute. Berechne die Koordinaten der fehlenden Eckpunkte.

    b) Berechne den Flächeninhalt der Raute.

    c) Berechne das Maß ε des spitzen Winkels, unter dem die Strecke $\overline{AB}$ die x-Achse schneidet.

(6) Die Dreiecke AB_nC_n sind gleichschenklig mit der Basis $\overline{B_nC_n}$. Die Punkte B_n liegen auf der Geraden g mit $y = 0,5x - 1$. Die Winkel B_nAC_n haben stets das Maß $\alpha = 53,13°$.

    Es gilt: $A(2\,|\,1)$; $x, y \in \mathbb{R}$

    a) Zeichne die Dreiecke AB_1C_1 für $x = 5$ und AB_2C_2 für $x = 7$.

    b) Stelle die Koordinaten der Punkte C_n in Abhängigkeit von der Abszisse x der Punkte B_n dar. [Ergebnis: $C_n(0,2x + 2,4\,|\,1,1x - 1,8)$]

    c) Berechne die Gleichung des Trägergraphen der Punkte C_n.

    d) Für welchen Wert von x liegt der Punkt B_3 auf dem Trägergraphen der Punkte C_n?

    e) Für welche Werte von x beträgt der Flächeninhalt der Dreiecke AB_nC_n 8,4 FE?

(7) Gegeben sind Quadrate $AB_nC_nD_n$ mit $A(4\,|\,-1)$. Die Punkte $B_n(x\,|\,y)$ liegen auf der Geraden g mit $y = -x + 8$ $(x, y \in \mathbb{R})$.

    a) Zeichne die Quadrate $AB_1C_1D_1$ für $x = 3$ und $AB_2C_2D_2$ für $x = 5$.

    b) Stelle die Koordinaten der Punkte D_n in Abhängigkeit von der Abszisse x der Punkte B_n dar. [Ergebnis: $D_n(x - 5\,|\,x - 5)$]

    c) Berechne die Gleichung des Trägergraphen t der Punkte D_n.

    d) Stelle die Koordinaten der Punkte C_n in Abhängigkeit von der Abszisse x der Punkte B_n dar. [Ergebnis: $C_n(2x - 9\,|\,4)$]

    e) Gib die Gleichung des Trägergraphen h der Punkte C_n an.

Seite 12

    f) Berechne den Flächeninhalt der Quadrate $AB_nC_nD_n$ in Abhängigkeit von der Abszisse x der Punkte B_n. [Ergebnis: $A(x) = (2x^2 - 26x + 97)$ FE]

    g) Das Quadrat $AB_0C_0D_0$ hat minimalen Flächeninhalt. Zeichne dieses Quadrat. Berechne den minimalen Flächeninhalt sowie die Koordinaten der Eckpunkte B_0, C_0 und D_0.

    h) Die Diagonale $\overline{B_3D_3}$ des Quadrates $AB_3C_3D_3$ liegt auf der Geraden g. Berechne den Flächeninhalt des Quadrates $AB_3C_3D_3$.

Lösungen: $y = x$; $y = 4$; 12,5; 6,6; 12

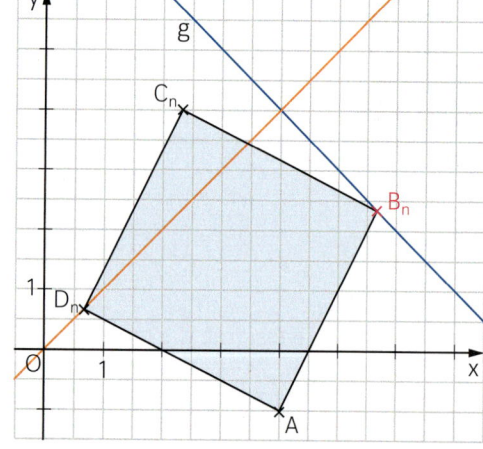

1 Beim Billard soll beim Spiel über die Bande $\overline{OU}$ mit der Kugel A die Kugel P getroffen werden. Es gilt: A (3 | 0); P (8 | 1); U (10 | 5)

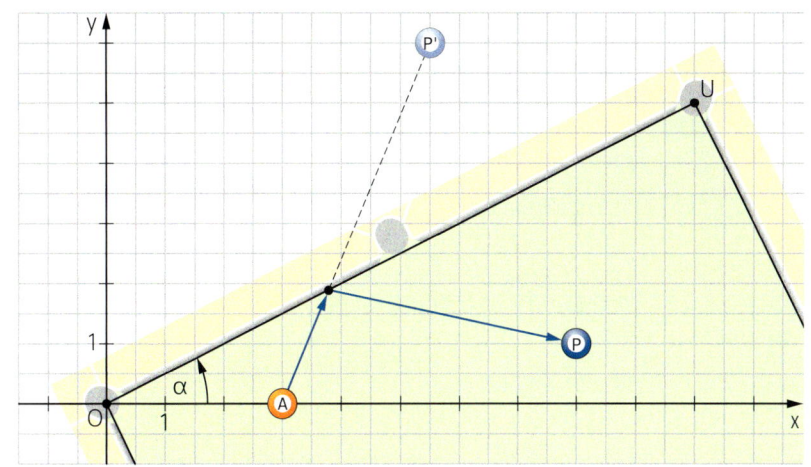

a) Löse die Aufgabe mit Hilfe eines Geometrie-programms.

b) Begründe: Man muss auf den Punkt P′ zielen.

c) Bestimme die Koordinaten von P′.

2 Bei einer Achsenspiegelung schließt die Spiegelachse s (Ursprungsgerade) mit der positiven x-Achse einen Winkel mit dem Maß α ein.
So kannst du zum Urpunkt P (x | y) die Koordinaten des Bildpunktes P′(x′ | y′) berechnen.

B

(1) Stelle mit Hilfe der Abbildung Zusammenhänge zwischen den Koordinaten der Pfeile und den Winkelmaßen her.

$\sphericalangle$ POS = $\alpha - \varphi$; $\sphericalangle$ ROP′ = $\alpha + (\alpha - \varphi) = 2\alpha - \varphi$

$\overrightarrow{OP} = \begin{pmatrix} x \\ y \end{pmatrix} = \begin{pmatrix} z \cdot \cos \varphi \\ z \cdot \sin \varphi \end{pmatrix}$ $\overrightarrow{OP'} = \begin{pmatrix} x' \\ y' \end{pmatrix} = \begin{pmatrix} z \cdot \cos (2\alpha - \varphi) \\ z \cdot \sin (2\alpha - \varphi) \end{pmatrix}$

(2) Wende die Additionstheoreme für x′ und y′ an.

$\begin{pmatrix} x' \\ y' \end{pmatrix} = \begin{pmatrix} z \cdot \cos 2\alpha \cdot \cos \varphi + z \cdot \sin 2\alpha \cdot \sin \varphi \\ z \cdot \sin 2\alpha \cdot \cos \varphi - z \cdot \cos 2\alpha \cdot \sin \varphi \end{pmatrix}$

$\begin{pmatrix} x' \\ y' \end{pmatrix} = \begin{pmatrix} z \cdot \cos \varphi \cdot \cos 2\alpha + z \cdot \sin \varphi \cdot \sin 2\alpha \\ z \cdot \cos \varphi \cdot \sin 2\alpha - z \cdot \sin \varphi \cdot \cos 2\alpha \end{pmatrix}$

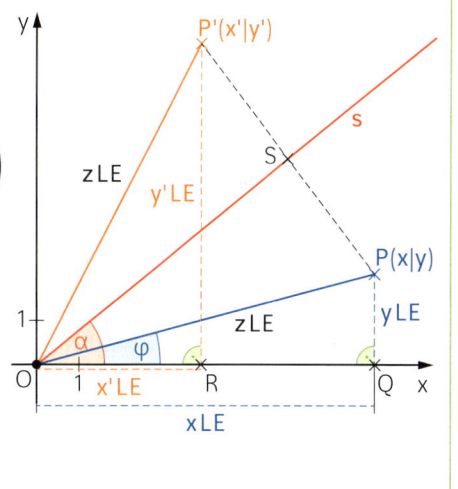

(3) Ersetze $x = z \cdot \cos \varphi$ bzw. $y = z \cdot \sin \varphi$.

$\begin{pmatrix} x' \\ y' \end{pmatrix} = \begin{pmatrix} x \cdot \cos 2\alpha + y \cdot \sin 2\alpha \\ x \cdot \sin 2\alpha - y \cdot \cos 2\alpha \end{pmatrix}$

Ergebnis: P′(x · 2 cos α + y · 2 sin α | x · 2 sin α – y · 2 cos α)

Berechne die Koordinaten des Bildpunktes P′ in Aufgabe 1 [Zwischenergebnis: α = 26,57°].
Vergleiche mit deinem Ergebnis in Aufgabe 1.

M

Abbildungsgleichung für die Achsenspiegelung an einer Ursprungsgeraden

Achsen-spiegelung

Koordinatenform

$x' = x \cdot \cos 2\alpha + y \cdot \sin 2\alpha$

$\wedge \ \ y' = x \cdot \sin 2\alpha - y \cdot \cos 2\alpha$

Matrixform

$\begin{pmatrix} x' \\ y' \end{pmatrix} = \begin{pmatrix} \cos 2\alpha & \sin 2\alpha \\ \sin 2\alpha & -\cos 2\alpha \end{pmatrix} \odot \begin{pmatrix} x \\ y \end{pmatrix}$

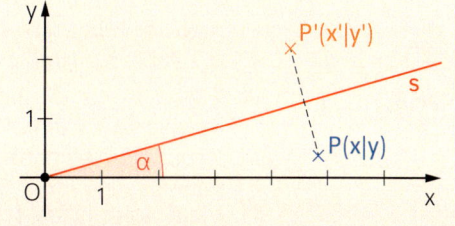

Übungen

3 Der Punkt P(4|2) wird durch Spiegelung an der Achse s mit y = 0,75x abgebildet (x, y ∈ ℝ).
So kannst du die Koordinaten von P' berechnen.

> (1) Berechne das Maß α mit Hilfe der Steigung m.
> m = 0,75; tan α = 0,75; α = 36,87°
> (2) Berechne die Werte von cos 2α und sin 2α.
> 2α = 73,74°; cos 73,74° = 0,28   sin 73,74° = 0,96
> (3) Notiere die Abbildungsgleichung und berechne.
> $\begin{pmatrix} x' \\ y' \end{pmatrix} = \begin{pmatrix} 0,28 & 0,96 \\ 0,96 & -0,28 \end{pmatrix} \circ \begin{pmatrix} 4 \\ 2 \end{pmatrix}$ Ergebnis: P'(3,04|3,28)

a) P(2|3);   s: y = 0,4x

b) P(−3,5|−2);   s: $y = -\frac{3}{4}x$

c) P(−1,5|−1,5); s: $y = -\frac{2}{5}x$

d) P(5|−2);   s: y = 0,1x

Lösungen: (3,52|−0,79);
(−0,05|2,12); (0,94|3,92);
(4,51|2,95); (0,81|0,74)

4 Die Gerade g mit y = 2x − 3 wird durch Spiegelung an der Geraden s mit y = 0,4x auf die
Gerade g' abgebildet (x, y ∈ ℝ).

> m = 0,4; tan α = 0,4; α = 21,80°; 2α = 43,60°
> cos 43,60° = 0,72   sin 43,60° = 0,69
> $\begin{pmatrix} x' \\ y' \end{pmatrix} = \begin{pmatrix} x \cdot 0,72 + (2x-3) \cdot 0,69 \\ x \cdot 0,69 - (2x-3) \cdot 0,72 \end{pmatrix}$
>
> x' = 2,10x − 2,07 $\frac{x'+2,07}{2,10} = x$
> ∧ y' = −0,75x + 2,16
> _____
> y' = $-0,75 \cdot \frac{x'+2,07}{2,10} + 2,16$
> g': y = −0,36x + 1,42

Berechne die Gleichung der Geraden g'.

a) g: y = 0,5x + 3 $\xmapsto{\text{g: y = 2x}}$ g'

b) g: y = 2x − 3 $\xmapsto{\text{g: y = −0,4x}}$ g'

c) g: y = −x − 2 $\xmapsto{\text{g: y = 0,75x}}$ g'

d) g: y = x + 4 $\xmapsto{\text{g: y = −x}}$ g'

Lösungen: y = 3,26x − 4,58; y = −5,5x + 15;
y = −1,82x − 2,94; y = x + 4; y = −4x + 1,21

5 Die Punkte A und C bilden die Diagonale $\overline{AC}$
von Drachenvierecken AB_nCD_n.
Symmetrieachse ist die Gerade AC mit y = 0,5x.
Es gilt: A(2|1); C(10|5); x, y ∈ ℝ
Die Punkte $B_n(x|-0,5x + 1)$ liegen auf der
Geraden g mit y = −0,5x + 1.

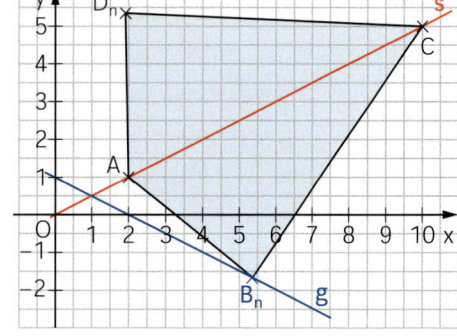

a) Zeichne die Drachenvierecke AB_1CD_1 für
x = 4 und AB_2CD_2 für x = 8.
b) Stelle die Koordinaten der Punkte D_n in
Abhängigkeit von x dar.
[Ergebnis: $D_n(0,2x + 0,8 | 1,1x − 0,6)$]
c) Berechne die Gleichung des Trägergraphen der Punkte D_n.
d) Berechne die obere Intervallgrenze, für die Drachenvierecke AB_nCD_n existieren.
e) Die Strecke $\overline{AD_3}$ verläuft parallel zur y-Achse. Berechne die Belegung von x.
f) Das Drachenviereck AB_4CD_4 ist eine Raute. Berechne die Koordinaten von B_4.

6 Gegeben sind Dreiecke PQR_n wie in der
Abbildung dargestellt.
Es gilt: P(2|−1); Q(7|2); $R_n \in g$

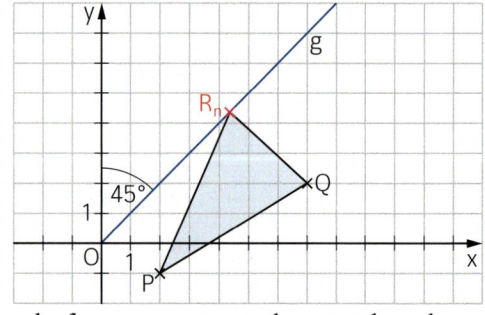

a) Zeichne mit einem Geometrieprogramm
Dreiecke PQR_n. Miss den Umfang der
Dreiecke. Was stellst du fest?

b) Das Dreieck PQR_0 hat minimalen Umfang. Ermittle den Punkt R_0 durch Konstruktion. Berechne anschließend die
Koordinaten von R_0.
c) Neben dem Dreieck PQR_0 gibt es weitere Sonderformen von Dreiecken. Zeichne diese
und berechne die fehlenden Koordinaten der Eckpunkte.

1 Berechne die Koordinaten des Bildpunktes. Überprüfe mit einer Geometrie-App.

a) $A(3\,|\,1) \xrightarrow{\;y=2x\;} A'$ 　　　b) $B(-2\,|-3) \xrightarrow{\;y=-0{,}4x\;} B'$ 　　　c) $C(0\,|\,2{,}5) \xrightarrow{\;y=0{,}75x\;} C'$

Lösungen: $(2{,}4\,|-0{,}7)$; $(-1\,|\,3)$; $(0{,}62\,|\,3{,}55)$; $(-1{,}4\,|\,0{,}7)$

2 Die Punkte $A(2\,|\,1{,}6)$, $B(9{,}5\,|\,3{,}5)$ und $C(10\,|\,8)$ sind Eckpunkte des Drachenvierecks ABCD mit der Geraden AC als Symmetrieachse.
a) Begründe die Aussage: AC ist eine Ursprungsgerade.
b) Berechne die Koordinaten des Punktes D. Überprüfe durch eine Zeichnung.

3 Gegeben sind die Punkte $A(3\,|-1)$, $B(6\,|\,4)$ und $A'(1{,}8\,|\,2{,}6)$. Die Punkte A und B werden durch Achsenspiegelung an der Ursprungsgeraden s auf die Bildpunkte A′ und B′ abgebildet. So kannst du die Gleichung der Spiegelachse s und die Koordinaten von B′ mit Hilfe der Abbildungsgleichung berechnen.

B

(1) Bestimme den Mittelpunkt der Strecke $\overline{AA'}$. Es gilt: s = OM	$M\left(\dfrac{3+1{,}8}{2}\,\middle|\,\dfrac{-1+2{,}6}{2}\right) \Rightarrow M(2{,}4\,|\,0{,}8)$
(2) Berechne die Steigung m_s und notiere die Gleichung der Spiegelachse.	$m_s = \dfrac{0{,}8-0}{2{,}4-0} = \dfrac{1}{3}$ s: $y = \dfrac{1}{3}x$
(3) Bestimme das Maß α des Winkels, den s mit der x-Achse einschließt.	$\dfrac{1}{3} = \tan\alpha \Rightarrow \alpha = 18{,}43°$
(4) Notiere die Abbildungsgleichung und berechne die Koordinaten von B′.	$x' = 6\cdot\cos 36{,}86° + 4\cdot\sin 36{,}86°$ $\wedge\; y' = 6\cdot\sin 36{,}86° - 4\cdot\cos 36{,}86°$ $B'(7{,}2\,|\,0{,}4)$

a) $A(2\,|-3)$; $B(-4\,|\,1)$; $A'(-2\,|\,3)$ 　　　b) $A(4\,|-1{,}5)$; $B(1\,|-2)$; $A'(-0{,}3\,|\,4{,}3)$

4 Notiere die Abbildungsgleichung der Achsenspiegelung in Koordinatenform und gib die Gleichung der Spiegelachse an. Berechne die Koordinaten des Bildpunktes P′ von $P(2\,|-3)$.

a) $\begin{pmatrix} x' \\ y' \end{pmatrix} = \begin{pmatrix} 1 & 0 \\ 0 & -1 \end{pmatrix} \circ \begin{pmatrix} x \\ y \end{pmatrix}$ 　　　b) $\begin{pmatrix} x' \\ y' \end{pmatrix} = \begin{pmatrix} 0{,}8 & -0{,}6 \\ -0{,}6 & -0{,}8 \end{pmatrix} \circ \begin{pmatrix} x \\ y \end{pmatrix}$

Lösungen (nur Koordinaten): $(2\,|\,3)$; $(-3\,|\,2)$; $(1{,}60\,|-3{,}23)$; $(3{,}4\,|\,1{,}2)$

c) $\begin{pmatrix} x' \\ y' \end{pmatrix} = \begin{pmatrix} 0 & 1 \\ 1 & 0 \end{pmatrix} \circ \begin{pmatrix} x \\ y \end{pmatrix}$ 　　　d) $\begin{pmatrix} x' \\ y' \end{pmatrix} = \begin{pmatrix} -\frac{1}{2} & -\frac{1}{2}\sqrt{3} \\ -\frac{1}{2}\sqrt{3} & \frac{1}{2} \end{pmatrix} \circ \begin{pmatrix} x \\ y \end{pmatrix}$

5 Die Punkte $B_n(x\,|\,y)$ von Dreiecken AB_nC liegen auf der Geraden g mit $y = -x$. Es gilt: $A(-8\,|\,0)$; $C(1\,|\,5)$; $x, y \in \mathbb{R}$
a) Zeichne die Dreiecke AB_1C für $x = 0$ und AB_2C für $x = 6$.
b) Berechne die Maße der Winkel, den die Strecken $\overline{AB_1}$ und $\overline{CB_1}$ mit der Geraden g einschließen. Führe die Rechnung ebenso durch für die Strecken $\overline{AB_2}$ und $\overline{CB_2}$.
c) Konstruiere den Punkt B_0 so, dass die Gerade g Winkelhalbierende des Winkels CB_0A ist. Berechne anschließend die Koordinaten von B_0.

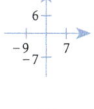

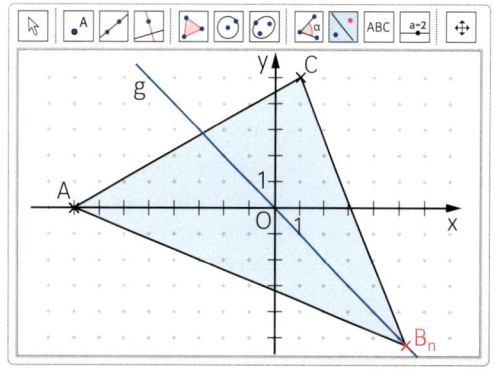

6 Der Graph der Funktion f wird durch zentrische Streckung mit dem Zentrum Z und dem Streckungsfaktor k auf den Graphen der Funktion f′ abgebildet.
Es gilt: f: $y = 0{,}125\,(x-3)^4 + 1$ $(x \in \mathbb{R}; y \in \mathbb{R})$; $Z(2\,|-1)$; $k = 2$
So kannst du die Gleichung von f′ berechnen:

Statt der Vektoraddition verwende ich die Abbildungsvorschrift $\overrightarrow{ZP'} = k \cdot \overrightarrow{ZP}$.

B

(1) Bilde die Punkte $P_n(x\,|\,0{,}125\,(x-3)^4 + 1)$ des Graphen zu f auf die Punkte $P'_n(x'\,|\,y')$ des Graphen zu f′ ab. Verwende die Vektoraddition.

$$\overrightarrow{OP'_n} = \overrightarrow{OZ} \oplus k \cdot \overrightarrow{ZP_n}$$

$$\binom{x'}{y'} = \binom{2}{-1} \oplus 2 \cdot \binom{x-2}{0{,}125 \cdot (x-3)^4 + 1 - (-1)}$$

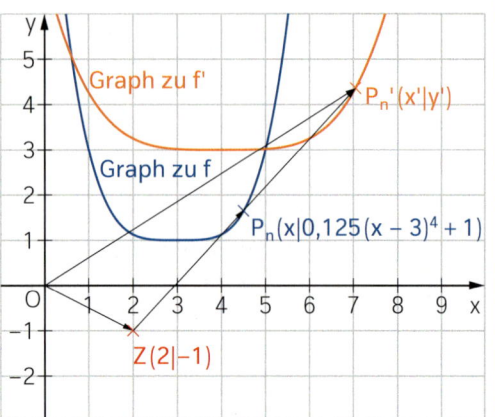

(2) Gib die Koordinaten der Punkte P'_n in Abhängigkeit von x an.
$x' = 2x - 2$ $\boxed{\dfrac{x'+2}{2} = x}$
$\wedge\ y' = 0{,}25\,(x-3)^4 + 3$

(3) Berechne die Gleichung des Graphen zu f′.
Eliminiere dazu den Parameter x.

$$y' = 0{,}25\left(\frac{x'+2}{2} - 3\right)^4 + 3$$

$$y' = 0{,}25\,[0{,}5\,(x'-4)]^4 + 3$$

$$y' = 0{,}5^2 \cdot 0{,}5^4\,(x'-4)^4 + 3 \qquad \text{Ergebnis: } f': y = 0{,}5^6\,(x-4)^4 + 3$$

Führe die Aufgabe durch für f: $y = 0{,}5\,(x-4)^{-3} + 2$; $(x > 4)$; $Z(3\,|-1)$; $k = 1{,}5$

7 Der Graph der Funktion f wird abgebildet. Berechne die Gleichung des Graphen von f′.
Es gilt: f mit $y = (x+2{,}5)^{-2} + 1{,}5$ $(x, y \in \mathbb{R}; x > -2{,}5)$

a) Graph zu f $\xrightarrow{\ \vec{v}=\binom{-1{,}5}{-1}\ }$ Graph zu f′   b) Graph zu f $\xrightarrow{\ Z(4\,|-1); k = -0{,}5\ }$ Graph zu f′

c) Graph zu f $\xrightarrow{\ s:\,x=0\ }$ Graph zu f′   d) Graph zu f $\xrightarrow{\ s:\,y=x\ }$ Graph zu f′

8 Berechne jeweils die Gleichung des Graphen der Bildfunktion $(x, y \in \mathbb{R})$.
(1) f: $y = 3^{4x+1} - 5$ (2) f: $y = \log_3(4x+1) - 5$

a) Graph zu f $\xrightarrow{\ \vec{v}=\binom{3{,}5}{2}\ }$ Graph zu f′   b) Graph zu f $\xrightarrow{\ s:\,y=x\ }$ Graph zu f′

c) Graph zu f $\xrightarrow{\ s:\,y=0\ }$ Graph zu f′   d) Graph zu f $\xrightarrow{\ Z(3\,|-2); k = 4\ }$ Graph zu f′

9 Der Graph zu f hat eine Gleichung der Form $y = \log_{1{,}5}(x+b) + c$. Asymptote ist die Gerade g.
a) Bestimme mit Hilfe der Daten in der Zeichnung die Gleichung von f.
b) Der Graph zu f wird auf den Graphen zu f_1 abgebildet. Dieser verläuft durch den Punkt B. Bestimme die Gleichung von f_1.
c) Der Punkt C liegt auf dem Graphen zu f_2. Dieser ergibt sich durch Achsenspiegelung des Graphen zu f_1. Gib die Gleichung von f_2 an.

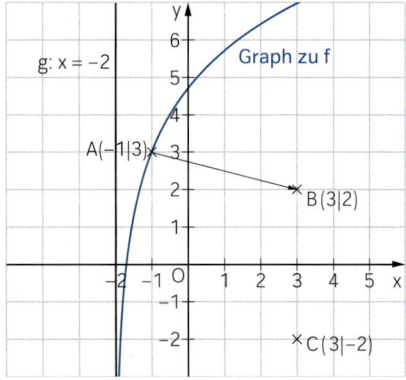

① Das Viereck ABCD lässt sich auf das Viereck PQRS abbilden.

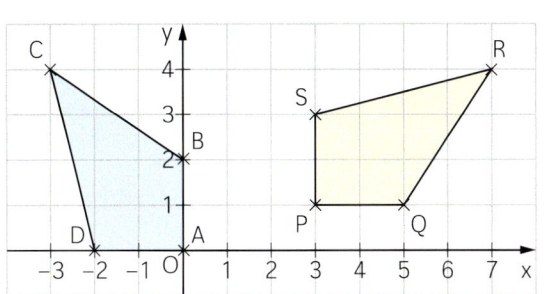

Durch eine Achsenspiege-lung an der Mittelsenk-rechten zu $\overline{AP}$ kann ich das blaue Viereck auf das orange Viereck abbilden.

Ich denke du musst mindestens zwei Abbildungen hintereinander ausführen.

a) Was meinst du zu den Aussagen von Paul und Mia?
b) Führe die Abbildung des Vierecks ABCD auf das Viereck PQRS mit einem Geometrie-programm durch.

② Die Dreiecke AB_nC_n sind rechtwinklig mit den Hypotenusen $\overline{B_nC_n}$, wobei die Katheten $\overline{AC_n}$ doppelt so lang sind wie die Katheten $\overline{AB_n}$. Die Eckpunkte $B_n(x\,|\,y)$ der Dreiecke AB_nC_n lie-gen auf der Geraden g mit $y = 0{,}5x - 2$. Es gilt: $A(0\,|\,0)$; $x, y \in \mathbb{R}$

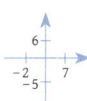

a) Zeichne die Dreiecke AB_1C_1 für $x = -2$ und AB_2C_2 für $x = 3$.
b) So kannst du die Koordinaten der Punkte $C_n(x_c\,|\,y_c)$ in Abhängigkeit von der Abszisse x der Punkte B_n darstellen.

B

„Rechtwinklig" riecht nach Drehung und „doppelt so lang" nach zentrischer Streckung!

(1) Überlege, welche Abbildungen du hinterei-nander ausführen musst, um die Punkte B_n auf die Punkte C_n abzubilden.

(2) Drehe die Punkte $B_n(x\,|\,0{,}5x-2)$ um den Punkt A. Du erhältst die Punkte $B_n^*(x^*\,|\,y^*)$.

$$\begin{pmatrix} x^* \\ y^* \end{pmatrix} = \begin{pmatrix} 0 & -1 \\ 1 & 0 \end{pmatrix} \odot \begin{pmatrix} x \\ 0{,}5x - 2 \end{pmatrix}$$

$$\begin{pmatrix} x^* \\ y^* \end{pmatrix} = \begin{pmatrix} -0{,}5x + 2 \\ x \end{pmatrix}$$

Es folgt: $B_n^*(-0{,}5x + 2\,|\,x)$

(3) Bilde nun die Punkte B_n^* durch zentrische Streckung mit dem Zentrum A und $k = 2$ ab. Du erhältst die Punkte C_n.

$$\begin{pmatrix} x' \\ y' \end{pmatrix} = 2 \cdot \begin{pmatrix} -0{,}5x + 2 \\ x \end{pmatrix}$$

$$\begin{pmatrix} x' \\ y' \end{pmatrix} = \begin{pmatrix} -x + 4 \\ 2x \end{pmatrix}$$

Ergebnis: $C_n(-x + 4\,|\,2x)$

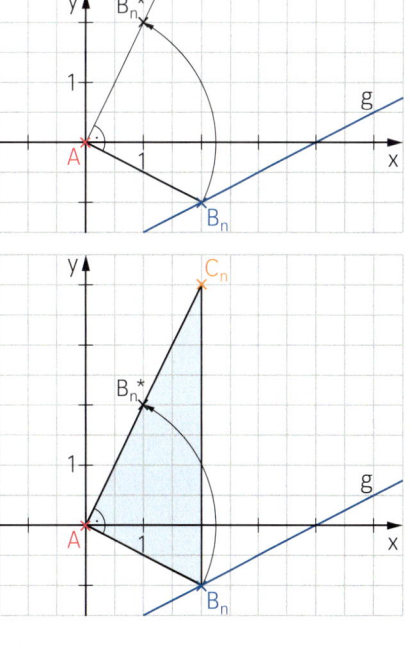

c) Berechne die Gleichung des Trägergraphen der Punkte C_n.
d) Löse die Teilaufgaben a) bis c) für Dreiecke AB_nC_n, für die gilt:
$\sphericalangle B_nAC_n = 60°$; $|\overline{AC_n}| = 2{,}5 \cdot |\overline{AB_n}|$; $A(0\,|\,0)$; $B_n \in g$ mit $y = x - 2$

③ Berechne die Koordinaten des Punktes P' bei der Abbildung auf Seite 146.
Es gilt: $P(-4{,}4\,|\,4{,}3)$; $|\overline{OP'}| = 7{,}1$ LE; $\sphericalangle P'OP = 30°$

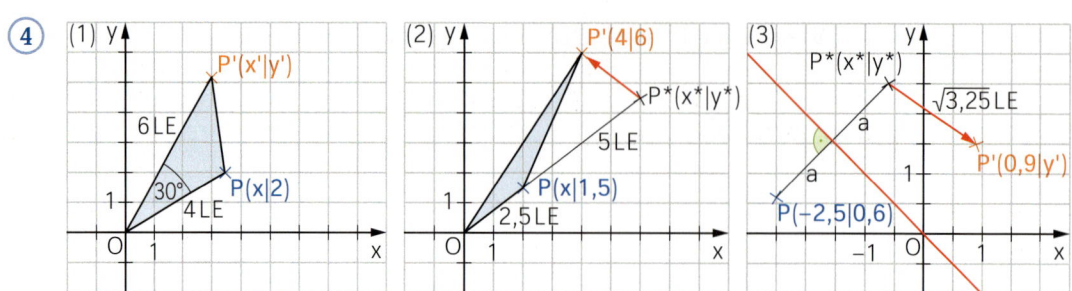

4 a) Durch welche Abbildungen kann der Punkt P auf den Punkt P' abgebildet werden?

b) Berechne die fehlenden Koordinaten.

5 Das Dreieck ABC wird zweimal durch Achsenspiegelung abgebildet.

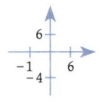

$$\triangle ABC \xmapsto{s_1: y = -x} \triangle A^*B^*C^* \xmapsto{s_2: y = \sqrt{3}\,x} \triangle A'B'C'$$

Es gilt: $A(-1\,|\,0)$; $B(-3\,|\,2)$; $C(-3{,}5\,|-0{,}5)$

a) Zeichne das Dreieck ABC, das Dreieck $A^*B^*C^*$ und das Dreieck $A'B'C'$.

b) Berechne die Koordinaten der Eckpunkte des Dreiecks $A'B'C'$.

c) Das Dreieck ABC kann direkt auf das Dreieck $A'B'C'$ abgebildet werden.
   Gib die zugehörige Abbildung mit ihrer Abbildungsgleichung an.

6 Für die Dreiecke AB_nC_n gilt: $C_n \in g$ mit $y = -\frac{3}{4}x + 5$;

$\sphericalangle B_nAC_n = 120°$; $|\overline{AB_n}| = \frac{2}{3} \cdot |\overline{AC_n}|$; $x, y \in \mathbb{R}$

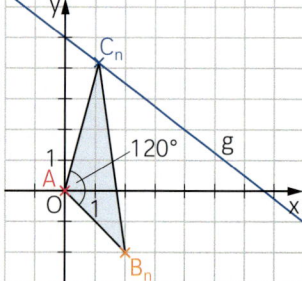

a) Zeichne die Dreiecke AB_1C_1, AB_2C_2 und AB_3C_3 für
   $x = 1$, $x = 2$ und $x = 3$.

b) Bilde die Punkte C_n auf die Punkte B_n ab.

c) Ermittle die Gleichung des Trägergraphen der Punkte B_n.

7 Der Punkt $P(3\,|-1)$ legt zusammen mit den
Punkten $Q_n(4\cos\varphi + 3\,|-2\cos\varphi + 3)$ und R_n
gleichschenklige Dreiecke PQ_nR_n mit den
Basen $\overline{Q_nR_n}$ fest ($\varphi \in [0°;\,180°]$).
Es gilt: $\sphericalangle Q_nPR_n = 45°$

a) Zeichne das Dreieck PQ_1R_1 für $\varphi = 25°$.
   Für die Zeichnung: $-1 \le x \le 8$; $-2 \le y \le 6$

b) Für welches Maß von φ ist die y-Koordinate
   der Punkte Q_n minimal?

c) Berechne die Koordinaten der Punkte R_n in
   Abhängigkeit von φ.
   [Ergebnis: $R_n(0{,}17 + 4{,}24\cos\varphi\,|\,1{,}83 + 1{,}41\cos\varphi)$]

d) Der Punkt R_2 liegt auf der y-Achse. Berechne das Maß von φ.

e) Berechne die Gleichung des Trägergraphen h der Punkte Q_n und die Gleichung des
   Trägergraphen t der Punkte R_n. Zeichne die beiden Trägergraphen.
   [Ergebnisse: h mit $y = -0{,}5x + 4{,}5$; t mit $y = 0{,}33x + 1{,}77$]

f) Die Basis $\overline{Q_3R_3}$ des Dreiecks PQ_3R_3 liegt auf dem Trägergraphen h.
   Berechne das zugehörige Winkelmaß φ und die Länge dieser Basis.

g) Die Strecke $\overline{Q_4R_4}$ verläuft parallel zur x-Achse. Bestimme das zugehörige Maß von φ.

1 Der Punkt $P(5|-1)$ wird durch vier verschiedene Abbildungen auf einen Bildpunkt abgebildet. Unten siehst du dazu jeweils einen Text und eine Abbildungsgleichung. Ordne passend zu. Ergänze die Platzhalter in deinem Heft. Berechne jeweils die Koordinaten des Bildpunktes.

A	B	C	D
Zentrische Streckung mit dem Zentrum $Z(\ \ |\ \ )$ und $k = \ $	Achsenspiegelung an der Achse s mit $y = \ \cdot x$	Drehung um den Drehpunkt $Z(\ \ |\ \ )$ mit $\ = \ $	Parallelverschiebung mit $\vec{v} = \begin{pmatrix} \ \\ \ \end{pmatrix}$

(1)
$$\begin{pmatrix} x' \\ y' \end{pmatrix} = \begin{pmatrix} 5 \\ -1 \end{pmatrix} \oplus \begin{pmatrix} 6 \\ 1,5 \end{pmatrix}$$

(2)
$$\begin{pmatrix} x' \\ y' \end{pmatrix} = \begin{pmatrix} 1 \\ -2 \end{pmatrix} \oplus \begin{pmatrix} 0,28 & -0,96 \\ 0,96 & 0,28 \end{pmatrix} \odot \begin{pmatrix} 4 \\ 1 \end{pmatrix}$$

(3)
$$\begin{pmatrix} x' \\ y' \end{pmatrix} = \begin{pmatrix} 0,28 & 0,96 \\ 0,96 & -0,28 \end{pmatrix} \odot \begin{pmatrix} 5 \\ -1 \end{pmatrix}$$

(4)
$$\begin{pmatrix} x' \\ y' \end{pmatrix} = \begin{pmatrix} 1 \\ -2 \end{pmatrix} \oplus 1,5 \cdot \begin{pmatrix} 4 \\ 1 \end{pmatrix}$$

2 Auf der Seite $\overline{BC}$ des Rechtecks ABCD wandern die Punkte $P_n(8|y)$. Sie bilden zusammen mit den Punkten A und Q_n Dreiecke AP_nQ_n.

Es gilt: $\sphericalangle P_nAQ_n = 45°$; $|\overline{AQ_n}| : |\overline{AP_n}| = 3 : 2$; $A(0|0)$; $B(8|0)$; $C(8|12)$

a) Zeichne die Dreiecke AP_1Q_1 für $y = 1$ und AP_2Q_2 für $y = 4$.

b) Berechne die Gleichung des Trägergraphen der Punkte Q_n.
[Zwischenergebnis: $Q_n(6\sqrt{2} - 0,75\sqrt{2} \cdot y\ |\ 6\sqrt{2} + 0,75\sqrt{2} \cdot y)$]

c) Es gibt ein Dreieck AP_0Q_0, bei dem der Eckpunkt Q_0 zusätzlich auf der Seite $\overline{CD}$ liegt. Berechne die Koordinaten der Eckpunkte P_0 und Q_0.

d) Es gibt ein Dreieck AP_3Q_3, das den halben Flächeninhalt des Rechtecks ABCD hat. Berechne die Koordinaten der Eckpunkte P_3 und Q_3.

3 Gegeben sind die Trapeze $A_nB_nC_nD_n$ mit den parallelen Grundseiten $\overline{A_nD_n}$ und $\overline{B_nC_n}$. Die Trapeze sind symmetrisch zur Geraden s mit $y = 2x$. Die Punkte $A_n(x|y)$ liegen auf der Geraden g mit $y = -x - 1$ ($x, y \in \mathbb{R}$).

Für die Pfeile $\overrightarrow{A_nB_n}$ gilt:
$\overrightarrow{A_nB_n} = \begin{pmatrix} -1 \\ 4 \end{pmatrix}$

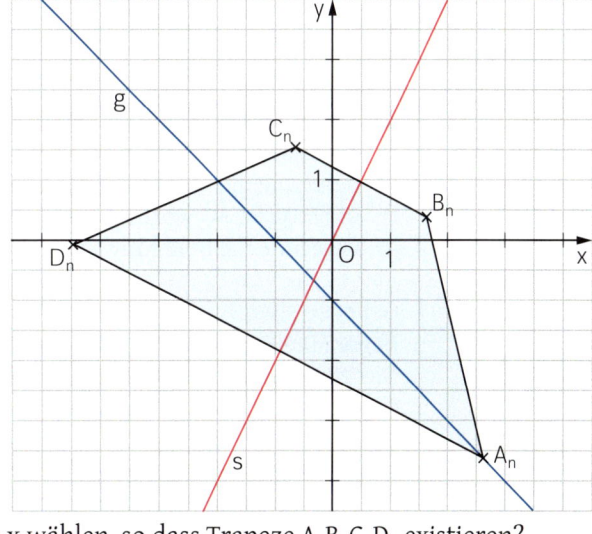

a) Zeichne zwei Trapeze $A_1B_1C_1D_1$ für $x = 2$ und $A_2B_2C_2D_2$ für $x = 4$.

b) Die Punkte A_n lassen sich auf die Punkte B_n abbilden. Stelle die Koordinaten der Punkte B_n in Abhängigkeit von der Abszisse x der Punkte A_n dar. Berechne die Gleichung des Trägergraphen h_B der Punkte B_n.
[Ergebnisse: $B_n(x-1|-x+3)$; $h_B: y = -x + 2$]

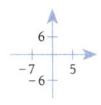

c) Aus welchem Intervall kann man x wählen, so dass Trapeze $A_nB_nC_nD_n$ existieren?

d) Die Punkte B_n können auf die Punkte C_n abgebildet werden. Zeige, dass sich die Koordinaten der Punkte C_n wie folgt in Abhängigkeit von der Abszisse x der Punkte A_n darstellen lassen: $C_n(-1,4x + 3|0,2x + 1)$

e) Berechne die Gleichung des Trägergraphen h_C der Punkte C_n.

f) Berechne das Maß α_1 des Winkels $B_1A_1D_1$.
Begründe anschließend: In allen Trapezen sind die Winkelmaße α_n gleich.

g) Berechne den Flächeninhalt des Trapezes $A_1B_1C_1D_1$.

Ordinate bedeutet y-Koordinate.

4 Der Punkt A (0 | 0) ist gemeinsamer Eckpunkt von Rauten $AB_nC_nD_n$, die durch die Diagonalen $\overline{B_nD_n}$ in gleichseitige Dreiecke zerlegt werden. Die Eckpunkte B_n (x | 3) liegen auf der Geraden g mit y = 3 (x, y ∈ ℝ).

a) Zeichne die Rauten $AB_1C_1D_1$ für x = 3 und $AB_2C_2D_2$ für x = –1.

b) Berechne die Koordinaten der Eckpunkte C_1, D_1 sowie C_2, D_2.

c) Stelle die Koordinaten der Punkte D_n in Abhängigkeit von der Abszisse x der Punkte B_n dar. [Ergebnis: D_n (0,5 x – 3,60 | 0,87x + 1,50)]

d) Die Punkte B_3 und D_3 der Raute $AB_3C_3D_3$ haben die gleiche Ordinate. Berechne die Koordinaten der Eckpunkte B_3, C_3 und D_3 sowie den Flächeninhalt der Raute.

5 Auf der Geraden g mit y = x – 3 liegen die Eckpunkte B_n (x | y) von Dreiecken AB_nC_n. Die Winkel B_nAC_n haben stets das Maß 30° und die Winkel C_nB_nA das Maß 120°. Es gilt: A (0 | 0); x, y ∈ ℝ

a) Zeichne das Dreieck AB_1C_1 für x = 5.

b) Die Punkte B_n lassen sich durch eine Drehung und eine anschließende zentrische Streckung auf die Punkte C_n abbilden. Gib soweit möglich die Bestimmungsstücke der Abbildungen an.

c) So kannst du den Streckungsfaktor k berechnen.

B

(1) Wende den Sinussatz im Dreieck AB_nC_n an.
$$\frac{|\overline{AC_n}|}{\sin 120°} = \frac{|\overline{AB_n}|}{\sin 30°}$$

(2) Löse nach $|\overline{AC_n}|$ auf und vereinfache.
$$|\overline{AC_n}| = \frac{0,5\sqrt{3}\,|\overline{AB_n}|}{0,5}$$

$$|\overline{AC_n}| = \sqrt{3}\,|\overline{AB_n}| \qquad \text{Ergebnis: } k = \sqrt{3}$$

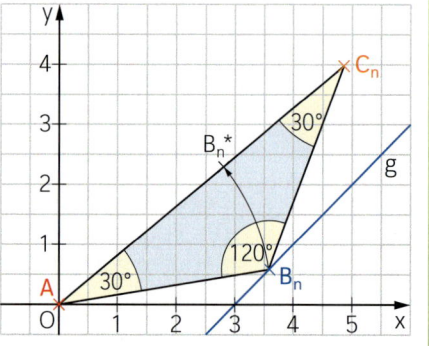

d) Zeige, dass sich die Koordinaten der Punkte C_n wie folgt in Abhängigkeit von der Abszisse x der Punkte B_n darstellen lassen: C_n (0,63x + 2,60 | 2,37x – 4,5)

e) Berechne die Gleichung des Trägergraphen der Punkte C_n.

f) Die Strecke $\overline{AC_1}$ verläuft parallel zur Geraden g. Berechne die Belegung von x.

g) Berechne die Belegung von x, für die das Dreieck AB_0C_0 minimalen Flächeninhalt hat.

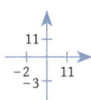

6 Gegeben sind Drachenvierecke $AB_nC_nD_n$, deren Diagonalen $\overline{AC_n}$ auf der Symmetrieachse liegen. Die Punkte B_n (x | y) liegen auf der Geraden g mit y = 0,5x – 2. Die Winkel B_nAD_n haben stets das Maß 73,74° und die Winkel C_nB_nA das Maß 123,69°. Es gilt: A (0 | 0); x, y ∈ ℝ

a) Zeichne die Drachenvierecke $AB_1C_1D_1$ für x = 4 und $AB_2C_2D_2$ für x = 6.

b) Stelle die Koordinaten der Punkte D_n in Abhängigkeit von der Abszisse x der Punkte B_n dar. [Ergebnis: D_n (–0,2x + 1,92 | 1,1x – 0,56)]

c) Die Punkte B_n lassen sich auf die Punkte C_n abbilden. Stelle die Koordinaten der Punkte C_n in Abhängigkeit von der Abszisse x der Punkte B_n dar. [Ergebnis: C_n (1,25x + 3 | 2,5x – 4)]

d) Die Diagonale $\overline{B_3D_3}$ liegt auf der Geraden g. Berechne die Belegung von x.

e) Berechne die Belegung von x, für die das Drachenviereck $AB_4C_4D_4$ einen Flächeninhalt von 37,9 FE hat.

f) Das Drachenviereck $AB_0C_0D_0$ hat minimalen Flächeninhalt.

g) Berechne die Belegung von x (x > 2,5), für die die Strecke $\overline{B_5C_5}$ mit der Geraden g einen Winkel mit dem Maß 20° bildet.

(7) Die Punkte $B_n(x\,|\,y)$ auf der Geraden g mit $y = 0{,}5x - 2$ ($x, y \in \mathbb{R}$) bilden zusammen mit den Punkten $A(-2\,|\,1)$ und C_n Dreiecke AB_nC_n. Die Winkel B_nAC_n haben stets das Maß $36{,}87°$ und die Strecken $\overline{AC_n}$ sind halb so lang wie die Strecken $\overline{AB_n}$.

a) Zeichne die Dreiecke AB_1C_1 für $x = 2$ und AB_2C_2 für $x = 8$.

b) So kannst du die Koordinaten der Punkte C_n in Abhängigkeit von der Abszisse x der Punkte B_n darstellen.

B

Die Punkte B_n lassen sich auf die Punkte C_n abbilden.

(1) Drehe den Pfeil $\overrightarrow{AB_n}$ um $36{,}87°$ um den Fußpunkt A. Du erhältst den Pfeil $\overrightarrow{AB_n^*}$.

$$\overrightarrow{AB_n^*} = \begin{pmatrix} \cos 36{,}87° & -\sin 36{,}87° \\ \sin 36{,}87° & \cos 36{,}87° \end{pmatrix} \odot \begin{pmatrix} x-(-2) \\ 0{,}5x-2-1 \end{pmatrix}$$

$$\overrightarrow{AB_n^*} = \begin{pmatrix} 0{,}5x+3{,}4 \\ x-1{,}2 \end{pmatrix}$$

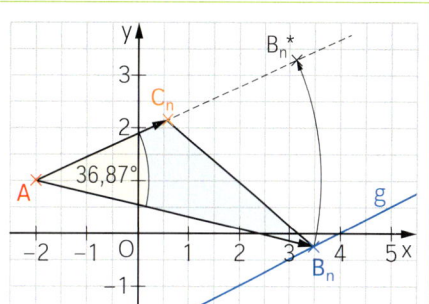

(2) Strecke nun den Pfeil $\overrightarrow{AB_n^*}$ am Zentrum A mit $k = 0{,}5$. Du erhältst den Pfeil $\overrightarrow{AC_n}$.

$$\overrightarrow{AC_n} = 0{,}5 \cdot \begin{pmatrix} 0{,}5x+3{,}4 \\ x-1{,}2 \end{pmatrix} = \begin{pmatrix} 0{,}25x+1{,}7 \\ 0{,}5x-0{,}6 \end{pmatrix}$$

(3) Berechne die Koordinaten der Punkte C_n mit Hilfe der Vektoraddition.

$$\overrightarrow{OC_n} = \begin{pmatrix} -2 \\ 1 \end{pmatrix} \oplus \begin{pmatrix} 0{,}25x+1{,}7 \\ 0{,}5x-0{,}6 \end{pmatrix} = \begin{pmatrix} 0{,}25x-0{,}3 \\ 0{,}5x+0{,}4 \end{pmatrix} \qquad \text{Ergebnis: } C_n(0{,}25x-0{,}3\,|\,0{,}5x+0{,}4)$$

c) Berechne die Gleichung des Trägergraphen h der Punkte C_n.
   [Ergebnis: h mit $y = 2x + 1$]

d) Die Strecke $\overline{AC_3}$ verläuft parallel zur x-Achse. Berechne die Koordinaten der Eckpunkte B_3 und C_3.

e) Die Strecke $\overline{B_4C_4}$ liegt auf der Geraden g. Berechne die Koordinaten der Eckpunkte B_4 und C_4.

f) Berechne die Belegung von x, für die der Flächeninhalt des Dreiecks AB_0C_0 minimal ist.

g) Löse die Aufgaben a) und b) für Dreiecke AB_nC_n, für die gilt: $\sphericalangle\,B_nAC_n = 53{,}13°$; $\left|\overrightarrow{AC_n}\right| = \frac{2}{3} \cdot \left|\overrightarrow{AB_n}\right|$; $A(-1\,|\,-1{,}5)$; $B_n \in g$ mit $y = x - 2$

(8) Gegeben sind gleichschenklige Trapeze ABC_nD_n mit der gemeinsamen Grundseite $\overline{AB}$ mit $A(-6\,|\,3)$ und $B(-3\,|\,-6)$.

Für die Schenkel $\overline{BC_n}$ gilt: $\overrightarrow{BC_n} = \begin{pmatrix} 5\cos\alpha + 3 \\ 5\sin^2\alpha \end{pmatrix}$

a) Zeichne die Trapeze ABC_1D_1 für $\alpha = 0°$ und ABC_2D_2 für $\alpha = 50°$.

b) Berechne die Gleichung des Trägergraphen der Punkte C_n und zeichne diesen in die Zeichnung von a) ein. [Ergebnis: p mit $y = -0{,}2\,x^2 - 1$]

c) Aus welchem Intervall kann man α wählen, so dass Trapeze ABC_nD_n existieren?

d) Berechne die Koordinaten der Punkte D_n in Abhängigkeit von α.
   [Ergebnis: $D_n(3\sin^2\alpha + 4\cos\alpha - 3{,}6\,|\,-4\sin^2\alpha + 3\cos\alpha + 4{,}8)$]

e) Bestimme die Belegung von α, für die im Trapez ABC_3D_3 der Punkt D_3 die x-Koordinate $-3{,}6$ hat.
   [Ergebnis: $\alpha = 122{,}4°$]

f) Berechne den Flächeninhalt des Trapezes in Teilaufgabe e).

g) Berechne die Belegung von α, für die Diagonalen $\overline{AC_4}$ und $\overline{AC_5}$ mit der Grundseite $\overline{AB}$ Winkel mit dem Maß $40°$ einschließen.

h) Eines der Trapeze ist ein Rechteck. Berechne das zugehörige Winkelmaß α.

1   Bei den Dreiecken AB_nC_n liegen die Punkte $B_n(x \mid \log_2 x + 0{,}5)$ auf dem Graphen der Funktion f mit $y = \log_2 x + 0{,}5$ $(x \in \mathbb{R};\, y \in \mathbb{R})$.

Die Gerade s mit $y = x$ halbiert die Winkel B_nAC_n.

Die Strecken $\overline{AC_n}$ haben die 1,5-fache Länge der Strecken $\overline{AB_n}$. Es gilt: $A\,(2 \mid 2)$

a) Berechne die Koordinaten der Punkte B_1 und C_1 für $x = 5$. Zeichne dann das Dreieck AB_1C_1.
Für die Zeichnung: $-1 \le x \le 11$; $-4 \le y \le 8$

b) Zeichne den Graphen der Funktion f für $x \in\,]0;\, 10]$.

c) Bestimme mit Hilfe der Zeichnung den Näherungswert für x, ab dem keine Dreiecke AB_nC_n mehr existieren.

d) So kannst du die Koordinaten der Punkte $C_n(x' \mid y')$ in Abhängigkeit von der Abszisse x der Punkte B_n berechnen.

B

(1) Bilde zuerst die Punkte B_n durch Achsenspiegelung an der Winkelhalbierenden s auf die Punkte B_n^* ab.

$$\begin{pmatrix} x^* \\ y^* \end{pmatrix} = \begin{pmatrix} \log_2 x + 0{,}5 \\ x \end{pmatrix}$$

Es folgt: $B_n^*(\log_2 x + 0{,}5 \mid x)$

(2) Bilde die Punkte B_n^* durch zentrische Streckung mit dem Zentrum A und dem Streckungsfaktor $k = 1{,}5$ auf die Punkte C_n ab.

$$\overrightarrow{OC_n} = \overrightarrow{QA} \oplus k \cdot \overrightarrow{AB_n^*}$$

$$\begin{pmatrix} x' \\ y' \end{pmatrix} = \begin{pmatrix} 2 \\ 2 \end{pmatrix} \oplus \begin{pmatrix} \log_2 x + 0{,}5 - 2 \\ x \qquad\quad -2 \end{pmatrix}$$

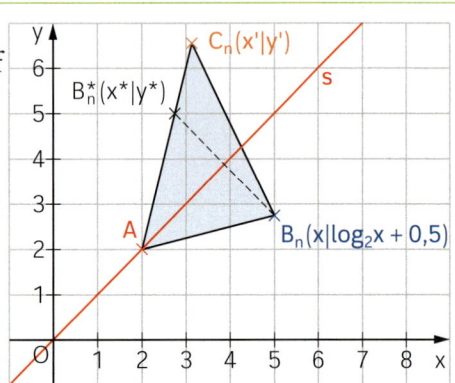

Rechne die Aufgabe fertig.

[Ergebnis: $C_n(1{,}5 \log_2 x - 0{,}25 \mid 1{,}5 x - 1)$]

e) Berechne die Gleichung des Trägergraphen f* der Punkte B_n^*. [Ergebnis: f^*: $y = 2^{x-0{,}5}$]

f) Der Punkt C_2 des Dreieckes AB_2C_2 hat die Abszisse $x = 2{,}75$. Berechne den Flächeninhalt dieses Dreiecks.

g) Führe die Teilaufgaben a) bis e) durch für f mit $y = \log_2 x - 0{,}5$ und $A\,(1 \mid 1)$.

2   Der Punkt $A\,(4 \mid -2)$ ist Eckpunkt von Vierecken $AB_nC_nD_n$. Die Punkte $C_n(x \mid 1{,}25^x + 2)$ liegen auf dem Graphen der Funktion f_1 mit $y = 1{,}25^x + 2$ $(x \in \mathbb{R};\, y \in \mathbb{R})$.

Die Punkte M_n sind Mittelpunkte der Diagonalen $\overline{AC_n}$ und $\overline{B_nD_n}$. Die Diagonalen $\overline{B_nD_n}$ verlaufen parallel zur x-Achse und sind immer 4 LE lang.

a) Berechne die Koordinaten der Punkte C_1, M_1, B_1 und D_1 für $x = 2$.
Zeichne dann das Viereck $AB_1C_1D_1$.
Für die Zeichnung: $-2 \le x \le 9$; $-3 \le y \le 9$

b) Begründe: Die Vierecke $AB_nC_nD_n$ sind Parallelogramme.

c) Zeichne den Graphen der Funktion f_1 für $x \in [-1;\, 8]$.

d) Das Parallelogramm $AB_2C_2D_2$ ist eine Raute. Berechne seinen Flächeninhalt.

e) Berechne die Koordinaten der Punkte M_n in Abhängigkeit von der Abszisse x der Punkte C_n. [Ergebnis: $M_n(0{,}5 x + 2 \mid 0{,}5 \cdot 1{,}25^x)$]

f) Der Eckpunkt B_3 des Parallelogramms $AB_3C_3D_3$ hat die Abszisse $x = 7$.
Bestimme die Koordinaten der Punkte M_3, B_3, D_3 und C_3.

g) Zeige, dass der Trägergraph h der Punkte M_n folgende Gleichung hat: h: $y = 0{,}5 \cdot 1{,}25^{2x-4}$

③ Der Punkt A $(1\,|\,{-}3)$ ist Eckpunkt von Vierecken $AB_nC_nD_n$. Die Punkte $B_n\,(x\,|\,{-}0{,}1\,(x-2)^3+1)$ liegen auf dem Graphen der Funktion f_1 mit $y = -0{,}1\,(x-2)^3 + 1$ $(x\in\mathbb{R} \wedge x\geq 2;\, y\in\mathbb{R})$.
Die Punkte $C_n\,(x_C\,|\,y_C)$ haben die gleiche Abszisse x wie die Punkte B_n und liegen auf dem Graphen der Funktion f_2.
Dieser Graph entsteht durch Achsenspiegelung des Graphen zu f_1 an der x-Achse.
Für die Punkte D_n gilt: $\overrightarrow{C_nD_n} = \begin{pmatrix} -4 \\ 0 \end{pmatrix}$

a) Zeichne die Graphen der Funktionen f_1 und f_2 für $x\in[2;\,6]$.
Für die Zeichnung: $-1 \leq\, < x \leq;\, 7;\, -7 \leq y \leq 7$
Gib die Gleichung von f_2 an.

b) Zeichne das Viereck $AB_1C_1D_1$ für $x = 4{,}5$. Berechne seinen Flächeninhalt.

c) Bestimme das Intervall, für das Vierecke $AB_nC_nD_n$ existieren.

d) Das Viereck $AB_2C_2D_2$ ist ein Trapez mit den Grundseiten $\overline{AB_2}$ und $\overline{C_2D_2}$.
Zeichne das Trapez $AB_2C_2D_2$. Berechne seinen Flächeninhalt. Ermittle die Maße seiner Innenwinkel.

e) Es gibt ein Trapez $AB_3C_3D_3$ mit den Grundseiten $\overline{AD_3}$ und $\overline{B_3C_3}$.
Zeige, dass es einen Flächeninhalt von 16,2 FE hat.

④ Gegeben sind Dreiecke $A_nB_nC_n$. Die Punkte $A_n\,(x\,|\,{-}(x-1{,}5)^{-2})$ liegen auf dem Graphen der Funktion f_1 mit $y = -(x-1{,}5)^{-2}$ $(x\in\mathbb{R} \wedge x > 1{,}5;\, y\in\mathbb{R})$.
Für die x-Koordinate der Punkte $C_n\,(x_C\,|\,y_C)$ gilt: $x_C < 0$. Sie haben die gleiche Ordinate y wie die Punkte A_n. Ihr Abstand von der y-Achse ist genau so groß wie der Abstand der Punkte A_n von der y-Achse.
Für die Punkte B_n gilt: $\overrightarrow{A_nB_n} = \begin{pmatrix} -4 \\ 3 \end{pmatrix}$

a) Zeichne den Graphen der Funktion f_1 für $x\in[1{,}9;\,4{,}5]$. Zeichne anschließend das Dreieck $A_1B_1C_1$ für $x = 2{,}4$.
Für die Zeichnung: $-6 \leq x \leq 6;\, -7 \leq y \leq 3$

b) Die Punkte C_n liegen auf dem Graphen zu f_2. Zeichne diesen Graphen.

c) Zeige, dass für die Gleichung des Graphen f_2 der Punkte C_n gilt:
$f_2\!: y = -(x+1{,}5)^{-2}$

d) Begründe: Die Längen der Strecken $\overline{A_nB_n}$ sind immer größer als 3 LE.

e) Zeige, dass für die Koordinaten der Punkte B_n in Abhängigkeit von der Abszisse x der Punkte A_n gilt: $B_n\,(x-4\,|\,{-}(x-1{,}5)^{-2}+3)$
Berechne anschließend die Gleichung des Trägergraphen f_3 der Punkte B_n.
Zeichne den Graphen in deinem Koordinatensystem ein.

f) Das Dreieck $A_2B_2C_2$ ist gleichschenklig. Basis ist die Strecke $\overline{A_2C_2}$.
Bestimme den Flächeninhalt dieses Dreiecks.

g)

Es gibt ein gleichschenkliges Dreieck $A_3B_3C_3$ mit den Schenkeln $\overline{A_3B_3}$ und $\overline{A_3C_3}$.

Begründe, dass Anna Recht hat.
Ermittle den Flächeninhalt dieses Dreiecks.

Gib die Kantenlänge eines Würfels an, bei dem die Maßzahl des Volumens gleich der Maßzahl des Oberflächeninhalts ist.

① Das gelb gefärbte Küchenelement soll im Küchenplan oben rechts in der Ecke so eingebaut werden, dass die Küchenzeile am Fenster im Plan symmetrisch ist.

a) Gib die erforderlichen Abbildungsgleichungen in Matrixform an.

b) Ergänze den Küchenplan mit dem blauen und roten Küchenelement nach deinen Vorstellungen.

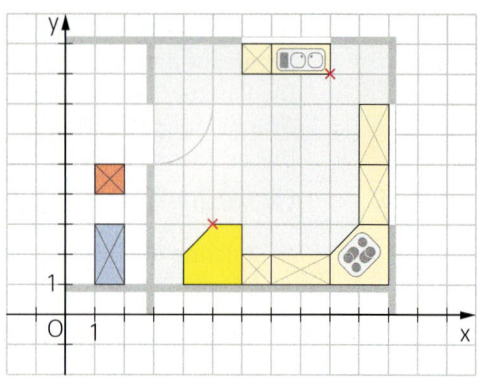

② In einer Ausstellungshalle wird ein Gemälde mit der Länge $|\overline{DE}|$ mit Hilfe eines rechteckigen Spiegels $\overline{AB}$ und eines Strahlers L beleuchtet.

a) Bestimme die Länge des Spiegels und des Gemäldes zeichnerisch.

b) Berechne die Koordinaten der Punkte B und E und gib die Länge des Spiegels und des Gemäldes in wahrer Größe an.

c) Die Aufgabe lässt sich auch mit Hilfe der zentrischen Streckung lösen.

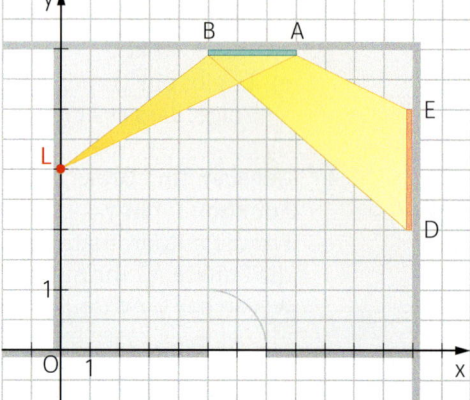

③ Auf Grund der Forderungen von Bürgern aus Walperding wird der ursprüngliche Bebauungsplan geändert. Wegen des stark zugenommenen LKW-Verkehrs auf der Umgehungsstraße UV soll die Längsseite des rechts abgebildeten Hauses mit dem Vektor $\vec{v} = \begin{pmatrix} 3 \\ -2 \end{pmatrix}$ verschoben werden. Um die Solarenergie besser nutzen zu können, soll es zusätzlich aus der West-Ost-Richtung in eine NO-SW-Richtung gedreht werden.

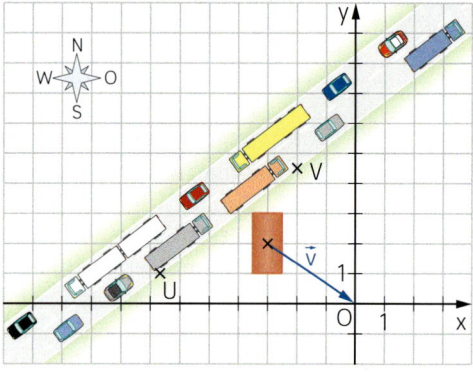

④ Ein Grundstück wird auf drei Geschwister aufgeteilt.

Es hat die Form eines rechtwinkligen Dreiecks (siehe Abbildung).

Die Länge $|\overline{CO}|$ beträgt 50 m und die Länge $|\overline{OB}|$ misst $50\sqrt{2}$ m.

a) Der Punkt C kann auf den Punkt B abgebildet werden. Notiere die Abbildungsgleichungen.

b) Die Länge $|\overline{DB}|$ beträgt 50 m. Vergleiche die Flächeninhalte A_1, A_2 und A_3.

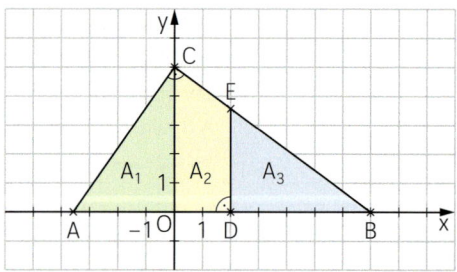

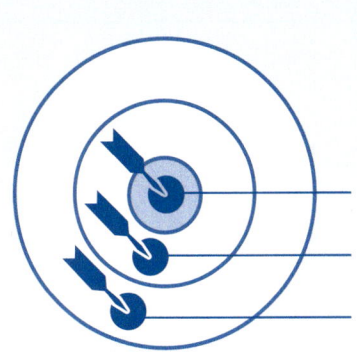

Löse die Aufgaben.
Schätze Dich mit Hilfe der **Zielscheibe** selbst ein. Die Lösungen findest Du auf Seite 233.
→ zeigt Hilfen zu jeder Aufgabe.

Das kann ich.

Da bin ich mir **nicht ganz sicher**.

Das muss ich **unbedingt üben**.

Aufgabe	Du kannst ...
1 3c 4d	die Koordinaten von Punkten bei der Parallelverschiebung und zentrischen Streckung sowie bei der Achsenspieglung an einer Ursprungsgeraden und bei der Drehung berechnen.
3ce 4b	die Koordinaten von Bild- und Urpunkten unter Berücksichtigung funktionaler Abhängigkeiten berechnen.
2	die Gleichung von Funktionsgraphen bei Abbildungen bestimmen.
3bc 4b	die Hintereinanderausführung von Abbildungen und damit Aufgaben aus der ebenen Geometrie algebraisch lösen.
3d, 4c	die Gleichungen von Trägergraphen berechnen.

→ Seite 151 Aufgabe 2

1 Berechne die fehlenden Koordinaten.

a) $P(2{,}5 \mid -3) \xrightarrow{\binom{4,5}{1}} P'(x' \mid y')$

b) $P(x \mid y) \xrightarrow{\text{s: y-Achse}} P'(2{,}5 \mid -3)$

→ Seite 154 Aufgabe 3

c) $P(2{,}5 \mid -3) \xrightarrow{Z(4,5 \mid -1);\, k = 1,25} P'(x' \mid y')$

d) $P(x \mid y) \xrightarrow{Z(4,5 \mid -1);\, k = 1,25} P'(2{,}5 \mid -3)$

e) $P(4 \mid -1) \xrightarrow{Z(0 \mid 0);\, \alpha = 48°} P'(x' \mid y')$

f) $P(4 \mid -1) \xrightarrow{Z(9 \mid -2);\, \alpha = 48°} P'(x' \mid y')$

g) $P(4 \mid -1) \xrightarrow{\text{s: y = 2x}} P'(x' \mid y')$

h) $P(x \mid y) \xrightarrow{\text{s: y = 0,75 x}} P'(2 \mid 5)$

→ Seite 155 Aufgabe 3

→ Seite 156 Aufgaben 6, 7

2 Berechne jeweils die Gleichung des Graphen der Bildfunktion ($x, y \in \mathbb{R}$).

(1) f: $y = (x - 2{,}5)^3 - 5$ (2) f: $y = 3^{0,5x + 2} + 1$ (3) f: $y = \log_3 (0{,}5x + 2) + 1$

a) Graph zu f $\xrightarrow{\vec{v} = \binom{2,5}{4}}$ Graph zu f'

b) Graph zu f $\xrightarrow{\text{s: y = x}}$ Graph zu f'

c) Graph zu f $\xrightarrow{\text{s: x = 0}}$ Graph zu f'

d) Graph zu f $\xrightarrow{Z(2 \mid -2);\, k = 0,5}$ Graph zu f'

→ Seite 160 Aufgabe 5

→ Seite 160 Aufgabe 6

→ Seite 161 Aufgabe 6

→ Seite 160 Aufgabe 8

3 Die Dreiecke $AB_n C_n$ mit der Basis $\overline{AB_n}$ sind gleichschenklig. Die Eckpunkte $C_n(x \mid -x + 5)$ liegen auf der Geraden g mit $y = -x + 5$. Es gilt: $A(2 \mid 1)$; $\sphericalangle B_n AC_n = 30°$; $x, y \in \mathbb{R}$

a) Zeichne das Dreieck $AB_1 C_1$ für x = 1.

b) Begründe: $|\overline{AB_n}| = \sqrt{3} \cdot |\overline{AC_n}|$

c) Stelle die Koordinaten der Punkte B_n in Abhängigkeit von der Abszisse x der Punkte C_n dar.
[Ergebnis: $B_n(0{,}64x + 2{,}45 \mid -2{,}37x + 8{,}76)$]

d) Berechne die Gleichung des Trägergraphen h der Punkte B_n.

e) Die Strecke $\overline{B_1 C_1}$ steht senkrecht auf der Geraden g. Berechne die Koordinaten von B_1 und C_1.

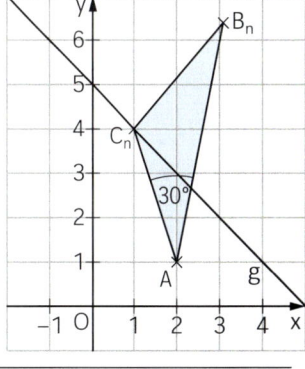

→ Seite 158 Aufgabe 7

4 Gegeben sind Rauten $AB_n C_n D_n$.
Es gilt: $A(0 \mid 0)$; $\sphericalangle B_n AD_n = 45°$; $B_n(4\sqrt{2} \cos^2 \varphi \mid 5\sqrt{2} \sin^2 \varphi)$; ($0° \leq \varphi \leq 90°$)

a) Zeichne die Raute $AB_1 C_1 D_1$ für $\varphi = 20°$.

b) Stelle die Koordinaten der Punkte D_n in Abhängigkeit von φ dar.
[Ergebnis: $D_n(9 \cos^2 \varphi - 5 \mid -\cos^2 \varphi + 5)$]

c) Berechne die Gleichung des Trägergraphen h der Punkte D_n.

d) Ermittle die Koordinaten der Punkte C_n in Abhängigkeit von φ.

1

Die Abbildung rechts zeigt eine Figur, die aus regelmäßigen Fünfecken mit der Seitenlänge 4 cm besteht.

a) Zeichne die Figur zweimal auf Karton und falte sie an
    den blauen Linien so, dass sich die äußeren Fünfecke
    leicht bewegen lassen.

b) Lege die beiden Figuren übereinander. Drehe die obe-
    re Figur, so dass die beiden Figuren versetzt überei-
    nander liegen (siehe Abbildung unten links).

c) Im Koordinatensystem kann man den Punkt
    U (7,2 | 10,0) durch Drehung um M (2,0 | 2,8) mit α = 36°
    auf den Punkt U′ abbilden.
    Berechne die Koordinaten von U′.

d) Spanne um die beiden Figuren ein Gummiband abwechselnd vor und hinter einer
    Fünfeckseite. Lass nun die zusammengelegte Figur langsam los, bis ein räumlicher
    Körper entsteht.

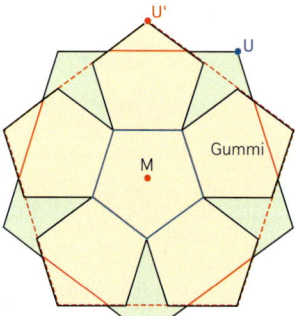

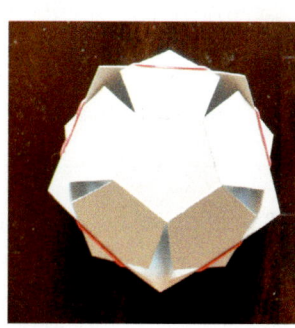

2

Ein Billardtisch hat die Form eines gleichseitigen Dreiecks mit der Seitenlänge 1 m.
Die Kugel in B (1 | 0) wird so gestoßen, dass sie über die Bande $\overline{AC}$ in das Loch beim
Punkt M rollt. Der Billardspieler zielt dabei auf den Punkt M′.

a) Berechne die Koordinaten von M′.
    [Ergebnis: M′(−0,25 | 0,43)]

b) Bestimme das Maß ε des Winkels, den
    der Laufweg der Kugel mit der Bande $\overline{AC}$
    bildet.

c) Ermittle die Länge des Weges, den die
    Kugel von B über E nach M zurücklegt.

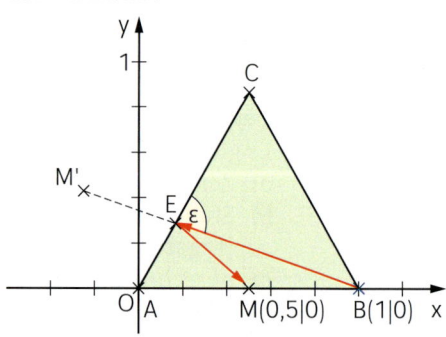

4

Lehrer Lämpel steht am Jahresende vor einem Problem. Er hat von jedem Schüler nur zwei Noten und deshalb sehr viele Schüler, die genau zwischen zwei Noten stehen. Weil ihm jede Entscheidung zu mühsam ist, denkt er sich Folgendes aus:
Jeder betroffene Schüler darf zwei rote und zwei weiße Kugeln beliebig auf zwei gleiche Gefäße verteilen. Es müssen aber alle Kugeln verwendet werden und beide Gefäße belegt sein. Eines der Gefäße wählt Lehrer Lämpel zufällig aus. Dann muss der Schüler aus diesem Gefäß eine verdeckt liegende Kugel ziehen. Ist diese rot, so erhält er die schlechtere Note, bei einer weißen Kugel gibt es die bessere Note.

a) Wie würdet ihr die Kugeln verteilen? Untersucht mit Hilfe von Experimenten verschiedene Möglichkeiten. Legt dazu im Heft eine Tabelle wie im Beispiel an.

Gefäß 1	Gefäß 2	Farbe der gezogenen Kugel	rot	weiß	Ziehungen gesamt
weiß	weiß, rot, rot	Anzahl			500
		relative Häufigkeit			

b) Fertigt zu euren Experimenten Baumdiagramme und ermittelt jeweils die Wahrscheinlichkeiten für Weiß.

c) Bei welcher Verteilung der Kugeln hat der Schüler die größte Chance auf die bessere Note?

3

Die Abbildung unten links zeigt die Mantelfläche eines sogenannten Spats.

a) Zeichne, schneide und falte den Mantel zu einem Körper. Mit welchem Körper kannst den Spat vergleichen? Beschreibe die Unterschiede.

b) Begründe: Die Mantelfläche beträgt 48 FE.

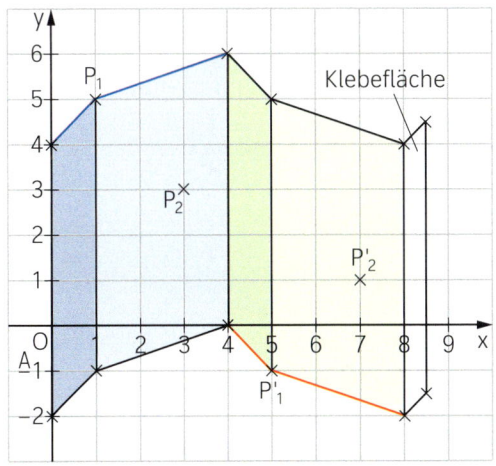
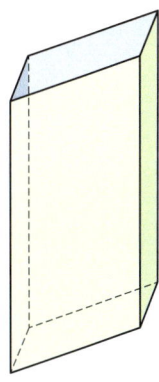

c) Jeder Punkt der blau markierten Teilflächen des Mantels lässt sich durch eine Achsenspiegelung an der x-Achse und eine anschließende Parallelverschiebung auf einen Punkt der grün markierten Teilflächen abbilden.
Gib die Koordinaten des Verschiebungsvektors an.

d) Bestimme die Koordinaten des Bildpunktes P_3' zum Punkt $P_3(2,5 \mid 1,8)$.

e) Berechne das Volumen des Spats.

f) Ändere die Form des Spats. Lass dabei die Höhe und die Mantelfläche unverändert. Untersuche das Volumen.

In diesem Kapitel finden sich Aufgaben zur Vorbereitung auf die Abschlussprüfung.

Ausführliche Lösungen sind ab Seite 237 zu finden.

① Vereinfache soweit wie möglich.

1.1 $(x^3y^5)^2 \cdot (xy^2)^{-3}$ 1.2 $x^{-3}yz^7 : (x^2y^{-1}z)^{-5}$ 1.3 $\dfrac{(a^7b^{-4})^{-3}}{(a^{-3}b^{-5})^2}$ 1.4 $\dfrac{\left(a^{\frac{4}{9}}b^{-\frac{1}{6}}\right)^{-3}}{(ab)^{-0,5}}$

② Schreibe als Potenz bzw. als Wurzel und berechne.

2.1 $128^{\frac{1}{7}}$ 2.2 $\sqrt[5]{0,00001}$ 2.3 $\left(\dfrac{27}{64}\right)^{\frac{1}{3}}$ 2.4 $\sqrt[3]{0,008} - 5^{-1}$

③ Berechnen Sie zu der gegebenen Funktion f die Gleichung der Umkehrfunktion f^{-1}. Geben Sie die fehlenden Definitions- und Wertemengen und – falls vorhanden – die Gleichungen der Asymptoten an.

3.1 f: $y = x^{-3}$ 3.2 f: $y = (x + 1)^2 + 3$ mit $D_f = \{x \mid x \; \blacksquare \; -1\}$

④ Geben Sie die Gleichungen von drei Potenzfunktionen an, die keine Nullstellen besitzen.

⑤ Lösen Sie die Gleichung. $G = \mathbb{R}_0^+$

5.1 $2 \cdot \sqrt[3]{x} = 60$ 5.2 $\frac{1}{3}x^3 + 7 = 16$ 5.3 $6x^4 - 17 = 469$ 5.4 $18 \cdot \sqrt[3]{\frac{125}{216}x^3} = 0,15$

⑥ Gegeben sind folgende Funktionsgleichungen. Beschreiben Sie jeweils Lage und Aussehen des dazugehörigen Graphen.

6.1 $y = -0,5x^2$ 6.2 $y = x$ 6.3 $y = -0,25x^5$ 6.4 $y = 4x^{-2}$

$y = -0,5x^2 + 1$ $y = \frac{1}{3}x$ $y = 0,25x^{-5}$ $y = \frac{1}{4}x^{-2}$

$y = 0,5x^2 - 1$ $y = \frac{1}{3}x - 4$ $y = -0,25(x + 2)^5$ $y = -\frac{1}{4}x^{-2}$

$y = 0,5x^2 + 2x + 1$ $y = -\frac{1}{3}x + 4$ $y = (x + 2)^{-5}$ $y = \frac{1}{4}x^2 + 4$

⑦ Geben Sie eine passende Gleichung einer Potenzfunktion der Form $y = k(x - c)^n + d$ zu den gegebenen Gleichungen der Asymptoten an.

7.1 $x = 0$; $y = 1,5$ 7.2 $x = 3$; $y = -4$ 7.3 $x = -2,5$; $y = 0$

⑧ Der Punkt P liegt auf dem Graphen der Funktion f. Geben Sie eine passende Funktionsgleichung von f an.

8.1 $P(-4 \mid 3,5)$; f: $y = k(x - c)^4 + d$ 8.2 $P(-2 \mid -10)$; f: $y = k(x - 2)^3 + d$

⑨ 9.1 Finden Sie die zum Graphen der Funktion f passende Gleichung.
  (1) $y = (x - 2,5)^{-1} + 1,5$
  (2) $y = -(x - 2,5)^{-2} + 1,5$
  (3) $y = (x - 2,5)^{-2} + 1,5$
9.2 Geben Sie Definitions- und Wertemenge an.
9.3 Begründen Sie, warum die anderen Gleichungen nicht zutreffen.

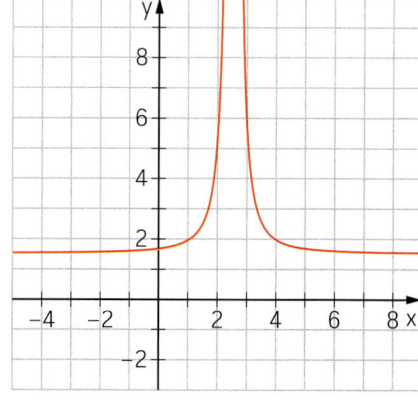

Ausführliche Lösungen sind ab Seite 238 zu finden.

① Notieren Sie die Gleichung einer Exponentialfunktion der Form $y = k \cdot a^x$, die die Situation beschreibt. Geben Sie an, wofür die Variablen x und y stehen.

1.1 Peter konnte am Ende des Schuljahres 1000 Englischvokabeln. Davon vergisst er während der Sommerferien jede Woche 5 %.

1.2 Die Weltbevölkerung von gegenwärtig 7,7 Milliarden Menschen wächst mit durchschnittlich 1,1 % pro Jahr.

1.3 Herr Müller ist in Rente und besitzt ein Sparguthaben von 550 000 €. Von seiner Bank lässt er sich jeden Monat 0,3 % davon auszahlen.

1.4 Ein Basketball wird aus 2,1 m fallen gelassen. Nach jedem Bodenkontakt verringert er seine Sprunghöhe um 18 %.

② Schildern Sie eine Situation, die von der angegebenen Exponentialfunktion beschrieben werden könnte.

2.1 $y = 35\,000 \cdot 0{,}985^x$ 2.2 $y = 2000 \cdot 1{,}05^x$ 2.3 $y = 12 \cdot 1{,}5^x$ 2.4 $y = 0{,}5 \cdot 2^x$

③ Lösen Sie die Gleichung ($G = \mathbb{R}$).

3.1 $3^x = 81$ 3.2 $\log_4 16 = x$ 3.3 $10^x = 100\,000$ 3.4 $x = \log_2 128$

3.5 $\log_{0,5} \frac{1}{8} = x$ 3.6 $\log_x 625 = 4$ 3.7 $5^x + 5^x = 250$ 3.8 $\log_4 (7x - 6) = 3$

3.9 $5^{2x} = 25 \cdot 5^{x-1}$ 3.10 $2 \cdot 0{,}5^{x+2} + 0{,}5^2 = 4{,}25$ 3.11 $3^{x+1} = 3 \cdot 9^{0,5x}$ 3.12 $\log_4 x = 1$

④ Beschreiben Sie den in der Aufgabe gemachten Fehler. Stellen Sie daraufhin die Berechnung richtig.

4.1 $3^x = 10$
$x = \log_{10} 3$
$x = 0{,}48$

4.2 $x^3 = 343$
$x = \log_3 343$
$x = 5{,}31$

4.3 $125 \cdot 5^{x+3} = 0{,}2 \cdot 5^{2x}$
$5^3 \cdot 5^{x+3} = 5^{-1} \cdot 5^{2x}$
$5^{3x+9} = 5^{-2x}$
$3x + 9 = -2x$
$x = -1{,}8$

4.4 $81 \cdot 4^{x+3} = 256 \cdot 3^{4x}$
$\log_{10} 81 + (x+3) \cdot \log_{10} 4 = \log_{10} 256 + 4x \cdot \log_{10} 3$
$\log_{10} 81 + x \log_{10} 4 + 3 \log_{10} 4 = \log_{10} 256 + 4x \cdot \log_{10} 3$
$x \log_{10} 4 - 4x \log_{10} 3 = \log_{10} 256 - \log_{10} 81 - 3 \log_{10} 4$
$x (\log_{10} 4 - 4 \log_{10} 3) = \log_{10} 256 - \log_{10} 81 - 3 \log_{10} 4$
$x = \log_{10} 256 - \log_{10} 81 - 3 \log_{10} 4 - \log_{10} 4 + 4 \log_{10} 3$
$x = 0$

4.5 $\log_3 x = 4$
$x^3 = 4$
$x = \sqrt[3]{4}$
$x = 1{,}59$

⑤ Im Koordinatensystem sind Graphen zu verschiedenen Funktionen dargestellt.

5.1 Ordnen Sie die Funktionsgleichungen den Graphen richtig zu.

A $y = \log_{0,75}(x + 1)$

B $y = \log_3(x - 2) + 1$

C $y = 3 \cdot 2^x - 1$

D $y = 0{,}75 \cdot 3^x$

E $y = 3 \cdot \left(\frac{3}{4}\right)^x + 1$

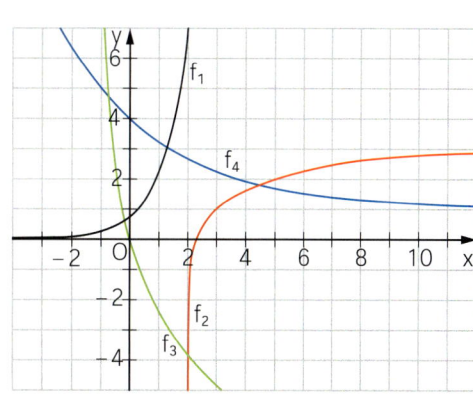

5.2 Beschreiben Sie Lage und Verlauf des übrig gebliebenen Graphen.

6 Fassen Sie zu einem Logarithmus zusammen bzw. vereinfachen Sie:

6.1 $\log_2(x^2 - 9) - \log_2(x + 3)$

6.2 $\log_4 4 + 4^{\log_4 1}$

6.3 $\log_5 a + 4\log_5 a^2 - 3\log_5 \sqrt{a}$

6.4 $\log_3(x - 7)^4 + \log_3(x - 7)^3$

6.5 $\log_2 2x - \log_2 x$

6.6 $\log_3 100 + \log_3 10 + \log_3 0,1$

7 Der Graph der Funktion f_1 wird auf den Graphen der Funktion f_2 abgebildet. Ermitteln Sie die Funktionsgleichung von f_2.

7.1 $f_1: y = -0,5 \cdot 2^x + 3$; Parallelverschiebung mit $\vec{v} = \begin{pmatrix} -4 \\ -4 \end{pmatrix}$

7.2 $f_1: y = \log_3(x - 3) - 4$; Achsenspiegelung an der Winkelhalbierenden s mit $y = x$

7.3 $f_1: y = -2 \cdot \log_{10}(x + 1) - 3$; Achsenspiegelung an der x-Achse

8 Berechnen Sie zu der gegebenen Funktion f die nach y aufgelöste Gleichung der Umkehrfunktion f^{-1}. Geben Sie die Definitions- und Wertemenge sowie die Gleichung der Asymptote von f^{-1} an. Es gilt: $x, y \in \mathbb{R}$

8.1 $f: y = \log_4(x + 2)$

8.2 $f: y = 3^{x+7} - 6$

8.3 $f: y = \log_{10} x - 2$

8.4 $f: y = 2 \cdot 1,05^x$

9 Der Punkt P liegt auf dem Graphen der Funktion f. Geben Sie die Funktionsgleichung von f an. Es gilt: $x, y \in \mathbb{R}$

9.1 $P(3 \,|\, 250)$; $f: y = 2 \cdot a^x$

9.2 $P(-1 \,|\, 2)$; $f: y = k \cdot 1,5^{x+2} - 1$

9.3 $P(4 \,|\, -3)$; $f: y = -\log_a(x + 4)$

9.4 $P(4 \,|\, 4,5)$; $f: y = -0,5 \cdot \log_3(x - 1) + d$

10 Algen bedecken einen Bereich von 15 m² in einem See. Die bedeckte Fläche verdoppelt sich jede Woche.

10.1 Berechnen Sie, um wie viel Prozent die bedeckte Fläche in 14 Tagen wächst.

10.2 Geben Sie die Funktionsgleichung der Form $y = k \cdot a^x$ an, wobei x Wochen die vergangene Zeit und y m² die bedeckte Fläche angeben. Es gilt: $x, y \in \mathbb{R}_0^+$

10.3 Ermitteln Sie, wann eine Fläche von 60 m² mit Algen bedeckt ist.

10.4 Geben Sie die Zeitspanne an, innerhalb derer sich die betroffene Fläche verachtfacht.

11 Die Funktionen $f_1: y = 1,5 \cdot 1,09^x$ und $f_2: y = 1,8 \cdot 1,1^x$ beschreiben für $x, y \in \mathbb{R}_0^+$ das Wachstum von Bakterienkulturen in zwei Petrischalen. Dabei beschreibt y mm² die von den Bakterien bewachsene Fläche in der Schale nach x Stunden.

11.1 Geben Sie an, um wie viel Prozent die Bakterienkulturen jeweils pro Stunde wachsen.

11.2 Begründen Sie, dass die bewachsene Fläche in den beiden Petrischalen zu keinem Zeitpunkt gleich groß sein kann.

11.3 Finden Sie zwei unterschiedliche Möglichkeiten, die Funktionsgleichung von f_1 so abzuändern, dass die beiden Graphen von f_1 und f_2 einen Schnittpunkt besitzen.

Ausführliche Lösungen sind ab Seite 239 zu finden.

1 Berechnen Sie das Winkelmaß ε (siehe Zeichnung), zwischen den zwei sich schneidenden Geraden g: y = √3 x + 2 und h: y = x − 0,5.

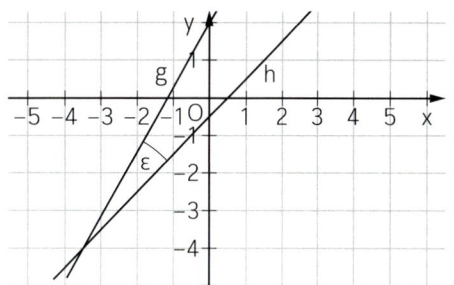

2 Gegeben ist das Dreieck ABC. Berechnen Sie die Länge der Strecke $\overline{AC}$.
Entnehmen Sie der Zeichnung alle notwendigen Angaben.

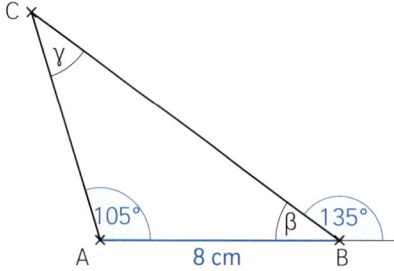

3 Die beiden Geraden AB und CD sind zueinander parallel.
3.1   Berechnen Sie die Länge der Strecke $\overline{CD}$.
3.2   Begründen Sie, dass gilt: $|\overline{SB}| = \sqrt{13}$ cm

4 Die beiden Dreiecke ABC und ABD sind rechtwinklig bei B.
4.1   Berechnen Sie den Wert von x in der Abbildung rechts.
4.2   Nehmen Sie Stellung zu folgender Aussage.

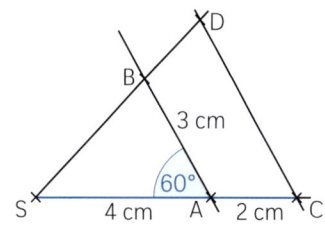

Der Wert von y ist genauso groß wie der Wert von x, da der Winkel CAD genau so groß ist wie der Winkel BAC.

5 Gegeben ist das Dreieck ABC.
Lina berechnet das Maß γ des Winkels ACB.

Beschreiben Sie, welchen Fehler sie gemacht hat. (Hinweis: sin 44,4° = 0,7)

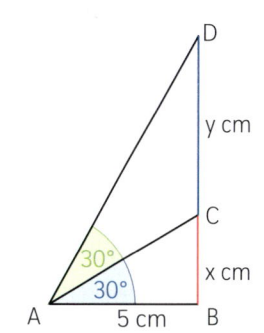

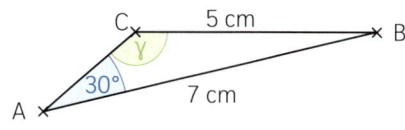

$$\frac{\sin \gamma}{7 \text{ cm}} = \frac{\sin 30°}{5 \text{ cm}}$$

$$\sin \gamma = \frac{0,5 \cdot 7}{5}$$

$$\gamma = 44,4°$$

6 Die Skizze zeigt den Grundriss einer Bühne mit $|\overline{BC}| = |\overline{DA}|$ und $\overline{AB} \parallel \overline{CD}$.
Es gilt: $|\overline{AB}| = 15$ m; $|\overline{BC}| = 8$ m; $\sphericalangle BAD = 60°$
Runden Sie im Folgenden auf zwei Stellen nach dem Komma.

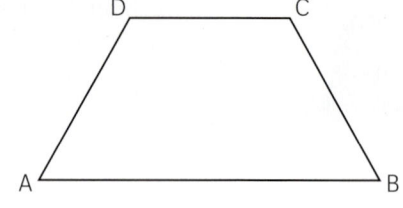

6.1 Berechnen Sie die Länge einer geradlinigen LED-Licht-Leiste, die vom Punkt A zum Punkt C angebracht werden soll.

6.2 Die Bühne wird mit Hilfe einer Sicherheitsmarkierung umrandet. Berechnen Sie diese Länge.

7 Die nebenstehende Skizze zeigt ein Werkstück mit $\overline{AB} \parallel \overline{DE}$ und $\overline{AE} \parallel \overline{BD}$. Die Fläche, die durch das Dreieck BCD beschrieben wird, soll mit Farbe angestrichen werden.
Berechnen Sie dessen Flächeninhalt.
Es gilt: $|\overline{AB}| = 7$ dm; $|\overline{CD}| = 3\sqrt{7}$ dm; $|\overline{EF}| = 5$ dm; $|\overline{FA}| = 10$ dm; $\sphericalangle BDC = 150°$; $\sphericalangle AFE = 120°$
Runden Sie auf zwei Stellen nach dem Komma.

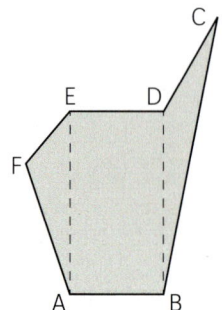

8 Die Trapeze $PQRS_n$ haben die parallelen Seiten $\overline{PQ}$ und $\overline{S_nR}$. Die Winkel QPS_n haben das Maß φ mit $\varphi \in \,]30°; 90°[$.
Es gilt $|\overline{PQ}| = 12$ cm; $|\overline{QR}| = 4\sqrt{3}$ cm; $\sphericalangle RQP = 90°$

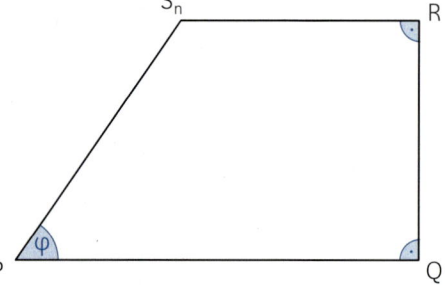

8.1 Weisen Sie die untere Intervallgrenze von φ durch Rechnung nach.

8.2 Berechnen Sie die Länge der Strecke $\overline{S_nR}$ in Abhängigkeit von φ.

$$\left[\text{Ergebnis: } |\overline{S_nR}| = \left(12 - \frac{4\sqrt{3}}{\tan \varphi}\right) \text{cm}\right]$$

8.3 Zeigen Sie, dass für den Flächeninhalt A der Trapeze $PQRS_n$ in Abhängigkeit von φ gilt: $A(\varphi) = \left(48\sqrt{3} - \frac{24}{\tan \varphi}\right) \text{cm}^2$

8.4 Berechnen Sie den Flächeninhalt für $\varphi = 60°$. Vereinfachen Sie diesen soweit wie möglich.

9* Die Pfeile $\overrightarrow{OT} = \begin{pmatrix} -2 \\ 4 \end{pmatrix}$ und $\overrightarrow{OR_n} = \begin{pmatrix} 5 + 5 \cdot \sin \varphi \\ 6 \cdot \cos^2 \varphi \end{pmatrix}$ spannen mit $0\,(0\,|\,0)$ für $\varphi \in [0°; 90°]$ Parallelogramme OR_nS_nT auf.

9.1 Berechnen Sie die Koordinaten des Pfeils $\overrightarrow{OR_1}$ für $\varphi = 30°$ und des Pfeils $\overrightarrow{OR_2}$ für $\varphi = 90°$. Zeichnen Sie sodann die Parallelogramme in ein Koordinatensystem ein. Platzbedarf: $-3 \le x \le 11$; $0 \le y \le 10$

9.2 Der Pfeil $\overrightarrow{OR_3}$ hat die y-Koordinate 3. Berechnen Sie das zugehörige Winkelmaß φ.

9.3 Weisen Sie durch Rechnung nach, dass sich die Koordinaten der Punkte S_n in Abhängigkeit von φ wie folgt darstellen lassen: $S_n\,(3 + 5 \cdot \sin \varphi \,|\, 6 \cdot \cos^2 \varphi + 4)$

9.4 Berechnen Sie den Trägergraphen s der Punkte $S_n\,(x, y \in \mathbb{R})$.

$$\left[\text{Ergebnis: } s:\, y = -\frac{6}{25}(x - 3)^2 + 10\right]$$

---

* nach einer früheren Abschlussprüfung

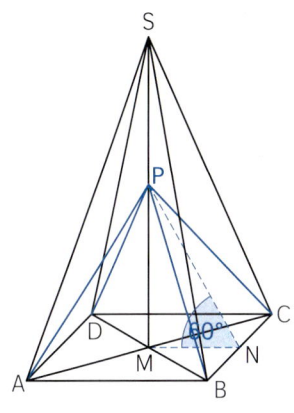

10 Die nebenstehende Skizze zeigt das Schrägbild einer Pyramide ABCDS mit quadratischer Grundfläche ABCD ($\overline{AB}$ = $3\sqrt{2}$ cm) sowie der Höhe $\overline{MS}$ = 7 cm.

10.1 Der Punkt P liegt auf der Strecke $\overline{MS}$ und ist die Spitze der Pyramide ABCDP mit der Grundfläche ABCD. Der Neigungswinkel zwischen den Seitenflächen und der Grundfläche beträgt 60°.
Begründen Sie, dass das Volumen der Pyramide ABCDP kleiner als 27 cm³ sein muss.

10.2 Zeichnen Sie ein Schrägbild der Pyramide ABCDS, so dass die Strecke $\overline{AC}$ auf der Schrägbildachse und der Punkt A links von C liegt.
Es soll gelten: $q = \frac{2}{3}$, $\omega = 30°$
[Zwischenergebnis: $\overline{AC}$ = 6 cm]

11* Die Raute ABCD ist die Grundfläche einer Pyramide ABCDS, deren Spitze S senkrecht über dem Diagonalenschnittpunkt M der Raute ABCD liegt.
Es gilt: $\overline{AC}$ = 8 cm; $\overline{BD}$ = 10 cm; $\sphericalangle$CAS = 60°

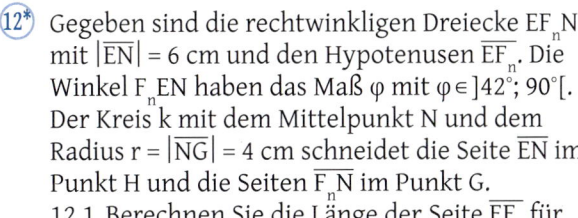

11.1 Zeichnen Sie das Schrägbild der Pyramide ABCDS, wobei die Strecke $\overline{AC}$ auf der Schrägbildachse und der Punkt A links vom Punkt C liegen soll.
Für die Zeichnung gilt: $q = \frac{1}{2}$, $\omega = 45°$

11.2 Berechnen Sie die Länge der Strecke $\overline{MS}$.

11.3 Parallele Ebenen zur Grundfläche der Pyramide ABCDS schneiden die Kanten der Pyramide ABCDS in den Punkten $P_n \in \overline{AS}$, $Q_n \in \overline{BS}$, $R_n \in \overline{CS}$ und $T_n \in \overline{DS}$, wobei die Winkel $\sphericalangle P_n MA$ das Maß φ mit $\varphi \in\,]0°; 90°[$ haben. Die Rauten $P_n Q_n R_n T_n$ sind die Grundflächen von Pyramiden $P_n Q_n R_n T_n M$ mit der Spitze M.
Zeichnen Sie die Pyramide $P_1 Q_1 R_1 T_1 M$ für $\varphi = 60°$ in das Schrägbild zu 11.1 ein.

11.4 Zeigen Sie durch Rechnung, dass für die Längen der Seitenkanten $\overline{P_n M}$ der Pyramiden $P_n Q_n R_n T_n M$ in Abhängigkeit von φ gilt:
$$\overline{P_n M}\,(\varphi) = \frac{2\sqrt{3}}{\sin(60°+\varphi)} \text{ cm}$$

11.5 Berechnen Sie die Längen der Diagonalen $\overline{P_n R_n}$ der Rauten $P_n Q_n R_n T_n$ in Abhängigkeit von φ. Vereinfachen Sie diese soweit wie möglich.

12* Gegeben sind die rechtwinkligen Dreiecke $EF_n N$ mit $\overline{EN}$ = 6 cm und den Hypotenusen $\overline{EF_n}$. Die Winkel $F_n EN$ haben das Maß φ mit $\varphi \in\,]42°; 90°[$. Der Kreis k mit dem Mittelpunkt N und dem Radius $r = \overline{NG}$ = 4 cm schneidet die Seite $\overline{EN}$ im Punkt H und die Seiten $\overline{F_n N}$ im Punkt G.

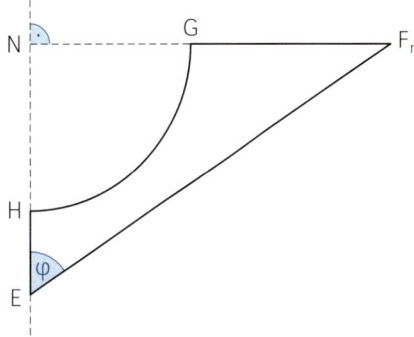

12.1 Berechnen Sie die Länge der Seite $\overline{EF_1}$ für $\varphi = 60°$.

12.2 Durch den Kreisbogen $\overset{\frown}{HG}$ sowie durch die Strecken $\overline{GF_n}$, $\overline{F_n E}$ und $\overline{EH}$ werden die Figuren $EF_n GH$ begrenzt. Sie rotieren um die Gerade EN. Zeigen Sie durch Rechnung, dass für das Volumen V der entsprechenden Rotationskörper in Abhängigkeit von φ gilt:
$$V(\varphi) = \frac{1}{3}\pi\,(216 \cdot \tan^2\varphi - 128) \text{ cm}^3$$
[Zwischenergebnis: $\overline{NF_n}$ = $6 \cdot \tan\varphi$ cm]

Hier wird mit π = 3 gerechnet.

12.3 Berechnen Sie das Volumen des entstehenden Rotationskörpers für $\varphi = 45°$.

---

* nach einer früheren Abschlussprüfung

Ausführliche Lösungen sind ab Seite 243 zu finden.

1 In einer Eisdiele gibt es fünf Sorten Eis, die gleichermaßen beliebt sind. Wie groß ist die Wahrscheinlichkeit dafür, dass zwei Kunden die gleiche Zusammenstellung für zwei Kugeln Eis wählen?

2 An dem Kofferschloss können die Ziffern 0 bis 9 auf jedem der drei Ringe eingestellt werden.
Berechnen Sie die Wahrscheinlichkeit für das Finden der richtigen Kombination beim ersten Versuch.

3 Aus einem Gefäß mit zwei weißen und vier roten Kugeln werden verdeckt nacheinander zwei Kugeln gezogen. Die erste gezogene Kugel wird nicht zurückgelegt.
3.1 Berechnen Sie die Wahrscheinlichkeit dafür, dass beide gezogene Kugeln die gleiche Farbe haben.
3.2 Mit welcher Wahrscheinlichkeit ist mindestens eine Kugel weiß?
3.3 Mit welcher Wahrscheinlichkeit ist höchstens eine Kugel rot?
3.4 Berechnen Sie die Wahrscheinlichkeit dafür, dass eine rote und eine weiße Kugel gezogen werden.

4 Für ein Schulfest stellt die Klasse 10 B ein Glücksrad mit farbigen Feldern her. Die Wahrscheinlichkeit für einen Hauptgewinn soll 10 %, für weitere 10 % der Drehungen soll es Nieten geben und für den Rest Trostpreise.
4.1 Zeichnen Sie ein passendes Glücksrad. Formulieren Sie die Spielregeln.
4.2 Felix dreht zweimal. Wie groß ist die Wahrscheinlichkeit, dass er beide Male einen Hauptgewinn erhält?

5 Oskar hat beim „Mensch ärgere dich nicht"-Spiel immer noch nicht „das Haus" verlassen. Er darf nun wieder dreimal würfeln, um eine Sechs zu erhalten.
5.1 Wie groß ist die Wahrscheinlichkeit wieder im Haus zu bleiben?
5.2 Berechnen Sie die Wahrscheinlichkeit dafür, dass beim zweiten Wurf eine Sechs gewürfelt wird.

6 In einer Lostrommel befinden sich 900 Nieten und 100 Gewinnlose. Unter den Gewinnlosen sind 5 Hauptgewinne.
6.1 Wie groß ist die Wahrscheinlichkeit dafür, dass eine Niete [ein Gewinnlos, ein Hauptgewinn] gezogen wird?
6.2 Es sind bereits 200 Nieten und 5 Gewinnlose gezogen worden. Ein Hauptgewinn war nicht dabei. Beurteilen Sie die Chancen für einen Hauptgewinn bei der nächsten Ziehung?

7 Aus einem Gefäß mit weißen, blauen und schwarzen Kugeln soll eine Kugel gezogen werden. Die Wahrscheinlichkeit für das Ziehen einer weißen Kugel beträgt 0,1, für eine blaue Kugel 0,4 und für eine schwarze Kugel 0,5.
7.1 Im Gefäß befinden sich 90 Kugeln. Geben Sie die Farbverteilung für die Kugeln an.
7.2 Geben Sie eine mögliche Farbverteilung für die 90 Kugeln an, so dass sich die Wahrscheinlichkeiten für das Ziehen einer weißen, blauen und schwarzen Kugel wie 1:2:3 verhalten.

Ausführliche Lösungen sind ab Seite 244 zu finden.

① 1 Der Punkt $B(6|1)$ wird durch Drehung um $A(2|-1)$ auf den Punkt C abgebildet. Das Drehwinkelmaß beträgt $30°$. Zeigen Sie: Der Punkt C hat die Koordinaten $C(2 + 2\sqrt{3}\,|\,1)$.

② 2 Die Punkte $A_n(x\,|\,4{,}5\,(x - 1{,}5)^{-2} - 3)$ mit der Abszisse x liegen auf dem Graphen der Funktion f ($x \in \mathbb{R} \land x > 1{,}5$). Sie legen mit den Punkten B_n, C_n und D_n die Quadrate $A_nB_nC_nD_n$ fest. Die x-Koordinate der Punkte B_n ist um 2 größer als die Abszisse x der Punkte A_n. Die y-Koordinate der Punkte B_n ist um 1,5 größer als die y-Koordinate der Punkte A_n.

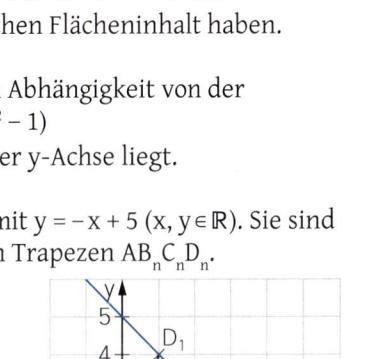

Graph zu f

2.1 In der Abbildung rechts sind der Graph zu f und das Quadrat $A_1B_1C_1D_1$ für $x = 3$ gezeichnet. Berechnen Sie die y-Koordinate des Punktes A_1.

2.2 Begründen Sie, dass alle Quadrate $A_nB_nC_nD_n$ den gleichen Flächeninhalt haben. Bestimmen Sie diesen Flächeninhalt.

2.3 Zeigen Sie, dass für die Koordinaten der Punkte D_n in Abhängigkeit von der Abszisse x der Punkte A_n gilt: $D_n(x - 1{,}5\,|\,4{,}5\,(x - 1{,}5)^{-2} - 1)$

2.4 Begründen Sie: Es gibt keinen Eckpunkt D_n, der auf der y-Achse liegt.

③ 3 Die Punkte $D_n(x\,|\,-x + 5)$ und C_n liegen auf der Geraden g mit $y = -x + 5$ ($x, y \in \mathbb{R}$). Sie sind zusammen mit den Punkten $A(0|0)$ und B_n Eckpunkte von Trapezen $AB_nC_nD_n$. Es gilt: $|\overline{AB_n}| = 0{,}5\,|\overline{AD_n}|$; $\overline{AD_n} \parallel \overline{B_nC_n}$; $\sphericalangle B_nAD_n = 90°$

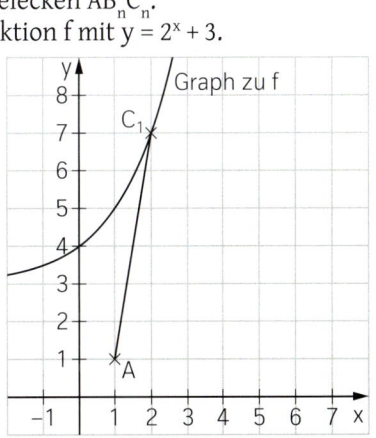

3.1 In der Abbildung rechts sind die Gerade g und das Trapez $AB_1C_1D_1$ für $x = 1$ gezeichnet. Zeichnen Sie die Gerade g und das Trapez $AB_2C_2D_2$ für $x = 4$ in ein Koordinatensystem ein.

3.2 Zeigen Sie durch Rechnung, dass für die Koordinaten der Punkte B_n in Abhängigkeit von der Abszisse der Punkte D_n gilt: $B_n(-0{,}5x + 2{,}5\,|\,-0{,}5x)$

3.3 Berechnen Sie die Gleichung des Trägergraphen h der Punkte B_n. Zeichnen Sie h in die Zeichnung zu 3.1 ein. [Ergebnis: h mit $y = x - 2{,}5$]

3.4 Für den Punkt $B_0(3{,}75\,|\,1{,}25)$ existiert kein Trapez $AB_0C_0D_0$. Begründen Sie.

3.5 Das Trapez $AB_3C_3D_3$ ist zugleich ein Rechteck. Begründen Sie, dass in diesem Fall der Punkt D_3 die Abszisse 2,5 hat. Zeigen Sie dann, dass der Flächeninhalt dieses Rechtecks 6,25 FE beträgt.

④ 4 Der Punkt $A(1|1)$ ist Eckpunkt von gleichschenkligen Dreiecken AB_nC_n. Die Punkte $C_n(x\,|\,2^x + 3)$ liegen auf dem Graphen der Funktion f mit $y = 2^x + 3$. Die Basen $\overline{B_nC_n}$ verlaufen senkrecht zur Geraden s mit $y = x$ ($x, y \in \mathbb{R}$, $x > -1$).

Graph zu f

4.1 In der Abbildung rechts ist der Graph der Funktion f und die Seite $\overline{AC_1}$ des Dreiecks AB_1C_1 für $x = 2$ gezeichnet. Zeichnen Sie das Dreieck AB_1C_1.

4.2 Begründen Sie: Das Dreieck AB_1C_1 ist nicht gleichseitig. Berechnen Sie dessen Flächeninhalt.

4.3 Die Punkte B_n liegen auf dem Graphen der Funktion f'. Berechnen Sie die Gleichung dieser Funktion.

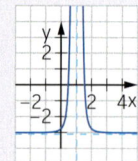

Ausführliche Lösungen sind ab Seite 246 zu finden.

1   Die Gleichung $y = \frac{1}{4}(x-1)^{-4} - 3$ legt für $x, y \in \mathbb{R}$ eine Funktion f fest.

1.1   Geben Sie Definitions- und Wertemenge sowie die Gleichungen der Asymptoten an.

> (1) Beachte, für welche x-Werte der Term $(x-1)^{-4}$ nicht definiert ist.
> (2) Die Asymptoten werden durch den Graphen nicht berührt.

1.2   Zeichnen Sie den Graphen von f in ein Koordinatensystem.
(1 LE entspricht 1 cm; $-5 \le x \le 5$; $-4 \le y \le 4$)

> (1) Erstelle eine Wertetabelle.
> (2) Die Asymptoten können dir beim Zeichnen des Graphen helfen.

1.3   Der Graph der Funktion f wird zuerst durch Parallelverschiebung mit dem Vektor
$\vec{v} = \begin{pmatrix} -3 \\ 4 \end{pmatrix}$ auf den Graphen der Funktion f_1 und dieser dann durch Spiegelung an der
x-Achse auf den Graphen der Funktion f_2 abgebildet.
Bestimmen Sie die Gleichungen von f_1 und f_2.

> (1) Notiere die Abbildungsgleichungen der Parallelverschiebung.
> (2) Ersetze im Term für y' das x durch x' und vereinfache.
> (3) Verfahre für die Achsenspiegelung ebenso.

1.4   Auf dem Graphen von f liegen die Punkte $B_n\left(x \mid \frac{1}{4}(x-1)^{-4} - 3\right)$. Diese sind Eckpunkte
von Dreiecken AB_nC mit $A(2 \mid 2)$ und $C(5 \mid 2)$.
Ergänzen Sie die Zeichnung von Aufgabe 1.2 durch das Dreieck AB_1C mit $x = 4$.
Zeigen Sie, dass für den Flächeninhalt der Dreiecke AB_nC gilt:

$$A(x) = \left[\frac{3}{8}(x-1)^{-4} - \frac{15}{2}\right] \text{FE}.$$

> Verwende für die Flächenberechnung die Determinante oder die Formel für den Flächeninhalt des Dreiecks.

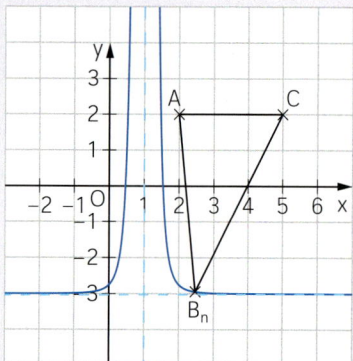

1.5   Ermitteln Sie die Koordinaten der Punkte B_2 und B_3 für die das Dreieck AB_nC rechtwinklig ist.

> Überlege dir mit Hilfe der Zeichnung, welche x-Werte die Koordinaten der Punkte B_2 und B_3 haben.

2 In der Zeichnung sind der Graph h sowie die Gerade g dargestellt.

2.1 Welche Funktionsgleichung beschreibt h? Begründen Sie Ihre Entscheidung.

A $y = \frac{2}{x}$ **B** $y = -\frac{2}{x}$ **C** $y = \frac{x}{2}$

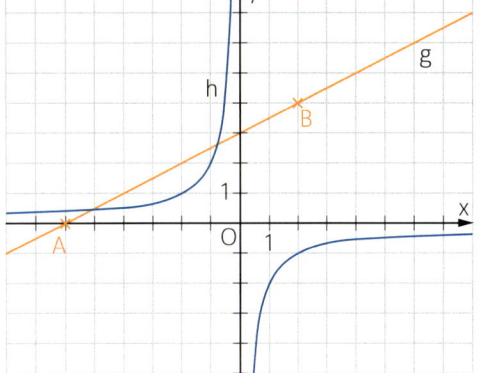

2.2 Stellen Sie die Gleichung der Geraden g auf.

2.3 Berechnen Sie die Schnittpunkte der Geraden g mit dem Graphen h auf zwei Stellen nach dem Komma gerundet.

2.4 Geben Sie die Gleichung einer Geraden a an, die keinen gemeinsamen Punkt mit dem Graphen h besitzt.

3 Gegeben ist eine Funktion f mit der Gleichung $y = 3(x+4)^{\frac{1}{3}} - 2$; $x, y \in \mathbb{R}$.

3.1 Begründen Sie, dass stets $x \geq -4$ gilt und geben Sie die Wertemenge an.

3.2 Zeichnen Sie den Graphen zu f ein Koordinatensystem. Bilden Sie den Graphen durch Achsenspiegelung an der Geraden mit $y = x$ auf den Graphen zu f' ab. Für die Zeichnung: $-5 \leq x \leq 5$; $-5 \leq y \leq 5$

3.3 Bestimmen Sie die Gleichung von f'.

3.4 Zu jedem Punkt $A_n(x \mid 3(x+4)^{\frac{1}{3}} - 2)$ mit $x < 4$ auf dem Graphen zu f gibt es einen Bildpunkt C_n auf dem Graphen zu f'. Diese Punkte bilden mit $D(4 \mid 4)$ Rauten $A_n B_n C_n D$, deren Symmetrieachse die Gerade mit $y = x$ ist. Zeichnen Sie eine der Rauten in das Koordinatensystem zu 3.2 ein.

3.5 Der Flächeninhalt dieser Rauten $A_n B_n C_n D$ hängt nur von der Abszisse x der Punkte A_n ab. Welcher der Graphen stellt diesen Zusammenhang annähernd richtig dar. Begründen Sie.

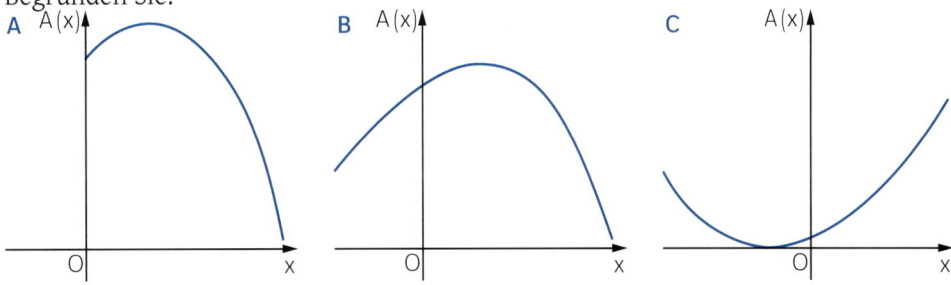

4 Durch die Gleichung $y = 0{,}5 \cdot (x+2)^{-2} + 1$; $x, y \in \mathbb{R}$ ist eine Funktion f festgelegt.

4.1 Geben Sie Definitions- und Wertemenge sowie die Gleichung der Asymptoten an.

4.2 Zeichnen Sie den Graphen zu f in ein Koordinatensystem. Für die Zeichnung: 1 LE $\hat{=}$ 1 cm; $-7 \leq x \leq 4$; $-6 \leq y \leq 6$

4.3 Der Graph der Funktion f wird zunächst durch Parallelverschiebung mit dem Vektor $\vec{v} = \binom{-1}{2}$ auf den Graphen der Funktion f_1 und dieser dann durch Spiegelung an der x-Achse auf den Graphen zu f_2 abgebildet. Berechnen Sie die Gleichungen von f_1 und f_2. [Ergebnisse: f_1 mit $y = 0{,}5 \cdot (x+3)^{-2} + 3$; f_2 mit $y = -0{,}5 \cdot (x+3)^{-2} - 3$]

4.4 Auf dem Graphen zu f liegen Punkte $C_n(x \mid 0{,}5 \cdot (x+2)^{-2} + 1)$. Sie sind Eckpunkte von Dreiecken ABC_n mit $A(-3 \mid -1)$ und $B(2 \mid -1)$. Ergänzen Sie die Zeichnung zu 4.2 mit dem Dreieck ABC_1 für $x = -1{,}5$ und zeigen Sie, dass für den Flächeninhalt der Dreiecke in Abhängigkeit von x gilt: $A(x) = [1{,}25(x+2)^{-2} + 5]$ FE

4.5 Für welche Werte von x beträgt der Flächeninhalt 6,25 FE?

4.6 Begründen Sie, dass der Flächeninhalt der Dreiecke größer ist als 5 FE.

4.7 Es gibt ein gleichschenkliges Dreieck ABC_n mit der Basis $\overline{AB}$. Berechnen Sie dessen Flächeninhalt.

⑤ Bei einem Freistoß wird die Flugbahn des Balles durch eine Potenzfunktion dritten Grades der Form $y = ax^3 + bx^2$ beschrieben. Vom Abstoßpunkt aus erreicht der Ball nach rund 5 m eine Höhe von 1,5 m, nach 12 m eine Höhe von 4 m. Dann fällt er nach unten. Die Entfernung vom Abstoßpunkt sei x m und die Flughöhe y m.

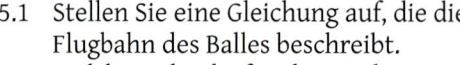

5.1   Stellen Sie eine Gleichung auf, die die Flugbahn des Balles beschreibt.

5.2   Welche Höhe dürfen die Spieler einer „Mauer" in 7,2 m Entfernung höchstens erreichen, damit der Ball über ihre Köpfe fliegt?

5.3   Wird der Ball von keinem Spieler berührt, trifft er wieder auf den Boden auf. In welcher Entfernung vom Abstoßpunkt ist dies der Fall?
Hinweis: Klammere den Term x^2 aus.

5.4   Nimm an, der Ball würde in 2,2 m Höhe über die Torlinie fliegen. In welcher Entfernung vom Tor war dann der Freistoß? Bestimme die Werte auf zwei Stellen nach dem Komma mit dem Taschenrechner.

⑥ Es wird der Zusammenhang zwischen dem Druck x bar und dem Volumen y cm³ einer eingeschlossenen Luftmenge untersucht.
Dazu sind eine Glasröhre und eine Stahlkugel so geschliffen, dass die Kugel einen Raum in der Glasröhre abgrenzt und doch leicht beweglich ist. Beim Versuchsstart hat die eingeschlossene Luftmenge ein Volumen von 20,0 cm³ und einem Druck von 1,0 bar. Während des Versuchs bleibt die Temperatur der eingeschlossenen Luft konstant.

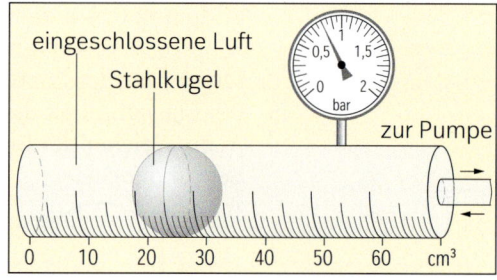

6.1   Im Versuch wurde folgende Wertetabelle erstellt:

x bar	0,5	0,6	0,8	1,0	1,2	1,4	1,6	1,8	2,0	2,2
y cm³	40,0	33,3	25	20	16,7	14,3	12,5	11,1	10,0	9,1

Zeigen Sie rechnerisch, dass es sich um eine indirekt proportionale Zuordnung handelt. Runden Sie dabei auf ganze Zahlen.

6.2   Die Punkte liegen näherungsweise auf dem Graphen einer Funktion f_1. Geben Sie die Gleichung für diese Funktion an.

6.3   Berechnen Sie, welches Volumen die eingeschlossene Luft bei 2,5 bar hätte.

6.4   Bei welchem Druck beträgt das eingeschlossene Luftvolumen 15,0 cm³?

6.5   Der Graph zu f_1 wird von einer Geraden g mit $y = -10x + 40$ geschnitten. Zeichnen Sie beide Graphen in ein Koordinatensystem. Berechnen Sie die Koordinaten der Schnittpunkte A und B.
Für die Zeichnung: 1 bar ≙ 2 cm; 0 ≤ x ≤ 3; 10 cm³ ≙ 1 cm; 0 ≤ y ≤ 50

6.6   Die Funktion f_2 mit $y = \frac{16}{x} + 5$ stellt einen anderen Zusammenhang dar. Tragen Sie den Graphen zu f_2 in die Zeichnung zu 6.5 ein und berechnen Sie die Koordinaten des Schnittpunktes C der Graphen f_1 und f_2.

1* Gegeben ist die Funktion f_1 mit der Gleichung $y = 3 \cdot \log_3 (x + 7) - 4$ mit $x, y \in \mathbb{R}$. Runden Sie im Folgenden auf zwei Stellen nach dem Komma.

1.1 Der Graph der Funktion f_1 wird durch Achsenspiegelung an der x-Achse und anschließende Parallelverschiebung mit dem Vektor $\vec{v} = \begin{pmatrix} 1 \\ -2 \end{pmatrix}$ auf den Graphen der Funktion f_2 abgebildet.

Bestätigen Sie durch Rechnung, dass für die Gleichung der Funktion f_2 gilt:

$y = -3 \cdot \log_3 (x + 6) + 2$

Zeichnen Sie sodann die Graphen zu f_1 und f_2 für $x \in [-4; 9]$ in ein Koordinatensystem.

Für die Zeichnung: Längeneinheit 1 cm; $-4 \le x \le 9$; $-6 \le y \le 4$

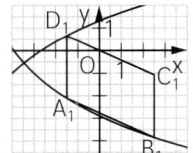

Bei der Parallelverschiebung kannst du auch so rechnen:
$y = 3 \log_3 (x + 7 - x_v) - 4 + y_v$
Achte auf Nachvollziehbarkeit !

> (1) Notiere die Abbildungsgleichungen der Achsenspiegelung.
> (2) Ersetze im Term für y' das x durch x' und vereinfache.
> (3) Verfahre für die Parallelverschiebung ebenso.

1.2 Punkte $A_n (x \mid -3 \cdot \log_3 (x + 6) + 2)$ auf dem Graphen zu f_2 und Punkte $D_n (x \mid 3 \cdot \log_3 (x + 7) - 4)$ auf dem Graphen zu f_1 haben dieselbe Abszisse x.

Sie sind für $x > -3,46$ zusammen mit Punkten B_n und C_n Eckpunkte von Parallelogrammen $A_n B_n C_n D_n$. Die Punkte B_n liegen dabei ebenfalls auf dem Graphen zu f_2, ihre x-Koordinate ist stets um 4 größer als die Abszisse x der Punkte A_n.

Zeichnen Sie das Parallelogramm $A_1 B_1 C_1 D_1$ für $x = -1,5$ und das Parallelogramm $A_2 B_2 C_2 D_2$ für $x = 4$ in das Koordinatensystem zu Teilaufgabe 1.1 ein.

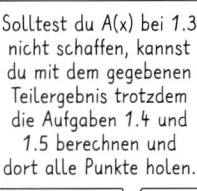

> (1) Zeichne bei $x = -1,5$ zwei übereinander liegende Punkte A_1 und D_1 auf dem Graph von f_1. Du brauchst die Koordinaten der Punkte nicht berechnen.
> (2) Gehe von A_1 4 LE nach rechts und markiere bei diesem x-Wert auf dem Graph von f_2 den Punkt B_1.
> (3) Ergänze den Punkt C_1 so, dass ein Parallelogramm $A_1 B_1 C_1 D_1$ entsteht.

Solltest du A(x) bei 1.3 nicht schaffen, kannst du mit dem gegebenen Teilergebnis trotzdem die Aufgaben 1.4 und 1.5 berechnen und dort alle Punkte holen.

1.3 Zeigen Sie rechnerisch, dass für den Flächeninhalt A der Parallelogramme $A_n B_n C_n D_n$ in Abhängigkeit von der Abszisse x der Punkte A_n gilt:

$A(x) = [12 \cdot \log_3 (x^2 + 13x + 42) - 24]$ FE

> (1) Berechne $\left| \overline{A_n D_n} \right| (x) = (y_{D_n} - y_{A_n})$ LE
>
> (2) Verwende Logarithmengesetze bei der Vereinfachung dieses Terms.
> (3) Wähle $\overline{A_n D_n}$ als Grundseite, dann gilt: $A(x) = \left| \overline{A_n D_n} \right| (x) \cdot h$

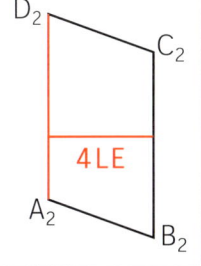

1.4 Im Parallelogramm $A_3 B_3 C_3 D_3$ liegt der Punkt D_3 auf der x-Achse. Bestimmen Sie rechnerisch den Flächeninhalt des Parallelogramms $A_3 B_3 C_3 D_3$.

> Überlege dir, welche Eigenschaften die y-Koordinate eines Punktes auf der x-Achse besitzt und erstelle eine Gleichung für y_D.

Ausführliche Lösungen sind ab Seite 248 zu finden.

1.5 Das Parallelogramm $A_4 B_4 C_4 D_4$ hat einen Flächeninhalt von 16 FE. Bestimmen Sie rechnerisch die Koordinaten des Punktes B_4.

> (1) Setze den Term für den Flächeninhalt aus Teilaufgabe 1.3 gleich 16 und löse die entstandene Gleichung.
> (2) Da B_4 auf f_2 liegt, musst du $x_{B_4} = x + 4$ in die Funktionsgleichung von f_2 einsetzen, um die dazugehörige y-Koordinate zu erhalten.

* nach einer früheren Abschlussprüfung

2   Die Gleichung $y = -0,5^{x+1} + 2$ legt mit $x, y \in \mathbb{R}$ eine Funktion f fest. Runden Sie im Folgenden auf zwei Stellen nach dem Komma.

   2.1   Geben Sie die Definitions- und Wertemenge der Funktion sowie die Gleichung der Asymptote an. Zeichnen Sie den Graphen zu f in ein Koordinatensystem.
Für die Zeichnung: 1 LE $\triangleq$ 1 cm; $-4 \leq x \leq 5$; $-6 \leq y \leq 4$

   2.2   Der Graph der Funktion f wird durch Parallelverschiebung mit dem Vektor $\vec{v} = \begin{pmatrix} 3 \\ 1 \end{pmatrix}$
auf den Graphen zu f' abgebildet. Tragen Sie den Graphen in das Koordinatensystem zu 2.1 ein.
Zeigen Sie sodann, dass für die Gleichung von f' gilt: $y = -4 \cdot 0,5^x + 3$

   2.3   Punkte A_n auf dem Graphen zu f' und Punkte C_n auf dem Graphen zu f besitzen dieselbe Abszisse x und bilden zusammen mit den Punkten B_n Dreiecke $A_n B_n C_n$.
Es gilt: $\overrightarrow{A_n B_n} = \begin{pmatrix} 2 \\ 1 \end{pmatrix}$
Zeichnen Sie die Dreiecke $A_1 B_1 C_1$ und $A_2 B_2 C_2$ für $x = -1$ bzw. $x = 0,5$ in das Koordinatensystem von 2.1 ein.

   2.4   Bestimmen Sie das Intervall für alle Werte der Abszisse x der Punkte A_n, für die keine Dreiecke $A_n B_n C_n$ existieren.

   2.5   Zeigen Sie rechnerisch, dass für den Flächeninhalt der Dreiecke $A_n B_n C_n$ in Abhängigkeit von x gilt: $A(x) = (3,5 \cdot 0,5^x - 1)$ FE

   2.6   Das Dreieck $A_3 B_3 C_3$ besitzt einen Flächeninhalt von 13 FE. Berechnen Sie die Koordinaten aller Eckpunkte des Dreiecks $A_3 B_3 C_3$.

   2.7   Das Dreieck $A_4 B_4 C_4$ ist gleichschenklig mit der Basis $\overline{A_4 C_4}$. Berechne seinen Flächeninhalt.

3   Die Gleichung $y = -0,5 \cdot 2^{x-1} + 6$ legt eine Funktion f_1 fest. Der Graph zu f_1 wird durch Parallelverschiebung mit dem Vektor $\vec{v}$ auf den Graphen zu f_2 mit der Gleichung $y = -0,5 \cdot 2^{x-4} + 3$ abgebildet. Es gilt: $x, y \in \mathbb{R}$.

   3.1   Geben Sie Definitions- und Wertemenge der Funktionen an und bestimmen Sie die Nullstelle der Funktion f_1 (auf zwei Stellen nach dem Komma gerundet).

   3.2   Zeichnen Sie die Graphen der Funktionen f_1 und f_2 in ein Koordinatensystem. Geben Sie die Koordinaten von $\vec{v}$ an.
Für die Zeichnung: 1 LE $\triangleq$ 1 cm; $-4 \leq x \leq 8$; $-4 \leq y \leq 8$

   3.3   Berechnen Sie die Koordinaten des Schnittpunktes P der Graphen zu f_1 und f_2 (auf zwei Stellen nach dem Komma gerundet).

   3.4   Spiegelt man den Graphen zu f_1 an der Winkelhalbierenden des 1. und 3. Quadranten, so erhält man den Graphen der Funktion f_3.
Zeigen Sie, dass für die Gleichung von f_3 gilt: $y = \log_2(6 - x) + 2$

4   Gegeben ist die Funktion f_1 mit der Gleichung $y = \log_2(x + 3)$ mit $x, y \in \mathbb{R}$. Der Graph zu f_1 wird durch Achsenspiegelung an der x-Achse und anschließender Parallelverschiebung mit dem Vektor $\vec{v}$ auf den Graphen der Funktion f_2 mit der Gleichung $y = -\log_2(x + 4) + 3$ abgebildet.

   4.1   Geben Sie die Definitions- und Wertemenge der Funktion f_1 sowie die Gleichung der Asymptote h an und zeichnen Sie die Graphen zu f_1 und f_2 in ein geeignetes Koordinatensystem.

   4.2   Geben Sie die Koordinaten des Verschiebungsvektors $\vec{v}$ an.

   4.3   Bestimmen Sie die nach y aufgelöste Gleichung der Umkehrfunktion f_2^{-1} und zeichnen Sie den Graphen zu f_2^{-1} in das Koordinatensytem zu 4.1 ein.

Ausführliche Lösungen sind ab Seite 251 zu finden.

① Pflanzen, die sich in einem Gebiet ansiedeln, in dem sie bisher nicht heimisch waren, nennt man Neophyten. Das Drüsige Springkraut (*Impatiens glandulifera*) ist in Deutschland ein Neophyt und verdrängt an vielen Standorten heimische Pflanzen. Am Jahresende 2018 war im Landkreis A insgesamt eine Fläche von 40 ha vom Drüsigen Springkraut überwuchert, die bis zum Jahresende 2021 auf 64 ha zunahm.

1.1 Legt man dieses Wachstum zugrunde, lässt sich der Zusammenhang zwischen der Anzahl x der seit Ende 2018 vergangenen Jahre und des Inhalts y ha der betroffenen Fläche annähernd durch die Exponentialfunktion f mit der Gleichung $y = k \cdot a^x$ mit $x \in \mathbb{R}_0^+$; y, k, $a \in \mathbb{R}^+$ und $a \neq 1$ beschreiben.

Bestimmen Sie die Funktionsgleichung von f und zeichnen Sie den Graphen zu f für $x \in [0; 10]$ in ein Koordinatensystem.

Für die Zeichnung: $0 \leq x \leq 10$; 1 cm ≙ 1 Jahr; $0 \leq y \leq 10$; 1 cm ≙ 20 ha

> (1) Bestimme den x-Wert für das Jahresende 2021.
> (2) Suche in der Angabe nach dem Anfangswert k, setze diesen zusammen mit dem x- und y-Wert für das Jahresende 2021 in die Funktionsgleichung ein und löse diese.

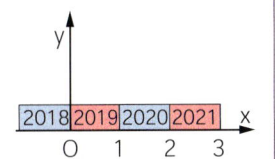

1.2 Berechnen Sie, am Ende welchen Jahres das Springkraut erstmals eine Fläche von mehr als 3 km² einnimmt.

> (1) Forme 3 km² in 300 ha um und setze die Maßzahl in der Funktionsgleichung von f für y ein.
> (2) Löse die entstandene Gleichung durch Auflösen nach x oder mit Hilfe deines Taschenrechners.
> (3) Rechne den erhaltenen Wert für x in eine Jahreszahl um.

1.3 Berechnen Sie, in welchem Jahr sich die betroffene Fläche erstmals um mehr als 50 ha erhöht.

> (1) Die jährliche Zunahme erhältst du, wenn du die betroffene Fläche des Vorjahres subtrahierst.
> (2) Stelle dazu eine Gleichung auf und löse sie.

x Jahre	0	1	2	...	x − 1	x
y ha	40	46,8	54,8	...	$40 \cdot 1{,}17^{x-1}$	$40 \cdot 1{,}17^x$
jährliche Zunahme		46,8 − 40	54,8 − 46,8			$40 \cdot 1{,}17^x - 40 \cdot 1{,}17^{x-1}$

1.4 Zum Jahresende 2021 gab es im Landkreis B Springkraut auf einer Fläche von 45 ha, das seine Ausbreitung pro Jahr um 25 % steigern kann. Begründen Sie ohne Rechnung, dass zu keinem Zeitpunkt die vom Drüsigen Springkraut bewachsenen Flächen in beiden Landkreisen gleich groß sein können.

> Lass in deine Überlegungen einfließen, in welchem Landkreis zu Beginn mehr Fläche befallen ist, in welchem Landkreis sich die Pflanze schneller ausbreitet und ob das Wachstum in beiden Landkreisen zum selben Zeitpunkt startet.

> Entscheide, welche der beiden Situationen vorliegt.

(2) Der aus Ostasien eingewanderte Marderhund breitet sich immer mehr in Deutschland aus. In einem Beobachtungsgebiet A stellte man eine jährliche Zuwachsrate von durchschnittlich 10 % fest. Am Jahresende 2020 wurden hier 180 Marderhunde gezählt. Der Zusammenhang zwischen der Anzahl y der Marderhunde und der Anzahl x der ab 2020 vergangenen Jahre lässt sich näherungsweise durch eine Exponentialfunktion f der Form $y = 180 \cdot a^x$ beschreiben. Es gilt: $x \in \mathbb{R}_0^+$; $y, a \in \mathbb{R}^+$ mit $a \neq 1$

2.1   Bestimmen Sie die Gleichung der Funktion f.

2.2   Zeichnen Sie den Graphen der Funktion f für $x \in [0; 15]$ in ein Koordinatensystem.
Für die Zeichnung: $0 \leq x \leq 15$; Einheit 1 cm; $0 \leq y \leq 800$; 1 cm $\triangleq$ 100 Tiere
Entnehmen Sie dem Graphen, nach welcher Zeit sich die Anzahl der Tiere ungefähr verdoppelt [verdreifacht] hat.

2.3   Berechnen Sie, in welchem Jahr die Anzahl der Marderhunde voraussichtlich erstmals 1000 betragen wird.

2.4   Berechnen Sie, nach wie vielen Jahren sich die Anzahl der Marderhunde erstmals innerhalb eines Jahres um 50 Tiere erhöht hat.

2.5   Ende des Jahres 2020 waren einem Beobachtungsgebiet B 150 Marderhunde vorhanden, Ende des Jahres 2024 waren es 311 Tiere.
Der Zusammenhang zwischen der Anzahl x Jahre und der Anzahl y der Marderhunde lässt sich näherungsweise durch eine Exponentialfunktion g der Form $y = k \cdot b^x$ beschreiben.
Bestimmen Sie die Gleichung der Funktion g.

2.6   Begründen Sie ohne Rechnung, dass es nach 2020 einen Zeitpunkt geben wird, ab dem die Anzahl der Marderhunde im Beobachtungsgebiet B größer sein wird als im Beobachtungsgebiet A.

(3) Austernseitlinge sind begehrte Speisepilze, die nicht nur gesammelt, sondern oft auch gezüchtet werden. Dabei wird zu Beginn Stroh mit dem Pilz in Kontakt gebracht. In den folgenden Tagen wächst der Pilz. Wenn zu Beginn 10 cm³ des Strohs vom Pilz durchdrungen sind, lässt sich die weitere Ausbreitung des Pilzes durch die Funktion f mit der Gleichung $y = 10 \cdot 1{,}3^x$ beschreiben, wobei x die vergangene Zeit in Tagen und y dm³ das Volumen des durchwachsenen Bereichs ist. Es gilt: $x \in \mathbb{R}_0^+$ und $y \in \mathbb{R}^+$

3.1   Geben Sie an, um wie viel Prozent der Pilz pro Tag [pro Woche] wächst.

3.2   Zeichnen Sie den Graphen der Funktion f für $x \in [0; 8]$ in ein Koordinatensystem.

3.3   Berechnen Sie auf Kubikzentimeter gerundet, wie viel Volumen der Pilz nach 84 Stunden einnimmt.

3.4   Bestimmen Sie rechnerisch, wie viel Stunden der Pilz benötigt, um sein Volumen zu verdoppeln. Runden Sie dabei auf ganze Stunden.

3.5   Ermitteln Sie mit Hilfe des Ergebnisses aus Teilaufgabe 3.4 wie lange der Pilz benötigt, um sein Volumen zu vervierfachen [verachtfachen].

3.6   Das Stroh hat die Form eines Zylinders mit einem Durchmesser von 20 cm und einer Höhe von 35 cm. Berechnen Sie, am wievielten Tag der Pilz bei gleichmäßig exponentiellem Wachstum erstmals das gesamte Stroh durchdringt.

4 Anfang September 2022 kauft sich Sophie für 5000 € Aktien vom Unternehmen *Windrad*. Sie geht davon aus, dass der Wert y € der Aktien nach x Jahren durch die Funktion f mit der Gleichung $y = 4000 \cdot 1{,}06^x$ mit $x \in \mathbb{R}_0^+$ und $y \in \mathbb{R}^+$ dargestellt werden kann.

   4.1   Mit welchem jährlichen Wertzuwachs rechnet Sophie? Geben Sie diesen in Prozent an.

   4.2   Berechnen Sie, welchen Wert die Aktien Anfang September 2027 hätten. Runden Sie auf ganze Euro.

   4.3   Sophie behauptet: „Anfang September 2034 hätte sich der Wert meiner Aktien mehr als verdoppelt". Hat sie Recht? Begründen Sie.

   4.4   Lukas hat Anfang September 2022 für 4800 € Aktien der Firma *XPharma* gekauft. Anfang September 2024 waren sie 5292 € wert. Der Wert y € nach x Jahren lässt sich durch eine Funktion g der Form $y = k \cdot b^x$ beschreiben. Ermitteln Sie die Gleichung der Funktion g.

   4.5   Es wird angenommen, dass sich die Wertentwicklung der Aktien von *Windrad* und *Xpharma* gemäß der Funktionen f bzw. g vollzieht. Begründen Sie ohne Rechnung, dass es keinen Zeitpunkt nach 2022 geben wird, an dem der Wert von Lukas Aktien den von Sophies Aktien übersteigt.

5* In einer Studie über die Wirksamkeit von Medikamenten wird in Laborversuchen die Vermehrung von Krankheitserregern untersucht. Bei allen Versuchen geht man von anfänglich 10 000 Krankheitserregern aus.

   5.1   Im ersten Versuch wird festgestellt, dass sich die Anzahl y der Krankheitserreger ohne Zugabe eines Medikaments täglich um 16 % vergrößert. Bestimmen Sie durch Rechnung, am wievielten Tag nach Versuchsbeginn sich die Anzahl der Krankheitserreger verdreifacht hat.

   5.2   Im zweiten Versuch wird zu Beginn ein Medikament A zugegeben. Nach Ablauf von zwei Tagen beträgt die Anzahl der Krankheitserreger 11 000. Berechnen Sie, um wie viel Prozent die Anzahl der Krankheitserreger mit dem Medikament A täglich zunimmt. Runden Sie auf ganze Prozent.

   5.3   Beim dritten Versuch wird ein Medikament B zugegeben, bei dem die Anzahl der Krankheitserreger täglich um 4 % zunimmt. Lukas behauptet: „Mit der Zugabe von Medikament B beträgt nach 10 Tagen die Zunahme der Krankheiterreger nur ein Viertel wie ohne Medikament." Hat Lukas Recht? Begründen Sie.

6 Frau Steg hat in ihrem Garten einen Schwimmteich mit einem 75 m² großen Flachwasserbereich anlegen lassen. Zur Wasserreinigung werden im Flachwasserbereich Seerosen angesiedelt. Anfang April entdeckt Frau Steg einen 8 m² großen von Seerosen bedeckten Bereich. Für die weitere Entwicklung ist anzunehmen, dass sich die bedeckte Fläche wöchentlich um 20 % vergrößert. Somit lässt sich x Wochen nach der Entdeckung die bedeckte Wasserfläche y m² durch die Funktion f mit einer Gleichung der Form $y = k \cdot a^x$ beschreiben. Es gilt: $x \in \mathbb{R}_0^+$; $y, k, a \in \mathbb{R}^+$ und $a \neq 1$

   6.1   Geben Sie die Funktionsgleichung von f an.

   6.2   Erstellen Sie eine Wertetabelle für $x \in [0; 8]$ mit $\Delta x = 2$ und zeichnen Sie den Graphen zu f in ein Koordinatensystem. Runden Sie auf ganze Quadratmeter. Für die Zeichnung: $0 \leq x \leq 8$; 1 cm ≙ 1 Woche ; $0 \leq y \leq 7$; 1 cm ≙ 5 m²

   6.3   Nach einer bestimmten Anzahl von Wochen seit der Entdeckung sind erstmals 40 % der Fläche des Flachwasserbereichs von Seerosen bedeckt. Berechnen Sie nach wieviel Wochen dies der Fall sein wird und überprüfen Sie Ihr Ergebnis mit Hilfe des Graphen.

   6.4   Um wie viel Prozent hat sich der mit Seerosen bedeckte Flächeninhalt ungefähr vergrößert, wenn 14 Tage seit der Entdeckung vergangen sind?

       A 120 %   **B** 40 %   **C** 44 %   **D** 1,2 %   **E** 144 %

* nach einer früheren Abschlussprüfung

1 Das gleichschenklige Dreieck ABC ist die Grundfläche des Prismas ABCDEF mit der Höhe $\overline{AD}$. Der Punkt M ist der Mittelpunkt der Basis $\overline{AC}$ und der Punkt N ist der Mittelpunkt der Strecke $\overline{DF}$. Es gilt: $|\overline{AC}| = 12$ cm; $|\overline{MB}| = 8$ cm; $|\overline{AD}| = 5$ cm
Runden Sie im Folgenden auf zwei Stellen nach dem Komma.

1.1 Zeichnen Sie das Schrägbild des Prismas ABCDEF, wobei die Strecke $\overline{MB}$ auf der Schrägbildachse und der Punkt M links vom Punkt B liegen soll.
Für die Zeichnung gilt: $q = 0{,}5$; $\omega = 45°$
Zeichnen Sie sodann die Strecke $\overline{BN}$ ein. Berechnen Sie das Maß des Winkels NBM.

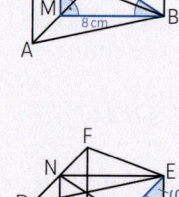

> Nutze im rechtwinkligen Dreieck BNM trigonometrische Beziehungen.
>
> $\tan \sphericalangle NBM = \dfrac{|\overline{MN}|}{|\overline{MB}|}$

1.2 Punkte P_n liegen auf der Strecke $\overline{MB}$. Die Winkel $P_n EB$ haben das Maß φ mit $\varphi \in\;]0°;\, 57{,}99°]$. Die Strecken $\overline{BN}$ und $\overline{EP_n}$ schneiden sich in Punkten Q_n.
Zeichnen Sie für $\varphi = 45°$ die Strecke $\overline{EP_1}$ und den Punkt Q_1 in das Schrägbild zu 1.1 ein. Begründen Sie sodann rechnerisch die obere Intervallgrenze für φ.

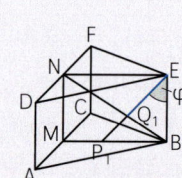

> Das Maß φ des Winkels wird maximal, wenn der Punkt P_n auf dem Punkt M liegt.
>
> $\tan \varphi_{max} = \dfrac{|\overline{MB}|}{|\overline{BE}|}$

1.3 Zeigen Sie, dass für die Längen der Strecken $\overline{EQ_n}$ in Abhängigkeit von φ gilt:
$$\overline{EQ_n}(\varphi) = \frac{4{,}24}{\sin (\varphi + 57{,}99°)}\ \text{cm}$$

> (1) Skizziere das Dreieck BEQ_n und markiere alle gegebenen Größen farbig.
> (2) Berechne das Maß des Winkels EBQ_n.
> $\sphericalangle EBQ_n = 90° - \sphericalangle NBM$
>
>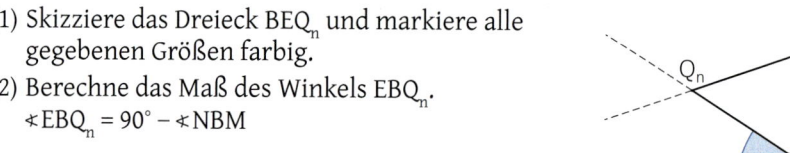
>
> (3) Berechne die Länge der Strecke $\overline{EQ_n}$ mit Hilfe des Sinussatzes.
> Nutze die Supplementbeziehung um den Term zur Berechnung des Winkels $BQ_n E$ zu vereinfachen.
>
> $\dfrac{|\overline{EQ_n}|(\varphi)}{\sin \sphericalangle EBQ_n} = \dfrac{|\overline{EB}|}{\sin \sphericalangle BQ_n E}$
>
> $\sin (180° - (\varphi + 57{,}99°))$
> $= \sin (\varphi + 57{,}99°)$

1.4 Unter den Strecken $\overline{EQ_n}$ hat die Strecke $\overline{EQ_0}$ die minimale Länge.
Berechnen Sie die Länge der Strecke $\overline{NQ_0}$.

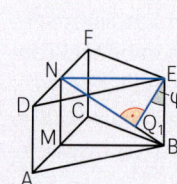

> (1) Die Länge der Strecke $\overline{EQ_n}$ wird minimal, wenn der Nenner des Terms maximal wird. Das ist für $\sin (\varphi + 57{,}99°) = 1$ der Fall. Berechne die Länge der Strecke $\overline{EQ_0}$.
> (2) Die Streckenlänge $|\overline{NQ_0}|$ kann im rechtwinkligen Dreieck ENQ_0 mit Hilfe des Satzes des Pythagoras berechnet werden.

1.5 Der Punkt A ist die Spitze von Pyramiden $Q_n BEA$ mit den Grundflächen $Q_n BE$.
Zeichnen Sie die Pyramide $Q_1 BEA$ in das Schrägbild zu 1.1 ein und ermitteln Sie sodann rechnerisch das Volumen V der Pyramiden $Q_n BEA$ in Abhängigkeit von φ.

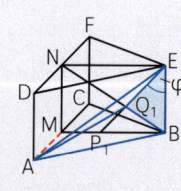

> (1) Überlege, wie du Grundfläche und Höhe der Pyramide $Q_n BEA$ berechnen kannst.
> (2) Setze in die Volumenformel ein.
>
> $G(\varphi) = \dfrac{1}{2} \cdot |\overline{EQ_n}| \cdot |\overline{EB}| \cdot \sin \varphi$; $h = |\overline{AM}|$
>
> $V(\varphi) = \dfrac{1}{3} \cdot \dfrac{1}{2} \cdot |\overline{EQ_n}| \cdot |\overline{EB}| \cdot \sin \varphi \cdot |\overline{AM}|$

1.6 Das Volumen der Pyramide $Q_2 BEA$ ist um 95 % kleiner als das Volumen des Prismas ABCDEF. Berechnen Sie das zugehörige Maß für φ.

* nach einer früheren Abschlussprüfung

Ausführliche Lösungen sind ab Seite 254 zu finden.

(2) Gegeben sind Dreiecke OP_nQ_n.
Es gilt: $O(0\,|\,0)$; $P_n(-4\cos\alpha\,|-4\sin\alpha)$; $Q_n(2{,}5\cos\alpha\,|-2{,}5\sin\alpha)$; $\alpha\in[0°;\ 90°]$

2.1 Zeichnen Sie die Dreiecke OP_1Q_1 für $\alpha = 40°$ und OP_2Q_2 für $\alpha = 70°$.
Für die Zeichnung: $-4 \le x \le 3;\ -4 \le y \le 1$

2.2 Zeigen Sie, dass sich der Flächeninhalt der Dreiecke wie folgt in Abhängigkeit von α darstellen lässt: $A(\alpha) = 10\sin\alpha\cos\alpha$ FE

2.3 Welcher Flächeninhalt ergibt sich jeweils an den Intervallgrenzen für α?

(3) Die Pfeile $\overrightarrow{OP} = \begin{pmatrix} 6 \\ -3 \end{pmatrix}$ und $\overrightarrow{OQ_n} = \begin{pmatrix} 4\sin\alpha + 1 \\ 2\cos^2\alpha \end{pmatrix}$ mit $\alpha\in[0°;\ 180°[$ spannen Dreiecke OPQ_n mit $O(0\,|\,0)$ auf.

3.1 Zeichnen Sie zwei Dreiecke für $\alpha = 45°$ und $\alpha = 120°$.
Für die Zeichnung: $1\ \text{LE} \mathrel{\hat=} 1\ \text{cm};\ -1 \le x \le 7;\ -4 \le y \le 2$

3.2 Zeigen Sie, dass sich der Flächeninhalt der Dreiecke wie folgt in Abhängigkeit von α darstellen lässt: $A(\alpha) = (-6\sin^2\alpha + 6\sin\alpha + 7{,}5)$ FE

3.3 Bestimmen Sie die Belegungen von α, für die die Dreiecke maximalen bzw. minimalen Flächeninhalt haben.

(4) Die Dreiecke AB_nC_n sind gleichschenklig mit der Basis $\overline{B_nC_n}$.
Es gilt: $\left|\overline{B_nD}\right| = 3$ cm

4.1 Zeigen Sie, dass für die Schenkellängen a in Abhängigkeit von α gilt:
$$a(\alpha) = \frac{3\sin(\alpha + 40°)}{\sin\alpha}\ \text{cm}$$

4.2 Berechnen Sie die Belegung von α, für die gilt: $a = 6$ cm

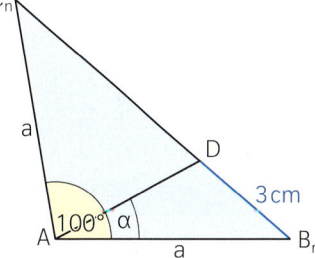

(5) Gegeben sind die Pfeile $\overrightarrow{OP_n} = \begin{pmatrix} 2\cos\varphi + 3 \\ 3\sin^2\varphi \end{pmatrix}$ und $\overrightarrow{OR_n} = \begin{pmatrix} 3\cos\varphi - 1 \\ 3 \end{pmatrix}$. Sie spannen zusammen mit

$O(0\,|\,0)$ für $\varphi\in]0°;\ 200°[$ Parallelogramme $OP_nQ_nR_n$ auf.

5.1 Berechnen Sie die Koordinaten der Pfeile $\overrightarrow{OP_1}$ und $\overrightarrow{OR_1}$ für $\varphi = 20°$ sowie $\overrightarrow{OP_2}$ und $\overrightarrow{OR_2}$ für $\varphi = 120°$. Zeichnen Sie die Parallelogramme $OP_1Q_1R_1$ und $OP_2Q_2R_2$ in ein Koordinatensystem ein. Für die Zeichnung: $1\ \text{LE} \mathrel{\hat=} 1\ \text{cm};\ -3 \le x \le 7;\ -1 \le y \le 6$

5.2 Zeigen Sie, dass sich die Seitenlänge $\left|\overline{OR_n}\right|$ wie folgt darstellen lässt:
$\left|\overline{OR_n}\right|(\varphi) = \sqrt{9\cos^2\varphi - 6\cos\varphi + 10}$ LE

5.3 Für welches Winkelmaß φ beträgt die Länge der Strecke $\overline{OR_n}$ gleich 5 LE?

5.4 Bestimmen Sie die Koordinaten der Punkte Q_n in Abhängigkeit von φ.

5.5 Geben Sie die Gleichung des Trägergraphen t der Punkte P_n an.

(6) Das Dreieck ABC ist gleichseitig mit der Seitenlänge 6 cm.
Trägt man wie in der Abbildung dargestellt drei Winkel mit jeweils dem Maß ε an, so entstehen neue Dreiecke $P_nQ_nR_n$. Es gilt: $\varepsilon\in]0°;\ 30°[$

6.1 Zeigen Sie, dass für das Maß der Winkel AQ_nB gilt: $\varphi = 120°$

6.2 Zeigen Sie durch Rechnung, dass gilt:
$\left|\overline{AQ_n}\right|(\varepsilon) = 4\sqrt{3}\sin(60° - \varepsilon)$ cm;
$\left|\overline{BQ_n}\right|(\varepsilon) = 4\sqrt{3}\sin\varepsilon$ cm

6.3 Zeigen Sie, dass sich die Seitenlängen $\left|\overline{P_nQ_n}\right|$ wie folgt in Abhängigkeit von ε darstellen lassen:
$\left|\overline{P_nQ_n}\right|(\varepsilon) = 6(\cos\varepsilon - \sqrt{3}\sin\varepsilon)$ cm

6.4 Berechnen sie den Flächeninhalt des Dreiecks $P_1Q_1R_1$ für $\varepsilon = 20°$.

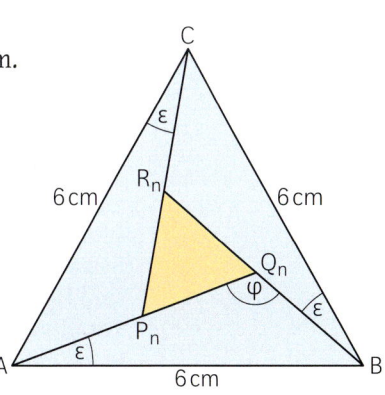

(7) Für die Dreiecke $A_nB_nC_n$ gilt:

$|\overline{A_nC_n}| = (4 + 3x)$ cm; $|\overline{B_nC_n}| = (7 - x)$ cm; $x \in \mathbb{R}$; $\sphericalangle B_nA_nC_n = 30°$

Die Dreiecke $A_nB_nC_n$ rotieren um A_nB_n als Achse.

7.1 Untersuchen Sie, ob für $x = 4$ ein Rotationskörper existiert.

7.2 Unter den Rotationskörpern gibt es
einen, dessen Axialschnitt eine Raute
ist. Berechnen Sie die Oberfläche dieses
Körpers.

7.3 Berechnen Sie den größtmöglichen
Wert für x, für den Rotationskörper
existieren.

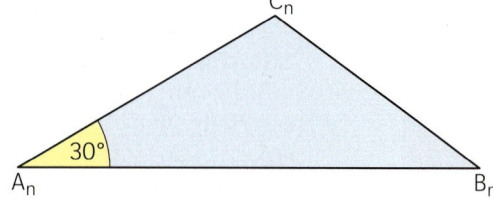

(8) Die Pfeile $\overrightarrow{QP_n} = \begin{pmatrix} 6\cos\alpha \\ \frac{3}{\cos\alpha} + 1 \end{pmatrix}$ rotieren um die y-Achse und erzeugen oben offene Kegel
($\alpha \in \,]0°;\ 90°[$).

8.1 Zeichnen Sie den Axialschnitt eines Kegels für $\alpha = 40°$. Zeigen Sie, dass für das Volumen der Kegel in Abhängigkeit von α gilt: $V(\alpha) = \pi(12\cos^2\alpha + 36\cos\alpha)$ VE

8.2 Ordnen Sie der Funktion des Volumens der Kegel den richtigen Graphen zu.
Begründen Sie Ihre Entscheidung.

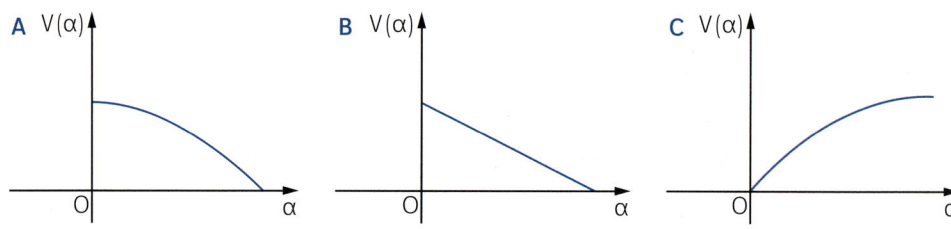

8.3 Für welchen Wert von α ergibt sich ein Kegel mit einem Öffnungswinkel von 90°?

(9*) Gegeben sind die Trapeze A_nBCD_n mit den parallelen
Seiten $\overline{BC}$ und $\overline{A_nD_n}$. Die Winkel BA_nD_n haben das Maß
φ mit $\varphi \in \,]0°;\ 90°[$.
Kreise k_n mit den Mittelpunkten D_n haben die Radien
$r_n = |\overline{A_nD_n}|$ und schneiden die Halbgeraden $[CD_n$ in
den Punkten E_n. Die Figuren A_nBCE_n werden von den
Kreisbögen $\overset{\frown}{E_nA_n}$ sowie den Strecken $\overline{A_nB}$, $\overline{BC}$ und $\overline{CE_n}$
begrenzt.
Es gilt: $|\overline{BC}| = 3,5$ cm; $|\overline{A_nB}| = 5$ cm; $\sphericalangle D_nCB = 90°$
Die nebenstehende Skizze zeigt die Figur A_1BCE_1 für
$\varphi = 25°$.

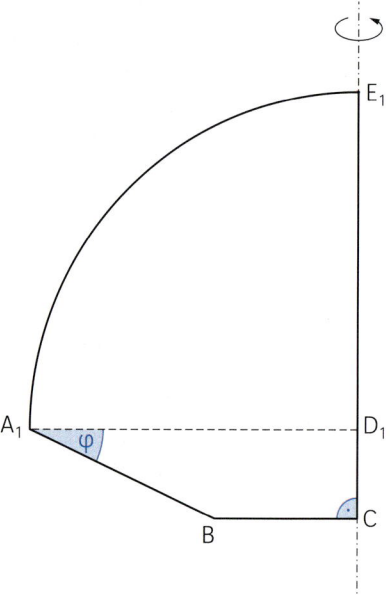

9.1 Zeigen Sie, dass für die Länge der Strecken $\overline{A_nD_n}$
in Abhängigkeit von φ gilt:

$|\overline{A_nD_n}|(\varphi) = (5\cos\varphi + 3,5)$ cm

9.2 Die Figuren A_nBCE_n rotieren um die Geraden CE_n.
Bestandteile der entstehenden Rotationskörper
sind Halbkugeln. Bei dem Körper, der durch
Rotation der Figur A_2BCE_2 entsteht, hat die Halb-
kugel ein Volumen von 175 cm³.
Bestimmen Sie rechnerisch den Radius r_2 sowie das zugehörige Maß für φ.
Runden Sie auf zwei Stellen nach dem Komma.

———————
*nach einer früheren Abschlussprüfung

10 Gegeben sind die Vierecke AB_nCD_n. Der Punkt S ist Mittelpunkt der Diagonalen $\overline{AC}$. Er teilt die Diagonalen $\overline{B_nD_n}$ im Verhältnis $|\overline{B_nS}| : |\overline{SD_n}| = 2 : 1$.
Es gilt: $A(-4|-3)$; $C(0|5)$; $B_n(1 + 2\cos\alpha | 1 - 2\sin^2\alpha)$ mit $\alpha \in [0°;\ 360°]$

10.1 Zeichnen Sie die Vierecke AB_1CD_1 für $\alpha = 30°$ und AB_2CD_2 für $\alpha = 90°$ in ein Koordinatensystem ein.
Für die Zeichnung: $-6 \leq x \leq 5$; $-4 \leq y \leq 6$

10.2 Ordnen Sie die Gleichung des Trägergraphen der Punkte B_n richtig zu und zeichnen Sie ihn in das Koordinatensystem zu 10.1 ein.
A $y = 1 - 0{,}5(x-1)^2$ **B** $y = 0{,}5(x-1)^2 - 1$ **C** $y = 0{,}25(x-1)^2 - 1$

10.3 Die Diagonalen der Vierecke AB_3CD_3 und AB_4CD_4 stehen aufeinander senkrecht. Berechnen Sie die Koordinaten der Punkte B_3 und B_4.

10.4 Stellen Sie die Koordinaten der Eckpunkte D_n in Abhängigkeit von α dar und ermitteln Sie, welche Werte x_D annehmen kann.
[Teilergebnis: $D_n(-3{,}5 - \cos\alpha | 1 + \sin^2\alpha)$]

10.5 Welcher der folgenden Graphen beschreibt den Trägergraphen der Punkte D_n? Begründe.

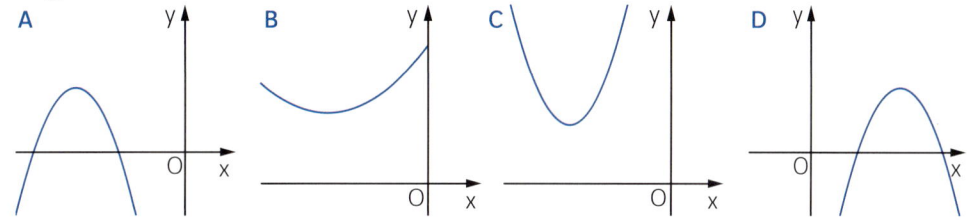

10.6 Der Eckpunkt D_5 des Vierecks AB_5CD_5 liegt auf der Geraden g mit der Gleichung $y = -0{,}5x - 0{,}5$. Berechnen Sie den zugehörigen Wert von α.

10.7 Zeigen Sie, dass sich der Flächeninhalt der Vierecke AB_nCD_n wie folgt in Abhängigkeit von α darstellen lässt: $A(\alpha) = (-6\cos^2\alpha + 12\cos\alpha + 24)$ FE

10.8 Welche Extremwerte kann der Flächeninhalt annehmen?

11 Die Abbildung zeigt ein Förderband. Die Längen der Strecken $\overline{AB}$, $\overline{MB}$ und $\overline{MC}$ sind stets konstant. Durch Verschieben der Stütze $\overline{MC}$ kann die Strecke $\overline{BC}$ vergrößert oder verkleinert werden. Dadurch kann die Höhe $\overline{HD}$, um die die Last gehoben werden kann, verändert werden.
Es gilt: Die Strecke $\overline{CD}$ kann eine minimale Länge von 1,10 m erreichen.
$|\overline{AB}| = 2{,}00$ m; $|\overline{MB}| = 3{,}00$ m; $|\overline{MC}| = 4{,}00$ m; $|\overline{AD}| = 10{,}00$ m

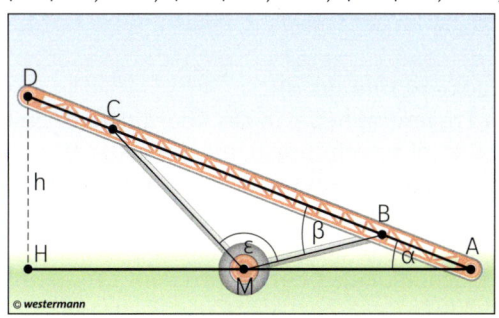

© westermann

11.1 Das Maß ε des Winkels BMC wird verkleinert. Welche Aussage trifft zu?
A Das Maß ε des Winkels BAM bleibt gleich.
B Das Maß ε des Winkels BAM wird größer.
C Das Maß ε des Winkels BAM wird kleiner.

11.2 Berechnen Sie, welches Maß ε der Winkel BMC maximal annehmen kann.

11.3 Zeigen Sie, dass sich die Länge der Strecke $|\overline{BC}|$ wie folgt in Abhängigkeit von ε darstellen lässt: $|\overline{BC}|(\varepsilon) = \sqrt{25 - 24\cos\varepsilon}$ m

11.4 Für welches Winkelmaß ε ist die Strecke $|\overline{BC}|$ 6,0 m lang? [Ergebnis: $\varepsilon = 117{,}3°$]

11.5 Zeigen Sie, dass für das Maß β des Winkels CBM gilt: $\sin\beta = \dfrac{4\sin\varepsilon}{\sqrt{25 - 24\cos\varepsilon}}$

11.6 Berechnen Sie für $\varepsilon = 117{,}3°$ das Winkelmaß β, das zugehörige Winkelmaß α und die Hubhöhe h des Förderbandes.

Ausführliche Lösungen sind ab Seite 260 zu finden.

12 Die Punkte Z_n sind die Symmetriepunkte von Parallelogrammen ABC_nD_n.

Es gilt: $A(-3,5\,|\,2)$; $B(-2\,|-4)$; $\overrightarrow{BZ_n} = \begin{pmatrix} 2\cos\varphi + 1 \\ 2 + \dfrac{1}{\cos\varphi} \end{pmatrix}$; $\varphi \in [0°;\ 90°[$

12.1 Berechnen Sie die Koordinaten der Pfeile $\overrightarrow{BZ_1}$ für $\varphi = 0°$ und $\overrightarrow{BZ_2}$ für $\varphi = 70°$. Zeichnen Sie die Parallelogramme ABC_1D_1 und ABC_2D_2 in ein Koordinatensystem ein. Für die Zeichnung gilt: $-5 \le x \le 8$; $-5 \le y \le 8$

12.2 Zeigen Sie, dass für die Koordinaten der Punkte D_n gilt: $D_n\left(4\cos\varphi\,\middle|\,\dfrac{2}{\cos\varphi}\right)$

12.3 Bestimmen Sie die Koordinaten der Eckpunkte C_n in Abhängigkeit von φ.
[Ergebnis: $C_n\left(1,5 + 4\cos\varphi\,\middle|\,-6 + \dfrac{2}{\cos\varphi}\right)$]

12.4 Ordnen Sie die Gleichungen der Trägergraphen der Punkte C_n und D_n richtig zu:

A $y = \dfrac{8}{x-1,5} - 6$ **B** $y = -\dfrac{8}{x}$ **C** $y = \dfrac{8}{x+1,5} + 6$ **D** $y = \dfrac{8}{x}$

12.5 Zeichnen Sie den Trägergraphen der Punkte D_n in das Koordinatensystem zu 12.1 ein. Für welchen Wert von φ liegt ein Eckpunkt D_3 auf der Winkelhalbierenden des I. Quadranten?

12.6 Für welche Belegungen von φ nimmt eines der Parallelogramme einen Flächeninhalt von 43,6 FE an? [Teilergebnis: $A(\varphi) = \left(24\cos\varphi + \dfrac{3}{\cos\varphi} + 18\right)$ FE]

12.7 Die Seite $\overline{AD_4}$ des Parallelogramms ABC_4D_4 verläuft durch den Punkt $P(0\,|\,4)$. Berechnen Sie den zugehörigen Wert von φ und zeichnen Sie das Parallelogramm ABC_4D_4 in die Zeichnung zu 12.1 ein.

12.8 Berechnen Sie die Innenwinkelmaße des Parallelogramms ABC_4D_4.

12.9 Die Diagonale $\overline{BD_5}$ verläuft senkrecht zur Geraden g mit $y = -\dfrac{2}{3}x - 3$. Berechnen Sie die Koordinaten der Eckpunkte C_5 und D_5 des Parallelogramms ABC_5D_5.

13* Die Punkte $A(1\,|-1)$; $B_n(3 + 4\cdot\cos\varphi\,|\,1 - 3\cdot\sin^2\varphi)$ mit $\varphi \in [0°;\ 123,27°[$ und $C(5\,|\,1)$ sind Eckpunkte von Vierecken AB_nCD_n. Der Punkt S ist der Schnittpunkt der Diagonalen der Vierecke AB_nCD_n und zugleich der Mittelpunkt der Diagonale $\overline{AC}$. Gleichzeitig teilt der Punkt S die Diagonalen $\overline{B_nD_n}$ im Verhältnis $|\overline{B_nS}|:|\overline{SD_n}| = 1:3$.

13.1 Zeichnen Sie die Vierecke AB_1CD_1 für $\varphi = 90°$ und AB_2CD_2 für $\varphi = 60°$ in ein Koordinatensystem.
Für die Zeichnung: $1\,\text{LE} \mathrel{\hat=} 1\,\text{cm}$; $-4 \le x \le 7$; $-3 \le y \le 7$

13.2 Berechnen Sie die Koordinaten der Punkte D_n in Abhängigkeit von φ. Zeigen Sie sodann rechnerisch, dass für die Gleichung des Trägergraphen p der Punkte D_n gilt:
$y = -\dfrac{1}{16}\cdot(x-3)^2 + 6$
[Teilergebnis: $D_n(3 - 12\cdot\cos\varphi\,|-3 + 9\sin^2\varphi)$]
Zeichnen Sie sodann den Trägergraphen p in das Koordinatensystem zu 13.1 ein.

13.3 Unter den Vierecken AB_nCD_n gibt es ein Drachenviereck AB_3CD_3. Zeichnen Sie dieses Drachenviereck in das Koordinatensystem zu 13.1 ein. Bestimmen Sie rechnerisch den zugehörigen Wert für φ sowie die Koordinaten des Punktes B_3. (Auf zwei Stellen nach dem Komma runden.)

13.4 Zeigen Sie, dass sich der Flächeninhalt A der Vierecke AB_nCD_n in Abhängigkeit von φ wie folgt darstellen lässt: $A(\varphi) = (-24\cdot\cos^2\varphi + 16\cdot\cos\varphi + 16)$ FE.

13.5 Unter den Vierecken AB_nCD_n besitzt das Viereck AB_0CD_0 den größten Flächeninhalt A_{max}.
Berechnen Sie diesen Flächeninhalt und den zugehörigen Wert von φ.

---

* Aus einer früheren Abschlussprüfung

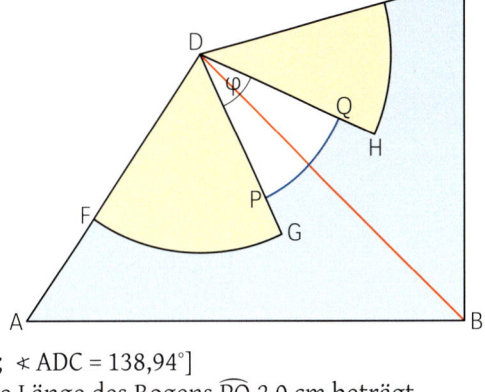

14 Im Viereck ABCD in der Abbildung rechts sind drei Kreissektoren eingezeichnet. Die Diagonale $\overline{BD}$ liegt auf der Symmetrieachse des Kreissektors DPQ.
Es gilt:
$|\overline{AB}| = 8\text{ cm};\ |\overline{BC}| = 6\text{ cm};\ |\overline{CD}| = 5\text{ cm};$
$|\overline{DE}| = |\overline{DF}| = 3,5\text{ cm};\ \sphericalangle\,CBA = 90°;$
$\sphericalangle\,DCB = 75°;\ |\overline{DP}| = 2,8\text{ cm};\ \sphericalangle\,PDQ = \varphi$

14.1 Berechnen Sie auf zwei Stellen nach dem Komma gerundet die Längen der Strecken $\overline{AC}$ und $\overline{AD}$ sowie das Maß des Winkels ADC.
[Ergebnisse: $|\overline{AC}| = 10\text{ cm};\ |\overline{AD}| = 5,68\text{ cm};\ \sphericalangle\,ADC = 138,94°$]

14.2 Berechnen Sie das Winkelmaß φ, wenn die Länge des Bogens $\overset{\frown}{PQ}$ 2,0 cm beträgt. Berechnen Sie für diesen Fall die Flächeninhalte der Kreissektoren DFG und DHE.
[Teilergebnis: $\varphi = 40,93°$]

14.3 Stellen Sie den Flächeninhalt A des Kreissektors DFG in Abhängigkeit von φ dar.
[Ergebnis: $A(\varphi) = \left(8,51 - \dfrac{19,24\,\varphi}{360°}\right)\text{cm}^2$]

14.4 Das Maß φ des Winkels PDQ wird so verändert, dass die Strecke $\overline{DP}$ parallel zur Seite $\overline{BC}$ verläuft. Berechnen Sie den Flächeninhalt des Kreissektors DPQ.

14.5 Das Maß φ des Winkels PDQ wird so verändert, dass der Flächeninhalt des Kreissektors DPQ 25 % der Summe der beiden Flächeninhalte der Kreissektoren DFG und DHE beträgt. Berechnen Sie das Winkelmaß φ.

14.6 Zeigen Sie, dass für die Länge der Sehnen $\overline{FG}$ in Abhängigkeit von φ gilt:
$$|\overline{FG}|(\varphi) = \sqrt{24,5 - 24,5\cos\left(79,64° - \frac{\varphi}{2}\right)}\text{ cm}$$

14.7 Berechnen Sie das Winkelmaß φ, für das gilt: $|\overline{FG}| = 3,5\text{ cm}$

15 Die Grundfläche der Pyramide ABCS ist das gleichschenklige Dreieck ABC mit der Basis $\overline{BC}$. Der Punkt E ist Mittelpunkt der Basis. Die Strecke $\overline{PQ}$ verläuft parallel zur Basis $\overline{BC}$, die Strecke $\overline{AS}$ ist die Höhe der Pyramide mit der Spitze S.
Es gilt: $|\overline{AE}| = 8\text{ cm};\ |\overline{BC}| = 12\text{ cm};\ |\overline{ET}| = 2\text{ cm};\ |\overline{AS}| = 8\text{ cm};$ Ebenen durch $\overline{PQ}$ schneiden die Strecke $\overline{ES}$ in den Punkten R_n. Die Winkel R_nTA haben das Maß φ.

15.1 Zeichnen Sie ein Schrägbild für $q = \frac{1}{2};\ \omega = 45°$ und $\overline{AE}$ auf der Schrägbildachse. Tragen Sie die Strecke $\overline{TR_1}$ für $\varphi = 60°$ in das Schrägbild ein.

15.2 Aus welchem Intervall kann man φ wählen, so dass Dreiecke PQR_n existieren?

15.3 Zeigen Sie, dass für die Längen der Strecken $\overline{TR_n}$ in Abhängigkeit von φ gilt:
$$|\overline{TR_n}|(\varphi) = \frac{\sqrt{2}}{\sin(\varphi - 45°)}\text{ cm}$$

15.4 Berechnen Sie die Belegung von φ, für die gilt: $|\overline{TR_n}| = 1,5\text{ cm}$

15.5 Stellen Sie den Flächeninhalt der Dreiecke PQR_n in Abhängigkeit von φ dar.

15.6 Berechnen Sie die Belegung von φ, für die das Dreieck PQR_2 gleichseitig ist.

15.7 Berechnen Sie das Maß von φ, für das der Winkel PR_3Q im Dreieck PQR_3 das Maß 80° hat.

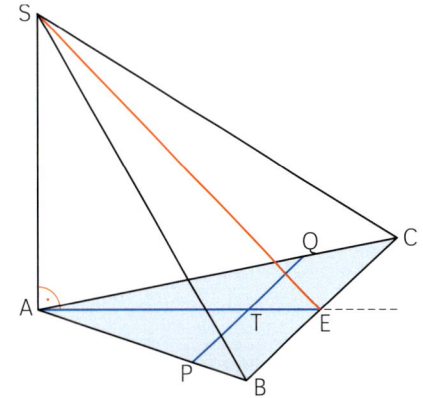

16* Das Trapez ABCD hat die parallelen Grund-
seiten $\overline{AD}$ und $\overline{BC}$ und die Höhe $\overline{EF}$. Das
Trapez ist Grundfläche einer Pyramide
ABCDS (siehe Abbildung).
Es gilt: $|\overline{AD}| = 10$ cm; $|\overline{BC}| = 6$ cm;
$|\overline{EF}| = 7$ cm; $|\overline{EG}| = 3$ cm; $|\overline{GS}| = 8$ cm

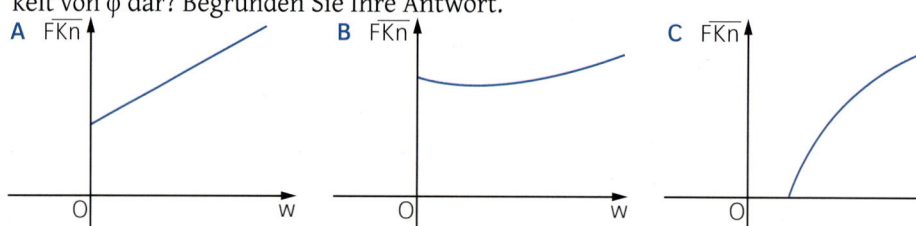

16.1 Berechnen Sie das Maß ε des Winkels
FES, das Maß δ des Winkels SFE und die
Länge der Strecken $\overline{ES}$ und $\overline{FS}$.
[Ergebnisse: $\varepsilon = 69{,}44°$; $\delta = 63{,}43°$;
$|\overline{ES}| = 8{,}54$ cm; $|\overline{FS}| = 8{,}94$ cm]

16.2 Auf der Kante $\overline{AS}$ liegen Punkte L_n und
auf der Kante $\overline{DS}$ liegen Punkte H_n mit
$\overline{L_nH_n} \parallel \overline{AD}$.
Die Strecken $\overline{L_nH_n}$ schneiden die Strecke
$\overline{ES}$ in den Punkten K_n.
Die Winkel K_nFE haben das Maß φ mit $\varphi \in [0°;\ 63{,}43°[$.
Die Punkte B, C, H_n und L_n sind Eckpunkte von gleichschenkligen Trapezen BCH_nL_n.
Zeichnen Sie für $\varphi = 48°$ das Trapez BCH_1L_1 mit seiner Höhe $\overline{FK_1}$ ein.
Begründen Sie die obere Intervallgrenze für den Winkel φ.

16.3 Zeigen Sie, dass für die Streckenlängen $|\overline{FK_n}|$ gilt:
$$|\overline{FK_n}|(\varphi) = \frac{6{,}55}{\sin(69{,}44° + \varphi)}\ \text{cm}$$

16.4 Im Trapez BCH_2L_2 hat die Höhe $\overline{FK_2}$ die Länge 8 cm.
Berechnen Sie das zugehörige Maß von φ.

16.5 Welches der folgenden Diagramme stellt die Länge der Strecken $|\overline{FK_n}|$ in Abhängig-
keit von φ dar? Begründen Sie Ihre Antwort.

A FKn

B FKn

C FKn

16.6 Die Streckenlängen $|\overline{L_nH_n}|$ lassen sich wie folgt in Abhängigkeit von φ darstellen:
$$|\overline{L_nH_n}|(\varphi) = \left(10 - \frac{8{,}20\sin\varphi}{\sin(\varphi + 69{,}44°)}\right)\text{cm oder}$$
$$|\overline{L_nH_n}|(\varphi) = \frac{10{,}5\sin(63{,}43° - \varphi)}{\sin(\varphi + 69{,}44°)}\ \text{cm}$$

Bestätigen Sie rechnerisch einen der beiden Terme.

16.7 Berechnen Sie den Flächeninhalt des Trapezes BCH_1L_1 aus Teilaufgabe 16.2.

16.8 Die Punkte K_n sind Spitzen von Pyramiden $ABCDK_n$ mit der Grundfläche ABCD und
den Höhen $\overline{K_nP_n}$. Die Punkte P_n liegen auf der Strecke $\overline{EF}$. Ermitteln Sie durch Rechnung das Volumen V der Pyramiden $ABCDK_n$ in Abhängigkeit von φ.
$$\left[\text{Zwischenergebnis: } |\overline{K_nP_n}|(\varphi) = \frac{6{,}55 \cdot \sin\varphi}{\sin(69{,}44° + \varphi)}\ \text{cm}\right]$$

16.9 Das Volumen der Pyramide $ABCDK_1$ ist um 60 % kleiner als das Volumen der Pyramide
ABCDS. Berechnen Sie das dazugehörige Winkelmaß φ.

* Aus einer früheren Abschlussprüfung

17 Das Dachgeschoss eines Altbaus in Schräghausen wird im Rahmen von Sanierungsmaßnahmen geändert. Es ist geplant, die senkrecht zur rechteckigen Grundfläche ABCD stehende Giebelfront BCH durch eine Schrägdachfläche BCP_n zu ersetzen. Der senkrecht zur Grundfläche verlaufende Giebel ADG bleibt unverändert. Im Abstand von 2,50 m zur Grundfläche soll eine Decke $A'B_nC_nD'$ eingezogen werden.
Es gilt: $|\overline{AB}| = 8{,}00$ m; $|\overline{AD}| = 10{,}00$ m; $|\overline{EG}| = 5{,}00$ m; $|\overline{FH}| = 4{,}00$ m; $\sphericalangle HFP_n = \varepsilon$.

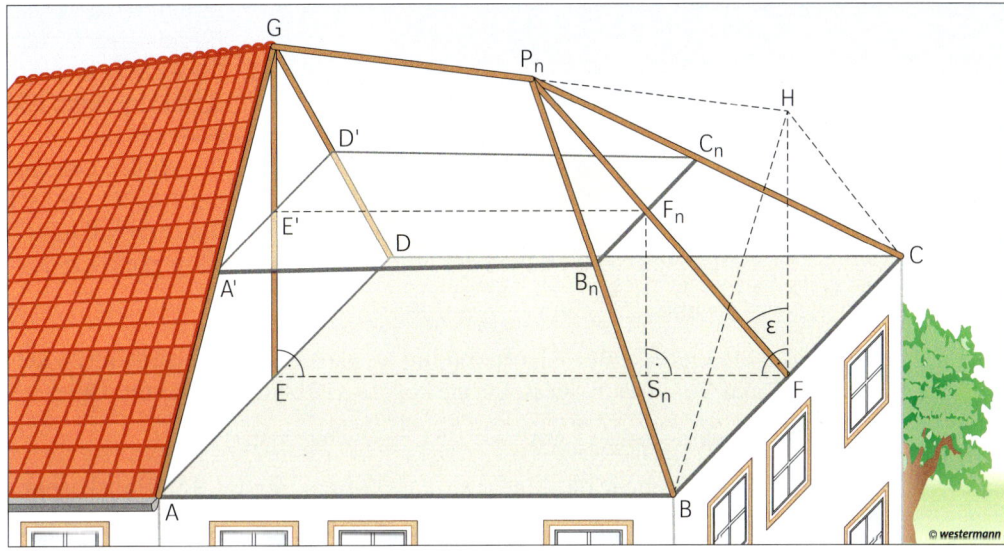

17.1 Zeigen Sie: Der Winkel GHF hat das Maß 97,13°.

17.2 Berechnen Sie die Länge der Strecken $\overline{FP_n}$ in Abhängigkeit von ε.

$$\left[\text{Ergebnis: } |\overline{FP_n}|\,(\varepsilon) = \frac{3{,}97}{\sin{(97{,}13° + \varepsilon)}} \text{ m}\right]$$

17.3 Aus welchem Intervall kann man ε wählen, so dass Strecken $\overline{FP_n}$ existieren?

17.4 Für welches Maß von ε wäre das Dreieck BCP_1 gleichseitig?

17.5 Zeigen Sie, dass sich die Länge der Strecken $\overline{B_nC_n}$ wie folgt in Abhängigkeit von ε darstellen lässt:

$$|\overline{B_nC_n}|\,(\varepsilon) = \left(10 - \frac{6{,}30 \sin{(97{,}13° + \varepsilon)}}{\cos \varepsilon}\right) \text{ m}$$

17.6 Die Strecke $\overline{B_2C_2}$ ist 4,60 m lang. Berechnen Sie für diesen Fall das Winkelmaß ε.
[Ergebnis: $\varepsilon = 47{,}43°$]
Berechnen Sie anschließend den Flächeninhalt der Decke $A'B_2C_2D'$.

17.7 Die Raumhöhe soll wie oben angegeben stets 2,50 m betragen. Welcher der folgenden Graphen könnte den Flächeninhalt der Decke $A'B_nC_nD'$ in Abhängigkeit von ε beschreiben? Begründen Sie.

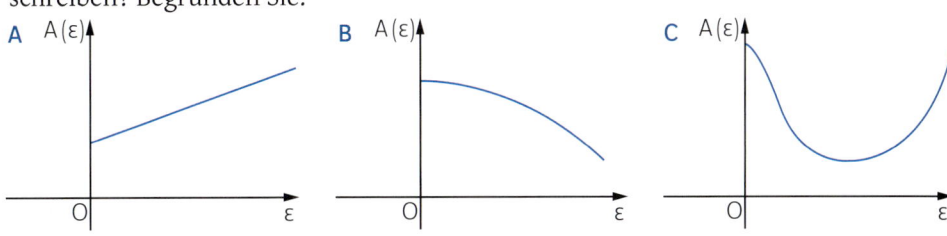

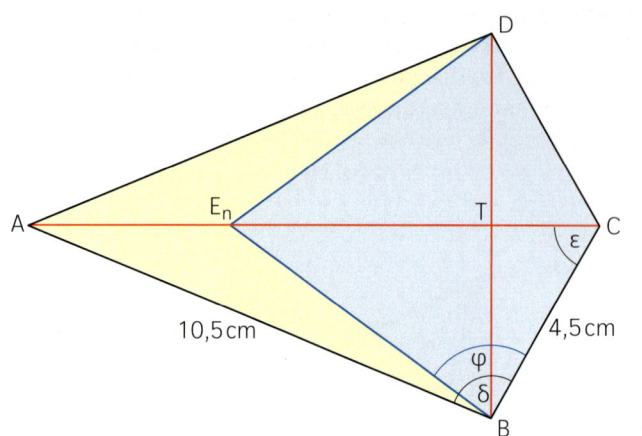

18* Im Drachenviereck ABCD mit der Symmetrieachse AC ist der Punkt T Schnittpunkt der Diagonalen.
Es gilt: $|\overline{AC}| = 12$ cm; weitere Maße siehe Abbildung

  18.1 Berechnen Sie das Maß ε des Winkels ACB und das Maß δ des Winkels CBA.
[Ergebnisse: $\varepsilon = 60°$; $\delta = 98,21°$]

  18.2 Die Punkte E_n auf der Strecke $\overline{AT}$ sind Eckpunkte von Drachenvierecken $BCDE_n$.
Die Winkel CBE_n haben das Maß φ mit $\varphi \in\,]30°;\ 98,21°]$. Begründen Sie das Intervall für φ.

18.3 Berechnen Sie die Länge der Strecken $\overline{CE_n}$ in Abhängigkeit von φ.

$$\left[\text{Ergebnis:}\ |\overline{CE_n}|\,(\varphi) = \frac{4{,}5\sin\varphi}{\sin(60°+\varphi)}\ \text{cm}\right]$$

18.4 Die Vierecke $BCDE_n$ rotieren um AC als Achse. Zeigen Sie durch Rechnung, dass für das Volumen V der Rotationskörper in Abhängigkeit von φ gilt:

$$V\,(\varphi) = \frac{71{,}57\sin\varphi}{\sin(60°+\varphi)}\ \text{cm}^3$$

18.5 Berechnen Sie das Maß φ so, dass der zugehörige Rotationskörper ein Volumen von 50 cm³ hat.

18.6 Welcher der unten abgebildeten Graphen beschreibt mit Sicherheit nicht das Volumen in Abhängigkeit von φ? Begründen Sie Ihre Antwort.

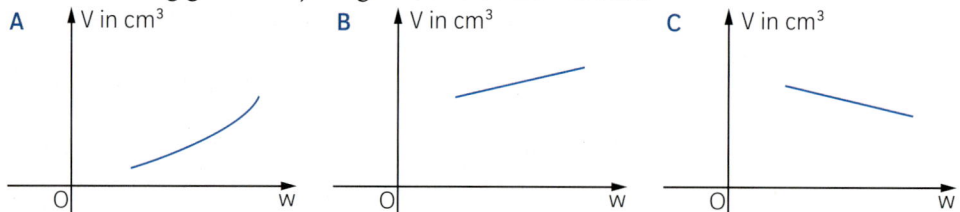

18.7 Zeigen Sie durch Rechnung, dass für den Oberflächeninhalt O der Rotationskörper in Abhängigkeit von φ gilt:

$$O\,(\varphi) = \left(55{,}13 + \frac{47{,}75}{\sin(60°+\varphi)}\right)\ \text{cm}^2$$

Der Rotationskörper mit dem Axialschnitt $BCDE_0$ besitzt den minimalen Oberflächeninhalt. Begründen Sie, dass dieser Oberflächeninhalt 102,88 cm² beträgt.

18.8 Das Viereck $BCDE_1$ ist achsensymmetrisch zur Diagonalen $\overline{BD}$.
Berechnen Sie die Länge der Strecke $\overline{CE_1}$ und das Volumen des dazugehörigen Rotationskörpers.

18.9 Der Punkt E_2 ist der Mittelpunkt des Inkreises des Dreiecks ABD.
Berechnen Sie den Radius r des Inkreises und die Länge der Strecke $\overline{CE_2}$.

---

* Aus einer früheren Abschlussprüfung

19 Gegeben sind die gleichschenkligen Trapeze A_nB_nCD mit $|\overline{DC}| = 3$ cm. Die Winkel A_nDC haben das Maß ε mit $\varepsilon \in\;]90°;\; 180°[$. Die Geraden A_nB_n und CD haben einen Abstand von 4 cm.

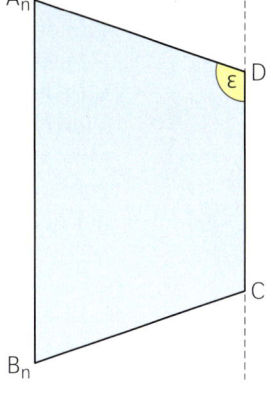

19.1 Berechnen Sie die Schenkellängen und die Länge der Strecken $\overline{A_nB_n}$ in Abhängigkeit von ε.

19.2 Die Trapeze A_nB_nCD rotieren um die Gerade CD. Zeigen Sie durch Rechnung, dass für das Volumen V der entstehenden Rotationskörper in Abhängigkeit von ε gilt:
$V(\varepsilon) = (48\pi + 85\tfrac{1}{3}\pi \cdot \tan(\varepsilon - 90°))\ \text{cm}^3$

19.3 Für welches Maß ε des Winkels A_nDC besitzt der Rotationskörper ein Volumen von 88π cm³?

19.4 Berechnen Sie den Oberflächeninhalt O der Rotationskörper in Abhängigkeit von ε.

20 Gegeben sind die rechtwinkligen Dreiecke AD_nC_n. Die Winkel D_nAC_n haben das Maß α mit $\alpha \in\;]0°;\; 90°[$. Nebenstehende Skizze zeigt, dass Kreise mit den Mittelpunkten D_n die Radien $|\overline{C_nD_n}|$ haben und die Halbgerade $[AD_n$ im Punkt B schneiden.

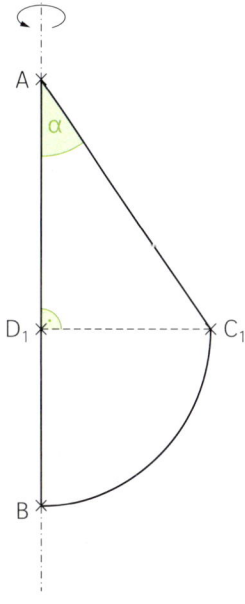

Die Figuren ABC_n werden von den Kreisbögen BC_n sowie den Strecken $\overline{AC_n}$ und $\overline{AB}$ begrenzt.
Es gilt: $|\overline{AB}| = 10$ cm; $\sphericalangle C_nD_nA = 90°$
Rechts ist die Figur für $\alpha = 40°$ dargestellt.

20.1 Berechnen Sie die Länge der Strecke $\overline{C_1D_1}$ für $\alpha = 40°$. Runden Sie auf zwei Stellen nach dem Komma.

20.2 Im Dreieck AD_2C_2 ist der Punkt D_2 der Mittelpunkt der Strecke $\overline{AB}$. Um welches besondere Dreieck handelt es sich? Begründen Sie Ihre Vermutung.

20.3 Zeigen Sie, dass für die Strecken $\overline{BD_n}$ in Abhängigkeit von α gilt:
$$|\overline{BD_n}|(\alpha) = \frac{10\tan\alpha}{1 + \tan\alpha}\ \text{cm}$$

20.4 Die Figuren ABC_n rotieren um die Gerade AB. Bei der Rotation entstehen unter anderem Halbkugeln. Die Halbkugel, die bei der Rotation der Figur ABC_3 entsteht, besitzt ein Volumen von 33 cm³.
Berechnen Sie den Radius $|\overline{C_3D_3}|$ und das dazugehörige Winkelmaß α.
Geben Sie das Ergebnis auf zwei Stellen nach dem Komma gerundet an.

20.5 Bestätigen Sie rechnerisch, dass für die Oberfläche der entstehenden Rotationskörper in Abhängigkeit von α gilt: $O(\alpha) = \dfrac{100\tan^2\alpha}{(1 + \tan\alpha)^2} \cdot \pi \cdot \left(3 + \dfrac{1}{\sin\alpha}\right)\ \text{cm}$

20.6 Zwei der folgenden Aussagen treffen auf die Rotationskörper aus 20.3 zu. Geben Sie diese an.

A Für den Oberflächeninhalt gilt: $O(\alpha) < 4\pi\dfrac{100\tan^2\alpha}{(1 + \tan\alpha)^2}\ \text{cm}^2$

B Für den Oberflächeninhalt gilt: $O(\alpha) > \dfrac{100\tan^2\alpha}{(1 + \tan\alpha)^2}\ \text{cm}^2$

C Es gibt einen Rotationskörper mit einem Oberflächeninhalt von $25\pi(3 + \sqrt{2})\ \text{cm}^2$.

D Die Rotationskörper haben mindestens einen Oberflächeninhalt von $(75 + 25\sqrt{2})\ \text{cm}^2$.

Ausführliche Lösungen sind ab Seite 268 zu finden.

1 Von einer Schafherde hat ein Drittel einen schwarzen Kopf.
Von den „Schwarzkopfschafen" hat ein Fünftel schwarze Beine.
Von den „Nichtschwarzkopfschafen" hat ein Viertel schwarze Beine.
Mit welcher Wahrscheinlichkeit weist ein zufällig ausgewähltes Schaf eines oder zwei der genannten Merkmale auf?

> Strategie: Zur Veranschaulichung ist ein Baumdiagramm meist hilfreich, auch wenn es nicht immer in der Aufgabe verlangt wird.

1.1 Ein Schaf wird zufällig ausgewählt. Skizzieren Sie ein Baumdiagramm, das alle Pfade enthält, so dass die verschiedenen Merkmale der Schafherde ersichtlich sind.

> Von einem Punkt aus werden Pfade gezeichnet. Die Anzahl der Pfade gibt an, wie viele Ergebnisse möglich sind. Für die einzelnen Merkmale werden Abkürzungen festgelegt.

1.2 Geben Sie den Ergebnisraum an.

> Am Ende der Pfade des Baumdiagramms werden alle möglichen Ergebnisse abgelesen. Alle möglichen Ergebnisse werden im Ergebnisraum Ω zusammengefasst.

1.3 Schreiben Sie an die Pfade die zugehörigen Wahrscheinlichkeiten.

> Die Wahrscheinlichkeiten sind durch die relativen Anteile der „Schafmerkmale" in der Herde gegeben.

1.4 Berechnen Sie Wahrscheinlichkeit dafür, dass ein „Schwarzkopfschaf" auch schwarze Beine [keine schwarzen Beine] hat.

1.5 Berechnen Sie die Wahrscheinlichkeit dafür, dass ein Schaf mit hellem Kopf keine schwarzen Beine [schwarze Beine] hat.

> Für die Berechnung der Wahrscheinlichkeiten (1.4 und 1.5) wendest du die Multiplikationsregel an.

1.6 Eine Herde hat 300 Tiere. Berechnen Sie für die möglichen Merkmale „Kopf" und „Beine" die jeweils zu erwartende Anzahl von Schafen.

> Die berechneten Wahrscheinlichkeiten werden auf die Gesamtzahl der Schafe angewandt.

1.7 Berechnen Sie die Wahrscheinlichkeit dafür, dass ein Schaf schwarze Beine hat.

> Für die Berechnung der Wahrscheinlichkeit wendest du die Additionsregel an.

1.8 Wie viele Schafe mit schwarzen Beinen sind zu erwarten?

② Auf dem Albrecht Dürer Airport Nürnberg werden bei Reisen innerhalb des Schengen-raumes stichprobenartig Pass- und Zollkontrollen unabhängig voneinander durch-geführt.
Passkontrollen finden mit einer Wahrscheinlichkeit von 0,20 und Zollkontrollen mit einer Wahrscheinlichkeit von 0,10 statt.

2.1 Zeichnen Sie ein Baumdiagramm für diesen Sachverhalt, in dem die Wahrscheinlich-keiten ersichtlich sind.

2.2 Berechnen Sie die Wahrscheinlichkeit dafür, dass bei einem Fluggast genau eine Kontrolle erfolgt.

2.3 Mit einem Flugzeug kommen 240 Fluggäste an.
Wie viele dieser Fluggäste werden wahrscheinlich sowohl die Pass- als auch die Zollkontrolle durchlaufen?

③ Auf dem Tisch liegen verdeckt sechs Spielkarten.
Darunter befinden sich drei Damen (D), zwei Könige (K) und ein Ass (A).
Paul zieht nacheinander zwei Karten ohne Zurücklegen.

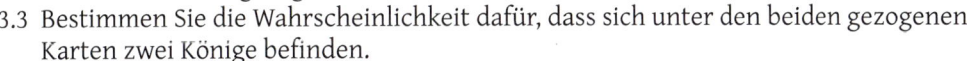

3.1 Stellen Sie die möglichen Ergebnisse in einem Baumdiagramm dar. Beschriften Sie die Pfade mit den zugehörigen Wahrscheinlichkeiten.

3.2 Bestimmen Sie die Wahrscheinlichkeit dafür, dass sich unter den beiden gezogenen Karten ein Ass befindet.

3.3 Bestimmen Sie die Wahrscheinlichkeit dafür, dass sich unter den beiden gezogenen Karten zwei Könige befinden.

3.4 Anna behauptet: Wenn nach dem ersten Ziehen die Karte wieder zurückgelegt wird, ist die Wahrscheinlichkeit größer, zwei Könige zu ziehen. Nehmen Sie zu dieser Be-hauptung Stellung.

④ Von den 30 Schülerinnen und Schülern einer Klasse haben fünf Schüler die Hausaufgaben nicht erledigt. Der Lehrer möchte von Paul und Max die Hausaufgaben bewerten.

4.1 Wie groß ist die Wahrscheinlichkeit dafür, dass beide Schüler die Hausaufgaben haben?

4.2 Wie groß ist die Wahrscheinlichkeit dafür, dass nur ein Schüler die Hausaufgabe erledigt hat?

4.3 Wie groß ist die Wahrscheinlichkeit dafür, dass beide Schüler die Hausaufgabe nicht haben?

⑤ Herr Schwarz liebt das Risiko beim Straßenbahnfahren. Er fährt jedes dritte Mal ohne Fahrkarte. Nach seiner Erfahrung wird er nur jedes zehnte Mal kontrolliert.

5.1 Berechnen Sie die Wahrscheinlichkeit dafür, dass Herr Schwarz mit Fahrkarte [ohne Fahrkarte] kontrolliert wird.

5.2 Berechnen Sie die Wahrscheinlichkeit dafür, dass Herr Schwarz ohne Fahrkarte nicht kontrolliert wird.

5.3 Eine Fahrt kostet 2 €. Bei jeder 30. Fahrt muss Herr Schwarz Strafe zahlen. Wie hoch muss die Strafe mindestens sein, damit sich das Fahren ohne Fahrkarte nicht lohnt? Begründen Sie.

5.4 Nehmen Sie zum Verhalten von Herrn Schwarz Stellung.

6 Von 60 Angestellten einer Firma sind $\frac{2}{5}$ unter 30 Jahre alt. Unter diesen sind $\frac{1}{4}$ über 1,80 m groß. Unter den älteren Angestellten (Ü30) sind $\frac{2}{3}$ nicht größer als 1,80 m.
Es wird vorausgesetzt, dass die Begegnung mit jedem Angestellten gleichwahrscheinlich ist.

6.1 Wie groß ist die Wahrscheinlichkeit dafür, dass Ihnen ein Angestellter mit einem Alter unter 30 Jahren und einer Körpergröße über 1,80 m begegnet?

6.2 Mit welcher Wahrscheinlichkeit begegnet Ihnen beim Betreten der Firma ein Angestellter mit einer Größe über 1,80m?

7 Das Ergebnis einer repräsentativen Befragung von 1200 Jugendlichen zu den Aktivitäten im Internet zur Beschaffung von Informationen ist in folgender Tabelle dargestellt:

Suchmaschinen	1044
Videos bei YouTube	660
Wikipedia u. ä.	396
Nachrichten/aktuelle Infos bei Facebook/Twitter	192
Nachrichtenportale von Zeitungen online	204
Nachrichtenportale von Zeitschriften	144
Nachrichten von Providern wie gmx, web.de, t-online	108
Nachrichtenportale von TV-Sendern	72

(Quelle: JIM 2019)

Von den 1200 Jugendlichen wird zufällig einer ausgewählt.

7.1 Berechnen Sie die Wahrscheinlichkeit dafür, dass dieser Jugendliche Informationen über einen Provider bezieht.

7.2 Berechnen Sie die Wahrscheinlichkeit dafür, dass sich dieser Jugendliche nicht über Wikipedia informiert.

7.3 Würden Sie ähnliche Wahrscheinlichkeiten eher bei einer Befragung in einer Klasse oder in einer Schule oder in Bayern insgesamt vermuten? Begründen Sie.

8 Bei Geburten wird davon ausgegangen, dass die Geburt eines Jungen oder eines Mädchens gleichwahrscheinlich ist. Eine Familie möchte zwei Kinder haben.

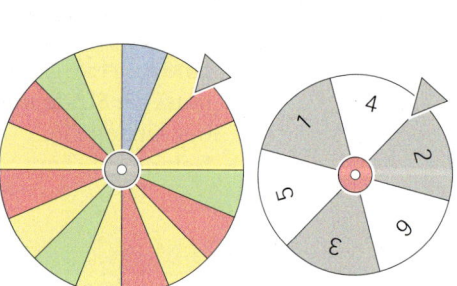

8.1 Bestimmen Sie die Wahrscheinlichkeit dafür, dass beide Kinder Mädchen sind.

8.2 Ermitteln Sie die Wahrscheinlichkeit dafür, dass mindestens ein Junge dabei ist.

8.3 Mit welcher Wahrscheinlichkeit haben beide Geschwister das gleiche Geschlecht?

8.4 Wie groß ist die Wahrscheinlichkeit dafür, dass das erste Kind ein Mädchen ist?

9 Die beiden Glücksräder werden nacheinander gedreht.

9.1 Geben Sie die Anzahl der möglichen Ergebnisse an.

9.2 Berechnen Sie die Wahrscheinlichkeit für folgende Ereignisse:
E_1 = {blau; 3}
E_2 = {grün; gerade Zahl}
E_3 = {rot; Primzahl}
E_4 = {gelb; ungerade Zahl}

Ausführliche Lösungen sind ab Seite 270 zu finden.

(1) Punkte $B_n(x \mid 0{,}5x - 4)$ und Punkte C_n liegen auf der Geraden g mit der Gleichung $y = 0{,}5x - 4$ ($x, y \in \mathbb{R}$). Sie sind für $x > -4{,}25$ zusammen mit dem Punkt $A(0 \mid 0)$ und den Punkten D_n Eckpunkte von Trapezen $AB_nC_nD_n$.

Es gilt: $\sphericalangle B_nAD_n = 45°$; $\left|\overline{AD_n}\right| = \left|\overline{AB_n}\right|$; $\overline{AB_n} \parallel \overline{D_nC_n}$

Runden Sie im Folgenden auf zwei Stellen nach dem Komma.

1.1 Zeichnen Sie die Gerade g für $x \in [-4; 4]$ und die Trapeze $AB_1C_1D_1$ für $x = -3$ und $AB_2C_2D_2$ für $x = 2$ in ein Koordinatensystem.

Für die Zeichnung: Längeneinheit 1 cm; $-4 \le x \le 4$; $-7 \le y \le 1$

> **(1)** Ermittle zunächst die Lage der Punkte D_1 und D_2, indem du nacheinander die Bedingungen $\sphericalangle B_nAD_n = 45°$ und $\left|\overline{AD_n}\right| = \frac{1}{2} \cdot \left|\overline{AB_n}\right|$ berücksichtigst.
>
> **(2)** Zeichne die Punkte C_1 und C_2 mit Hilfe von Parallelen.

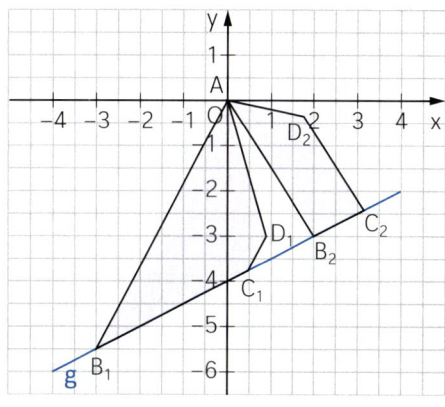

1.2 Im Trapez $AB_3C_3D_3$ gilt: $\sphericalangle C_3B_3A = 90°$. Berechnen Sie den zugehörigen Wert von x.

> **(1)** Das Maß des Innenwinkels C_3B_3A beträgt 90°, wenn der Pfeil $\overrightarrow{AB_3}$ senkrecht zu einem Steigungsvektor $\vec{v}$ der Geraden g steht.
> **(2)** Gib die Koordinaten eines Steigungsvektors $\vec{v}$ der Geraden g an.
> **(3)** Berechne die Koordinaten des Pfeils $\overrightarrow{AB_n}$ in Abhängigkeit von x.
> **(4)** Setze das Skalarprodukt $\overrightarrow{AB_n} \circ \vec{v}$ gleich Null und löse nach x auf.

1.3 Zeigen Sie rechnerisch, dass für die Koordinaten der Punkte D_n in Abhängigkeit von x gilt: $D_n(0{,}18x + 1{,}41 \mid 0{,}53x - 1{,}41)$

> **(1)** Drehe den Pfeil $\overrightarrow{AB_n}$ um 45° auf den Pfeil $\overrightarrow{AB_n'}$: $\overrightarrow{AB_n} \xmapsto{A; \alpha = 45°} \overrightarrow{AB_n'}$
>
> Stelle die Abbildungsgleichung $\overrightarrow{AB_n'} = \begin{pmatrix} \cos\alpha & -\sin\alpha \\ \sin\alpha & \cos\alpha \end{pmatrix} \circ \overrightarrow{AB_n}$ auf und berechne die Koordinaten des Pfeils $\overrightarrow{AB_n'}$
>
> **(2)** Bilde den Pfeil $\overrightarrow{AB_n'}$ durch zentrische Streckung mit dem Zentrum $A(0 \mid 0)$ und dem Streckungsfaktor $k = \frac{1}{2}$ auf den Pfeil $\overrightarrow{AD_n}$ ab: $\overrightarrow{AB_n'} \xmapsto{A; k = 0{,}5} \overrightarrow{AD_n}$
>
> Stelle die Abbildungsgleichung $\overrightarrow{AD_n} = k \cdot \overrightarrow{AB_n'}$ auf und berechne die Koordinaten des Pfeils $\overrightarrow{AD_n}$.

1.4 Berechnen Sie die Gleichung des Trägergraphen t der Punkte D_n und zeichnen Sie diesen in das Koordinatensystem zu Teilaufgabe 1.1 ein.

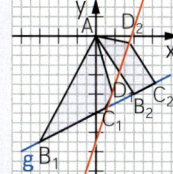

> **(1)** Schreibe die Koordinaten der Punkte D_n als System linearer Gleichungen:
> $$x_{D_n} = 0{,}18x + 1{,}41$$
> $$\wedge \; y_{D_n} = 0{,}53x - 1{,}41$$
>
> **(2)** Wende das Parameterverfahren an. Löse dazu die erste Gleichung nach x auf und setze in die zweite Gleichung ein.
> **(3)** Löse nach y_{D_n} auf und schreibe die Gleichung des Trägergraphen ohne Indizes.
> **(4)** Zeichne den Trägergraphen ein.

2 Die Ursprungsgerade s durch den Punkt C $(-3\,|-2)$ ist gemeinsame Symmetrieachse der Rauten $A_nB_nCD_n$. Die Punkte D_n liegen auf der Geraden g mit $y = 0{,}5x - 3$ $(x, y \in \mathbb{R})$.

2.1 Zeichnen Sie beide Geraden und die Rauten $A_1B_1CD_1$ für $D_1(2\,|\,y_1)$ und $A_2B_2CD_2$ für $D_2(4\,|\,y_2)$ in ein Koordinatensystem. Bestimmen Sie sodann das Intervall von x, für das Rauten $A_nB_nCD_n$ existieren.
Für die Zeichnung: 1 LE $\triangleq$ 1 cm; $-4 \le x \le 8$; $-3 \le y \le 6$

2.2 Zeigen Sie durch Rechnung, dass der Punkt B_1 die Koordinaten $B_1\,(-1{,}1\,|\,2{,}6)$ besitzt.

2.3 Bestimmen Sie das Maß α des Winkels D_1CB_1 durch Rechnung.

2.4 Berechnen Sie die Gleichung des Trägergraphen h der Punkte B_n.
[Zwischenergebnis: $B_n(0{,}84x - 2{,}76\,|\,0{,}73x + 1{,}14)$]

2.5 Prüfen Sie rechnerisch, ob es unter den Rauten $A_nB_nCD_n$ auch ein Quadrat $A_4B_4CD_4$ gibt und berechnen Sie gegebenenfalls die Koordinaten der Punkte B_4, D_4 und A_4.

3 Gegeben sind das Dreieck ABC und die gleichschenklig-rechtwinkligen Dreiecke RS_nT_n.
Es gilt: $A(2\,|-2)$; $B(1\,|\,3)$; $C(-4\,|-1)$; $R(1{,}5\,|\,0{,}5)$; $\sphericalangle S_nRT_n = 90°$; $S_n(x\,|\,y) \in \overline{BC}$; $x, y \in \mathbb{R}$
Die Skizze zeigt das Dreieck RS_0T_0 für $x = -1{,}2$.

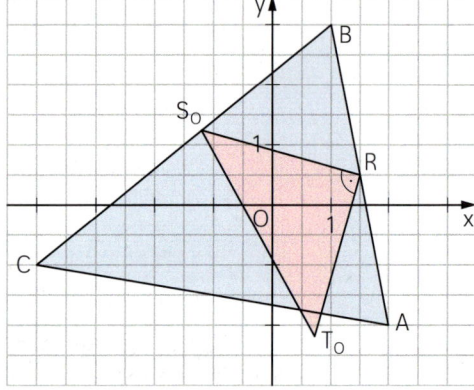

3.1 Zeichnen Sie die gleichschenklig-rechtwinkligen Dreiecke RS_1T_1, RS_2T_2 und RS_3T_3 für $S_1(0{,}5\,|\,y_1)$, $S_2(-1{,}5\,|\,y_2)$ und $S_3(-2{,}5\,|\,y_3)$ in ein Koordinatensystem ein. Für die Zeichnung: $-4 \le x \le 3$; $-4 \le y \le 3$

3.2 Bestimmen Sie die Gleichung des Trägergraphen h der Punkte T_n.
[Ergebnis: h: $y = -1{,}25x - 1{,}25$]

3.3 Es gibt ein Dreieck RS_4T_4, das dem Dreieck ABC einbeschrieben ist. Berechnen Sie die Koordinaten der Eckpunkte.

4 Auf der Geraden g liegen Punkte $P_n(x\,|-6x - 15)$. Der Punkt R ist Eckpunkt von gleichschenkligen Dreiecken P_nQ_nR mit der Symmetrieachse s.
Es gilt: g mit $y = -6x - 15$; s mit $y = 1{,}5x$; $R(4\,|\,6)$; $x, y \in \mathbb{R}$

4.1 Zeichnen Sie die Geraden in ein Koordinatensystem und tragen Sie die Dreiecke P_1Q_1R für $x = -3$ und P_2Q_2R für $x = -3{,}5$ ein.
Für die Zeichnung: 1 LE $\triangleq$ 1 cm; $-5 \le x \le 8$; $-4 \le y \le 7$

4.2 Zeigen Sie sodann durch Rechnung, dass der Punkt Q_1 die Koordinaten $Q_1(3{,}9\,|-1{,}62)$ besitzt.

4.3 Für welche Werte von x existieren Dreiecke P_nQ_nR?

4.4 Bestätigen Sie durch Rechnung, dass sich die Koordinaten der Punkte Q_n in Abhängigkeit von der Abszisse x der Punkte P_n wie folgt darstellen lassen:
$Q_n(-5{,}9x - 13{,}8\,|-1{,}36x - 5{,}7)$

4.5 Berechnen Sie die Gleichung des Trägergraphen t der Punkte Q_n und zeichnen Sie den Trägergraph in das Koordinatensystem zu 4.1 ein.

4.6 Die Punkte Q_3 und Q_4 liegen auf der Seite $\overline{AC}$ bzw. $\overline{BC}$ des Dreiecks ABC mit $A(4\,|-4)$, $B(8\,|-1)$ und $C(5\,|\,3)$. Berechnen Sie die Koordinaten von Q_3 und Q_4.

⑤ Die Punkte $A(-4|2)$ und $C(4|4)$ sind Eckpunkte von Vierecken AB_nCD_n. Die Punkte $B_n(x|0{,}5x)$ liegen auf der Geraden g mit $y = 0{,}5x$. Der Punkt M ist Mittelpunkt der Diagonalen $\overline{AC}$. Er liegt zugleich auf der Diagonalen $\overline{B_nD_n}$ ($x \in \mathbb{R} \wedge x < 12$; $y \in \mathbb{R}$).
Es gilt: $|\overline{B_nD_n}| = 3 \cdot |\overline{B_nM}|$

5.1 Zeichnen Sie die Gerade g und das Viereck AB_1CD_1 für $x = 2$.
Für die Zeichnung: $-12 \leq x \leq 7$; $-1 \leq y \leq 10$; 1 cm $\triangleq$ 2 LE

5.2 Berechnen Sie die Koordinaten der Punkte D_n in Abhängigkeit von der Abszisse x der Punkte B_n. [Ergebnis: $D_n(-2x|-x+9)$]

5.3 Berechnen Sie die Gleichung des Trägergraphen h der Punkte D_n.

5.4 Unter den Vierecken AB_nCD_n ist das Viereck AB_2CD_2 ein Drachenviereck.
Zeigen Sie, dass dies für $x = \frac{2}{3}$ der Fall ist.

5.5 Der Punkt P entsteht durch Achsenspiegelung von C an der Geraden g. Der Punkt B_3 des Vierecks AB_3CD_3 liegt auf der Strecke $\overline{CP}$.
Zeichnen Sie das Viereck AB_3CD_3. Berechnen Sie die Koordinaten von B_3.

5.6 Begründen Sie, dass für die Flächeninhalte der Dreiecke B_nCM und AMD_n folgender Zusammenhang gilt: $A_{\triangle B_nCM} = 0{,}5 \cdot A_{\triangle AMD_n}$

5.7

Für x = 12 existiert kein Viereck AB_nCD_n.

Begründen Sie, dass Matteo Recht hat.

5.8 In den Vierecken AB_4CD_4 und AB_5CD_5 haben die Winkel CB_4A bzw. CB_5A jeweils das Maß 90°. Bestimmen Sie die Koordinaten der Punkte B_4 und B_5.

⑥ Die Gerade s mit $y = x$ ist Symmetrieachse von Rauten $A_nB_nC_nD_n$. Die Diagonalen $\overline{B_nD_n}$ liegen auf der Geraden s. Die Punkte $A_n(x|\log_2(x-1))$ liegen auf dem Graphen der Funktion f mit $y = \log_2(x-1)$ ($x, y \in \mathbb{R}$; $x > 1$). Die Abszisse x der Punkte B_n ist um 1 größer als die Abszisse x der Punkte A_n.

6.1 Zeichnen Sie die Gerade s für $x \in [-3; 11]$ sowie den Graphen zu f für $x \in [1{,}1; 11]$ in ein Koordinatensystem. Zeichnen Sie anschließend die Raute $A_1B_1C_1D_1$ für $x = 2$ und die Raute $A_2B_2C_2D_2$ für $x = 9$.
Für die Zeichnung: $-3 \leq x \leq 11$; $-4 \leq y \leq 11$; 1 cm $\triangleq$ 1 LE

6.2 Die Raute $A_1B_1C_1D_1$ für $x = 2$ hat den gleichen Flächeninhalt wie die Raute $A_3B_3C_3D_3$ für $x = 3$. Begründen Sie.

6.3 Berechnen Sie das Maß α_1 des Winkels $B_1A_1D_1$ in der Raute $A_1B_1C_1D_1$ und das Maß α_2 des Winkels $B_2A_2D_2$ in der Raute $A_2B_2C_2D_2$.
[Ergebnisse: $\alpha_1 = 126{,}87°$; $\alpha_2 = 106{,}26°$]

6.4 Begründen Sie ohne Rechnung, dass es eine Raute $A_4B_4C_4D_4$ gibt, in der das Maß α_4 des Winkels $B_4A_4D_4$ 120° beträgt. Vergleichen Sie für diesen Fall die Länge der Diagonalen $\overline{A_4C_4}$ mit dem Umfang der Raute. Begründen Sie.

6.5 Berechnen Sie die Gleichung des Trägergraphen h der Punkte C_n.

⑦ Die Seiten $\overline{AB_n}$ sind die Basen von gleichschenkligen Dreiecken AB_nC_n. Die Mittelpunkte $M_n(x\,|\,y)$ der Strecken $\overline{AB_n}$ liegen auf der Geraden g.

Es gilt: $A(0\,|\,0)$; $g: y = 3x - 7{,}5$; $|\overline{M_nC_n}| = 2 \cdot |\overline{AM_n}|$; $x, y \in \mathbb{R}$

Nebenstehende Skizze zeigt das Dreieck AB_0C_0 für $M_0(2{,}75\,|\,0{,}75)$.

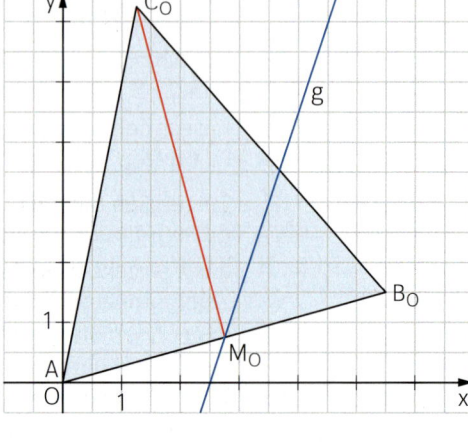

7.1 Zeichnen Sie die Dreiecke AB_1C_1, AB_2C_2 und AB_3C_3 für $M_1(2\,|\,y_1)$, $M_2(2{,}5\,|\,y_2)$ und $M_3(3{,}5\,|\,y_3)$ sowie die Gerade g in ein Koordinatensystem ein. Für die Zeichnung: $-2 \le x \le 8$; $-4 \le y \le 10$

7.2 Ermitteln Sie die Koordinaten der Punkte C_n in Abhängigkeit von der Abszisse x der Punkte M_n und bestimmen Sie die Gleichung des Trägergraphen h der Punkte C_n.

7.3 Für ein Dreieck AB_4C_4 gilt: Das Winkelmaß α zwischen der x-Achse und der Strecke $\overline{AB_4}$ beträgt $26{,}57°$. Berechnen Sie die Koordinaten der Punkte M_4, B_4 und C_4.

7.4 Punkte S_n sind die Schwerpunkte der Dreiecke AB_nC_n. Berechnen Sie die Gleichung des Trägergraphen k der Punkte S_n.

$$\left[\text{Zwischenergebnis: } S_n\left(-x + 5 \,\middle|\, \tfrac{11}{3}x - 7\,5\right)\right]$$

7.5 Gibt es einen Wert für x, sodass im Dreieck AB_5C_5 die Gerade durch die Punkte B_5 und S_5 senkrecht auf der Geraden g steht? Begründen Sie dies rechnerisch.

⑧ Die Pfeile $\overrightarrow{AB_n}$ legen die Katheten der gleichschenklig-rechtwinkligen Dreiecke AB_nC_n fest. Es gilt:

$$A(0\,|\,0); \quad \overrightarrow{AB_n} = \begin{pmatrix} 4\sin\varphi - 2 \\ \frac{1}{\sin\varphi} + 1 \end{pmatrix}; \quad \varphi \in \,]0°; \ 180°[$$

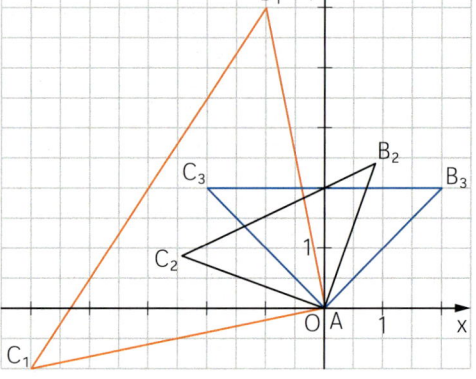

8.1 Berechnen Sie die Koordinaten der Punkte B_1 und C_1 für $\varphi = 15°$.

8.2 Berechnen Sie die Gleichung des Trägergraphen h der Punkte B_n.

8.3 Bestimmen Sie rechnerisch die Gleichung des Trägergraphen t der Eckpunkte C_n.

$$\left[\text{Zwischenergebnis: } C_n\left(-\tfrac{1}{\sin\varphi} - 1 \,\middle|\, 4\sin\varphi - 2\right)\right]$$

8.4 Für welchen Wert von φ hat der Punkt C_4 die Koordinaten $C_4(-\sqrt{2} - 1\,|\,2\sqrt{2} - 2)$?

8.5 Für welches Maß von φ steht die Strecke $\overline{AC_5}$ senkrecht auf der Strecke $\overline{B_1C_1}$?

(9) Der Punkt A und die Punkte B_n sind Eckpunkte von gleichseitigen Dreiecken AB_nC_n. Die Punkte S_n sind die Schnittpunkte der Seitenhalbierenden der Dreiecke AB_nC_n. Die Punkte P_n auf den Geraden AS_n bilden mit den Punkten der Dreiecke Drachenvierecke $AB_nP_nC_n$ mit den Symmetrieachsen AS_n.

Es gilt: $A(0\,|\,0)$; $B_n(x\,|-x+5)$; $B_n \in g$ mit $y = -x + 5$; $|\overline{S_nP_n}| = 1,5 \cdot |\overline{AS_n}|$; $x, y \in \mathbb{R}$

9.1 Zeichnen Sie die Gerade g und die Drachenvierecke $AB_1P_1C_1$ für $x = 0,5$ und $AB_2P_2C_2$ für $x = 3$ in ein Koordinatensystem.
Für die Zeichnung: 1 LE $\triangleq$ 1 cm; $-5 \le x \le 5$; $0 \le y \le 7$

9.2 Ermitteln Sie die Koordinaten der Punkte C_n in Abhängigkeit von der Abszisse x der Punkte B_n und bestimmen Sie den Trägergraphen h der Punkte C_n.
[Teilergebnis: $C_n(1,37x - 4,35\,|\,0,37x + 2,5)$]

9.3 Berechnen Sie die Gleichung des Trägergraphen t der Punkte P_n in Abhängigkeit von der Abszisse x der Punkte B_n.
[Zwischenergebnis: $P_n(1,98x - 3,63\,|-0,53x + 6,25)$]

9.4 Überprüfen Sie rechnerisch, ob im Drachenviereck $AB_0P_0C_0$ mit dem kleinsten Flächeninhalt die Symmetrieachse senkrecht zur Geraden g steht.

(10) Gegeben ist die Funktion f mit der Gleichung $y = \log_3(x + 1) - 1,5$ mit $x, y \in \mathbb{R}$.

10.1 Geben Sie die Definitionsmenge von f und die Gleichung der Asymptoten h an.
Zeichnen Sie dann den Graphen zu f für $x \in [-0,9;\,5]$ in ein Koordinatensystem.
Für die Zeichnung: 1 LE $\triangleq$ 1 cm; $-9 \le x \le 5$; $-8 \le y \le 1$

10.2 Der Punkt $A(-5\,|\,1)$ und die Punkte $C_n(x\,|\,\log_3(x + 1) - 1,5)$ auf dem Graphen zu f bilden zusammen mit den Punkten B_n gleichschenklig-rechtwinklige Dreiecke AB_nC_n mit den Basen $\overline{B_nC_n}$. Zeichnen Sie die Dreiecke AB_1C_1 für $x = -0,5$ und AB_2C_2 für $x = 3$ in das Koordinatensystem zu 10.1 ein.

10.3 Berechnen Sie die Koordinaten der Punkte B_n in Abhängigkeit von der Abszisse x der Punkte C_n. Bestimmen Sie anschließend die Gleichung des Trägergraphen t der Punkte B_n.
[Teilergebnis: $B_n(\log_3(x + 1) - 7,5\,|-x - 4)$]

10.4 Die Kathete $\overline{AB_3}$ verläuft parallel zur y-Achse. Berechnen Sie die Koordinaten des Punktes C_3 auf zwei Stellen nach dem Komma gerundet.

10.5 Der Eckpunkt C_4 liegt auf der y-Achse. Berechnen Sie den Flächeninhalt des Dreiecks AB_4C_4.

(11) Die Punkte $A(0\,|\,0)$ und $B(5\,|-1)$ sind mit den Punkten $C_n(6\cos\alpha + 4,5\,|-3\cos\alpha + 6)$ mit $\alpha \in [0°;\,180°]$ Eckpunkte von Vierecken ABC_nD_n.
Die Winkel D_nC_nB haben stets das Maß 90°. Für die Strecken $\overline{C_nD_n}$ gilt: $|\overline{C_nD_n}| = \frac{1}{2} \cdot |\overline{BC_n}|$
Runden Sie jeweils auf zwei Stellen nach dem Komma.

11.1 Berechnen Sie die Koordinaten der Eckpunkte C_1 für $\alpha = 45°$ und C_2 für $\alpha = 100°$.
Zeichnen Sie sodann die Vierecke ABC_1D_1 und ABC_2D_2 in ein Koordinantensystem.
Für die Zeichnung: 1 LE $\triangleq$ 1 cm; $-2 \le x \le 9$; $-2 \le y \le 8$

11.2 Berechnen Sie die Koordinaten der Eckpunkte D_n in Abhängigkeit von α und geben Sie die Gleichung des Trägergraphen t der Punkte D_n an.
[Teilergebnis: $D_n(7,5\cos\alpha + 1\,|\,5,75)$]

11.3 Bei den Vierecken ABC_3D_3 und ABC_4D_4 sind die Seiten $\overline{AD_3}$ bzw. $\overline{AD_4}$ um 50 % länger als die Seite $\overline{AB}$. Berechnen Sie den zugehörigen Wert für α.

11.4 Das Viereck ABC_5D_5 ist ein Trapez, in dem die Seite $\overline{AD_5}$ parallel zur Seite $\overline{BC_5}$ verläuft. Bestimmen Sie die zugehörigen Koordinaten des Punktes C_5 durch Rechnung.

11.5 Im Viereck ABC_6D_6 stehen $\overline{AB}$ und $\overline{BC_6}$ aufeinander senkrecht. Berechnen Sie den zugehörigen Wert für α.

⑫ Die Strecke $\overline{AD}$ mit $A(5\,|\,2{,}5)$ und $D(-1\,|\,-5{,}5)$ ist die gemeinsame Grundseite von gleichschenkligen Trapezen AB_nC_nD mit den Schenkeln $\overline{AB_n}$ und $\overline{DC_n}$.
Die Eckpunkte $B_n(x\,|\,\frac{1}{2}x+5)$ liegen auf der Geraden g mit der Gleichung $y=\frac{1}{2}x+5$
mit $x,\,y\in\mathbb{R}$ und $x\in\,]-4;\ 11[$.
Runden Sie jeweils auf zwei Stellen nach dem Komma.

12.1 Zeichnen Sie die Gerade g, die Trapeze AB_1C_1D für $x=-0{,}5$ und AB_2C_2D für $x=3$ und die Symmetrieachse s der Trapeze in ein Koordinatensystem.
Für die Zeichnung: $1\,\text{LE} \;\hat{=}\; 1\,\text{cm}$; $-7\le x\le 6$; $-6\le y\le 7$

12.2 Bestimmen Sie durch Rechnung die Koordinaten der Punkte C_n in Abhängigkeit von der Abszisse x der Punkte B_n.
[Ergebnis: $C_n(-0{,}20x-4{,}80\,|\,-1{,}10x-1{,}40)$]

12.3 Ermitteln Sie die Gleichung des Trägergraphen t der Punkte C_n.

12.4 Man erhält nur für $x\in\,]-4;\ 11[$ Trapeze AB_nC_nD. Bestätigen Sie durch Rechnung die obere Intervallgrenze.

12.5 Unter den Trapezen AB_nC_nD gibt es das Trapez AB_3C_3D, dessen Schenkel $\overline{DC_3}$ parallel zur x-Achse liegt.
Bestimmen Sie durch Rechnung die x-Koordinate des Punktes C_3.

12.6 Konstruieren Sie in das Koordinatensystem zu 12.1 das Trapez AB_0C_0D, dessen Diagonalen senkrecht aufeinander stehen.
Berechnen Sie sodann die x-Koordinate des Punktes B_0 des Trapezes AB_0C_0D.

⑬ Die Eckpunkte C_n der Drachenvierecke $AB_nC_nD_n$ liegen auf der Geraden g mit $y=0{,}5x+7{,}5$.
Die Punkte Z_n sind die Diagonalenschnittpunkte, die Geraden AC_n sind die Symmetrieachsen der Drachenvierecke.
Es gilt: $A(0\,|\,0)$; $\sphericalangle B_nAD_n=90°$; $|\overline{AZ_n}|:|\overline{Z_nC_n}|=3:2$
Nebenstehende Skizze zeigt das Drachenviereck $AB_0C_0D_0$ für $x=-1$.

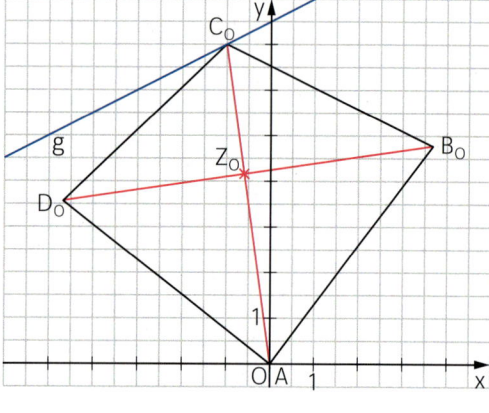

13.1 Zeichnen Sie die Drachenvierecke $AB_1C_1D_1$ für $x=-2$ und $AB_2C_2D_2$ für $x=1$ in ein Koordinatensystem.
Für die Zeichnung: $1\,\text{LE} \;\hat{=}\; 1\,\text{cm}$; $-6\le x\le 6$; $-1\le y\le 9$

13.2 Berechnen Sie die Koordinaten der Punkte Z_n in Abhängigkeit von der Abszisse x der Punkte C_n.
[Ergebnis: $Z_n(0{,}6x\,|\,0{,}3x+4{,}5)$]

13.3 Zeigen Sie, dass gilt: $|\overline{AZ_n}|:|\overline{AB_n}|=1:\sqrt{2}$

13.4 Ermitteln Sie die Gleichung des Trägergraphen t der Punkte B_n.
[Zwischenergebnis:
$B_n(0{,}91x+4{,}53\,|\,-0{,}31x+4{,}53)$]

13.5 Berechnen Sie den Wert für x, für den die Symmetrieachse AC_3 senkrecht zur Geraden g steht.

13.6 Unter den Drachenvierecken $AB_nC_nD_n$ besitzt das Drachenviereck $AB_4C_4D_4$ einen minimalen Flächeninhalt. Berechnen Sie die x-Koordinate des Punktes B_4.
[Zwischenergebnis: $A(x)=(0{,}77x^2+4{,}57x+33{,}98)\,\text{FE}$]

13.7 Der Punkt Z_5 liegt auf der Parabel p mit $y=-\frac{1}{16}x^2+\frac{1}{2}x+4{,}5$.
Berechnen Sie die Koordinaten des Punktes C_5 und das Maß des Winkels $D_5C_5B_5$.

zu Seite 7
Prozent- und
Zinsrechnung,
Kreis

1

	a)	b)	c)
Alter Preis	16,50 €	105,00 €	45,60 €
Preiserhöhung	2 %	6 %	5 %
Neuer Preis	16,83 €	111,30 €	47,88 €

a) $100\% \triangleq 16,50\ €$
$\quad 1\% \triangleq 16,50\ € : 100 = 0,165\ €$
$\quad 102\% \triangleq 0,165\ € \cdot 102 = 16,83\ €$

b) $106\% \triangleq 111,30\ €$
$\quad 1\% \triangleq 111,30\ € : 106 = 1,05\ €$
$\quad 100\% \triangleq 105,00\ €$

c) $45,60\ € \qquad \triangleq 100\%$
$\quad 0,456\ € \qquad \triangleq 1\%$
$\quad 2,28 : 0,456 \triangleq 5\%$

2 a) $108\% \triangleq 594\ €$
$\quad 1\% \triangleq 594\ € : 108 = 5,50\ €$
$\quad 100\% \triangleq 550\ €$
Die Miete wurde um 44 € erhöht.

b) $85\% \triangleq 765\ €$
$\quad 1\% \triangleq 765\ € : 85 = 9\ €$
$\quad 100\% \triangleq 900\ €$
Er hat zuvor 900 € gezahlt.

3 Zinsen im Jahr: $Z = 150\ € \cdot 12 = 1800\ €$

$\quad 200\,000\ € \qquad\qquad \triangleq 100\%$ $\qquad$ oder $\qquad p\% = \dfrac{1800\ €}{200\,000\ €}$

$\quad 200\,000\ € : 100 = 2000\ € \quad \triangleq 1\%$ $\qquad\qquad\quad = 0,0090$
$\quad 1800\ € : 2000\ € = 0,90 \quad \triangleq 0,90\%$ $\qquad\qquad\quad = 0,90\%$
Der Zinssatz beträgt 0,90 %.

4 Ein erwachsener Mann hat ein Gewicht von ca. 80 kg.
Tagesbedarf an Magnesium: $80 \cdot 5\ mg = 400\ mg$
Magnesium in 1,5 l Mineralwasser: $200\ mg \cdot 1,5 = 300\ mg$

Anteil: $\dfrac{300\ mg}{400\ mg} = 0,75 = 75\ \%$

5 a) $r = \dfrac{u}{2\pi} = \dfrac{950\ m}{2\pi}$ $\qquad r = 151,2\ m$ $\qquad A = r^2 \cdot \pi = (151,2\ m)^2 \cdot \pi$ $\qquad A = 7,18\ ha$

b) $r = \sqrt{\dfrac{A}{\pi}} = \sqrt{\dfrac{5000\ m^2}{\pi}}$ $\qquad r = 39,9\ m$ $\qquad u = 2 \cdot r \cdot \pi = 2 \cdot 39,9\ m \cdot \pi$ $\qquad u = 251\ m$

6 $b = \dfrac{60°}{180°} \cdot 3,5\ cm \cdot \pi$ $\qquad\qquad b = 3,7\ cm$

$|\overline{AB}| = r = 3,5\ cm$ $\qquad\qquad$ (Mit $\alpha = 60°$ ist das Dreieck MBA gleichseitig.)

$A_{Sektor} = \dfrac{60°}{360°} \cdot (3,5\ cm)^2 \cdot \pi$ $\qquad A_{Sektor} = 6,4\ cm^2$

$A_{Dreieck} = \dfrac{r^2}{4} \cdot \sqrt{3} = \dfrac{(3,5\ cm)^2}{4} \cdot \sqrt{3}$ $\qquad A_{Dreieck} = 5,3\ cm^2$

$A_{Segment} = 6,4\ cm^2 - 5,3\ cm^2$ $\qquad\qquad A_{Segment} = 1,1\ cm^2$

7 Aufgrund von unterschiedlichen Rundungen können die Ergebnisse geringfügig voneinander abweichen.

	a)	b)	c)	d)
r	4,0 cm	37 mm	37,3 m	6 km
α	90°	144°	57°	60°
b	6,3 cm	93 mm	37,1 m	2π km
A_{Sektor}	12,6 cm²	1720 mm²	692 m²	6π km²
$A_{Segment}$	4,6 cm²	–	–	3,26 km²

zu Seite 8
Gleichungen,
Ungleichungen,
Binomische
Formeln,
Quadratische
Ergänzung

1

	a)	b)	c)	d)	e)	f)
$G = \mathbb{Q}$	$L = \{-8\}$	$L = \left\{\frac{1}{4}\right\}$	$L = \{1\}$	$L = \{21\}$	$L = \left\{\frac{6}{11}\right\}$	$L = \left\{\frac{13}{14}\right\}$
$G = \mathbb{Z}$	$L = \{-8\}$	$L = \{\}$	$L = \{1\}$	$L = \{21\}$	$L = \{\}$	$L = \{\}$
$G = \mathbb{N}$	$L = \{\}$	$L = \{\}$	$L = \{1\}$	$L = \{21\}$	$L = \{\}$	$L = \{\}$

2 a) $4x - (3x + 11) < -35 + 8 \cdot (5x - 3,5) + 13x \quad (G = \mathbb{N})$
$\qquad 4x - 3x - 11 = -35 + 40x - 28 + 13x$
$\qquad\qquad x - 11 = 53x - 63 \qquad\quad | - x$
$\qquad\qquad -11 = 52x - 63 \qquad\quad | + 63$
$\qquad\qquad\quad 52 = 52x \qquad\qquad\quad\ | : 52$
$\qquad\qquad\quad\ 1 = x$

b) $(3x - 2)(4x + 7) < (7 + 6x)(2x - 1) \qquad (G = \mathbb{Q})$
$\quad 12x^2 - 8x + 21x - 14 = 14x - 7 + 12x^2 - 6x \quad | - 12x^2$
$\qquad\qquad 13x - 14 = 8x - 7 \qquad\qquad\qquad\quad | - 8x$
$\qquad\qquad\quad 5x - 14 = -7 \qquad\qquad\qquad\qquad | + 14$
$\qquad\qquad\qquad\ 5x = 7 \qquad\qquad\qquad\qquad\quad | : 5$
$\qquad\qquad\qquad\quad x = 1,4$

$x = 0$ $\qquad$ $x = 1$ $\qquad$ $x = 2$ $\qquad\qquad$ $x = 1$ $\qquad$ $x = 1{,}4$ $\qquad$ $x = 2$

$-11 < -63$ (f) $\quad$ $-10 < -10$ (f) $\quad$ $-9 < 43$ (w) $\qquad$ $11 < 13$ (w) $\quad$ $27{,}72 < 27{,}72$ (f) $\quad$ $60 < 57$ (f)

$L = \{2;\ 3;\ 4;\ ...\}$ oder $L = \{x \mid x > 1\}$ $\qquad\qquad$ $L = \,]-\infty;\ 1{,}4[$ oder $L = \{x \mid x < 1{,}4\}$

c) $(x - 2)^2 \leq (x + 5)(x - 5)$ $\quad (G = \mathbb{Q})$

$\begin{aligned}
x^2 - 4x + 4 &= x^2 - 25 &&| - x^2 \\
-4x + 4 &= -25 &&| - 4 \\
-4x &= -29 &&| : (-4) \\
x &= 7{,}25
\end{aligned}$

$x = 7$ $\qquad$ $x = 7{,}25$ $\qquad$ $x = 8$

$25 \leq 24$ (f) $\quad$ $27{,}5625 \leq 27{,}5625$ (w) $\quad$ $36 \leq 39$ (w)

$L = [7{,}25;\ \infty[$ oder $L = \{x \mid x \geq 7{,}25\}$

d) $(-2 - 8) \cdot x - (6x)^2 \geq (4x + 5) \cdot (7 - 9x)$ $\quad (G = \mathbb{Z})$

$\begin{aligned}
-10x - 36x^2 &= 28x + 35 - 36x^2 - 45x &&| + 36x^2 \\
-10x &= -17x + 35 &&| + 17x \\
7x &= 35 &&| : 7 \\
x &= 5
\end{aligned}$

$x = 4$ $\qquad$ $x = 5$ $\qquad$ $x = 6$

$-616 \geq -609$ (f) $\quad$ $-950 \geq -950$ (w) $\quad$ $-1356 \geq -1363$ (w)

$L = \{5;\ 6;\ 7;\ ...\}$ oder $L = \{x \mid x \geq 5\}$

3 altes Rechteck $\qquad$ neues Rechteck

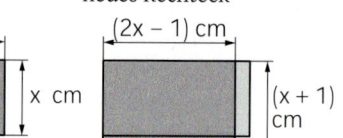

$2x$ cm $\qquad\qquad$ $(2x - 1)$ cm

x cm $\qquad\qquad$ $(x + 1)$ cm

$A_{alt} = 2x \cdot x$ cm$^2 = 2x^2$ cm^2

$A_{neu} = (2x - 1) \cdot (x + 1)$ cm$^2 = (2x^2 + x - 1)$ cm^2

$\begin{aligned}
A_{alt} + 2 &= A_{neu} \\
2x^2 + 2 &= 2x^2 + x - 1 &&| - 2x^2 \quad | + 1 \\
3 &= x
\end{aligned}$

A: Die Seitenlängen des alten Rechtecks betragen 3 cm und 6 cm, die des neuen Rechtecks 4 cm und 5 cm.

4 a) $a^2 - 16$ $\qquad$ b) $64 + 16x + x^2$ $\qquad$ c) $121 - 22y + y^2$ $\qquad$ d) $16m^2 + 40m + 25$

e) $64g^2 - 16h^2$ $\qquad$ f) $169x^2 - 13xy + 0{,}25y^2$ $\qquad$ g) $(11m^2 + 9v)(11m^2 - 9v)$ $\qquad$ h) $(0{,}5x - y)^2$

5 a) $(3 + 2x)^2 = 9 + 12x + 4x^2$ $\qquad\qquad$ b) $(4x - 5y)^2 = 16x^2 - 40xy + 25y^2$

c) $(x + 15)(x - 15) = x^2 - 225$ $\qquad\qquad$ d) $(5r + 8t)^2 = 25r^2 + 80rt + 64t^2$

6 a) $T_{min} = -13$ für $x = 0$ $\quad$ b) $T_{min} = 0$ für $x = -1$ $\quad$ c) $T_{max} = 4$ für $x = -3$ $\quad$ d) $T_{max} = 0$ für $x = 0$

e) $T_{min} = 3$ für $x = 4$ $\quad$ f) $T_{max} = 17{,}4$ für $x = -2$ $\quad$ g) $T_{max} = 0$ für $x = -0{,}2$ $\quad$ h) $T_{max} = 1$ für $x = 10$

7 a) $T(x) = (x + 2)^2 - 3$; $T_{min} = -3$ für $x = -2$ $\qquad$ b) $T(x) = 3(x - 1)^2 + 5$; $T_{min} = 5$ für $x = 1$

c) $T(x) = -2(x - 1{,}5)^2 - 5{,}5$; $T_{max} = -5{,}5$ für $x = 1{,}5$ $\qquad$ d) $T(x) = 4(x - 3{,}5)^2 + 1$; $T_{min} = 1$ für $x = 3{,}5$

e) $T(x) = 18\left(x - \frac{5}{6}\right)^2 + 5{,}5$; $T_{min} = 5{,}5$ für $x = \frac{5}{6}$ $\qquad$ f) $T(x) = -3(x + 0{,}2)^2 - 2{,}88$; $T_{max} = -2{,}88$ für $x = -0{,}2$

8 a) $V(x) = (5 + 2x)$ cm $\cdot (5 - x)$ cm $\cdot 5$ cm $\qquad\qquad$ $V(x) = (-10x^2 + 25x + 125)$ cm^3

b) $V(x) = [-10 \cdot (x - 1{,}25)^2 + 140{,}625]$ cm^3 $\qquad\qquad$ $V_{max} = 140{,}63$ cm^3 für $x = 1{,}25$

zu Seite 9
Reelle Zahlen,
Bruchgleichungen

1 a) $\frac{13}{4x - 7} = -\frac{1}{3}$; $\qquad D = \mathbb{Q}\backslash\{1\frac{3}{4}\}$

$\begin{aligned}
-13 \cdot 3 &= 4x - 7 \\
-39 &= 4x - 7 &&| + 7 \\
-32 &= 4x &&| : 4 \\
-8 &= x
\end{aligned}$

$L = \{-8\}$

b) $\frac{-6}{8 - x} = \frac{4}{x - 2}$; $\qquad D = \mathbb{Q}\backslash\{2;\ 8\}$

$\begin{aligned}
-6 \cdot (x - 2) &= 4 \cdot (8 - x) \\
-6x + 12 &= 32 - 4x &&| + 6x \\
12 &= 32 + 2x &&| - 32 \\
-20 &= 2x &&| : 2 \\
-10 &= x
\end{aligned}$

$L = \{-10\}$

c) $\frac{2x - 5}{3 + 4x} = 1$; $\qquad D = \mathbb{Q}\backslash\{-0{,}75\}$

$\begin{aligned}
2x - 5 &= 3 + 4x &&| - 2x \\
-5 &= 3 + 2x &&| - 3 \\
-8 &= 2x &&| : 2 \\
-4 &= x
\end{aligned}$

$L = \{-4\}$

d) $\frac{2}{5(3x - 2)} = \frac{1}{10}$; $\qquad D = \mathbb{Q}\backslash\{\frac{2}{3}\}$

$\begin{aligned}
2 \cdot 10 &= 5 \cdot (3x - 2) \\
20 &= 15x - 10 &&| + 10 \\
30 &= 15x &&| : 15 \\
2 &= x
\end{aligned}$

$L = \{2\}$

e) $\frac{x + 1}{x - 2} = \frac{x + 2}{x}$; $\qquad D = \mathbb{Q}\backslash\{0;\ 2\}$

$\begin{aligned}
x \cdot (x + 1) &= (x - 2)(x + 2) \\
x^2 + x &= x^2 - 4 &&| - x^2 \\
x &= -4
\end{aligned}$

$L = \{-4\}$

f) $\frac{x - 1}{2x + 3} = \frac{2x - 3}{4x + 5}$; $\qquad D = \mathbb{Q}\backslash\{-1{,}5;\ -1{,}25\}$

$\begin{aligned}
(x - 1)(4x + 5) &= (2x + 3)(2x - 3) \\
4x^2 + 5x - 4x - 5 &= 4x^2 - 9 &&| - 4x^2 \\
x - 5 &= -9 &&| + 5 \\
x &= -4
\end{aligned}$

$L = \{-4\}$

2 Anzahl der Jungen im Verein: x;   G = $\mathbb{N}$
Anzahl der Mädchen im Verein: 126 − x

$$\frac{x}{126 - x} = \frac{2}{7}; \qquad\qquad D = \mathbb{N} \setminus \{126\}$$

$$
\begin{aligned}
7x &= 252 - 2x &&| + 2x \\
9x &= 252 &&| : 9 \\
x &= 28 \\
L &= \{28\}
\end{aligned}
$$

Im Verein turnen 28 Jungen.

3 Zahl: x;   G = $\mathbb{R}$
das Doppelte dieser Zahl: 2x

$$\frac{5 + x}{9 - 2x} = \frac{23 + x}{11 - 2x}; \qquad\qquad D = \mathbb{R} \setminus \{4{,}5; 5{,}5\}$$

$$
\begin{aligned}
55 - 10x + 11x - 2x^2 &= 207 + 9x - 46x - 2x^2 &&| + 2x^2 \\
55 + x &= 207 - 37x &&| - 55 \quad | + 37x \\
38x &= 152 &&| : 38 \\
x &= 4 \\
L &= \{4\}
\end{aligned}
$$

4 a) $L = \{-2{,}5; 2{,}5\}$
   $L = \{-\sqrt{62{,}5}; \sqrt{62{,}5}\}$
   $L = \{\,\}$, da man aus der negativen Zahl − 6,25 keine Wurzel ziehen kann.
   $L = \{-0{,}25; 0{,}25\}$
   b) $L = \{-3; 3\}$
   $L = \{\,\}$, da man aus der negativen Zahl − 5 keine Wurzel ziehen kann.
   $L = \{-\sqrt{5}; \sqrt{5}\}$
   $L = \{\,\}$, da man aus der negativen Zahl − 9 keine Wurzel ziehen kann.

5 $3 < \sqrt{15} < 4$, da $3^2 = 9 < 15 < 16 = 4^2$; $\sqrt{15}$ liegt näher an 4, da 15 näher an 16 liegt
   $5 < \sqrt{32} < 6$, da $5^2 = 25 < 32 < 36 = 6^2$; $\sqrt{32}$ liegt näher an 6, da 32 näher an 36 liegt
   $6 < \sqrt{48} < 7$, da $6^2 = 36 < 48 < 49 = 7^2$; $\sqrt{48}$ liegt näher an 7, da 48 näher an 49 liegt
   $7 < \sqrt{54} < 8$, da $7^2 = 49 < 54 < 64 = 8^2$; $\sqrt{54}$ liegt näher an 7, da 54 näher an 49 liegt
   $8 < \sqrt{79} < 9$, da $8^2 = 64 < 79 < 81 = 9^2$; $\sqrt{79}$ liegt näher an 9, da 79 näher an 81 liegt
   $9 < \sqrt{86} < 10$, da $9^2 = 81 < 86 < 100 = 10^2$; $\sqrt{86}$ liegt näher an 9, da 86 näher an 81 liegt

6 a) Der Wert des Terms (2) ist keine irrationale Zahl, da alle drei Radikanden Quadratzahlen sind.
   b) (1) $5\sqrt{3} - 2\sqrt{2} = 5{,}83$
   (2) $\sqrt{36} : \sqrt{9} : \sqrt{4} = 1$
   (3) $(\sqrt{3} + \sqrt{5} - \sqrt{7}) \cdot (\sqrt{3} - \sqrt{5} + \sqrt{7}) = 2{,}83$

7 a) $\sqrt{56} = \sqrt{4 \cdot 14} = 2\sqrt{14}$
   c) $\sqrt{392} = \sqrt{4 \cdot 49 \cdot 2} = 14\sqrt{2}$
   e) $\sqrt{25ax^3} = \sqrt{25x^2 \cdot ax} = 5x\sqrt{ax}$
   b) $\sqrt{360} = \sqrt{36 \cdot 10} = 6\sqrt{10}$
   d) $\sqrt{98a^2} = \sqrt{49 \cdot 2 \cdot a^2} = 7a\sqrt{2}$
   f) $\sqrt{72a^2x^5} = \sqrt{36 \cdot 2 \cdot a^2 \cdot x^4 \cdot x} = 6ax^2\sqrt{2x}$

8 a) $2\sqrt{13} - 5\sqrt{13} + 6\sqrt{13} = 3\sqrt{13}$
   $2\sqrt{13} - 5\sqrt{3} + 6\sqrt{13} = 8\sqrt{13} - 5\sqrt{3}$
   $2\sqrt{3} - 5\sqrt{3} + 6\sqrt{13} = -3\sqrt{3} + 6\sqrt{13}$
   $2\sqrt{3} - 5\sqrt{13} + 6$ kann man nicht vereinfachen
   b) $\sqrt{34} \cdot \sqrt{2} \cdot \sqrt{17} = \sqrt{34} \cdot \sqrt{34} = 34$
   $3\sqrt{4} \cdot 2 \cdot 7\sqrt{1} = 84$
   $4\sqrt{3} \cdot \sqrt{2} \cdot \sqrt{7} = 4\sqrt{42}$
   $4\sqrt{3} \cdot 2 \cdot \sqrt{17} = 8\sqrt{51}$

9 a) $T_1(x) = \sqrt{x} \cdot \sqrt{x} + 1 = x + 1$; $T_3(x) = \sqrt{x + 1} \cdot \sqrt{x + 1} = x + 1 = T_1(x)$; $T_2(x) = x \cdot \sqrt{x} + 1$
   Für $x \geq 1$ gilt: $x \cdot \sqrt{x} \geq x$
   z. B. $x = 4$ $4 \cdot \sqrt{4} \geq 4$ Es folgt: $T_2(x) \geq T_1(x)$ und $T_2(x) \geq T_3(x)$
   b) Für $0 < x < 1$ gilt: $x \cdot \sqrt{x} \leq x$
   z. B. $x = 0{,}04$ $0{,}04 \cdot \sqrt{0{,}04} = 0{,}04 \cdot 0{,}2 \leq 0{,}04$ Es folgt: $T_2(x) \leq T_1(x)$ und $T_2(x) \leq T_3(x)$

10 a) $\frac{6}{\sqrt{5}} = \frac{6 \cdot \sqrt{5}}{\sqrt{5} \cdot \sqrt{5}} = \frac{6 \cdot \sqrt{5}}{5} = \frac{6}{5}\sqrt{5}$
   b) $\sqrt{\frac{8}{13}} = \frac{\sqrt{8}}{\sqrt{13}} = \frac{\sqrt{8} \cdot \sqrt{13}}{\sqrt{13} \cdot \sqrt{13}} = \frac{2\sqrt{26}}{13} = \frac{2}{13}\sqrt{26}$

   c) $\frac{a}{\sqrt{7}} = \frac{a \cdot \sqrt{7}}{\sqrt{7} \cdot \sqrt{7}} = \frac{a}{7}\sqrt{7}$
   d) $\frac{45}{3\sqrt{5x}} = \frac{45\sqrt{5x}}{3\sqrt{5x} \cdot \sqrt{5x}} = \frac{45\sqrt{5x}}{15x} = \frac{3}{x}\sqrt{5x}; D = \mathbb{R}^+$

   e) $\frac{8b}{2\sqrt{12b}} = \frac{8b \cdot \sqrt{12b}}{2\sqrt{12b} \cdot \sqrt{12b}} = \frac{4b \cdot 2\sqrt{3b}}{12b} = \frac{2}{3}\sqrt{3b}; D = \mathbb{R}^+$

1 a) $\Omega = \{6; 8; 10; 12; 12; 14; 15; 16; 18; 20; 21; 24; 24; 28; 30; 32; 35; 40; 42; 48; 56\}$

b) $E_1 = \{6; 8; 10; 12; 12; 14; 16; 18; 20; 24; 24; 28; 30; 32; 40; 42; 48; 56\}$

$\overline{E}_1 = \{15; 21; 35\}$

$E_2 = \{32; 35; 40; 42; 48; 56\}$

$\overline{E}_3 = \{6; 8; 10; 12; 12; 14; 15; 16; 18; 20; 21; 24; 24; 28; 30\}$

$E_3 = \{12; 12; 14; 15; 16; 18; 20; 21; 24; 24\}$

$E_3 = \{6; 8; 10; 28; 30; 32; 35; 40; 42; 48; 56\}$

c) $P(E_1) = \frac{18}{21} = \frac{6}{7}$; $P(\overline{E}_1) = \frac{3}{21} = \frac{1}{7}$

$P(E_2) = \frac{6}{21} = \frac{2}{7}$; $P(\overline{E}_2) = \frac{15}{21} = \frac{5}{7}$

$P(E_3) = \frac{10}{21}$; $P(\overline{E}_3) = \frac{11}{21}$

2 a) Bei der Überprüfung sind 215 Lastwagen in Ordnung.

b) Mehr als 4 Schüler kommen nicht regelmäßig zu Fuß in die Schule.

c) Bei der letzten Stegreifaufgabe gab es keine Eins.

3 Der 12-seitige Würfel ist für Laplace-Experimente geeignet.
Begründung: Jedes Ergebnis ist gleichwahrscheinlich.

4 a) Würfel: $P(3) = \frac{1}{6}$; $P(\text{kleiner } 7) = 1$; $P(\text{ungerade Zahl}) = \frac{1}{2}$

Oktaeder: $P(3) = \frac{1}{8}$; $P(\text{kleiner } 7) = \frac{6}{8} = \frac{3}{4}$; $P(\text{ungerade Zahl}) = \frac{1}{2}$

b) Würfel: $P(8) = 0$
Oktaeder: $P(8) = \frac{1}{8}$

c) Würfel: $P(\text{kleiner gleich } 8) = 1$
Oktaeder: $P(\text{kleiner gleich } 8) = 1$

5

6 (1) Ziehen einer beliebigen Spielkarte aus einem Kartenspiel mit 32 Karten.

$P(\text{rotes Ass}) = \frac{1}{32}$

(2) Werfen einer Münze

$P(\text{Wappen}) = \frac{1}{2}$

(3) Befragen einer zufällig ausgewählten Person nach dem Wochentag ihrer Geburt.

$P(\text{Mittwoch}) = \frac{1}{7}$

1 **B** 5 cm   **C** 9 cm   **D** 90 cm

2 Nein, da der größeren Seite der größere Winkel gegenüberliegen muss.
Es müsste gelten: $\alpha > 92°$ Das ist wegen der Innenwinkelsumme von 180° nicht möglich.

3 a) $\gamma_1 = 80°, \beta_2 = 80°$ $\triangle A_1B_1C_1$ nicht kongruent zu $\triangle A_2B_2C_2$ (nach WSW)

b) $\triangle A_1B_1C_1$ nicht kongruent zu $\triangle A_2B_2C_2$ (nach SSW_g)

4 a) $\beta = 180° - (40° + 80°) = 60°$
Lösung eindeutig nach WSW

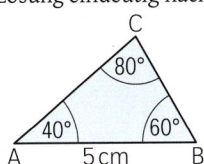

b) Lösung eindeutig nach SSW_g

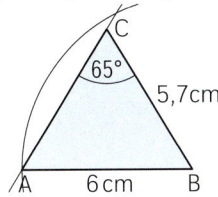

c) Lösung nicht eindeutig, da der gegebene Winkel nicht der größeren der gegebenen Seiten gegenüberliegt.

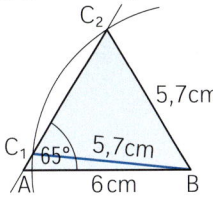

5 a) (1) gleichschenkliges Dreieck
    (2) rechtwinkliges Dreieck

b) (1) $b = a$; $\gamma = 180° - 2\alpha$
    (2) $b > a$ und $b > c$; $\gamma = 90° - \alpha$

c) $A = 0.5 \cdot 5.00\text{ cm} \cdot 3.515\text{ cm} = 8.7875\text{ cm}^2$
    (2) $a^2 + c^2 = b^2$
$8.7875\text{ cm}^2 = 0.5 \cdot 4.625\text{ cm} \cdot c$; $c = 3.80\text{ cm}$

d) $A = 0.5 \cdot 5.20\text{ cm} \cdot 3.90\text{ cm} = 10.14\text{ cm}^2$
$b^2 = (3.90\text{ cm})^2 + (5.20\text{ cm})^2$
$b = 6.50\text{ cm}$
$10.14\text{ cm}^2 = 0.5 \cdot 6.50\text{ cm} \cdot h_b$; $h_b = 3.12\text{ cm}$

6 $A(x) = 0.5 \cdot 4 \cdot 5x\text{ cm}^2 - 0.5 \cdot 1.5x \cdot x\text{ cm}^2$
$A(x) = (-0.75x^2 + 10x)\text{ cm}^2$

---

zu Seite 12
Vierecke

1 (1) Drachenviereck
    (2) Raute; Quadrat
(3) Trapez
    (4) Parallelogramm; Raute; Rechteck; Quadrat
(5) Quadrat

2 a) $D_2(2\,|\,0)$
   b) $D_3(4\,|\,0)$
   c) $D_4(3\,|\,-2)$
   d) $A_{ABCD} = A_{\triangle CD_1A} + A_{\triangle CAB}$
$A_{ABCD} = 0.5 \cdot 4\text{ LE} \cdot 1\text{ LE} + 0.5 \cdot 4\text{ LE} \cdot 2\text{ LE}$
$A_{ABCD} = 6\text{ FE}$

3 a) $14\text{ cm} = 2 \cdot 4\text{ cm} + 2 \cdot b$; $b = 3\text{ cm}$; $A = 4\text{ cm} \cdot 3\text{ cm} = 12\text{ cm}^2$
b) $6\text{ cm} = 4 \cdot a$; $a = 1.5\text{ cm}$; $A = (1.5\text{ cm})^2 = 2.25\text{ cm}^2$
   c) $A = 6\text{ cm} \cdot 5\text{ cm} = 30\text{ cm}^2$
d) $A = 0.5 \cdot 3\text{ cm} \cdot 6.4\text{ cm} = 9.6\text{ cm}^2$
   e) $A = 0.5 \cdot (5.6\text{ cm} + 3.4\text{ cm}) \cdot 3\text{ cm} = 13.5\text{ cm}^2$

4 Im Dreieck BCE gilt: $0.5 \cdot 4\text{ cm} \cdot |\overline{BE}| = 14\text{ cm}^2$
$|\overline{BE}| = 7\text{ cm}$

Im Trapez ABCD gilt: $0.5 \cdot (10.5\text{ cm} + |\overline{AB}|) \cdot 7\text{ cm} = 49\text{ cm}^2$
$10.5\text{ cm} + |\overline{AB}| = 14\text{ cm}$
$|\overline{AB}| = 3.5\text{ cm}$

---

zu Seite 13
Flächen im Koordinatensystem

1 a)

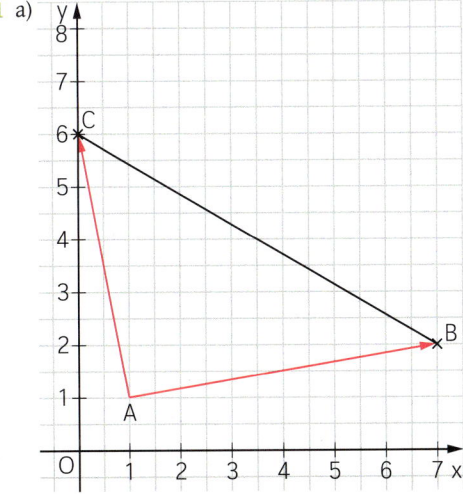

b)

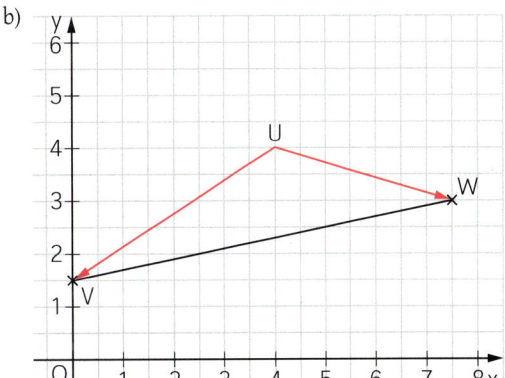

$$A = \frac{1}{2} \cdot \begin{vmatrix} 6 & -1 \\ 1 & 5 \end{vmatrix} FE$$
$$= \frac{1}{2} \cdot (6 \cdot 5 - 1 \cdot (-1)) FE$$
$$= 15{,}5 \ FE$$

$$A = \frac{1}{2} \cdot \begin{vmatrix} -4 & 3{,}5 \\ -2{,}5 & -1 \end{vmatrix} FE$$
$$= \frac{1}{2} \cdot ((-4) \cdot (-1) - (-2{,}5) \cdot 3{,}5)) FE$$
$$= 6{,}375 \ FE$$

2 a)

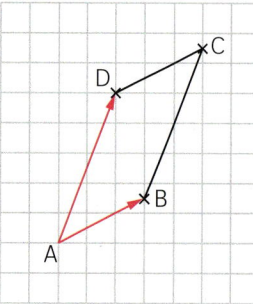

$$A = \begin{vmatrix} 3 & 2 \\ 1{,}5 & 5 \end{vmatrix} FE = (3 \cdot 5 - 1{,}5 \cdot 2) \ FE = 12 \ FE$$

$$\overrightarrow{OB} = \overrightarrow{AB} = \begin{pmatrix} 3 \\ 1{,}5 \end{pmatrix}$$

Eckpunkt B (3 | 1,5)

$$\overrightarrow{OD} = \overrightarrow{AD} = \begin{pmatrix} 2 \\ 5 \end{pmatrix}$$

Eckpunkt D (2 | 5)

$$\overrightarrow{OC} = \overrightarrow{OB} \oplus \overrightarrow{AD}$$

$$OC = \begin{pmatrix} 3 \\ 1{,}5 \end{pmatrix} \oplus \begin{pmatrix} 2 \\ 5 \end{pmatrix} = \begin{pmatrix} 5 \\ 6{,}5 \end{pmatrix}$$

Eckpunkt C (5 | 6,5)

b)

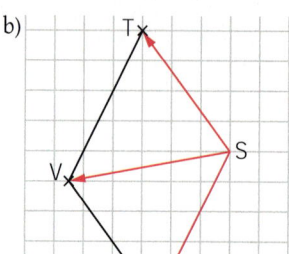

$$A = \begin{vmatrix} -3 & -5{,}5 \\ 4 & -1 \end{vmatrix} FE = (-3 \cdot (-1) - 4 \cdot (-5{,}5)) \ FE = 25 \ FE$$

$$\overrightarrow{OT} = \overrightarrow{OS} \oplus \overrightarrow{ST}$$

$$OT = \begin{pmatrix} 2 \\ -1 \end{pmatrix} \oplus \begin{pmatrix} -3 \\ 4 \end{pmatrix} = \begin{pmatrix} -1 \\ 3 \end{pmatrix}$$

Eckpunkt T (−1 | 3)

$$\overrightarrow{OV} = \overrightarrow{OS} \oplus \overrightarrow{SV}$$

$$OV = \begin{pmatrix} 2 \\ -1 \end{pmatrix} \oplus \begin{pmatrix} -5{,}5 \\ -1 \end{pmatrix} = \begin{pmatrix} -3{,}5 \\ -2 \end{pmatrix}$$

Eckpunkt V (−3,5 | −2)

$$\overrightarrow{OU} = \overrightarrow{OS} \oplus \overrightarrow{TV}$$

$$\overrightarrow{OU} = \begin{pmatrix} 2 \\ -1 \end{pmatrix} \oplus \begin{pmatrix} -3{,}5 + 1 \\ -2 - 3 \end{pmatrix}$$

$$\overrightarrow{OU} = \begin{pmatrix} -0{,}5 \\ -6 \end{pmatrix}$$

Eckpunkt U (−0,5 | −6)

3 a)

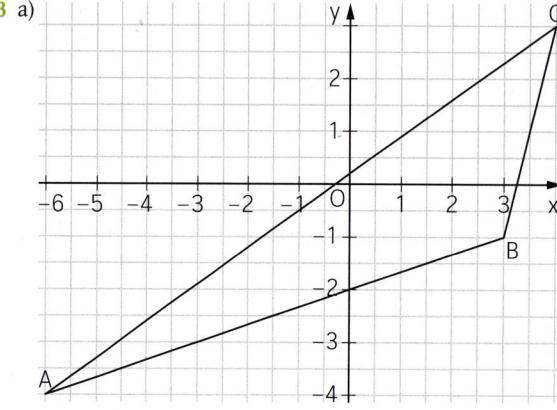

$$\overrightarrow{AB} = \begin{pmatrix} 3 - (-6) \\ -1 - (-4) \end{pmatrix} = \begin{pmatrix} 9 \\ 3 \end{pmatrix}$$

$$\overrightarrow{AC} = \begin{pmatrix} 4 - (-6) \\ 3 - (-4) \end{pmatrix} = \begin{pmatrix} 10 \\ 7 \end{pmatrix}$$

$$A = \frac{1}{2} \cdot \begin{vmatrix} 9 & 10 \\ 3 & 7 \end{vmatrix} FE = \frac{1}{2} \cdot (9 \cdot 7 - 3 \cdot 10) \ FE = 16{,}5 \ FE$$

b)

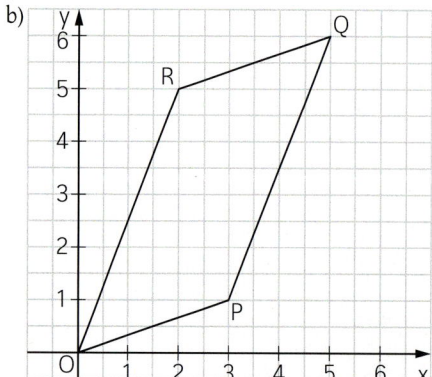

$$\overrightarrow{RQ} = \begin{pmatrix} 5 - 2 \\ 6 - 5 \end{pmatrix} = \begin{pmatrix} 3 \\ 1 \end{pmatrix} = \overrightarrow{OP}, \text{ daher ist das Viereck ein Parallelogramm.}$$

$$\overrightarrow{OP} = \begin{pmatrix} 3 \\ 1 \end{pmatrix}$$

$$\overrightarrow{OR} = \begin{pmatrix} 2 \\ 5 \end{pmatrix}$$

$$A = \begin{vmatrix} 3 & 2 \\ 1 & 5 \end{vmatrix} FE = (3 \cdot 5 - 1 \cdot 2) \ FE = 13 \ FE$$

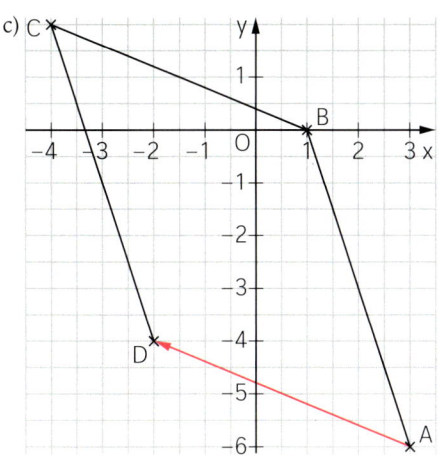

c)

$\overrightarrow{BC} = \begin{pmatrix} -4-1 \\ 2-0 \end{pmatrix} = \begin{pmatrix} -5 \\ 2 \end{pmatrix} = \overrightarrow{AD}$, daher ist das
Viereck ABCD ein Parallelogramm.

$\overrightarrow{AB} = \begin{pmatrix} 1-3 \\ 0-(-6) \end{pmatrix} = \begin{pmatrix} -2 \\ 6 \end{pmatrix}$

$\overrightarrow{AD} = \begin{pmatrix} -5 \\ 2 \end{pmatrix}$

$A = \begin{vmatrix} -2 & -5 \\ 6 & 2 \end{vmatrix} FE = ((-2) \cdot 2 - 6 \cdot (-5)) FE = 26 \text{ FE}$

4 a) $\overrightarrow{OD} = \overrightarrow{OA} \oplus \overrightarrow{BC}$

$\overrightarrow{OD} = \begin{pmatrix} -3,5 \\ 1 \end{pmatrix} \oplus \begin{pmatrix} 6-2 \\ 1,5-(-1) \end{pmatrix} = \begin{pmatrix} 0,5 \\ 3,5 \end{pmatrix}$

Eckpunkt D (0,5 | 3,5)

$\overrightarrow{BA} = \begin{pmatrix} -3,5-2 \\ 1-(-1) \end{pmatrix} = \begin{pmatrix} -5,5 \\ 2 \end{pmatrix}; \overrightarrow{BC} = \begin{pmatrix} 6-2 \\ 1,5-(-1) \end{pmatrix} = \begin{pmatrix} 4 \\ 2,5 \end{pmatrix}$

$A = \begin{vmatrix} 4 & -5,5 \\ 2,5 & 2 \end{vmatrix} FE = (4 \cdot 2 - 2,5 \cdot (-5,5)) FE = 21,75 \text{ FE}$

b) $\overrightarrow{OC} = \overrightarrow{OB} \oplus \overrightarrow{AD}$

$\overrightarrow{OC} = \begin{pmatrix} -2 \\ -6 \end{pmatrix} \oplus \begin{pmatrix} -1-(-5) \\ 1-2 \end{pmatrix} = \begin{pmatrix} 2 \\ -7 \end{pmatrix}$

Eckpunkt C (2 | −7)

$\overrightarrow{AB} = \begin{pmatrix} -2-(-5) \\ -6-2 \end{pmatrix} = \begin{pmatrix} 3 \\ -8 \end{pmatrix}; \overrightarrow{AD} = \begin{pmatrix} -1-(-5) \\ 1-2 \end{pmatrix} = \begin{pmatrix} 4 \\ -1 \end{pmatrix}$

$A = \begin{vmatrix} 3 & 4 \\ -8 & -1 \end{vmatrix} FE = (3 \cdot (-1) - (-8) \cdot 4) FE = 29 \text{ FE}$

c) $\overrightarrow{OA} = \overrightarrow{OD} \oplus \overrightarrow{CB}$

$\overrightarrow{OA} = \begin{pmatrix} -4 \\ 0,5 \end{pmatrix} \oplus \begin{pmatrix} 5-3,5 \\ -2-1,5 \end{pmatrix} = \begin{pmatrix} -2,5 \\ -3 \end{pmatrix}$

Eckpunkt A (−2,5 | −3)

$\overrightarrow{CB} = \begin{pmatrix} 5-3,5 \\ -2-1,5 \end{pmatrix} = \begin{pmatrix} 1,5 \\ -3,5 \end{pmatrix}; \overrightarrow{CD} = \begin{pmatrix} -4-3,5 \\ 0,5-1,5 \end{pmatrix} = \begin{pmatrix} -7,5 \\ -1 \end{pmatrix}$

$A = \begin{vmatrix} -7,5 & 1,5 \\ -1 & -3,5 \end{vmatrix} FE = (-7,5 \cdot (-3,5) - (-1) \cdot 1,5) FE = 27,75 \text{ FE}$

5 a) $\overrightarrow{AB} = \begin{pmatrix} 4-(-2) \\ 0,5-(-1,5) \end{pmatrix} = \begin{pmatrix} 6 \\ 2 \end{pmatrix}$ $\qquad \overrightarrow{AC} = \begin{pmatrix} 5-(-2) \\ 4,5-(-1,5) \end{pmatrix} = \begin{pmatrix} 7 \\ 6 \end{pmatrix}$ $\qquad \overrightarrow{AD} = \begin{pmatrix} -3-(-2) \\ 1,5-(-1,5) \end{pmatrix} = \begin{pmatrix} -1 \\ 3 \end{pmatrix}$

$A = \frac{1}{2} \begin{vmatrix} 6 & 7 \\ 2 & 6 \end{vmatrix} FE + \frac{1}{2} \begin{vmatrix} 7 & -1 \\ 6 & 3 \end{vmatrix} FE = \frac{1}{2} (36-14) FE + \frac{1}{2} (21-(-6)) FE = (11+13,5) FE$

$= 24,5 \text{ FE}$

b) $\overrightarrow{HE} = \begin{pmatrix} 4-0 \\ 0-1 \end{pmatrix} = \begin{pmatrix} 4 \\ -1 \end{pmatrix}$ $\qquad \overrightarrow{HF} = \begin{pmatrix} 1-0 \\ 4-1 \end{pmatrix} = \begin{pmatrix} 1 \\ 3 \end{pmatrix}$ $\qquad \overrightarrow{HG} = \begin{pmatrix} -3-0 \\ -2-1 \end{pmatrix} = \begin{pmatrix} -3 \\ -3 \end{pmatrix}$

$A = \frac{1}{2} \begin{vmatrix} 4 & 1 \\ -1 & 3 \end{vmatrix} FE + \frac{1}{2} \begin{vmatrix} 1 & -3 \\ 3 & -3 \end{vmatrix} FE = \frac{1}{2} (4 \cdot 3 - (-1)) FE + \frac{1}{2} (1 \cdot (-3) - 3 \cdot (-3)) FE = \frac{1}{2} \cdot 13 FE + \frac{1}{2} \cdot 6 FE = 6,5 FE + 3 FE$

$= 9,5 \text{ FE}$

c) Die benötigten Strecken verlaufen achsenparallel.

$A = A_{KLM} + A_{KMI}$

$= \frac{1}{2} \cdot (2+3,5) \cdot (5-3) FE + \frac{1}{2} \cdot (2+3,5) \cdot (2+3) FE$

$= 19,25 \text{ FE}$

d) $\overrightarrow{SR} = \begin{pmatrix} -5+2 \\ 1+2 \end{pmatrix} = \begin{pmatrix} -3 \\ 3 \end{pmatrix}$ $\qquad \overrightarrow{SQ} = \begin{pmatrix} -3,5+2 \\ 3+2 \end{pmatrix} = \begin{pmatrix} -1,5 \\ 5 \end{pmatrix}$ $\qquad \overrightarrow{SP} = \begin{pmatrix} 1,5+2 \\ 4+2 \end{pmatrix} = \begin{pmatrix} 3,5 \\ 6 \end{pmatrix}$

$A = A_{STP} + A_{SPQ} + A_{SQR} = \frac{1}{2} \cdot (1,5+2) \cdot (4+2) FE + \frac{1}{2} \begin{vmatrix} 3,5 & -1,5 \\ 6 & 6 \end{vmatrix} FE + \frac{1}{2} \begin{vmatrix} -1,5 & -3 \\ 5 & 3 \end{vmatrix} FE$

$= 10,5 FE + \frac{1}{2} \cdot 26,5 FE + \frac{1}{2} \cdot 10,5 FE = 29 \text{ FE}$

6

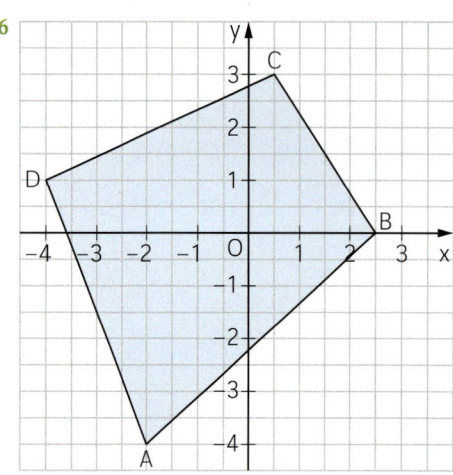

Teile das Viereck in zwei Dreiecke, z. B. ABC und ACD und berechne die Teildreiecke.

$$\overrightarrow{AB} = \begin{pmatrix} 2,5 + 2 \\ 0 + 4 \end{pmatrix} = \begin{pmatrix} 4,5 \\ 4 \end{pmatrix}$$

$$\overrightarrow{AC} = \begin{pmatrix} 0,5 + 2 \\ 3 + 4 \end{pmatrix} = \begin{pmatrix} 2,5 \\ 7 \end{pmatrix}$$

$$\overrightarrow{AD} = \begin{pmatrix} -4 + 2 \\ 1 + 4 \end{pmatrix} = \begin{pmatrix} -2 \\ 5 \end{pmatrix}$$

$$A_{ABC} = \frac{1}{2} \begin{vmatrix} 4,5 & 2,5 \\ 4 & 7 \end{vmatrix} \, FE = \frac{1}{2} \cdot (4,5 \cdot 7 - 4 \cdot 2,5) \, FE = 10,75 \, FE$$

$$A_{ACD} = \frac{1}{2} \begin{vmatrix} 2,5 & -2 \\ 7 & 5 \end{vmatrix} \, FE = \frac{1}{2} \cdot (2,5 \cdot 5 - 7 \cdot (-2)) \, FE = 13,25 \, FE$$

$$A_{ABCD} = A_{ABC} + A_{ACD} = 10,75 \, FE + 13,25 \, FE = 24 \, FE$$

**zu Seite 14
Zentrische
Streckung**

1 a)

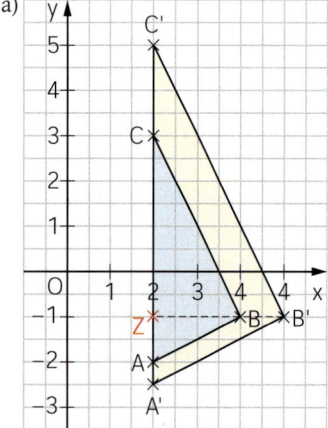

$A_{\triangle ABC} = 0,5 \cdot 5 \, LE \cdot 2 \, LE = 5 \, FE$
$A_{\triangle A'B'C'} = 1,5^2 \cdot 5 \, FE = 11,25 \, FE$

b)

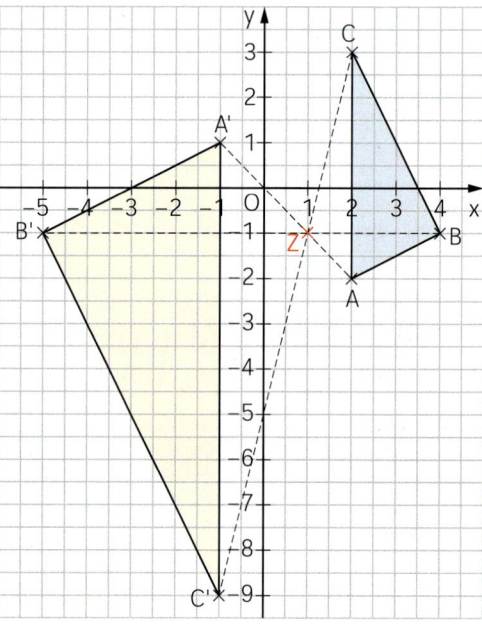

$A_{\triangle ABC} = 0,5 \cdot 5 \, LE \cdot 2 \, LE = 5 \, FE$
$A_{\triangle A'B'C'} = (-2)^2 \cdot 5 \, FE = 20 \, FE$

c)

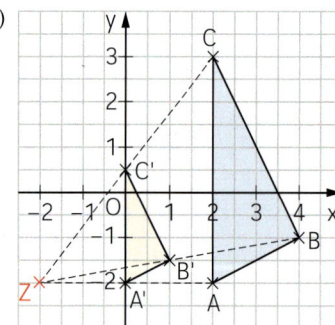

$A_{\triangle ABC} = 0,5 \cdot 5 \, LE \cdot 2 \, LE = 5 \, FE$
$A_{\triangle A'B'C'} = 0,5^2 \cdot 5 \, FE = 1,25 \, FE$

d)

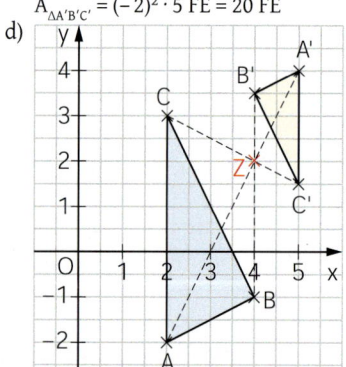

$A_{\triangle ABC} = 0,5 \cdot 5 \, LE \cdot 2 \, LE = 5 \, FE$
$A_{\triangle A'B'C'} = (-0,5)^2 \cdot 5 \, FE = 1,25 \, FE$

2 a) $k = \dfrac{|\overline{A'C'}|}{|\overline{AC}|}$ $\qquad$ $|\overline{T'C'}| = k \cdot |\overline{TC}|$

$\qquad k = \dfrac{4,5 \text{ cm}}{1,8 \text{ cm}}$ $\qquad |\overline{T'C'}| = 2,5 \cdot 1,6 \text{ cm}$

$\qquad = 2,5 \text{ cm}$ $\qquad = 4,0 \text{ cm}$

$\qquad$ b) $|\overline{T'B'}| = k \cdot |\overline{TB}|$

$\qquad 3,7 \text{ cm} = 2,5 \cdot |\overline{TB}|$ $\qquad |\overline{TB}| = 1,48 \text{ cm}$

3 $k = \dfrac{|\overline{ZC}|}{|\overline{ZA}|}$ $\qquad k = \dfrac{4 \text{ cm}}{3 \text{ cm}} = \dfrac{4}{3}$

$\qquad |\overline{CD}| = k \cdot |\overline{AB}|$ $\qquad |\overline{ZD}| = k \cdot |\overline{ZB}|$

$\qquad 1,8 \text{ cm} = \dfrac{4}{3} \cdot |\overline{AB}|$ $\qquad |\overline{ZD}| = \dfrac{4}{3} \cdot 2,7 \text{ cm}$

$\qquad |\overline{AB}| = 1,35 \text{ cm}$ $\qquad |\overline{ZD}| = 3,6 \text{ cm}$

4 a) $\dfrac{|\overline{ZR}|}{|\overline{ZP}|} = \dfrac{4,50 + 1,35}{4,50} = 1,3$ $\qquad \dfrac{|\overline{ZS}|}{|\overline{ZQ}|} = \dfrac{6,00 + 1,80}{6,00} = 1,3$

$\qquad$ Die Längenverhältnisse sind gleich. Damit sind die Strecken $\overline{PQ}$ und $\overline{RS}$ zueinander parallel.

$\qquad$ b) $\dfrac{|\overline{RS}|}{|\overline{PQ}|} = 1,3$ $\qquad \dfrac{x}{2,21} = 1,3$ $\qquad x = 2,87$

5 $|\overline{PQ}| = |\overline{RS}| = x \text{ cm};$ $|\overline{PS}| = |\overline{QR}| = 0,5x \text{ cm}$

$\qquad \dfrac{x}{9} = \dfrac{3,6 - 0,5x}{3,6}$

$\qquad 3,6x = 32,4 - 4,5x$

$\qquad 8,1x = 32,4$

$\qquad x = 4$

$\qquad |\overline{PQ}| = |\overline{RS}| = 4 \text{ cm}$

$\qquad |\overline{PS}| = |\overline{QR}| = 2 \text{ cm}$

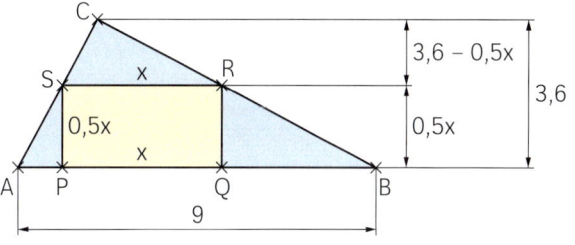

zu Seite 15
Zentrische
Streckung

6 a) $x_s = \dfrac{-3 + 1,5 + 0}{3};$ $y_s = \dfrac{1 + 2 + 4,5}{3};$ $S(-0,5 \,|\, 2,5)$

$\qquad$ b) $x_s = \dfrac{2,5 + 5 + 0}{3};$ $4 = \dfrac{2 + 4 + x}{3};$ $x_s = 2,5; y_c = 6$

$\qquad$ c) $3 = \dfrac{8 + x_c}{2};$ $5 = \dfrac{2 + y_c}{2};$ $x_c = -2;$ $y_c = 8;$ $x_s = \dfrac{-4 + 8 + (-2)}{3};$ $y_s = \dfrac{1 + 2 + 8}{3};$ $x_s = \dfrac{2}{3};$ $y_s = \dfrac{11}{3}$

7 a) $\begin{pmatrix} -2,7 \\ 5,4 \end{pmatrix} = 1,8 \cdot \begin{pmatrix} -1,5 \\ 3 \end{pmatrix}$ $\qquad$ b) $\begin{pmatrix} -0,75 \\ 2,8 \end{pmatrix} = 0,5 \cdot \begin{pmatrix} -1,5 \\ 5,6 \end{pmatrix}$

$\qquad$ c) $\begin{pmatrix} -4 \\ -4,8 \end{pmatrix} = -1,6 \cdot \begin{pmatrix} 2,5 \\ 3 \end{pmatrix}$ $\qquad$ d) $\begin{pmatrix} 1,5 \\ -9,3 \end{pmatrix} = -3 \cdot \begin{pmatrix} -0,5 \\ 3,1 \end{pmatrix}$

8 a) $\dfrac{-1 + 4 + x_c}{3} = 2$ $\qquad\qquad \dfrac{2 + 1 + y_c}{3} = 2,5$

$\qquad 3 + x_c = 6$ $\qquad\qquad\qquad 3 + y_c = 7,5$

$\qquad x_c = 3$ $\qquad\qquad\qquad\quad y_c = 4,5$ $\qquad$ Ergebnis: $C(3 \,|\, 4,5)$

$\qquad$ b) 1. Möglichkeit: $\Delta ABC \xmapsto{\;S; \, k = -0,5\;} \Delta M_a M_b M_c$

$\qquad A_{\Delta M_a M_b M_c} = (-0,5)^2 \quad A_{\Delta ABC}$

$\qquad A_{\Delta M_a M_b M_c} = \dfrac{1}{4} \quad A_{\Delta ABC}$

$\qquad$ 2. Möglichkeit:

$\qquad A_{\Delta ABC} = 0,5 \begin{vmatrix} 4 - (-1) & 3 - (-1) \\ 1 - 2 & 4,5 - 2 \end{vmatrix} \text{FE}$

$\qquad A_{\Delta ABC} = 0,5 \cdot [5 \cdot 2,5 - (-1) \cdot 4] \text{ FE}$

$\qquad A_{\Delta ABC} = 8,25 \text{ FE}$

$$M_a\left(\frac{4+3}{2}\,\Big|\,\frac{1+4,5}{2}\right) \quad M_b\left(\frac{-1+3}{2}\,\Big|\,\frac{2+4,5}{2}\right) \quad M_c\left(\frac{-1+4}{2}\,\Big|\,\frac{2+1}{2}\right)$$

$$M_a(3,5\,|\,2,75) \qquad M_b(1\,|\,3,25) \qquad M_c(1,5\,|\,1,5)$$

$$A_{\triangle M_a M_b M_c} = 0,5\begin{vmatrix} 1-3,5 & 1,5-3,5 \\ 3,25-2,75 & 1,5-2,75 \end{vmatrix} FE$$

$$A_{\triangle M_a M_b M_c} = 0,5\,[-2,5\cdot(-1,25)-0,5\cdot(-2)]\,FE$$
$$A_{\triangle M_a M_b M_c} = 2,0625\ FE$$
$$A_{\triangle M_a M_b M_c} = \frac{1}{4}\,A_{\triangle ABC}$$

9 a) $\overrightarrow{OP'} = \overrightarrow{OZ} \oplus k\cdot\overrightarrow{ZP}$

$$\begin{pmatrix} x' \\ y' \end{pmatrix} = \begin{pmatrix} 1,5 \\ 2 \end{pmatrix} \oplus (-1,5)\cdot\begin{pmatrix} x & -1,5 \\ 2x+1 & -2 \end{pmatrix}$$

$$x' = 1,5 - 1,5x + 2,25$$
$$\wedge\ y' = 2 - 3x + 1,5$$

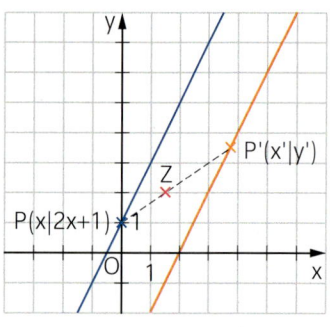

I $x' = -1,5x + 3,75$ $\boxed{\dfrac{x'-3,75}{-1,5} = x}$

II $\wedge\ y' = -3\cdot\dfrac{x'-3,75}{-1,5} + 3,5$

     $y' = 2x' - 4$

Ergebnis: $g': y = 2x - 4$

b) $\overrightarrow{OP'} = \overrightarrow{OZ} \oplus k\cdot\overrightarrow{ZP}$

$$\begin{pmatrix} x' \\ y' \end{pmatrix} = \begin{pmatrix} -2 \\ 1 \end{pmatrix} \oplus (-2)\cdot\begin{pmatrix} x & - & (-2) \\ (x+1)^2 & -2 & - & 1 \end{pmatrix}$$

$$x' = -2 - 2x - 4$$
$$\wedge\ y' = 1 - 2(x+1)^2 + 6$$

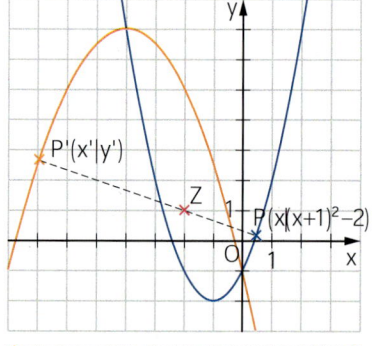

I $x' = -2x - 6$ $\boxed{\dfrac{x'+6}{-2} = x}$

II $\wedge\ y' = -2\cdot\left(\dfrac{x'+6}{-2}\right)^2 + 7$

     $y' = \dfrac{-2}{(-2)^2}\cdot(x'+6-2)^2 + 7$

Ergebnis: $p': y = -0,5\,(x+4)^2 + 7$

c) $\overrightarrow{OP'} = \overrightarrow{OZ} \oplus k\cdot\overrightarrow{ZP}$

$$\begin{pmatrix} x' \\ y' \end{pmatrix} = \begin{pmatrix} 4 \\ -1 \end{pmatrix} \oplus 3\cdot\begin{pmatrix} x-4 \\ 0,5(x-3)^2+1-(-1) \end{pmatrix}$$

$$x' = 4 + 3x - 12$$
$$\wedge\ y' = -1 + 3\cdot 0,5(x-3)^2 + 6$$

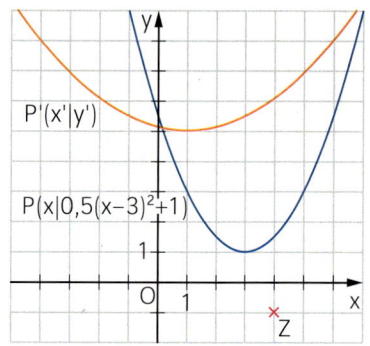

I: $x' = 3x - 8$ $\boxed{\dfrac{x'+8}{3} = x}$

II: $\wedge\ y' = 1,5\cdot\left(\dfrac{x'+8}{3}\right)^2 + 5$

     $y' = \dfrac{-2}{(-2)^2}\cdot(x'+6-2)^2 + 7$

Ergebnis: $p': y = -0,5\,(x+4)^2 + 7$

$$y' = \dfrac{1,5}{3^2}\cdot(x'+8-9)^2 + 5$$

Ergebnis: $p': y = \dfrac{1}{6}(x-1)^2 + 5$

10 a)

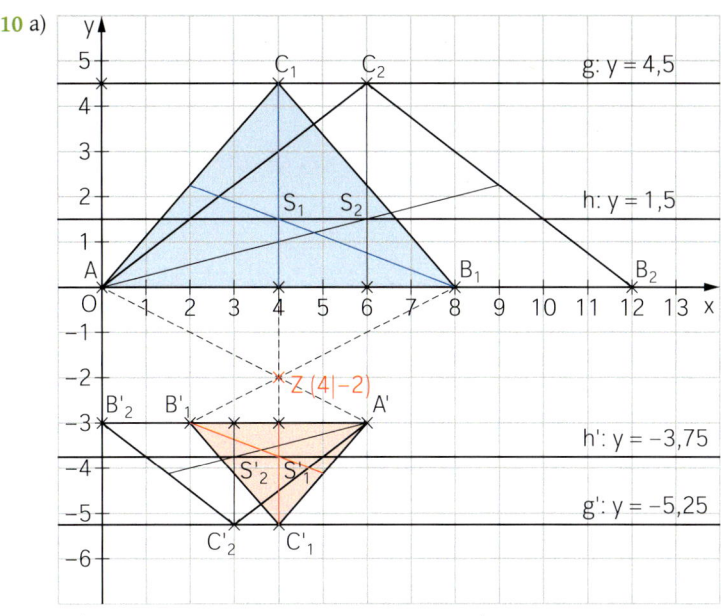

$$\overrightarrow{OA'} = \overrightarrow{OZ} \oplus k \cdot \overrightarrow{ZA} \qquad\qquad \text{oder } \overrightarrow{ZA'} = k \cdot \overrightarrow{ZA}$$

$$\begin{pmatrix} x' \\ y' \end{pmatrix} = \begin{pmatrix} 4 \\ -2 \end{pmatrix} \oplus (-0,5) \cdot \begin{pmatrix} 0-4 \\ 0-(-2) \end{pmatrix} \qquad \begin{pmatrix} x'-4 \\ y'-(-2) \end{pmatrix} = (-0,5) \cdot \begin{pmatrix} 0-4 \\ 0-(-2) \end{pmatrix}$$

$$A'(6\,|\,-3)$$

$$\overrightarrow{OB_1'} = \overrightarrow{OZ} \oplus k \cdot \overrightarrow{ZB_1} \qquad\qquad \overrightarrow{OC_1'} = \overrightarrow{OZ} \oplus k \cdot \overrightarrow{ZC_1}$$

$$\begin{pmatrix} x' \\ y' \end{pmatrix} = \begin{pmatrix} 4 \\ -2 \end{pmatrix} \oplus (-0,5) \cdot \begin{pmatrix} 8-4 \\ 0-(-2) \end{pmatrix} \qquad \begin{pmatrix} x' \\ y' \end{pmatrix} = \begin{pmatrix} 4 \\ -2 \end{pmatrix} \oplus (-0,5) \cdot \begin{pmatrix} 4-4 \\ 4,5-(-2) \end{pmatrix}$$

$$B_1'(2\,|\,-3) \qquad\qquad\qquad C_1'(4\,|\,-5,25)$$

$$\overrightarrow{OB_2'} = \overrightarrow{OZ} \oplus k \cdot \overrightarrow{ZB_2} \qquad\qquad \overrightarrow{OC_2'} = \overrightarrow{OZ} \oplus k \cdot \overrightarrow{ZC_2}$$

$$\begin{pmatrix} x' \\ y' \end{pmatrix} = \begin{pmatrix} 4 \\ -2 \end{pmatrix} \oplus (-0,5) \cdot \begin{pmatrix} 12-4 \\ 0-(-2) \end{pmatrix} \qquad \begin{pmatrix} x' \\ y' \end{pmatrix} = \begin{pmatrix} 4 \\ -2 \end{pmatrix} \oplus (-0,5) \cdot \begin{pmatrix} 6-4 \\ 4,5-(-2) \end{pmatrix}$$

$$B_2'(0\,|\,-3) \qquad\qquad\qquad C_2'(3\,|\,-5,25)$$

b) $B_n(x\,|\,0) \qquad C_n(0,5\,x\,|\,4,5)$

$$\overrightarrow{OC_n'} = \overrightarrow{OZ} \oplus k \cdot \overrightarrow{ZC_n}$$

$$\begin{pmatrix} x' \\ y' \end{pmatrix} = \begin{pmatrix} 4 \\ -2 \end{pmatrix} \oplus (-0,5) \cdot \begin{pmatrix} 0,5\,x-4 \\ 4,5-(-2) \end{pmatrix}$$

$$\begin{pmatrix} x' \\ y' \end{pmatrix} = \begin{pmatrix} 4 \\ -2 \end{pmatrix} \oplus \begin{pmatrix} -0,25\,x+2 \\ -3,25 \end{pmatrix}$$

$$C_n'(6-0,25\,x\,|\,-5,25)$$

Die y-Koordinate der Punkte C_n' beträgt stets $-5,25$. Somit liegen die Punkte C_n' auf der Geraden g' mit $y = -5,25$.

Oder:

Die Punkte C_n liegen auf der Geraden g mit $y = 4,5$. Diese verläuft parallel zur x-Achse.
Die y-Koordinate der Punkte C_1' und C_2' beträgt $-5,25$.
Die zentrische Streckung ist eine geradentreue Abbildung. Ur- und Bildgerade verlaufen zueinander parallel. Damit folgt: Alle Punkte C_n' liegen auf einer parallelen Geraden g' zur x-Achse mit $y = -5,25$.

c) $S_1 = \left(\dfrac{0+8+4}{3} \,\middle|\, \dfrac{0+0+4,5}{3} \right) = S_1(4\,|\,1,5); \; S_2 \left(\dfrac{0+12+6}{3} \,\middle|\, \dfrac{0+0+4,5}{3} \right) = S_2(6\,|\,1,5);$

$S_1' = \left(\dfrac{6+2+4}{3} \,\middle|\, \dfrac{-3+(-3)+(-5,25)}{3} \right) = S_1'(4\,|\,-3,75); \; S_2' = \left(\dfrac{6+0+3}{3} \,\middle|\, \dfrac{-3+(-3)+(-5,25)}{3} \right) = S_2'(3\,|\,-3,75);$

Die Punkte S_n liegen auf der Geraden h mit $y = 1,5$, die Punkte S_n' auf der Geraden h' mit $y = -3,75$.

zu Seite 16
Lineare
Funktionen

1 a)

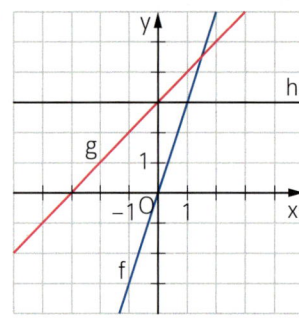

b) $f : y = -1,5x + 2$
$g : y = 1,5x + 2$
$h : y = -4x - 4$

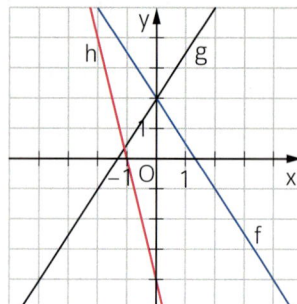

2 $g_1 : y = 3x - 2$
$g_2 : y = 2$
$g_3 : y = -x + 2$
$g_4 : y = -2x$

3 Bedingung für die Nullstelle : $y = 0$
a) $0 = 4x - 0,5$; $x = 0,125$ ist Nullstelle
b) $8 \cdot 0 = -5x + 2$; $x = 0,4$ ist Nullstelle

4 Einsetzen der gegebenen Koordinate in die Gleichung und berechnen der fehlenden Koordinate.
a) $y_P = -2,5 \cdot (-9) - 4$; $y_P = 18,5$ $8,5 = -2,5 \cdot x_Q - 4$; $x_Q = -5$
b) $5 \cdot 2,4 - 6 \cdot y_P = -30$; $y_P = 7$ $5 \cdot x_Q - 6 \cdot \frac{11}{3} = -30$; $x_Q = -1,6$

5 Eine Koordinate beliebig wählen und die andere berechnen.

a) z. B.: $P\left(0\,\middle|\,\frac{4}{3}\right)$; $Q\left(1\,\middle|\,\frac{11}{3}\right)$ b) z. B.: $P(-3,5\,|\,3)$; $Q(-2,5\,|\,6)$

6 Die gegebenen Werte in die Geradengleichung $y = mx + t$ einsetzen und die Steigung m berechnen.

a) $-5 = m \cdot (-2) - 4$; $m = 0,5$; $y = 0,5x - 4$ b) $2,75 = m \cdot 0,5 + \frac{3}{4}$; $m = 4$; $y = 4x + \frac{3}{4}$

7 a) $\overrightarrow{AB} = \begin{pmatrix} 7 \\ -2 \end{pmatrix}$; $m = -\frac{2}{7}$; g: $y = -\frac{2}{7}(x - 2) + 1$ bzw.   g: $y = -\frac{2}{7}x + \frac{11}{7}$

b) g: $y = -x + 5,5$ c) g: $y = -12x + 5,5$ d) g: $y = \frac{5}{3}x + \frac{25}{3}$

8 a)
b)
c)

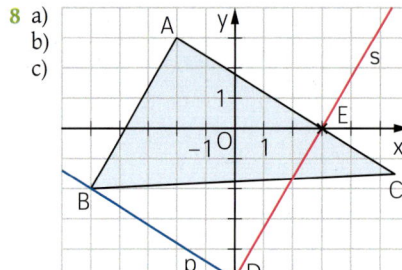

$\overrightarrow{AB} = \begin{pmatrix} -3 \\ -5 \end{pmatrix}$; $m_1 = \frac{5}{3}$

$\overrightarrow{AC} = \begin{pmatrix} 7,5 \\ -4,5 \end{pmatrix}$; $m_2 = -\frac{9}{15} = -\frac{3}{5}$

$m_1 \cdot m_2 = -1$, also $\overrightarrow{AB} \perp \overrightarrow{AC}$

b) p mit $y = -\frac{3}{5}(x + 5) - 2$ c) s mit $y = \frac{5}{3}(x - 3)$

$y = -\frac{3}{5}x - 5$; also $D(0\,|-5)$ $y = \frac{5}{3}x - 5$; also $D \in s$

9 Die gegebenen Werte in die Geradengleichung einsetzen und den y-Achsenabschnitt t berechnen.
a) $4 = 0,5 \cdot (-1) + t$; $g_1 : y = 0,5x + 4,5$ $-1 = 0,5 \cdot 4 + t$; $g_2 : y = 0,5x - 3$
b) Berechnen der Steigung m: $m_{CD} = -\frac{7}{8}$ Die Gerade CD gehört nicht zur Schar.

zu Seite 17
Lineare
Gleichungs-
systeme

1 a) $L = \{(-5\,|-7)\}$ b) $L = \{(2\,|-1)\}$ c) $L = \{(1,36\,|-3,64)\}$
d) $L = \{(x\,|\,y)\,|\,y = 0,25x - 1,5\}$ e) $L = \{(1,5\,|-2,5)\}$ f) $L = \{\,\}$
g) $L = \{(-1,5\,|\,5)\}$ h) $L = \{(1\,|\,0)\}$

2 a) (1) $L = \{(1\,|\,0)\}$ (2) $L = \{\ \}$ (3) $L = \{(x\,|\,y)\ |\ y = \frac{1}{2}x - \frac{1}{2}\}$ (4) $L = \{(1\,|\,2)\}$

        I $y = -3x + 3$ I $y = 0,5x + 1$ I $y = \frac{1}{2}x - \frac{1}{2}$ I $y = x + 1$

        $\underline{\text{II} \wedge y = 0,5x - 0,5}$ $\underline{\text{II} \wedge y = 0,5x - 0,5}$ $\underline{\text{II} \wedge 2y = x - 1}$ $\underline{\text{II} \wedge y = -x + 3}$

b) Ein lineares Gleichungssystem hat
   – genau eine Lösung, wenn die zugehörigen Geraden unterschiedliche Steigung haben.
   – keine Lösung, wenn die zugehörigen Geraden gleiche Steigung und verschiedene y-Achsen-
     abschnitte haben.
   – unendlich viele Lösungen, wenn die zugehörigen Geraden gleiche Steigung und gleiche
     y-Achsenabschnitte haben.

c) (1) I $y = -0,6x + 2,4$ (2) I $y = -0,6x + 2,4$ (3) I $y = -0,6x + 2,4$

        $\underline{\text{II} \wedge y = 0,6x - 2,4}$ $\underline{\text{II} \wedge y = -0,6x - 2,4}$ $\underline{\text{II} \wedge y = -0,6x + 2,4}$

        $\underline{L = \{(4\,|\,0)\}}$ $\underline{L = \{\}}$ $\underline{L = \{(x\,|\,y)\ |\ y = -0,6x + 2,4\}}$

3 Anzahl der Besucher: x $12\,000 + 2,5x = 15x;\ \ x = 960$
  Ausgaben in €: $y = 8000 + 0,25 \cdot x \cdot 10 + 4000$ Zur Veranstaltung müssten mindestens
  Einnahmen in €: $y = 10x + 5x$ 960 Besucher kommen.

---

zu Seite 18
quadratische
Funktionen und
Gleichungen

1 a) $S_1(-4\,|\,-4)$ **b)** $S_2(-1\,|\,-7)$ **c)** $S_3(3\,|\,-1)$ **d)** $S_4(3\,|\,0)$ **e)** $S_5(1,5\,|\,9)$ **f)** $S_6(0\,|\,-1)$

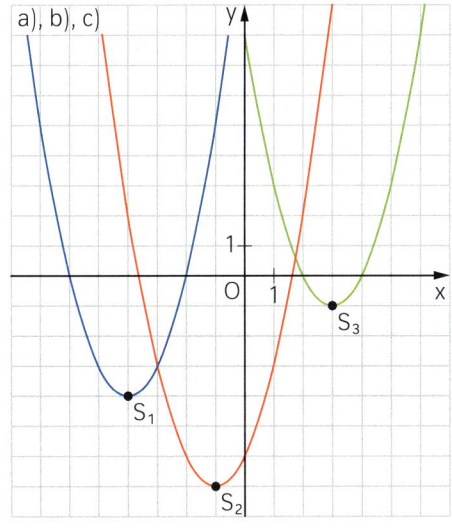

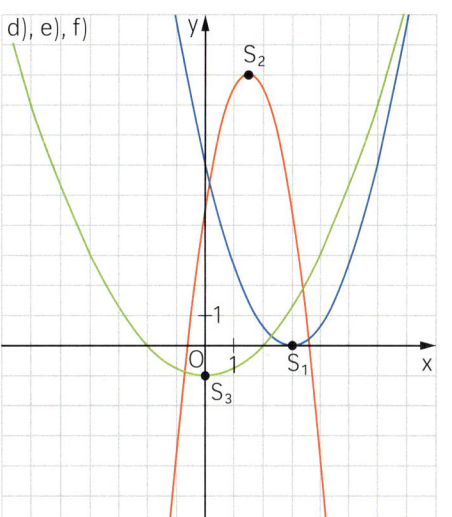

2 a) $y = 1,5x^2 + bx + c$
      I $5 = 1,5 \cdot 4^2 + b \cdot 4 + c$
      II $\wedge\ 0,5 = 1,5 \cdot 1^2 + b \cdot 1 + c$ (I) – (II)
     $\Rightarrow$ $4,5 = 22,5 + 3b$
           $-6 = b$
     $\Rightarrow$ $c = 5$ p mit $y = 1,5x^2 - 6x + 5$

b) p mit $y = -0,5x^2 + x + 2,5$
c) $a = -1$; p mit $y = -x^2 + 6x - 7$
d) p mit $y = x^2 - 2x - 1$
e) $S(-2\,|\,y_s)$; $a = -1$; $y = -(x + 2)^2 + y_s$
    p mit $y = -x^2 - 4x + 9$

3 a)

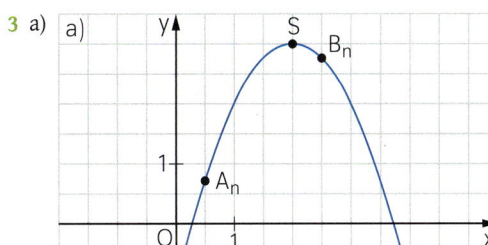

b) $x_B = x + 2$ in p einsetzen
    $y = -(x + 2 - 2)^2 + 3$
    $y = -x^2 + 3$
    $B_n(x + 2\,|\,-x^2 + 3)$

c) $A(x) = \frac{1}{2}\begin{vmatrix} x + 2 & x \\ -x^2 + 3 & -x^2 + 4x - 1 \end{vmatrix}$ FE
          $= \frac{1}{2}[(x + 2)(-x^2 + 4x - 1) - (-x^2 + 3) \cdot x]$ FE
          $= (x^2 + 2x - 1)$ FE

d) z.B. $A(x) = [(x^2 + 2x + 1^2 - 1) - 1]$ FE $= [(x + 1)^2 - 2]$ FE   d.h. A_{min} wäre -2 FE, was nicht möglich ist.

3 e)
$$10,25 = x^2 + 2x - 1$$
$$x^2 + 2x - 11,25 = 0$$
$$x_{1/2} = \frac{-2 \pm \sqrt{4 + 4 \cdot 11,25}}{2}$$
$$x_1 = 2,5 \qquad x_2 = -4,5$$

4 a) $L = \emptyset$ b) $L = \{-\frac{7}{2} - \frac{\sqrt{61}}{2};\ -\frac{7}{2} + \frac{\sqrt{61}}{2}\}$ c) $L = \{-1;\ 2\}$ d) $L = \emptyset$

5 ursprüngl. Dreieck: $A_1 = \frac{2^2}{4} \sqrt{3}\ cm^2 = \sqrt{3}\ cm^2$ neue Dreiecke: $A_2 = \frac{(2 + x)^2}{4} \sqrt{3}\ cm^2$

    Gleichung: $\sqrt{3} + 4 = \frac{(2 + x)^2}{4} \sqrt{3}$; $x_1 = 1,64$; $x_2 = -5,64$

    Für $x = 1,64$ ist das neue Dreieck um 4 cm² größer.

6 a) $p \cap g(t): -x^2 + 8x - 13 = -x + t$ b) $p \cap h: -x^2 + 8x - 13 = -x + 1$
      $D = 9^2 - 4 (-1) (-t - 13)$ $x_1 = 2$; $x_2 = 7$
      $D = 0: 29 - 4t = 0$ $P(2|-1) \quad Q(7|-6)$
             $t = 7,25$
      Tangente t mit $y = -x + 7,25$
      Berührpunkt:
      $-x^2 + 8x + x - 13 - 7,25 = 0$
      $x = 4,5$ $B(4,5|2,75)$

---

zu Seite 19
Rechtwinklige
Dreiecke in der
Ebene

1

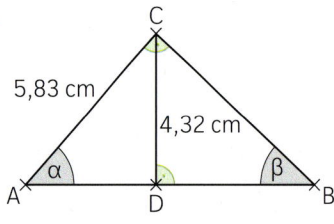

$\sin 42,18° = \frac{4,32\ cm}{|\overline{BC}|}$

$|\overline{BC}| = 6,43\ cm$

$|\overline{AD}|^2 = (5,83\ cm)^2 - (4,32 cm)^2$
$|\overline{AD}| = 3,91\ cm$

$\sin \alpha = \frac{4,32\ cm}{5,83\ cm}$

$\alpha = 47,82°$

$\beta = 180° - 90° - 47,82° = 42,18°$

$|\overline{AB}|^2 = (5,83 cm)^2 + (6,43 cm)^2$
$|\overline{AB}| = 8,68\ cm$
$A_{ABC} = 0,5 \cdot 8,68\ cm \cdot 4,32\ cm$
$A_{ABC} = 18,75\ cm^2$

2

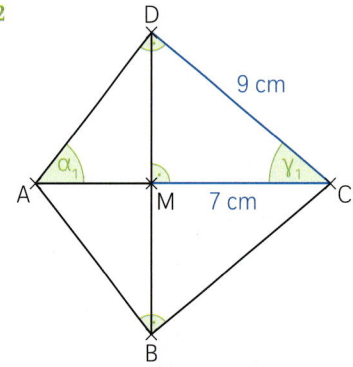

$|\overline{MD}|^2 = (9\ cm)^2 - (7\ cm)^2$
$|\overline{MD}| = 5,66\ cm$
$|\overline{BD}| = 2 \cdot |\overline{MD}| = 11,32\ cm$

$\cos \gamma_1 = \frac{7\ cm}{9\ cm}$

$\gamma_1 = 38,94°$
$\alpha_1 = 180° - 90° - 38,94° = 51,06°$

$\tan 51,06° = \frac{5,66\ cm}{|\overline{AM}|}$

$|\overline{AM}| = 4,57\ cm$

$|\overline{AC}| = 4,57\ cm + 7\ cm = 11,57\ cm$

$|\overline{AB}|^2 = (4,57\ cm)^2 + (5,66\ cm)^2$
$|\overline{AB}| = 7,27\ cm$

Du beginnst mit dem Dreieck MCD, um das Drachenviereck zu konstruieren:

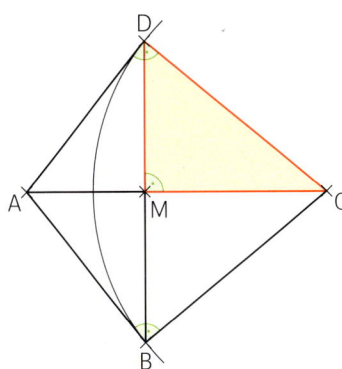

3 **a)**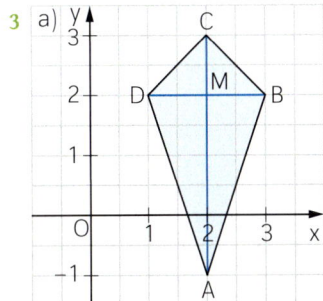

b) Die Diagonalen des Drachenvierecks verlaufen parallel zu den Koordinatenachsen.

$|\overline{AC}| = (y_C - y_A)$ LE

$|\overline{AC}| = (3 - (-1))$ LE = 4 LE

$|\overline{BD}| = (x_B - x_D)$ LE

$|\overline{BD}| = (3 - 1)$ LE = 2 LE

$A_{ABCD} = 0{,}5 \cdot 2$ LE $\cdot 4$ LE = 4 FE

c) Da die Diagonalen parallel zu den Koordinatenachsen verlaufen, besitzt der Schnittpunkt M der Diagonalen als Mittelpunkt der Strecke $\overline{BD}$ die Koordinaten M (2 | 2).

$|\overline{MC}| = (3 - 2)$ LE = 1 LE

$|\overline{BC}|^2 = (1 \text{ LE})^2 + \left(\frac{1}{2} \cdot 2 \text{ LE}\right)^2$

$|\overline{BC}| = 1{,}41$ LE $= |\overline{CD}|$

$|\overline{AM}| = 4$ LE $- 1$ LE = 3 LE

$|\overline{AB}|^2 = (3 \text{ LE})^2 + \left(\frac{1}{2} \cdot 2 \text{ LE}\right)^2$

$|\overline{AB}| = 3{,}16$ LE $= |\overline{AD}|$

4 **a)** $\gamma = 180° - 90° - 26{,}6°$

$\gamma = 63{,}4°$

$\tan 26{,}6° = \dfrac{2{,}5 \text{ cm}}{c}$

$c = 5{,}0$ cm

$a^2 = (2{,}5 \text{ cm})^2 + (5{,}0 \text{ cm})^2$

$a = 5{,}6$ cm

b) $\cos \varepsilon = \dfrac{6{,}0 \text{ cm}}{7{,}0 \text{ cm}}$

$\varepsilon = 31{,}0°$

$\sin 31{,}0° = \dfrac{e}{7{,}0 \text{ cm}}$

$e = 3{,}6$ cm

$\mu = 180° - 90° - 31{,}0° = 59{,}0°$

5 **a)**

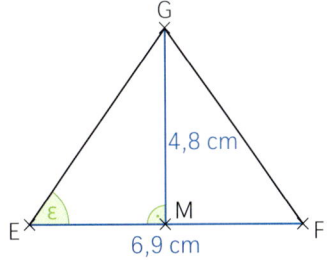

$A_{EFG} = 0{,}5 \cdot 6{,}9 \text{ cm} \cdot 4{,}8 \text{ cm} = 16{,}56 \text{ cm}^2$

$\tan \varepsilon = \dfrac{4{,}8 \text{ cm}}{0{,}5 \cdot 6{,}9 \text{ cm}}$

$\varepsilon = 54{,}29°$

$\sphericalangle$ GFE $= \varepsilon = 54{,}29°$

$\sphericalangle$ FGE $= 180° - 2 \cdot 54{,}29° = 71{,}42°$

$|\overline{EG}|^2 = (4{,}8 \text{ cm})^2 + (0{,}5 \cdot 6{,}9 \text{ cm})^2$

$|\overline{EG}| = 5{,}91$ cm

$u = 2 \cdot 5{,}91 \text{ cm} + 6{,}9 \text{ cm} = 18{,}72 \text{ cm}$

b)

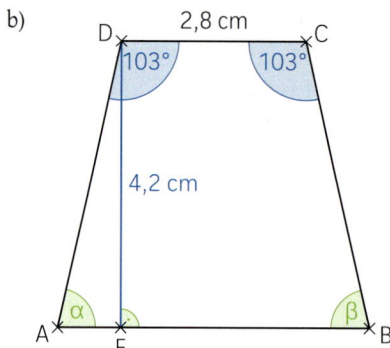

$\alpha = (360° - 2 \cdot 103°) : 2 = 77°$ $\beta = 77°$

$\tan 77° = \dfrac{4,2\ \text{cm}}{|\overline{AF}|}$

$|\overline{AF}| = 0,97\ \text{cm}$

$|\overline{AB}| = 2,8\ \text{cm} + 2 \cdot 0,97\ \text{cm} = 4,74\ \text{cm}$

$A_{ABCD} = 0,5 \cdot (4,74\ \text{cm} + 2,8\ \text{cm}) \cdot 4,2\ \text{cm} = 15,83\ \text{cm}^2$

$\sin 77° = \dfrac{4,2\ \text{cm}}{|\overline{AD}|}$

$|\overline{AD}| = 4,31\ \text{cm}$

$u = 4,74\ \text{cm} + 2,8\ \text{cm} + 2 \cdot 4,31\ \text{cm} = 16,16\ \text{cm}$

c)

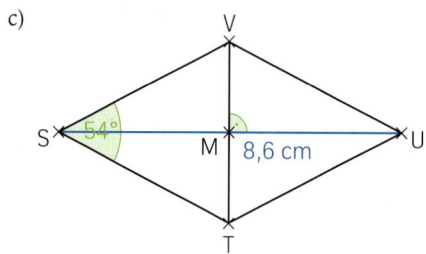

$\sphericalangle VUT = 54°$

$\sphericalangle UTS = \sphericalangle SVU = (360° - 2 \cdot 54°) : 2 = 126°$

$\tan 27° = \dfrac{|\overline{MV}|}{4,3\ \text{cm}}$

$|\overline{MV}| = 2,19\ \text{cm}$

$|\overline{TV}| = 2 \cdot 2,19\ \text{cm} = 4,38\ \text{cm}$

$A_{STUV} = 0,5 \cdot 8,6\ \text{cm} \cdot 4,38\ \text{cm} = 18,83\ \text{cm}^2$

$\cos 27° = \dfrac{4,3\ \text{cm}}{|\overline{SV}|}$

$|\overline{SV}| = 4,83\ \text{cm}$

$u = 4 \cdot 4,83\ \text{cm} = 19,32\ \text{cm}$

6 a), b)

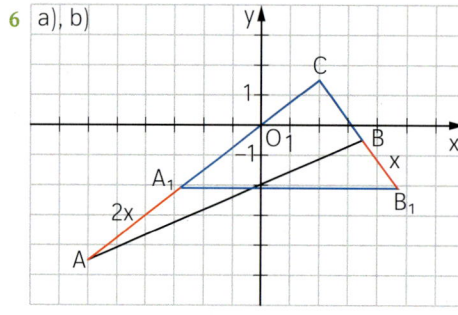

a) $|\overline{AC}| = \sqrt{(2 - (-6))^2 + (1,5 - (-4,5))^2}\ \text{LE} = \sqrt{100}\ \text{LE}$

$\qquad = 10\ \text{LE}$

$|\overline{AB}| = \sqrt{(3,5 - (-6))^2 + (-0,5 - (-4,5))^2}\ \text{LE}$

$\qquad = \sqrt{106,25}\ \text{LE} = 10,31\ \text{LE}$

$|\overline{BC}| = \sqrt{(2 - 3,5)^2 + (1,5 - (-0,5))^2}\ \text{LE} = \sqrt{6,25}\ \text{LE}$

$\qquad = 2,5\ \text{LE}$

Für die Maßzahlen gilt nach dem Satz des Pythagoras:

$\sqrt{106,25}^2 = \sqrt{100}^2 + \sqrt{6,25}^2$

$106,25 = 106,25$ (w) $\Rightarrow$ rechtwinklig bei C

b) $\gamma = 90°$

$|\overline{A_1C}| = (10 - 2 \cdot 2)\ \text{LE} = 6\ \text{LE}$

$|\overline{B_1C}| = (2,5 + 2)\ \text{LE} = 4,5\ \text{LE}$

$\tan \alpha_1 = \dfrac{4,5\ \text{LE}}{6\ \text{LE}}$ $\alpha_1 = 36,87°$ $\beta_1 = 180° - 90° - 36,87° = 53,13°$

c) $|\overline{A_nB_n}|^2 = [(10 - 2x)^2 + (2,5 + x)^2]\ \text{LE}^2$

$|\overline{A_nB_n}|^2 = [100 - 40x + 4x^2 + 6,25 + 5x + x^2]\ \text{LE}^2$

$|\overline{A_nB_n}|^2 = [5x^2 - 35x + 106,25]\ \text{LE}^2$

mit der quadratischen Ergänzung ergibt sich folgender Term:

$|\overline{A_nB_n}| = \sqrt{5(x - 3,5)^2 + 45}\ \text{LE}$

$\Rightarrow |\overline{A_0B_0}| = \sqrt{45}\ \text{LE} = 6,71\ \text{LE}$ für $x = 3,5$

$|\overline{A_0C}| = (10 - 2 \cdot 3,5)\ \text{LE} = 3\ \text{LE}$

$|\overline{B_0C}| = (2,5 + 3,5)\ \text{LE} = 6\ \text{LE}$

$A_{A_0B_0C} = 0,5 \cdot 3 \cdot 6\ \text{FE} = 9\ \text{FE}$

zu Seite 20
Rechtwinklige
Dreiecke
im Raum

1 a)

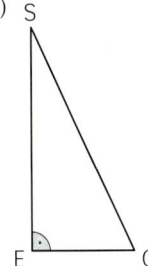

$|\overline{AC}| = \sqrt{7^2 + 5^2}$ cm $= 8{,}60$ cm

$\Rightarrow |\overline{MC}| = 4{,}30$ cm

$|\overline{CS}| = \sqrt{4^2 + 4{,}30^2}$ cm $= 5{,}87$ cm

$|\overline{ES}| = \sqrt{5{,}87^2 - 2{,}5^2}$ cm $= 5{,}31$ cm

b) $h_\Delta = \sqrt{2{,}5^2 + 4^2}$ cm $= 4{,}72$ cm

$A_\Delta = 0{,}5 \cdot 7 \cdot 4{,}72$ cm$^2 = 16{,}52$ cm^2

c) Dreieck ABS ist gleichschenklig mit $|\overline{AS}| = |\overline{BS}| = |\overline{CS}|$

$\sin \dfrac{\sphericalangle ASB}{2} = \dfrac{3{,}5 \text{ cm}}{5{,}87 \text{ cm}}$

$\Rightarrow \sphericalangle ASB = 73{,}20°$

2 a)

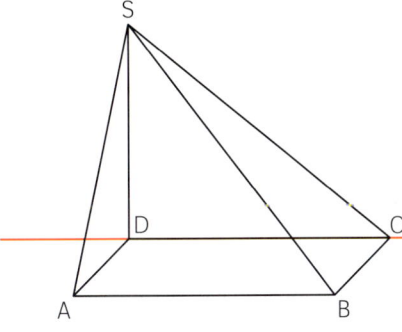 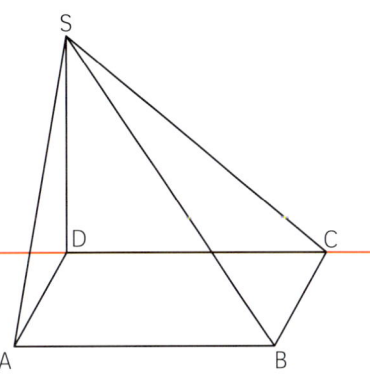

$q = 0{,}5; \ \omega = 45°$ $q = \dfrac{2}{3}; \ \omega = 60°$

b) $|\overline{AS}| = \sqrt{3^2 + 4^2}$ cm $= 5$ cm

$|\overline{DB}| = \sqrt{5^2 + 3^2}$ cm $= 5{,}83$ cm $\ \Rightarrow |\overline{BS}| = \sqrt{4^2 + 5{,}83^2}$ cm $= 7{,}07$ cm

c) $h = |\overline{CS}| = \sqrt{4^2 + 5^2}$ cm $= 6{,}40$ cm

d) $\varepsilon = \sphericalangle DAS$

$\cos \varepsilon = \dfrac{3 \text{ cm}}{5 \text{ cm}} \ \Rightarrow \varepsilon = 53{,}13°$

$\varphi = \sphericalangle SBD$

$\sin \varphi = \dfrac{4 \text{ cm}}{7{,}07 \text{ cm}} \ \Rightarrow \varphi = 34{,}46°$

3

	a)	b)	c)
a	3 cm	**3,6 cm**	**3,0 cm**
b	2 cm	3,0 cm	4 cm
h	4 cm	2,5 cm	**4,9 cm**
d	**3,6 cm**	4,7 cm	5 cm
e	**5,4 cm**	**5,3 cm**	7 cm
g	**4,5 cm**	**3,9 cm**	6,3 cm
μ	**33,7°**	**42,8°**	**25,4°**

4 a) $u = 5\ \text{cm} + \sqrt{6^2 + 4^2}\ \text{cm} + \sqrt{6^2 + 4^2}\ \text{cm} = 19{,}42\ \text{cm}$

$A = 0{,}5 \cdot 5 \cdot \sqrt{7{,}21^2 - 2{,}5^2}\ \text{cm}^2 = 16{,}91\ \text{cm}^2$

$\tan \alpha = \frac{6\ \text{cm}}{4\ \text{cm}} \Rightarrow \alpha = 56{,}31°$

b) $u = 3\ \text{cm} + \sqrt{5^2 - 2^2}\ \text{cm} + \sqrt{3^2 + (5^2 - 2^2)}\ \text{cm} = 13{,}06\ \text{cm}$

$A = 0{,}5 \cdot 3 \cdot 4{,}58\ \text{cm}^2 = 6{,}87\ \text{cm}^2$

$\cos \beta = \frac{3\ \text{cm}}{5{,}48\ \text{cm}} \Rightarrow \beta = 56{,}81°$

c) $u = \sqrt{5^2 + 5^2}\ \text{cm} + 2 \cdot \sqrt{5^2 + 3^2}\ \text{cm} = 18{,}73\ \text{cm}$

$A = 0{,}5 \cdot 7{,}07 \cdot \sqrt{5{,}83^2 - 3{,}54^2}\ \text{cm}^2 = 16{,}37\ \text{cm}^2$

$\tan \gamma = \frac{5\ \text{cm}}{3\ \text{cm}} \Rightarrow \gamma = 59{,}04°$

d) $u = \sqrt{5^2 + 3^2}\ \text{cm} + 2 \cdot \frac{\sqrt{3^2 + \sqrt{50}^2}}{2\ \text{cm}} = 13{,}51\ \text{cm}$

$A = 0{,}5 \cdot 5{,}83 \cdot 2{,}5\ \text{cm}^2 = 7{,}29\ \text{cm}^2$

$\tan \delta = \frac{3\ \text{cm}}{7{,}07\ \text{cm}} \Rightarrow \delta = 22{,}99°$

5 a) $A_{\text{blau}} = (6\ \text{cm})^2 = 36\ \text{cm}^2$

$\frac{a_{\text{rot}}}{3\ \text{cm}} = \frac{6\ \text{cm}}{8\ \text{cm}}$

$\Rightarrow a_{\text{rot}} = 2{,}25\ \text{cm}$

$A_{\text{rot}} = (2{,}25\ \text{cm})^2 = 5{,}06\ \text{cm}^2$

b) Länge der halben Diagonale der roten Grundfläche: $\frac{\sqrt{2{,}25^2 + 2{,}25^2}}{2}\ \text{cm} = 1{,}59\ \text{cm}$

$s_{\text{rot}} = \sqrt{1{,}59^2 + 3^2}\ \text{cm} = 3{,}40\ \text{cm}$

c)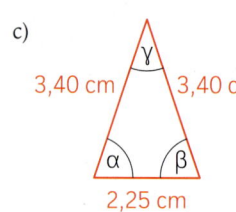

$\cos \alpha = \frac{\frac{2{,}25}{2}\ \text{cm}}{3{,}40\ \text{cm}}$

$\Rightarrow \alpha = 70{,}68°$

Im gleichschenkligen Dreieck sind die Basiswinkel maßgleich: $\alpha = \beta$

$\Rightarrow \gamma = 180° - 2 \cdot 70{,}68° = 38{,}64°$

---

zu Seite 21
Raumgeometrie

1 $530{,}44\ \text{cm}^2 = \frac{a^2}{4}\sqrt{3};\ a = 35{,}0\ \text{cm}$

$M = u \cdot h$

$M = 3 \cdot 35\ \text{cm} \cdot 52\ \text{cm} = 5\,460\ \text{cm}^2$

2 a) $]0;9[$

b)

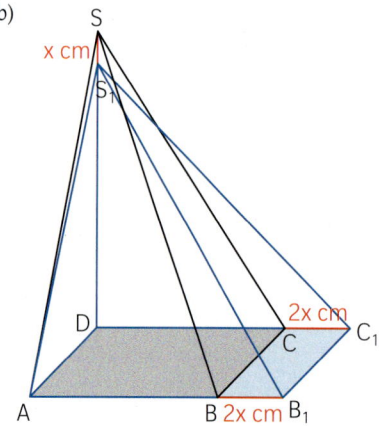

c) $V(x) = \frac{1}{3} \cdot (6 + 2x) \cdot 6 \cdot (9 - x)$ cm³

$\quad V(x) = (6 + 2x) \cdot 2 \cdot (9 - x)$ cm³

$\quad V(x) = (12 + 4x) \cdot (9 - x)$ cm³

$\quad V(x) = (108 - 12x + 36x - 4x^2)$ cm³

$\quad V(x) = (-4x^2 + 24x + 108)$ cm³

d) $V_{max} = 144$ cm³ für $x = 3$

e) $(-4x^2 + 24x + 108)$ cm³ = 80 cm³

$\quad -4x^2 + 24x + 28 = 0$

$\quad$ ...

$\quad (x_1 = -1 \lor) \; x_2 = 7$

3 Geschätzte Größen der Walze:

Durchmesser d = 1,5 m

Höhe h = 2,0 m

$M = 2 \cdot r \cdot \pi \cdot h = 2 \cdot 0{,}75$ m $\cdot \pi \cdot 2{,}0$ m = 9,42 m² ≈ 9,4 m²

4 a)

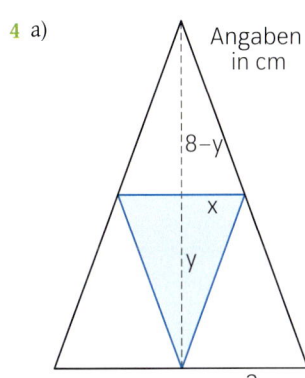

Angaben in cm

8−y

x

y

3

b) $V = \frac{1}{3} \cdot 1{,}5^2 \pi \cdot 4$ cm³ = 3π cm³ = 9,42 cm³

$\quad O = 1{,}5\pi \, (1{,}5 + \sqrt{1{,}5^2 + 4^2})$ cm² = $8{,}66\pi$ cm² = 27,20 cm²

c) Strahlensatz: $\dfrac{8 - y}{x} = \dfrac{8}{3}$

$\quad \Rightarrow y = -\dfrac{8}{3}x + 8;$

$\quad$ Bedingung für rechten Winkel: $x = y$

$\quad \Rightarrow x = -\dfrac{8}{3}x + 8;$

$\quad x = 2{,}18$

d) Für die Seitenlänge s im gleichseitigen Dreieck gilt: s = 2x cm

$\quad$ Für die Seitenlänge s im rechtwinkligen Dreieck gilt:

$\quad s = \sqrt{(x^2 + (-\frac{8}{3}x + 8)^2)}$ cm

$\quad 4x^2 = x^2 + \dfrac{64}{9}x^2 - \dfrac{128}{3}x + 64$

$\quad (x_1 = 8{,}56); \; x_2 = 1{,}82$

e) $V(x) = \frac{1}{3} x^2 \pi \cdot \left(-\frac{8}{3}x + 8\right)$ cm³ = $\left(-\frac{8}{9}\pi x^3 + \frac{8}{3}\pi x^2\right)$ cm³

5 $V_{Schachtel} = 6 \cdot \dfrac{(6 \text{ cm})^2}{4} \sqrt{3} \cdot 3$ cm = 280,59 cm³

$\quad V_{Pralinen} = 24 \cdot \dfrac{4}{3} \cdot (1{,}25 \text{ cm})^3 \cdot \pi = 196{,}35$ cm³

$\quad \dfrac{V_P}{V_S} = \dfrac{196{,}35}{280{,}59} = 0{,}70 = 70\,\%$

Das heißt, in der Verpackung befinden sich 30 % Luft und somit bezeichnen wir sie als Mogelpackung.

zu Seite 39
Potenzen und Potenzfunktionen

1 a) $y = 0,3(x + 1)^{-2} + 1,5$; $D = \mathbb{R}\setminus\{-1\}$;
$W = {]}1,5; \infty{[}$; $x = -1$; $y = 1,5$

b) $y = -0,1(x - 4)^{-3} + 2,5$; $D = \mathbb{R}\setminus\{4\}$;
$W = \mathbb{R}\setminus\{2,5\}$; $x = 4$; $y = 2,5$

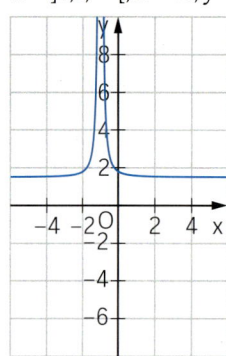   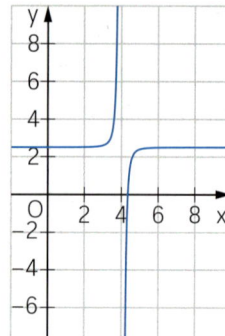

2 a) $P(7,2 \mid \mathbf{-3,49})$; $Q(\mathbf{7,33} \mid -4,5)$ b) $P(1,6 \mid \mathbf{11,49})$; $Q(\mathbf{1,7} \mid 4,9)$

3 $\vec{v} = \begin{pmatrix} 2 \\ 8 \end{pmatrix}$

4 a) $y = 3x^2 - 2$ b) $y = 3(x + 3)^2 + 7$ c) $y = 3(x - 2,5)^2$

5 a) f': $y = (x - 2)^{-2}$

b)
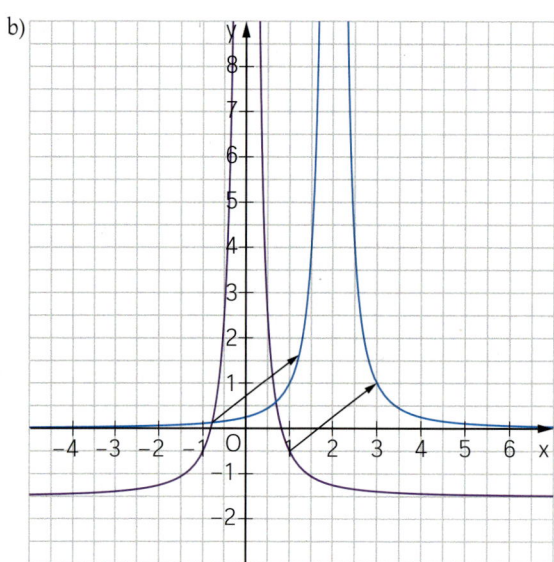

c) Bestimme die Definitions– und Wertemengen sowie die Gleichungen für die Asymptoten von f und f'.
f: $D = \mathbb{R}\setminus\{0\}$; $W = \mathbb{R}\setminus\{2,5\}$; $x = 4$; $y = 2,5$
f': $D = \mathbb{R}\setminus\{2\}$; $W = \mathbb{R}\setminus\{2,5\}$; $x = 4$; $y = 2,5$

6 (A) → (2);   (B) → (3);   (C) → (1)

zu Seite 67
Exponentialfunktionen, Logarithmen und Logarithmusfunktionen

1 a) $9 = k \cdot 1,5^2$
$k = 4$
f_a: $y = 4 \cdot 1,5^x$

b) $1 = 4 \cdot a^2$
$a = 0,5$
f_b: $y = 4 \cdot 0,5^x$

c) $6 = 2 \cdot \log_a(23 + 4)$
$a^3 = 27$
$a = 3$
f_c: $y = 2 \cdot \log_3(x + 4)$

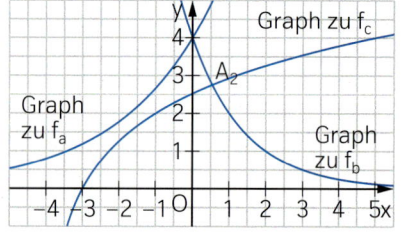

2 a) $D = \mathbb{R}$

$W = \,]-\infty;\,3[$

Asymptote: $\quad y = 3;$

Nullstelle: $\quad 0 = -1,5 \cdot 2^{x+2} + 3$

$\qquad\qquad\quad 2 = 2^{x+2}$

$\qquad\qquad\quad x = -1$

Umkehrfunktion: $x = -1,5 \cdot 2^{y+2} + 3;$

$\qquad\qquad -\dfrac{2}{3} \cdot (x - 3) = 2^{y+2}$

$\qquad\qquad y + 2 = \log_2\left[-\dfrac{2}{3} \cdot (x - 3)\right]$

$\qquad\qquad f^{-1}:\, y = \log_2\left[-\dfrac{2}{3} \cdot x + 2\right] - 2$

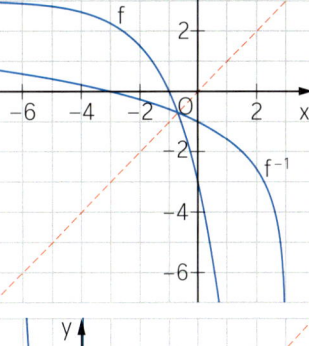

b) $D = \,]0;\,\infty[$

$W = \mathbb{R}$

Asymptote: $\quad x = 0$

Nullstelle: $\quad 0 = -\log_{10} x - 1$

$\qquad\qquad -1 = \log_{10} x$

$\qquad\qquad x = 10^{-1} = 0,1$

Umkehrfunktion: $x = -\log^{10} y - 1$

$\qquad\qquad -x - 1 = \log_{10} y$

$\qquad\qquad f^{-1}:\, y = 10^{-x-1}$

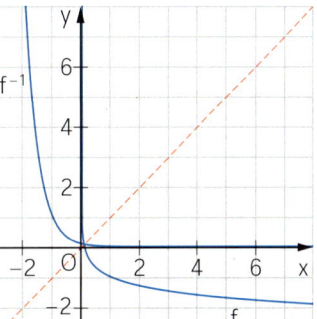

c) $D = \,]3;\,\infty[$

$W = \mathbb{R}$

Asymptote: $\quad x = 3$

Nullstelle: $\quad 0 = 0,5 \cdot \log_{1,5}(x - 3) + 1$

$\qquad\qquad -2 = \log_{1,5}(x - 3)$

$\qquad\qquad x - 3 = 1,5^{-2}$

$\qquad\qquad x = 3\frac{4}{9}$

Umkehrfunktion: $x = 0,5 \cdot \log_{1,5}(y - 3) + 1$

$\qquad\qquad 2x - 2 = \log_{1,5}(y - 3)$

$\qquad\qquad y - 3 = 1,5^{2x-2}$

$\qquad\qquad f^{-1}:\, y = 1,5^{2x-2} + 3$

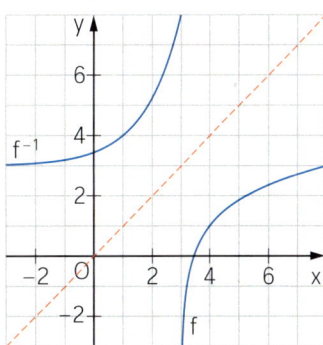

3 a) $\log_4 4x - \log_4 x$

$= \log_4 \dfrac{4x}{x}$

$= 1$

b) $2 \log_2 1 - \log_2 2$

$= 1 - 1$

$= 0$

c) $\log_{10} x + \log_{10} x^2 + 3 \log_{10} x$

$= \log_{10}(x \cdot x^2 \cdot x^3)$

$= \log_{10} x^6$

4 a) $\log_7 x = 3$

$x = 7^3$

$x = 343$

b) $4^x = 2,5$

$x = \log_4 2,5$

$x = 0,66$

c) $\log_x 20 = 2$

$x^2 = 20$

$x = \sqrt{20} = 4,47$

d) $x^4 = 55$

$x = \sqrt[4]{55}$

$x = 2,72$

e) $2 \cdot 3^{x-3} - 4 = 0$

$3^{x-3} = 2$

$x - 3 = \log_3 2$

$x = 3,63$

f) $25 \cdot 5^x = 5^{2x-2}$

$5^{x+2} = 5^{2x-2}$

$x + 2 = 2x - 2$

$x = 4$

g) $4 \cdot 3^x = 5^{x+1}$

$\log_3(4 \cdot 3^x) = \log_3 5^{x+1}$

$\log_3 4 + x \cdot \log_3 3 = (x + 1) \cdot \log_3 5$

$x \cdot (\log_3 3 - \log_3 5) = \log_3 5 - \log_3 4$

$x = \dfrac{\log_3 1,25}{\log_3 0,6} = -0,44$

h) $\log_3(x + 2) = 2$

$x + 2 = 3^2$

$x = 7$

5 a) $f_1':\, y = 2^{x+2+3} - 1 + 3$

$f_1':\, y = 2^{x+5} + 2$

b) $f_1':\, y = -[2^{x+3} - 1]$

$f_1':\, y = -2^{x+3} + 1$

$f_2':\, y = \log_3(x + 2 + 1) - 7 + 3$

$f_2':\, y = \log_3(x + 3) - 4$

$f_2':\, y = -[\log_3(x + 1) - 7]$

$f_2':\, y = -\log_3(x + 1) + 7$

c) $f_1': x = 2^{y+3} - 1$

$\quad f_1': x + 1 = 2^{y+3}$

$\quad f_1': y + 3 = \log_2(x+1)$

$\quad f_1': y = \log_2(x+1) - 3$

$f_2': x = \log_3(y+1) - 7$

$\quad f_2': x + 7 = \log_3(y+1)$

$\quad f_2': y + 1 = 3^{x+7}$

$\quad f_2': y = 3^{x+7} - 1$

6 a) $y = 18 \cdot 0{,}95^x$

b) $y = 18 \cdot 0{,}95^{5{,}25} = 13{,}8$

   Nach 5 Stunden 15 Minuten beträgt der Vitamin–C–Gehalt noch 13,8 mg.

c) $9 = 18 \cdot 0{,}95^x$

   $0{,}5 = 0{,}95^x$

   $x = \log_{0{,}95} 0{,}5 = 13{,}5$

   Nach etwa 13,5 Stunden hat sich der Vitamin–C–Gehalt halbiert.

d) Die Abnahme der Vitaminmenge beträgt hier 2 % pro Stunde.

---

zu Seite 91
Trigonometrie –
Grundlegende
Zusammenhänge

1 a) $\sin\alpha = 0{,}3$

   $\alpha_1 = 17{,}46°$ $\vee$ $\alpha_2 = 180° - 17{,}46° = 162{,}54°$

b) $\sin\alpha = -0{,}3$

   $\alpha^* = 17{,}46°$

   $\alpha_1 = 180° + 17{,}46°$ $\vee$ $\alpha_2 = 360° - 17{,}46° = 342{,}54°$

   $\alpha_1 = 197{,}46°$

c) $\cos\alpha = -0{,}3$

   $\alpha_1 = 107{,}46°$ $\vee$ $\alpha_2 = 360° - 107{,}46° = 252{,}54°$

d) $\tan\alpha = 0{,}3$

   $\alpha_1 = 16{,}70°$ $\vee$ $\alpha_2 = 180° + 16{,}70° = 196{,}70°$

e) $\tan\alpha = -0{,}3$

   $\alpha^* = 16{,}70°$

   $\alpha_1 = 180° - 16{,}70°$ $\vee$ $\alpha_2 = 360° - 16{,}70° = 343{,}30°$

   $\alpha_1 = 163{,}30°$

2 a) $\sin(0{,}5\alpha - 7°) = 0{,}4$

   $0{,}5\alpha_1 - 7° = 23{,}58°$ $\vee$ $0{,}5\alpha_2 - 7° = 180° - 23{,}58°$

   $\alpha_1 = 61{,}16°$ $\vee$ $\alpha_2 = 326{,}84°$

   $L = \{61{,}16°;\ 326{,}84°\}$

b) $\cos(-10° + \alpha) - 0{,}4 = 0$

   $-10° + \alpha_1 = 66{,}42°$ $\vee$ $-10° + \alpha_2 = 360° - 66{,}42°$

   $\alpha_1 = 76{,}42°$ $\vee$ $\alpha_2 = 303{,}58°$

   $L = \{76{,}42°;\ 303{,}58°\}$

c) $\tan(5\alpha + 15°) = 15$

   $5\alpha_1 + 15° = 86{,}19°$ $\vee$ $5\alpha_1 + 15° = 180° + 86{,}19°$

   $\alpha_1 = 14{,}24°$ $\vee$ $\alpha_2 = 50{,}24°$

   $L = \{14{,}24°;\ 50{,}24°\}$

d) $0{,}6 = \dfrac{\sin(\alpha - 10°)}{\cos\alpha}$

   $0{,}6 \cos\alpha = \sin\alpha \cos 10° - \cos\alpha \sin 10°$

   $0{,}6 \cos\alpha + \cos\alpha \sin 10° = \sin\alpha \cos 10°$

   $\cos\alpha (0{,}6 + \sin 10°) = \sin\alpha \cos 10°$

   $\dfrac{0{,}6 + \sin 10°}{\cos 10°} = \dfrac{\sin\alpha}{\cos\alpha}$ mit $\tan\alpha = \dfrac{\sin\alpha}{\cos\alpha}$

   $\alpha_1 = 38{,}15°$ $\vee$ $\alpha_2 = 180° + 38{,}15° = 218{,}15°$

   $L = \{38{,}15°;\ 218{,}15°\}$

e) $5\sin\alpha + 2 - \cos^2\alpha = 0$

   $-(1 - \sin^2\alpha) + 5\sin\alpha + 2 = 0$

   $\sin^2\alpha + 5\sin\alpha + 1 = 0$

   $\sin\alpha = \dfrac{-5 \pm \sqrt{5^2 - 4 \cdot 1 \cdot 1}}{2 \cdot 1} = \dfrac{-5 \pm \sqrt{21}}{2}$

   $\sin\alpha = \dfrac{-5 + \sqrt{21}}{2}$ $(\vee \quad \sin\alpha = \dfrac{-5 - \sqrt{21}}{2})$

   $\alpha^* = 12{,}05°$

   $\alpha_1 = 180° + 12{,}05°$ $\vee$ $\alpha_2 = 360° - 12{,}05°$

$\alpha_1 = 192,05°$ ∨ $\alpha_2 = 347,95°$
L = {192,05°; 347,95°}

f) $0,4 \cos\alpha - 0,2 \sin\alpha - 0,2 = 0$

$0,4 \cos\alpha - 0,2\sqrt{1 - \cos^2\alpha} = 0,2$

$-0,2\sqrt{1 - \cos^2\alpha} = 0,2 - 0,4 \cos\alpha$

$\sqrt{1 - \cos^2\alpha} = \dfrac{0,2 - 0,4 \cos\alpha}{-0,2}$

$\sqrt{1 - \cos^2\alpha} = -1 + 2 \cos\alpha$

$1 - \cos^2\alpha = (-1 + 2 \cos\alpha)^2$

$1 - \cos^2\alpha = 4 \cos^2\alpha - 4 \cos\alpha + 1$

$0 = 5 \cos^2\alpha - 4 \cos\alpha$ oder: $0 = \cos\alpha (5 \cos\alpha - 4)$

$\cos\alpha = \dfrac{4 \pm \sqrt{(-4)^2 - 4 \cdot 5 \cdot 0}}{2 \cdot 5} = \dfrac{4 \pm 4}{10}$ $\cos\alpha = 0 \vee 5 \cos\alpha - 4 = 0$

$\cos\alpha = 0,8$ ∨ $\cos\alpha = 0$

$\alpha_1 = 36,87°$ ∨ $\alpha_3 = 90°$

∨ $\alpha_2 = 360° - 36,87° = 323,13$ ∨ $\alpha_4 = 270°$

Durch die Probe ergibt sich folgende Lösungsmenge:

L = {36,87°; 270°}

3 a) $\cos(180° - \alpha) - \sin(90° - \alpha)$

$= -\cos\alpha - \cos\alpha$

$= -2 \cos\alpha$

b) $3 \sin(-\alpha) \sin(180° + \alpha)$

$= -3 \sin\alpha \cdot (-\sin\alpha)$

$= 3 \sin^2\alpha$

c) $\dfrac{2 \sin^2\alpha}{\cos(90° - \alpha)}$

$= \dfrac{2 \sin^2\alpha}{\sin\alpha}$

$= 2 \sin\alpha$

d) $3 \cos^2(180° + \alpha) + \sin^2(90° - \alpha) - 4 \cos^2\alpha$

$= 3 \cos^2\alpha + \cos^2\alpha - 4 \cos^2\alpha$

$= 0$

4 a) g: $y = -0,5x + 3,5$ h: $y = x + 2$

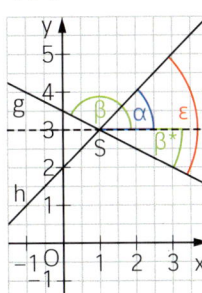

g: $\tan\beta = -0,5 \Rightarrow \beta^* = 26,57° \Rightarrow \beta = 180° - 26,57° = 153,43°$
h: $\tan\alpha = 1 \Rightarrow \alpha = 45°$

$\varepsilon = 45° + 26,57° = 71,57°$

b) g: $2y - 11 = 3x$ h: $y = -1,75x - 1$
g: $y = 1,5x + 5,5$

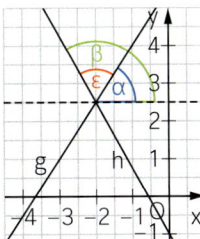

g: $\tan\alpha = 1,5 \Rightarrow \alpha = 56,31°$
h: $\tan\beta = -1,75 \Rightarrow \beta^* = 60,26° \Rightarrow \beta = 180° - 60,26° = 119,74°$

$\varepsilon = 119,74° - 56,31° = 63,43°$

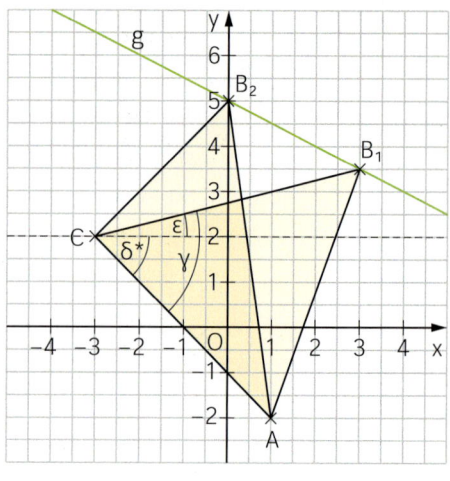

5 a) $B_1(3 \mid -0,5 \cdot 3 + 5) \Rightarrow B_1(3 \mid 3,5)$

b) $m_{B_1C} = \frac{3,5 - 2}{3 + 3} = \frac{1}{4}$ $m_{AC} = \frac{-2 - 2}{1 + 3} = -1$

$\tan \varepsilon = \frac{1}{4}$ $\tan \delta = -1$

$\varepsilon = 14,04°$ $\delta^* = 45°$

$\gamma = \varepsilon + \delta^* = 14,04° + 45° = 59,04°$

c) $\overrightarrow{CB_1} = \binom{3 + 3}{3,5 - 2} = \binom{6}{1,5}$ $\overrightarrow{CA} = \binom{1 + 3}{-2 - 2} = \binom{4}{-4}$

$A_{\triangle AB_1C} = \frac{1}{2} \cdot \begin{vmatrix} 4 & 6 \\ -4 & 1,5 \end{vmatrix} \text{FE} = 0,5 \cdot [4 \cdot 1,5 - (-4) \cdot 6]\,\text{FE} = 15\,\text{FE}$

$|\overrightarrow{AC}| = \sqrt{(1 + 3)^2 + (-2 - 2)^2}\,\text{LE} = 5,66\,\text{LE}$

d) $m_{AC} = -1 \Rightarrow m_\perp = 1$

Gerade B_2C: $y = mx + t$

$m_\perp$, C in B_2: $2 = 1 \cdot (-3) + t$

$t = 5$

$\Rightarrow B_2C: y = x + 5$

Da die Gerade g und die Gerade B_2C den gleichen y-Achsenabschnitt t = 5 besitzen, folgt: $B_2(0 \mid 5)$
(Das kann selbstverständlich auch rechnerisch nachgewiesen werden.)

e) $\overrightarrow{CB_n} = \binom{x + 3}{-0,5x + 5 - 2} = \binom{x + 3}{-0,5x + 3}$ $\overrightarrow{CA} = \binom{1 + 3}{-2 - 2} = \binom{4}{-4}$

$A(x) = \frac{1}{2} \cdot \begin{vmatrix} 4 & x + 3 \\ -4 & -0,5x + 3 \end{vmatrix} \text{FE} = 0,5 \cdot [4 \cdot (-0,5x + 3) - (-4) \cdot (x + 3)]\,\text{FE}$

$A(x) = 0,5 \cdot [-2x + 12 + 4x + 12]\,\text{FE} = 0,5 \cdot [2x + 24]\,\text{FE} = (x + 12)\,\text{FE}$

6 a) $\overrightarrow{OP_1} = \binom{\sqrt{5} \sin 150°}{-\cos 150°} = \binom{\frac{1}{2}\sqrt{5}}{\frac{1}{2}\sqrt{3}}$ $|\overrightarrow{OP_1}| = \sqrt{\left(\frac{1}{2}\sqrt{5}\right)^2 + \left(\frac{1}{2}\sqrt{3}\right)^2}\,\text{LE}$

$|\overrightarrow{OP_1}| = \sqrt{\frac{5}{4} + \frac{3}{4}}\,\text{LE} = \sqrt{2}\,\text{LE}$

b) $|\overrightarrow{OP_n}|(\alpha) = \sqrt{(\sqrt{5} \sin \alpha)^2 + (\cos \alpha)^2}\,\text{LE} = \sqrt{5 \sin^2\alpha + \cos^2\alpha}\,\text{LE}$

$|\overrightarrow{OP_n}|(\alpha) = \sqrt{4 \sin^2\alpha + \sin^2\alpha + \cos^2\alpha}\,\text{LE}$ $|\overrightarrow{OP_n}|(\alpha) = \sqrt{4 \sin^2\alpha + 1}\,\text{LE}$

c) $\sqrt{4 \sin^2\alpha + 1} = 1,5$ $\mid^2$

$4 \sin^2\alpha + 1 = 2,25$ $\mid -1$ anschließend $\mid : 4$

$\sin^2\alpha = \frac{5}{16}$ $\mid \sqrt{\ }$

$\sin\alpha = \pm\frac{1}{4}\sqrt{5}$ $\alpha = 33,99°$ (keine weiteren Lösungen, da $\alpha < 90°$)

7 $B_n(5 - 2 \sin\varphi \mid 4 \cos^2\varphi)$

$x = 5 - 2 \sin\varphi$

$\wedge\ y = 4 \cos^2\varphi$

$2 \sin\varphi = x - 5$

$\wedge\ y = 4(1 - \sin^2\varphi)$

$\sin\varphi = \frac{1}{2}(x - 5)$

$\wedge\ y = 4 - 4 \sin^2\varphi$

$y = 4 - 4\left[\frac{1}{2}(x - 5)\right]^2$

$y = 4 - 4 \cdot \frac{1}{4}(x - 5)^2$

$y = 4 - (x - 5)^2$

$y = 4 - (x^2 - 10x + 25)$

$y = 4 - x^2 + 10x - 25$

t: $y = -x^2 + 10x - 21$

zu Seite 121
Trigonometrie –
Berechnung in
Dreiecken

1 a) $\cos \gamma = \dfrac{6{,}0^2 + 3{,}5^2 - 6{,}5^2}{2 \cdot 6{,}0 \cdot 3{,}5}$

$\gamma = 81{,}8°$

$\cos \alpha = \dfrac{3{,}5^2 + 6{,}5^2 - 6{,}0^2}{2 \cdot 3{,}5 \cdot 6{,}5}$

$\alpha = 66{,}0°$

$\beta = 180° - 81{,}8° - 66{,}0° = 32{,}2°$

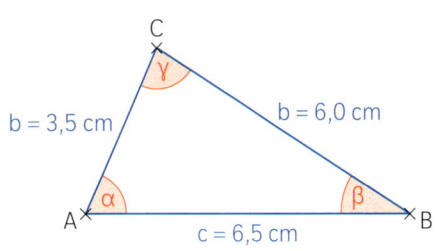

b) $\beta = 180° - 53{,}0° - 86{,}0° = 41{,}0°$

$\dfrac{a}{\sin 53{,}0°} = \dfrac{5{,}0 \text{ cm}}{\sin 41{,}0°}$

$a = 6{,}1 \text{ cm}$

$\dfrac{c}{\sin 86{,}0°} = \dfrac{5{,}0 \text{ cm}}{\sin 41{,}0°}$

$c = 7{,}6 \text{ cm}$

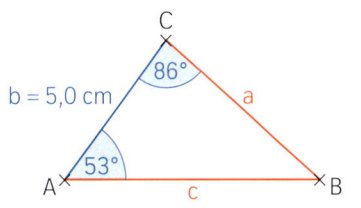

c) $a^2 = (6{,}2 \text{ cm})^2 + (4{,}9 \text{ cm})^2 - 2 \cdot 6{,}2 \text{ cm} \cdot 4{,}9 \text{ cm} \cdot \cos 62°$

$a = 5{,}8 \text{ cm}$

$\dfrac{\sin \beta}{6{,}2 \text{ cm}} = \dfrac{\sin 62°}{5{,}8 \text{ cm}}$

$\beta = 70{,}7°$

$\gamma = 180° - 62° - 70{,}7° = 47{,}3°$

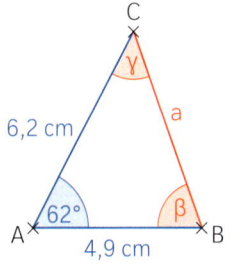

d) $\dfrac{\sin \alpha}{4{,}0 \text{ cm}} = \dfrac{\sin 95°}{7{,}8 \text{ cm}}$

$\alpha = 30{,}7°$

$\beta = 180° - 95° - 30{,}7° = 54{,}3°$

$b^2 = (4{,}0 \text{ cm})^2 + (7{,}8 \text{ cm})^2 - 2 \cdot 4{,}0 \text{ cm} \cdot 7{,}8 \text{ cm} \cdot \cos 54{,}3°$

$b = 6{,}4 \text{ cm}$

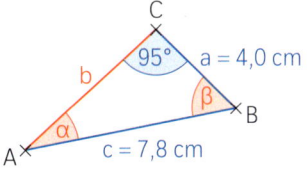

e) $19{,}25 \text{ cm}^2 = \dfrac{1}{2} \cdot 7{,}0 \text{ cm} \cdot c \cdot \sin 30{,}0°$

$c = 11{,}0 \text{ cm}$

$a^2 = (7{,}0 \text{ cm})^2 + (11{,}0 \text{ cm})^2 - 2 \cdot 7{,}0 \text{ cm} \cdot 11{,}0 \text{ cm} \cdot \cos 30°$

$a = 6{,}1 \text{ cm}$

$\dfrac{\sin \gamma}{11{,}0 \text{ cm}} = \dfrac{\sin 30°}{6{,}1 \text{ cm}}$

$(\gamma = 64{,}4° \ \vee) \ \gamma = 180° - 64{,}4° = 115{,}6°$

$\beta = 180° - 30° - 115{,}6° = 34{,}4°$

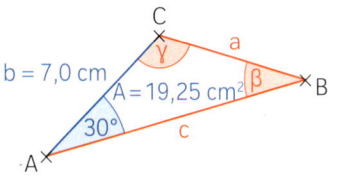

2 a) Mit Hilfe der Innenwinkelmaße im gleichschenkligen Dreieck AB_nC_n ergibt sich:

$\sphericalangle DB_nA = (180° - 100°) : 2 = 40°$

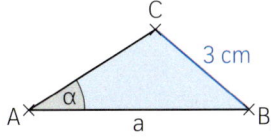

Mit dem Sinussatz im Dreieck AB_nD gilt:

$\dfrac{a(\alpha)}{\sin[180° - (\alpha + 40°)]} = \dfrac{3 \text{ cm}}{\sin \alpha}$

$a(\alpha) = \dfrac{3 \sin (\alpha + 40°)}{\sin \alpha} \text{ cm}$

b) $\quad 6\text{ cm} = \dfrac{3\sin(\alpha + 40°)}{\sin\alpha}\text{ cm}$ $\qquad\qquad |\cdot\sin\alpha\quad |:\text{cm}$

$\quad 6\sin\alpha = 3\sin\alpha\cos 40° + 3\cos\alpha\sin 40°\qquad |-3\sin\alpha\cos 40°$

$\quad 3{,}70\sin\alpha = 1{,}93\cos\alpha$ $\qquad\qquad\qquad |:\cos\alpha\quad |:3{,}70$

$\qquad\quad\tan\alpha = 0{,}52$

$\qquad\qquad\alpha = 27{,}5°$

3 a) Das Dreieck AD_nM ist gleichschenklig, daher gilt: $\sphericalangle AMD_n = 180° - 2\alpha$

$\quad A_1(\alpha) = \dfrac{1}{2}\cdot 6\cdot 6\cdot\sin(180° - 2\alpha)\text{ cm}^2$

$\quad A_1(\alpha) = 18\sin 2\alpha\text{ cm}^2$

b) Der Flächeninhalt $A_1(\alpha)$ ist maximal, wenn $\sin 2\alpha = 1$ bzw. $\alpha = 45°$. Dann ergibt sich $A_{max} = 18\text{ cm}^2$

c) Im rechtwinkligen Dreieck AB_nC gilt: $\tan\alpha = \dfrac{|\overline{CB_n}|}{12\text{ cm}}$ bzw. $|\overline{CB_n}| = 12\tan\alpha\text{ cm}$

$\quad$ Im rechtwinkligen Dreieck AD_nC gilt: $\sin\alpha = \dfrac{|\overline{CD_n}|}{12\text{ cm}}$ bzw. $|\overline{CD_n}| = 12\sin\alpha\text{ cm}$

$\qquad\qquad\qquad \sphericalangle ACD_n = 180° - 90° - \alpha = 90° - \alpha$

$\qquad\qquad\qquad$ und somit $\sphericalangle D_nCB_n = 90° - (90° - \alpha) = \alpha$

$\quad A_2(\alpha) = \dfrac{1}{2}\cdot 12\sin\alpha\cdot 12\tan\alpha\cdot\sin\alpha\text{ cm}^2$

$\quad A_2(\alpha) = 72\sin^2\alpha\tan\alpha\text{ cm}^2$

d) $A_{blau} = \left(\dfrac{6^2\cdot\pi\cdot 120°}{360°} - 18\cdot\sin 60°\right)\text{ cm}^2$

$\quad A_{blau} = 22{,}11\text{ cm}^2$

$\quad A_{gelb} = \left[72\sin^2 30°\tan 30° - \left(\dfrac{6^2\cdot\pi\cdot 60°}{360°} - 18\cdot\sin 60°\right)\right]\text{ cm}^2$

$\quad A_{gelb} = 7{,}13\text{ cm}^2$

4 a) Im rechtwinkligen Dreieck MCS gilt:

$\quad\tan\varepsilon = \dfrac{6{,}5\text{ cm}}{12\text{ cm}}$

$\qquad\varepsilon = 28{,}44°$

b) Im Dreieck ME_nS gilt:

$\quad\dfrac{|\overline{E_nM}|}{\sin 28{,}44°} = \dfrac{12\text{ cm}}{\sin\varphi}$

$\quad |\overline{E_nM}| = \dfrac{5{,}71}{\sin\varphi}\text{ cm}$

$\quad A_{\triangle BDE_n} = \dfrac{1}{2}\cdot|\overline{BD}|\cdot|\overline{E_nM}| = \dfrac{1}{2}\cdot 12\text{ cm}\cdot\dfrac{5{,}71}{\sin\varphi}\text{ cm} = \dfrac{34{,}26}{\sin\varphi}\text{ cm}^2$

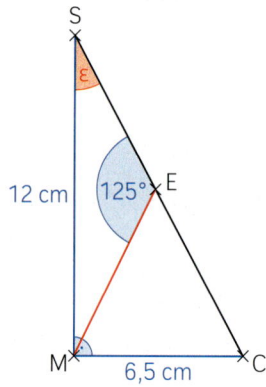

5 a) Den maximalen Durchmesser kann man für $\alpha = 90°$ bestimmen: In diesem Fall ist der Radius gleich der Gesamthöhe des Kreisels. Somit ergibt sich ein maximaler Durchmesser von 8 cm.

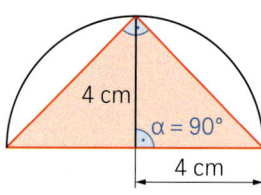

b) beschriftete Skizze: $r = x\text{ cm}$

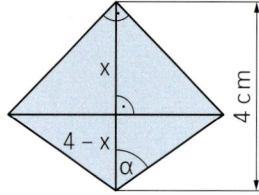

$\quad\tan\alpha = \dfrac{x}{4 - x}$

$\quad 4\tan\alpha - x\tan\alpha = x$

$\quad x = \dfrac{4\tan\alpha}{1 + \tan\alpha}$

$\quad r(\alpha) = \dfrac{4\tan\alpha}{1 + \tan\alpha}\text{ cm}$

c) $V(\alpha) = \dfrac{1}{3}\cdot r^2(\alpha)\cdot\pi\cdot(x + 4 - x)\text{ cm}^3$

$\quad V(\alpha) = \dfrac{1}{3}\cdot\dfrac{16\tan^2\alpha}{(1 + \tan\alpha)^2}\cdot\pi\cdot 4\text{ cm}^3$

$$V(\alpha) = \frac{64}{3}\,\pi\,\frac{\tan^2\alpha}{(1+\tan\alpha)^2}\ \text{cm}^3$$

d) Das maximale Zylindervolumen ergibt sich für den maximalen Durchmesser:

$V_Z = (4\ \text{cm})^2 \cdot \pi \cdot 4\ \text{cm} = 64\pi\ \text{cm}^3$

15% des Zylindervolumens:

$$0{,}15 \cdot 64\pi = \frac{64}{3}\,\pi\,\frac{\tan^2\alpha}{(1+\tan\alpha)^2}$$

$$0{,}45 = \frac{\tan^2\alpha}{(1+\tan\alpha)^2}$$

$$0{,}45\,(1 + 2\tan\alpha + \tan^2\alpha) = \tan^2\alpha$$

$$-0{,}55\tan^2\alpha + 0{,}9\tan\alpha + 0{,}45 = 0$$

$$\tan\alpha_{1/2} = \frac{-0{,}9 \pm \sqrt{0{,}9^2 - 4 \cdot (-0{,}55) \cdot 0{,}45}}{2 \cdot (-0{,}55)}$$

$$(\tan\alpha = -0{,}40\ \vee)\ \tan\alpha = 2{,}04$$

$$\alpha = 63{,}9°$$

$$r(63{,}9°) = \frac{4\tan 63{,}9°}{1 + \tan 63{,}9°}\ \text{cm} = 2{,}7\ \text{cm}$$

**zu Seite 131
Skalarprodukt**

1 a) $\vec{a} \circ \vec{b} = \begin{pmatrix} -2 \\ 5 \end{pmatrix} \circ \begin{pmatrix} -0{,}1 \\ -0{,}04 \end{pmatrix} = -2 \cdot (-0{,}1) + 5 \cdot (-0{,}04) = 0{,}2 - 0{,}2 = 0$

$\vec{a} \circ \vec{c} = \begin{pmatrix} -2 \\ 5 \end{pmatrix} \circ \begin{pmatrix} 27{,}5 \\ 11 \end{pmatrix} = -2 \cdot 27{,}5 + 5 \cdot 11 = -55 + 55 = 0$

$\vec{b} \circ \vec{c} = \begin{pmatrix} -0{,}1 \\ -0{,}04 \end{pmatrix} \circ \begin{pmatrix} 27{,}5 \\ 11 \end{pmatrix} = -0{,}1 \cdot 27{,}5 - 0{,}04 \cdot 11 = -2{,}75 - 0{,}44 = -3{,}19$

$\vec{a} \circ \vec{d} = \begin{pmatrix} -2 \\ 5 \end{pmatrix} \circ \begin{pmatrix} 12 \\ 5 \end{pmatrix} = -2 \cdot 12 + 5 \cdot 5 = -24 + 25 = 1$

$\vec{b} \circ \vec{d} = \begin{pmatrix} 0{,}1 \\ -0{,}04 \end{pmatrix} \circ \begin{pmatrix} 12 \\ 5 \end{pmatrix} = -0{,}1 \cdot 12 - 0{,}04 \cdot 5 = -1{,}2 - 0{,}20 = -1{,}4$

$\vec{c} \circ \vec{d} = \begin{pmatrix} -27{,}5 \\ 11 \end{pmatrix} \circ \begin{pmatrix} 12 \\ 5 \end{pmatrix} = -27{,}5 \cdot 12 + 11 \cdot 5 = -330 + 55 = -275$

b) $\vec{a} \perp \vec{b}$ und $\vec{a} \perp \vec{c}$, da für diese Vektoren das Skalarprodukt jeweils Null ergibt.

c) $|\vec{a}| = \sqrt{(-2)^2 + 5^2} = \sqrt{29}$; $|\vec{b}| = \sqrt{(-0{,}1)^2 + (-0{,}04)^2} = \sqrt{0{,}0116}$

$|\vec{c}| = \sqrt{(-27{,}5)^2 + 11^2} = \sqrt{877{,}25}$; $|\vec{d}| = \sqrt{12^2 + 5^2} = \sqrt{169} = 13$

Winkel zwischen $\vec{b}$ und $\vec{c}$: $\cos\varphi_1 = \dfrac{-3{,}19}{\sqrt{0{,}0116} \cdot \sqrt{877{,}25}}$; $\varphi_1 = 180°$

Winkel zwischen $\vec{a}$ und $\vec{d}$: $\cos\varphi_2 = \dfrac{1}{\sqrt{29} \cdot 13}$; $\varphi_2 = 89{,}18°$

Winkel zwischen $\vec{b}$ und $\vec{d}$: $\cos\varphi_3 = \dfrac{-1{,}4}{\sqrt{0{,}0116} \cdot 13}$; $\varphi_3 = 179{,}18°$

Winkel zwischen $\vec{c}$ und $\vec{d}$: $\cos\varphi_4 = \dfrac{-275}{\sqrt{877{,}25} \cdot 13}$; $\varphi_4 = 135{,}58°$

2 $\vec{a} \circ \vec{b} = 0$

$\begin{pmatrix} x \\ x - 3 \end{pmatrix} \circ \begin{pmatrix} x + 1 \\ x + 4 \end{pmatrix} = 0$

$x \cdot (x + 1) + (x - 3) \cdot (x + 4) = 0$

$x^2 + x + x^2 + 4x - 3x - 12 = 0$

$2x^2 + 2x - 12 = 0$

$x_{1/2} = \dfrac{-2 \pm \sqrt{2^2 - 4 \cdot 2 \cdot (-12)}}{2 \cdot 2} = \dfrac{-2 \pm 10}{4}$

$x_1 = 2 \vee x_2 = -3$

3 a) $\overrightarrow{AC}_n = \begin{pmatrix} x & + 0{,}5 \\ \frac{2}{5}x + 2 & + 4 \end{pmatrix} = \begin{pmatrix} x + 0{,}5 \\ \frac{2}{5}x + 6 \end{pmatrix}$

$\overrightarrow{AB} = \begin{pmatrix} 3{,}5 & + 0{,}5 \\ -1{,}5 & + 4 \end{pmatrix} = \begin{pmatrix} 4 \\ 2{,}5 \end{pmatrix}$

$\overrightarrow{AC}_n \circ \overrightarrow{AB} = 0$

$$\begin{pmatrix} x+0,5 \\ \frac{2}{5}x+6 \end{pmatrix} \circ \begin{pmatrix} 4 \\ 2,5 \end{pmatrix} = 0$$

$(x+0,5)\cdot 4 + (0,4x+6)\cdot 2,5 = 0$

$4x + 2 + x + 15 = 0$

$5x = -17$

$x = -3,4 \Rightarrow y_C = 0,4 \cdot (-3,4) + 6 = 4,64$

$\Rightarrow C_1(-3,4 \mid 4,64)$

b) $\overrightarrow{AC_n} = \begin{pmatrix} x & +0,5 \\ \frac{2}{5}x+2 & +4 \end{pmatrix} = \begin{pmatrix} x+0,5 \\ \frac{2}{5}x+6 \end{pmatrix}$

Steigungsvektor für die Gerade g: $\vec{v} = \begin{pmatrix} 5 \\ 2 \end{pmatrix}$

$\overrightarrow{AC_n} \circ \vec{v} = 0$

$$\begin{pmatrix} x+0,5 \\ \frac{2}{5}x+6 \end{pmatrix} \circ \begin{pmatrix} 5 \\ 2 \end{pmatrix} = 0$$

$(x+0,5)\cdot 5 + (0,4x+6)\cdot 2 = 0$

$5x + 2,5 + 0,8x + 12 = 0$

$5,8x = -14,5$

$x = -2,5 \Rightarrow y_C = 0,4 \cdot (-2,5) + 6 = 5$

$\Rightarrow C_1(-2,5 \mid 5)$

4 g: $y = 0,5x + 1 \qquad \Rightarrow \vec{v}_g = \begin{pmatrix} 1 \\ 0,5 \end{pmatrix}$

   h: $y = 3x + 6 \qquad \Rightarrow \vec{v}_h = \begin{pmatrix} 1 \\ 3 \end{pmatrix}$

$$\cos\alpha = \frac{\begin{pmatrix} 1 \\ 0,5 \end{pmatrix} \circ \begin{pmatrix} 1 \\ 3 \end{pmatrix}}{\sqrt{1^2+0,5^2}\cdot\sqrt{1^2+3^2}} = \frac{1+1,5}{\sqrt{1,25}\cdot\sqrt{10}}$$

$$= \frac{2,5}{\sqrt{12,5}} = \frac{2,5}{\sqrt{6,25\cdot 2}}$$

$$= \frac{2,5}{2,5\cdot\sqrt{2}} = \frac{1}{\sqrt{2}} = \frac{1}{2}\sqrt{2}$$

$\Rightarrow \alpha = 45°$ (aus der Formelsammlung)

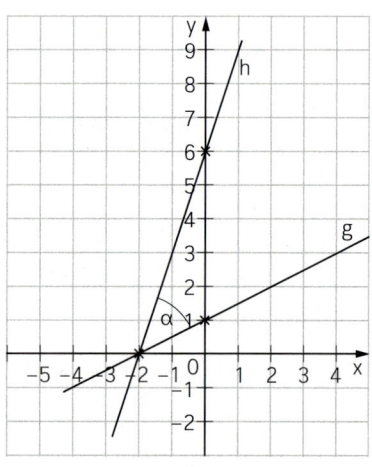

5 Zeichnung

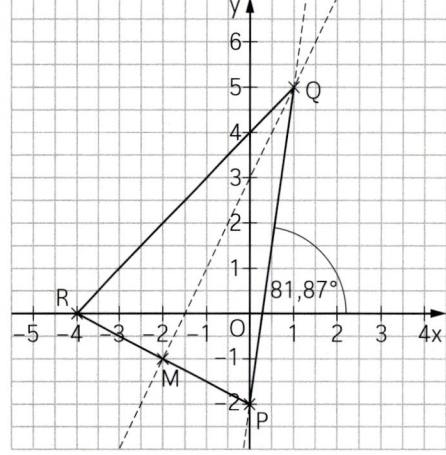

$M_{\overline{RP}}\left(\dfrac{0-4}{2} \mid \dfrac{-2+0}{2}\right) \Rightarrow M_{\overline{RP}}(-2 \mid 1)$

$Q \in PQ$

Geradengleichung PQ: $m = \tan\alpha = \tan 81,87°$

$\hspace{4.5cm} m = 7$

P, m in PQ: $-2 = 7 \cdot 0 + t$

$\hspace{3.5cm} t = -2$

$\Rightarrow$ PQ: $y = 7x - 2$

Mit $Q_n(x \mid 7x - 2)$ folgt: $\overrightarrow{RP} \circ \overrightarrow{MQ_n} = 0$

$$\begin{pmatrix} 0 & +4 \\ -2 & +0 \end{pmatrix} \circ \begin{pmatrix} x & +2 \\ 7x-2 & +1 \end{pmatrix} = 0$$

$$\begin{pmatrix} 4 \\ -2 \end{pmatrix} \circ \begin{pmatrix} x+2 \\ 7x-1 \end{pmatrix} = 0$$

$$4 \cdot (x+2) + (-2) \cdot (7x-1) = 0$$

$$4x + 8 - 14x + 2 = 0$$

$$-10x = -10$$

$$x = 1$$

$x = 1$ in Q_n ergibt: $Q(1 \mid 7 \cdot 1 - 2) \Rightarrow Q(1 \mid 5)$

6 a) $\vec{v} = \begin{pmatrix} 2 \\ -1 \end{pmatrix}$

$Q_n(x \mid -0{,}5x - 1)$

$$\overrightarrow{Q_nP} = \begin{pmatrix} -2 & -x \\ 5 & -(-0{,}5x-1) \end{pmatrix} = \begin{pmatrix} -2-x \\ 5+0{,}5x+1 \end{pmatrix} = \begin{pmatrix} -2-x \\ 6+0{,}5x \end{pmatrix}$$

$$\overrightarrow{Q_nP} \circ \vec{v} = 0$$

$$\begin{pmatrix} -2-x \\ 6+0{,}5x \end{pmatrix} \circ \begin{pmatrix} 2 \\ -1 \end{pmatrix} = 0$$

$$(-2-x) \cdot 2 + (6+0{,}5x) \cdot (-1) = 0$$

$$-4 - 2x - 6 - 0{,}5x = 0$$

$$-2{,}5x = 10$$

$$x = -4$$

$$\overrightarrow{Q_0P} = \begin{pmatrix} -2+4 \\ 6+0{,}5 \cdot (-4) \end{pmatrix} = \begin{pmatrix} 2 \\ 4 \end{pmatrix}$$

$$\left| \overrightarrow{Q_0P} \right| = \sqrt{2^2 + 4^2} \text{ LE} = 2\sqrt{5} \text{ LE}$$

$$d(P; g) = 4{,}47 \text{ LE}$$

b) $\vec{v} = \begin{pmatrix} 1 \\ 1 \end{pmatrix}$

$Q_n(x \mid x + 5)$

$$\overrightarrow{Q_nP} = \begin{pmatrix} 4 & -x \\ 3 & -(x+5) \end{pmatrix} = \begin{pmatrix} 4-x \\ 3-x-5 \end{pmatrix} = \begin{pmatrix} 4-x \\ -2-x \end{pmatrix}$$

$$\overrightarrow{Q_nP} \circ \vec{v} = 0$$

$$\begin{pmatrix} 4-x \\ -2-x \end{pmatrix} \circ \begin{pmatrix} 1 \\ 1 \end{pmatrix} = 0$$

$$(4-x) \cdot 1 + (-2-x) \cdot 1 = 0$$

$$4 - x - 2 - x = 0$$

$$-2x = -2$$

$$x = 1$$

$$\overrightarrow{Q_0P} = \begin{pmatrix} 4-1 \\ -2-1 \end{pmatrix} = \begin{pmatrix} 3 \\ -3 \end{pmatrix}$$

$$\left| \overrightarrow{Q_0P} \right| = \sqrt{3^2 + (-3)^2} \text{ LE} = 3\sqrt{2} \text{ LE}$$

$$d(P; g) = 4{,}24 \text{ LE}$$

7 Ich wähle einen beliebigen festen Punkt $P \in g$ und berechne seinen Abstand vom Fußpunkt Q des Lotes von P auf h.

h: $y - 3 + 0{,}6x = 0$

h: $y = -\dfrac{3}{5}x + 3$

$P(0 \mid -2)$; $Q_n\left(x \mid -\dfrac{3}{5}x + 3\right)$

$m = -\dfrac{3}{5}$ ergibt $\vec{v} = \begin{pmatrix} 5 \\ -3 \end{pmatrix}$

$$\begin{pmatrix} x & -0 \\ -\frac{3}{5}x+3 & +2 \end{pmatrix} \circ \begin{pmatrix} 5 \\ -3 \end{pmatrix} = 0$$

$$\begin{pmatrix} x \\ -\frac{3}{5}x+5 \end{pmatrix} \circ \begin{pmatrix} 5 \\ -3 \end{pmatrix} = 0$$

$$x \cdot 5 + \left(-\dfrac{3}{5}x + 5\right) \cdot (-3) = 0$$

$5x + 1,8x - 15 = 0$

$6,8\,x = 15$

$x = 2,21$

$$\overrightarrow{PQ} = \begin{pmatrix} 2,21 \\ -\frac{3}{5} \cdot 2,21 + 5 \end{pmatrix} = \begin{pmatrix} 2,21 \\ 3,674 \end{pmatrix}$$

$$\left|\overrightarrow{PQ}\right| = \sqrt{2,21^2 + 3,674^2}\ \text{LE} = 4,29\ \text{LE}$$

$$d(P; h) = d(g; h) = 4,29\ \text{LE}$$

8 a)

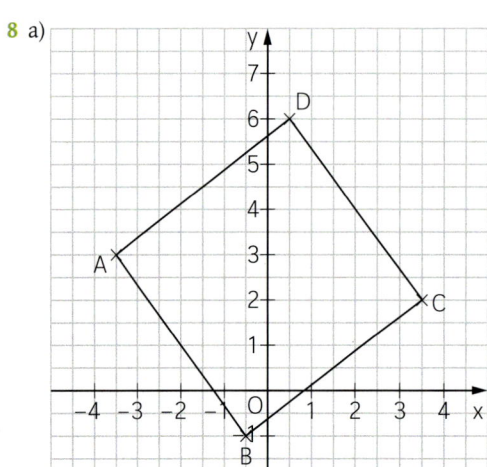

b) Aufgrund der Zeichnung vermutet man, dass es sich bei der Raute um ein Quadrat handelt.

$$\overrightarrow{CB} = \begin{pmatrix} -0,5 - 3,5 \\ -1 - 2 \end{pmatrix} = \begin{pmatrix} -4 \\ -3 \end{pmatrix}$$

$$\overrightarrow{CD} = \begin{pmatrix} 0,5 - 3,5 \\ 6 - 2 \end{pmatrix} = \begin{pmatrix} -3 \\ 4 \end{pmatrix}$$

$$\overrightarrow{CB} \circ \overrightarrow{CD} = \begin{pmatrix} -4 \\ -3 \end{pmatrix} \circ \begin{pmatrix} -3 \\ 4 \end{pmatrix}$$

$$= -4 \cdot (-3) + (-3) \cdot 4$$

$$= 0 \qquad \Rightarrow \overrightarrow{CB} \perp \overrightarrow{CD}$$

Da es sich bei dem Viereck um eine Raute handelt, sind alle Seiten gleich lang und die gegenüberliegenden Winkel gleich groß. Da das Maß des Winkels DCB = 90° ist, handelt es sich bei der Raute um ein Quadrat.

c) $\overrightarrow{OA} = \overrightarrow{OB} \oplus \overrightarrow{CD}$

$$= \begin{pmatrix} -0,5 \\ -1 \end{pmatrix} \oplus \begin{pmatrix} -3 \\ 4 \end{pmatrix}$$

$$= \begin{pmatrix} -3,5 \\ 3 \end{pmatrix} \qquad \Rightarrow A(-3,5\,|\,3)$$

zu Seite 145
Daten und Zufall

1 a) Die Wahrscheinlichkeit ist $\frac{1}{6} = 16{,}7\,\%$

b) Man hat zwei Möglichkeiten, entweder eine 1 oder eine 6. Daher ist die Wahrscheinlichkeit $\frac{2}{6} = 33{,}3\,\%$.

2 a)

b) $\Omega = \{(1,\text{blau}); (1,\text{rot}); (1,\text{grün}); (2,\text{blau});$
$(2,\text{rot}); (2,\text{grün}); (3,\text{blau}); (3,\text{rot}); (3,\text{grün});$
$(4,\text{blau}); (4,\text{rot}); (4,\text{grün})\}$

$E_1 = (3,\text{rot})\quad P(E_1) = \frac{1}{12}$

$E_2 = \{(4,\text{blau}); (4,\text{rot})\ (4,\text{grün})\}\quad P(E_2) = \frac{1}{4}$

3 a)

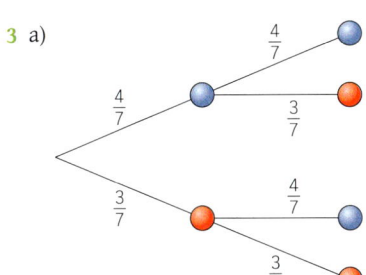

b) (1) $\frac{4}{7} \cdot \frac{3}{7} + \frac{3}{7} \cdot \frac{4}{7} = \frac{24}{49}$

(3) $\frac{4}{7} \cdot \frac{4}{7} + \frac{4}{7} \cdot \frac{3}{7} + \frac{3}{7} \cdot \frac{4}{7} = \frac{40}{49}$

(2) $\frac{3}{7} \cdot \frac{3}{7} = \frac{9}{49}$

(4) $1 - \frac{3}{7} \cdot \frac{3}{7} = \frac{40}{49}$

4 a)

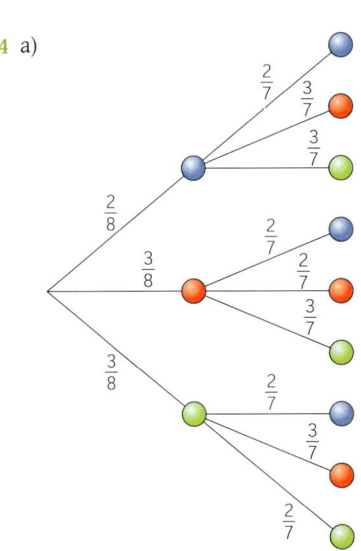

b) (1) $\frac{2}{8} \cdot \frac{3}{7} + \frac{3}{8} \cdot \frac{2}{7} = \frac{3}{14}$

(3) $\frac{2}{8} \cdot \frac{1}{7} + \frac{2}{8} \cdot \frac{3}{7} + \frac{2}{8} \cdot \frac{3}{7} + \frac{3}{8} \cdot \frac{2}{7} + \frac{3}{8} \cdot \frac{2}{7} = \frac{13}{28}$

(2) $\frac{3}{8} \cdot \frac{2}{7} = \frac{3}{28}$

(4) $1 - \frac{3}{8} \cdot \frac{2}{7} = \frac{25}{28}$

5 a) 1 gelbe Kugel und 4 weiße Kugeln
b) 2 weiße Kugeln und 4 gelbe Kugeln
c) 7 gelbe Kugeln und 3 weiße Kugeln

zu Seite 165
Abbildungen

1 a) $\overrightarrow{OP'} = \overrightarrow{OP} \oplus \vec{v}$

$\begin{pmatrix} x' \\ y' \end{pmatrix} = \begin{pmatrix} 2{,}5 \\ -3 \end{pmatrix} \oplus \begin{pmatrix} 4{,}5 \\ -1 \end{pmatrix}$

$P'(7 \,|\, -4)$

b) $x' = -x$

$\wedge\ y' = y$

$\overline{2{,}5 = -x}$

$\wedge\ -3 = y$

$\overline{P(-2{,}5\,|\,-3)}$

c) $\overrightarrow{OP'} = \overrightarrow{OZ} \oplus 1{,}25 \cdot \overrightarrow{ZP}$

$\begin{pmatrix} x' \\ y' \end{pmatrix} = \begin{pmatrix} 4{,}5 \\ -1 \end{pmatrix} \oplus 1{,}25 \cdot \begin{pmatrix} 2{,}5 - 4{,}5 \\ -3 + 1 \end{pmatrix}$

$P'(2{,}0\,|\,-3{,}5)$

d) $\overrightarrow{OP} = \overrightarrow{OZ} \oplus 1{,}25 \cdot \overrightarrow{ZP}$

$\begin{pmatrix} 2{,}5 \\ -3 \end{pmatrix} = \begin{pmatrix} 4{,}5 \\ -1 \end{pmatrix} \oplus 1{,}25 \cdot \begin{pmatrix} x - 4{,}5 \\ y + 1 \end{pmatrix}$

$\quad -2 = 1{,}25x - 5{,}625$

$\underline{\wedge \; -2 = 1{,}25y + 1{,}25}$

$\quad 3{,}625 = 1{,}25x$

$\underline{\wedge \; -3{,}25 = 1{,}25y}$

$P\,(2{,}9 \mid -2{,}6)$

Oder: Umkehrabbildung

$\overrightarrow{OP} = \overrightarrow{OZ} \oplus 0{,}8 \cdot \overrightarrow{ZP'}$

$\begin{pmatrix} x \\ y \end{pmatrix} = \begin{pmatrix} 4{,}5 \\ -1 \end{pmatrix} \oplus 0{,}8 \cdot \begin{pmatrix} 2{,}5 - 4{,}5 \\ -3 + 1 \end{pmatrix}$

$P\,(2{,}9 \mid -2{,}6)$

e) $\begin{pmatrix} x' \\ y' \end{pmatrix} = \begin{pmatrix} \cos 48° & -\sin 48° \\ \sin 48° & \cos 48° \end{pmatrix} \odot \begin{pmatrix} 4 \\ -1 \end{pmatrix}$

$\begin{pmatrix} x' \\ y' \end{pmatrix} = \begin{pmatrix} 0{,}67 & -0{,}74 \\ 0{,}74 & 0{,}67 \end{pmatrix} \odot \begin{pmatrix} 4 \\ -1 \end{pmatrix}$

$P'(3{,}42 \mid 2{,}29)$

f) $\overrightarrow{OQ} = \overrightarrow{ZP} = \begin{pmatrix} 4 - 9 \\ -1 + 2 \end{pmatrix} = \begin{pmatrix} -5 \\ 1 \end{pmatrix}$

$\overrightarrow{OQ'} = \begin{pmatrix} \cos 48° & -\sin 48° \\ \sin 48° & \cos 48° \end{pmatrix} \odot \begin{pmatrix} -5 \\ 1 \end{pmatrix}$

$= \begin{pmatrix} -4{,}09 \\ -3{,}05 \end{pmatrix}$

$\overrightarrow{OP'} = \overrightarrow{OZ} \oplus \overrightarrow{ZP'}$ mit $\overrightarrow{ZP'} = \overrightarrow{OQ'}$

$\overrightarrow{OP'} = \begin{pmatrix} 9 \\ -2 \end{pmatrix} \oplus \begin{pmatrix} -4{,}09 \\ -3{,}05 \end{pmatrix}$

$P'(4{,}91 \mid -5{,}05)$

g) $m = 2$; $\tan \alpha = 2$; $\alpha = 63{,}43°$

$2\alpha = 126{,}87°$

$\cos 126{,}86° = -0{,}6$; $\sin 126{,}86° = 0{,}8$

$\begin{pmatrix} x' \\ y' \end{pmatrix} = \begin{pmatrix} -0{,}6 & 0{,}8 \\ 0{,}8 & 0{,}6 \end{pmatrix} \odot \begin{pmatrix} 4 \\ -1 \end{pmatrix}$

$P'(-3{,}2 \mid 2{,}6)$

h) Den Punkt P erhält man durch Achsenspiegelung an s mit $y = 0{,}75x$.

$m = 20{,}75$; $\tan \alpha = 0{,}75$; $\alpha = 36{,}87°$

$2\alpha = 73{,}74°$

$\cos 73{,}74° = 0{,}28$; $\sin 73{,}74° = 0{,}96$

$\begin{pmatrix} x' \\ y' \end{pmatrix} = \begin{pmatrix} 0{,}28 & 0{,}96 \\ 0{,}96 & -0{,}28 \end{pmatrix} \odot \begin{pmatrix} 2 \\ 5 \end{pmatrix}$

$P'(5{,}36 \mid 0{,}52)$

2 a) (1)

$\overrightarrow{OP_n'} = \overrightarrow{OP_n} \oplus \vec{v}$

$\begin{pmatrix} x' \\ y' \end{pmatrix} = \begin{pmatrix} x \\ (x - 2{,}5)^3 - 5 \end{pmatrix} \oplus \begin{pmatrix} 2{,}5 \\ 4 \end{pmatrix}$

$\quad x' = x + 2{,}5 \qquad x' - 2{,}5 = x$

$\underline{\wedge \; y' = (x - 2{,}5)^3 - 1}$

$y' = (x' - 2{,}5 - 2{,}5)^3 - 1$

$f': y = (x - 5)^3 - 1$

(2)

$\overrightarrow{OP_n'} = \overrightarrow{OP_n} \oplus \vec{v}$

$\begin{pmatrix} x' \\ y' \end{pmatrix} = \begin{pmatrix} x \\ 3^{0{,}5x + 2} + 1 \end{pmatrix} \oplus \begin{pmatrix} 2{,}5 \\ 4 \end{pmatrix}$

$\quad x' = x + 2{,}5 \qquad x' - 2{,}5 = x$

$\underline{\wedge \; y' = 3^{0{,}5x + 2} + 5}$

$y' = 3^{0{,}5(x' - 2{,}5) + 2} + 5$

$f': y = 3^{0{,}5x + 0{,}75} + 5$

(3)

$\overrightarrow{OP_n'} = \overrightarrow{OP_n} \oplus \vec{v}$

$\begin{pmatrix} x' \\ y' \end{pmatrix} = \begin{pmatrix} x \\ \log_3(0{,}5x + 2) + 1 \end{pmatrix} \oplus \begin{pmatrix} 2{,}5 \\ 4 \end{pmatrix}$

$\quad x' = x + 2{,}5 \qquad x' - 2{,}5 = x$

$\underline{\wedge \; y' = \log_3(0{,}5x + 2) + 5}$

$y' = \log_3[0{,}5(x' - 2{,}5) + 2] + 5$

$f': y = \log_3(0{,}5x + 0{,}75) + 5$

b) (1) $\quad x' = y$

$\underline{\wedge \; y' = x}$

$x' = (y' - 2{,}5)^3 - 5$

$x' + 5 = (y' - 2{,}5)^3 \quad \Big| \tfrac{1}{3}$

$(x' + 5)^{\frac{1}{3}} = y' - 2{,}5$

$f': y = (x + 5)^{\frac{1}{3}} + 2{,}5$

(2) $\quad x' = y$

$\underline{\wedge \; y' = x}$

$x' = 3^{0{,}5y' + 2} + 1$

$x' - 1 = 3^{0{,}5y' + 2}$

$\log_3(x' - 1) = 0{,}5y' + 2$

$\log_3(x' - 1) - 2 = 0{,}5y'$

$f': y = 2\log_3(x - 1) - 4$

(3) $\quad x' = y$

$\underline{\wedge \; y' = x}$

$x' = \log_3(0{,}5y' + 2) + 1$

$x' - 1 = \log_3(0{,}5y' + 2)$

$3^{x' - 1} = 0{,}5y' + 2$

$3^{x' - 1} - 2 = 0{,}5y'$

$f': y = 2 \cdot 3^{x - 1} - 4$

c) (1) $\quad x' = -x \qquad -x' = x$

$\underline{\wedge \; y' = y}$

$y' = (-x' - 2{,}5)^3 - 5$

$y' = [-(x' + 2{,}5)]^3 - 5$

$f': y = -(x + 2{,}5)^3 - 5$

oder:

$f': y = (-x - 2{,}5)^3 - 5$

(2) $\quad x' = -x \qquad -x' = x$

$\underline{\wedge \; y' = y}$

$y' = 3^{0{,}5(-x') + 2} + 1$

$y' = 3^{-0{,}5x' + 2} + 1$

$f': y = 3^{-0{,}5x + 2} + 1$

(3) $\quad x' = -x \qquad -x' = x$

$\underline{\wedge \; y' = y}$

$y' = \log_3[0{,}5(-x') + 2] + 1$

$y' = \log_3(-0{,}5x' + 2) + 1$

$f': y' = \log_3(-0{,}5x + 2) + 1$

d) (1)

$$\overrightarrow{OP_n} = \overrightarrow{OZ} \oplus 0.5 \cdot \overrightarrow{ZP_n}$$

$$\begin{pmatrix} x' \\ y' \end{pmatrix} = \begin{pmatrix} 2 \\ -2 \end{pmatrix} \oplus 0.5 \cdot \begin{pmatrix} x-2 \\ (x-2.5)^3 - 5 + 2 \end{pmatrix}$$

$$x' = 2 + 0.5x - 1 \qquad \boxed{\frac{x'-1}{0.5} = x}$$

$$\wedge\ y' = -2 + 0.5 \left(\frac{x'-1}{0.5} - 2.5 \right)^3 - 1.5$$

$$y' = 0.5 \left(\frac{x'-1-1.25}{0.5} \right)^3 - 3.5$$

$$f': y = 4(x - 2.25)^3 - 3.5$$

(2)

$$\overrightarrow{OP_n} = \overrightarrow{OZ} \oplus 0.5 \cdot \overrightarrow{ZP_n}$$

$$\begin{pmatrix} x' \\ y' \end{pmatrix} = \begin{pmatrix} 2 \\ -2 \end{pmatrix} \oplus 0.5 \cdot \begin{pmatrix} x-2 \\ 3^{0.5x+2} + 1 + 2 \end{pmatrix}$$

$$x' = 2 + 0.5x - 1 \qquad \boxed{\frac{x'-1}{0.5} = x}$$

$$\wedge\ y' = -2 + 0.5 \cdot 3^{0.5 \cdot \frac{x'-1}{0.5} + 2} + 1.5$$

$$y' = 0.5 \cdot 3^{x'-1+2} - 0.5$$

$$f': y = 0.5 \cdot 3^{x+1} - 0.5$$

(3)

$$\overrightarrow{OP_n} = \overrightarrow{OZ} \oplus 0.5 \cdot \overrightarrow{ZP_n}$$

$$\begin{pmatrix} x' \\ y' \end{pmatrix} = \begin{pmatrix} 2 \\ -2 \end{pmatrix} \oplus 0.5 \cdot \begin{pmatrix} x-2 \\ \log_3(0.5x+2) + 1 + 2 \end{pmatrix}$$

$$x' = 2 + 0.5x - 1 \qquad \boxed{\frac{x'-1}{0.5} = x}$$

$$\wedge\ y' = -2 + 0.5 \cdot \log_3\left(0.5 \cdot \frac{x'-1}{0.5} + 2\right) + 1.5$$

$$y' = 0.5 \cdot \log_3(x'-1+2) - 0.5$$

$$f': y = 0.5 \cdot \log_3(x+1) - 0.5$$

3 a)

b) Sinussatz im Dreieck AB_nC_n

$$\frac{|\overline{AB_n}|}{\sin 120°} = \frac{|\overline{AC_n}|}{\sin 30°}$$

$$|\overline{AB_n}| = \frac{0.5\sqrt{3}\,|\overline{AC_n}|}{0.5}$$

$$|\overline{AB_n}| = \sqrt{3}\,|\overline{AC_n}| \qquad\qquad \text{Ergebnis: } k = \sqrt{3}$$

c) $\overrightarrow{AC_n} \xmapsto{A;\,-30°} \overrightarrow{AB_n^*}$

$$\overrightarrow{AB_n^*} = \begin{pmatrix} \cos(-30°) & -\sin(-30°) \\ \sin(-30°) & \cos(-30°) \end{pmatrix} \odot \begin{pmatrix} x-2 \\ -x+5-1 \end{pmatrix}$$

$$\overrightarrow{AB_n^*} = \begin{pmatrix} 0.87 & 0.5 \\ -0.5 & 0.87 \end{pmatrix} \odot \begin{pmatrix} x-2 \\ -x+4 \end{pmatrix}$$

$$\overrightarrow{AB_n^*} = \begin{pmatrix} 0.87x - 1.74 - 0.5x + 2 \\ -0.5x + 1 - 0.87x + 3.48 \end{pmatrix} = \begin{pmatrix} 0.37x + 0.26 \\ -1.37x + 4.48 \end{pmatrix}$$

$$\overrightarrow{OB_n} = \begin{pmatrix} 2 \\ 1 \end{pmatrix} \oplus \begin{pmatrix} 0.37x + 0.26 \\ -1.37x + 4.48 \end{pmatrix} = \begin{pmatrix} 0.64x + 2.45 \\ -2.37x + 8.76 \end{pmatrix}$$

$$B_n(0.64x + 2.45 \mid -2.37x + 8.76)$$

d) $x' = 0.64x + 2.45 \qquad \boxed{\frac{x'-2.45}{0.64} = x}$

$$\wedge\ y' = -2.37 \cdot \frac{x'-2.45}{0.64} + 8.76$$

$$y' = -3.70x' + 9.07 + 8.76$$

$$h: y = -3.70x + 17.83$$

e) $\overrightarrow{C_nB_n} \odot \vec{v} = 0$

$$\begin{pmatrix} 0.64x + 2.45 - x \\ -2.37x + 8.76 + x - 5 \end{pmatrix} \odot \begin{pmatrix} 1 \\ -1 \end{pmatrix} = 0$$

$$(-0.36x + 2.45) \cdot 1 + (-1.37x + 3.67) \cdot (-1) = 0$$

$$1.01x - 1.22 = 0 \qquad x = 1.21$$

$$C_1(1.21 \mid 3.79)$$

$$B_1(0.64 \cdot 1.21 + 2.45 \mid -2.37 \cdot 1.21 + 8.76)$$

$$B_1(3.22 \mid 5.89)$$

4 a) $B_1(4\sqrt{2}\cos^2 20° \,|\, 5\sqrt{2}\sin^2 20°) = B_1(5{,}00 \,|\, 0{,}83)$

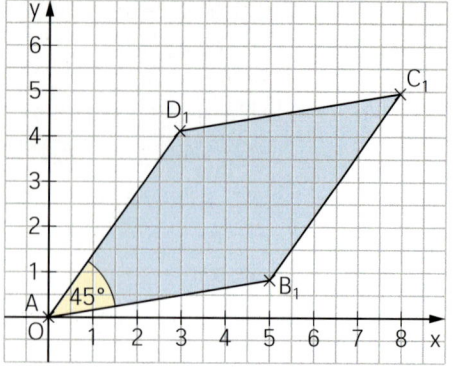

b) $\overrightarrow{OD}_n = \begin{pmatrix} 0{,}5\sqrt{2} & -0{,}5\sqrt{2} \\ 0{,}5\sqrt{2} & 0{,}5\sqrt{2} \end{pmatrix} \odot \begin{pmatrix} 4\sqrt{2}\cos^2\varphi \\ 5\sqrt{2}\sin^2\varphi \end{pmatrix}$

$\overrightarrow{OD}_n = \begin{pmatrix} 4\cos^2\varphi - 5\sin^2\varphi \\ 4\cos^2\varphi + 5\sin^2\varphi \end{pmatrix}$

$\overrightarrow{OD}_n = \begin{pmatrix} 4\cos^2\varphi - 5(1-\cos^2\varphi) \\ 4\cos^2\varphi + 5(1-\cos^2\varphi) \end{pmatrix}$

$\overrightarrow{OD}_n = \begin{pmatrix} 9\cos^2\varphi - 5 \\ -\cos^2\varphi + 5 \end{pmatrix}$ $D_n(9\cos^2\varphi - 5 \,|\, -\cos^2\varphi + 5)$

c) $x' = 9\cos^2\varphi - 5$ $\dfrac{x'+5}{9} = \cos^2\varphi$

$\wedge\ y' = -\cos^2\varphi + 5$

$y' = -\dfrac{x'+5}{9} + 5$

$h:\ y = -\dfrac{1}{9}x + 4\dfrac{4}{9}$

d) $\overrightarrow{OC}_n = \overrightarrow{OD}_n \oplus \overrightarrow{D_nC_n}$ mit $\overrightarrow{D_nC_n} = \overrightarrow{OB}_n$

$\overrightarrow{OC}_n = \begin{pmatrix} 9\cos^2\varphi - 5 \\ -\cos^2\varphi + 5 \end{pmatrix} \oplus \begin{pmatrix} 4\sqrt{2}\cos^2\varphi \\ 5\sqrt{2}\sin^2\varphi \end{pmatrix}$

$\overrightarrow{OC}_n = \begin{pmatrix} (9 + 4\sqrt{2})\cos^2\varphi - 5 \\ -\cos^2\varphi + 5\sqrt{2}\sin^2\varphi + 5 \end{pmatrix}$

$C_n((9 + 4\sqrt{2})\cos^2\varphi - 5 \,|\, -(1 - \sin^2\varphi) + 5\sqrt{2}\sin^2\varphi + 5)$
$C_n((9 + 4\sqrt{2})\cos^2\varphi - 5 \,|\, (1 + 5\sqrt{2})\sin^2\varphi + 4)$

zu Seite 168
Potenzfunktionen

1 1.1 $(x^3y^5)^2 \cdot (xy^2)^{-3} = x^6y^{10} \cdot x^{-3}y^{-6} = x^3y^4$

1.2 $x^{-3}yz^7 : (x^2y^{-1}z)^{-5} = x^{-3}yz^7 : x^{-10}y^6z^{-5} = x^7y^{-5}z^5$

1.3 $\dfrac{(a^7b^{-4})^{-3}}{(a^{-3}b^{-5})^2} = \dfrac{a^{-21}b^{12}}{a^{-6}b^{-10}} = a^{-15}b^{22}$

1.4 $\dfrac{\left(a^{\frac{4}{9}}b^{-\frac{1}{6}}\right)^{-3}}{(ab)^{-0{,}5}} = \dfrac{a^{-\frac{4}{3}}b^{\frac{1}{2}}}{a^{-0{,}5}b^{-0{,}5}} = a^{-\frac{5}{6}}b$

2 2.1 $128^{\frac{1}{7}} = \sqrt[7]{128} = 2$

2.2 $\sqrt[5]{0{,}00001} = 0{,}00001^{\frac{1}{5}}$

2.3 $\left(\dfrac{27}{64}\right)^{\frac{1}{3}} = \sqrt[3]{\dfrac{27}{64}} = \dfrac{3}{4}$

2.4 $\sqrt[3]{0{,}008} - 5^{-1} = 0{,}008^{\frac{1}{3}} - 5^{-1} = 0$

3.1 $D_f = \mathbb{R}\backslash\{0\}$; $W_f = \mathbb{R}\backslash\{0\}$; Asymptoten: x-Achse und y-Achse

$f^{-1} : x = y^{-3}$ $\qquad x = \dfrac{1}{y^3}$ $\qquad y^3 = \dfrac{1}{x}$ $\qquad y = \left(\dfrac{1}{x}\right)^{\frac{1}{3}} = x^{-\frac{1}{3}}$

$D_{f^{-1}} = \mathbb{R}\backslash\{0\}$; $W_{f^{-1}} = \mathbb{R}\backslash\{0\}$; Asymptoten: x-Achse und y-Achse

3.2 $D_f = \{x \mid x \leq -1\}$; $W_f = \{y \mid y \geq 3\}$; keine Asymptoten

$f^{-1} : x = (y+1)^2 + 3$ $\qquad \sqrt{x-3} - 1 = y$

$D_f^{-1} = \{x \mid x \geq 3\}$; $W_f^{-1} = \{y \mid y \leq -1\}$; keine Asymptoten

4 z.B.: $f_1: y = x^2 + 1$; $f_2: y = x^4 - 2$; $f_3: y = x^{-2}$

5 5.1 $2 \cdot \sqrt[3]{x} = 60$

$\sqrt[3]{x} = 30$

$\phantom{2 \cdot \sqrt[3]{x}}x = 30^3 = 27\,000$ $\qquad L = \{27\,000\}$

5.2 $\dfrac{1}{3}x^3 + 7 = 16$

$\phantom{\dfrac{1}{3}}x^3 = 27$

$\phantom{\dfrac{1}{3}x^3}x = 3$ $\qquad L = \{3\}$

5.3 $6x^4 - 17 = 469$

$x^4 = 81$

$x = 3$ $\qquad L = \{3\}$

5.4 $18 \cdot \sqrt[3]{\dfrac{125}{216}}x^3 = 0{,}15$

$18 \cdot \dfrac{5}{6}x = 0{,}15$

$\phantom{18 \cdot \dfrac{5}{6}}x = 0{,}001$ $\qquad L = \{0{,}001\}$

6.1 $y = -0{,}5x^2$ $\qquad$ nach unten geöffnete Parabel mit dem Öffnungsfaktor 0,5 und dem Scheitel S (0 | 0)

$y = -0{,}5x^2 + 1$ $\qquad$ nach unten geöffnete Parabel mit dem Öffnungsfaktor 0,5 und dem Scheitel S (0 | 1)

$y = 0{,}5x^2 - 1$ $\qquad$ nach oben geöffnete Parabel mit dem Öffnungsfaktor 0,5 und dem Scheitel S (0 | −1)

$y = 0{,}5x^2 + 2x + 1$ nach oben geöffnete Parabel mit dem Öffnungsfaktor 0,5, entlang der negativen x-Achse und entlang der negativen y-Achse verschoben

6.2 $y = x$ $\qquad$ Gerade, Winkelhalbierende des 1. und 3. Quadranten

$y = \dfrac{1}{3}x$ $\qquad$ Gerade, im 1. und 3. Quadranten, durch den Ursprung, flacher als die Winkelhalbierende

$y = \dfrac{1}{3}x - 4$ $\qquad$ Gerade, verläuft wie die vorherige nur um 4 LE entlang der y-Achse nach unten verschoben

$y = -\dfrac{1}{3}x + 4$ Gerade, schneidet die y-Achse bei +4 und verläuft fallend mit einer Steigung von $-\dfrac{1}{3}$

6.3 $y = -0{,}25x^5$ $\qquad$ zum Ursprung punktsymmetrische Potenzfunktion im 2. und 4. Quadranten mit dem Öffnungsfaktor 0,25; verläuft durch den Ursprung

$y = 0{,}25x^{-5}$ $\qquad$ zum Ursprung punktsymmetrische Potenzfunktion im 1. und 3. Quadranten mit dem Öffnungsfaktor 0,25; Koordinatenachsen sind Asymptoten

$y = -0{,}25(x + 2)^5$ Potenzfunktion, verläuft wie die Funktion mit der Gleichung $y = -0{,}25x^5$ nur um 2 LE entlang der x-Achse nach links verschoben

$y = (x + 2)^{-5}$ $\qquad$ punktsymmetrische Potenzfunktion mit der x-Achse und der Gerade mit der Gleichung $x = -2$ als Asymptoten

6.4 $y = 4x^{-2}$ $\qquad$ Zur y-Achse symmetrische Potenzfunktion im I. und II. Quadranten mit dem Öffnungsfaktor 4; Koordinatenachsen sind Asymptoten.

$y = \dfrac{1}{4}x^{-2}$ $\qquad$ Zur y-Achse symmetrische Potenzfunktion im I. und II. Quadranten mit dem Öffnungsfaktor $\dfrac{1}{4}$; Koordinatenachsen sind Asymptoten.

$y = -\dfrac{1}{4}x^{-2}$ $\qquad$ Zur y-Achse symmetrische Potenzfunktion im III. und IV. Quadranten mit dem Öffnungsfaktor $\dfrac{1}{4}$; Koordinatenachsen sind Asymptoten .

$y = \dfrac{1}{4}x^2 + 4$ $\qquad$ Nach oben geöffnete Parabel mit dem Öffnungsfaktor $\dfrac{1}{4}$ und dem Scheitel S (0 | 4)

7 7.1 $x = 0$; $y = 1{,}5$: z. B. $y = 0{,}5x^{-1} + 1{,}5$

7.2 $x = 3$; $y = -4$: $y = 2(x - 3)^{-3} - 4$

7.3 $x = -2{,}5$; $y = 0$: $y = -3(x + 2{,}5)^{-4}$

8 8.1 $P(-4 \mid 3{,}5)$; z. B. f: $y = \dfrac{1}{4}(x + 2)^4 - 0{,}5$

8.2 $P(-2 \mid -10)$; z. B. f: $y = \dfrac{1}{8}(x - 2)^3 - 2$

9   9.1   (3) $y = (x - 2{,}5)^{-2} + 1{,}5$ 9.2 $D = \mathbb{R} \setminus \{2{,}5\}$, $W = \mathbb{R} \setminus \{2\}$

    9.3   (1): Graph verläuft im I. und III. Quadranten

          (2): Graph verläuft im III. und IV. Quadranten

---

zu den Seiten 169 und 170 Exponential- und Logarithmus-funktionen

1.1 $y = 540 \cdot 0{,}95^x$ x gibt die Zeit in Wochen und y die Anzahl der richtigen Antworten an.

1.2 $y = 7{,}7 \cdot 1{,}011^x$ x gibt die Zeit in Jahren und y die Weltbevölkerung in Milliarden Menschen an.

1.3 $y = 550\,000 \cdot 0{,}997^x$ x gibt die Zeit in Monaten und y das Restguthaben in Euro an.

1.4 $y = 2{,}1 \cdot 0{,}82^x$ x gibt die Anzahl der Bodenkontakte und y die Sprunghöhe in Metern an.

2.1   Herr Adam hat bei einer Bank einen Kredit von 35 000 € aufgenommen. Jeden Monat zahlt er 1,5 % davon zurück.

2.2   Frau Stephl hat für 2 000 € Aktien des Unternehmens TecHigh gekauft. Pro Monat steigt der Wert der Beteiligung durchschnittlich um 5 %.

2.3   Während einer Gewinnsträhne im Casino konnte Herr Glück die Anzahl seiner 12 Jetons nach jeder Runde um 50 % steigern.

2.4   In einer Petrischale sind 0,5 cm² von Bakterien besiedelt. Jeden Tag verdoppelt sich die besiedelte Fläche.

3   **3.1** $3^x = 81 \Leftrightarrow x = 4$ **3.2** $\log_4 16 = x \Leftrightarrow 4^x = 16 \Leftrightarrow x = 2$

    3.3 $10^x = 100\,000 \Leftrightarrow x = 5$ **3.4** $x = \log_2 128 \Leftrightarrow 2^x = 128 \Leftrightarrow x = 7$

    3.5 $\log_{0{,}5} \frac{1}{8} = x \Leftrightarrow \left(\frac{1}{2}\right)^x = \frac{1}{8} \Leftrightarrow x = 3$ **3.6** $\log_x 625 = 4 \Leftrightarrow x^4 = 625 \Leftrightarrow x = 5$

    3.7 $5^x + 5^x = 250 \Leftrightarrow 5^x = 125 \Leftrightarrow x = 3$ **3.8** $\log_4 (7x - 6) = 3 \Leftrightarrow 64 = 7x - 6 \Leftrightarrow x = 10$

    3.9 $5^{2x} = 25 \cdot 5^{x-1} \Leftrightarrow 5^{2x} = 5^{x+1} \Leftrightarrow 2x = x + 1 \Leftrightarrow x = 1$

    3.10 $2 \cdot 0{,}5^{x+2} + 0{,}5^2 = 4{,}25 \Leftrightarrow 0{,}5^{x+1} = 0{,}5^{-2} \Leftrightarrow x + 1 = -2 \Leftrightarrow x = -3$

    3.11 $3^{x+1} = 3 \cdot 9^{0{,}5x} \Leftrightarrow 3^{x+1} = 3^{x+1} \Leftrightarrow x + 1 = x + 1$ (w. A.); $L = \mathbb{R}$

    3.12 $\log_4 x = 1 \Leftrightarrow 4^1 = x \Leftrightarrow x = 4$

4.1   Bei der Umwandlung in eine Logarithmusgleichung wurde die Basis vertauscht.

     $3^x = 10 \Leftrightarrow x = \log_3 10 \Leftrightarrow 2{,}10$

4.2   Bei der Umwandlung in eine Logarithmusgleichung wurde die Basis vertauscht.

     $x^3 = 343 \Leftrightarrow x = \sqrt[3]{343} \Leftrightarrow 7$

4.3   Die Regel $a^m \cdot a^n = a^{m+n}$ wurde falsch angewendet.

     $125 \cdot 5^{x+3} = 0{,}2 \cdot 5^{2x} \Leftrightarrow 5^3 \cdot 5^{x+3} = 5^{-1} \cdot 5^{2x} \Leftrightarrow 5^{x+6} = 5^{2x-1} \Leftrightarrow x + 6 = 2x - 1 \Leftrightarrow x = 7$

4.4   Die Äquivalenzumformung in der vorletzten Zeile ist falsch.

     $x\,(\log_{10} 4 - 4 \log_{10} 3) = \log_{10} 256 - \log_{10} 81 - 3 \log_{10} 4 \Leftrightarrow \dfrac{\log_{10} 256 - \log_{10} 81 - 3 \log_{10} 4}{\log_{10} 4 - 4 \log_{10} 3} \Leftrightarrow x = 1$

4.5   Bei der Umwandlung in eine Exponentialgleichung wurde die Basis vertauscht.

     $\log_3 x = 4 \Leftrightarrow 3^4 = x \Leftrightarrow x = 81$

5.1 f_1: **D**; f_2: **B**; f_3: **A**; f_4: **E**

     $y = 3 \cdot 2^x - 1$ nicht zugeordnet

5.2   Die Exponentialfunktion besitzt die Gerade mit der Gleichung $y = -1$ als Asymptote und verläuft durch den Punkt $(0 \mid 2)$. Je größer der x-Wert, desto größer ist der dazugehörige y-Wert.

6.1 $\log_2 (x^2 - 9) - \log_2 (x + 3) = \log_2 \dfrac{(x+3)(x-3)}{(x+3)} = \log_2 (x - 3)$

6.2 $\log_4 4 + 4^{\log_4 1} = 1 + 4^0 = 1 + 1 = 2$

6.3 $\log_5 a + 4 \log_5 a^2 - 3 \log_5 \sqrt{a} = \log_5 a + \log_5 a^8 - \log_5 a^{\frac{3}{2}} = \log_5 \dfrac{a \cdot a^8}{a^{\frac{3}{2}}} = \log_5 a^{7{,}5}$

     Alternative Berechnung:

     $\log_5 a + 4 \log_5 a^2 - 3 \log_5 \sqrt{a} = \log_5 a + 8 \cdot \log_5 a - \dfrac{3}{2} \cdot \log_5 a = 7{,}5 \cdot \log_5 a$

6.4 $\log_3 (x - 7)^4 + \log_3 (x - 7)^3 = \log_3 (x - 7)^7$

6.5 $\log_2 2x - \log_2 x = \log_2 \dfrac{2x}{x} = \log_2 2 = 1$

6.6 $\log_3 100 + \log_3 10 + \log_3 0{,}1 = \log_3 (100 \cdot 10 \cdot 0{,}1) = \log_3 100$

7.1 f_2: $y = -0{,}5 \cdot 2^{x-(-4)} + 3 - 4 \Leftrightarrow y = -0{,}5 \cdot 2^{x+4} - 1$

7.2 f_2: $x = \log_3 (y - 3) - 4 \Leftrightarrow x + 4 = \log_3 (y - 3) \Leftrightarrow y - 3 = 3^{x+4} \Leftrightarrow y = 3^{x+4} + 3$

7.3 f_2: $y = -[-2 \cdot \log_{10} (x + 1) - 3] \Leftrightarrow y = 2 \cdot \log_{10} (x + 1) + 3$

8.1 f^{-1}: $x = \log_4(y + 2) \Leftrightarrow 4^x = y + 2 \Leftrightarrow y = 4^x - 2$

8.2 f^{-1}: $x = 3^{y+7} - 6 \Leftrightarrow x + 6 = 3^{y+7} \Leftrightarrow y + 7 = \log_3(x + 6) \Leftrightarrow y = \log_3(x + 6) - 7$

8.3 f^{-1}: $x = \log_{10} y - 2 \Leftrightarrow x + 2 = \log_{10} y \Leftrightarrow y = 10^{x+2}$

8.4 f^{-1}: $x = 2 \cdot 1{,}05^y \Leftrightarrow \frac{x}{2} = 1{,}05^y \Leftrightarrow y = \log_{1{,}05} \frac{x}{2}$

9.1 $250 = 2 \cdot a^3 \Leftrightarrow 125 = a^3 \Leftrightarrow a = 5;$ f: $y = 2 \cdot 5^x$

9.2 $2 = k \cdot 1{,}5^{-1+2} - 1 \Leftrightarrow 3 = k \cdot 1{,}5 \Leftrightarrow k = 2;$ f: $y = 2 \cdot 1{,}5^{x+2} - 1$

9.3 $-3 = -\log_a(4 + 4) \Leftrightarrow 3 = \log_a 8 \Leftrightarrow a^3 = 8 \Leftrightarrow a = 2;$ f: $y = -\log_2(x + 4)$

9.4 $4{,}5 = -0{,}5 \cdot \log_3(4 - 1) + d \Leftrightarrow 4{,}5 = -0{,}5 \cdot \log_3 3 + d \Leftrightarrow d = 5;$ f: $y = -0{,}5 \cdot \log_3(x - 1) + 5$

10.1 In 14 Tagen verdoppelt sich die Fläche zwei Mal, d. h. sie wächst um 300 %.

10.2 $y = 15 \cdot 2^x$

10.3 Wenn sich die von Algen bedeckte Fläche von 15 m² auf 60 m² erhöht, entspricht dies zwei Verdopplungen, die insgesamt 2 Wochen benötigen.

10.4 Eine Verachtfachung entspricht drei Verdopplungen, weil $2^3 = 8$.
Daher dauert es 3 Wochen bis zur Verachtfachung der Fläche.

11.1 Die Bakterien in der ersten Petrischale wachsen pro Stunde um 9 % und die in der zweiten um 10 %.

11.2 In der zweiten Petrischale befinden sich am Beginn schon eine größere mit Bakterien bewachsene Fläche und diese wächst auch schneller als die Fläche in Schale 1.

11.3 Möglichkeit 1: Anfangswert größer als 1,8 mm², z. B.: $y = 1{,}9 \cdot 1{,}09^x$
Möglichkeit 2: Wachstumsfaktor größer als 1,1, z. B.: $y = 1{,}5 \cdot 1{,}2^x$

zu Seite 171–173
Trigonometrie

1   $\tan \alpha_1 = \sqrt{3} \Rightarrow \alpha_1 = 60°$
$\tan \alpha_2 = 1 \Rightarrow \alpha_2 = 45°$
$\varepsilon = 60° - 45° = 15°$

2   $\beta = 180° - 135° = 45°$
$\gamma = 180° - 105° - 45° = 30°$

$$\frac{|\overline{AC}|}{\sin 45°} = \frac{8 \text{ cm}}{\sin 30°}$$

$$|\overline{AC}| = \frac{8 \text{ cm} \cdot 0{,}5\sqrt{2}}{0{,}5} = 8\sqrt{2} \text{ cm}$$

3.1 $\frac{|\overline{CD}|}{3 \text{ cm}} = \frac{6 \text{ cm}}{4 \text{ cm}}$ $|\overline{CD}| = 4{,}5 \text{ cm}$

3.2 $|\overline{SB}|^2 = (4 \text{ cm})^2 + (3 \text{ cm})^2 - 2 \cdot 4 \text{ cm} \cdot 3 \text{ cm} \cdot \cos 60°$
$|\overline{SB}|^2 = 25 \text{ cm}^2 - 12 \text{ cm}^2$
$|\overline{SB}| = \sqrt{13} \text{ cm}$

4.1 $\tan 30° = \frac{x}{5}$ $x = 5 \cdot \frac{1}{3}\sqrt{3} = \frac{5}{3}\sqrt{3}$

4.2   Wenn der Wert von y genauso groß wäre wie der Wert von x, dann müsste für die Seite $\overline{BD}$ des rechtwinkligen Dreiecks ABD gelten: $|\overline{BD}| = \frac{10}{3}\sqrt{3}$ cm.
Aber im Dreieck ABD gilt: $|\overline{BD}| = 5 \text{ cm} \cdot \tan 60° = 5\sqrt{3} \text{ cm} \neq \frac{10}{3}\sqrt{3}$ cm. Somit kann der Wert von y nicht genauso groß sein wie der Wert von x.

5   Bei der vorgegebenen Zeichnung stimmen alle Winkelmaße und Längenmaße mit den gegebenen Größen überein. Der berechnete Wert stimmt aber nicht mit dem Maß γ des Winkels ACB überein.
Da der gegebene Winkel nicht der größeren der beiden gegebenen Seitenlängen gegenüberliegt, ist die Konstruktion nicht eindeutig. Es gibt demnach noch ein zweites Dreieck, zu dem die gegebenen Größen passen. Um das vorgegebene Winkelmaß γ zu berechnen, muss die zweite Lösung für den Sinussatz angegeben werden.
$\sin 44{,}4° = \sin(180° - 44{,}4°) = \sin 135{,}6°$
Dieses berechnete Winkelmaß stimmt mit der Zeichnung überein.

6.1 $\sphericalangle CBA = 60°$, da Eigenschaft gleichschenkliges Trapez

Kosinussatz im Dreieck ABC: $|\overline{AC}|^2 = (15\text{ m})^2 + (8\text{ m})^2 - 2 \cdot 15\text{ m} \cdot 8\text{ m} \cdot \cos 60°$

$\cos 60° = 0,5$ (Merkhilfe)

$|\overline{AC}|^2 = (15\text{ m})^2 + (8\text{ m})^2 - 2 \cdot 15\text{ m} \cdot 8\text{ m} \cdot 0,5$

$|\overline{AC}|^2 = 169\text{ m}^2$

$|\overline{AC}| = 13\text{ m}$

Die Leiste hat eine Länge von 13 Meter.

6.2 $u = |\overline{AB}| + |\overline{BC}| + |\overline{CD}| + |\overline{DA}|$

$|\overline{DA}| = |\overline{BC}|$, da Eigenschaft gleichschenkliges Trapez

Im rechtwinkligen Dreieck BCE gilt (E ist Lotfußpunkt von C auf AB):

$\cos 60° = \dfrac{|\overline{BE}|}{8\text{ m}}$

$|\overline{BE}| = \cos 60° \cdot 8\text{ m} = 0,5 \cdot 8\text{ m} = 4\text{ m} \Rightarrow |\overline{CD}| = |\overline{AB}| - 2 \cdot |\overline{BE}| = 15\text{ m} - 8\text{ m} = 7\text{ m}$

$u = 15\text{ m} + 8\text{ m} + 7\text{ m} + 8\text{ m} = 38\text{ m}$

Die Länge der Sicherheitsmarkierung beträgt 38 Meter.

7 Kosinussatz im Dreieck AEF:

$|\overline{AE}|^2 = (10\text{ dm})^2 + (5\text{ dm})^2 - 2 \cdot 10\text{ dm} \cdot 5\text{ dm} \cdot \cos 120°$

mit $\cos 120° = \cos(180° - 60°) = -\cos 60° = -0,5$

$|\overline{AE}|^2 = (10\text{ dm})^2 + (5\text{ dm})^2 - 2 \cdot 10\text{ dm} \cdot 5\text{ dm} \cdot (-0,5)$

$|\overline{AE}|^2 = 175\text{ dm}^2$

$|\overline{AE}| = \sqrt{175}\text{ dm} \Rightarrow |\overline{AE}| = |\overline{BD}| = \sqrt{175}\text{ dm}$

$A_{\triangle BCD} = \dfrac{1}{2} \cdot \sqrt{175}\text{ dm} \cdot 3\sqrt{7}\text{ dm} \cdot \sin 150°$

mit $\sin 150° = \sin(180° - 30°) = \sin 30° = 0,5$

$A_{\triangle BCD} = 1,5 \cdot \sqrt{1\,225} \cdot 0,5\text{ dm}^2$

$A_{\triangle BCD} = 1,5 \cdot 35\text{ dm}^2 \cdot 0,5 = 26,25\text{ dm}^2$

Der Flächeninhalt des Dreiecks BCD beträgt 26,25 dm².

8.1 untere Intervallgrenze von φ

$\triangle PQR$: $\tan \varphi_0 = \dfrac{4\sqrt{3}\text{ cm}}{12\text{ cm}}$

$\tan \varphi_0 = \dfrac{1}{3}\sqrt{3}$

$\varphi_0 = 30°$

8.2 $|\overline{S_n R}| = |\overline{PQ}| - |\overline{PT_n}|$

$\triangle PT_n S_n$: $\tan \varphi = \dfrac{4\sqrt{3}\text{ cm}}{|\overline{PT_n}|}$

$|\overline{PT_n}| = \dfrac{4\sqrt{3}}{\tan \varphi}\text{ cm}$

$\Rightarrow |\overline{S_n R}| = \left(12 - \dfrac{4\sqrt{3}}{\tan \varphi}\right)\text{ cm}$

Skizze zu 8.2

8.3 $A(\varphi) = \dfrac{|\overline{PQ}| + |\overline{RS_n}|}{2} \cdot |\overline{QR}|$

$A(\varphi) = \dfrac{12 + \left(12 - \frac{4\sqrt{3}}{\tan \varphi}\right)}{2} \cdot 4\sqrt{3}\text{ cm}^2 = \left(24 - \dfrac{4\sqrt{3}}{\tan \varphi}\right) \cdot 2\sqrt{3}\text{ cm}^2 = \left(48\sqrt{3} - \dfrac{24}{\tan \varphi}\right)\text{ cm}^2$

8.4 $A(60°) = \left(48\sqrt{3} - \dfrac{24}{\tan 60°}\right)\text{ cm}^2$

$A(60°) = \left(48\sqrt{3} - \dfrac{24}{\sqrt{3}}\right)\text{ cm}^2$

$A(60°) = \left(48\sqrt{3} - \dfrac{24 \cdot \sqrt{3}}{\sqrt{3} \cdot \sqrt{3}}\right)\text{ cm}^2$

$A(60°) = (48\sqrt{3} - 8\sqrt{3})\text{ cm}^2 = 40\sqrt{3}\text{ cm}^2$

9.1 $\overrightarrow{OR}_1 = \begin{pmatrix} 5 + 5 \cdot \sin 30° \\ 6 \cdot \cos^2 30° \end{pmatrix} = \begin{pmatrix} 5 + 5 \cdot 0,5 \\ 6 \cdot \left(\frac{1}{2}\sqrt{3}\right)^2 \end{pmatrix} = \begin{pmatrix} 5 + 2,5 \\ 6 \cdot 0,25 \cdot 3 \end{pmatrix} = \begin{pmatrix} 7,5 \\ 4,5 \end{pmatrix}$

$\overrightarrow{OR}_2 = \begin{pmatrix} 5 + 5 \cdot \sin 90° \\ 6 \cdot \cos^2 90° \end{pmatrix} = \begin{pmatrix} 5 + 5 \cdot 1 \\ 6 \cdot 0^2 \end{pmatrix} = \begin{pmatrix} 10 \\ 0 \end{pmatrix}$

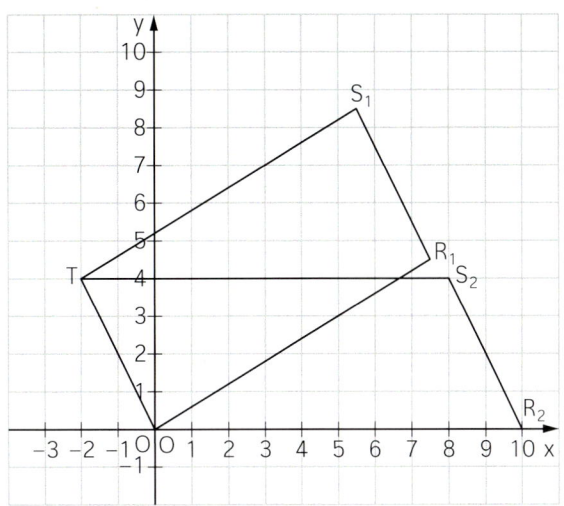

9.2 $6 \cdot \cos^2 \varphi = 3$

$\cos^2 \varphi = 0{,}5$

$\cos \varphi = \sqrt{0{,}5} = \sqrt{\frac{1}{2}} = \frac{\sqrt{1}}{\sqrt{2}} = \frac{1 \cdot \sqrt{2}}{\sqrt{2} \cdot \sqrt{2}} = \frac{\sqrt{2}}{2} = \frac{1}{2}\sqrt{2}$

$\varphi = 45°$

9.3 $\overrightarrow{OS_n} = \overrightarrow{OR_n} \oplus \overrightarrow{R_n S_n}$ mit $\overrightarrow{R_n S_n} = \overrightarrow{OT}$

$\overrightarrow{OS_n} = \begin{pmatrix} 5 + 5 \cdot \sin \varphi \\ 6 \cdot \cos^2 \varphi \end{pmatrix} \oplus \begin{pmatrix} -2 \\ 4 \end{pmatrix} = \begin{pmatrix} 3 + 5 \cdot \sin \varphi \\ 6 \cdot \cos^2 \varphi + 4 \end{pmatrix}$

$\Rightarrow S_n (3 + 5 \cdot \sin \varphi \,|\, 6 \cdot \cos^2 \varphi + 4)$

9.4 I $\quad x = 3 + 5 \cdot \sin \varphi$

II $\quad \wedge \; y = 6 \cdot \cos^2 \varphi + 4$

I $\quad \sin \varphi = \frac{x-3}{5}$

II $\quad \wedge \qquad y = 6 \cdot \cos^2 \varphi + 4$

Mit $\sin^2 \varphi + \cos^2 \varphi = 1 \Leftrightarrow \cos^2 \varphi = 1 - \sin^2 \varphi$ folgt:

I $\quad \sin \varphi = \frac{1}{5} \cdot (x - 3)$

II $\quad \wedge \qquad y = 6 \cdot (1 - \cos^2 \varphi) + 4$

I in II: $\quad y = 6 \cdot \left[1 - \left(\frac{1}{5} \cdot (x - 3) \right)^2 \right] + 4$

$y = 6 \cdot \left[1 - \frac{1}{25} \cdot (x - 3)^2 \right] + 4$

$y = 6 - \frac{6}{25} \cdot (x - 3)^2 + 4$

$\Rightarrow s: \quad y = -\frac{6}{25}(x - 3)^2 + 10$

10.1 $V_{ABCDP} = \frac{1}{3} \cdot |\overline{AB}|^2 \cdot |\overline{MP}|$

Berechnung der Länge der Strecke $\overline{MP}$:

1. Möglichkeit:

$\triangle MNP$: $\quad \sphericalangle \tan P_1 NM = \frac{|\overline{MP}|}{|\overline{MN}|}$

$\tan 60° = \frac{|\overline{MP}|}{1{,}5\sqrt{2}}$ cm

$|\overline{MP}| = \tan 60° \cdot 1{,}5\sqrt{2}$ cm

$|\overline{MP}| = \sqrt{3} \cdot 1{,}5\sqrt{2}$ cm $= 1{,}5\sqrt{6}$ cm

2. Möglichkeit:
Das Dreieck NPO ist gleichseitig.
Somit ist die Länge der Strecke $\overline{MP}$ gleich der Höhe im Dreieck NPO.

$|\overline{MP}| = \frac{|\overline{ON}|}{2}\sqrt{3}$

$|\overline{MP}| = \frac{3\sqrt{2}}{2}\sqrt{3}$ cm $= 1,5\sqrt{6}$ cm

$V_{ABCDP} = \frac{1}{3} \cdot (3\sqrt{2}\text{ cm})^2 \cdot 1,5\sqrt{6}$ cm

$V_{ABCDP} = \frac{1}{3} \cdot 18 \cdot 1,5\sqrt{6}$ cm³ $= 9 \cdot \sqrt{6}$ cm³

Da $6 < 9 = 3^2$, gilt $\sqrt{6} < 3$
folgt $V_{ABCDP} = 9\sqrt{6}$ cm³ $< 9 \cdot 3$ cm³

$\qquad V_{ABCDP} < 27$ cm³

Skizze zu 10.1 (2. Möglichkeit)

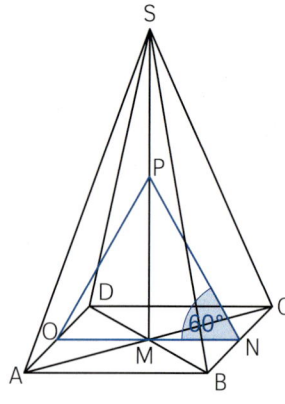

10.2 △ ABC: $|\overline{AC}|^2 = (3\sqrt{2}\text{ cm})^2 + (3\sqrt{2}\text{ cm})^2$

$\overline{AC} = \sqrt{18\text{ cm}^2 + 18\text{ cm}^2} = 6$ cm

Für die Zeichnung gilt: $|\overline{BD}| = \frac{2}{3} \cdot 6$ cm $= 4$ cm

Zeichnung zu 10.2

11.1 Zeichnung zu 11.1 und 11.3

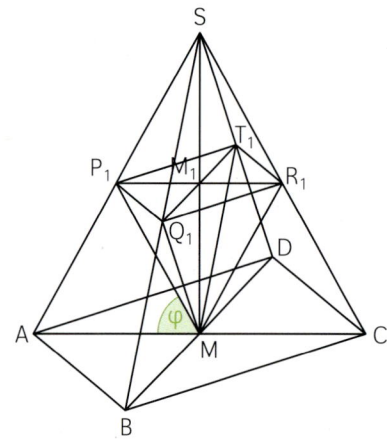

11.2 △ AMS: $\tan 60° = \dfrac{|\overline{MS}|}{4\text{ cm}}$

$\qquad\qquad\qquad \sqrt{3} = \dfrac{|\overline{MS}|}{4\text{ cm}}$

$\qquad\qquad |\overline{MS}| = 4\sqrt{3}$ cm

11.4 △ AMP$_n$: $\dfrac{|\overline{P_nM}|}{\sin \sphericalangle CAS} = \dfrac{|\overline{AM}|}{\sin \sphericalangle AP_nM}$

$\qquad\qquad \dfrac{|\overline{P_nM}|}{\sin 60°} = \dfrac{4\text{ cm}}{\sin(180° - (60° + \varphi))}$

Mit $\sin(180° - \varphi) = \sin\varphi$ (Supplementbeziehung) folgt:

$\qquad\qquad \dfrac{|\overline{P_nM}|}{0,5 \cdot \sqrt{3}} = \dfrac{4\text{ cm}}{\sin(60° + \varphi)}$

$\qquad\qquad |\overline{P_nM}| = \dfrac{4 \cdot 0,5 \cdot \sqrt{3}}{\sin(60° + \varphi)}$ cm $= \dfrac{2 \cdot \sqrt{3}}{\sin(60° + \varphi)}$ cm

11.5 Die Punkte M_n sind die Schnittpunkte der Diagonalen $\overline{P_nR_n}$ und $\overline{Q_nT_n}$ der Rauten $P_nQ_nR_nT_n$.

$\triangle MM_nP_n$: $\quad \sin \sphericalangle M_nMP_n = \dfrac{|\overline{P_nM_n}|}{|\overline{P_nM}|}$

$\qquad\qquad\quad |\overline{P_nM_n}| = \sin \sphericalangle M_nMP_n \cdot |\overline{P_nM}|$

$\qquad\qquad\quad |\overline{P_nM_n}| = \sin (90° - \varphi) \cdot \dfrac{2\sqrt{3}}{\sin (60° + \varphi)} \text{ cm}$

$\qquad\qquad$ Mit $\sin (90° - \varphi) = \cos \varphi$ (Komplementbeziehung) folgt:

$\qquad\qquad\quad |\overline{P_nM_n}| = \cos \varphi \cdot \dfrac{2\sqrt{3}}{\sin (60° + \varphi)} \text{ cm} = \dfrac{2\sqrt{3} \cdot \cos \varphi}{\sin (60° + \varphi)} \text{ cm}$

$\qquad\qquad$ Mit $|\overline{P_nR_n}| = 2 \cdot |\overline{P_nM_n}|$ folgt:

$\qquad\qquad\quad |\overline{P_nR_n}| = 2 \cdot \dfrac{2\sqrt{3} \cdot \cos \varphi}{\sin (60° + \varphi)} \text{ cm} = \dfrac{4\sqrt{3} \cdot \cos \varphi}{\sin (60° + \varphi)} \text{ cm}$

12.1 $\triangle EF_1N$: $\qquad \cos \sphericalangle F_1EN = \dfrac{|\overline{EN}|}{|\overline{EF_1}|}$

$\qquad\qquad\qquad \cos 60° = \dfrac{6 \text{ cm}}{|\overline{EF_1}|}$

$\qquad\qquad\qquad\quad \dfrac{1}{2} = \dfrac{6 \text{ cm}}{|\overline{EF_1}|}$

$\qquad\qquad\quad |\overline{EF_1}| = 6 \text{ cm} : \dfrac{1}{2} = 12 \text{ cm}$

12.2 $V = \dfrac{1}{3} \cdot |\overline{NF_n}|^2 \cdot \pi \cdot |\overline{EN}| - \dfrac{1}{2} \cdot \dfrac{4}{3} \cdot |\overline{NG}|^3 \cdot \pi$

$\qquad$ Berechnung der Länge der Strecken $\overline{NF_n}$:

$\qquad \triangle EF_nN$: $\qquad \tan \sphericalangle F_nEN = \dfrac{|\overline{NF_n}|}{|\overline{EN}|}$

$\qquad\qquad\qquad\quad \tan \varphi = \dfrac{|\overline{NF_n}|}{6 \text{ cm}}$

$\qquad\qquad\quad |\overline{NF_n}| = \tan \varphi \cdot 6 \text{ cm} = 6 \cdot \tan \varphi \text{ cm}$

$\qquad V = \dfrac{1}{3} \cdot (6 \cdot \tan \varphi \text{ cm})^2 \cdot \pi \cdot 6 \text{ cm} - \dfrac{1}{2} \cdot \dfrac{4}{3} \cdot (4 \text{ cm})^3 \cdot \pi$

$\qquad V = \left(\dfrac{1}{3} \cdot 36 \cdot \tan^2 \varphi \cdot \pi \cdot 6 - \dfrac{1}{2} \cdot \dfrac{4}{3} \cdot 64 \cdot \pi \right) \text{cm}^3$

$\qquad V = \left(\dfrac{1}{3} \cdot 216 \cdot \tan^2 \varphi \cdot \pi - \dfrac{1}{3} \cdot \dfrac{4}{2} \cdot 64 \cdot \pi \right) \text{cm}^3$

$\qquad V = \left(\dfrac{1}{3} \cdot \pi \cdot 216 \cdot \tan^2 \varphi - \dfrac{1}{3} \cdot \pi \cdot 128 \right) \text{cm}^3$

$\qquad V = \dfrac{1}{3} \cdot \pi \cdot (216 \cdot \tan^2 \varphi - 128) \text{ cm}^3$

12.3 $V(45°) = \dfrac{1}{3} \cdot \pi \cdot (216 \cdot \tan^2 45° - 128) \text{ cm}^3$

$\qquad V(45°) = \dfrac{1}{3} \cdot \pi \cdot (216 \cdot 1^2 - 128) \text{ cm}^3$

$\qquad$ Mit $\pi = 3$ folgt:

$\qquad V(45°) = \dfrac{1}{3} \cdot 3 \cdot 88 \text{ cm}^3 = 88 \text{ cm}^3$

zu Seite 174
Daten und Zufall

1 Anzahl der Möglichkeiten: $5 \cdot 5 = 25$
Wahrscheinlichkeit bei zwei Kunden mit gleicher Zusammenstellung: $\dfrac{1}{25} \cdot \dfrac{1}{25} = \dfrac{1}{625}$

2 Anzahl der Möglichkeiten: $10 \cdot 10 \cdot 10 = 1000$
Wahrscheinlichkeit für die richtige Kombination im ersten Versuch: $\dfrac{1}{1000}$

3.1 $\dfrac{7}{15}$

3.2 $\dfrac{9}{15} = \dfrac{3}{5}$

3.3 $\frac{3}{5}$

3.4 $\frac{8}{15}$

4.1 (Glücksrad rot: 36°, blau 36°; 4 Felder mit je 72° in anderen Farben)
Spielregeln: Gedrehte Farbe rot – Hauptgewinn; blau – Niete; alle anderen Farben Trostpreise)

4.2 $\frac{1}{100}$

5.1 $\frac{25}{36}$

5.2 $\frac{5}{36}$

6.1 Insgesamt 1000 Lose
P(Niete) $= \frac{9}{10}$; P(Gewinnlos) $= \frac{1}{10}$; P(Hauptgewinn) $= \frac{1}{200}$

6.2 Insgesamt 795 Lose
P(Hauptgewinn) $= \frac{1}{159}$ Die Chancen für einen Hauptgewinn sind jetzt größer.

7.1 weiße Kugeln: 9; blaue Kugeln: 36; schwarze Kugeln 45
7.2 weiße Kugeln: 15; blaue Kugeln: 30; schwarze Kugeln 45

zu Seite 175
Abbildungen

1 $\overrightarrow{AB} \xmapsto{A; \alpha = 40°} \overrightarrow{AC}$

$\overrightarrow{AC} = \begin{pmatrix} \cos 30° & -\sin 30° \\ \sin 30° & \cos 30° \end{pmatrix} \odot \begin{pmatrix} 4 \\ 0 \end{pmatrix}$

$\overrightarrow{AC} = \begin{pmatrix} 0.5\sqrt{3} & -0.5 \\ 0.5 & 0.5\sqrt{3} \end{pmatrix} \odot \begin{pmatrix} 4 \\ 0 \end{pmatrix} = \begin{pmatrix} 2\sqrt{3} \\ 2 \end{pmatrix}$

$\overrightarrow{OC} = \overrightarrow{OA} \oplus \overrightarrow{AC}$

$\overrightarrow{OC} = \begin{pmatrix} 2 \\ -1 \end{pmatrix} \oplus \begin{pmatrix} 2\sqrt{3} \\ 2 \end{pmatrix}$　　　$C\,(2 + 2\sqrt{3} \mid 1)$

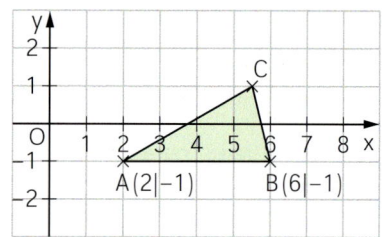

2.1 $x = 3$;　$y = 4.5\,(3 - 1.5)^{-2} - 3$

$y = \frac{4.5}{1.5^2} - 3$　　　$y = -1$

2.2 $\overrightarrow{A_n B_n} = \begin{pmatrix} 2 \\ 1.5 \end{pmatrix}$　　$\overrightarrow{A_n D_n} = \begin{pmatrix} -1.5 \\ 2 \end{pmatrix}$

Alle Quadrate werden von den Pfeilen $\begin{pmatrix} 2 \\ 1.5 \end{pmatrix}$ und $\begin{pmatrix} -1.5 \\ 2 \end{pmatrix}$ aufgespannt.

Deshalb haben alle Quadrate den gleichen Flächeninhalt.

$A = \begin{vmatrix} 2 & -1.5 \\ 1.5 & 2 \end{vmatrix} FE$　　　　　　$A = (4 + 2.25)\ FE = 6.25\ FE$

2.3 $\overrightarrow{OD_n} = \overrightarrow{OA_n} \oplus \overrightarrow{A_n D_n}$

$\overrightarrow{OD_n} = \begin{pmatrix} x \\ 4.5\,(x - 1.5)^{-2} - 3 \end{pmatrix} \oplus \begin{pmatrix} -1.5 \\ 2 \end{pmatrix}$　　　$D_n\,(x - 1.5 \mid 4.5\,(x - 1.5)^{-2} - 1)$

2.4 Es gilt: $x > 1.5 \rightarrow x - 1.5 > 0$
Die x-Koordinate der Punkte D_n ist immer größer Null.
Somit liegt keiner der Punkte D_n auf der x-Achse.

3 3.2 $\overrightarrow{AD_n} \xrightarrow{A; \alpha = -90°} \overrightarrow{AB_n^*}$

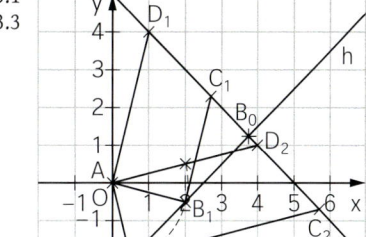

$$\begin{pmatrix} x^* \\ y^* \end{pmatrix} = \begin{pmatrix} 0 & 1 \\ -1 & 0 \end{pmatrix} \odot \begin{pmatrix} x \\ -x+5 \end{pmatrix} = \begin{pmatrix} -x+5 \\ -x \end{pmatrix}$$

$\overrightarrow{AB_n^*} \xrightarrow{A; k = 0,5} \overrightarrow{AB_n}$

$$\begin{pmatrix} x' \\ y' \end{pmatrix} = 0,5 \cdot \begin{pmatrix} -x+5 \\ -x \end{pmatrix}$$

$B_n(-0,5x+2,5 \mid -0,5x)$

3.1
3.3

3.3 $x' = -0,5x + 2,5$

$\dfrac{x'-2,5}{-0,5} = x$

$y' = -0,5 \cdot \dfrac{x'-2,5}{-0,5}$ \qquad h: $y = x - 2,5$

3.4 Die Geraden g und h schneiden sich in einem Punkt B_0.
In diesem Fall liegen die drei Punkte B_0, C_0 und D_0 auf einer Geraden.
$B_0 \in h$: $1,25 = 3,75 - 2,5$ \quad $B_0 \in g$: $1,25 = -3,75 + 5$

3.5 $D_3(2,5 \mid 2,5)$; $B_3(1,25 \mid -1,25)$

1. Möglichkeit $\overline{AD_3} \perp g$	2. Möglichkeit $\overline{AD_3} \perp g$	3. Möglichkeit $\overline{AB_3} \parallel g$
$m_{AD_3} = \dfrac{2,5}{2,5} = 1$ \quad $m_g = -1$	$\overrightarrow{AD_3} \circ \vec{v} = 0$	$m_{AB_3} = \dfrac{-1,25}{1,25} = -1$
$m_{AD_3} \cdot m_g = -1$	$\begin{pmatrix} 2,5 \\ -2,5+5 \end{pmatrix} \odot \begin{pmatrix} 1 \\ -1 \end{pmatrix} = 0$	$m_g = -1$

Flächeninhalt des Rechtecks $AB_3C_3D_3$:

1. Möglichkeit:
$D_3(2,5 \mid 2,5)$; $B_3(1,25 \mid -1,25)$

$A = \begin{vmatrix} 1,25 & 2,5 \\ -1,25 & 2,5 \end{vmatrix}$ FE

$\quad = (3,125 + 3,125)$ FE
$\quad = 6,25$ FE

2. Möglichkeit:
$A = \sqrt{2,5^2 + 2,5^2}$ LE $\cdot \sqrt{12,5}$ LE $\cdot 0,5$ FE
$\quad = \sqrt{12,5} \cdot \sqrt{12,5} \cdot 0,5$ FE
$\quad = 6,25$ FE

4 4.1

4.2 $C_1(2 \mid 7) \xrightarrow{s: y = x} B_1(7 \mid 2)$

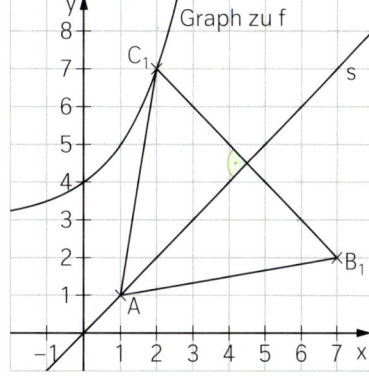

$\overrightarrow{AB_1} = \begin{pmatrix} 6 \\ 1 \end{pmatrix}$; $\overrightarrow{AC_1} = \begin{pmatrix} 1 \\ 6 \end{pmatrix}$; $\overrightarrow{B_1C_1} = \begin{pmatrix} -5 \\ 5 \end{pmatrix}$

$\left| \overrightarrow{AB_1} \right| = \left| \overrightarrow{AC_1} \right| = \sqrt{37}$ LE; $\left| \overrightarrow{B_1C_1} \right| = \sqrt{50}$ LE

$A = 0,5 \begin{vmatrix} 6 & 1 \\ 1 & 6 \end{vmatrix}$ FE

$A = 0,5(36 - 1)$ FE $= 17,5$ FE

4.3 $C_n(x \mid 2^x + 3)$

$x' = 2^x + 3$ \qquad $\log_2(x' - 3) = x$
$\wedge\; y' = x$

$y = \log_2(x' - 3)$
f': $\quad y = \log_2(x - 3)$

1.1 $D = \mathbb{R}\setminus\{1\}$ $W = \{y \mid y > -3\}$

Gleichungen der Asymptoten: $x = 1$, $y = -3$

1.2

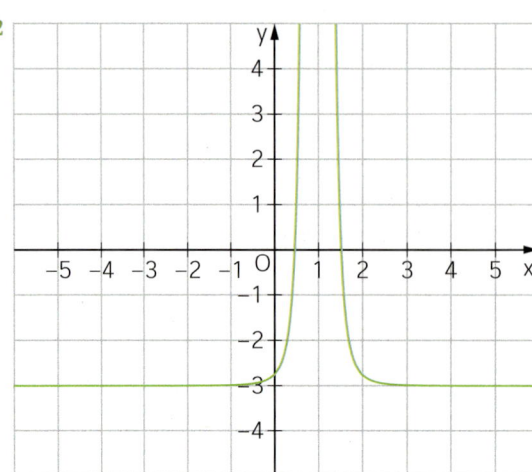

1.3 f_1: $x' = x - 3 \wedge y' = \frac{1}{4}(x-1)^{-4} - 3 + 4$

Somit $y' = \frac{1}{4}(x - 1 + 3)^{-4} + 1$

f_1 mit $y = \frac{1}{4}(x + 2)^{-4} + 1$

f_2: $x = x' \wedge y' = \left(-\frac{1}{4}(x + 2)^{-4} + 1\right)$

f_2 mit $y = -\frac{1}{4}(x + 2)^{-4} - 1$

1.4 Determinante

$\overrightarrow{AC} = \begin{pmatrix} 3 \\ 0 \end{pmatrix}$ $\overrightarrow{AB_n} = \begin{pmatrix} x - 2 \\ \frac{1}{4}(x-1)^{-4} - 3 - 2 \end{pmatrix}$

$A(x) = \frac{1}{2} \begin{vmatrix} 3 & x - 2 \\ 0 & \frac{1}{4}(x-1)^{-4} - 5 \end{vmatrix}$ FE

$A(x) = \frac{1}{2}\left[\frac{3}{4}(x-1)^{-4} - 15\right]$ FE

$A(x) = \left[\frac{3}{8}(x-1)^{-4} - \frac{15}{2}\right]$ FE

Flächenformel allgemeines Dreieck

$A(x) = \frac{1}{2} \cdot g \cdot h_g(x)$

$A(x) = \frac{1}{2} \cdot 3 \left|y_{B_n} - 2\right|$

$A(x) = \frac{3}{2}\left(\frac{1}{4}(x-1)^{-4} - 3 - 2\right)$

$A(x) = \left[\frac{3}{8}(x-1)^{-4} - \frac{15}{2}\right]$ FE

1.5 $\sphericalangle B_1AC = 90° \rightarrow B_1(2 \mid f(2))$

$f(2) = \frac{1}{4}(2 - 1)^{-4} - 3$

$f(2) = \frac{1}{4} \cdot \frac{1}{(-1)^4} - 3$

$f(2) = \frac{1}{4} - 3 = -\frac{11}{4}$

$B_1\left(2 \mid -\frac{11}{4}\right)$

$\sphericalangle ACB_2 = 90° \rightarrow B_2(5 \mid f(5))$

$f(5) = \frac{1}{4}(5 - 1)^{-4} - 3$

$f(5) = \frac{1}{4} \cdot \frac{1}{4^4} - 3$

$f(5) = \frac{1}{1024} - 3 = -\frac{3071}{1024}$

$B_2\left(5 \mid -\frac{3071}{1024}\right)$

2 **2.1** Der Graph ist eine Hyperbel, also A oder B

2.2 g mit $y = \frac{1}{2}x + 3$

2.3 $g \cap h$: $y = \frac{1}{2}x + 3$ $x, y \in \mathbb{R}$

$\wedge$ $y = -\frac{2}{x}$ $x \neq 0$

$-\frac{2}{x} = \frac{1}{2}x + 3$

$-2 = \frac{1}{2}x^2 + 3x$

$P(1 \mid -2) \in h$ einsetzen, ergibt Lösung B

$x_1 = -0{,}76$ $x_2 = -5{,}24$

$y_1 = 2{,}63$ $y_2 = 0{,}38$
$S_1(-0{,}76 \mid 2{,}63)$ $S_2(-5{,}24 \mid 0{,}38)$

2.4 z.B. a : y = x

3 3.1 Wegen der Wurzeldefinition gilt:
$x + 4 \geq 0; \quad W = \{y \,|\, y \geq -2\}$

3.3 f mit $y = 3(x + 4)^{\frac{1}{3}} - 2$

f' mit $x = 3(y + 4)^{\frac{1}{3}} - 2$

$\frac{1}{3}x + \frac{2}{3} = (y + 4)^{\frac{1}{3}}$

$\frac{1}{27}(x + 2)^3 - 4 = y$

3.5 Graph **B**, da negative x-Werte möglich sind und der Flächeninhalt bei zunehmenden x-Werten erst größer wird und dann kleiner.

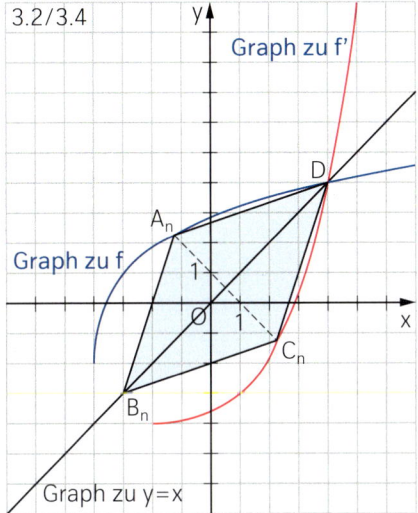

4 4.1 $D = \mathbb{R} \setminus \{-2\}; \quad W = \{y \,|\, y > 1\};$
Asymptoten mit $x = -2$ und $y = 1$

4.3 $\qquad x' = x - 1$
$\qquad \land \; y' = 0{,}5\,(x + 2)^{-2} + 1 + 2$
somit $y' = 0{,}5\,(x' + 1 + 2)^{-2} + 3$
f_1 mit $y = 0{,}5\,(x + 3)^{-2} + 3$
$\qquad x' = x$
$\qquad \land \; y' = -[0{,}5\,(x + 3)^{-2} + 3]$
f_2 mit $y = -0{,}5\,(x + 3)^{-2} - 3$

4.4 $\overrightarrow{AB} = \begin{pmatrix} 5 \\ 0 \end{pmatrix} \qquad \overrightarrow{AC_n} = \begin{pmatrix} x + 3 \\ 0{,}5\,(x + 2)^2 + 2 \end{pmatrix}$

$A(x) = 0{,}5 \begin{vmatrix} 5 & x + 3 \\ 0 & 0{,}5(x + 2)^2 \end{vmatrix}$ FE

$\qquad = 0{,}5\,[2{,}5\,(x + 2)^{-2} + 10]$ FE
$\qquad = [1{,}25\,(x + 2)^{-2} + 5]$ FE

4.5 $1{,}25\,(x + 2)^{-2} + 5 = 6{,}25$
$(x + 2)^{-2} = 1$

$\frac{1}{(x + 2)^2} = 1$

$1 = (x + 2)^2$
$1 = |x + 2|; \quad x_1 = -1 \land x_2 = -3$

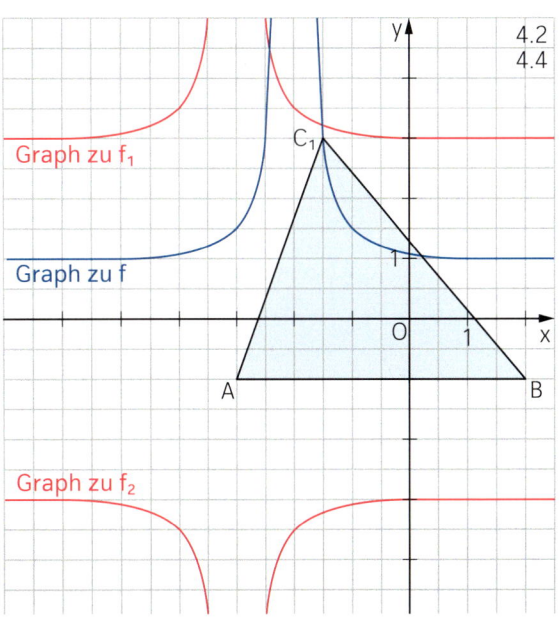

4.6 Der Wert des Terms $1{,}25\,(x + 2)^{-2}$ wird sehr klein, aber nicht Null. Deshalb ist der Flächeninhalt immer größer als 5 FE.

4.7 $M(-0,5\,|-1)$, damit $C_n(-0,5)\,|\,f(-0,5)$

$f(-0,5) = \frac{11}{9}$, also $C_n\left(-0,5\,\Big|\,\frac{11}{9}\right)$

$\overrightarrow{AC} = \begin{pmatrix} 2,5 \\ \frac{20}{9} \end{pmatrix}$, $\overrightarrow{AB} = \begin{pmatrix} 5 \\ 0 \end{pmatrix}$

Determinante

$A(x) = 0,5 \begin{vmatrix} 5 & 2,5 \\ 0 & \frac{20}{9} \end{vmatrix}$ FE

$A(x) = 0,5 \left[5 \cdot \frac{20}{9} \right]$ FE

$A(x) = \frac{50}{9}$ FE

Flächeninhalt allgemeines Dreieck

$A = 0,5 \cdot g \cdot h_g$

$A = 0,5 \cdot \left[5 \cdot \left(\frac{11}{9} + 1 \right) \right]$ FE

$A = \frac{50}{9}$ FE

---

zu Seite 178
Potenzfunktionen
Aufgaben

5 5.1 $A(5\,|\,1,5)$ und $B(12\,|\,4)$ in $y = ax^3 + bx^2$ einsetzen:
$1,5 = 125a + 25b$
$4 = 1728a + 144b$
$a = -0,0046$, $b = 0,083$

5.2 $y = -0,0046 \cdot 7,2^3 + 0,083 \cdot 7,2^2$
$y = 2,585$
Sie müssen unter der Höhe von 2,585 m bleiben.

5.3 $x^2(-0,0046x + 0,0834) = 0$
$x^2 = 0 \quad \vee \quad -0,0046x + 0,083 = 0$
(Abstoßpunkt) $x = 18,04$
Nach etwa 18 m trifft er wieder auf.

5.4 mit Δtable $= 0,01$ erhält man $x_1 = 6,42$
                                              $x_2 = 16,22$
Der Freistoß kann rund 6,42 m oder 16,22 m vom Tor entfernt sein.

6 6.1 indirekt proportional, wenn $x \cdot y = k$
$0,5 \cdot 40 = 20$; $0,6 \cdot 33,3 = 20$; $0,8 \cdot 25 = 20 \dots$

6.2 $x \cdot y = 20$; $y = \frac{20}{x}$; $x, y \in \mathbb{R}$

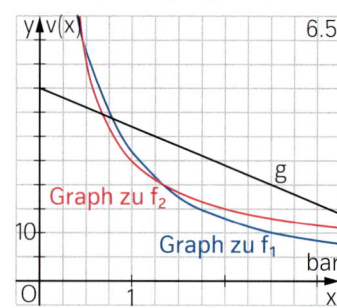

6.5

6.3 $x = 2,5$; $y = \frac{20}{2,5} = 8$; $V = 8$ cm^3

6.4 $15 = \frac{20}{x}$; $x = 1,33$; Druck 1,33 bar

6.5 Schnittpunkte: $\frac{20}{x} = -10x + 40 \quad G = \mathbb{R}^+$
$20 = -10x^2 + 40x$
$10x^2 - 40x + 20 = 0$
$\quad\quad\quad\quad x_1 = 3,41 \quad\quad x_2 = 0,59$
$\Rightarrow \quad\quad\quad y_1 = 5,90 \quad\quad y_2 = 34,14$
$A(3,41\,|\,5,90)$; $B(0,59\,|\,34,14)$

6.6 $f_1 \cap f_2$: $\frac{20}{x} = \frac{16}{x} + 5$
$20 = 16 + 5x$
$0,8 = x \Rightarrow y = 25$; $C(0,8\,|\,25)$

---

zu Seite 179
Exponential- und
Logarithmus-
funktionen
Lösungsstrategien

1.1 Achsenspiegelung an der x-Achse:

$x' = x$
$\underline{y' = -y}$

$x' = x$
$y' = -[3 \log_3(x' + 7) - 4]$
$y = -3 \log_3(x + 7) + 4$

Parallelverschiebung mit $\vec{v} = \begin{pmatrix} 1 \\ -2 \end{pmatrix}$:

$x' = x + 1$
$y' = y - 2$

$x = x' - 1$
$y' = -3 \log_3(x + 7) + 4 - 2$
$y' = -3 \log_3(x' - 1 + 7) + 2$
$y' = -3 \log_3(x' + 6) + 2$

f_2: $y = -3 \log_3(x + 6) + 2$

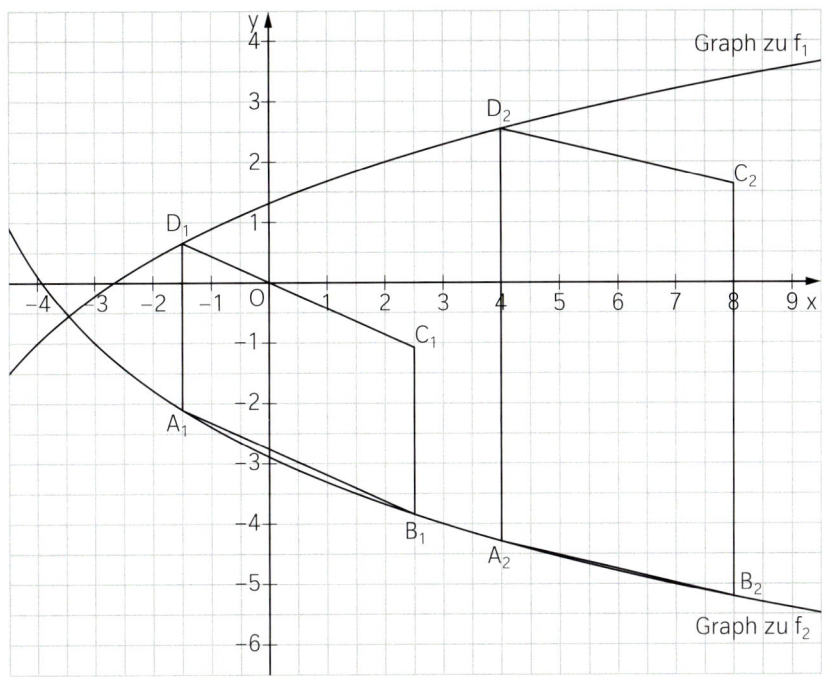

1.2 Einzeichnen der Parallelogramme $A_1B_1C_1D_1$ und $A_2B_2C_2D_2$

1.3 $A(x) = \left|\overline{A_nD_n}\right|(x) \cdot h$

$\left|\overline{A_nD_n}\right|(x) = (y_{D_n} - y_{A_n})$ LE

$\left|\overline{A_nD_n}\right|(x) = [3 \cdot \log_3(x+7) - 4 - (-3 \cdot \log_3(x+6) + 2)]$ LE

$\left|\overline{A_nD_n}\right|(x) = [3 \cdot \log_3(x+7) - 4 + 3 \cdot \log_3(x+6) - 2]$ LE

$\left|\overline{A_nD_n}\right|(x) = [3 \cdot \log_3(x+7)(x+6) - 6]$ LE

$\left|\overline{A_nD_n}\right|(x) = [3 \cdot \log_3(x^2 + 13x + 42) - 6]$ LE

$A(x) = [3 \cdot \log_3(x^2 + 13x + 42) - 6] \cdot 4$ FE

$A(x) = [12 \cdot \log_3(x^2 + 13x + 42) - 24]$ FE

1.4 Wenn D_4 auf der x-Achse liegen soll, gilt: $y_{D_4} = 0$

$3 \cdot \log_3(x+7) - 4 = 0$ $| + 4$ anschließend $| : 3$

$\log_3(x+7) = \frac{4}{3}$ (Umwandeln in eine Exponentialgleichung)

$3^{\frac{4}{3}} = x + 7$ $| - 7$

$x = -2{,}67$ $A(-2{,}67) = (12 \log_3((-2{,}67)^2 - 2{,}67x + 42) - 24)$ FE

                 $A(-2{,}67) = 5{,}15$ FE

1.5 $A(x) = 16$ FE

$12 \cdot \log_3(x^2 + 13x + 42) - 24 = 16$ $| + 24$ anschließend $| : 12$

$\log_3(x^2 + 13x + 42) = \frac{10}{3}$ (Umwandeln in eine Exponentialgleichung)

$3^{\frac{10}{3}} = x^2 + 13x + 42$ $| - 3^{\frac{10}{3}}$

$x^2 + 13x + 3{,}06 = 0$

$x_{1,2} = \frac{-b \pm \sqrt{b^2 - 4ac}}{2a}$ $x_{1,2} = \frac{-13 \pm \sqrt{13^2 - 4 \cdot 1 \cdot 3{,}06}}{2 \cdot 1}$ $x_1 = -0{,}24; (x_2 = -12{,}76)$, weil $x > -3{,}46$

$B_4(-0{,}24 + 4 \mid -3\log_3(-0{,}24 + 4 + 6) + 2)$ $B_4(3{,}76 \mid -4{,}22)$

zu Seite 180
**Exponential- und
Logarithmus-
funktionen
Aufgaben**

2.1 $D = \mathbb{R}$
$W = \,]-\infty;\, 2[$
Asymptote: $y = 2$

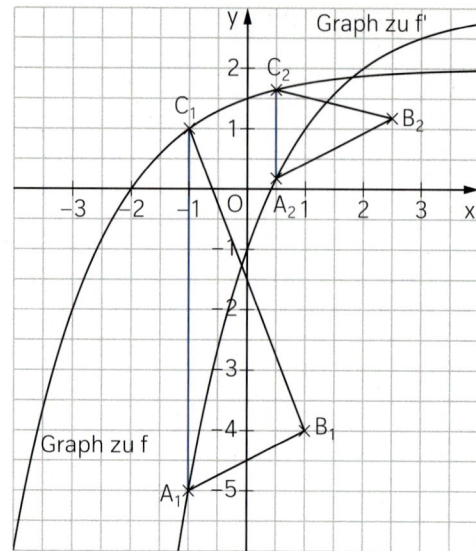

2.2 Parallelverschiebung mit $\vec{v} = \binom{3}{1}$: $\begin{aligned} x' &= x + 3 \\ y' &= y + 1 \end{aligned}$ $x = \boxed{x' - 3}$
$v' = -0{,}5^{x+1} + 2 + 1$
$\overline{v' = -0{,}5^{\boxed{x'-3}+1} + 3}$
$v' = -0{,}5^{x'-2} + 3$

$y = -0{,}5^{x-2} + 3 \Leftrightarrow y = -0{,}5^{-2} \cdot 0{,}5^x + 3 \Leftrightarrow y = -4 \cdot 0{,}5^x + 3$

2.3 Einzeichnen der Dreiecke $A_1 B_1 C_1$ und $A_2 B_2 C_2$

2.4 Ermittlung des Schnittpunkts der beiden Funktionsgraphen:
$-0{,}5^{x+1} + 2 = -4 \cdot 0{,}5^x + 3$
$-0{,}5 \cdot 0{,}5^x = -4 \cdot 0{,}5^x + 1$
$3{,}5 \cdot 0{,}5^x = 1$
$0{,}5^x = \dfrac{2}{7}$
$x = \log_{0{,}5} \dfrac{2}{7} \Leftrightarrow x = 1{,}81$ Für $x \in [1{,}81;\, \infty[$ existieren keine Dreiecke.

2.5 $A(x) = 0{,}5 \cdot \left|\overline{A_n C_n}\right|(x) \cdot h$
$\left|\overline{A_n C_n}\right|(x) = [y_{C_n} - y_{A_n}]\ \text{LE}$
$\left|\overline{A_n C_n}\right|(x) = [-0{,}5^{x+1} + 2 - (-4 \cdot 0{,}5^x + 3)]\ \text{LE}$
$\left|\overline{A_n C_n}\right|(x) = [-0{,}5 \cdot 0{,}5^x + 2 + 4 \cdot 0{,}5^x - 3]\ \text{LE}$
$\left|\overline{A_n C_n}\right|(x) = [3{,}5 \cdot 0{,}5^x - 1]\ \text{LE}$
$A(x) = 0{,}5 \cdot (3{,}5 \cdot 0{,}5^x - 1) \cdot 2\ \text{FE}$
$A(x) = (3{,}5 \cdot 0{,}5^x - 1)\ \text{FE}$

2.6 $3{,}5 \cdot 0{,}5^x - 1 = 13$
$0{,}5^x = 4$
$x = \log_{0{,}5} 4;\ x = -2$
$A_3(-2 \,|\, -4 \cdot 0{,}5^{-2} + 3) \Leftrightarrow A_3(-2 \,|\, -13)$
$A_3(-2 \,|\, -13) \overset{\binom{2}{1}}{\longmapsto} B_3(-2 + 2 \,|\, -13 + 1) \Leftrightarrow B_3(0 \,|\, -12)$
$C_3(-2 \,|\, 0{,}5^{-2+1} + 2) \Leftrightarrow C_3(-2 \,|\, 0)$

2.7 $\left|\overline{A_4 C_4}\right| = 2\ \text{LE}$
$3{,}5 \cdot 0{,}5^x - 1 = 2$
$0{,}5^x = \dfrac{6}{7}$
$x = \log_{0{,}5} \dfrac{6}{7} \Leftrightarrow x = 0{,}22$
$A(0{,}22) = (3{,}5 \cdot 0{,}5^{0{,}22} - 1)\ \text{FE};\ A(0{,}22) = 2{,}00\ \text{FE}$

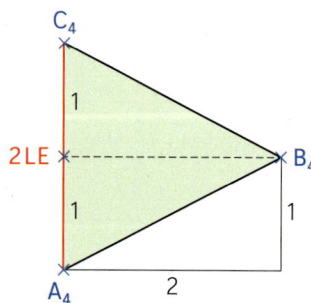

3 3.1 $D_1 = \mathbb{R}$; $W_2 = \{y \mid y < 6\}$
$D_2 = \mathbb{R}$; $W_2 = \{y \mid y < 3\}$
Nullstelle: $-0,5 \cdot 2^{x-1} + 6 = 0$
$$2^{x-1} = 12$$
$$x - 1 = \log_2 12$$
$$x = 4,58$$

3.2 $\vec{v} = \begin{pmatrix} 3 \\ -3 \end{pmatrix}$

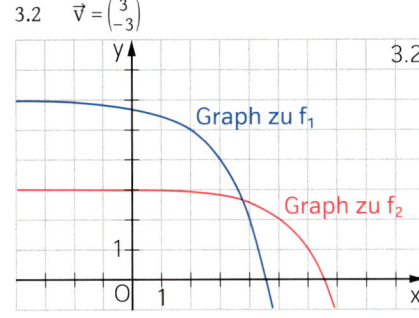

Graph zu f_1

Graph zu f_2

3.2

4 4.1 $D = \{x \mid x > -2\}$
$W = \mathbb{R}$
Asymptote: $x = -2$

4.2 $\vec{v} = \begin{pmatrix} -2 \\ 3 \end{pmatrix}$

4.3 f_2^{-1} mit $x = -\log_2(y + 4) + 3$
$$-x + 3 = \log_2(y + 4)$$
$$2^{3-x} = y + 4$$
$$y - 2^{3-x} - 4$$

3.3 (I) $y = -0,5 \cdot 2^{x-1} + 6$
(II) $\wedge$ $y = -0,5 \cdot 2^{x-4} + 3$
(I) = (II) $-0,5 \cdot 2^{x-1} + 6 = -0,5 \cdot 2^{x-4} + 3$
$$0,5 \cdot 2^{x-4} - 0,5 \cdot 2^{x-1} = -3$$
$$2^x \cdot 2^{-4} - 2^x \cdot 2^{-1} = -6$$
$$2^x \cdot \left(\frac{1}{16} - \frac{1}{2}\right) = -6$$
$$2^x = \frac{96}{7}$$
$$x = \log_2 \frac{96}{7}; \; x = 3,78$$

in (I) $y = 2,57$ $P(3,78 \mid 2,57)$

3.4 f_3 ist Umkehrfunktion zu f_1:
$$x - 6 = -0,5 \cdot 2^{y-1}$$
$$2 \cdot (6 - x) = 2^{y-1}$$
$$y - 1 = \log_2 2 \cdot (6 - x)$$
$$y - 1 = \log_2 2 + \log_2 (6 - x)$$
$$y = \log_2 (6 - x) + 2$$

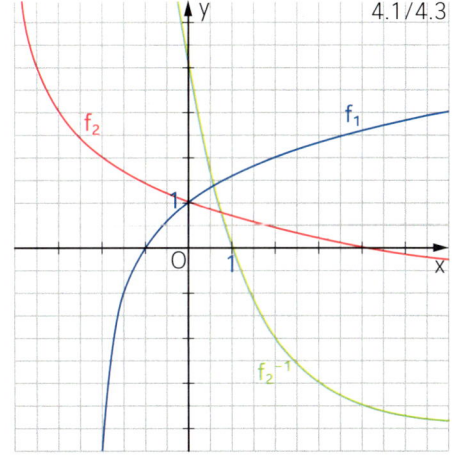

4.1/4.3

f_2 f_1 f_2^{-1}

zu Seite 181
Exponentialfunktionen
Lösungsstrategie

1.1 Anfangswert am Jahresende 2018 $(x = 0)$ ist 40 ha, also $k = 40$

64 ha am Jahresende 2021 $(x = 3)$:
$$64 = 40 \cdot a^3 \quad | : 40$$
$$1,6 = a^3 \quad | \sqrt[3]{}$$
$$a = 1,17$$
f: $y = 40 \cdot 1,17^x$

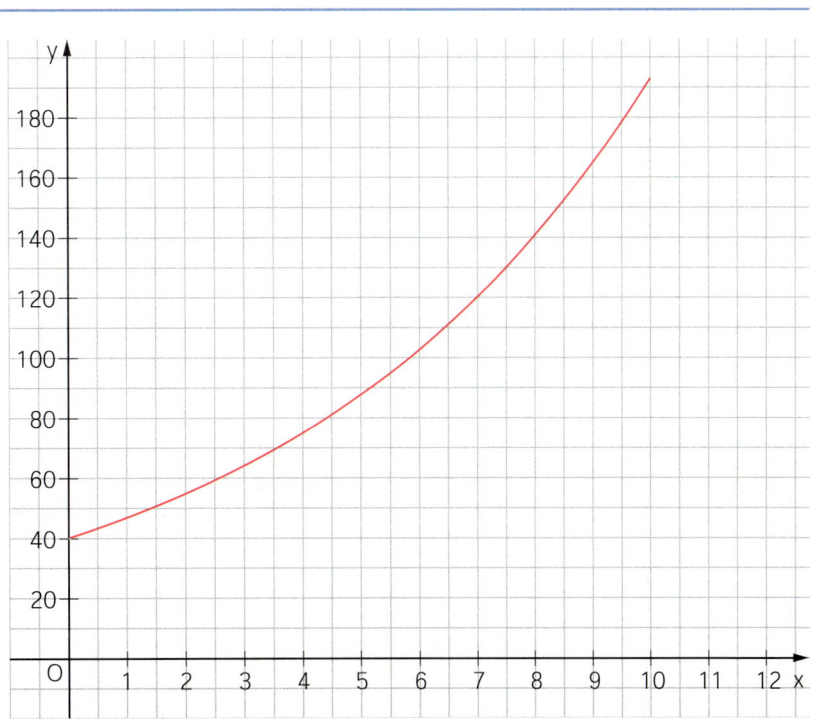

1.2 3 km² = 300 ha; Gleichsetzen mit f: $300 = 40 \cdot 1{,}14^x$ | : 40

$7{,}5 = 1{,}14^x$ Umwandeln in Logarithmus

$x = \log_{1{,}14} 7{,}5$

$x = 15{,}38$ (Achtung: Immer Aufrunden)

Am Ende des Jahres 2037 nimmt das Springkraut erstmals mehr als 3 km² ein.

1.3 Betroffene Fläche im Jahr x: $40 \cdot 1{,}17^x$

Betroffene Fläche im Vorjahr (x – 1): $40 \cdot 1{,}17^{x-1}$

Zunahme im Jahr x: $40 \cdot 1{,}17^x - 40 \cdot 1{,}17^{x-1}$

$$40 \cdot 1{,}17^x - 40 \cdot 1{,}17^{x-1} = 50$$

$$40 \cdot 1{,}17^x - 40 \cdot \frac{1}{1{,}17} \cdot 1{,}17^x = 50$$

$$\left(40 - \frac{40}{1{,}17}\right) \cdot 1{,}17^x = 50 \qquad \Big| : \left(40 - \frac{40}{1{,}17}\right)$$

$$1{,}17^x = \frac{50}{\left(40 - \frac{1}{1{,}17}\right)}$$

$$x = \log_{1{,}17} \frac{50}{\left(40 - \frac{1}{1{,}17}\right)} \qquad x = 13{,}71 \qquad \text{(Achtung: Immer Aufrunden)}$$

1.4 Im Landkreis B gab es zu Beginn schon mehr Springkraut als in Landkreis A und es wächst auch stärker als dort. Deshalb gibt es im Landkreis B zu jedem Zeitpunkt mehr Springkraut als im Landkreis A.

zu Seite 182
Exponentialfunktionen
Aufgaben

2.1 $y = 180 \cdot 1{,}1^x$

2.2

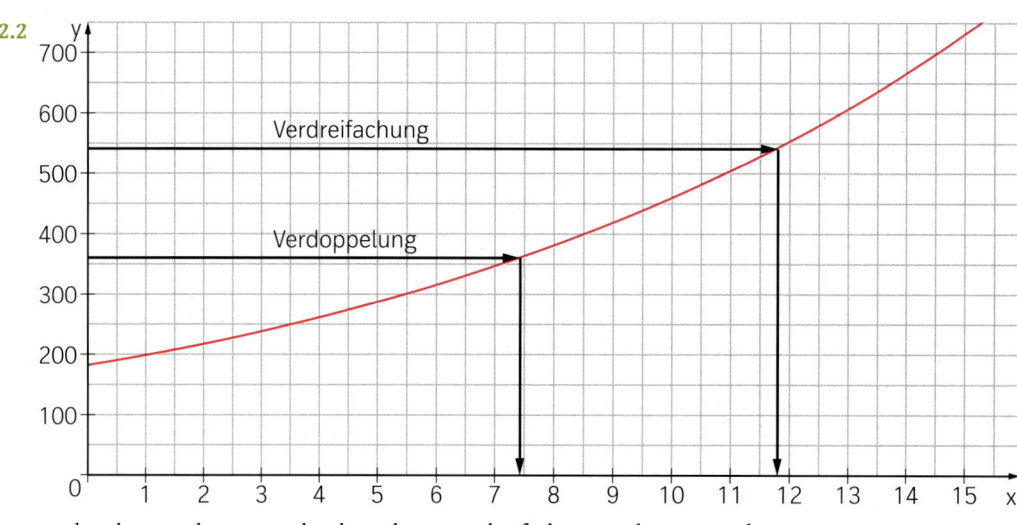

Verdopplung nach etwas mehr als 7 Jahren, Verdreifachung nach ca. 11,5 Jahren

2.3 $1000 = 180 \cdot 1{,}1^x$ $x = \log_{1{,}1}(1000 : 180)$ $x = 18$

Im Jahr 2038 wird die Anzahl erstmals 1000 betragen.

2.4 $180 \cdot 1{,}1^x - 180 \cdot 1{,}1^{x-1} = 50$

$$180 \cdot 1{,}1^x - 180 \cdot \frac{1}{1{,}1} \cdot 1{,}1^x = 50$$

$$\left(180 - \frac{180}{1{,}1}\right) \cdot 1{,}1^x = 50 \qquad \Big| : \left(180 - \frac{180}{1{,}1}\right)$$

$$1{,}1^x = \frac{50}{\left(180 - \frac{180}{1{,}1}\right)}$$

$$x = \log_{1{,}1}\left(180 - \frac{180}{1{,}1}\right) \qquad x = 11{,}7$$

Nach etwa 12 Jahren hat sich die Anzahl der Maderhunde innerhalb eines Jahres erstmals um 50 Tiere erhöht.

2.5 $311 = 150 \cdot b^4$ $\qquad\qquad$ $2,07 = b^4;\ b = 1,2$ $\qquad\qquad$ g: $y = 150 \cdot 1,2^x$

2.6 Im Beobachtungsgebiet B wächst die Anzahl der Marderhunde stärker als im Beobachtungsgebiet A. Ab einem bestimmten Zeitpunkt wird dann trotz einem geringeren Anfangswert die Anzahl in B immer größer sein als in A.

3.1 $a = 1,3 \triangleq 130\,\%$ $\qquad$ Der Pilz wächst täglich um 30 %.
$1,3^7 = 6,27 \triangleq 627\,\%$ $\qquad$ Der Pilz wächst um 527 % pro Woche.

3.2

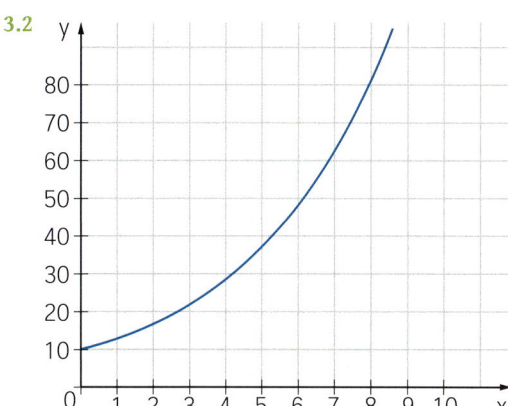

3.3 $x = \frac{84}{24}$ Tage $= 3,5$ Tage

$y = 10 \cdot 1,3^{3,5} = 25,05$

A: Nach 84 Stunden beträgt das Volumen etwa 25 cm³.

3.4 $20 = 10 \cdot 1,3^x$
$x = \log_{1,3} 2$
$x = 2,64$
$2,64\ d \cdot 24\ \frac{h}{d} = 63\ h$

3.5 Weil $2^2 = 4$ braucht der Pilz $2 \cdot 63\ h = 126\ h$ für eine Vervierfachung.
Weil $2^3 = 8$ braucht der Pilz $3 \cdot 63\ h = 189\ h$ für eine Verachtfachung.

3.6 $V = r^2 \cdot \pi \cdot h = 10^2 \cdot \pi \cdot 35\ cm^3$
$V = 10\,995,57\ cm^3$
$10\,995,57 = 10 \cdot 1,3^x$
$x = \log_{1,3}(10\,995,57 : 10) = 26,69$
A: Am 27. Tag.

4.1 Zuwachsrate 6 %

4.2 Anzahl der Jahre: 5 $\qquad$ $y = 5\,000 \cdot 1,06^5$
$\qquad\qquad\qquad\qquad\qquad$ $y = 6\,691,13$
Anfang September 2027 wären die Aktien 6 691 € wert.

4.3 Anzahl der Jahre: 12 $\qquad$ $y = 5\,000 \cdot 1,06^{12}$
$\qquad\qquad\qquad\qquad\qquad$ $y = 10\,060,98$
$\qquad\qquad\qquad\qquad\qquad$ $10\,061\ € > 2 \cdot 5\,000\ €$ $\qquad$ Sophie hat Recht.

4.4 $5\,292 = 4\,800 \cdot b^2$
$1,1025 = b^2$
$1,05 = b$
g: $y = 4\,800 \cdot 1,05^x$

4.5 Der Anfangswert der Aktien *Windrad* ist 2022 höher als der Anfangswert der Aktien *XPharma*. Außerdem ist die angenommene jährliche Wertsteigerung bei *Windrad* mit 6 % höher als die von *XPharma* mit 5 %.

5.1 $30\,000 = 10\,000 \cdot 1,16^x$ $\qquad$ $x = \log_{1,16}(30\,000 : 10\,000)$ $\qquad$ $x = 7,4$
Antwort: Am 8.Tag hat sich die Anzahl der Krankheitserreger verdreifacht.

5.2 $11\,000 = 10\,000 \cdot a^2$ $\qquad$ $1,1 = a^2$ $\qquad\qquad$ $a = 1,048 \approx 1,05$
Antwort: Die Anzahl der Krankheitserreger nimmt mit Medikament A täglich um 5 % zu.

5.3 $10\,000 \cdot 1,16^{10} = 44\,114$ $\qquad$ Zunahme: 34 144
$10\,000 \cdot 1,04^{10} = 14\,802$ $\qquad$ Zunahme: 4 802 $\qquad\qquad$ Anteil: $\frac{34\,144}{4\,802} \approx 7,1$

Antwort: Lukas hat nicht Recht. Die Zunahme mit Medikament B beträgt nur etwa ein Siebtel wie ohne Medikament.

6.1 f: $y = 8 \cdot 1{,}2^x$

6.2

x	0	2	4	6	8
y	8	12	17	24	34

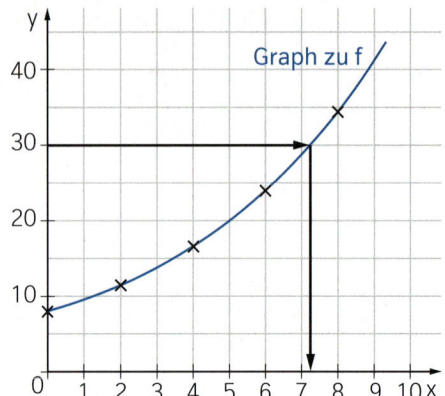

Graph zu f

6.3 $0{,}4 \cdot 75 \text{ m}^2 = 30 \text{ m}^2$
$30 = 8 \cdot 1{,}2^x \qquad | : 8$
$3{,}75 = 1{,}2^x$
$x = \log_{1{,}2} 3{,}75$
$x = 7{,}25$
Nach 8 Wochen sind erstmals mehr als
40 % der Fläche bedeckt.

6.4 14 Tage = 2 Wochen
$1{,}2^2 = 1{,}44$
Antwort **C**: 44 %

zu Seite 184
Trigonometrie –
Lösungsstrategie

1.1 Schrägbild

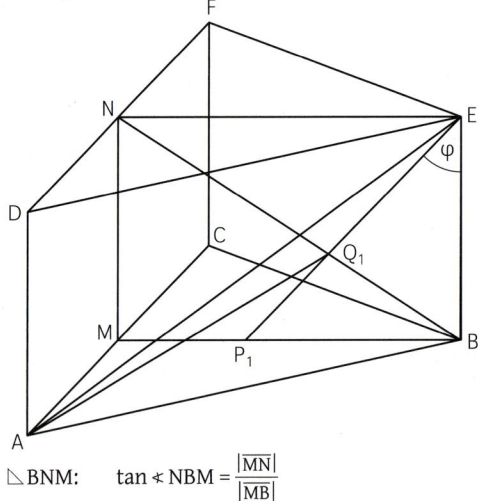

$\triangle$ BNM: $\tan \sphericalangle \, NBM = \dfrac{|\overline{MN}|}{|\overline{MB}|}$

$\tan \sphericalangle \, NBM = \dfrac{5 \text{ cm}}{8 \text{ cm}} \quad \Rightarrow \quad \sphericalangle \, NBM = 32{,}01°$

1.2 Einzeichnen der Strecke $\overline{EP_1}$ und des Punktes Q

Das Maß φ des Winkels wird maximal,
wenn der Punkt P_n auf dem Punkt M liegt.
Das Dreieck BEM mit M = P_n ist rechtwinklig.

Skizze zu 1.2

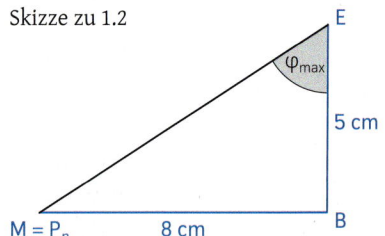

$\triangle$ BEM: $\tan \varphi_{max} = \dfrac{|\overline{MB}|}{|\overline{BE}|}$

$\tan \varphi_{max} = \dfrac{8 \text{ cm}}{5 \text{ cm}}$

$\varphi_{max} = 57{,}99°$ $\Rightarrow$ Für φ muss gelten: $\varphi \leq 57{,}99°$

1.3 Δ BEQ_n: $\dfrac{|\overline{EQ_n}|}{\sin \sphericalangle \, EBQ_n} = \dfrac{|\overline{EB}|}{\sin \sphericalangle \, BQ_n E}$

$\sphericalangle \, EBQ_n = 90° - 32{,}01° = 57{,}99°$

$\sphericalangle \, BQ_n E = 180° - (\varphi + 57{,}99°)$

$\dfrac{|\overline{EQ_n}|}{\sin 57{,}99°} = \dfrac{5 \text{ cm}}{\sin (180° - (\varphi + 57{,}99°))}$

Es gilt: $\sin(180° - (\varphi + 57{,}99°)) = \sin(\varphi + 57{,}99°)$ \hspace{1cm} (Supplementbeziehung)

$$\frac{|\overline{EQ_n}|}{\sin 57{,}99°} = \frac{5 \text{ cm}}{\sin(\varphi + 57{,}99°)}$$

$$|\overline{EQ_n}| = \frac{5 \cdot \sin 57{,}99°}{\sin(\varphi + 57{,}99°)} \text{ cm}$$

$$|\overline{EQ_n}| = \frac{4{,}24}{\sin(\varphi + 57{,}99°)} \text{ cm}$$

1.4 **1. Möglichkeit**
Die Länge der Strecke $\overline{EQ_n}$ wird minimal, wenn der Nenner maximal wird.
Das ist für $\sin(\varphi + 57{,}99°) = 1$ der Fall.

$$|\overline{EQ_0}| = \frac{4{,}24}{1} \text{ cm} = 4{,}24 \text{ cm}$$

$\triangle ENQ_0 \, (\overline{EQ_0} \perp \overline{BN}):$ \hspace{0.3cm} $|\overline{NE}|^2 = |\overline{NQ_0}|^2 + |\overline{EQ_0}|^2$

$$|\overline{NQ_0}| = \sqrt{(8 \text{ cm})^2 - (4{,}24 \text{ cm})^2} = 6{,}78 \text{ cm}$$

2. Möglichkeit
$\sphericalangle BNE = 32{,}01°$, da Wechselwinkel (Z–Winkel) zu $\sphericalangle NBM$

$\sphericalangle ENQ_0:$ \hspace{0.5cm} $\cos \sphericalangle BNE = \dfrac{|\overline{NQ_0}|}{|\overline{NE}|}$

$$\cos 32{,}01° = \frac{|\overline{NQ_0}|}{8 \text{ cm}}$$

$$|\overline{NQ_0}| = \cos 32{,}01° \cdot 8 \text{ cm} = 6{,}78 \text{ cm}$$

1.5 Einzeichnen der Pyramide $Q_1 BEA$

$$V(\varphi) = \frac{1}{3} \cdot G(\varphi) \cdot h$$

$$V(\varphi) = \frac{1}{3} \cdot \frac{1}{2} \cdot |\overline{EQ_n}| \cdot |\overline{EB}| \cdot \sin \varphi \cdot |\overline{AM}|$$

$$V(\varphi) = \frac{1}{3} \cdot \frac{1}{2} \cdot \frac{4{,}24}{\sin(\varphi + 57{,}99°)} \text{ cm} \cdot 5 \text{ cm} \cdot \sin \varphi \cdot 6 \text{ cm}$$

$$V(\varphi) = \frac{21{,}20 \cdot \sin \varphi}{\sin(\varphi + 57{,}99°)} \text{ cm}^3$$

1.6 $V_{ABCDEF} = G \cdot h$

$$V_{ABCDEF} = \frac{1}{2} \cdot |\overline{AC}| \cdot |\overline{MB}| \cdot |\overline{MN}|$$

$$V_{ABCDEF} = \frac{1}{2} \cdot 12 \text{ cm} \cdot 8 \text{ cm} \cdot 5 \text{ cm} = 240 \text{ cm}^3$$

„um 95 % kleiner" $\Rightarrow V_{Q_1 BEA} = 0{,}05 \cdot 240 \text{ cm}^3 = 12 \text{ cm}^3$

$$12 \text{ cm}^3 = \frac{21{,}20 \cdot \sin \varphi}{\sin(\varphi + 57{,}99°)} \text{ cm}^3$$

$12 \cdot \sin(\varphi + 57{,}99°) = 21{,}20 \cdot \sin \varphi$
$12 \cdot (\sin \varphi \cos 57{,}99° + \cos \varphi \sin 57{,}99°) = 21{,}20 \cdot \sin \varphi$
$12 \cdot \sin \varphi \cos 57{,}99° + 12 \cdot \cos \varphi \sin 57{,}99° = 21{,}20 \cdot \sin \varphi$
$12 \cdot \sin \varphi \cos 57{,}99° - 21{,}20 \cdot \sin \varphi = -12 \cdot \cos \varphi \sin 57{,}99°$
$\sin \varphi \cdot (12 \cos 57{,}99° - 21{,}20) = -12 \cdot \cos \varphi \sin 57{,}99°$
$\tan \varphi = \dfrac{-12 \sin 57{,}99°}{12 \cos 57{,}99° - 21{,}20}$ \hspace{1cm} mit \hspace{1cm} $\tan \varphi = \dfrac{\sin \varphi}{\cos \varphi}$

$\varphi = 34{,}44°$

zu Seite 185
Trigonometrie –
Aufgaben

2.1 $P_1(-3{,}06 \mid -2{,}57)$, $Q_1(1{,}92 \mid -1{,}61)$
$P_2(-1{,}37 \mid -3{,}76)$, $Q_2(0{,}86 \mid -2{,}35)$

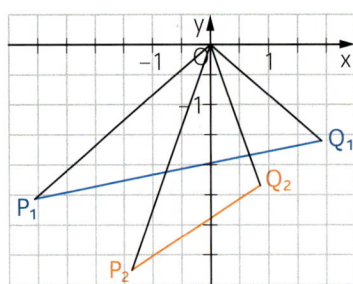

2.2 $A(\alpha) = \frac{1}{2} \cdot \begin{vmatrix} -4\cos\alpha & 2{,}5\cos\alpha \\ -4\sin\alpha & -2{,}5\sin\alpha \end{vmatrix} FE$

$A(\alpha) = \frac{1}{2} \cdot [-4\cos\alpha \cdot (-2{,}5\sin\alpha) - (-4\sin\alpha) \cdot 2{,}5\cos\alpha]\, FE$

$A(\alpha) = \frac{1}{2} \cdot (10\sin\alpha\cos\alpha + 10\sin\alpha\cos\alpha)\, FE$

$A(\alpha) = 10\sin\alpha\cos\alpha\, FE$

2.3 $\alpha = 0°: A(0°) = 0\, FE \qquad \alpha = 90°: A(90°) = 0\, FE$

3 3.1 $\overrightarrow{OQ_1} = \begin{pmatrix} 3{,}83 \\ 1 \end{pmatrix}$; $\overrightarrow{OQ_2} = \begin{pmatrix} 4{,}46 \\ 0{,}5 \end{pmatrix}$

3.2 $A(\alpha) = \frac{1}{2} \cdot \begin{vmatrix} 6 & 4\cos\alpha + 1 \\ -3 & 2\cos^2\alpha \end{vmatrix} FE$

$A(\alpha) = \frac{1}{2}[12\cos^2\alpha + 3 \cdot (4\cos\alpha + 1)]\, FE$

$A(\alpha) = \frac{1}{2}(12\cos^2\alpha + 12\sin\alpha + 3)\, FE$

$A(\alpha) = (6\cos^2\alpha + 6\cos\alpha + 3)\, FE$

$A(\alpha) = [6(1 - \sin^2\alpha) + 6\sin\alpha + 1{,}5]\, FE$

$A(\alpha) = (-6\sin^2\alpha + 6\sin\alpha + 7{,}5)\, FE$

3.3 $A(\alpha) = -6 \cdot [\sin^2\alpha - \sin\alpha - 1{,}25]\, FE$

$A(\alpha) = -6[\sin^2\alpha - \sin\alpha + 0{,}5^2 - 0{,}25 - 1{,}25]\, FE$

$A(\alpha) = -6[(\sin\alpha - 0{,}5)^2 - 1{,}5]\, FE$

$A(\alpha) = [-6(\sin\alpha - 0{,}5)^2 + 9]\, FE$

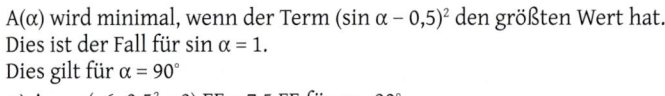

Unter Beachtung des Intervalls ($\alpha \in [0°; 180°[$) gilt:

$A(\alpha)$ wird minimal, wenn der Term $(\sin\alpha - 0{,}5)^2$ den größten Wert hat.
Dies ist der Fall für $\sin\alpha = 1$.
Dies gilt für $\alpha = 90°$
$\Rightarrow A_{min} = (-6 \cdot 0{,}5^2 + 9)\, FE = 7{,}5\, FE$ für $\alpha = 90°$

$A(\alpha)$ wird maximal, wenn der Term $(\sin\alpha - 0{,}5)^2$ den Wert Null hat.
Dies ist der Fall für $\sin\alpha = 0{,}5$.
Dies gilt für $\alpha = 30° \vee \alpha = 150°$
$\Rightarrow A_{max} = 9\, FE$ für $\alpha = 30° \vee \alpha = 150°$

4 4.1 $\dfrac{3\,cm}{\sin\alpha} = \dfrac{a(\alpha)}{\sin[180° - (\alpha + 40°)]}$; $\dfrac{3\,cm}{\sin\alpha} = \dfrac{a(\alpha)}{\sin(\alpha + 40°)}$; $a(\alpha) = \dfrac{3 \cdot \sin(\alpha + 40°)}{\sin\alpha}\, cm$

4.2 $6\,cm = \dfrac{3 \cdot \sin(\alpha + 40°)}{\sin\alpha}\, cm \qquad\qquad |\cdot \sin\alpha$

$6 \cdot \sin\alpha = 3 \cdot (\sin\alpha\cos 40° + \cos\alpha\sin 40°) \qquad |:3$

$2 \cdot \sin\alpha = \sin\alpha\cos 40° + \cos\alpha\sin 40° \qquad |-\sin\alpha\cos 40°$

$2\sin\alpha - \sin\alpha\cos 40° = \cos\alpha\sin 40°$

$\sin\alpha \cdot (2 - \cos 40°) = \cos\alpha\sin 40° \qquad |:\cos\alpha \;:(2 - \cos 40°)$

$\tan\alpha = \dfrac{\sin 40°}{2 - \cos 40°}$ mit $\tan\alpha = \dfrac{\sin\alpha}{\cos\alpha}$

$\alpha = 27{,}52°$

5 5.1 $\overrightarrow{OP_1} = \begin{pmatrix} 4{,}88 \\ 0{,}35 \end{pmatrix}$; $\overrightarrow{OR_1} = \begin{pmatrix} 1{,}82 \\ 3 \end{pmatrix}$

$\overrightarrow{OP_2} = \begin{pmatrix} 2 \\ 2{,}25 \end{pmatrix}$; $\overrightarrow{OR_2} = \begin{pmatrix} -2{,}5 \\ 3 \end{pmatrix}$

5.2 $|\overrightarrow{OR_n}| = \sqrt{(3\cos\varphi - 1)^2 + 9}\, LE$

$|\overrightarrow{OQ_n}| = \sqrt{9\cos^2\varphi - 6\cos\varphi + 10}\, LE$

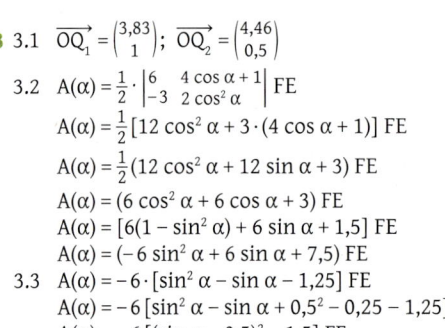

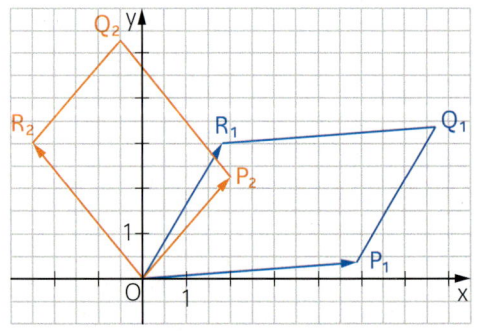

5.3 $5 \text{ LE} = \sqrt{9 \cos^2 \varphi - 6 \cos \varphi + 10} \text{ LE}$

$25 = 9 \cos^2 \varphi - 6 \cos \varphi + 10$

$0 = 9 \cos^2 \varphi - 6 \cos \varphi - 15$

$\cos \varphi_{1/2} = \dfrac{6 \pm \sqrt{(-6)^2 - 4 \cdot 9 \cdot (-15)}}{2 \cdot 9} = \dfrac{6 \pm \sqrt{576}}{18} = \dfrac{6 \pm 24}{18}$

$(\cos \varphi = 1\frac{2}{3} \text{ v}) \cos \varphi = -1 \Leftrightarrow \varphi = 180°$

5.4 $\overrightarrow{OQ_n} = \overrightarrow{OP_n} \oplus \overrightarrow{P_n Q_n}$ mit $\overrightarrow{P_n Q_n} = \overrightarrow{OR_n}$

$\overrightarrow{OQ_n} = \begin{pmatrix} 2 \cos \varphi + 3 \\ 3 \sin^2 \varphi \end{pmatrix} \oplus \begin{pmatrix} 3 \cos \varphi - 1 \\ 3 \end{pmatrix} = \begin{pmatrix} 5 \cos \varphi + 2 \\ 3 \sin^2 \varphi + 3 \end{pmatrix}$

$Q_n (5 \cos \varphi + 2 \mid 3 \sin^2 \varphi + 3)$

5.5 $\underline{\text{I} \quad x = 2 \cos \varphi + 3}$

$\underline{\text{II} \wedge \quad y = 3 \sin^2 \varphi}$

$\underline{\text{I} \quad \cos \varphi = \dfrac{x - 3}{2}}$

$\underline{\text{II} \wedge \quad y = 3 \cdot (1 - \cos^2 \varphi)}$

$\underline{\text{I} \quad \cos \varphi = \frac{1}{2} \cdot (x - 3)}$

$\underline{\text{II} \wedge \quad y = 3 - 3 \cos^2 \varphi}$

I in II: $y = 3 - 3 \cdot \left[\frac{1}{2}(x - 3) \right]^2$

$y = 3 - \frac{3}{4} \cdot (x - 3)^2$

$\Rightarrow \text{t: } y = -\frac{3}{4} \cdot (x - 3)^2 + 3$

6 6.1 $\sphericalangle Q_n BA = 60° - \varepsilon$ $\qquad \sphericalangle AQ_n B = 180° - \varepsilon - (60° - \varepsilon)$ $\qquad \sphericalangle AQ_n B = \varphi = 120°$

6.2 $\dfrac{|\overline{AQ_n}|(\varepsilon)}{\sin(60° - \varepsilon)} = \dfrac{6 \text{ cm}}{\sin 120°}$; $\quad |\overline{AQ_n}|(\varepsilon) = \dfrac{6 \cdot \sin(60° - \varepsilon)}{\sin 120°} \text{ cm}$; $\quad |\overline{AQ_n}|(\varepsilon) = \dfrac{6 \cdot \sin(60° - \varepsilon)}{\frac{1}{2}\sqrt{3}} \cdot \dfrac{\sqrt{3}}{\sqrt{3}} \text{ cm}$;

$|\overline{AQ_n}|(\varepsilon) = 4\sqrt{3} \cdot \sin(60 - \varepsilon) \text{ cm}$

$\dfrac{|\overline{BQ_n}|(\varepsilon)}{\sin \varepsilon} = \dfrac{6 \text{ cm}}{\frac{1}{2}\sqrt{3}}$; $\quad |\overline{BQ_n}|(\varepsilon) = \dfrac{6 \cdot \sin \varepsilon}{\frac{1}{2}\sqrt{3}} \text{ cm}$; $\quad |\overline{BQ_n}|(\varepsilon) = \dfrac{6 \cdot \sin \varepsilon}{\frac{1}{2}\sqrt{3}} \cdot \dfrac{\sqrt{3}}{\sqrt{3}}$; $\quad |\overline{BQ_n}|(\varepsilon) = 4\sqrt{3} \cdot \sin \varepsilon \text{ cm}$

6.3 $|\overline{P_n Q_n}| = |\overline{AQ_n}| - |\overline{BQ_n}|$ mit $|\overline{BQ_n}| = |\overline{AP_n}|$

$|\overline{P_n Q_n}|(\varepsilon) = [4\sqrt{3} \cdot \sin(60° - \varepsilon) - 4\sqrt{3} \cdot \sin \varepsilon] \text{ cm}$

$|\overline{P_n Q_n}|(\varepsilon) = 4\sqrt{3}(\sin(60° - \varepsilon) - \sin \varepsilon) \text{ cm}$

$|\overline{P_n Q_n}|(\varepsilon) = 4\sqrt{3} \cdot (\sin 60° \cdot \cos \varepsilon - \cos 60° \cdot \sin \varepsilon - \sin \varepsilon) \text{ cm}$

$|\overline{P_n Q_n}|(\varepsilon) = 4\sqrt{3} \left(\frac{1}{2}\sqrt{3} \cos \varepsilon - \frac{1}{2} \sin \varepsilon - \sin \varepsilon \right) \text{ cm}$

$|\overline{P_n Q_n}|(\varepsilon) = 4\sqrt{3} \cdot \left(\frac{1}{2}\sqrt{3} \cdot \cos \varepsilon - \frac{3}{2} \cdot \sin \varepsilon \right) \text{ cm}$

Nebenrechnung: $\frac{3}{2} = \frac{1}{2}\sqrt{3} \cdot \sqrt{3}$

$|\overline{P_n Q_n}|(\varepsilon) = 4\sqrt{3} \cdot \frac{1}{2}\sqrt{3} \cdot (\cos \varepsilon - \sqrt{3} \cdot \sin \varepsilon) \text{ cm}$

$|\overline{P_n Q_n}|(\varepsilon) = 6(\cos \varepsilon - \sqrt{3} \sin \varepsilon) \text{ cm}$

6.4 $A_{\Delta P_n Q_n R_1} = \frac{1}{2} \cdot |\overline{P_n Q_n}|(\varphi) \cdot |\overline{P_n Q_n}|(\varphi) \cdot \sin \sphericalangle R_n Q_n P_n$

$\sphericalangle R_n Q_n P_n = 180° - 120° = 60°$

$|\overline{P_n Q_n}|(20°) = 6 \cdot (\cos 20° - \sqrt{3} \cdot \sin 20°) \text{ cm}$

$= 2,08 \text{ cm}$

$A_{\Delta P_n Q_n R_1} = \frac{1}{2} \cdot 2,08 \cdot 2,08 \cdot \sin 60° \text{ cm}^2$

$A_{\Delta P_n Q_n R_1} = 1,87 \text{ cm}^2$

zu Seite 186
Trigonometrie –
Aufgaben

7 7.1 $|\overline{A_1 C_1}| = 16 \text{ cm}$; $|\overline{B_1 C_1}| = 3 \text{ cm}$

Im Dreieck $A_1 B_1 C_1$ gilt: $\dfrac{16 \text{ cm}}{\sin \beta} = \dfrac{3 \text{ cm}}{\sin 30°}$

$\sin \beta = \dfrac{16 \text{ cm} \cdot \sin 30°}{3 \text{ cm}}$

$\sin \beta = \frac{8}{3}$ (> 1) keine Lösung möglich

Nein, für $x = 4$ existiert kein Rotationskörper.

7.2 Raute, falls $|\overline{A_n C_n}| = |\overline{B_n C_n}|$:

$4 + 3x = 7 - x$

$x = 0,75$

$|\overline{A_2 C_2}| = (4 + 3 \cdot 0,75) \text{ cm} = 6,25 \text{ cm}$

Skizze:

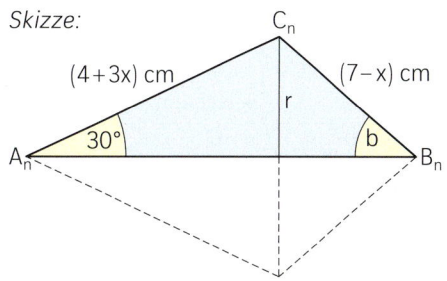

$$\sin 30° = \frac{r}{6{,}25 \text{ cm}}$$

$$r = 3{,}13 \text{ cm}$$

$$O_{\text{Doppelkegel}} = 2 \cdot M_{\text{Kegel}}$$

$$O_{\text{Doppelkegel}} = 2 \cdot r \cdot \pi \cdot \left|\overline{A_2C_2}\right|$$

$$O_{\text{Doppelkegel}} = 2 \cdot 3{,}13 \text{ cm} \cdot \pi \cdot 6{,}25 \text{ cm}$$

$$O_{\text{Doppelkegel}} = 122{,}91 \text{ cm}^2$$

7.3 $\quad \dfrac{4 + 3x}{\sin \beta} = \dfrac{7 - x}{\sin 30°}$; $\quad \sin \beta = \dfrac{(4 + 3x) \cdot \sin 30°}{7 - x}$; $\quad \sin \beta = \dfrac{2 + 1{,}5x}{7 - x}$

größter Wert: $\sin \beta = 1$

$$1 = \frac{2 + 1{,}5x}{7 - x}$$

$$7 - x = 2 + 1{,}5x$$

$$x = 2$$

8 8.1 $\quad \overrightarrow{OP_1} = \begin{pmatrix} 4{,}60 \\ 4{,}92 \end{pmatrix}$

$$V(\alpha) = \frac{1}{3} \cdot (6 \cos \alpha)^2 \cdot \pi \cdot \left(\frac{3}{\cos \alpha} + 1\right) \text{ VE}$$

$$V(\alpha) = \frac{1}{3} \cdot 36 \cos^2 \alpha \cdot \pi \cdot \left(\frac{3}{\cos \alpha} + 1\right) \text{ VE}$$

$$V(\alpha) = \pi \cdot \left[\frac{1}{3} \cdot 36 \cos^2 \alpha \cdot \left(\frac{3}{\cos \alpha} + 1\right)\right] \text{ VE}$$

$$V(\alpha) = \pi \cdot \left[12 \cdot \cos^2 \alpha \cdot \left(\frac{3}{\cos \alpha} + 1\right)\right] \text{ VE}$$

$$V(\alpha) = \pi \cdot (36 \cos \alpha + 12 \cos^2 \alpha) \text{ VE}$$

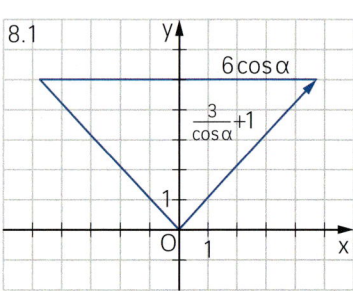

8.2 Antwort **A**

Es gilt: $0° < \alpha < 90°$; $\cos \alpha$ und somit das Volumen ist am größten für $\alpha = 0°$ und verringert sich mit zunehmendem α und zwar parabelförmig, weil die Funktionsgleichung quadratisch ist.

8.3 Wenn der Öffnungswinkel 90° beträgt, ist der Axialschnitt ein gleichschenklig-rechtwinkliges Dreieck. Hier gilt: $0{,}5 \cdot$ Grundseite = Höhe:

$$6 \cos \alpha = \frac{3}{\cos \alpha} + 1 \qquad | \cdot \cos \alpha$$

$$6 \cos^2 \alpha = 3 + \cos \alpha$$

$$6 \cos^2 \alpha - \cos \alpha - 3 = 0$$

$$\cos \alpha_{1/2} = \frac{1 \pm \sqrt{(-1)^2 - 4 \cdot 6 \cdot (-3)^2}}{2 \cdot 6} = \frac{1 \pm \sqrt{73}}{12}$$

$$\cos \alpha_1 = \frac{1 + \sqrt{73}}{12} \quad \left(\vee \cos \alpha_2 = \frac{1 - \sqrt{73}}{12}\right)\cos \alpha \in \,]0°; 90°[$$

$$\alpha = 37{,}31°$$

9 9.1 $\quad \left|\overline{A_nD_n}\right| = \left|\overline{A_nF_n}\right| + \left|\overline{F_nD_n}\right|$ mit $\left|\overline{F_nD_n}\right| = \left|\overline{BC}\right|$

$\triangle A_nBF_n$: $\qquad \cos \varphi = \dfrac{\left|\overline{A_nF_n}\right|(\alpha)}{5 \text{ cm}}$

$$\left|\overline{A_nF_n}\right|(\varphi) = 5 \cdot \cos \varphi \text{ cm}$$

$$\Rightarrow \left|\overline{A_nD_n}\right| = (5 \cdot \cos \varphi + 3{,}5) \text{ cm}$$

Skizze zu 9.1

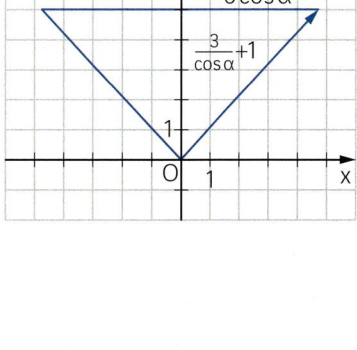

9.2 $\quad V_{\text{Halbkugel}} = \dfrac{1}{2} \cdot \dfrac{4}{3} \cdot r_2^{\,3} \cdot \pi$

Berechnung des Radius r_2: $\qquad r_2^{\,3} = 175 \text{ cm}^3 : \dfrac{1}{2} : \dfrac{4}{3} : \pi$

$$r_2 = 4{,}37 \text{ cm} \qquad\qquad \Rightarrow \left|\overline{A_2D_2}\right| = 4{,}37 \text{ cm}$$

Berechnung des zugehörigen Maß für φ: $\quad 4{,}37 \text{ cm} = (5 \cdot \cos \varphi + 3{,}5) \text{ cm}$

$$0{,}87 = 5 \cos \varphi$$

$$\cos \varphi = 0{,}174$$

$$\varphi = 79{,}98°$$

zu Seite 187
Trigonometrie –
Aufgaben

10 10.1

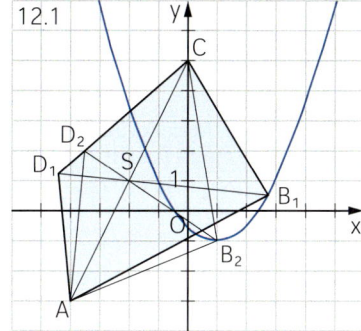

10.2 $x = 1 + 2 \cos \alpha$ $\cos \alpha = 0,5 (x - 1)$
$\wedge\ y = 1 - 2 \sin^2 \alpha$ $y = 1 - 2 (1 - \cos^2 \alpha)$
   $y = -1 + 2 \cdot 0,5^2 (x - 1)$
   $y = -1 + 0,5 (x - 1)^2$
Antwort **B**

10.3 $\overrightarrow{SB_n} \circ \overrightarrow{SA} = 0$; $S(-2 \,|\, 1)$
$\begin{pmatrix} 3 + 2 \cos \alpha \\ -2 \sin^2 \alpha \end{pmatrix} \circ \begin{pmatrix} -2 \\ -4 \end{pmatrix} = 0$
$-6 - 4 \cos \alpha + 8 \sin^2 \alpha = 0$
mit $\sin^2 \alpha = 1 - \cos^2 \alpha$ folgt:
$-8 \cos^2 \alpha - 4 \cos \alpha + 2 = 0$
$D = 80$
$\cos \alpha = -0,81\ \vee\ \cos \alpha = 0,31$
$\alpha \in \{72°;\ 144°;\ 216°;\ 288°\}$
$B_3(-0,62 \,|\, 0,31)$; $B_4(1,62 \,|\, -0,81)$

10.4 $\overrightarrow{SD_n} = 0,5 \cdot \overrightarrow{B_nS}$

$\begin{pmatrix} x_D + 2 \\ y_D - 1 \end{pmatrix} = 0,5 \cdot \begin{pmatrix} -3 - 2 \cos \alpha \\ 2 \sin^2 \alpha \end{pmatrix}$
$x_D = -1,5 - \cos \alpha - 2$
$y_D = \sin^2 \alpha + 1$
$D_n(-3,5 - \cos \alpha \,|\, \sin^2 \alpha + 1)$; $-4,5 \le x_D \le 2,5$ da $-1 \le \cos \alpha \le 1$

10.5 $x_D = -3,5 - \cos \alpha$ $\cos \alpha = -3,5 - x_D$
$\wedge\ y_D = 1 + \sin^2 \alpha$ $y_D = 2 - \cos^2 \alpha$
   $y_D = 2 - (-3,5 - x_D)^2$

$y = -(x + 3,5)^2 + 2$; Antwort **A**

10.6 $1 + \sin^2 \alpha = -0,5(-3,5 - \cos \alpha) - 0,5$
$-\cos^2 \alpha - 0,5 \cos \alpha + 0,75 = 0$
$D = 3,25$; $(\cos \alpha = -1,15\ \vee)\ \cos \alpha = 0,65$
$\alpha = 49,35°\ \vee\ \alpha = 310,65°$

10.7 $A(\alpha) = A_{\Delta\ AB_nC} + A_{\Delta\ ACD_n}$
$A(\alpha) = \dfrac{1}{2} \cdot \begin{vmatrix} 5 + 2 \cos \alpha & 4 \\ 4 - 2 \sin^2 \alpha & 8 \end{vmatrix} FE + \dfrac{1}{2} \begin{vmatrix} 4 & 0,5 - \cos \alpha \\ 8 & 4 + \sin^2 a \end{vmatrix} FE$
$A(\alpha) = \dfrac{1}{2} \cdot [40 + 16 \cos \alpha - 16 + 8 \sin^2 \alpha + 16 + 4 \sin^2 \alpha - 4 + 8 \cos \alpha]\ FE$ mit $\sin^2 \alpha = 1 - \cos^2 \alpha$ folgt
$A(\alpha) = \dfrac{1}{2} \cdot [36 + 24 \cos \alpha + 12 - 12 \cos^2 \alpha]\ FE$
$A(\alpha) = (-6 \cos^2 \alpha + 12 \cos \alpha + 24)\ FE$

10.8 $A(\alpha) = [-6(\cos^2 \alpha - 2 \cos \alpha + 1^2 - 1) + 24]\ FE$
$A(\alpha) = [-6(\cos \alpha - 1)^2 + 30]\ FE$
$A_{max} = 30\ FE$ für $\alpha = 0°\ \vee\ \alpha = 360°$
$A_{min} = 6\ FE$ für $\alpha = 180°$

11 11.1 Aussage **B** ist richtig.

11.2 Skizze:

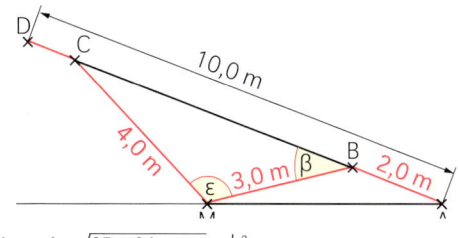

$|\overline{BC}| = (10.0 - (1.1 + 2,0))\ m$; $|\overline{BC}| = 6,9\ m$
Im Dreieck MBC gilt:

$\cos \varepsilon = \dfrac{(4,0\ m)^2 + (3,0\ m) - (6,9\ m)^2}{2 \cdot 4,0\ m \cdot 3,0\ m}$

$\varepsilon = 160,4°$

11.3 $|\overline{BC}|^2 = [4^2 + 3^2 - 2 \cdot 4 \cdot 3 \cos \varepsilon]\ m^2$
$|\overline{BC}|\ (\varepsilon) = \sqrt{25 - 24 \cos \varepsilon}\ m$

11.4 $6 = \sqrt{25 - 24 \cos \varepsilon}\quad |^2$
$36 = 25 - 24 \cos \varepsilon$
$\cos \varepsilon = \dfrac{-11}{24}$
$\varepsilon = 117,3°$

11.5 Im Dreieck BCM gilt:

$\dfrac{\sin \beta}{4} = \dfrac{\sin \varepsilon}{\sqrt{25 - 24 \cos \varepsilon}}$

$\sin \beta = \dfrac{4 \sin \varepsilon}{\sqrt{25 - 24 \cos \varepsilon}}$

11.6   Skizze:

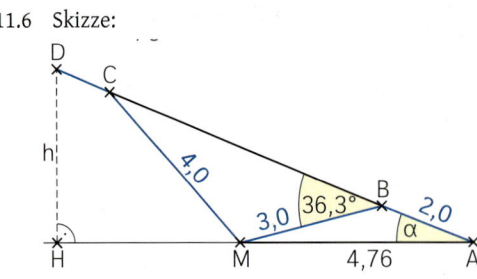

Für $\varepsilon = 117,3°$ gilt: $|\overline{BC}| = 6$ m

$$\frac{\sin \beta}{4} = \frac{\sin 117,3°}{6}$$

$\beta = 36,3°$ ($\vee\ \beta = 143,7°$)

Im Dreieck ABM gilt:

$|\overline{AM}|^2 = (2^2 + 3^2 - 2 \cdot 2 \cdot 3 \cos 143,7°)$

$|\overline{AM}| = 4,76$ m

$$\frac{3}{\sin \alpha} = \frac{4,76}{\sin 143,7°}; \quad \alpha = 21,9°$$

Im Dreieck ADH gilt für $\alpha = 21,9°$

$$\sin 21,9° = \frac{h}{10\ m}; h = 3,7\ m$$

---

zu Seite 188
Trigonometrie
Aufgaben

12 12.1 $\overrightarrow{BZ_1} = \binom{3}{3}$; $\overrightarrow{BZ_2} = \binom{1,68}{4,92}$

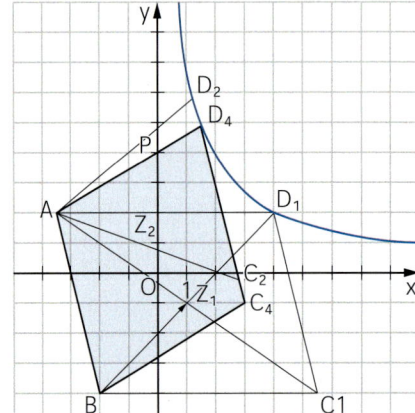

12.2 $\overrightarrow{BD_n} = 2 \cdot \overrightarrow{BZ_n}$

$\binom{x_D + 2}{y_D + 4} = 2 \cdot \binom{2 \cos \varphi + 1}{2 + \frac{1}{\cos \varphi}}$; $D_n(4 \cos \varphi \mid \frac{2}{\cos \varphi})$

12.3 $\overrightarrow{AB} = \overrightarrow{D_n C_n}$

$\binom{-2 + 3,5}{-4 - 2} = \binom{x_C - 4 \cos \varphi}{y_C - \frac{2}{\cos \varphi}}$

$C_n(1,5 + 4 \cos \varphi \mid -6 + \frac{2}{\cos \varphi})$

12.4 $x_C = 1,5 + 4 \cos \varphi$; $\cos \varphi = \frac{1}{4}(x - 1,5)$

$\wedge\ y_C = \frac{2}{\cos \varphi} - 6$ $y = \frac{2 \cdot 4}{x - 1,5} - 6$; Antwort **A**

$x_D = 4 \cos \varphi$; $\cos \varphi = \frac{x_D}{4}$

$\wedge\ y_D = \frac{2}{\cos \varphi}$ $y = \frac{2 \cdot 4}{x}$; Antwort **D**

12.5 Zeichnung; $x_D = y_D$

$4 \cos \varphi = \frac{2}{\cos \varphi}$; $\cos^2 \varphi = 0,5$; $\varphi = 45°$

12.6 $A(\varphi) = \begin{vmatrix} 4 \cos \alpha + 2 & -1,5 \\ \frac{2}{\cos \varphi} + 4 & 6 \end{vmatrix}$

$A(\varphi) = (24 \cos \varphi + 12 + \frac{3}{\cos \varphi} + 6)$ FE

$A(\varphi) = (24 \cos \varphi + \frac{3}{\cos \varphi} + 18)$ FE

$43,6$ FE $= (24 \cos \varphi + \frac{3}{\cos \varphi} + 18)$ FE

$0 = 24 \cos \varphi + \frac{3}{\cos \varphi} - 25,6$

$0 = 24 \cos^2 \varphi - 25,6 \cos \varphi + 3$

$D = 367,36$; $\cos \varphi = 0,93\ \vee\ \cos \varphi = 0,13$

$\varphi = 21,2°\ \vee\ \varphi = 82,3°$

12.7 $m_{AP} = m_{AD4}$; $m_{AP} = \frac{2}{3,5} = \frac{4}{7}$

$\frac{4}{7} = \frac{\frac{2}{\cos \varphi} - 2}{4 \cos \varphi + 3,5}$; $16 \cos \varphi + 14 = \frac{14}{\cos \varphi} - 14$

$16 \cos^2 \varphi + 28 \cos \varphi - 14 = 0$

$D = 1680$

$\cos \varphi = 0,41$ ($\vee \cos \varphi = -2,16$)

$\varphi = 66,1°$

12.8 $D_4(1,64 \mid 4,88)$ $\overrightarrow{AD_4} = \binom{5,12}{2,88}$; $\overrightarrow{AB} = \binom{1,5}{-6}$

$\cos \alpha = \dfrac{\binom{5,12}{2,88} \odot \binom{1,5}{-6}}{\sqrt{5,12^2 + 2,88^2} \cdot \sqrt{1,5^2 + (-6)^2}}$

$\cos \alpha = -0,26$

$\alpha = 105,3° = \gamma$

$\beta = \delta = 74,7°$

12.9 $\vec{v}_g = \binom{3}{-2}$; $\vec{v}_g \odot \overrightarrow{BZ_5} = 0$

$3(2 \cos \varphi + 1) - 2(2 + \frac{1}{\cos \varphi}) = 0$

$6 \cos \varphi + 3 - 4 - \frac{2}{\cos \varphi} = 0$

$6 \cos^2 \varphi - \cos \varphi - 2 = 0$

$D = 49$; $\cos \varphi = \frac{2}{3}$ ($\vee \cos \varphi = -0,5$)

$\varphi = 48,2°$

$C_5(4,17 \mid -3)$ $D_5(2\frac{2}{3} \mid 3)$

13 **13.1** $B_1(3|-2)$; $B_2(5|-1,25)$

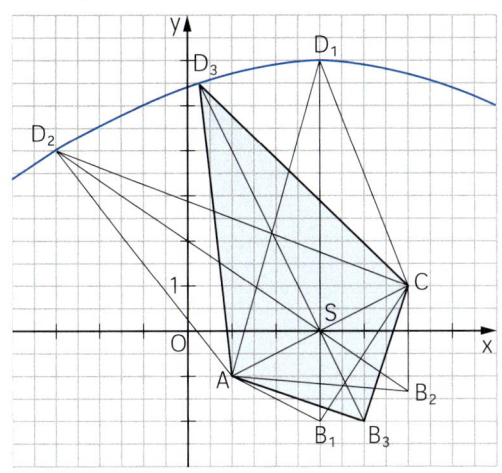

13.2 $\overrightarrow{SD_n} = 3 \cdot \overrightarrow{B_nS}$; $S = M_{\overline{AC}} \Rightarrow S(3|0)$

$$\begin{pmatrix} x_D - 3 \\ y_D \end{pmatrix} = 3 \cdot \begin{pmatrix} 3 - 3 - 4\cos\varphi \\ 0 - 1 + 3\sin^2\varphi \end{pmatrix}$$

$D_n(3 - 12\cos\varphi \,|\, -3 + 9\sin^2\varphi)$

$x = 3 - 12\cos\varphi$; $\cos\varphi = -\dfrac{1}{12}(x-3)$

$\wedge\ y = -3 + 9\sin^2\varphi$

$y = -3 + 9\,(1 - \cos^2\varphi)$

$y = -3 + 9 - 9 \cdot \dfrac{1}{144}(x-3)^2$

$y = -\dfrac{1}{16}(x-3)^2 + 6$

13.3 $\overrightarrow{AS} \circ \overrightarrow{B_3S} = 0$ $\qquad \begin{pmatrix} 2 \\ 1 \end{pmatrix} \circ \begin{pmatrix} -4\cos\varphi \\ 3\sin^2\varphi - 1 \end{pmatrix} = 0$

$-8\cos\varphi + 3\sin^2\varphi - 1 = 0$ mit $\sin^2\varphi = 1 - \cos^2\varphi$ folgt

$-3\cos^2\varphi - 8\cos\varphi + 2 = 0$; $D = 88$;

$(\cos\varphi = -2,9 \lor)\ \cos\varphi = 0,23$

$\varphi = 76,69°$ ($\lor\ \varphi = 283,31°$); $B_3(3,92|-1,84)$

13.4 $A(\varphi) = A_{\triangle AB_nC} + A_{\triangle ACD_n}$

$$A(\varphi) = \left[\frac{1}{2}\begin{vmatrix} 2 + 4\cos\varphi & 4 \\ 2 - 3\sin^2\varphi & 2 \end{vmatrix} + \frac{1}{2}\begin{vmatrix} 4 & 2 - 12\cos\varphi \\ 2 & -2 + 9\sin^2\varphi \end{vmatrix} \right] \text{FE}$$

$A(\varphi) = \dfrac{1}{2} \cdot (4 + 8\cos\varphi - 8 + 12\sin^2\varphi - 8 + 36\sin^2\varphi - 4 + 24\cos\varphi)\ \text{FE}$

$A(\varphi) = \dfrac{1}{2}(48\sin^2\varphi + 32\cos\varphi - 16)\ \text{FE} = (-24\cos^2\varphi + 16\cos\varphi + 16)\ \text{FE}$

13.5 $A(\varphi) = \left[-24\left(\cos^2\varphi - \dfrac{2}{3}\cos\varphi + \left(\dfrac{1}{3}\right)^2 - \dfrac{1}{9}\right) + 16 \right] \text{FE}$

$A(\varphi) = \left[-24\left(\cos\varphi + \dfrac{1}{3}\right)^2 + 18,67 \right] \text{FE}$

$A_{max} = 18,67\ \text{FE für } \varphi = 70,53°$ ($\lor\ \varphi = 289,47°$)

---

zu Seite 189
Trigonometrie
Aufgaben

14 **14.1**
Skizze:

Im Dreieck ABC gilt:
$|\overline{AC}|^2 = (8\ \text{cm})^2 + (6\ \text{cm})^2$; $|\overline{AC}| = 10,00\ \text{cm}$

Im Dreieck BCD gilt:
$|\overline{BD}|^2 = (6\ \text{cm})^2 + (5\ \text{cm})^2 - 2 \cdot 6\ \text{cm} \cdot 5\ \text{cm} \cdot \cos 75°$
$|\overline{BD}| = 6,74\ \text{cm}$

$\dfrac{\sin\delta_1}{6\ \text{cm}} = \dfrac{\sin 75°}{6,74\ \text{cm}}$; $\delta_1 = 59,30°$

$\beta_1 = 180° - (75° + 59,30°)$; $\beta_1 = 45,70°$
$\beta_2 = 44,30°$

Im Dreieck ABD gilt:
$|\overline{AD}|^2 = (8\ \text{cm})^2 + (6,74\ \text{cm})^2 - 2 \cdot 8\ \text{cm} \cdot 6,74\ \text{cm} \cdot \cos 44,30°$
$|\overline{AD}| = 5,68\ \text{cm}$

$\dfrac{\sin\delta_2}{8\ \text{cm}} = \dfrac{\sin 44,30°}{5,68\ \text{cm}}$; $\delta_2 = 79,64°$

$\sphericalangle ADC = \delta_1 + \delta_2$; $\sphericalangle ADC = 138,94°$

14.2
Skizze:

$2,0\ \text{cm} = \dfrac{\varphi}{360°} \cdot 2 \cdot 2,8\ \text{cm} \cdot \pi$; $\varphi = 40,93°$

$\sphericalangle FDG = 79,64° - \dfrac{40,93°}{2}$; $\sphericalangle FDG = 59,18°$

$\sphericalangle HDE = 59,30° - \dfrac{40,93°}{2}$; $\sphericalangle HDE = 38,84°$

$A_{\text{Sektor DFG}} = \dfrac{59,18°}{360°} \cdot (3,5\ \text{cm})^2 \cdot \pi$; $A_{\text{Sektor DFG}} = 6,33\ \text{cm}^2$

$A_{\text{Sektor DHE}} = \dfrac{38,84°}{360°} \cdot (3,5\ \text{cm})^2 \cdot \pi$; $A_{\text{Sektor DHE}} = 4,15\ \text{cm}^2$

14.3 $A_{\text{Sektor DFGH}} = \dfrac{79{,}64 - \frac{\varphi}{2}}{360°} \cdot 3{,}5^2 \pi \text{ cm}^2$

$\qquad\qquad = \left(8{,}51 - \dfrac{19{,}24\,\varphi}{360°}\right) \text{ cm}^2$

14.4 Skizze:

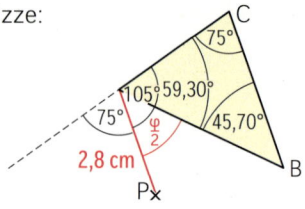

$\dfrac{\varphi}{2} = 105° - 59{,}30°; \quad \varphi = 91{,}40°$

$A_{\text{Sektor DPQ}} = \dfrac{91{,}40°}{360°} \cdot (2{,}8 \text{ cm})^2 \cdot \pi; \quad A_{\text{Sektor DPQ}} = 6{,}25 \text{ cm}^2$

14.5 Skizze; r:

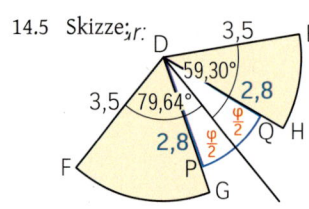

$A_{\text{Sektor DPQ}} = 0{,}25\,(A_{\text{Sektor DFG}} + A_{\text{Sektor DHE}})$

$\dfrac{\varphi}{360°} \cdot (2{,}8 \text{ cm})^2 \cdot \pi = 0{,}25\left(\dfrac{59{,}30° - \frac{\varphi}{2}}{360°} \cdot (3{,}5 \text{ cm})^2 \cdot \pi + \dfrac{79{,}64° - \frac{\varphi}{2}}{360°} \cdot (3{,}5 \text{ cm})^2 \cdot \pi\right)$

$\dfrac{\varphi}{360°} \cdot (2{,}8 \text{ cm})^2 \cdot \pi = 0{,}25\left(\dfrac{59{,}30° - \frac{\varphi}{2} + 79{,}64° - \frac{\varphi}{2}}{360°} \cdot (3{,}5 \text{ cm})^2 \cdot \pi\right)$

$\varphi \cdot 2{,}8^2 = 0{,}25\,(138{,}94° - \varphi) \cdot 3{,}5^2 \qquad |:0{,}25$

$\varphi \cdot 31{,}36 = 1\,702{,}02 - 12{,}25\varphi$

$\varphi = 39{,}03°$

14.6 Skizze; r:

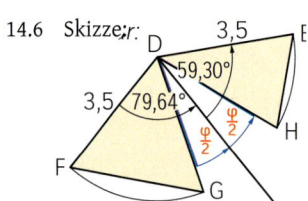

Im Dreieck DFG gilt:

$|\overline{FG}|^2 = \left[3{,}5^2 + 3{,}5^2 - 2 \cdot 3{,}5 \cdot 3{,}5 \cos\left(79{,}64° - \frac{\varphi}{2}\right)\right] \text{ cm}^2$

$|\overline{FG}|(\varphi) = \sqrt{24{,}5 - 24{,}5 \cos\left(79{,}64° - \frac{\varphi}{2}\right)} \text{ cm}$

14.7 $|\overline{FG}| = 3{,}5 \text{ cm} \qquad |\overline{FG}|^2 = (3{,}5 \text{ cm})^2$

$3{,}5^2 = 24{,}5 - 24{,}5 \cos\left(79{,}64° - \frac{\varphi}{2}\right)$

$12{,}25 - 24{,}5 = -24{,}5 \cos\left(79{,}64° - \frac{\varphi}{2}\right)$

$\dfrac{-12{,}25}{-24{,}5} = \cos\left(79{,}64° - \frac{\varphi}{2}\right)$

$60° = 79{,}64° - \frac{\varphi}{2}$

$\dfrac{\varphi}{2} = 19{,}64°; \quad \varphi = 39{,}28°$

---

zu Seite 190
Trigonometrie
Aufgaben

15 **15.1** Schrägbild im Maßstab 1:2

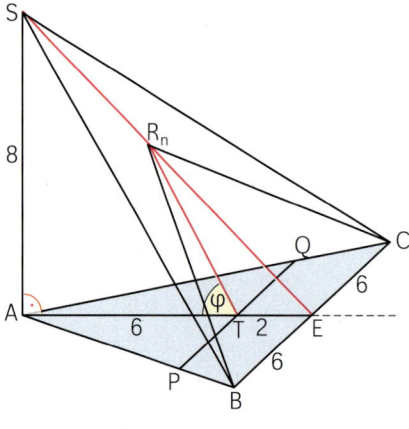

15.2 Skizze:

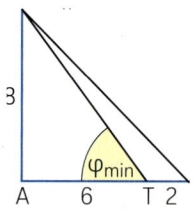

Im Dreieck ATS gilt:

$\tan \varphi_{\min} = \dfrac{8}{6}$

$\varphi_{\min} = 53{,}13°$

Intervall: $53{,}13° \le \varphi \le 180°$

15.3 Skizze:

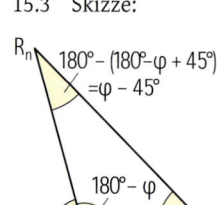

Das Dreieck AES ist gleichschenklig-rechtwinklig. $(|\overline{AE}| = |\overline{AS}| = 8 \text{ cm})$.
Es folgt:
$\sphericalangle \text{SEA} = \sphericalangle \text{ASE} = 45°$
Im Dreieck TER_n gilt:

$\dfrac{|\overline{TR_n}|}{\sin 45°} = \dfrac{2 \text{ cm}}{\sin \varphi - 45°}$

$|\overline{TR_n}|(\varphi) = \dfrac{\sqrt{2}}{\sin(\varphi - 45°)} \text{ cm}$

15.4 $1{,}5 = \dfrac{\sqrt{2}}{\sin(\varphi - 45°)}$

$\sin(\varphi - 45°) = \dfrac{\sqrt{2}}{1{,}5}$

$\varphi - 45° = 70{,}53° \lor \varphi - 45° = 109{,}47°$

$\varphi = 115{,}53° \lor \varphi = 154{,}47°$

15.5 $\dfrac{\overline{|PQ|}}{12\ \text{cm}} = \dfrac{6\ \text{cm}}{8\ \text{cm}}$ $|\overline{PQ}| = 9\ \text{cm}$

$A = \dfrac{1}{2}\,|\overline{PQ}| \cdot |\overline{TR_n}|$

$A = 0{,}5 \cdot 9 \cdot \dfrac{\sqrt{2}}{\sin(\varphi - 45°)}\ \text{cm}^2$

$A(\varphi) = \dfrac{4{,}5\sqrt{2}}{\sin(\varphi - 45°)}\ \text{cm}^2$

15.6 In einem gleichseitigen Dreieck mit der Seitenlänge a und der Höhe h gilt: $h = \dfrac{a}{2}\sqrt{3}$

Es folgt mit $|\overline{TR_n}| = h$ und $|\overline{PQ}| = a$; $|\overline{TR}|_n = \dfrac{|\overline{PQ}|}{2}\sqrt{3}$

$\dfrac{\sqrt{2}}{\sin(\varphi - 45°)} = \dfrac{9}{2}\sqrt{3}$

$\dfrac{\sqrt{2}}{\sqrt{3} \cdot 4{,}5} = \sin(\varphi - 45°)$

$\varphi - 45° = 10{,}45° \ (\lor\ \varphi - 45° = 169{,}55°)$

$\varphi = 55{,}45°$

15.7 $\tan 40° = \dfrac{4{,}5}{\frac{\sqrt{2}}{\sin(\varphi - 45°)}}$

$\dfrac{\tan 40° \cdot \sqrt{2}}{4{,}5} = \sin(\varphi - 45°)$

$\varphi - 45° = 15{,}29° \ (\lor\ \varphi - 45° = 164{,}71°)$

$\varphi = 60{,}29°$

16 **16.1** Skizze:

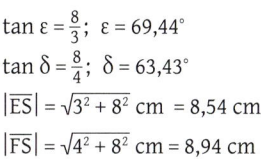

16.2 Schrägbild im: Maßstab 1 : 2

$180° - (69{,}44° + \varphi)$

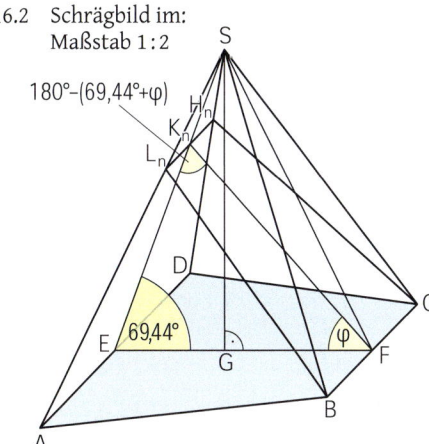

Für $\varphi = 63{,}43°$ (siehe 16.1) gilt: $K_n = S$

$\tan \varepsilon = \dfrac{8}{3}$; $\varepsilon = 69{,}44°$

$\tan \delta = \dfrac{8}{4}$; $\delta = 63{,}43°$

$|\overline{ES}| = \sqrt{3^2 + 8^2}\ \text{cm} = 8{,}54\ \text{cm}$

$|\overline{FS}| = \sqrt{4^2 + 8^2}\ \text{cm} = 8{,}94\ \text{cm}$

16.3 Im Dreieck EFK_n gilt

$\dfrac{|\overline{FK_n}|}{\sin 69{,}44°} = \dfrac{7\ \text{cm}}{\sin[180° - (69{,}44° + \varphi)]}$

$|\overline{FK_n}|(\varphi) = \dfrac{6{,}55}{\sin(69{,}44° + \varphi)}\ \text{cm}$

16.4 $8 = \dfrac{6{,}55}{\sin(69{,}44° + \varphi)}$; $\sin(69{,}44° + \varphi) = \dfrac{6{,}55}{8}$

$69{,}44° + \varphi = 54{,}96° \lor 69{,}44° + \varphi = 180° - 54{,}96°$

$(\varphi = -14{,}48°)$ $\varphi = 55{,}60°$

16.5 Richtige Anwort: **B**

Die Strecke $\overline{FK_n}$ hat minimale Länge, wenn sie senkrecht zur Strecke $\overline{ES}$ verläuft.

Dies gilt für $\varphi = 20{,}56°$. Für die übrigen Winkelmaße sind die Streckenlängen größer als 6,55 cm.

16.6 Planfigur: oder

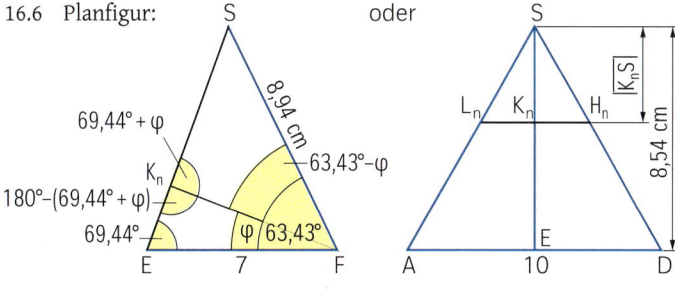

$$\frac{\overline{EK_n}}{\sin \varphi} = \frac{7 \text{ cm}}{\sin [180° - (69{,}44° + \varphi)]}$$

$$|\overline{EK_n}| = \frac{7 \sin \varphi}{\sin (69{,}44° + \varphi)} \text{ cm}$$

$$\frac{\overline{K_nS}}{\sin (63{,}43° - \varphi)} = \frac{8{,}94 \text{ cm}}{\sin (69{,}44° + \varphi)}$$

$$|\overline{K_nS}| = \frac{8{,}94 \sin (63{,}43° - \varphi)}{\sin (69{,}44° + \varphi)} \text{ cm}$$

$$\frac{\overline{L_nH_n}}{|\overline{AD}|} = \frac{|\overline{K_nS}|}{|\overline{ES}|}$$

$$\frac{\overline{L_nH_n}}{10 \text{ cm}} = \frac{\frac{8{,}94 \sin (63{,}43° - \varphi)}{\sin (69{,}44° + \varphi)}}{8{,}54}$$

$$|\overline{L_nH_n}|(\varphi) = \frac{10{,}5 \sin (63{,}43° - \varphi)}{\sin (69{,}44° + \varphi)} \text{ cm}$$

$$|\overline{K_nS}| = |\overline{ES}| - |\overline{EK_n}|$$

$$\frac{\overline{L_nH_n}}{|\overline{AD}|} = \frac{|\overline{ES}| - |\overline{EK_n}|}{|\overline{ES}|}$$

$$\frac{\overline{L_nH_n}}{10 \text{ cm}} = \frac{\left(8{,}54 - \frac{7 \sin \varphi}{\sin (69{,}44° + \varphi)}\right)}{8{,}54 \text{ cm}} \text{ cm}$$

$$|\overline{L_nH_n}| = \frac{\left(10 \cdot 8{,}54 - \frac{10 \cdot 7 \sin \varphi}{\sin (69{,}44° + \varphi)}\right)}{8{,}54} \text{ cm}$$

$$|\overline{L_nH_n}|(\varphi) = \left(10 - \frac{8{,}20 \sin \varphi}{\sin (69{,}44° + \varphi)}\right) \text{ cm}$$

16.7 $\varphi = 48°$; $|\overline{BC}| = 6 \text{ cm}$

$$|\overline{FK_1}| = \frac{6{,}55}{\sin (69{,}44° + 48°)} \text{ cm} = 7{,}38 \text{ cm}$$

$$|\overline{L_1H_1}| = \frac{10{,}5 \sin (63{,}43° - 48°)}{\sin (48° + 69{,}44°)} \text{ cm} = 3{,}15 \text{ cm}$$

$$A_{BCH_1L_1} = 0{,}5 \cdot (10 + 3{,}15) \cdot 7{,}38 \text{ cm}^2 = 33{,}76 \text{ cm}^2$$

16.8 Skizze:

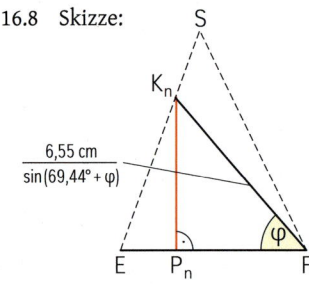

$$\sin \varphi = \frac{|\overline{K_nP_n}|}{|\overline{FK_n}|}$$

$$|\overline{K_nP_n}| = |\overline{FK_n}| \cdot \sin \varphi$$

$$|\overline{K_nP_n}| = \frac{6{,}55}{\sin (69{,}44° + \varphi)} \cdot \sin \varphi \text{ cm}$$

$$V_{ABCDK_n} = \frac{1}{3} \cdot A_{ABCD} \cdot |\overline{K_nP_n}|$$

$$V_{ABCDK_n} = \frac{1}{3} \cdot [0{,}5 \cdot (10 + 6) \cdot 7] \cdot \frac{6{,}55 \sin \varphi}{\sin (69{,}44° + \varphi)} \text{ cm}^3$$

$$V_{ABCDK_n} = \frac{122{,}27 \sin \varphi}{\sin (69{,}44° + \varphi)} \text{ cm}^3$$

16.9 $V_{ABCDKS} = \frac{1}{3} \cdot [0{,}5 \cdot (10 + 6) \cdot 7] \cdot 8 \text{ cm}^3 = 149{,}33 \text{ cm}^3$

$$0{,}4 \cdot V_{ABCDKS} = V_{ABCDK_2}$$

$$0{,}4 \cdot 149{,}33 = \frac{122{,}27 \sin \varphi}{\sin (69{,}44° + \varphi)}$$

$\sin (69{,}44° + \varphi) = 2{,}05 \cdot \sin \varphi$
$\sin 69{,}44° \cdot \cos \varphi + \cos 69{,}44° \cdot \sin \varphi = 2{,}05 \cdot \sin \varphi$
$\sin 69{,}44° \cdot \cos \varphi = (2{,}05 - \cos 69{,}44°) \cdot \sin \varphi$ mit $\frac{\sin \varphi}{\cos \varphi} = \tan \varphi$ folgt

$$\frac{\sin 69{,}44°}{2{,}05 - \cos 69{,}44°} = \tan \varphi$$

$$28{,}86° = \varphi$$

zu Seite 191
Trigonometrie -
Aufgaben

17 17.1 Skizze:

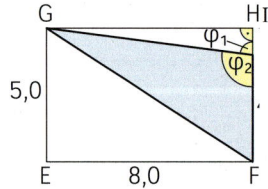

Im Dreieck GHH' gilt:

$\tan \varphi_1 = \frac{8{,}0}{1{,}0}$; $\varphi_1 = 82{,}87°$

$\varphi_2 = 180° - \varphi_1$; $\varphi_2 = 97{,}13°$

17.2 Skizze:

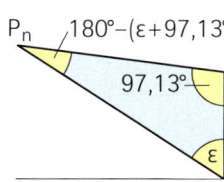

Im Dreieck FHP_n gilt:

$$\frac{|\overline{FP_n}|}{\sin 97{,}13°} = \frac{4{,}0 \text{ m}}{\sin[180° - (\varepsilon + 97{,}13°)]}$$

$$|\overline{FP_n}|(\varepsilon) = \frac{3{,}97}{\sin(\varepsilon + 97{,}13°)} \text{ m}$$

17.3 Skizze:

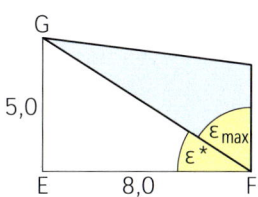

$\varepsilon_{min} = 0°$ für $P_n = H$

ε_{max} für $P_n = G$

Im Dreieck EFG gilt:

$$\tan \varepsilon^* = \frac{5{,}0}{8{,}0}; \ \varepsilon^* = 32{,}01°$$

$$\varepsilon_{max} = 90° - \varepsilon^*; \ \varepsilon_{max} = 57{,}99°$$

Intervall: $0° \le \varepsilon \le 57{,}99°$

17.4 Im gleichseitigen Dreieck BCP_1 gilt: $|\overline{FP_1}| = \frac{|\overline{BC}|}{2}\sqrt{3}$ $\quad \frac{3{,}97}{5\sqrt{3}} = \sin(\varepsilon + 97{,}13°)$

Mit $|\overline{BC}| = |\overline{AD}| = 10$ m folgt: $\frac{3{,}97}{\sin(\varepsilon + 97{,}13°)} = \frac{10}{2}\sqrt{3}$ $\quad 27{,}28° = \varepsilon + 97{,}13° \lor 152{,}72° = \varepsilon + 97{,}13°$

$$(-69{,}85° = \varepsilon \lor) \ \varepsilon = 55{,}59°$$

17.5 Skizze:

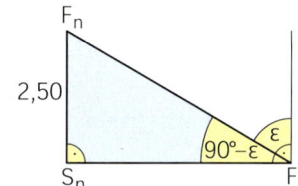

Im Dreieck $S_n FF_n$ gilt:

$$\sin(90° - \varepsilon) = \frac{2{,}50 \text{ m}}{|\overline{FF_n}|}; \ |\overline{FF_n}|(\varepsilon) = \frac{2{,}5}{\cos \varepsilon} \text{ m}$$

Es gilt: $\dfrac{|\overline{B_n C_n}|}{|\overline{BC}|} = \dfrac{|\overline{F_n P_n}|}{|\overline{FP_n}|}$

$$\frac{|\overline{B_n C_n}|}{10{,}0 \text{ m}} = \frac{\frac{3{,}97}{\sin(\varepsilon+97{,}13°)} - \frac{2{,}5}{\cos \varepsilon}}{\frac{3{,}97}{\sin(\varepsilon+97{,}13°)}}$$

$$|\overline{B_n C_n}|(\varepsilon) = 10 \text{ m} \cdot \left[1 - \frac{\frac{2{,}5}{\cos\varepsilon}}{\frac{3{,}97}{\sin(\varepsilon+97{,}13°)}}\right]$$

$$= 10 \text{ m} \cdot \left[1 - \frac{2{,}5 \sin(\varepsilon+97{,}13°)}{3{,}97 \cdot \cos\varepsilon}\right]$$

$$= 10 \text{ m} \cdot \left[1 - \frac{0{,}63 \sin(\varepsilon+97{,}13°)}{\cos\varepsilon}\right]$$

$$= \left[10 - \frac{6{,}30 \sin(\varepsilon+97{,}13°)}{\cos\varepsilon}\right] \text{ m}$$

17.6 $4{,}60 = 10 - \dfrac{6{,}30 \sin(\varepsilon+97{,}13°)}{\cos\varepsilon}$

$\varepsilon = 47{,}43°$

Skizze:

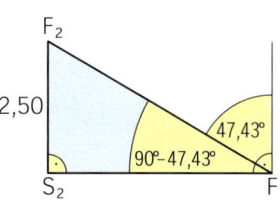

Im Dreieck $FF_2 S_2$ gilt:

$$\tan(90° - 47{,}43°) = \frac{2{,}50 \text{ m}}{|\overline{FS_2}|}$$

$$|\overline{FS_2}| = 2{,}72 \text{ m}$$

$$|\overline{E'F_2}| = (8{,}0 - 2{,}72) \text{ m} = 5{,}28 \text{ m}$$

$$|\overline{A'D'}| = \frac{1}{2}|\overline{AD}| = 5{,}0 \text{ m}$$

Flächeninhalt des Trapezes $A'B_2 C_2 D'S$

$$A = \frac{1}{2}(|\overline{A'D'}| + |\overline{B_2 C_2}|) \cdot |\overline{E'F_2}|$$

$$= \frac{1}{2}(5{,}00 + 4{,}60) \cdot 5{,}28 \text{ m}^2; \ A \approx 25 \text{ m}^2$$

17.7 Richtig ist Graph **B**. Die Deckenfläche ist maximal für $P_n = H$ und minimal für $P_n = G$, d.h. mit zunehmendem Maß von ε sinkt die Deckenfläche.

---

zu Seite 192
Trigonometrie -
Aufgaben

18 **18.1** Im Dreieck ABC gilt nach dem Kosinussatz:

$10{,}5^2 = 12^2 + 4{,}5^2 - 2 \cdot 12 \cdot 4{,}5 \cos\varepsilon$

$\varepsilon = 60°$

Im Dreieck ABC gilt nach dem Sinussatz:

$$\frac{\sin\delta}{12} = \frac{\sin 60°}{10{,}5}$$

$$(\delta = 81{,}79° \lor) \ \delta = 180° - 81{,}79° = 98{,}21°$$

18.2 φ_{min} für $E_n = T$ Hier ist $\varphi = 30°$.
      φ_{max} für $E_n = A$ Hier ist $\varphi = 98{,}21°$.

18.3 Im Dreieck BCE_n gilt:

$$\frac{|\overline{CE_n}|}{\sin \varphi} = \frac{4{,}5 \text{ cm}}{\sin [180° - (60° + \varphi)]}$$

$$|\overline{CE_n}| (\varphi) = \frac{4{,}5 \sin \varphi}{\sin (60° + \varphi)} \text{ cm}$$

18.4 $r = |\overline{BT}|$; $\sin 60° = \dfrac{r}{4{,}5 \text{ cm}}$

$r = 2{,}25 \sqrt{3} \text{ cm } (= 3{,}90 \text{ cm})$

$V = \dfrac{1}{3} r^2 \pi |\overline{CE_n}|$

$V (\varphi) = \dfrac{1}{3} (2{,}25 \sqrt{3})^2 \pi \dfrac{4{,}5 \sin \varphi}{\sin (60° + \varphi)} \text{ cm}^3$

$V (\varphi) = \dfrac{71{,}57 \sin \varphi}{\sin (60° + \varphi)} \text{ cm}^3$

18.5 $50 = \dfrac{71{,}57 \sin \varphi}{\sin (60° + \varphi)}$

$50 \cdot \left(\dfrac{1}{2} \sqrt{3} \cos \varphi + \dfrac{1}{2} \sin \varphi \right) = 71{,}57 \sin \varphi$

$25 \sqrt{3} \cos \varphi = 46{,}57 \sin \varphi$

$\dfrac{25 \sqrt{3}}{46{,}57} = \tan \varphi$; $\varphi = 42{,}92°$

18.6 Graph **C** ist sicher falsch. Mit zunehmendem Winkelmaß φ nimmt das Volumen zu.

18.7 Im Dreieck BCT gilt:

$\sin 60° = \dfrac{|\overline{BT}|}{4{,}5 \text{ cm}}$

$|\overline{BT}| = 3{,}90 \text{ cm}$

Im Dreieck BCE_n gilt:

$\dfrac{|\overline{BE_n}|}{\sin 60°} = \dfrac{|\overline{CE_n}|}{\sin \varphi}$

$|\overline{BE_n}| = \sin 60° \cdot \dfrac{|\overline{CE_n}|}{\sin \varphi}$

$|\overline{BE_n}| = 0{,}5 \sqrt{3} \cdot \dfrac{\frac{4{,}5 \sin \varphi}{\sin (60° + \varphi)}}{\sin \varphi} \text{ cm}$

$|\overline{BE_n}| = \dfrac{2{,}25 \sqrt{3}}{\sin (60° + \varphi)} \text{ cm}$

Skizze:

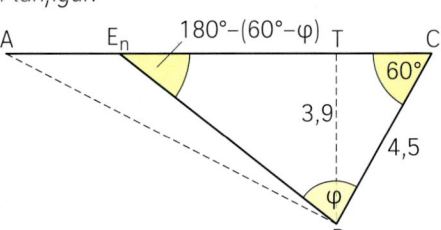

$O = M_{Kegel_1} + M_{Kegel_2}$

$O = |\overline{BT}| \cdot \pi \cdot |\overline{CT}| + |\overline{BT}| \cdot \pi \cdot |\overline{BE_n}|$

$O(\varphi) = \left(3{,}90 \cdot \pi \cdot 4{,}5 + 3{,}90 \cdot \pi \cdot \dfrac{2{,}25 \sqrt{3}}{\sin (60° + \varphi)} \right) \text{ cm}^2$

$O(\varphi) = \left(55{,}13 + \dfrac{47{,}57}{\sin (60° + \varphi)} \right) \text{ cm}^2$

Der Rotationskörper besitzt den minimalen Flächeninhalt, wenn $E_0 = T$, d.h. $\varphi = 30°$.

$O(30°) = \left(55{,}13 + \dfrac{47{,}75}{\sin (60° + 30°)} \right) \text{ cm}^2 = (55{,}13 + 47{,}75) \text{ cm}^2 = 102{,}88 \text{ cm}^2$

18.8 achsensymmetrisch bedeutet: $|\overline{CT}| = |\overline{E_1 T}|$

$\cos 60° = \dfrac{|\overline{CT}|}{4{,}5 \text{ cm}}$; $|\overline{CT}| = 2{,}25 \text{ cm}$

$|\overline{CE_1}| = 4{,}5 \text{ cm}$

Im Dreieck BCE_1 gilt: $|\overline{CE_1}| = |\overline{BC}| = 4{,}5 \text{ cm}$ und $\varepsilon = 60°$, d.h. das Dreieck ist gleichseitig und somit $\varphi = 60°$

$V(60°) = \dfrac{71{,}57 \sin 60°}{\sin (60° + 60°)} \text{ cm}^3 = 71{,}57 \text{ cm}^3$

18.9 $\tan 34{,}11° = \dfrac{\overline{E_2 T}}{3{,}9}$ cm

$\left|\overline{E_2 T}\right| = 2{,}64$ cm $= r$

$\left|\overline{CE_2}\right| = 2{,}64$ cm $+ 2{,}25$ cm $= 4{,}89$ cm

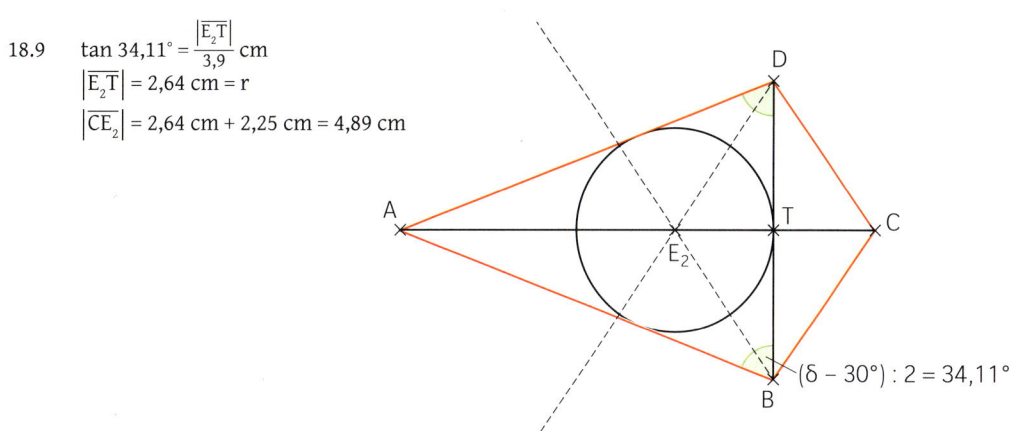

$(\delta - 30°) : 2 = 34{,}11°$

zu Seite 193
Trigonometrie -
Aufgaben

19 19.1   Im Dreieck $A_n E_n D$ gilt:

$\cos(\varepsilon - 90°) = \dfrac{4\ \text{cm}}{\left|\overline{A_n D}\right|}$

$\left|\overline{A_n D}\right| = \dfrac{4\ \text{cm}}{\cos(\varepsilon - 90°)}$ mit $\cos(\varepsilon - 90°) = \sin \varepsilon$

$\left|\overline{A_n D}\right| = \dfrac{4}{\sin \varepsilon}$ cm

$\tan(\varepsilon - 90°) = \dfrac{\left|\overline{A_n E_n}\right|}{4\ \text{cm}}$

$\left|\overline{A_n E_n}\right| = 4 \tan(\varepsilon - 90°)$ cm

$\left|\overline{A_n B_n}\right| = [3 + 2 \cdot 4 \tan(\varepsilon - 90°)]$cm

$\left|\overline{A_n B_n}\right| = [3 + 8 \tan(\varepsilon - 90°)]$cm

Skizze:

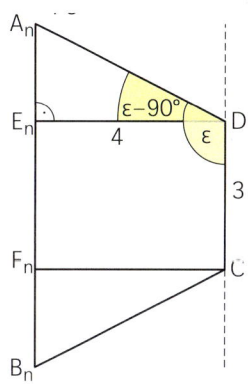

19.2 $V = V_{\text{Zylinder}} - 2V_{\text{Kegel}}$

$V(\varepsilon) = \left|\overline{DE_n}\right|^2 \cdot \pi \cdot \left|\overline{A_n B_n}\right| - 2 \cdot \dfrac{1}{3} \cdot \left|\overline{DE_n}\right|^2 \cdot \pi \cdot \left|\overline{A_n E_n}\right|$

$V(\varepsilon) = 4^2 \pi [3 + 8 \tan(\varepsilon - 90°)]$ cm$^3 - 2 \cdot \dfrac{1}{3} \cdot 4^2 \pi \cdot 4 \tan(\varepsilon - 90°)$ cm^3

$V(\varepsilon) = \left[48\pi + 128\pi \tan(\varepsilon - 90°) - \dfrac{128}{3}\pi \tan(\varepsilon - 90°)\right]$ cm^3

$V(\varepsilon) = \left[48\pi + 85\dfrac{1}{3}\pi \tan(\varepsilon - 90°)\right]$ cm^3

19.3 $88\pi = 48\pi + 85\dfrac{1}{3}\pi \tan(\varepsilon - 90°)$

$40\pi = 85\dfrac{1}{3}\pi \tan(\varepsilon - 90°)$

$\dfrac{40}{85\frac{1}{3}} = \tan(\varepsilon - 90°)$

$26{,}11° = \varepsilon - 90°$

$\varepsilon = 115{,}11°$

19.4 $O = 2M_{\text{Kegel}} + M_{\text{Zylinder}}$

$O(\varepsilon) = 2 \cdot \left|\overline{DE_n}\right| \cdot \pi \cdot \left|\overline{A_n D}\right| + 2 \cdot \left|\overline{DE_n}\right| \cdot \pi \cdot \left|\overline{A_n B_n}\right|$

$O(\varepsilon) = \left[2 \cdot 4\pi \dfrac{4}{\sin \varepsilon} + 2 \cdot 4\pi (3 + 8 \tan(\varepsilon - 90°))\right]$ cm^2

$O(\varepsilon) = \pi\left[24 + \dfrac{32}{\sin \varepsilon} + 64 \tan(\varepsilon - 90°)\right]$ cm^2

20 20.1 $\tan 40° = \dfrac{\left|\overline{C_1 D_1}\right|}{10\ \text{cm} - \left|\overline{C_1 D_1}\right|}$

$10\ \text{cm} \cdot \tan 40° - \left|\overline{C_1 D_1}\right| \cdot \tan 40° = \left|\overline{C_1 D_1}\right|$

$10\ \text{cm} \cdot \tan 40° = (1 + \tan 40°) \cdot \left|\overline{C_1 D_1}\right|$

$4{,}56\ \text{cm} = \left|\overline{C_1 D_1}\right|$

20.2   Das Dreieck $AD_2 C_2$ ist gleichschenklig-rechtwinklig.
Begründung: Wenn der Punkt D_2 der Mittelpunkt der Strecke AB ist,
dann gilt: $\left|\overline{C_2 D_2}\right| = \left|\overline{BD_2}\right| = \left|\overline{AD_2}\right|$

20.3 $\left|\overline{C_nD_n}\right| = \left|\overline{BD_n}\right|$

$\tan \alpha = \dfrac{\left|\overline{C_nD_n}\right|}{10\text{ cm} - \left|\overline{C_nD_n}\right|}$

$10\text{ cm}\cdot\tan\alpha - \left|\overline{C_nD_n}\right|\cdot\tan\alpha = \left|\overline{C_nD_n}\right|$

$10\text{ cm}\cdot\tan\alpha = (1+\tan\alpha)\cdot\left|\overline{C_nD_n}\right|$

$\left|\overline{C_nD_n}\right| = \left|\overline{BD_n}\right| = \dfrac{10\tan\alpha}{1+\tan\alpha}\text{ cm}$

20.4 $33\text{ cm}^3 = \dfrac{1}{2}\cdot\dfrac{4}{3}\cdot\left|\overline{C_3D_3}\right|^3\cdot\pi$

$2{,}51\text{ cm} = \left|\overline{C_3D_3}\right|$

$\tan\alpha = \dfrac{2{,}51\text{ cm}}{10\text{ cm} - 2{,}51\text{ cm}}$

$\alpha = 18{,}53°$

20.5 $\sin\alpha = \dfrac{\left|\overline{C_nD_n}\right|}{\left|\overline{AC_n}\right|}$

$\left|\overline{AC_n}\right| = \dfrac{10\tan\alpha}{(1+\tan\alpha)\cdot\sin\alpha}$

$0(\alpha) = \dfrac{10\tan\alpha}{1+\tan\alpha}\cdot\pi\cdot\left(\dfrac{10\tan\alpha}{1+\tan\alpha} + \dfrac{10\tan\alpha}{(1+\tan\alpha)\cdot\sin\alpha}\right)\text{ cm}^2 + 2\cdot\left(\dfrac{10\tan\alpha}{1+\tan\alpha}\right)^2\cdot\pi\text{ cm}^2$

$0(\alpha) = \dfrac{100\tan^2\alpha}{(1+\tan\alpha)^2}\cdot\pi\cdot\left(1 + \dfrac{1}{\sin\alpha} + 2\right)\text{ cm}^2$

$0(\alpha) = \dfrac{100\tan^2\alpha}{(1+\tan\alpha)^2}\cdot\pi\cdot\left(3 + \dfrac{1}{\sin\alpha}\right)\text{ cm}^2$

20.6 Aussage **B** trifft auf alle Rotationskörper zu, da für sehr kleine Winkelmaße der Quotient $\dfrac{100\tan^2\alpha}{(1+\tan\alpha)^2}$ fast Null ergibt.

Aussage **C** trifft auf den Rotationskörper für $\alpha = 45°$ zu.

---

zu Seite 194
Daten und
Zufall -
Lösungsstrategie

1 1.1 S – schwarzer Kopf
B – schwarze Beine

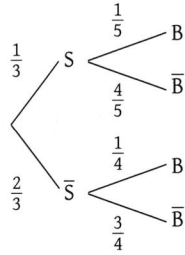

1.2 $\Omega = \{S\,B;\ S\,\overline{B};\ \overline{S}\,B;\ \overline{S}\,\overline{B}\}$

1.3 $P(SB) = \dfrac{1}{15}$ $\qquad P(S\,\overline{B}) = \dfrac{4}{15}$

1.4 $P(\overline{S}\,\overline{B}) = \dfrac{1}{2}$ $\qquad P(\overline{S}\,B) = \dfrac{1}{6}$

1.5 $SB: 20 \quad S\,\overline{B}: 80 \quad \overline{S}\,B: 50 \quad \overline{S}\,\overline{B}: 150$

1.6 $\dfrac{17}{30}$

1.7 B: 170

zu Seite 195
Daten und
Zufall -
Aufgaben

2 2.1   P: Passkontrolle; $\overline{P}$: Nichtpasskontrolle; Z: Zollkontrolle; $\overline{Z}$: Nichtzollkontrolle

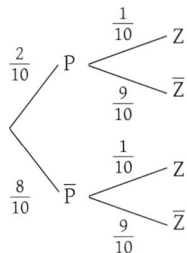

2.2 $\frac{26}{100}$

2.3 $\frac{2}{100} \cdot 240 = 4{,}8$; also 4 Menschen

3 3.1

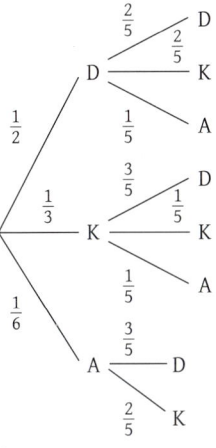

3.2 $\frac{1}{3}$

3.3 $\frac{1}{15}$

3.4   Die Behauptung ist wahr. Mit Zurücklegen: $P(KK) = \frac{1}{9}$; Ohne Zurücklegen: $P(KK) = \frac{1}{15}$

4 4.1 $\frac{25}{36} = 69{,}4\,\%$

4.2 $\frac{10}{36} = 27{,}8\,\%$

4.3 $\frac{1}{36} = 2{,}8\,\%$

5 5.1   mit Fahrkarte: $\frac{2}{30} = \frac{1}{15}$; ohne Fahrkarte: $\frac{1}{30}$

5.2 $\frac{9}{30} = \frac{3}{10}$

5.3   mehr als 60 € (Begründung: 29 Fahrten kosten 58 €, 30 Fahrten 60 €. Die Strafe sollte höher sein.)

5.4   Das Verhalten von Herrn Schwarz ist nicht in Ordnung. Er sollte nicht Schwarzfahren.

zu Seite 196
Daten und
Zufall -
Aufgaben

6 6.1 $\frac{1}{10}$

6.2 $\frac{3}{10}$

7 7.1 $\frac{9}{100}$

7.2 $\frac{67}{100}$

7.3   Ähnliche Wahrscheinlichkeiten sind bei einem großen Stichprobenumfang zu erwarten, also eher bei der Befragung von Jugendlichen in Bayern insgesamt.

8 8.1   0,25

8.2   0,75

8.3   0,5

8.4   0,5

9 9.1   mögliche Ergebnisse: 24

9.2 P_1 (blau; 3) $= \frac{1}{96}$
P_2 (grün; gerade Zahl) $= \frac{3}{32}$
P_3 (rot; Primzahl) $= \frac{5}{32}$
P_4 (gelb; ungerade Zahl) $= \frac{7}{32}$

---

zu Seite 197
Abbildungen -
Lösungsstrategie

1 1.1 + 1.4 (Trägergraph)

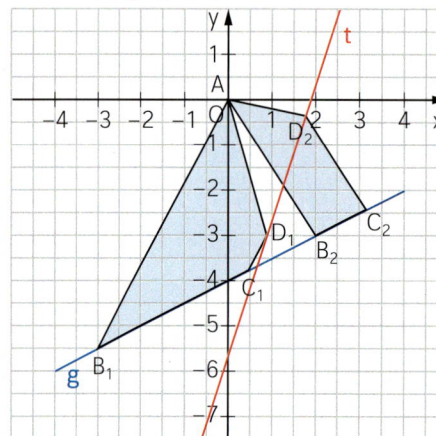

1.2 $\vec{v_g} = \begin{pmatrix} 2 \\ 1 \end{pmatrix}$

$\overrightarrow{AB_n}(x) = \begin{pmatrix} x \\ 0,5x - 4 \end{pmatrix}$

$\begin{pmatrix} x \\ 0,5x - 4 \end{pmatrix} \circ \begin{pmatrix} 2 \\ 1 \end{pmatrix} = 0$

$2x + 0,5x - 4 = 0$

$2,5x = 4$

$x = 1,6$

1.3 $\overrightarrow{AB_n} \xmapsto{\text{A: } \alpha = 45°} \overrightarrow{AB_n'}$

$\overrightarrow{AB_n'} = \begin{pmatrix} \cos 45° & -\sin 45° \\ \sin 45° & \cos 45° \end{pmatrix} \circ \begin{pmatrix} x \\ 0,5x - 4 \end{pmatrix}$

$\overrightarrow{AB_n'} = \begin{pmatrix} 0,25\sqrt{2}x + 2\sqrt{2} \\ 0,75\sqrt{2}x - 2\sqrt{2} \end{pmatrix}$

$\overrightarrow{AB_n'} \xmapsto{\text{A: } k = 0,5} \overrightarrow{AD_n}$

$\overrightarrow{AD_n} = 0,5 \cdot \begin{pmatrix} 0,25\sqrt{2}x + 2\sqrt{2} \\ 0,75\sqrt{2}x - 2\sqrt{2} \end{pmatrix}$

$\begin{pmatrix} x_{D_n} \\ y_{D_n} \end{pmatrix} = \begin{pmatrix} 0,18x + 1,41 \\ 0,53x - 1,41 \end{pmatrix}$

1.4 $x_{D_n} = 0,18x + 1,41$
$\wedge \; y_{D_n} = 0,53x - 1,41$

$x = \frac{1}{0,18} x_{D_n} - \frac{1,41}{0,18}$
$\wedge \; y_{D_n} = 0,53x - 1,41$

$\Rightarrow y_{D_n} = 0,53 \cdot \left(\frac{1}{0,18} x_{D_n} - \frac{1,41}{0,18} \right) - 1,41$

$y_{D_n} = 2,94 x_{D_n} - 5,56$

t: $y = 2,94x - 5,56$

---

zu Seite 198
Abbildungen -
Aufgaben

2 2.1 $D_n(x \,|\, 0,5x - 3)$; $D_1(2 \,|\, -2)$; $D_2(4 \,|\, -1)$;

$\overrightarrow{CD_n} \circ \begin{pmatrix} 3 \\ 2 \end{pmatrix} = 0$

$\Rightarrow \begin{pmatrix} x + 3 \\ 0,5x - 1 \end{pmatrix} \circ \begin{pmatrix} 3 \\ 2 \end{pmatrix} = 0$

$\Rightarrow \qquad\qquad x = -1,75$

$\Rightarrow$ Rauten für $x > -1,75$

2.2 $D_1(2 \,|\, -2) \xmapsto{y = \frac{2}{3}x} B_1(x' \,|\, y')$

$\tan(\varphi) = \frac{2}{3}$; $\varphi = 33,69°$

$\begin{pmatrix} x' \\ y' \end{pmatrix} = \begin{pmatrix} 0,38 & 0,92 \\ 0,92 & -0,38 \end{pmatrix} \circ \begin{pmatrix} 2 \\ -2 \end{pmatrix}$

$x' = -1,08 \;\wedge\; y' = 2,6$; $B_1(-1,1 \,|\, 2,6)$

2.3 $\overrightarrow{CD_1} = \begin{pmatrix} 5 \\ 0 \end{pmatrix}$; $\overrightarrow{CB_1} = \begin{pmatrix} 1,9 \\ 4,6 \end{pmatrix}$;

$\cos \alpha = \frac{\begin{pmatrix} 5 \\ 0 \end{pmatrix} \circ \begin{pmatrix} 1,9 \\ 4,6 \end{pmatrix}}{\sqrt{25} \cdot \sqrt{1,9^2 + 4,6^2}}$ $\alpha = 67,56°$

2.1

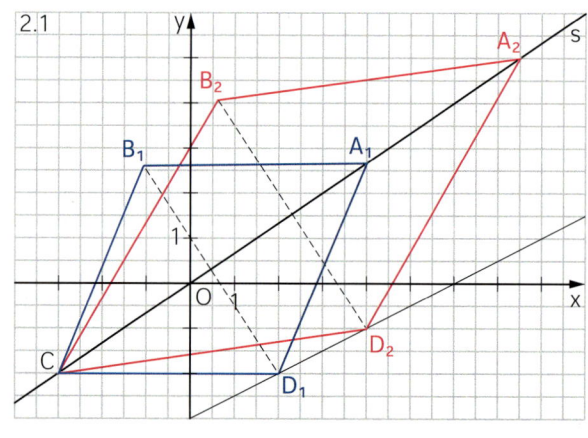

2.4 $D_n(x \mid 0{,}5x - 3) \xmapsto{\ y = \frac{2}{3}x\ } B_n(x' \mid y')$

$\begin{pmatrix} x' \\ y' \end{pmatrix} = \begin{pmatrix} 0{,}38 & 0{,}92 \\ 0{,}92 & -0{,}38 \end{pmatrix} \odot \begin{pmatrix} x \\ 0{,}5x - 3 \end{pmatrix}$

$x' = 0{,}84x - 2{,}76 \ \wedge \ y' = 0{,}73x + 1{,}14$

$B_n(0{,}84x - 2{,}76 \mid 0{,}73x + 1{,}14)$

Trägergraph der Punkte B_n:

$y' = 0{,}73 (1{,}19x' + 3{,}26) + 1{,}14;$

$h: y' = 0{,}87 x' + 3{,}54$

2.5 Quadrat: $\overrightarrow{CD_n} \odot \overrightarrow{CB_n} = 0 \qquad \overrightarrow{CB_n} = \begin{pmatrix} 0{,}84x + 0{,}24 \\ 0{,}73x + 3{,}14 \end{pmatrix}$

$\begin{pmatrix} x + 3 \\ 0{,}5x - 1 \end{pmatrix} \odot \begin{pmatrix} 0{,}84x + 0{,}24 \\ 0{,}73x + 3{,}14 \end{pmatrix} = 0$

$\Rightarrow x_1 = 0{,}56; \ [x_2 = -3{,}54]$

$\overrightarrow{OA_4} = \overrightarrow{OC} \odot \overrightarrow{CD_4} \odot \overrightarrow{CB_4}$

$\begin{pmatrix} x_{A_4} \\ y_{A_4} \end{pmatrix} = \begin{pmatrix} -3 \\ -2 \end{pmatrix} \odot \begin{pmatrix} 3{,}56 \\ -0{,}72 \end{pmatrix} \odot \begin{pmatrix} 0{,}71 \\ 3{,}58 \end{pmatrix}$

$A_4(1{,}28 \mid 0{,}84) \qquad B_4(-2{,}29 \mid 1{,}55) \qquad D_4(0{,}56 \mid -2{,}72)$

3 3.1 $S_1(0{,}5 \mid 2{,}6); \ S_2(-1{,}5 \mid 1); \ S_3(-2{,}5 \mid 0{,}2)$

3.2 $m_{BC} = -\dfrac{4}{-5} = 0{,}8$

BC mit $y = 0{,}8x + 2{,}2$

$S_n(x \mid 0{,}8x + 2{,}2)$

$T_n(x' \mid y'); \ \overrightarrow{RS_n} \xmapsto{\ R;\, 90°\ } \overrightarrow{RT_n}$

$\overrightarrow{RT_n} = \begin{pmatrix} x' - 1{,}5 \\ y' - 0{,}5 \end{pmatrix}; \ \overrightarrow{RS_n} = \begin{pmatrix} x - 1{,}5 \\ y - 0{,}5 \end{pmatrix}$

$\begin{pmatrix} x' - 1{,}5 \\ y' - 0{,}5 \end{pmatrix} = \begin{pmatrix} 0 & -1 \\ 1 & 0 \end{pmatrix} \odot \begin{pmatrix} x - 1{,}5 \\ 0{,}8x + 1{,}7 \end{pmatrix}$

$\quad x' - 1{,}5 = -0{,}8x - 1{,}7$

$\wedge \ y' - 0{,}5 = x - 1{,}5$

$\overline{\qquad\qquad\qquad\qquad}$

$\quad x = \dfrac{x' + 0{,}2}{-0{,}8}$

$\wedge \ y' = x - 1$

$h: y = -1{,}25x - 1{,}25$

3.3 $m_{AC} = -\dfrac{1}{6}; \ AC \text{ mit } y = -\dfrac{1}{6}x - \dfrac{5}{3}$

$-1{,}25x - 1{,}25 = -\dfrac{1}{6}x - \dfrac{5}{3}; \ x = \dfrac{5}{13}; \ T_4(0{,}8 \mid -1{,}73)$

$\overrightarrow{RT_n} \xmapsto{\ R;\, -90°\ } \overrightarrow{RS_n}; \ \overrightarrow{RT_4} = \begin{pmatrix} -1{,}12 \\ -2{,}23 \end{pmatrix}$

$\begin{pmatrix} x' - 1{,}5 \\ y' - 0{,}5 \end{pmatrix} = \begin{pmatrix} 0 & 1 \\ -1 & 0 \end{pmatrix} \odot \begin{pmatrix} -1{,}12 \\ -2{,}23 \end{pmatrix} \qquad x' = -0{,}73; \ y' = 1{,}62; \ S_4(-0{,}73 \mid 1{,}62)$

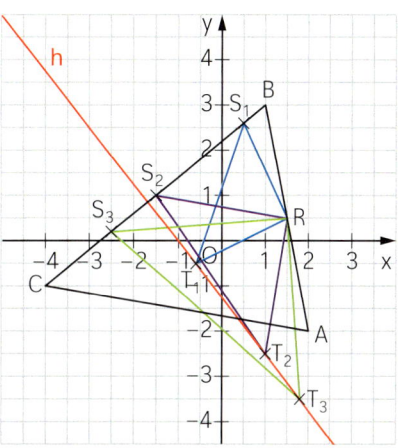

4 4.1

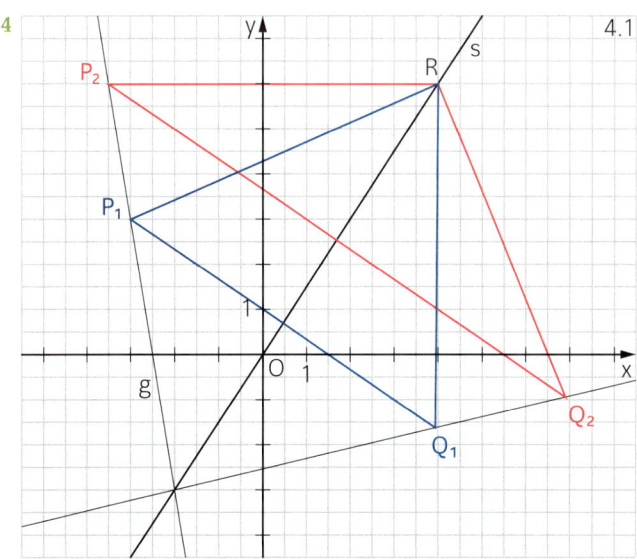

4.2 $P_1(-3 \mid 3)$

Neigungswinkel der Symmetrieachse: $\tan \alpha = 1{,}5; \ \alpha = 56{,}3°$

für Q_1 gilt:

$x' = -3 \cos 112{,}6° + 3 \sin 112{,}6°$

$y' = -3 \sin 112{,}6° - 3 \cos 112{,}6°$

$Q_1(3{,}92 \mid -1{,}62)$

4.3 Dreiecke existieren, wenn P_n links vom Schnittpunkt von g mit s und rechts vom Schnittpunkt des Lotes auf s in R mit der Geraden g.

$6 = -\dfrac{2}{3} \cdot 4 + t$

Lot: $y = -\dfrac{2}{3}x + \dfrac{26}{3}$

$-\dfrac{2}{3}x + \dfrac{26}{3} = -6x - 15$

$x = -\dfrac{71}{16}$

somit $-4{,}4375 < x < 2$

4.4 $P_n(x|-6x-15) \overset{s}{\longmapsto} Q_n(x'|y')$

$m = 1,5; \quad \alpha = 56,3°$

$2\alpha = 112,6°$

$\begin{pmatrix} x' \\ y' \end{pmatrix} = \begin{pmatrix} -0,38 & 0,92 \\ 0,92 & 0,38 \end{pmatrix} \odot \begin{pmatrix} x \\ -6x-15 \end{pmatrix}$

$x' = -0,38x - 5,52x - 13,8$

$\wedge \; y' = 0,92x - 2,28x - 5,7$

$x' = -5,9x - 13,8$

$\wedge \; y' = -1,36x - 5,7$

$Q_n(-5,9x-13,8|-1,36x-5,7)$

4.5 $x' = -5,9x - 13,8 \quad 5,9x = -x' - 13,8$

$x = -0,17x' - 2,34 \;$ in (I)

(I) $y' = -1,36(-0,17x' - 2,34) - 5,7$

t mit $y = 0,23x - 2,52$

4.6 $\overrightarrow{AC} = \begin{pmatrix} 5-4 \\ 3+4 \end{pmatrix} = \begin{pmatrix} 1 \\ 7 \end{pmatrix} \qquad m_{AC} = 7 \qquad y = 7x + t \qquad t = -32$

AC mit $y = 7x - 32 \qquad 0,23x - 2,52 = 7x - 32$

$29,48 = 6,77x \qquad x = 4,35 \qquad Q_3(4,35|-1,55)$

$\overrightarrow{BC} = \begin{pmatrix} 5-8 \\ 3+1 \end{pmatrix} = \begin{pmatrix} -3 \\ 4 \end{pmatrix} \qquad m_{BC} = -\frac{4}{3} \qquad y = -\frac{4}{3}x + t \qquad t = \frac{29}{3}$

BC mit $y = -\frac{4}{3}x + 9\frac{2}{3} \qquad -\frac{4}{3}x + 9\frac{2}{3} = 0,23x - 2,52$

$12,19 = 1,56x \qquad x = 7,81 \quad \Rightarrow \; Q_4(7,81|-0,72)$

---

zu Seite 199
Abbildungen -
Aufgaben

5 5.1

5.2 $\overrightarrow{OD_n} = \overrightarrow{OB_n} \oplus 3 \cdot \overrightarrow{B_n M}$

$\overrightarrow{OD_n} = \begin{pmatrix} x \\ 0,5x \end{pmatrix} \oplus 3 \cdot \begin{pmatrix} 0-x \\ 3-0,5x \end{pmatrix}$

$D_n(-2x|-x+9)$

5.3 $x' = -2x \qquad -0,5x' = x$

$\wedge \; y' = -(-0,5x') + 9$

h: $y = 0,5x + 9$

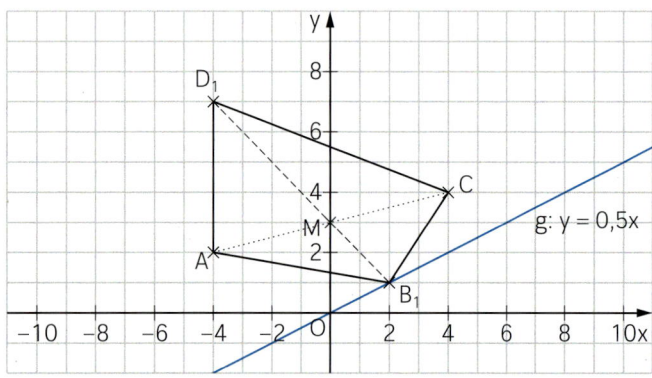

5.4 Im Drachenviereck stehen die Diagonalen zueinander senkrecht.

$\overrightarrow{MD_n} \circ \overrightarrow{MA} = 0$

$\begin{pmatrix} -2x-0 \\ -x+9-3 \end{pmatrix} \circ \begin{pmatrix} -4-0 \\ 2-3 \end{pmatrix} = 0$

$8x + (-x+6)(-1) = 0$

$9x = 6$

$x = \frac{2}{3}$

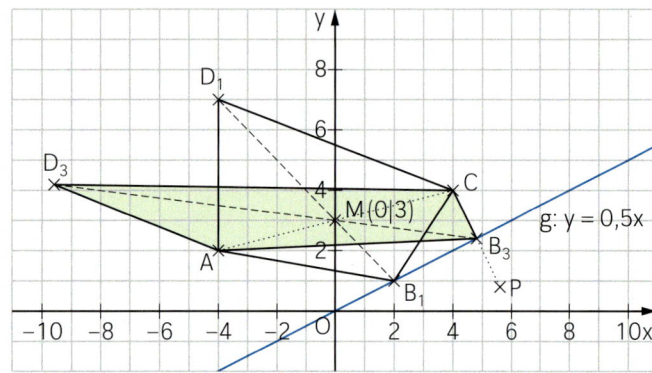

5.5 1. Möglichkeit:
Den Punkt B_3 erhält man als Schnittpunkt der Geraden g mit der Geraden CP.

$m = 0,5$ $\tan \alpha = 0,5$
$2\alpha = 53,13°$

$$\begin{pmatrix} x' \\ y' \end{pmatrix} = \begin{pmatrix} \cos 53,13° & \sin 53,13° \\ \sin 53,13° & -\cos 53,13° \end{pmatrix} \circ \begin{pmatrix} 4 \\ 4 \end{pmatrix}$$

$P(5,6 \mid 0,8)$

$m_{CP} = \dfrac{0,8 - 4}{5,6 - 4} = -2$ (oder: $m_g = 0,5 \rightarrow m' = -2$)

CP: $y = -2x + t$
z.B. Koordinaten von $C(4 \mid 4)$ einsetzen
CP: $y = -2x + 12$

$CP \cap g = \{B_3\}$
$\quad y = -2x + 12$
$\underline{\wedge\ y = 0,5x}$

$2,5x = 12$
$x = 4,8$
$y = 2,4$

$B_3(4,8 \mid 2,4)$

2. Möglichkeit
Der Pfeil $\overrightarrow{CB_n}$ steht senkrecht auf dem Richtungsvektor $\vec{v}$ der Geraden g.

$$\begin{pmatrix} x - 4 \\ 0,5x - 4 \end{pmatrix} \circ \begin{pmatrix} 1 \\ 0,5 \end{pmatrix} = 0$$

$x - 4 + 0,25x - 2 = 0$
$1,25x = 6$
$x = 4,8 \quad y = 2,4$
$B_3(4,8 \mid 2,4)$

5.6 $A_{\Delta B_nCM} = 0,5 \cdot \left|\overrightarrow{MD_n}\right| \cdot \left|\overrightarrow{MC}\right| \cdot \sin \varphi$

$A_{\Delta AMD_n} = 0,5 \cdot \left|\overrightarrow{MD_n}\right| \cdot \left|\overrightarrow{MA}\right| \cdot \sin \varphi$

$\left|\overrightarrow{MB_n}\right| = 0,5 \left|\overrightarrow{MD_n}\right|; \quad \left|\overrightarrow{MC}\right| = \left|\overrightarrow{MA}\right|$

Damit folgt: $A_{\Delta B_nCM} = 0,5 \cdot A_{\Delta AMD_n}$

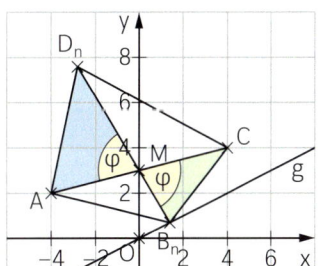

5.7 $x = 12$
$B^*(12 \mid 6) \in g$ mit $y = 0,5x$ $\quad B^*(12 \mid 6) \in AC$ mit $y = 0,25x + 3$
Für $x = 12$ liegen die Punkte A, C und B^* auf einer Geraden. Deshalb existiert kein Viereck.

5.8 $A(-4 \mid 2); B_n(x \mid 0,5x); C(4 \mid 4)$
$\overrightarrow{B_nC} \circ \overrightarrow{B_nA} = 0$

$$\begin{pmatrix} 4 - x \\ 4 - 0,5x \end{pmatrix} \circ \begin{pmatrix} -4 - x \\ 2 - 0,5x \end{pmatrix} = 0$$

$(4 - x)(-4 - x) + (4 - 0,5x)(2 - 0,5x) = 0$
$-16 + 4x - 4x + x^2 + 8 - x - 2x + 0,25x^2 = 0$
$1,25x^2 - 3x + 8 = 0$
$x = -1,6 \vee x = 4$
$B_4(-1,6 \mid 0,8); B_5(4 \mid 2)$

6

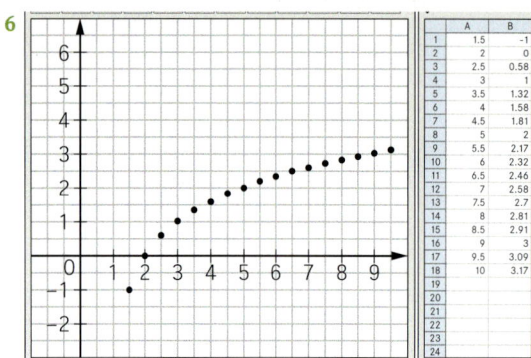

	A	B
1	1.5	-1
2	2	0
3	2.5	0.58
4	3	1
5	3.5	1.32
6	4	1.58
7	4.5	1.81
8	5	2
9	5.5	2.17
10	6	2.32
11	6.5	2.46
12	7	2.58
13	7.5	2.7
14	8	2.81
15	8.5	2.91
16	9	3
17	9.5	3.09
18	10	3.17
19		
20		
21		
22		
23		
24		

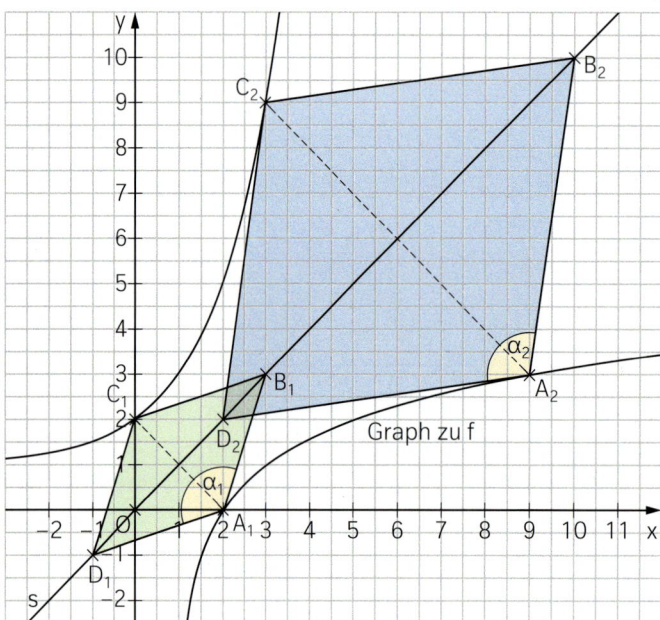

6.2 $\overrightarrow{A_1B_1} = \begin{pmatrix} 1 \\ 3 \end{pmatrix}$; $\overrightarrow{A_1D_1} = \begin{pmatrix} -3 \\ -1 \end{pmatrix}$

Ermittlung mit Hilfe der Tabelle und Zeichnung:

$A_3(3\,|\,1)$; $B_3(4\,|\,4)$

$\overrightarrow{A_3B_3} = \begin{pmatrix} 1 \\ 3 \end{pmatrix}$; $\overrightarrow{A_3D_3} = \begin{pmatrix} -3 \\ -1 \end{pmatrix}$

Flächeninhalt:

$A_1 = A_3 = \begin{vmatrix} 1 & -3 \\ 3 & -1 \end{vmatrix}$ FE $= 8$ FE

6.3 $\cos\alpha_1 = \dfrac{\begin{pmatrix} 1 \\ 3 \end{pmatrix} \odot \begin{pmatrix} -3 \\ -1 \end{pmatrix}}{\sqrt{10} \cdot \sqrt{10}} = -0{,}6$

$\alpha_1 = 126{,}87°$

$\cos\alpha_2 = \dfrac{\begin{pmatrix} 1 \\ 7 \end{pmatrix} \odot \begin{pmatrix} -7 \\ -1 \end{pmatrix}}{\sqrt{50} \cdot \sqrt{50}} = -0{,}28$

$\alpha_2 = 106{,}26°$

6.4 Für $A_1(2\,|\,0)$ gilt: $\alpha_1 = 126{,}87°$
Für $A_2(9\,|\,3)$ gilt: $\alpha_2 = 106{,}26°$

Da der Graph zu f eine geschlossene Kurve ist, muss es zwischen A_1 und A_2 einen Punkt A_4 und damit eine Raute $A_4B_4C_4D_4$ geben, in der der Winkel $\sphericalangle B_4A_4D_4$ das Maß $\alpha_4 = 120°$ hat.
In diesem Fall sind die Dreiecke $A_4B_4C_4$ und $A_4C_4D_4$ gleichseitig.
Der Umfang der Raute $A_4B_4C_4D_4$ beträgt das 4–fache der Länge der Diagonalen $\overline{A_4C_4}$.

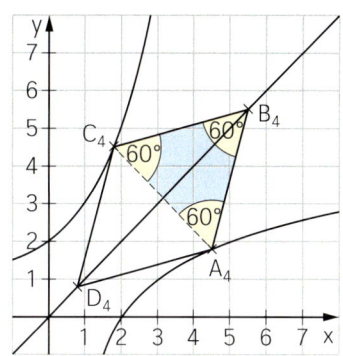

6.5 $A_n(x\,|\,\log_2(x-1)) \xmapsto{\text{s: }y=x} C_n(x'\,|\,y')$

$x' = \log_2(x-1)$
$\wedge\; y' = x$

$2^{x'} = x - 1 \qquad 2^{x'} + 1 = x$
h: $y = 2^x + 1$

zu Seite 200
Abbildungen -
Aufgaben

7 7.1 $M_n(x\,|\,3x - 7{,}5);\ M_1(2\,|\,-1{,}5)$
$M_2(2{,}5\,|\,0);\ M_3(3{,}5\,|\,3)$

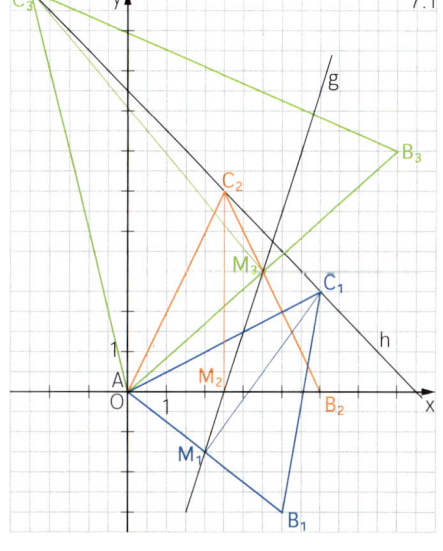

7.1

7.2 $\overrightarrow{AM_n} \xmapsto{\text{A; }90°} \overrightarrow{AM_n^*}$

$\begin{pmatrix} x^* \\ y^* \end{pmatrix} = \begin{pmatrix} 0 & -1 \\ 1 & 0 \end{pmatrix} \odot \begin{pmatrix} x \\ 3x - 7{,}5 \end{pmatrix}$

$x^* = -3x + 7{,}5 \;\wedge\; y^* = x$

$\overrightarrow{AM_n} \oplus 2 \cdot \overrightarrow{AM_n^*} = \overrightarrow{AC_n}$

$\begin{pmatrix} x \\ 3x - 7{,}5 \end{pmatrix} \oplus 2 \cdot \begin{pmatrix} -3x + 7{,}5 \\ x \end{pmatrix} = \begin{pmatrix} x' \\ y' \end{pmatrix}$

$x' = -5x + 15 \;\wedge\; y' = 5x - 7{,}5$
$C_n(-5x + 15\,|\,5x - 7{,}5)$

Trägergraph der Punkte C_n:

$y' = 5\left(-\tfrac{1}{5}x' + 3\right) - 7{,}5$

$y' = -x' + 7{,}5$

7.3 $\tan\alpha = \dfrac{y_M}{x_M};\ \tan 26{,}57° = \dfrac{3x - 7{,}5}{x};\ x = 3$

$M_4(3\,|\,1{,}5);\ C_4(0\,|\,7{,}5)$

$\overrightarrow{AB_n} = 2 \cdot \overrightarrow{AM_n};\ B_n(2x\,|\,6x - 15);\ B_4(6\,|\,3)$

7.4 $\begin{pmatrix} x_S \\ y_S \end{pmatrix} = \dfrac{1}{3}\left[\begin{pmatrix} 0 \\ 0 \end{pmatrix} \oplus \begin{pmatrix} 2x \\ 6x - 15 \end{pmatrix} \oplus \begin{pmatrix} -5x + 15 \\ 5x - 7{,}5 \end{pmatrix}\right]$

$S_n(-x + 5\,|\,\tfrac{11}{3}x - 7{,}5);\ x = -x_S + 5;\ y_S' = \tfrac{11}{3}(-x_S + 5) - 7{,}5;\ y_S = -\tfrac{11}{3}x_S + 10{,}8$

7.5 $\overrightarrow{B_nS_n} = \begin{pmatrix} -x + 5 - 2x \\ \tfrac{11}{3}x - 7{,}5 - 6x + 15 \end{pmatrix};\ m_{B_nS_n} = \dfrac{-\tfrac{7}{3}x + 7{,}5}{-3x + 5};\ m_g \cdot m_{B_nS_n} = -1$

$3 \cdot \dfrac{-\tfrac{7}{3}x + 7{,}5}{-3x + 5} = -1;\ x = 2{,}75 \qquad B_5(5{,}5\,|\,1{,}5) \qquad S_5(2{,}25\,|\,2{,}58)$

8 8.1 $\varphi = 15° \qquad \overrightarrow{AB_1} = \begin{pmatrix} -0{,}96 \\ 4{,}86 \end{pmatrix} \qquad B_1(-0{,}96\,|\,4{,}86)$

$B_n \xmapsto{\text{A; }90°} C_1$

$\begin{pmatrix} x' \\ y' \end{pmatrix} = \begin{pmatrix} 0 & -1 \\ 1 & 0 \end{pmatrix} \odot \begin{pmatrix} -0{,}96 \\ 4{,}86 \end{pmatrix} \qquad C_1(-4{,}86\,|\,-0{,}96)$

8.2 $B_n(4\sin\varphi - 2\,|\,\tfrac{1}{\sin\varphi} + 1)$

$x = 4\sin\varphi - 2 \;\wedge\; y = \dfrac{1}{\sin\varphi} + 1$

$\sin\varphi = \dfrac{x + 2}{4} \qquad y = \dfrac{1}{\frac{x+2}{4}} + 1 \qquad$ h: $y = \dfrac{4}{x + 2} + 1$

8.4 $4\sin\varphi - 2 = 2\sqrt{2} - 2;\ \varphi = 45°$

8.5 $\overrightarrow{B_1C_1} \odot \overrightarrow{AC_5} = 0;\ \begin{pmatrix} -3{,}90 \\ -5{,}82 \end{pmatrix} \odot \begin{pmatrix} -\tfrac{1}{\sin\varphi} - 1 \\ 4\sin\varphi - 2 \end{pmatrix} = 0$

8.3 $B_n \xmapsto{\text{A; }90°} C_n(x'\,|\,y')$

$\begin{pmatrix} x' \\ y' \end{pmatrix} = \begin{pmatrix} 0 & -1 \\ 1 & 0 \end{pmatrix} \odot \begin{pmatrix} 4\sin\varphi - 2 \\ \tfrac{1}{\sin\varphi} + 1 \end{pmatrix}$

$x' = -\dfrac{1}{\sin\varphi} - 1 \qquad C_n(-\tfrac{1}{\sin\varphi} - 1\,|\,4\sin\varphi - 2)$

$\wedge\; y' = 4\sin\varphi - 2$

$\sin\varphi = -\dfrac{1}{x' + 1}$

$y' = 4\left(-\dfrac{1}{x' + 1}\right) - 2 \qquad$ t: $y' = -\dfrac{4}{x' + 1} - 2$

$-23{,}28 \sin^2\varphi + 15{,}54 \sin\varphi + 3{,}90 = 0$
$\varphi = 59{,}53° \;\vee\; \varphi = 120{,}47°$

zu Seite 201

9 9.1 $\quad x = 0{,}5; \; B_1(0{,}5 \mid 4{,}5)$

$\qquad x = 3; \; B_2(3 \mid 2)$

9.2 $\quad B_n \xrightarrow{\text{A; } 60°} C_n(x' \mid y'); \begin{pmatrix} x' \\ y' \end{pmatrix} = \begin{pmatrix} 0{,}5 & -0{,}87 \\ 0{,}87 & 0{,}5 \end{pmatrix} \odot \begin{pmatrix} x \\ -x+5 \end{pmatrix}$

$\qquad x' = 1{,}37x - 4{,}35$

$\qquad \wedge \; y' = 0{,}37x + 2{,}5$

$\qquad C_n(1{,}37x - 4{,}35 \mid 0{,}37x + 2{,}5)$

$\qquad$ Trägergraph der Punkte C_n:

$\qquad x' = 1{,}37x - 4{,}35; \; x = 0{,}73x' + 3{,}18$

$\qquad y' = 0{,}37\,(0{,}73x' + 3{,}18) + 2{,}5; \; h{:}\; y = 0{,}27x + 3{,}68$

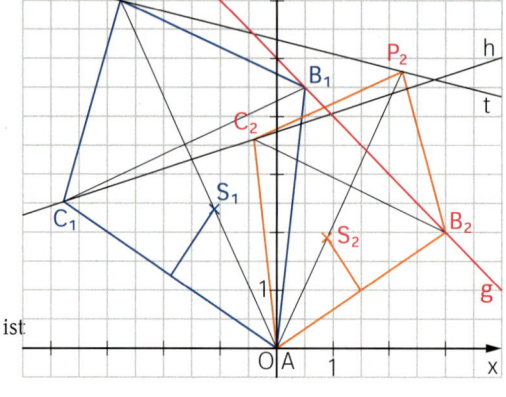

9.3 $\quad$ Hinweis: Schnittpunkt der Seitenhalbierenden ist der Schwerpunkt.

$\qquad S_n\!\left(\dfrac{0 + x + 1{,}37x - 4{,}35}{3} \,\middle|\, \dfrac{0 - x + 5 + 0{,}37x + 2{,}5}{3}\right)$

$\qquad S_n(0{,}79x - 1{,}45 \mid -0{,}21x + 2{,}5)$

$\qquad \overrightarrow{AP_n} = 1{,}5 \cdot \overrightarrow{AS_n} \circledast \overrightarrow{AS_n} = 1{,}5 \begin{pmatrix} 0{,}79x & -1{,}45 \\ -0{,}21x & +2{,}5 \end{pmatrix} \circledast \begin{pmatrix} 0{,}79x & -1{,}45 \\ -0{,}21x & +2{,}5 \end{pmatrix} = \begin{pmatrix} 1{,}98x & -3{,}63 \\ -0{,}53x & +6{,}25 \end{pmatrix}$

$\qquad P_n(1{,}98x - 3{,}63 \mid -0{,}53x + 6{,}25)$

$\qquad$ Trägergraph von P_n: $x' = 1{,}98x - 3{,}63; \; x = 0{,}51x' + 1{,}83$

$\qquad y' = -0{,}53\,(0{,}51x' + 1{,}83) + 6{,}25; \; t{:}\; y = -0{,}27x + 5{,}28$

9.4 $\quad \overrightarrow{AB_n} = \begin{pmatrix} x \\ -x+5 \end{pmatrix} \qquad \overrightarrow{AP_n} = \begin{pmatrix} 1{,}98x & -3{,}63 \\ -0{,}53x & +6{,}25 \end{pmatrix}$

$\qquad A(x) = \left| \begin{matrix} x & 1{,}98x - 3{,}63 \\ -x+5 & -0{,}53x + 6{,}25 \end{matrix} \right| FE = (-0{,}53x^2 + 6{,}25x + 1{,}98x^2 - 3{,}63x - 9{,}9x + 18{,}15)\,FE$

$\qquad A(x) = (1{,}45x^2 - 7{,}28x + 18{,}15)\,FE$

$\qquad A(x) = (1{,}45\,[x^2 - 5{,}02x + 2{,}51^2 - 2{,}51^2] + 18{,}15)\,FE; \; x = 2{,}51 \qquad \overrightarrow{AP_o} = \begin{pmatrix} 1{,}34 \\ 4{,}92 \end{pmatrix}; \; m_{AP_o} = 3{,}67$

$\qquad -1 \cdot 3{,}67 \neq -1;$ nein, AP_o verläuft nicht senkrecht zu g.

10 10.1 $\quad D_f = \{x \mid x > -1\}; \; h{:}\; x = -1$

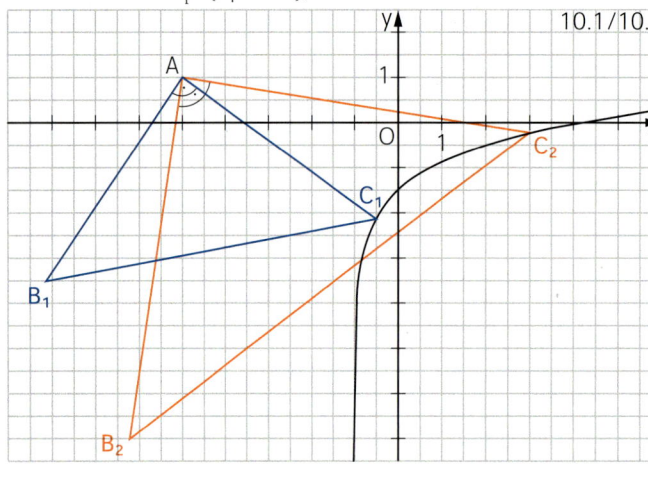

10.3 $\quad \overrightarrow{AB_n} = \begin{pmatrix} \cos(-90°) & -\sin(-90°) \\ \sin(-90°) & \cos(-90°) \end{pmatrix} \odot \overrightarrow{AC_n}$

$\qquad \begin{pmatrix} x' + 5 \\ y' - 1 \end{pmatrix} = \begin{pmatrix} 0 & 1 \\ -1 & 0 \end{pmatrix} \odot \begin{pmatrix} x + 5 \\ \log_3(x+1) - 2{,}5 \end{pmatrix}$

$\qquad \begin{pmatrix} x' + 5 \\ y' - 1 \end{pmatrix} = \begin{pmatrix} \log_3(x+1) - 2{,}5 \\ -x - 5 \end{pmatrix}$

$\qquad \Rightarrow B_n(\log_3(x+1) - 7{,}5 \mid -x - 4)$

$\qquad$ I $\;\; x' = \log_3(x+1) - 7{,}5$

$\qquad$ II $\;\; y' = -x - 4$

$\qquad$ I $\;\; x = 3^{x'+7{,}5} - 1$

$\qquad$ II $\;\; y' = -x - 4$

$\qquad$ I in II $\;\; y' = -3^{x'+7{,}5} - 3$

$\qquad \Rightarrow t{:}\; y = -3^{x+7{,}5} - 3$

10.4 $\quad \overline{AB_3} \parallel$ y-Achse

$\qquad \Rightarrow x_{B_3} = -5$ und $y_{C_3} = 1$

$\qquad B_3(-5 \mid -18{,}59)$

$\qquad y_{B_n} = -x_{C_n} - 4$

$\qquad -18{,}59 = -x_{C_3} - 4$

$\qquad x_{C_3} = 14{,}59 \Rightarrow C_3(14{,}59 \mid 1)$

10.5 $\quad C_4 \in$ y-Achse $\Rightarrow x_{C_4} = 0 \qquad C_4(0 \mid -1{,}5)$

$\qquad \left| \overline{AC_4} \right| = \sqrt{5^2 + (-2{,}5)^2}\,LE = \sqrt{31{,}25}\,LE \qquad A_{AB_4C_4} = \dfrac{1}{2} \cdot \sqrt{31{,}25}^2\,FE = 15{,}625\,FE$

11 11.1 $C_1(8,74 \mid 3,88)$ $C_2(3,46 \mid 6,52)$

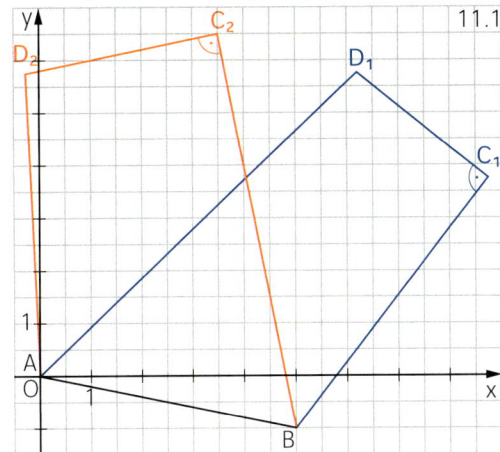

11.2 $\overrightarrow{C_nB} \xmapsto{O;\, \varphi = -90°} \overrightarrow{C_nB^*} \xmapsto{O;\, k = \frac{1}{2}} \overrightarrow{C_nD_n}$

$$\begin{pmatrix} x - 6\cos\alpha - 4,5 \\ y + 3\cos\alpha - 6 \end{pmatrix} = \frac{1}{2} \cdot \left[\begin{pmatrix} \cos(-90°) & -\sin(-90°) \\ \sin(-90°) & \cos(-90°) \end{pmatrix} \odot \begin{pmatrix} 5 - 6\cos\alpha - 4,5 \\ -1 + 3\cos\alpha - 6 \end{pmatrix} \right]$$

$\quad x = 7,5\cos\alpha + 1$
$\wedge\ y = 5,75$ $\qquad\qquad D_n(7,5\cos\alpha + 1 \mid 5,75)$ $\qquad t: y = 5,75$

11.3 $\left|\overrightarrow{AD_3}\right| = \left|\overrightarrow{AD_4}\right| = 1,5 \cdot \left|\overrightarrow{AB}\right| = 1,5 \cdot \sqrt{5^2 + (-1)^2}\ \text{LE} = 7,65\ \text{LE}$

$\left|\overrightarrow{AD_n}\right|(\alpha) = \sqrt{(7,5\cos\alpha + 1)^2 + 5,75^2}\ \text{LE}$

$\sqrt{(7,5\cos\alpha + 1)^2 + 5,75^2} = 7,65$

$(7,5\cos\alpha + 1)^2 + 5,75^2 = 7,65^2$ $\qquad \alpha = 57,35°$ $\qquad \vee\ \alpha = 143,72°$

11.4 $m_{AD_n} = m_{BC_n}$

$m_{AD_n} = \dfrac{5,75}{7,5\cos\alpha + 1}$ $\qquad m_{BC_n} = \dfrac{-3\cos\alpha + 7}{6\cos\alpha - 0,5}$

$5,75(6\cos\alpha - 0,5) = (-3\cos\alpha + 7) \cdot (7,5\cos\alpha + 1)$
$22,5\cos^2\alpha - 15\cos\alpha - 9,875 = 0$
$\alpha = 114,10°$
$\Rightarrow C_5(2,05 \mid 7,22)$

11.5 $\overline{AB} \perp \overline{BC_6}$

$\begin{pmatrix} 5 \\ -1 \end{pmatrix} \odot \begin{pmatrix} 6\cos\alpha - 0,5 \\ -3\cos\alpha + 7 \end{pmatrix} = 0$

$30\cos\alpha - 2,5 + 3\cos\alpha - 7 = 0$
$\alpha = 73,27°$

zu Seite 202
Abbildungen -
Aufgaben

12

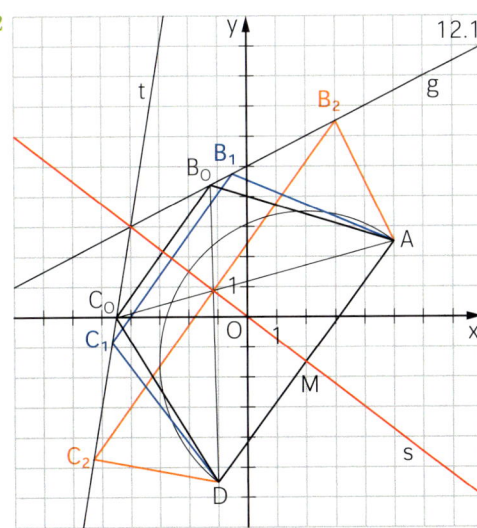

12.2 $M\left(\dfrac{5-1}{2} \mid \dfrac{2,5-5,5}{2}\right);\ M(2 \mid -1,5)$

$\overrightarrow{AD} = \begin{pmatrix} -1 & -5 \\ -5,5 & -2,5 \end{pmatrix} = \begin{pmatrix} -6 \\ -8 \end{pmatrix};\ m_{AD} = \dfrac{4}{3};\ m_S = -\dfrac{3}{4}$

$\overrightarrow{OB_n} \xmapsto{s:\, y = -\frac{3}{4}x} \overrightarrow{OC_n};$

$\tan\varphi = -\dfrac{3}{4};\ 2\varphi = -73,74°;\ \varphi \in\ ]-90°;\ 90°[$

$\begin{pmatrix} x' \\ y' \end{pmatrix} = \begin{pmatrix} \cos(-73,74°) & \sin(-73,74°) \\ \sin(-73,74°) & -\cos(-73,74°) \end{pmatrix} \odot \begin{pmatrix} x \\ 0,5x + 5 \end{pmatrix}$

$\quad x' = -0,20x - 4,80;$
$\wedge\ y' = -1,10x - 1,40;$
$\qquad C_n(-0,20x - 4,80 \mid -1,10x - 1,40)$

12.3 $\quad x' = -0,20x - 4,80$
$\wedge\ y' = -1,10x - 1,40$
$\quad x' = -5x' - 24$
$\wedge\ y' = -1,10x - 1,40$
$\quad y' = 5,5x' + 25$ $\qquad t: y = 5,5x + 25$

12.4 $AD: 2,5 = \dfrac{4}{3} \cdot 5 + t;\ AD: y = \dfrac{4}{3}x - \dfrac{25}{6}$

$AD \cap g:\ \dfrac{4}{3}x - \dfrac{25}{6} = 0,5x + 5;\ x = 11$

12.6 $\overrightarrow{AC_n} \circ \overrightarrow{DB_n} = 0$

$$\begin{pmatrix} -0,20x - 4,80 - 5 \\ -1,10x - 1,40 - 2,5 \end{pmatrix} \circ \begin{pmatrix} x+1 \\ 0,5x+5+5,5 \end{pmatrix} = 0$$

$-0,75x^2 - 23,50x - 50,75 = 0$

$x = -2,33 \qquad (\vee \ x = -29)$

13 $x = -2$; $B_1(2,71 \,|\, 5,15)$ $x = 1$; $B_2(5,44 \,|\, 4,22)$

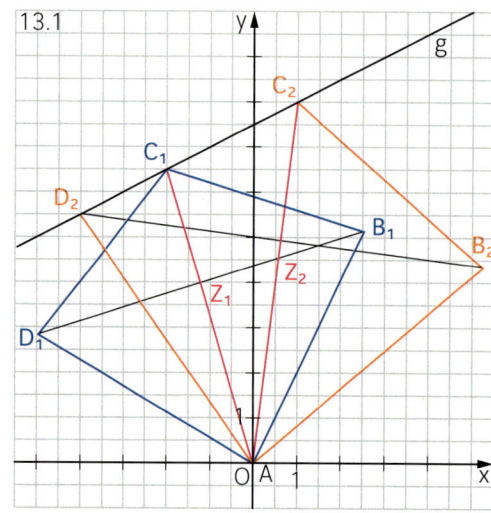

$B_n(0,91x + 4,53 \,|\, -0,31x + 4,53)$; $x = 1,10x' - 4,98$; $y' = -0,31(1,10x' - 4,98) + 4,53$ t: $y = -0,34x + 6,07$

13.5 $m_g = \frac{1}{2}$; $m_{g\perp} = -2$ $\overrightarrow{AC_n} = \begin{pmatrix} x \\ 0,5x + 7,5 \end{pmatrix}$ $m_{AC} = \frac{0,5x + 7,5}{x}$ $m_{g\perp} = m_{AC}$ $-2 = \frac{0,5x + 7,5}{x}$; $x = -3$

13.6 $A(x) = \left| \overrightarrow{AB_n} \quad \overrightarrow{AC_n} \right| = \begin{vmatrix} 0,91x + 4,53 & x \\ -0,31x + 4,53 & 0,5x + 7,5 \end{vmatrix}$ FE

$A(x) = [(0,91x + 4,53)(0,5x + 7,5) - x(-0,31x + 4,53)]$ FE $= [0,77x^2 + 4,57x + 33,98]$ FE

$A(x) = [0,77\,(x^2 + 5,94x + 2,97^2 - 2,97^2) + 33,98]$ FE $x = -2,97$ $(A_{min} = 27,19$ FE$)$ $B_4(1,83 \,|\, 5,45)$

13.7 Trägergraph z der Punkte Z_n: $x' = 0,6x$; $x = \frac{5}{3}x'$ $\wedge$ $y' = 0,3x + 4,5$

$y' = 0,3 \cdot \frac{5}{3}x' + 4,5$;   z: $y = 0,5x + 4,5$; $-\frac{1}{16}x^2 + \frac{1}{2}x + 4,5 = 0,5x + 4,5$; $x = 0$

$Z_5(0 \,|\, 4,5)$; $C_5(0 \,|\, 7,5)$; $B_5(4,53 \,|\, 4,53)$; $D_5(-4,53 \,|\, 4,53)$; $\overrightarrow{C_5 D_5} = \begin{pmatrix} -4,53 \\ -2,97 \end{pmatrix}$; $\overrightarrow{C_5 B_5} = \begin{pmatrix} 4,53 \\ -2,97 \end{pmatrix}$

$\cos \varphi = \dfrac{\begin{pmatrix} -4,53 \\ -2,97 \end{pmatrix} \circ \begin{pmatrix} 4,53 \\ -2,97 \end{pmatrix}}{\sqrt{4,53^2 + 2,97^2} \cdot \sqrt{4,53^2 + 2,97^2}} = -0,387$; $\varphi = 112,77°$

12.5 $y_{C_3} = y_D = -5,5$

in t einsetzen

$-5,5 = 5,5x_{C_3} + 25$

$-5,55 = x_{C_3}$

13.2 $\dfrac{|\overrightarrow{AZ_n}|}{|\overrightarrow{Z_n C_n}|} = \dfrac{3}{2}$; $\overrightarrow{AZ_n} = \dfrac{3}{5} \overrightarrow{AC_n}$; $Z(x' \,|\, y')$

$\begin{pmatrix} x' \\ y' \end{pmatrix} = \dfrac{3}{5} \cdot \begin{pmatrix} x \\ 0,5x + 7,5 \end{pmatrix}$

$x' = \dfrac{3}{5}x$

$\wedge \ y' = 0,3x + 4,5$; $Z_n(0,6x \,|\, 0,3x + 4,5)$

13.3 $\cos 45° = \dfrac{|\overrightarrow{AZ_n}|}{|\overrightarrow{AB_n}|}$; $\dfrac{1}{2}\sqrt{2} = \dfrac{|\overrightarrow{AZ_n}|}{|\overrightarrow{AB_n}|}$; $\dfrac{1}{\sqrt{2}} = \dfrac{|\overrightarrow{AZ_n}|}{|\overrightarrow{AB_n}|}$

13.4 $\overrightarrow{AB_n} = \sqrt{2} \cdot \overrightarrow{AZ_n}$;

$\overrightarrow{AZ_n} \xmapsto{A; -45°} \overrightarrow{AZ_n}^* \xmapsto{A; k = \sqrt{2}} \overrightarrow{AB_n}$

$\begin{pmatrix} x^* \\ y^* \end{pmatrix} = \begin{pmatrix} 0,71 & 0,71 \\ -0,71 & 0,71 \end{pmatrix} \circ \begin{pmatrix} 0,6x \\ 0,3x + 4,5 \end{pmatrix}$

$x^* = 0,43x + 0,21x + 3,20 = 0,64x + 3,2$

$\wedge \ y^* = -0,43x + 0,21x + 3,20 = -0,22x + 3,2$

$Z_n^*(0,64x + 3,2 \,|\, -0,22x + 3,2)$

$\begin{pmatrix} x' \\ y' \end{pmatrix} = \begin{pmatrix} \sqrt{2} & 0 \\ 0 & \sqrt{2} \end{pmatrix} \circ \begin{pmatrix} 0,64x + 3,2 \\ -0,22x + 3,2 \end{pmatrix}$

$x' = 0,91x + 4,53$ $\wedge$ $y' = -0,31x + 4,53$

Mengen

$\mathbb{N}$	Menge der natürlichen Zahlen	L	Lösungsmenge
$\mathbb{N}_0$	Menge der natürlichen Zahlen einschließlich der Null	D	Definitionsmenge
		W	Wertemenge
$\mathbb{Z}$	Menge der ganzen Zahlen	{} oder $\emptyset$	Leere Menge
$\mathbb{Q}$	Menge der rationalen Zahlen	{a; b; c}	aufzählende Form der Mengen-
$\mathbb{Q}\backslash\{0\}$	Menge der rationalen Zahlen ohne das Element 0		darstellung „Menge mit den Elementen a, b und c"
$\mathbb{R}$	Menge der reellen Zahlen	{x | ...}	beschreibende Form der Mengen-
G	Grundmenge		darstellung
$\in$	„... Element von ..."	$\notin$	„... nicht Element von ..."
$\subseteq$	„... Teilmenge von ..."	$\nsubseteq$	„... nicht Teilmenge von ..."

Beziehungen zwischen Zahlen

$=$	„... gleich ..."	$\neq$	„... nicht gleich ..."
$>$	„... größer als ..."	$<$	„... kleiner als ..."
$\geq$	„... größer oder gleich ..."	$\leq$	„... kleiner oder gleich ..."
$\approx$	„... ungefähr gleich ..."	$\sim$	„... direkt proportional ..."
$\triangleq$	„... entspricht ..."	$\mapsto$	„... ist zugeordnet (hat als Bild) ..."
$a\|b$	„a ist Teiler von b"	$a\nmid b$	„a ist nicht Teiler von b"
$\|a\|$	Betrag der Zahl a	a^n	Potenzschreibweise für $\underbrace{a \cdot a \cdot a \ldots \cdot a}_{\text{n Faktoren}}$
$T_1, T_2, \ldots$	Terme	$(3\|4)$	geordnetes Zahlenpaar
$\wedge$	und zugleich	$\vee$	oder auch

Geometrie

A, B, C ...	Punkte	$A \overset{s}{\mapsto} A'$	Spiegelung von Punkt A an der Achse s auf Bildpunkt A'
$\overline{AB}$	Strecke mit den Endpunkten A und B	P (3|4)	Punkt im Gitternetz mit dem x-Wert 3 (Rechtswert) und dem y-Wert 4
$\|\overline{AB}\|$	Länge der Strecke $\overline{AB}$		(Hochwert)
k (M; r)	Kreis mit dem Mittelpunkt M und dem Radius r	α, β, γ	Winkel und Winkelmaß
$\overset{\frown}{AB}$	positiv orientierter Kreisbogen vom Punkt A zum Punkt B	$\sphericalangle$ ASB	Winkel ASB; Maß des Winkels ASB
		$\triangle$ ABC	Dreieck ABC
g, h, ...	Geraden	$\cong$	... ist kongruent zu ...
d (P; g)	Abstand des Punktes P von der Geraden g	$\overrightarrow{PQ}$	Pfeil von P (Fuß) nach Q (Spitze); Vektor, dessen Vertreter der Pfeil $\overrightarrow{PQ}$ ist
[AB	Halbgerade durch B mit dem Anfangspunkt A	$\vec{a}$	Vektor
AB	Gerade durch die Punkte A und B	$\begin{pmatrix} x \\ y \end{pmatrix}$	Vektor mit den Koordinaten x und y
$g\|h$	g ist parallel zu h		
$g\perp h$	g ist senkrecht zu h		

Rechengesetze

Kommutativgesetz

$a + b = b + a$ $\qquad\qquad\qquad$ $a \cdot b = b \cdot a$

Assoziativgesetz

$a + (b + c) = (a + b) + c$ $\qquad\qquad$ $a \cdot (b \cdot c) = (a \cdot b) \cdot c$

Distributivgesetz

$\qquad\qquad\qquad$ $a \cdot (b + c) = a \cdot b + a \cdot c$

Prozentrechnung

Berechnen des *Prozentsatzes* $\qquad\qquad$ $p\,\% = \dfrac{PW \cdot 100}{GW}\,\%$

Berechnen des *Prozentwertes* $\qquad\qquad$ $PW = \dfrac{GW \cdot p}{100}$

Berechnen des *Grundwertes* $\qquad\qquad$ $GW = \dfrac{PW \cdot 100}{p}$

Zinsrechnung

Berechnen des *Zinssatzes* $\qquad\qquad$ $p\,\% = \dfrac{Z \cdot 100}{K}\,\%$

Berechnen der *Jahreszinsen* $\qquad\qquad$ $Z = \dfrac{K \cdot p}{100}$

Berechnen des *Kapitals* $\qquad\qquad$ $K = \dfrac{Z \cdot 100}{p}$

Potenzrechnung

Potenzen multiplizieren $\qquad$ $a^m \cdot a^n = a^{m+n}$ $\qquad\qquad$ $a^n \cdot b^n = (a \cdot b)^n$

Potenzen dividieren $\qquad$ $\dfrac{a^m}{a^n} = a^{m-n}$ $\quad a \neq 0$ $\qquad$ $\dfrac{a^n}{b^n} = \left(\dfrac{a}{b}\right)^n$ $\quad b \neq 0$

Potenzen potenzieren $\qquad$ $(a^m)^n = a^{m \cdot n}$

Potenz mit negativem Exponenten $\qquad$ $a^{-n} = \dfrac{1}{a^n}$ $\quad a \neq 0$

Potenz mit Exponenten Null $\qquad$ $a^0 = 1$ $\quad a \neq 0$

Wurzelgesetze

Wurzeln multiplizieren $\qquad$ $\sqrt{a} \cdot \sqrt{b} = \sqrt{ab}$

Wurzeln dividieren $\qquad$ $\dfrac{\sqrt{a}}{\sqrt{b}} = \sqrt{\dfrac{a}{b}}$ $\quad b \neq 0$

Wurzeln potenzieren $\qquad$ $(\sqrt{a})^n = \sqrt{a^n}$

Binomische Formeln

1. Binomische Formel $\qquad\qquad$ $(a + b)^2 = a^2 + 2ab + b^2$

2. Binomische Formel $\qquad\qquad$ $(a - b)^2 = a^2 - 2ab + b^2$

3. Binomische Formel $\qquad\qquad$ $(a + b)(a - b) = a^2 - b^2$

Geometrie

Rechteck

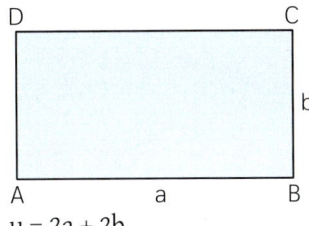

Quadrat

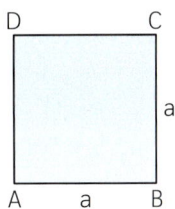

Umfang:
$u = 2a + 2b$
$u = 2\,(a + b)$

$u = 4a$

Flächeninhalt: $A = a \cdot b$

$A = a^2$

Parallelogramm

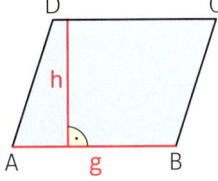

Dreieck

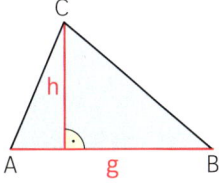

Flächeninhalt: $A = g \cdot h$

$A = \frac{1}{2} \cdot g \cdot h$

Trapez

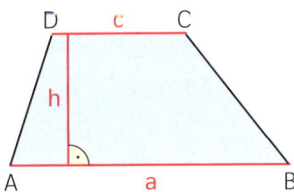

Drachenviereck, Raute

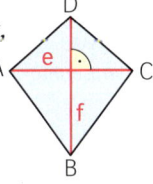

Flächeninhalt: $A = \frac{1}{2} \cdot (a + c) \cdot h$

$A = \frac{1}{2} \cdot e \cdot f$

Kreis

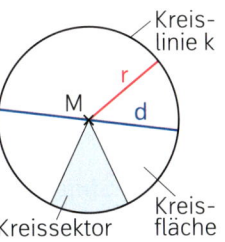

Der **Kreis k** hat den **Mittelpunkt M** und den **Radius r:** $\ k\,(M;\,r)$
$\mathbf{d} = 2 \cdot r$ heißt **Durchmesser.**
$A = r^2 \cdot \pi \qquad u = d \cdot \pi$
Ein **Kreissektor** ist ein Teil der Kreisfläche.

Quader

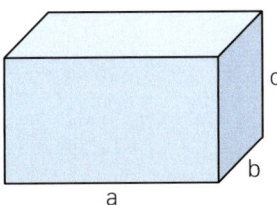

Würfel

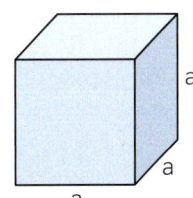

Oberfläche:
$O = 2ab + 2bc + 2ac$
$O = 2\,(ab + bc + ac)$

$O = 6a^2$

Volumen:
$V = a \cdot b \cdot c$

$V = a^3$

Vektor

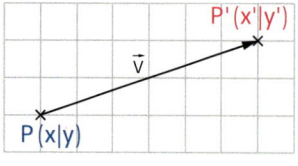

$$\vec{v} = \overrightarrow{PP'}$$

$$\vec{v} = \begin{pmatrix} x' - x \\ y' - y \end{pmatrix}$$

Spitze   Fuß

Gegenvektor

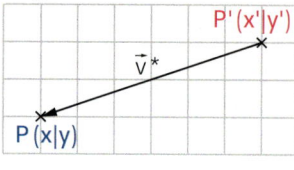

$$\vec{v}^* = \overrightarrow{P'P}$$

$$\vec{v}^* = \begin{pmatrix} x - x' \\ y - y' \end{pmatrix}$$

Mittelpunkt einer Strecke

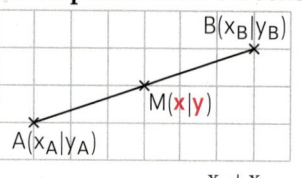

$$x = \frac{x_A + x_B}{2}$$

$$y = \frac{y_A + y_B}{2}$$

Flächeninhalte im Koordinatensystem

Flächeninhalt eines Parallelogramms:

$$A = \begin{vmatrix} x_a & x_b \\ y_a & y_b \end{vmatrix} \text{FE} = (x_a \cdot y_b - y_a \cdot x_b)\,\text{FE}$$

Flächeninhalt eines Dreiecks:

$$A = \frac{1}{2} \cdot \begin{vmatrix} x_a & x_b \\ y_a & y_b \end{vmatrix} \text{FE} = \frac{1}{2} \cdot (x_a y_b - y_a x_b)\,\text{FE}$$

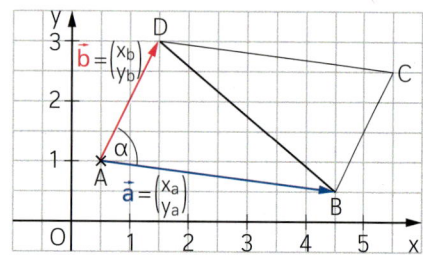

Längeneinheiten:
1 km = 1000 m
1 m = 100 cm
1 dm = 10 cm
1 cm = 10 mm

Flächeneinheiten:
1 ha = 10 000 m²
1 m² = 100 dm²
1 dm² = 100 cm²
1 cm² = 100 mm²

Volumeneinheiten:
1 m³ = 1000 dm³
1 dm³ = 1000 cm³
1 cm³ = 1000 mm³

Masseneinheiten:
1 t = 1000 kg
1 kg = 1000 g
1 g = 1000 mg

Zeiteinheiten:
1 h = 60 min
1 min = 60 s

Hohlmaße:
1 dm³ = 1 l
1 hl = 100 l
1 l = 1000 ml
1 ml = 1 cm³

Satz des Pythagoras

In einem rechtwinkligen Dreieck ABC mit den Kathetenlängen a und b und der Hypotenusenlänge c gilt:
$$a^2 + b^2 = c^2$$

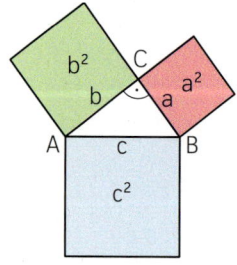

Sinus, Kosinus, Tangens

In einem rechtwinkligen Dreieck ABC gilt:

$$\sin \alpha = \frac{\text{Länge der Gegenkathete}}{\text{Länge der Hypotenuse}} = \frac{a}{c}$$

$$\cos \alpha = \frac{\text{Länge der Ankathete}}{\text{Länge der Hypotenuse}} = \frac{b}{c}$$

$$\tan \alpha = \frac{\text{Länge der Gegenkathete}}{\text{Länge der Ankathete}} = \frac{a}{b}$$

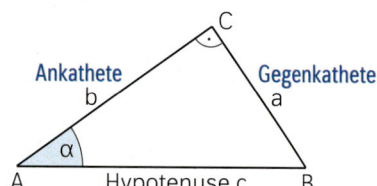

|Alamy Stock Photo, Abingdon/Oxfordshire: Allstar Picture Library Ltd. 57.1. |Astrofoto, Sörth: 41.1. |Berghahn, Matthias, Bielefeld: 2.1, 2.2, 2.3, 2.4, 2.5, 2.6, 2.7, 21.1, 23.2, 24.1, 25.2, 25.3, 26.1, 26.2, 26.3, 26.4, 27.1, 28.1, 28.2, 29.1, 31.2, 31.3, 32.1, 33.1, 33.2, 35.1, 35.2, 35.3, 36.1, 36.2, 36.4, 36.5, 37.3, 40.2, 40.3, 42.1, 42.2, 43.1, 43.5, 43.6, 44.1, 44.3, 44.4, 46.2, 46.3, 47.1, 47.2, 48.1, 50.1, 50.2, 52.1, 52.2, 52.3, 55.1, 55.2, 56.1, 56.2, 57.2, 57.3, 57.4, 58.1, 60.2, 61.3, 62.2, 63.1, 63.4, 66.1, 66.2, 68.1, 71.1, 71.3, 71.6, 73.1, 73.2, 74.2, 74.5, 75.1, 75.3, 75.6, 77.2, 77.4, 78.1, 78.2, 78.3, 79.2, 80.2, 81.1, 82.1, 82.2, 82.3, 83.1, 83.2, 83.3, 83.4, 85.1, 85.2, 85.4, 87.1, 88.1, 89.4, 92.2, 92.4, 93.1, 93.2, 93.3, 94.1, 94.3, 94.5, 95.3, 97.1, 97.2, 97.3, 97.4, 98.2, 99.1, 100.1, 100.2, 101.1, 101.5, 102.3, 102.4, 104.2, 106.1, 107.3, 108.1, 108.3, 110.1, 111.1, 111.2, 111.3, 111.4, 112.1, 113.1, 115.1, 115.2, 116.1, 117.1, 118.1, 119.1, 123.1, 123.2, 123.3, 124.1, 125.1, 125.2, 125.3, 126.1, 127.2, 127.3, 128.1, 128.2, 135.5, 137.1, 137.2, 141.4, 143.1, 143.2, 144.1, 147.3, 151.1, 151.2, 151.4, 152.1, 154.1, 154.2, 155.1, 155.2, 156.1, 157.1, 157.2, 157.3, 160.1, 160.2, 163.1, 163.2, 168.1, 169.1, 171.1, 171.2, 173.1, 174.1, 174.2, 174.4, 175.1, 176.1, 179.1, 179.2, 179.3, 181.1, 181.3, 181.4, 185.1, 194.1, 197.1, 199.1, 202.1, 202.1, 203.1, 203.1; Mit freundlicher Genehmigung Bayerische Vermessungsverwaltung, 2022 92.1. |Bundesamt für Strahlenschutz, Salzgitter: 65.2. |CMS - Cross Media Solutions GmbH, Würzburg: 7.1, 12.1, 13.1, 13.2, 15.1, 15.2, 15.3, 15.4, 17.1, 17.2, 19.1, 19.2, 20.1, 20.2, 20.3, 20.4, 20.5, 20.6, 21.2, 21.3, 25.1, 30.1, 30.2, 30.3, 31.1, 39.1, 39.2, 39.3, 43.2, 43.3, 43.4, 44.2, 45.1, 51.1, 51.2, 52.4, 54.1, 54.2, 65.1, 71.2, 71.4, 71.5, 72.1, 72.2, 72.3, 73.3, 74.1, 74.3, 74.4, 75.2, 75.4, 75.5, 76.1, 76.2, 76.3, 77.1, 77.3, 77.5, 79.1, 80.1, 81.2, 85.3, 86.3, 87.2, 87.3, 88.2, 88.3, 88.4, 89.1, 89.2, 89.3, 93.4, 93.5, 94.2, 94.4, 95.1, 96.1, 96.2, 98.3, 98.4, 98.5, 99.2, 99.3, 101.2, 101.3, 101.4, 101.6, 102.1, 105.1, 105.2, 107.1, 107.2, 107.4, 107.5, 108.2, 121.1, 131.1, 133.1, 135.1, 139.1, 139.2, 140.1, 141.3, 147.2, 148.1, 151.3, 153.1, 153.2, 156.2, 158.1, 160.3, 161.1, 165.1, 167.1, 168.2, 175.2, 175.3, 175.4, 176.2, 176.3, 184.1, 184.2, 213.1, 220.1, 222.1, 223.1, 227.1, 227.2, 233.1, 233.2, 244.1, 245.1, 246.1, 274.1, 275.1. |deevio GmbH, Berlin: 134.2. |Druwe & Polastri, Cremlingen/Weddel: 65.4, 72.4, 135.2, 135.3, 135.4, 145.1. |fotolia.com, New York: Haub, Frank 22.4; Kaspars Grinvalds 104.1; Marsy 86.2; RRF 136.1; Scheel, Sebastian 122.2, 122.3, 127.1; StefanieBaum 196.1; Toni H. 183.1. |Freese, Adelheid, Celle: 146.2. |Getty Images, München: Science Faction 22.5. |Historisches Museum der Pfalz Speyer, Speyer: Breckle, Carolin 147.1. |Imago, Berlin: blickwinkel 181.2, 194.2. |iStockphoto.com, Calgary: adventtr 22.1; HultonArchive 38.2; manwolste Titel. |Kalch, Franziska, Gornau: 10.4. |Klaus Leidorf Luftbilddokumentation, Buch am Erlbach: 98.1, 102.2. |Lookphotos, München: Torsten Andreas Hoffmann 22.2. |mauritius images GmbH, Mittenwald: 37.2. |Minkus Images Fotodesignagentur, Isernhagen: 10.6. |Mohr, Katja, Gössenheim: 166.1. |NASA, Washington: 22.3. |OVB24 GmbH, Rosenheim: rosenheim24.de/ Jennifer Bretz 141.1. |PantherMedia GmbH (panthermedia.net), München: raingod 10.3. |Picture-Alliance GmbH, Frankfurt a.M.: dpa 109.1, 178.1; Helga Lade 37.1; Okapia/Woithe 38.1. |Servicestelle der Bayerischen Vermessungsverwaltung, München: Hist. Karten und Geobasisdaten © Bayerische Vermessungsverwaltung, 2022 92.3. |Shutterstock.com, New York: 195.1; AboutLife 61.1; Alexandr, Vinokurov 103.1; Banditta Art 182.2; Carmelo1293 182.1; Cruzova, Nadezda 174.3; DisobeyArt 61.2; Gabyshev, Viktor 70.2; Gordic, Dragana 134.3; KEEP GOING 63.3; Kuzmin, Andrey 62.1; Lipskiy 48.2; nadianb 134.1; OhSurat 90.1; Ontakrai, Jarun 134.4; Raths, Alexander 63.2. |stock.adobe.com, Dublin: bizoo_n 103.2; by-studio 10.1; CREATIVE WONDER 40.1; Elke 68.2; fotofabrika 23.1; Kabardins photo 60.1; Koch, Alex 122.1; Konstantin 46.1; ktsdesign 36.3; LHG 70.1; mseisenhut 10.2; Nik 141.2; Nomad_Soul 65.3; Oleksii 146.1; penphoto 86.1; Schlecht, Martin 95.2; w.aoki 62.3. |Thinkstock, Sandyford/Dublin: Mike Watson Images 170.1. |vario images, Bonn: 142.1. |Warmuth, Torsten, Berlin: 10.5. |Wilde, Frank, Hannover: 38.3.

„Diagramme machen Meinung!"

1 Lohnerhöhung

Der Unternehmer Granital stellt zwei verschiedene Varianten (Variante A, Variante B) für Lohnerhöhungen zur Diskussion.

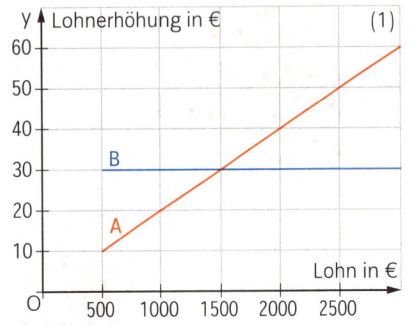

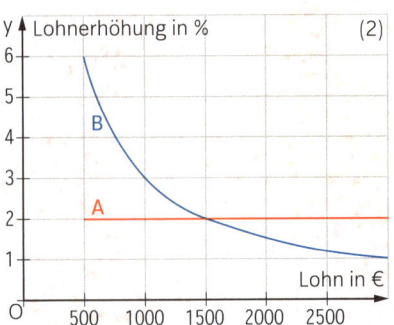

Variante A
ist ja gar keine Lohnerhöhung!
Das zeigt das Diagramm (2)!

Mit Variante B
hat man sogar eine
Lohnminderung!

a) Erkläre, wie die beiden Aussagen zustande kommen.
b) Bei welchem Lohn profitiert man von Variante A (Variante B)?

2 Aus der Zeitung: Außerirdische unter uns

Die meisten Kinder besitzen einen unerschütterlichen Glauben an außerirdische Lebewesen. Die Diagramme zeigen das Ergebnis einer Umfrage.

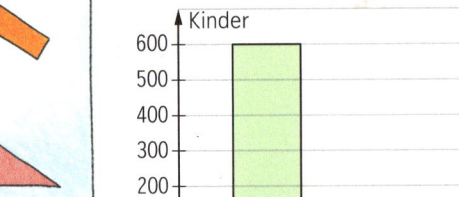

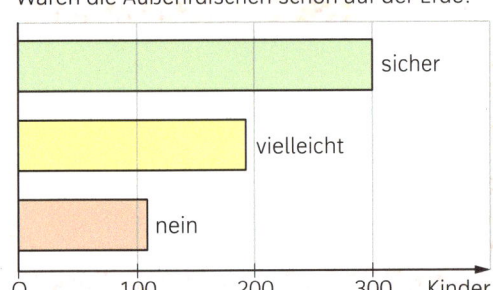

Die Kinder, die an Außerirdische glauben, haben auch ganz konkrete Vorstellungen dazu. So gaben sie auf die Frage, ob diese Außerirdischen schon die Erde besucht hätten, die oben rechts dargestellten Antworten.

a) Wie viel Prozent der Befragten glauben demzufolge an Außerirdische?
  A ca. 90 %   B ca. 80 %   C ca. 70 %   D ca. 60 %   E ca. 20 %

b) Erkläre, wie Sebastian zu dieser Aussage kommt.
   Begründe, dass er nicht Recht hat.

Etwa die Hälfte aller
Kinder ist sich sicher, dass
Außerirdische schon einmal
auf der Erde waren.